Winfried Schröder
Lutz Vetter
Otto Fränzle (Hrsg.)

Neuere statistische Verfahren und Modellbildung in der Geoökologie

Winfried Schröder
Lutz Vetter
Otto Fränzle (Hrsg.)

Neuere statistische Verfahren und Modellbildung in der Geoökologie

Mit einem Vorwort von Klaus Töpfer

ISBN-13: 978-3-528-06448-8   e-ISBN-13: 978-3-322-83735-6
DOI: 10.1007/ 978-3-322-83735-6

Inhalt

Vorwort

Daten über den aktuellen Zustand und die Veränderungen der Umwelt, insbesondere Auswirkungen menschlicher Aktivitäten auf die Umwelt und ökosystemare Prozesse, sind unverzichtbare wichtige Handlungsgrundlagen für die Umweltpolitik. Um problemadäquate Maßnahmen zur Vorsorge und Gefahrenabwehr ergreifen zu können, werden zuverlässige und aktuelle Informationen ebenso benötigt wie für die Diskussion über umweltpolitische Ziele und Prioritäten sowie zur Erfolgskontrolle. Auch die in der Umweltpolitik permanent geforderte schwierige sachgerechte Abwägung im Konflikt zwischen der Sicherung der Funktionsfähigkeit des Naturhaushalts von Ökosystemen und den gesellschaftlichen Nutzungsanforderungen mit ihren Belastungen für die Umwelt kann nur auf einer geeigneten umfassenden Informationsbasis erfolgen.

Allerdings bestehen trotz des kontinuierlichen naturwissenschaftlichen Erkenntniszuwachses und der erheblichen Aktivitäten des Bundes und der Länder beim Auf- und Ausbau eines flächendeckenden und medienübergreifenden integrierten Umweltbeobachtungssystems noch große Lücken in der Informationsbasis, was uns in der täglichen umweltpolitischen Praxis immer wieder deutlich vor Augen geführt wird. Und diese Lücken wachsen. Untersucht und beobachtet wird schließlich kein statisches System. Die Natur befindet sich in einem ständigen Veränderungsprozeß, die anthropogenen Einflüsse nehmen qualitativ wie quantitativ fortlaufend zu. Dies ist eine Seite des Informationsproblems: die Komplexität ökologischer Zusammenhänge und die Dynamik der beobachteten Systeme.

Das andere Problem betrifft die Bestimmung der erforderlichen Daten und deren Aufbereitung. Zwar verfügen wir über eine Unmenge von Umweltdaten, aber deshalb nicht automatisch auch über die benötigten relevanten Informationen. Ein Vergleich mit der Wirtschaftspolitik macht dies deutlich. Sie verfügt über eine übersichtliche Zahl von relativ einfach zu erfassenden Meßgrößen zur Beschreibung der wirtschaftlichen Situation. Zu nennen sind die Inflationsrate und die Arbeitslosigkeit, das Preisniveau und das Bruttosozialprodukt. Vergleichbar etablierte wie aussagekräftige Indikatoren zur Beurteilung des Umweltzustandes und zur Überprüfung umweltpolitischer Maßnahmen existieren noch nicht. Auch der Sachverständigenrat für Umweltfragen (SRU) hat in seinem in diesem Jahr vorgelegten Gutachten auf dieses Defizit hingewiesen und die Bedeutung von Umweltindikatoren als umweltpolitisches Instrument hervorgehoben. Wie das vorliegende Buch belegt, gibt es bereits zahlreiche erfolgversprechende Ansätze, die in Richtung aussagekräftiger und anwendbarer Indikatorensysteme zur Operationalisierung des Leitbildes einer dauerhaft umweltgerechten Entwicklung weiterentwickelt werden müssen.

Vor diesem Hintergrund wird deutlich, daß Statistik und Datenverarbeitung für die Umweltpolitik an Bedeutung gewinnen werden, da es zunehmend darum geht, aufbauend auf den Modellen und Erkenntnissen der Wirkungsforschung und der Ökosystemforschung, die Vielzahl an Umweltdaten aufzubereiten und zu überschaubaren und politisch handhabbaren Indikatoren zu verdichten, die verläßlich Auskunft geben über den Zustand der Umwelt.

Der vorliegende Band bietet eine interdisziplinäre Bestandsaufnahme zu statistischen Verfahren, Methoden und empirischen Erfahrungen im Bereich der Auswertung und Aufbereitung von Umweltdaten für Umweltinformationssysteme. Viele der Beiträge in diesem Buch resultieren aus Forschungsvorhaben, die mit Mitteln des Umweltforschungsplanes meines Hauses gefördert wurden. Umweltforschung ist ein elementarer Teil verantwortungsvoller Umweltpolitik. Die Umweltpolitik ist angewiesen auf fundierte wissenschaftliche Grundlagen. Ich wünsche mir, daß diese Bestands-

aufnahme zu einer Verbreitung der Erkenntnisse beiträgt und Anstöße gibt, Verfahren weiter-
zuentwickeln und in der Praxis anzuwenden. Das BMU wird sich auch weiterhin dafür einsetzen,
den Ausbau dieses wichtigen Bereiches innerhalb der Umweltforschung voranzutreiben.

Prof. Dr. Klaus Töpfer
Bundesminister für Umwelt,
Naturschutz und Reaktorsicherheit

Problemstellung, Zielsetzung und Inhalt

Winfried Schröder, Lutz Vetter und Otto Fränzle

Mit der wirtschaftenden Tätigkeit des Menschen sind in der Regel Umweltschäden verknüpft (KINZELBACH 1989: 114). Ihr Ausmaß hat vielfach die lokale und regionale Maßstabsebene überschritten und ist zum globalen Problem geworden (TÖPFER 1992: 8).

In vielen Kulturen fungiert die (Wert-)Tradition als Leitlinie für den Umgang mit der Natur. Im Zuge der Entwicklung arbeitsteiliger Gesellschaften gewinnen Technik und Politik an Bedeutung. Die Wissenschaft übernimmt zunehmend ratgebende Funktion gerade für die Gestaltung des Verhältnisses Mensch - Umwelt (Arbeitsgemeinschaft Umweltstandards 1992; KREIBICH 1986). Ethische oder emotionale Gesichtspunkte spielen hierfür im abendländischen Kulturkreis heute eine selten erkennbare Rolle (KAISER 1990: 11 - 54; KINZELBACH 1989: 147, 151; SCHRÖDER 1992).

Am 29. September 1971 verabschiedete die Bundesregierung erstmals ein Umweltprogramm. Darin werden Ziele und Instrumente der Umweltpolitik erläutert. Demgemäß gilt als vorrangiges Ziel die Systematisierung, Koordinierung und langfristige Planung von Umweltforschung und angewandtem Umweltschutz (SRU 1974).

Eine Schlüsselstellung hinsichtlich der damit implizierten inhaltlichen und organisatorischen Aspekte der deutschen Umweltforschung erlangt die Denkschrift von ELLENBERG et al. (1978). Hiernach werden unter Umweltforschung diejenigen Aktivitäten verstanden, die auf die intersubjektiv nachvollziehbare Gewinnung von zuverlässigen Wissensgrundlagen und Flächeninformationen über Ökosysteme abzielen (gemeint sind im folgenden stets terrestrische Ökosysteme). Ziel ist ein ökologisches Informations- und Bewertungssystem. Hierzu dient neben der auf einzelne Umweltkompartimente ausgerichteten medialen Forschung die ökosystemar angelegte Integrierte Umweltbeobachtung und -bewertung (IUBB). Sie ist wie folgt ausdifferenziert:

(a)   Ökosystemforschung (ÖSF): räumlich konzentrierte bio- und geowissenschaftliche Grundlagenforschung zum Verständnis von Strukturen und Funktionen von Ökosystemen sowie deren Belastbarkeit;

(b)   Ökologische Umweltbeobachtung (ÖUB) im engeren Sinne: flächenbezogene Erfassung (Monitoring) des Zustandes (Belastung, Nutzung, ...) repräsentativer Ökosystemtypen und ihrer relevanten Kompartimente zum Zwecke einer ökosystemar fundierten Umweltbewertung und -planung;

(c)   Umweltprobenbank (UPB): Einlagerung von Umweltprobengut zur Dokumentation und retrospektiven Analyse.

Allein im Rahmen dieser Forschungsaktivitäten fallen sehr große Datenmengen an. Den Prozeß ihrer Gewinnung und Auswertung problemorientiert zu strukturieren, gilt als eine der Voraussetzungen für eine zukunftsorientierte Umweltpolitik. Hierbei spielen Statistik und elektronische Datenverarbeitung eine wichtige Rolle (TÖPFER 1992: 12). Hierum geht es in diesem Buch. Doch Autoren und Herausgeber schränken ein und erweitern zugleich:

Dieses Buch thematisiert einen lediglich sehr kleinen Ausschnitt dessen, was der Titel - notwendigerweise vergröbernd - ausdrückt. Es werden statistische Verfahren vorgestellt, welche

Bedeutung erlangten in der Projektfforschung der Herausgeber und ihrer Kollegen der Arbeitsgruppe "Regionale Umweltanalyse und -planung" des Geographischen Instituts der Universität Kiel. Da diese Methoden im Bereich der Ökologie wenig bekannt sind, enstand der Entschluß, sie einem interessierten Fachpublikum vorzustellen. Zentraler Gegenstand der Überlegungen ist die problemorientierte Auswertung flächenhafter Informationen über geoökologische Phänomene.

Trotz der großen Fortschritte bei der Datenverarbeitung sieht sich die Wissenschaftspraxis jedoch vielfältigen Schwierigkeiten gegenüber. Dies liegt zum einen an der Komplexität ökologischer Sachverhalte. Zum anderen erfordert dies angesichts der hohen Erwartungen von Politik und Gesellschaft an die Umweltforschung, daß die Wissenschaft auch einmal innehält und nach den Randbedingungen der Erkenntnisgewinnung fragt. Um diese beiden Aspekte wird das Buch erweitert über den vom Titel aufgespannten Rahmen. Diese "Erweiterungen" sind von grundlegender Bedeutung. Von ihnen ist zunächst die Rede; doch zuvor noch einige Worte zum Profil dieses Buches.

In dem einleitend gekennzeichneten gesellschaftlichen Rahmen wird erwartet, daß umweltpolitische Initiativen auf zuverlässigen und aktuellen Daten basieren (BACHMANN 1985: 32). Sie sollen im Rahmen eines straff gegliederten Umweltforschungsprogramms erhoben werden. Dessen Struktur ist zweckmäßigerweise als hierarchisch kooperatives Verbundforschungssystem im Sinne EILENBERGERs (1986) zu konzipieren. Für seine inhaltliche Ausgestaltung bietet sich die oben genannte Integrierte Umweltbeobachtung und -bewertung an.

Eine solche synthetisierende Forschung konstituiert ein komplexes System. Systeme sind jedoch nur dann existenzfähig, wenn die sie tragenden Informationsflüsse durchlässige Strukturen aufweisen. Mithin wird sich die Straffung der Datenflüsse als entscheidend für die Umweltforschung erweisen. Denn ein Hauptproblem unserer "Informationsgesellschaft" ist nicht die Gewinnung, sondern die strukturierende Verwaltung von Informationen. In diesem Zusammenhang erscheinen drei Aspekte von aktueller Bedeutung bei der Realisierung einer effektiven Umweltforschung:

1.   Grundlegend wichtig ist sowohl "die Vergleichbarkeit und Verallgemeinerbarkeit der angewandten Verfahren und Methoden" als auch eine "zentrale Zugriffsmöglichkeit und Dokumentation der Analysenmethoden der erhobenen Informationen" (BACHMANN 1985: 32; vgl. KEUNE 1990,1991). In diesem Sinne sollte eine "bundesweite, zentrale Datenbasis geschaffen werden, in die möglichst alle für eine zuverlässige Beschreibung der Umweltsituation erforderlichen Informationen eingehen und die allen zugänglich ist" (SRU 1987: 92; vgl. JÄGER 1987: 50 f.).

2.   Diese berechtigte Forderung nach einer straffen Zusammenführung und Auswertung von umweltbezogenen Daten setzt die Kenntnis über die Zuverlässigkeit der Informationen voraus: "Damit die Daten vergleichbar sind, ist es ... notwendig, Qualitätsstandards für Umweltdaten zu entwickeln" (KEUNE 1990: 79). Diese Forderung ergibt sich nicht zuletzt aus dem Umstand, daß Umweltdaten als Grundlage für umweltpolitische Entscheidungen fungieren können sollten. Also "... werden nicht nur zusätzliche Daten benötigt, sie müssen auch differenzierter erhoben und aufbereitet werden als bisher" (SRU 1987: 92; vgl. JÄGER 57 f.).

3.   Wie bei vielen Umweltproblemen besteht "eine wesentliche Forschungsaufgabe für den Bodenschutz ... in der Zuordnung von Funktionsstörungen und bestimmten Bodenmerkmalskombinationen; denn erst die Kenntnis dieser Beziehungen und des Bodenkarten zu entnehmenden Verbreitungsmusters der Merkmalskombinationen erlaubt planungsrelevante, weil flächendeckende Aussage über die Auswirkungen ubiquitärer Belastungen und über die Belastbarkeit" (SCHLICHTING 1985: 184). Zu diesem Zweck werden in der Umweltforschung verstärkt Computersimulationen eingesetzt. "Der Wert solcher Modelle liegt ... darin, mit begrenztem Aufwand Schwerpunkte für weitere Aktivitäten herauszufinden, insbesondere ... präventive Belastungsminderungen" (SRU 1987: 461).

Das vorliegende Buch kann als Teilbeitrag verstanden werden, die angesprochenen umweltpolitischen Anforderungen auf der Grundlage verfügbarer ökologischer Flächeninformationen einerseits sowie der Anwendung und Entwicklung leistungsfähiger statistischer Verfahren und computerisierter Simulationsmodelle andererseits abbauen zu helfen. Gerade der zuletztgenannte Punkt ist von nicht zu unterschätzender Bedeutung insofern, als zum einen flächenhafte ökologische Informationen oft nur in qualitativer Form vorhanden sind. Zum anderen sollte nicht übersehen werden, "daß quantitative Daten ... die reale Welt nur bruchstückhaft beschreiben können. Vor allem die qualitative Dimension der Umwelt sowie die subjektiven Bewertungen ... geben ... auch im Umweltschutz unerläßliche Orientierungshilfen" (UBA 1989). Dementsprechend sind auch viele ökologische Daten als - im statistischen Sinne - qualitativ anzusprechen. Damit verknüpft sind für deren Auswertung entscheidende Konsequenzen, die jedoch wegen des Fehlens geeigneter statistischer Verfahren für nicht-metrische Daten vielfach nicht beachtet werden (können).

Diese Problemsituation bildet Ausgangspunkt dieses Sammelwerkes. Seine inhaltlich-logische Strukturierung orientiert sich an wissenschaftstheoretischen Kriterien, die nach einer Einführung in die Probleme der Ökosystemforschung (Kap. 1) in Kapitel 2 dargelegt werden. Demnach läßt sich Erkenntnis als Überführung von Strukturen der Realität mittels Sprache, Meßvorgängen und Statistik in kognitive Korrelate verstehen. Diese sind als prüffähige Hypothesen zu formulieren und stellen mögliche Problemlösungen dar, die der Verifizierung bedürfen. Um den gesellschaftlichen Erwartungen zu entsprechen, müssen ökologische Erkenntnisgewinnungsprozesse bestimmten Qualitätskriterien genügen, die in Kapitel 3 diskutiert werden.

Wenn von wissenschaftlicher Erkenntnis eine besondere methodische Stringenz erwartet werden darf, dann gilt dies gerade auch dann, wenn für die Abschätzung ökologischer Risiken aus der Vielzahl potentiell schädlich wirkender Substanzen einerseits und der Variabilität der davon betroffenen Ökosystemkompartimente andererseits eine Auswahl aussagekräftiger Untersuchungsobjekte vorzunehmen ist. Eine Kernthese der wissenschaftstheoretischen Erörterungen lautet dahingehend, daß Umweltforschung einem holistischen Ansatz nie gerecht werden kann, sondern immer auf selektive Ansätze verwiesen ist. Der Auswahl von Untersuchungsobjekten kommt dabei besonderes Gewicht bei (SRU 1987). Eine Selektion von Elementen einer Grundgesamtheit erfordert es zunächst einmal, deren Strukturen zu erkennen. Kapitel 4 ist den hierfür geeigneten mathematisch-statistischen Grundlagen der Verfahren gewidmet, deren Anwendungsmöglichkeiten an Beispielen der Umweltplanung im Kapitel 5 dargestellt werden.

Zur Auswertungen ökologischer Flächeninformationen gelangen zum einen u.a. Verfahren der multivariaten Statistik zu Einsatz, die bislang wenig - in der deutschen Ökologie noch gar nicht - bekannt sind. Hierzu zählen u.a: Korrespondenzanalyse, Chisquare Interaction Detection (CHAID) und Latent Class Analysis (LCA). Zum anderen handelt es sich um nachbarschaftsanalytische Algorithmen. Darüber hinaus werden auch Verfahren wie die Biplot-Technik sowie die Cluster- und Variogrammanalyse berücksichtigt.

Eine Synthese der anhand flächenhafter Informationen verschiedener Maßstabsbereiche aufgezeigten praxisrelevanten Interpretationsmöglichkeiten dieser statistischen Verfahren stellt eine Datenbank für raumbezogene ökologische Informationen dar. Eine Verküpfung der darin enthaltenen Daten mit empirischen Hypothesen erfolgt mittels des Stoffverteilungsmodells STOMOD/WASMOD am Beispiel der Belastung von Böden und Grundwasser durch Nitrat für ausgewählte Regionen Schleswig-Holsteins (Kap. 6). Bei einer auf den Simulationsergebnissen basierenden flächenhaften Risikoabschätzung gelangt ein Geographisches Informationssystem zur Anwendung. Vor dem Hintergrund der hierbei abgeleiteten Befunde wird diskutiert, inwiefern die in Kapitel 1 skizzierte wissenschaftstheoretisch begründete Konzeption geoökologischer Forschungsprozesse derzeit realisiert werden kann (Kap. 7). Zugleich dokumentieren die Ausführungen dieses Kapitels die hierbei noch immer bestehenden großen Defizite.

Zitierte Literatur

Arbeitsgemeinschaft Umweltstandards (1992): Umweltstandards. Grundlagen, Tatsachen und Bewertungen am Beispiel des Strahlenrisikos.- Berlin, New York (Akademie der Wissenschaften zu Berlin, Forschungsbericht 2)

BACHMANN, G. (1985): Die Rolle des MAB-6-Projektes Berchtesgaden in der Umweltforschung der Bundesrepublik Deutschland. In: DEUTSCHES NATIONALKOMITEE MAB (Hrsg.) (1985): Bericht über das IV. internationale Seminar "Der Einfluß des Menschen auf Hochgebirgsökosysteme im Alpen- und Nationalpark Berchtesgaden vom 12. - 14. Juni 1985 in Berchtesgaden.- 2. Aufl., Bonn (MAB-Mitteilungen, 21): 32 - 41

EILENBERGER, G. (1986): Die Erforschung komplexer Systeme. In: Allgemeine Forstzeitschrift, 22: 537 - 542

ELLENBERG, H.; FRÄNZLE, O. & MÜLLER, P. (1978): Ökosystemforschung im Hinblick auf Umweltpolitik und Entwicklungsplanung.- Berlin (Umweltforschungsplan des Bundesministers des Innern. Forschungsbericht 78-101 04 005 im Auftrag des Umweltbundesamtes)

ERDMANN, K.-H. & NAUBER, J. (Hrsg.) (1992): Beiträge zur Ökosystemforschung und Umwelterziehung.- Bonn (MAB-Mitteilungen, 36)

JÄGER, M. (1987): Das Datenangebot des Statistischen Bundesamtes auf dem Umweltsektor. In: Statistisches Bundesamt (Hrsg.) (1987): Statistische Umweltberichterstattung. Ergebnisse des 2. Wiesbadener Gesprächs am 12./13. November 1986.- Stuttgart, Mainz (Schriftenreihe Forum der Bundesstatistik, 7): 48 - 60

KAISER, R. (1990): Gott schläft im Stein. Indianische und abendländische Weltansichten im Widerstreit.- München

KEUNE, H. (1990): Harmonisierung von Umweltmeßmethoden / ökologischer Umweltbeobachtung. In: DEUTSCHES NATIONALKOMITEE MAB (Hrsg.): Tagung des MAB-Nationalkomitees der BRD und der DDR vom 28.-29.5.1990.- Bonn (MAB-Mitteilungen, 33): 78 - 79

KEUNE, H. (1991): Harmonization of environmental measurement. In: GeoJournal, 23.3: 249 - 255

KINZELBACH, R.K. (1989): Ökologie, Naturschutz, Umweltschutz.- Darmstadt (Dimensionen der modernen Biologie, 6)

KREIBICH, R. (1986): Die Wissenschaftsgesellschaft.- Frankfurt a.M.

SCHLICHTING, E. (1985): Forschungsdefizite im Bodenschutz. In: HÜBLER, K.-H. (Hrsg.): Bodenschutz als Gegenstand der Umweltpolitik - Beiträge des Fachbereichstages 1984.- Landschaftsentwicklung und Umweltforschung, 27: 181 - 204

SCHRÖDER, W. (1992): Schadstoffeinträge in terrestrische Ökosysteme: Waldschäden als ökologisches Problem und pädagogische Herausforderung. In: ERDMANN, K.-H. & NAUBER, J. (Hrsg.): 175 - 187

SRU (Der Rat von Sachverständigen für Umweltfragen) (1974): Umweltgutachten 1974.- Stuttgart

SRU (Der Rat von Sachverständigen für Umweltfragen) (1987): Umweltgutachten 1987.- Stuttgart, Mainz

TÖPFER, K. (1992): Umsetzung der Erkenntnisse zum Schutze der Umwelt - Wissenschaftliche Erkenntnis und politische Realisierung. In: ERDMANN, K.-H. & NAUBER, J. (Hrsg.): 7 - 12

UBA (Umweltbundesamt) (1989): Daten zur Umwelt 1988/89.- Berlin

Liste der Autoren

Dr. Jörg Blasius
Zentralarchiv für empirische Sozialforschung der Universität zu Köln, Bachemer Straße 40,
D-50931 Köln

Prof. Dr. Otto Fränzle
Institut für Geographie an der Christian-Albrechts-Universität zu Kiel, Ludewig-Meyn-Straße 14,
D-24098 Kiel

Dipl. Psych. Christiane Gresele
Institut für Therapie- und Gesundheitsforschung, Droysenstraße 10, D-24105 Kiel

Dr. Uwe Heinrich
Projektzentrum Ökosystemforschung, Schauenburger Straße 112, D-24118 Kiel

Prof. Dr. Winfried Friedrich Killisch
Institut für Geographie der TU Dresden, Mommsenstr. 13, D-01062 Dresden

Andreas Klein
ARGUMENT GmbH, Stadtfeldkamp 30, D-24114

Dr. Winfried Kluge
Projektzentrum Ökosystemforschung, Schauenburger Straße 112, D-24118 Kiel

Dipl. Geogr. Peter Kothe
Institut für Geographie an der Christian-Albrechts-Universität zu Kiel, Ludewig-Meyn-Straße 14,
D-24098 Kiel

Dipl. Inf. Rüdiger Maass
ISATEC Soft- und Hardware GmbH, Am Moorwiesengraben 27, D-24113 Kiel

Dipl. Math. Hans-Joachim Mucha
Institut für Angewandte Analysis und Stochastik im Forschungsverbund Berlin e.V., Mohrenstraße 39, D-10117 Berlin

Dr. Felix Müller
Projektzentrum Ökosystemforschung, Schauenburger Straße 112. D-24118 Kiel

Dr. Ernst-Walter Reiche
Projektzentrum Ökosystemforschung, Schauenburger Straße 112, D-24118 Kiel

Harald Rohlinger, M.A.
Zentralarchiv für empirische Sozialforschung an der Universität zu Köln, Bachemer Straße 40,
D-50931 Köln

Prof. Dr. Jürgen Rost
Institut für die Pädagogik der Naturwissenschaften an der Universität Kiel, Olshausenstraße 62,
D-24098 Kiel

Prof. Dr. Rolf Schmidt
Zentrum für Agrarlandschafts- und Landnutzungsforschung e.V., Institut für Bodenforschung
Eberswalde-Finow, Dr. Zinn Weg, D-16225 Eberswalde

Dr. Winfried Schröder, M.A.
Institut für Geographie an der Christian-Albrechts-Universität zu Kiel, Ludewig-Meyn-Straße 14,
D-24098 Kiel

Dr. Lutz Vetter
ifp - Institut für Planungsdaten in der Stadt- und Regionalplanung GmbH, Dreieichring 2,
D-63067 Offenbnach am Main

Dr. Reinhard Zölitz-Möller
Projektzentrum Ökosystemforschung, Schauenburger Straße 112, D-24118 Kiel

1 Erkenntnisgewinnung, Hypothesenbildung und Statistik

Winfried Schröder

Zusammenfassung

Wissenschaft produziert Erkenntnisse. Wissenschaftliche Erkenntnis dient im abendländischen Kulturkreis heute vielfach als Richtschnur menschlichen Handelns. Die große Bedeutung dieser gesellschaftlichen Funktion erfordert es, den Forschungsprozeß selbst zum Gegenstand wissenschaftlicher Betrachtung zu machen. So ist zu fragen, was man unter Erkenntnis verstehen kann. Hierzu ist herauszuarbeiten, ob und inwiefern sich die Produktion wissenschaftlicher Erkenntnis von der Erkenntnisgewinnung im Alltagsleben unterscheidet. Dies wird an der Rolle von Hypothesen und Statistik in empirischen Forschungsprozessen verdeutlicht.

Verallgemeinertes Erkenntnismodell

Die Frage, was Erkenntnis ist, findet in der Literatur vielfältige Antworten (zusammenfassend: BURCKHARDT & REINERS 1992). In diesem Beitrag wird Erkenntnis als Überführung von Strukturen der objektiven - d.h. intersubjektiv beobachtbaren - Realität in kognitive Korrelate definiert (SCHRÖDER 1985, 1986; VETTER et al. 1986, 1991). Das bedeutet, daß über reale Sachverhalte Aussagen formuliert werden.

Die Transformation von Realem in Gedachtes vollzieht sich über die Stufen: kognitive Wahrnehmung (= Denken, Reflexion), sinnliche Wahrnehmung (Beobachtung/Messung) und Statistik (vgl. Abb. 1.1). Hierbei ist es zunächst grundsätzlich unerheblich, ob es sich um einen wissenschaftlichen oder um einen nichtwissenschaftlichen Erkenntnisprozeß handelt. Wissenschaftliche Erkenntnisgewinnung hat jedoch drei konstitutive Kriterien zu erfüllen: Reale Sachverhalte sind mit nachvollziehbaren Methoden (Objektivität) möglichst verzerrungsfrei als geistige Entsprechungen abzubilden (Validität). Dieser Vorgang muß prinzipiell jederzeit wiederholbar sein (Reliabilität).

Diese Zusammenhänge lassen sich in formaler Analogie zum Sprachfunktionsmodell BÜHLERs (1934) formulieren (Abbildung 1.2). Demnach wird wissenschaftliche Erkenntnisgewinnung als Kommunikationsprozeß verstanden. Ein Element der objektiven Realität, ein Merkmalsträger, wird mittels eines sprachlichen Zeichens benannt. Dies geschieht auf dem Wege der Abstraktion: Zur Identifizierung eines Merkmalträgers werden dessen als - kontextabhängig - relevant erachteten Merkmale und deren Ausprägung bestimmt (Selektion) (WEISGERBER 1972). Ist diese Beziehung per Sprachkonvention festgelegt, werden im Kommunikationsprozeß Merkmalsträger gemäß ihrer Übereinstimmung hinsichtlich der Merkmalsausprägungen mit demselben sprachlichen Zeichen bezeichnet (Klassifikation). Auf dieser Grundlage funktioniert die Verständigung zwischen Sender (Sprecher) und Empfänger über Sachverhalte der objektiven Realität.

Abbildung 1.2 ist zu entnehmen, daß die Überführung realer Strukturen in kognitive Entsprechungen auch durch eine Sonderform des Beobachtens, das Messen, erfolgen kann. Die Meßergebnisse (Merkmalsausprägungen) werden in die Zellen einer Tabelle aus den als relevant selektierten Merkmalen (Spalten) und den Merkmalsträgern (Zeilen) eingetragen. Die Tabelle erfüllt demnach dieselbe kommunikative Funktion wie das sprachliche Zeichen.

Der Informationsgehalt umfangreicher Datentabellen läßt sich am effektivsten mit Hilfe statistischer Verfahren herausfiltern. Arithmetisches Mittel, Median, Korrelationskoeffizienten u.ä. sind solche Extrakte. Sie fungieren nun als Informationsträger zwischen Sender und Empfänger. Zugleich konstituieren sie schließlich eine abstrakte objektive Realität, die einer problemorientierten

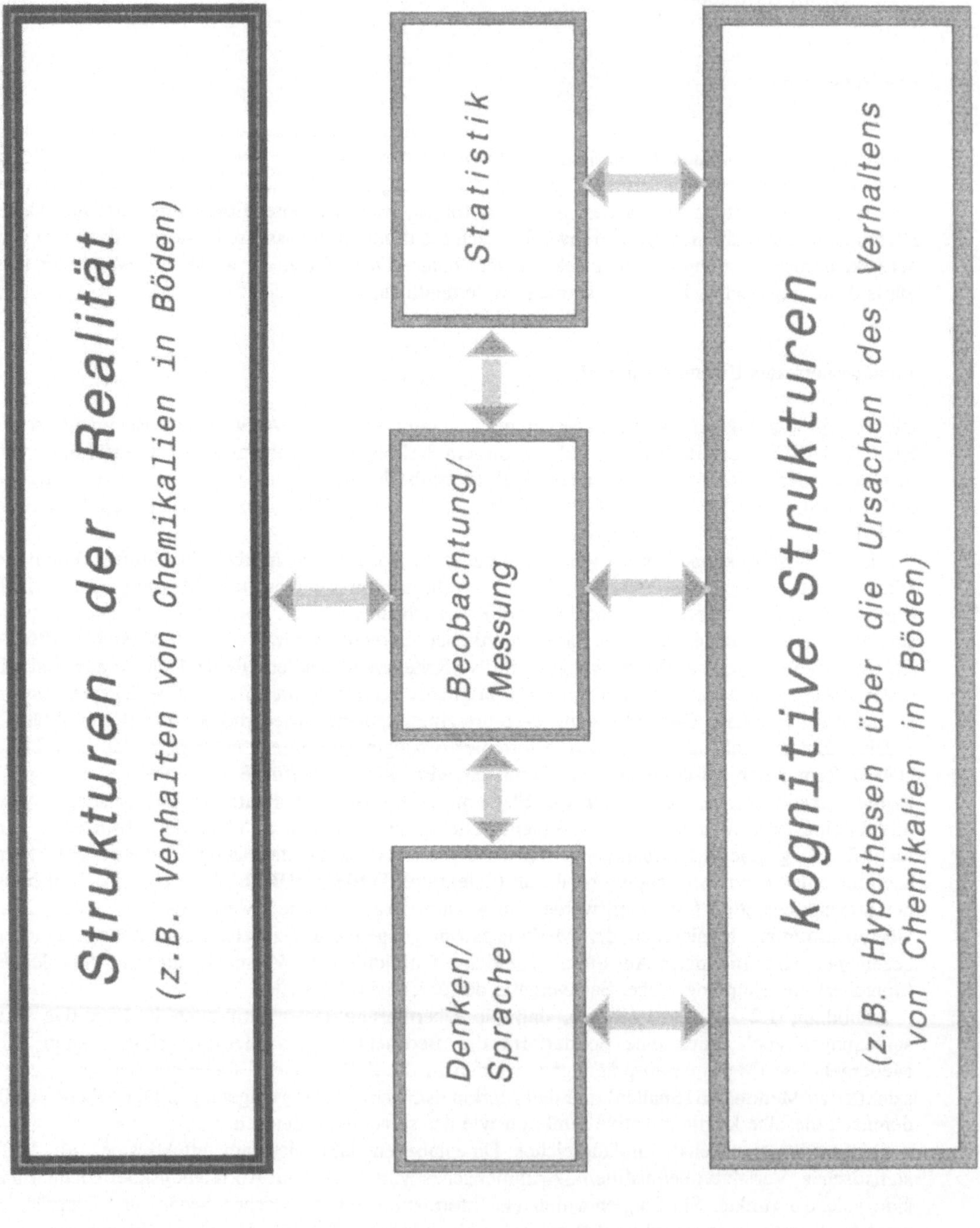

Abb. 1.1 Modell der Erkenntnisgewinnung I (Entwurf: W. Schröder)

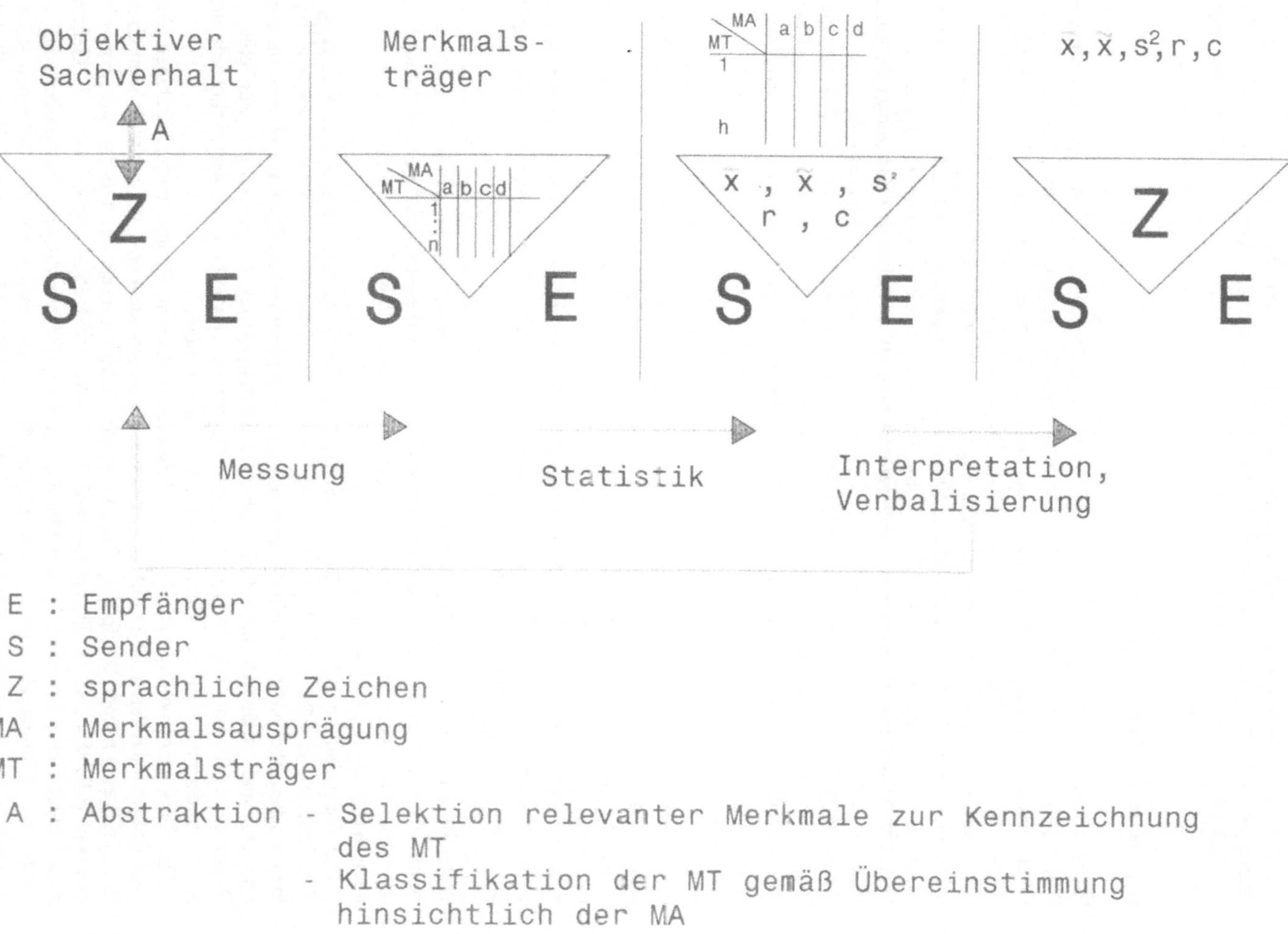

Abb. 1.2 Modell der Erkenntnisgewinnung II (Entwurf: W. Schröder)

Interpretation bedarf. Diese wird in wissenschaftliche Aussagen gekleidet. Letzteres belegt, daß zwischen empirischen und geisteswissenschaftlich-hermeneutischen Disziplinen lediglich ein gradueller methodologischer Unterschied besteht. Denn: Wissenschaft vollzieht sich in Sprache (JÄGER 1992: 83 f.). Sprache und Denken beeinflussen sich - zumindest zum Teil - gegenseitig.

Hypothesen im Erkenntnisprozeß

Wissenschaftliche Aussagen werden zunächst als Hypothesen formuliert, um nach eingehender Prüfung als Theorien bestätigt werden zu können. Hypothesen spielen mithin für wissenschaftliche Erkenntnisprozesse eine zentrale Rolle, die zunächst zu beschreiben ist. Mit der Prüfung von Hypothesen sowie mit hypothesengeleiteten Prognosen ist die Bedeutung der Stichprobenrepräsentanz, der Statistik und der Modellbildung in der Umweltforschung eng verknüpft.

Definitionsgemäß ist wissenschaftliche Erkenntnis der Prozeß des Zustandekommens empirisch abgesicherter Aussagen(systeme) über Sachverhalte der Realität. In einem solchen forschungslogischen Ablauf nehmen Hypothesen eine zentrale Stellung zwischen den Kategorien 'Problem' und 'Theorie' ein. Die Kategorie 'Problem' ist der Hauptfaktor wissenschaftlicher Analyse des Entdeckungszusammenhanges. Die Problemlösungsschritte sind elementare Bestandteile des Begründungszusammenhanges. In letzterem wird ein noch nicht abgesichertes theoretisches Konstrukt an der Realität überprüft, nachdem zuvor seine Aussagen auf dem Wege der Operationalisierung in ein empirisches Hypothesensystem überführt wurden. Die Hypothese ist somit eine prüffähige Problemlösung, die durch ihre Bestätigung (Verifizierung) zur "wirklichen" Problemlösung und mithin zur Theorie wird. Hypothesen als wahrscheinlich wahre Aussagen sind gegen (mit angebbarer Sicherheit) falsche und (mit definierter Irrtumswahrscheinlichkeit) wahre Aussagen abzugrenzen. Letztgenannte werden als Theorien bezeichnet.

Die Wahrheit einer Hypothese bemißt sich nach ihrer Übereinstimmung mit dem betrachteten Realitätsausschnitt. Sie ist eine zweistellige Relation (R_1) zwischen kognitiven Abbildern (Hypothese: H) und Objektbereich (O) besteht. Unabhängig hiervon ist die Hypothesenwahrscheinlichkeit. Sie kennzeichnet den Gewißheitsgrad des Erkenntnissubjekts darüber, inwiefern die kognitiven Strukturen den Objektbereich zuverlässig abbilden.

Die Wahrscheinlichkeit einer Hypothese (R_2) sagt hingegen nichts über den Grad ihrer Wahrheit und damit über die Abbildungstreue der kognitiven Strukturen gegenüber ihrem empirischen Korrelat aus. Sie charakterisiert vielmehr den Erkenntnisstand des Erkenntnissubjektes (E) hinsichtlich der Hypothese. Daß eine Hypothese wahrscheinlich ist, meint, daß unser Wissen um ihren Wahrheitswert (R_1) wahrscheinlich ist.

Die Wahrscheinlichkeit einer Hypothese steigt mit der Zahl ihrer (empirischen) Bestätigungen (Verifikation). Je höher die Hypothesenwahrscheinlichkeit ist, um so mehr nähert man sich der theoretischen, aber nicht endgültig feststellbaren Hypothesenwahrheit. Hypothesen über ökologische Prozesse sind zusätzlich hinsichtlich ihres Erklärungswertes einzuschätzen. Für eine solche Hypothesenbewertung (-evaluierung) ist der Begriff der Hypothesenwahrscheinlichkeit um das Kriterium der raumzeitlichen Generalisierbarkeit zu erweitern.

Die Verallgemeinerungsfähigkeit von Aussagen über den Raum- und Zeitrahmen der Beobachtungen hinaus sind nach LORENZ (1984: 9) ein entscheidendes Kriterium für wissenschaftliche Erkenntnis empirischer Disziplinen. Hierfür ist die Stichprobenrepräsentativität eine "conditio sine qua non" (LIENERT 1973: 38; vgl. MAIER-LEIBNITZ 1983; PRITTWITZ 1985: 7). Generalisierung bedeutet eine Erweiterung von räumlich und zeitlich punktuellen Stichproben auf andere Raum- und Zeitintervalle: vom Punkt auf die Fläche bzw. vom status quo auf einen status post (Prognose) oder einen status ante (Epignose) (STIENS 1988). Man nimmt an, daß die Stichproben ein "verkleinertes Abbild" dieser Grundgesamtheiten darstellen.

Beide Generalisierungsarten sind induktiv. Induktionen sind logisch nicht uneingeschränkt gültig. Zwar sind die Probleme der inneren Gültigkeit (d.h. die tatsächliche Erfaßbarkeit der Untersuchungs- bzw. Experimentiervariablen) innerhalb der Grenzen der Wahrscheinlichkeit zu lösen. Doch können die Probleme der äußeren Gültigkeit (d.h. die Übertragbarkeit von Untersuchungsergebnissen auf andere Raum- und/oder Zeitintervalle) logisch nicht entschärft werden. Generalisierungen enthalten immer Extrapolationen auf einen Bereich, der in der untersuchten Stichprobe nicht erfaßt ist. Dieses Induktionsproblem ist insofern in der empirischen Forschung bedeutsam, als die Ergebnisse von Untersuchungen und Experimenten als Einzelaussagen in Hypothesen eingehen und nach deren Verifizierung zu allgemeinen Aussagen einer Theorie werden können. Letzteren kommt die Aufgabe zu, einen entscheidenden Beitrag zur Lösung von Problemen - etwa im Umweltbereich - zu leisten.

Unterschiede, Zusammenhänge u. dgl. von Merkmalen im Objektbereich, die zum einen durch den Meßvorgang und zum anderen durch den statistischen Verarbeitungsprozeß zu Unterschieden und Zusammenhängen etc. zwischen Daten transformiert werden, lassen sich nur mit Hilfe wahrscheinlichkeitstheoretischer Überlegungen sinnvoll interpretieren, denn: Aussagen über Merkmalsausprägungen sind bereits auf Stichprobenebene, also ohne Generalisierung, Wahrscheinlichkeitsaussagen. Die Probleme bei der Generalisierung von der Stichprobe auf die Grundgesamtheit sowie Unsicherheiten bei der Eindeutigkeit der Abbildungsvorschriften (Zuverlässigkeit der Messungen) und der Erfassung aller relevanten Randbedingungen verstärken diesen Wahrscheinlichkeitscharakter.

Stichprobenrepräsentanz

Die Stichprobenwahl erlangt entscheidende Bedeutung für die äußere Gültigkeit von Untersuchungs- und Experimentierergebnissen. Denn die Übertragbarkeit von Forschungsergebnissen auf andere als die beobachteten Räume und Zeiten ist verknüpft mit ihrer Repräsentanz. Dies gilt insbesondere sowohl für die Auswahl von Forschungsräumen als auch für die Lokalisierung von Probenentnahme- und Meßstellen in ihnen. Schließlich spielt die Stichprobenrepräsentanz eine große Bedeutung im umweltrechtlichen Kontext (KLEINE-COSSACK 1988; MAIER-LEIBNITZ 1983; SAMSON 1988).

Sollen solche Stichproben einen Repräsentationsschluß ermöglichen, so haben sie nach FRIEDRICHS (1973: 125) folgende Voraussetzungen zu erfüllen:

1. Die Stichprobe muß ein verkleinertes Abbild der Grundgesamtheit sowohl hinsichtlich der Heterogenität als auch in bezug auf die Repräsentanz der für die Hypothesenprüfung relevanten Variablen sein.
2. Die Elemente der Stichprobe müssen definiert sein.
3. Die Grundgesamtheit sollte empirisch definierbar sein.
4. Das Auswahlverfahren muß angebbar sein und Forderung 1 erfüllen.

Gewährleisten die Auswahlkriterien die Repräsentanz der Stichproben nicht, so lassen sich die Ergebnisse nicht oder nur bedingt auf Räume und Zeiten übertragen, die jenseits des Beobachtungsrahmens liegen. Mithin ist die Gültigkeit der Daten aus solchen Untersuchungen und somit auch die Eignung der aus ihnen abgeleiteten Problemlösungsvorschläge (Hypothesen/Theorien) unbestimmt.

Eine Überprüfung der das Kriterium der raumzeitlichen Genaralisierbarkeit umfassenden Hypothesenwahrscheinlichkeit, die erst gemeinsam mit der Hypothesenwahrheit die Bestimmung des Erklärungswertes von Hypothesen ermöglicht, kann durch die Analyse der raumzeilichen Verteilung der Antecedenz (d.h. der Randbedingungen x, die das Auftreten eines Zustandes y bewirken) erfolgen. Ist also zunächst die Wahrheit der Hypothese "Wenn x, dann y" in Experimenten bzw. Untersuchungen nachgewiesen, kann sodann mittels Untersuchung des Auftretens der Antecedenzbedingungen x in Raum und Zeit eine Abschätzung des Erklärungswertes der Hypothese erfolgen. Gesucht wird mithin nach raumzeitlich beschreibbaren Merkmalskoinzidenzen.

Eine Transformation der Erklärung ist die Prognose. Die Bestimmung repräsentativer Probenentnahmestellen, die Lokalisierung von Arealen für die Umweltforschung (Kap. 5.4) und die Abschätzung des Langzeitverhaltens von Chemikalien in der Umwelt (Kap. 6) beruhen auf Prognosen (KLOEPFER 1992: 256; KNAUER 1988a, b). Im Rahmen einer Prognose wird abgeleitet, daß aufgrund des Vorliegens eines bestimmten Sachverhaltes (hier: vergleichbare Umweltbedingungen an n Erdstellen) im Rahmen einer bestimmten Wahrscheinlichkeit mit dem Eintreffen eines weiteren Ereignisses (ähnliche Reaktionen auf Umweltfaktoren aufgrund vergleichbarer Ökosystemstruktur) gerechnet werden kann. In Analogie zu der logischen Struktur der Erklärung gilt (PRIM & TILMANN 1979: 100 ff.):

```
                              Da gilt:

               Hypothese:     "Wenn Ökosysteme vergleichbare Struk-
                              turenaufweisen, dann reagieren sie
                              wahrscheinlich auf ähnliche Umwelt-
  Explanans                   situationen analog."

                              und

               Randbedingung: die Umweltfaktoren an den Erdstellen
               (Vorhandensein  n  bis n  tatsächlich vergleichbar
               empirisch        i      n
               überprüfbar)    sind,
```

Explanandum: dann werden gleichstrukturierte Ökosysteme an den Erdstellen n_i wahrscheinlich ähnlich auf vergleichbare Umwelteinflüsse reagieren.

Anforderungsprofil für Umweltdatenerhebungen

Zusammenfassend ergibt sich: Datenerhebungen sind Meßvorgänge, für die neben der Meßanordnung die Meßvorschrift konstitutiv ist. Messen ist die hierauf beruhende Zuordnung von Zahlen zu Merkmalsausprägungen von Objekten und Sachverhalten unter Wahrung analoger Relationen. Die Aussagekraft einer solchen Abbildung und somit auch die begründbare Verallgemeinerung von Untersuchungsergebnissen hängt ab von:

(a)   der Repräsentanz der Elemente (Objekte) der Untersuchungsstichprobe für die Grundgesamtheit (a = Abbildunggstreue 'Stichprobe - Grundgesamtheit'),

(b)   der Wahl der für die Hypothesenprüfung (Suche nach Problemlösungen) relevanten Objektmerkmale und den Methoden, mit deren Hilfe bestimmte Merkmalsausprägungen der Stichprobenelemente gemessen werden (b = Aussagemöglichkeit und Vergleichbarkeit der Untersuchungsverfahren) und

(c)   den Hauptgütekriterien für Meßvorgänge: Objektivität, Reliabilität (Verläßlichkeit) und Validität (Gültigkeit) (c = Abbildungstreue 'untersuchtes Stichprobenmerkmal - Meßwert' und Vergleichbarkeit der Untersuchungsergebnisse).

Werden diese Kriterien bei Umweltdatenerhebungen nicht erfüllt, so gilt dies für jede ihrer weiteren Verwendungen. Zur Realisierung dieser Anforderungen sind Qualitätssicherungssysteme unverzichtbar. Diese sind in Programme zur Umweltbeobachtung als feste Bestandteile zu integrieren (GÜNZLER 1991; KEUNE et al. 1992; SCHRÖDER et al. 1991; SCHRÖDER & VETTER 1992; ZIMAN 1982). Die Qualitätssicherung muß bei der Auswahl der Untersuchungsobjekte beginnen und bis zur Dokumentation der Analysenresultate reichen. Sie umfaßt mithin:

(1)   vorbereitende Qualitätskontrolle: Wahl repräsentativer Untersuchungsobjekte (vgl. a) und Entscheidung für Meßmethodik (vgl. b),

(2)   Meß-Qualitätskontrolle: laborinterne Routine-Qualitätskontrolle und laborexterne Qualitätskontrolle (vgl. c) sowie

(3)   Daten-Qualitätskontrolle: Prüfung auf Plausibilität und raum-zeitliche Aussagekraft der
Meßergebnisse.

ad 1)   Sollen Untersuchungsergebnisse repräsentativ sein, d.h. über den Rahmen der ihnen
zugrundeliegenden Stichprobe hinaus Aussagekraft besitzen, gelten die o.a. Forderungen (1)
bis (4). Sind diese nicht erfüllt, so sind ersatzweise für die Beurteilung der Daten unbedingt
die Kriterien (und Verfahren) zur Auswahl von Untersuchungsobjekten und -methoden zu
nennen und zu begründen.

ad 2)   Für die Kontrolle möglicher Fehler bei Meßvorgängen, z.B. bei Laboranalysen, existieren im
Gegensatz zur Standardisierung analytischer Meßverfahren (DIN, ISO, etc.) nur wenige
allgemein anerkannte Standards. Ziele der Meß-Qualitätssicherung sind:

      (a)   Aussagen über die erreichte Genauigkeit (= Präzision und Richtigkeit) der Analysen-
ergebnisse und

      (b)   Gewährleistung der Zuverlässigkeit der Analysenergebnisse, d.h. Sicherung der
Genauigkeit (vgl. a) über den gesamten Untersuchungszeitraum.

Meßergebnisse sind also nur dann miteinander vergleichbar, wenn sie mit Methoden gleichen
Aussagepotentials sowie quantitativ angebbarer Genauigkeit und Zuverlässigkeit gewonnen
wurden.

  ad 3)   Im Rahmen der Umweltforschung erzielte qualitätskontrollierte Ergebnisse sind auf
ihre raum-zeitliche Repräsentanz hin mit Hilfe statistischer Verfahren zu überprüfen.
Die Qualitätskontrollkenndaten müssen in der Literatur umfassend dokumentiert und
Umweltdatenbanken zur Verfügung gestellt werden.

Im Falle chemisch-analytischer Messungen sind u.a. Angaben erforderlich über: Kriterien der
Auswahl von Untersuchungsobjekten, Probenaufbereitungs- und -analysenverfahren; Probenentnahme-
verfahren; Anzahl der untersuchten Objekte; verwendete Analysengeräte; Arbeitsbereich sowie
Nachweis- bzw. Bestimmungsgrenzen des analytischen Systems; Präzision der Messungen;
Signifikanzniveaus und Irrtumswahrscheinlichkeit bei Wertevergleichen, Korrelations- /Regressions-
rechnungen etc..

Bevor nun für einzelne Aspekte der umschriebenen Zusammenhänge in den nachfolgenden
Kapiteln spezielle statistische Verfahren in theoretischer und anwendungsbezogener Hinsicht
vorgestellt werden, ist zuvor die Rolle der Statistik in der Forschung zu problematisiern.

Muß Statistik sein? Oder: Nutzen und Nachteil der Statistik für die Umweltforschung

Zur Mathematik und Statistik hat nicht nur der "normale Mensch" häufig ein eher distanziertes
Verhältnis: Auch in den vorwiegend empirisch ausgerichteten Wissenschaften werden die in den
vergangenen Jahren dank der an Hochschulen und Forschungsinstituten vielfach vorhandenen
Computer verfügbaren statistischen Verfahren in der Praxis häufig nur zögernd angenommen
(LORENZ 1984). Dieses Phänomen mag zweierlei Gründe haben: Zum einen schreckt das oft sehr
hohe Abstraktionsniveau der Statistik-Literatur viele an der Anwendung von Auswerteverfahren
Interessierte ab. Hier sind nach wie vor sehr große Defizite der mathematisch-statistischen Didaktik
zu bemängeln. Zum anderen kommt in der beschriebenen Negativhaltung eine kritische Einstellung

vieler Menschen vor dem scheinbar (?) objektiven Charakter und der daraus resultierenden "Macht der Zahl" zum Ausdruck.

Eine gegenläufige Tendenz zu der eben geschilderten Situation scheint sich in jüngster Zeit vor allem im Bereich der Umweltforschung und -planung abzuzeichnen: Das "Geographische Informationssystem" (GIS) wird von Vielen als deus ex machina, also als unerwarteter Helfer aus einer Notlage, stilisiert. Dabei werden den GIS unzutreffenderweise Funktionen zugeordnet, die sich nur im Rahmen der Statistik erfüllen lassen. Somit ist die Situation der Statistik ambivalent: Auf der einen Seite steht die Diskrepanz zwischen einem ständig wachsenden Angebot statistischer Auswerteverfahren sowie der Bereitschaft und Fähigkeit zur Aufnahme in das Benutzer-Repertoire. Auf der anderen Seite ist eine unreflektierte und unkritische Haltung gegenüber Neuentwicklungen auf dem Softwaremarkt zu konstatieren, für die das neue Zauberwort "GIS" paradigmatischen Charakter zu erlangen scheint.

Mithin bietet es sich an, in Anlehnung an die Schrift Friedrich NIETZSCHEs (1874) "Vom Nutzen und Nachteil der Historie für das Leben" das Pro und Kontra der Statistik abzuwägen (VETTER 1992). Diese Überschrift soll nicht nur auf die Volksweisheit "Alles hat zwei Seiten" verweisen. Sie impliziert auch einen Brückenschlag zwischen Empirie und Geisteswissenschaften bzw. Hermeneutik. Dieser erscheint auf zwei Ebenen notwendig und bestimmt den weiteren Gang der Erörterungen:

1.   Die wissenschaftliche Befassung mit den Umweltproblemen kann und sollte nicht den Naturwissenschaften alleine überlassen werden (FRÄNZLE 1992; SCHRÖDER 1992b; SCHRÖDER et al. 1992).

2.   Forschung im allgemeinen und Umweltforschung im besonderen sollte Wissenschaftstheorie, empirische Methoden und Methodologie sowie Statistik miteinander verknüpfen. Auf das zuletztgenannte Kettenglied ist zunächst einzugehen, indem gefragt wird: Was ist Statistik? Sodann ist im Anschluß an die bereits angedeutete Funktion der Statistik von ihrem Nutzen die Rede. Danach werden die mit der Statistik verknüpften Nachteile und Gefahren kursorisch gestreift.

Semantik des Begriffes "Statistik"

Der Begriff "Statistik" leitet sich ab vom lateinischen Substantiv "status", dessen semantischer Gehalt im Deutschen dem Wort "Zustand" entspricht. Ursprünglich bezogen sich statistische Analysen vorwiegend auf Sterbetafeln. Erst in diesem Jahrhundert trat neben die rein deskriptive Statistik die inferrenzstatistische Analyse von Untersuchungsdaten zum Zwecke der Prüfung wissenschaftlicher Hypothesen.

Somit ist der Begriff "Statistik" mehrdeutig: Einmal sind z.B. tabellarische und/oder graphische Darstellungen von Daten gemeint. Zum anderen bezeichnet der Begriff "Statistik" die Gesamtheit der Methoden, mit denen empirisch erhobene Daten über Ausschnitte der Wirklichkeit verarbeitet werden, also die statistische Methodenlehre. Dieser kommt in den meisten Wissenschaftsdisziplinen die Rolle einer nützlichen Hilfswissenschaft zu.

Von zentraler Bedeutung hingegen ist die Statistik in den "Metrien" jüngeren Entstehungsdatums: Biometrie, Demometrie, Ökonometrie, Psychometrie und Soziometrie. Ob sich nun auch noch die Geowissenschaften eine eigene Metrie zulegen sollten, mag dahingestellt bleiben. Fest steht allerdings, daß der hierfür naheliegende Begriff "Geo-Metrie" bereits inhaltlich gefüllt ist, was auch für "Geostatistik" gilt (DUTTER 1985).

Insgesamt bleibt festzuhalten, daß die Statistik in den empirischen Wissenschaften große Bedeutung bei der Planung und Auswertung von Untersuchungen erlangt. Dies gilt im besonderen Maße auch für die Umweltforschung. Hier geht es nämlich u.a. um

-       die Beschreibung von Merkmalsträgern/Untersuchungseinheiten (z.B. Ökosysteme oder Teile derselben) im Hinblick auf einzelne Merkmale (Variablen, Parameter),

-       die Kennzeichnung der Beziehungen zwischen diesen Variablen sowie

-       die räumliche und zeitliche Verallgemeinerung solcher Beobachtungsresultate.

Alltägliche und wissenschaftliche Statistik

Das zuletzt Gesagte sei im folgenden konkretisiert. Wenn wir feststellen "Heute war ein heißer Tag", so beschreiben wir eine Beobachtungseinheit (Tag) im Hinblick auf ein bestimmtes Merkmal (hier: Klimaelement Lufttemperatur). Normalerweise kennzeichnen wir jedoch nicht ein einzelnes Objekt, sondern mehrere, etwa wenn wir sagen: "Samstag und Sonntag waren heiße Tage" oder "Montag, Dienstag, Mittwoch, Donnerstag, Freitag und Samstag und Sonntag waren heiße Tage". Verzichten wir auf die Aufzählung der einzelnen Tage, um stattdessen die Wendung "Das letzte Wochenende war heiß" bzw. "Die letzte Woche war heiß" zu gebrauchen, so fassen wir die Beobachtungen bereits in einer Weise zusammen, die es erlaubt, unsere Erfahrungen in einer verkürtzten Form auszudrükken und mitzuteilen.

Die Zusammenfassung von Beobachtungen bzw. Messungen läßt sich noch weiter treiben, in dem man die durchschnittliche Tagestemperatur einer definierten Periode berechnet. Hierzu bieten sich statistische Kenndaten wie Mittelwerte und/oder Streuungsmaße an. Als "Daten über Daten" bieten sie eine zusammenfassende Information über einen Satz von Beobachtungsdaten. In der Sprache der Statistik sind diese "Superdaten" wesentlich präziser und leichter mitteilbar als entsprechende Aussagen in jeder anderen Sprache.

Wenn man nun untersuchen möchte, welche statistischen Beziehungen zwischen der Lufttemperatur und anderen Klimaelementen bzw. -faktoren besteht, so sind statistische Verfahren der Korrelations- und Regressionsanalyse anzuwenden, um den Informationsgehalt von Daten zu extrahieren. Mit der Generalisierung von Beobachtungsresultaten wird angestrebt, Schlußfolgerungen auf der Basis beschränkter Informationen zu ziehen.

Jeder Mensch trifft täglich viele Entscheidungen, die auf Generalisierungen gewisser Erfahrungen basieren. So entscheiden wir etwa anhand der Wolkenbildung am Morgenhimmel, ob wir uns beim Verlassen der Wohnung mit Regenkleidung versehen oder nicht. Auf Lebenserfahrung basierenden Verallgemeinerungen mangelt es häufig an einer präzisen Angabe, wie wahrscheinlich das Eintreffen des prognostizierten Ereignisses ist.

Vom Vorteil der Statistik: Hilfe im Erkenntnisprozeß

Für die Wahl von statistischen Verfahren zur Auswertung von Daten ist folgendes von entscheidender Bedeutung: Daten sind insofern nicht Zahlen im mathematischen Sinne, daß auf sie alle mathematischen Operationen anwendbar wären. Bei Daten handelt es sich vielmehr um die durch Meßvorgänge gewonnenen Abbilder empirischer Elemente. Auf diese numerischen Relative dürfen nur diejenigen Operationen angewendet werden, die durch die Eigenschaften des jeweiligen empirischen Korrelates und der durchgeführten Meßoperation (Skalierung) bestimmt und zugelassen sind.

Meßvorgänge produzieren also Daten, die in Abhängigkeit von den Charakteristika des empirischen Relativs und der Meßoperation unterschiedliche Qualitäten (Skalendignität, Zuverlässigkeit, Repräsentanz) haben. Skalen können also als formale Modelle beschrieben werden, mit denen sich empirische Eigenschaften oder Relationen darstellen lassen. Daten können in diesem Sinne nominal-, ordinal-, intervall- oder verhältnisskaliert sein. Eine Skala ist definiert als die Klasse der zulässigen Transformationen, die diese in eine strukturtreue Abbildung überführen.

Die eben skizzierte Rolle der Statistik bei der Überführung realer Strukturen in ihnen entsprechende wissenschaftliche Aussagen (= Hypothesen, Theorien) läßt erahnen, daß der Nutzen und die Nachteile der Statistik sich genau auf diese zentrale Funktion auswirken und deshalb große Bedeutung erlangen.

Vom Nachteil der Statistik

Täglich überhäufen uns die Medien mit Ergebnissen von statistischen Analysen. Ihren Rezipienten bleibt kaum noch die Zeit, sich mit diesen Untersuchungen intensiver auseinanderzusetzen. Das Ausmaß dieser Zahlenflut in Tabellen und Abbildungen bewirkt, daß wir mehr Statistiken pro Tag über uns ergehen lassen müssen als etwa Goethe oder Schiller während ihrer gesamten Lebenszeit konsumierten (KRÄMER 1991). Auch die Wissenschaft leistet ihren Beitrag zu diesen inflationären Tendenzen. Denn der Publikationsdruck - und somit letztendlich auch das Generieren von Statistiken - läßt sich für die "scientific community" treffend mit "publish or perish" zusammenfassen.

So warnen BAMBERG & BAUR (1989) im ersten Satz ihres Lehrbuches: "Nichts lügt so sehr wie die Statistik". Die Autoren schlußfolgern: "... Trau keiner Statistik, die Du nicht selbst gefälscht hast". Diese Aussagen und eine mittlerweile zunehmende Anzahl an Veröffentlichungen belegen die wachsende Kritik, die der Statistik gegenüber erwachsen ist. Begriffe wie "Datenmassage" oder "Mogelfaktor und -packung" etc. sind keine Seltenheit mehr. DEWDNEY (1990, 1992) und KRÄMER (1991) beschreiben eindrucksvoll, wie mittels Statistik gezaubert wird: So war es beispielsweise in der Deutschen Demokratischen Republik üblich, in Zeiten der Gemüseknappheit die schweren und reichlich vorhandenen Melonen dem Gemüse statt dem Obst zu zuordnen (DEWDNEY 1992).

Folgenschwerer sind Behauptungen, daß mit Hilfe der Statistik Zusammenhänge untermauert werden wie beispielsweise zwischen der Pflanzenschutzmittelanwendung und Krebs. So hat die Fernsehsendung "Studio 1" im ZDF im Jahre 1990 einen Zusammenhang zwischen Herbizid-applikation - hier: Triazin - und Eierstock-Krebs (Ovarial-Karzinom) publiziert, der auf einer Studie von DONNA et al. (1989) basiert. Die Firma Ciba-Geigy hingegen ließ drei Gegengutachten anfertigen, die unabhängig voneinander zu der Schlußfolgerung desselben Inhalts gelangen: Aus der genannten Studie läßt sich kein statistisch gesicherter Hinweis auf ein erhöhtes Risiko für epitheliale Neoplasmen der Ovarien durch das Herbizid Triazin ableiten.

Es gibt viele Beispiele, die den Mißbrauch statistischer Verfahren belegen. Erinnert sei daran, daß Benotungen durch arithmetische Mittelung zu Durchschnittszensuren zusammengefaßt werden, obwohl diese Daten nur ordinal skaliert sind. Trotz dieser Unzulänlichkeit beeinflussen Durch-schnittsnoten den Lebensweg vieler Menschen.

Statistische Begriffe im juristischen Kontext

In Gesetzestexten und in der rechtswissenschaftlichen Literatur werden bisweilen Begriffe der Statistik verwendet oder zumindest impliziert. Das ist prinzipiell zu begrüßen, kann jedoch dann zu einem Nachteil werden, wenn die damit verknüpften Erwartungen schwer zu realisieren sind. Dies ist anhand der Definition von umweltschützenden Normwerten (Orientierungs-, Richt- und Gren-zwerte) zu zeigen.

Die in der Bundesrepublik Deutschland praktizierte Umweltgesetzgebung orientiert sich an dem Grundsatz der Nachhaltigkeit. Das bedeutet, daß ökologische Funktionen und Strukturen - d.h. der Naturhaushalt - als Lebensgrundlage von Menschen, Pflanzen und Tieren zu sichern ist. Bei der umweltpolitischen Umsetzung des Nachhaltigkeitsgrundsatzes gilt u.a. das Vorsorgeprinzip als Richtschnur umweltschützender Regelungen und Maßnahmen (KLOEPFER 1992; SCHRÖDER et al. 1993).

Das Vorsorgeprinzip impliziert, auf der Basis gegenwärtigen ökologischen Wissens Auswirkungen menschlicher Eingriffe in den Naturhaushalt zu prognostizieren. Die erwarteten Reaktionen natürlicher Systeme müssen Anlaß und Maßstab für gegenwärtiges, die weitere (zukünftige) Funktionsfähigkeit des Naturhaushaltes gewährleistendes Handeln sein. Es geht mithin um vorsorgende Maßnahmen zwecks nachhaltigen, d.h. dauerhaften Schutzes ökologischer Funktionen. Die Wahrscheinlichkeit ihrer negativen Beeinflussung ist also Gegenstand einer Prognose, die als Grundlage der Vorsorge fungiert.

Das Vorsorgeprinzip stellt sich im juristischen Kontext als Risikoprävention dar: Die Wahrscheinlichkeit negativer Folgen (hierzu BENDER & SPARWASSER 1990: 90, Anm. 34; 93 f.; RUDOLPH & BOJE 1992; RITTER 1992) wird im Sprachgebrauch der Juristen als Risiko bezeichnet. Es liegt vor, wenn ein Schadenseintritt theoretisch möglich, aber so unwahrscheinlich ist, daß die Gefahrenschwelle erreicht wird. Hingegen kennzeichnet der Begriff Gefahr eine Sachlage, die bei ungehindertem Geschehensablauf zu einem Schaden, d.h. zu einer Rechtsverletzung bzw. Minderung von Rechtsgütern führen würde.

Die Frage nach dem Sinn einer semantischen Differenzierung von Risiko und Gefahr ist jenseits linguistischer Überlegungen für die Entscheidungen über Maßnahmen und Rechtsfolgen (planende Maßnahmen zur Vorsorge oder eingreifende Maßnahmen zur Gefahrenabwehr bedeutsam.

Im statistischen Sinne ist der juristische Gefahr- und Risikobegriff unter "Risiko" subsummierbar. Es handelt sich um Ereignisse, die sich unterscheiden in:

a)   Wahrscheinlichkeit und Zeitpunkt ihres Eintritts sowie

b)   Wissensstand des Erkenntnissubjektes über den zu beurteilenden Sachverhalt (s.o. Hypothesenwahrscheinlichkeit).

Die nachhaltige Verhinderung negativer Eingriffe in den Naturhaushalt ist demnach zu gewährleisten durch eine Risikovorsorge i. e. S. (Vorsorge vor Risiken mit erkannter Gefahrenqualität: "Gefahrenabwehr-/Schutzprinzip") und eine Risikovorsorge i. w. S. (Vorsorge vor Risiken ohne oder mit [bisher] nicht erkannter Gefahrenqualität: "Vorsorgeprinzip") (BENDER & SPARWASSER 1990: 15 f., 94, 109 f., 167 f.; KLOEPFER 1989: 45, 75 ff.; SCHMIDT 1992: 5, 15 f., 75 f.). Bei der vorsorgenden, nachhaltigen Sicherung ökologischer Strukturen und Funktionen dienen Normwerte als wichtiges Rechtsinstrument: Sie konkretisieren den Schutzanspruch des Bürgers und die sich daraus ergebenden Schwellen für eingreifende Maßnahmen.

Nach LUHMANN (1991: 177) sind Grenzwerte eine Rechtsform, die ökologische Risiken in justitiabler Form an das Rechtssystem verweisen. "Ein ... Grenzwert digitalisiert das Problem, er ist eine Form mit zwei Seiten, deren eine den Bereich des Verbotenen, deren andere den Bereich des Erlaubten bezeichnet. Auf geschickte Weise wird dadurch das Verbotene und das Erlaubte in einer einzigen Markierung zusammengefaßt, und diese Markierung kann zudem verschoben werden, wenn Veränderungen des Erkenntnisstandes oder politische Pressionen dies nahelegen".

Jede aus dem Vorsorgeprinzip abgeleitete ökosystemare Begründung von Normwerten führt zwangsläufig an die Grenzen der Erfaßbarkeit natürlicher Prozesse (HALTRICH 1991; KLOEPFER 1992: 256; MALZ 1991; PARLAR & ANGERHÖFER 1991: 207, 356; SCHRÖDER 1992a; SCHÖDER et al. 1993). Ebenso unbefriedigend ist dann die Überbrückung dieser prinzipiellen Unsicherheit durch Faktoren, die das Maß an Unsicherheit kompensieren sollen: Sicherheitsfaktoren. Deren (quantitativer) Betrag läßt sich vielfach nicht mit angebbarer statistischer Sicherheit wissenschaftlich begründen (BINSWANGER 1990; DIETER 1986; MÜCKE 1985).

Grenzwerte haben auch prognostischen Charakter: Ihre Beachtung soll die Wahrscheinlichkeit einer nachhaltigen ökologischen Funktionsstörung vorsorgend mindern. Prognosen betreffen die Zukunft und sind somit eine Funktion des Möglichkeitspotentials der Gegenwart. Die juristische Differenzierung der Möglichkeit negativer Folgewirkungen in Risiko und Gefahr ist jedoch nur dann sinvoll, wenn sie mathematisch-statistisch quantifizierbar ist. Dies setzt voraus, daß (a) über abgeschlossene Ereignisräume eine Wahrscheinlichkeitsverteilung bestimmt werden kann und (b) durch a priori gewährleistete faktisch wahrgenommene Wiederholbarkeit Quasi-Sicherheit realisiert werden kann (SAVIOLI 1988; SCHMIDT 1989).

Um also Negativeffekte prognostizieren zu können, müssen die Freiheitsgrade der Eintrittswahrscheinlichkeit, Ereignisraum und Schadenshöhe erfaßbar sein. Zudem ist zu klären, ob die Entscheidungssituation zumindest Quasi-Sicherheit ermöglicht. Daß dies von Juristen heutzutage allzu oft übersehen wird, erstaunt umso mehr, als LAPLACE (1812) und POISSON (1837) die Wahrscheinlichkeitsrechnung unter Rückgriff auf straf- und zivilrechtliche Entscheidungen entwickelt haben.

Der juristischen Definition von Gefahr und Risiko liegt deterministisches Denken zugrunde (RITTER 1992: 643; SCHOLL 1992: 150). Dabei wird übersehen, daß es sich bei ökologischen Problemen um Situationen elementarer Ungewißheit handelt. Die Relation zwischen bekannten und unbekannten ökosystemaren Negativeffekten ist nicht bestimmbar. Bei Risikostudien bzw. Grenzwertfestlegungen sollte man sich dieses fundamentalen erkenntnistheoretischen Problems bewußt sein, denn: Was im günstigsten Fall berechnet werden kann, ist die untere Schranke des Schadenserwartungswertes eines Ereignisses. Die "Notwendigkeit" (= statistische Sicherheit) tritt erst dann neben den "Zufall", sobald für ein Ereignis eine Wahrscheinlichkeitsverteilung existiert und diese sich durch das "Gesetz der großen Zahlen" untermauern läßt.

Wenn man zu den Aufgaben der Statistik die Versuchsplanung und -auswertung zählt, so lassen sich zusammenfassend zwei Problembereiche der Statistik benennen: Fehler im Forschungsdesign und im Datengewinnungsprozeß sowie statistik-immanente Fehler (Mißachtung der Datendignität, Verfahrensfehler, "bewußtes Mogeln"). Während letztere prinzipiell leicht kontrollierbar sind, bereitet die Kontrolle der ersteren erhebliche Schwierigkeiten. Nicht zuletzt am Beispiel der Definition von umweltschützenden Normwerten wird deutlich, daß man über das Zustandekommen von Daten informiert sein muß, um sie bewerten zu können. Ist der Datengewinnungsprozeß nicht intersubjektiv nachvollziehbar, so besteht die Gefahr, die Umweltsituation auf der Grundlage von Meßwerten zu beurteilen, die keine Korrelate des Untersuchungsobjektes (= Umwelt), sondern z. B. der chemisch-analytischen Verfahrensfehler sind (wie: Transport, Lagerung, Probenvorbereitung, Probennahme etc.).

Zitierte Literatur

ARL (Akademie für Raumforschung und Landesplanung) (1988): Regionalprognosen. Methoden und ihre Anwendungen).- Hannover (Forschungs- und Sitzungsberichte, 175)

BAMBERG, G. & BAUR, F. (1989): Statistik.- München

BENDER, B. & SPARWASSER, R. (1990): Umweltrecht. Grundzüge des öffentlichen Umweltschutzrechts.- Heidelberg

BINSWANGER, H.Ch. (1990): Neue Dimensionen des Risikos. In: Zeitschrift für Umweltpolitik und Umweltrecht, 2/90: 103 - 118

BÜHLER, K. (1934): Sprachtheorie.- Jena

BURCKHARDT, H. & REINERS, Ch. (1992): Begründungsformen und Geltungsansprüche in den Naturwissenschaften.- Würzburg

DEWDNEY, A.K. (1990): Mathematische Unterhaltungen. In: Spektrum der Wissenschaft, 9: 14 - 19

DEWDNEY, A.K. (1992): Mathematische Unterhaltungen. In: Spektrum der Wissenschaft, 1: 10 - 12

DIETER, H.H. (1986): Grenzwerte und Wertfragen. In: Zeitschrift für Umweltpolitik und Umweltrecht, 4/86: 375 - 390

DONNA, A., CROSIGNANI, P., ROBUTTI, F. et al. (1989): Triazine herbicides and ovarian epithelian neoplasms.- In: Scandinavian Journal of Work Environment and Health: 47 - 53

DUTTER, R. (1985): Geostatistik.- Stuttgart.

ERDMANN, K.-H. & NAUBER, J. (Hrsg.) (1993): Beiträge zur Ökosystemforschung und Umwelterziehung II.- Bonn (MAB- Mitteilungen, 37)

FRÄNZLE, O. (1992): Umweltbewertung und Ethik. In: ERDMANN, K.-H. (Hrsg.): Perspektiven menschlichen Handelns: Umwelt und Ethik.- Berlin (u.a.): 1 - 18

FRIEDRICHS, J. (1973): Methoden empirischer Sozialforschung.- Hamburg

GÜNZLER H. (1991): Zu Qualität und Ergebnis analytischer Untersuchungen am Beispiel Atrazin. In: Umweltwissenschaften und Schadstoff-Forschung, 3: 131 - 132

HALRTICH, W.G. (1991): Ökologische Untersuchungen und Grenzwerte. In: Umweltwissenschaften und Schadstoff-Forschung, 1: 8 - 11

HONNEFELDER, L. (Hrsg.) (1992): Natur als Gegenstand der Wissenschaften.- Freiburg, München (Grenzfragen. Veröffentlichungen des Instituts der Görres-Gesellschaft für interdisziplinäre Forschung, 19)

JÄGER, W. (1992): Simulation und Natur. Die mathematisch gedeutete Natur. In: HONNEFELDER, L. (Hrsg.): 27 - 85

KENNEDY, G. (1985): Einladung zur Statistik.- Frankfurt, New York

KEUNE, H., SCHRÖDER, W. & VETTER, L. (1992): Globale Integrierte Umweltbeobachtung und -bewertung. Vorschläge zur internationalen Harmonisierung. In: ERDMANN, K.-H. & NAUBER, J. (Hrsg.): 51 - 59

KLEINE-COSACK, E. (1988): Kausalitätsprobleme im Umweltstrafrecht.- Berlin

KLOEPFER, M. (1989): Umweltrecht.- München

KLOEPFER, M. (1992): Die Notwendigkeit einer nachhaltigkeitsfähigen Demokratie. In: GAIA, 1 (5): 253 - 260

KNAUER, P. (1988a): Die Stellung von Prognosen in Umweltpolitik und Umweltplanung. Überlegungen zur Programmatik und methodisch- inhaltlicher Fortentwicklung. In: ARL: 49 - 77

KNAUER, P. (1988b): Umweltprognosen. Anwendungsbeispiele aus der ökologischen Planung. In: ARL: 385 - 416

KRÄMER, W. (1991): So lügt man mit Statistik.- Frankfurt a. M.

LAPLACE, P.S. (1812): Théorie analytique des probabilités.- Paris

LIENERT, G.A. (1973): Verteilungsfreie Methoden in der Biostatistik.- Bd. 1, 2. Aufl., Meisenheim am Glan

LORENZ, R.J. (1984): Grundbegriffe der Biometrie.- Stuttgart, New York

LUHMANN, N. (1991): Soziologie des Risikos.- Berlin (u.a.)

MAIER-LEIBNITZ, H. (1983): Stichprobenverfahren zur Klärung wissenschaftlich-technischer Kontroversen. In: Die Naturwissenschaften, 70: 65 - 69

MALZ, F. (1991): Grenzwerte für Abwässer - ein Diskussionsbeitrag aus analytischer Sicht. In: Abwassertechnik, 2 1991: 7 ff.

MÜCKE, W. (1985): Risikoermittlung bei Umweltchemikalien. In: Zeitschrift für Umweltpolitik und Umweltrecht, 3/85: 221 - 245

NIETZSCHE, F. (1874): Vom Nutzen und Nachteil der Historie für das Leben.- Stuttgart.

PARLAR, H.J. & ANGERHÖFER, D. (1991): Chemische Ökotoxikologie.- Berlin

POISSON, S.D. (1837): Recherches sur la probabilité des jugements en matière criminelle et en matière civile.- Paris

PRIM, R. & TILMANN, H. (1979): Grundlagen einer kritisch-rationalen Sozialwissenschaft. Studienbuch zur Wissenschaftstheorie.- Heidelberg

PRITTWITZ, V. (1985): Acht Thesen zur sozialwissenschaftlichen Umweltforschung.- Berlin (Internationales Institut für Umwelt und Gesellschaft, IIUG Discussion paper 85-26)

RUDOLPH, P. & BOJE, R. (1992): Ökotoxikologie nach dem Chemikaliengesetz. Grundlagen für die ökotoxikologische Bewertung von Umweltchemikalien. In: RIPPEN, G. (Hrsg.) (1992): Handbuch Umweltchemikalien. Stoffdaten, Prüfverfahren, Vorschriften.- Landsberg am Lech: II-1.2.1

RITTER, E.-H. (1992): Von den Schwierigkeiten des Rechtes mit der Ökologie. In: Die Öffentliche Verwaltung, 45 (15): 461 - 469

SAMSON, E. (1988): Gewässerstrafrecht und wasserrechtliche Grenzwerte. In: Zeitschrift für Wasserrecht, 26 (3): 201 - 209

SAVIOLI, B. (1988): Restrisiko als Konzept der Risikopolitik - Eine kritische Begriffsanalyse. In: KORTENKAMP, A., GRAHL, B. & GRIMME, L.H. (Hrsg.): Die Grenzenlosigkeit der Grenzwerte: Zur Problematik eines politischen Instruments im Umweltschutz.- Karlsruhe (Alternative Konzepte, 63): 225 - 241

SCHMIDT, M. (1989): Risk-Assessment - Quantifizierung von Risiken im Umwelt- und Technikbereich. In: SCHMIDT, M. (Hrsg.): Leben in der Risikogesellschaft. Der Umgang mit modernen Zivilisationsrisiken.- Karlsruhe (Alternative Konzepte, 71): 45 - 63

SCHOLL, C. (1992): Wahrscheinlichkeit, Statistik und Recht. In: GOEBL, H. & SCHADER, M. (Hrsg.): Datenanalyse, Klassifikation und Informationsverarbeitung. Methoden und Anwendungen in verschiedenen Fachgebieten.- Heidelberg: 149 - 167

SCHRÖDER, W. (1985): Möglichkeiten und Ansätze zu einer regionalisierenden, standortkundlichen Erfassung von Waldschäden in der Bundesrepublik Deutschland. Eine Hypothesenevaluierung unter geographischem Aspekt.- Kiel (Schriftliche Hausarbeit zu Ersten Staatsprüfung für die Laufbahn der Studienräte an Gymnasien in Schleswig-Holstein)

SCHRÖDER, W. (1992a): Stirbt der Wald? - Aussagen und Erkenntnismöglichkeiten der Umweltforschung. In: Kieler Geographische Schriften, 85: 167 - 189

SCHRÖDER, W. (1992 b): Immissionsbelastungen und Umweltschäden: Zum Verhältnis von Ökologie und Umwelterziehung. In: Natur und Landschaft, 67 (4): 149 - 152

SCHRÖDER, W., FRÄNZLE, O. & DASCHKEIT, A. (1993): Festsetzung bodenfunktionsschützender Normwerte - Praktische Notwendigkeit im Spannungsfeld von Erkenntnismöglichkeiten der Ökosystemforschung und Anforderungen des Umweltschutzes. In: ERDMANN, K.-H. & NAUBER, J. (Hrsg.): 79 - 90

SCHRÖDER, W., GARBE C.D. & FRÄNZLE, O. (1991): Kriterien für die Zuverlässigkeit flächenbezogener Umweltdaten. In: Umweltwissenschaften und Schadstoff-Forschung, 3 (4): 237 - 241

SCHRÖDER, W. & VETTER, L. (1992): Globale Integrierte Umweltbeobachtung und -bewertung (GIUBB). Notwendigkeit einer internationalen Harmonisierung.- Kiel (Gutachten für UNEP-HEM)

STARKE, H. (Hrsg.) (1972): Sprache und Erkenntnis.- Meisenheim am Glan

STIENS, G. (1988): Methodologische Aspekte raumbezogener Prognostik angesichts veränderter Wissenschaftsbegriffe. Die Szenariotechnik in der raumbezogenen Zukunftsforschung als Beispiel. In: ARL: 441 - 466

VETTER, L. (1992): Vom Nutzen und Nachteil der Statistik für die Umweltforschung. In: Kieler Geographische Schriften, 85: 115 - 130

VETTER, L., SCHRÖDER, W. & FRÄNZLE, O. (1986): Wissenschaftstheoretische Aspekte der Hypothesengewinnung und -operationalisierung in der Geographie. In: FRÄNZLE, O. (Hrsg.): Geoökologische Umweltbewertung. Wissenschaftstheoretische und methodische Beiträge zur Analyse und Planung.- Kieler Geographische Schriften, 64: 1 - 17

VETTER, L., MAASS, R. & SCHRÖDER, W. (1991): Die Bedeutung der Repräsentanz für die Auswahl von Untersuchungsstandorten am Beispiel der Waldschadensforschung. In: Petermanns Geographische Mitteilungen, 3: 165 - 175

WEISGERBER, L. (1972): Die sprachlichen Zugriffe in der Erkenntnislehre. In: STARKE, H. (Hrsg.): 28 - 43

ZIMAN, J. (1982): Wie zuverlässig ist die wissenschaftliche Erkenntnis?- Braunschweig, Wiesbaden

2 Regionalisierung in den Geowissenschaften

Winfried Schröder

Zusammenfassung

Wissenschaft ist eine Form menschlicher Kommunikation. Ihre Funktionstüchtigkeit hängt wesentlich ab von der Präzision der für die Verständigung notwendigen Definitionen. Diese sollten in den empirischen Wissenschaften operational gefaßt werden. Hierzu können u.a. auch statistische Verfahren herangezogen werden. Dies gilt insbesondere dann, wenn räumliche Kontinua (Landschaften) diskretisiert, d.h. in Gruppen aufgeteilt werden. Solche raumbezogenen Klassifikationen sind Regionalisierungen und spielen in den Geowissenschaften eine immer bedeutendere Rolle.

Ökosysteme als Forschungsgegenstand

Ökologisch orientierte Umweltwissenschaften untersuchen Ökosysteme bzw. deren biotischen und abiotischen Kompartimente. Diese lassen sich je nach dem Grade der maßstäblichen Auflösung weiter hierarchisch untergliedern (zu verschiedenen Hierarchitätskonzepten und ihrer Bedeutung in der Ökosystemforschung vgl. MÜLLER 1992). Häufig werden folgende biologische Organisationsstufen genannt: Biosphäre, Biom, Zönose, Biozönose, Population und Individuum, wobei letztere aus Organen, Zellverbänden, Zellen sowie subzellulären Einheiten aufgebaut sind. Als analoge räumliche Einheiten werden betrachtet: Geosphäre, Bioregion, Zönotop, Biotop, Demotop und Monotop (KINZELBACH 1989: 15, 72; RUDOLPH & BOJE 1992). Ökosysteme sind also Ausschnitte des Gesamtsystems 'Erde' (Geosphäre), in denen sich die Biosphäre sowie die abiotischen Sphären (Atmosphäre, Hydrosphäre, Pedosphäre und Lithosphäre) gegenseitig durchdringen.

Für eine weitere definitorische Präzisierung ist es erforderlich, Ökosysteme hinsichtlich ihrer geographischen Lage, der Zahl und räumlichen Anordnung ihrer (a-)biotischen Elemente (s.o.) sowie durch deren Verknüpfungen zu kennzeichnen. Sowohl die zuletzt genannten systeminternen Relationen als auch die Verknüpfungen zwischen benachbarten Ökosystemen sind funktionaler und statischer Art. Jene umfassen die gegenwärtigen internen Energie- und Stoffumsätze, aber auch die externen: Als offene Systeme tauschen Ökosysteme mit ihrer Umgebung Energie, Informationen und Stoffe aus. Statische Beziehungen sind hingegen Raum und Lage sowie gemeinsame Strukturen (FRÄNZLE 1971: 297 f.).

Operationale Definitionen in empirischen Wissenschaften

Solche Ökosystem-Definitionen initiieren vielfach eine "nicht enden wollende Diskussion um die richtige Grenzziehung ..." Dabei wird verkannt, daß eine solche definitorische Festlegung jedoch "... immer unscharf und künstlich" ist (KINZELBACH 1989: 72, vgl. 12; vgl. zur Terminologie HOHENEGGER 1992; JAX et al. 1992; LESER 1984). Deshalb kommt es darauf an, Ökosysteme als virtuelle Ausschnitte der Realität operational so präzise wie möglich zu definieren.

In den empirischen Wissenschaften sind operationale Definitionen von großer Bedeutung. Eine operationale Definition besteht in der Angabe der Arbeitsschritte, Kriterien und Verfahren, mit deren Hilfe man entscheiden kann, ob ein mit einem Begriff bezeichnetes Phänomen vorliegt oder nicht (SCHRÖDER et al. 1992). Bei der Definition von Ökosystemen sind also auch die statischen Relationen operational zu fassen (KINZELBACH 1989: 58 - 60, 84; SCHULER 1992: 133 ff.;

ZÄCK 1990: 15).

Ein besonderes Anliegen der als Brücke zwischen Natur- und Geisteswissenschaften fungierenden ökologisch ausgerichteten Geographie ist es daher u.a., Erkenntnisse über räumliche Strukturen von Ökosystemen zu erlangen. Dies wird insbesondere dann wichtig, wenn es gilt, eine Schädigung natürlicher Systeme durch Umwelteinflüsse zu erklären oder zu prognostizieren (explorative/hypo- theseninduzierende bzw. -konfirmative Funktion des Umweltmonitorings (SCHRÖDER 1989: 4 f.; vgl. KLINK 1978; KRAFT 1991: 41; KUBLIN 1991: 6; POHLMANN 1990; QUEDNAU 1989: 100, QUEDNAU 1990: 46, 48; REICHELT 1984: 185; RÖHLE 1991: 84; SCHÖPFER & HRADETZKY 1984: 6, 10; SCHRÖDER & VETTER 1988: 37; SEKOT 1988; SRU 1987: Tz. 182, 1630, 1729; WALDEN & GUTTORP 1992).

In der Physischen Geographie ist im Zusammenhang mit dem Raumbegriff oft von "Landschaft" (BAUMGARNER 1984; BOBECK & SCHMIDTHÜSEN 1949; HARD 1964, 1970 a, b, 1990 a, b; PAFFEN 1973; SCHMIDTHÜSEN 1964) oder "Naturraum" die Rede (FRÄNZLE 1988; HAASE et al. 1985; KLINK 1966, 1967, 1969; LIEDTKE 1984 a, b, 1988; MEYNEN et al. 1962; MÜLLER-MINY 1960; RICHTER 1978; SCHMIDT 1975). Überträgt man die Forderung empirischer Wissenschaften nach operationalen Definitionen auf die moderne Physische Geographie, so reichen Bemühungen, das "Wesen der Landschaft" (PAFFEN 1973) zu erfassen, zur Lösung ökologischer Probleme nicht aus (BECK 1985: 3 - 11; TROLL 1973).

Wenn es in der Geographie nun u.a. um die Typisierung von Ökosystemen bzw. Landschaftsaus- schnitten oder um die Gliederung von Teilen der Erdoberfläche in Landschaftsräume geht, so sind diese Raumeinheiten sämtlich - möglichst operational definierte - virtuelle Ausschnitte der jeweils übergeordneten räumlichen Einheit (HORMANN 1981: 53; ZÄCK 1990: 18). Bei der semantisch- analytischen und operationalen Definition dieses Objektbereichs spielt der kognitive Prozeß der Abstraktion eine entscheidende Rolle. Er läßt sich in die Teilprozesse Selektion und Klassifikation aufgliedern.

Diese Ansicht erklärt sich zum einen daraus, daß die geistige bzw. sprachliche Erfassung der Welt bereits diese beiden Aspekte umfaßt: Objekte und Sachverhalte der Realität werden anhand markanter Merkmale voneinander unterschieden (Kap. 1). Diese Selektion diskriminierender Merkmale ist Voraussetzung für die Benennung der genannten Realitätsausschnitte. Ein sprachliches Zeichen (Wort) verweist in verschiedenen Kommunikationssituationen auf einen materiellen oder immateriellen Sachverhalt und ermöglicht damit die Verständigung (DOWING 1985; HARD 1989: 6).

Diese funktioniert jedoch nur dann effektiv in einer größeren Sprachgemeinschaft unabhängig von Raum und Zeit, wenn das Zeicheninventar und der für seinen kommunikativen Gebrauch unerläß- liche semantische und syntaktische Regelapparat nicht zu umfangreich ist. Mithin müssen bestimmte Zeichen als Vertreter für eine Klasse von - mit gleichen diskriminierenden Merkmalen ausgestatteten - Erscheinungen fungieren (Klassifikation). Zwischen Zeichen und Bezeichnetem existiert somit in der Regel keine eineindeutige Relation (Referenzidentität).

Regionalisierung

Sinn von Definitionen ist es nun, diese Relation zwischen sprachlichem Zeichen als Klassenname und dem damit Bezeichneten als aufgrund einer hinreichend großen Übereinstimmung hinsichtlich der diskriminierenden Merkmale ausgewiesenen Klassenmitglied möglichst präzise zu fassen. Genau dies ist auch die Aufgabe und Funktion von Regionalisierungen, die sich in allgemeiner Fassung wie folgt operational definieren lassen (SCHRÖDER et al. 1992): Ein Ausschnitt der Erdoberfläche wird auf der Grundlage ausgewählter diskriminierender Merkmale in Teilregionen - d.h. Klassen von Erdstellen - unter Angabe ihrer Ableitungsmethode (z.B. statistisches Verfahren) aufgegliedert, die in sich möglichst homogen, untereinander jedoch hinreichend unterschiedlich sein sollen (zur Rolle der Klassifikation in Wissenschaftstheorie und Philosophie vgl. HAFNER 1992, SIMONS 1992).

Der Abstraktion kommt in Form des Klassifizierens dann auch bei der Aufbereitung der über einen bestimmten - zuvor operational definierten - Objektbereich abgeleiteten Informationen mit Blick auf ihre Interpretation Bedeutung zu. Bestand zuvor das Abstrahieren darin, aus der Vielfalt beobachtbarer Sachverhalte die zu beobachtenden zu selektieren und zu klassifizieren, geht es bei der Interpretation darum, die Fülle der über diesen Objektbereich gewonnenen Daten so zu bündeln und darzustellen, daß sie als Grundlage für rationales Handeln geeignet sind.

Für eine planungsorientierte Anwendung geographischer bzw. geowissenschaftlicher Erkenntnisse erweist es sich also als ungeeignet, das Wesen oder den Totalcharakter von Elementen der Realität - hier: Raumindividuen und Landschaftstypen - zu ergründen (CENDRERO et al. 1992; COROMINAS 1992; JOHNSON 1992; MARKER 1992; MATTIG 1992; PANIZZA 1992; THORNTON 1992). Mit HORMANN (1981: 81) kann festgestellt werden, "daß es per se existierende Raumindividuen nicht gibt und daß der Geograph ... nur einen ... subjektiven Gliederungsvorschlag anbieten kann, subjektiv vor allem in der Auswahl der Abgrenzungskriterien." Regionalisierungen sind demnach zweckgebunden, weshalb sich die Auswahl der zu ihrer Ableitung herangezogenen Merkmale nach der Forschungsfrage bzw. der zu lösenden Problemsituation richtet (BLUME & SCHWARZ 1976; FRÄNZLE & BOBROWSKI 1983; HARD 1973; KRZANOWSKI 1975; LAUER & FRANKENBERG 1985; WALSH & O'KELLY 1979; ZÄCK 1990: 18). Raumtypisierungen bzw. Regionalisierungen lassen sich als Spezifikationen der Klassifikation verstehen (SODEUR 1974; VOGEL 1975).

Ergebnisse derartiger Klassifizierungen sind nach bestimmten Methoden zu Gruppen zusammengefaßte Raumausschnitte (Erdstellen), die hinsichtlich ihrer Merkmalsausstattungen als einander ähnlich angesehen werden können. Insofern sind Regionalisierungen als raumbezogene Zusammenfassungen geeignet, auf dem Wege der Klassen- bzw. Typenbildung vielfältige Informationen zu ordnen und somit auf ein überschaubares Maß zu reduzieren. Im Gegensatz zu FISCHER (1982: 36) wird hier nicht zwischen den Begriffen Regionalisierung und Typisierung dahingehend unterschieden, räumliche Kontingenz als konstitutives Merkmal für Regionen zu betrachten.

Die Ausführungen zeigen, daß der Abstraktion und somit auch der Klassifizierung ein hoher erkenntnistheoretischer Rang beigemessen werden kann (DOLDER & BUSER 1989; SPÄTH 1977, 1983). Dies äußert sich u.a. in Überlegungen zum "Wesen der Landschaft" (PAFFEN 1973) sowie in Reflexionen "Zum Gegenstand und zur Methode der Geographie" (STORKEBAUM 1975). Der Sammelband von SEDLACEK (1978) ergänzt die beiden vorstehend genannten und dokumentiert den Fortschritt zunehmender methodenkritischer Reflexion in den Erdwissenschaften. In ihm wird der in den zwei zuerst erwähnten Werken lediglich als Unterpunkt behandelten Regionalisierung nunmehr alleinige Aufmerksamkeit gewidmet (vgl. hierzu auch BAGER 1978, HEILIG 1980, KILCHENMANN 1978, 1991, RENNERS 1992, SCHWARZ 1977; SYMADER 1980).

In jüngerer Zeit diskutiert FISCHER (1978a, 1978b, 1986, 1987) Probleme und Verfahren der Klassifikation und Regionalisierung und beschreibt deren Wandel in der Geographie und Regionalforschung. Die folgenden Ausführungen fassen die diesbezüglichen Gedanken zusammen und zeigen die Stellung der in den Kapiteln 4 und 5 vorgestellten Verfahren in der Folge der Regionalisierungsansätze auf (vgl. KILCHEMANN 1991).

Entwicklungstendenzen der Regionalisierungsansätze

FISCHER (1982: 24 ff.) unterscheidet in der von BARTELS & HARD (1975: 26) als "Raumgliederungs- (Regionalisierungs-) Ansatz" bezeichneten Forschungsrichtung zwei Hauptphasen. Arbeiten der phänomenologisch-ontologischen Phase stellen Regionen als real existierende Wesensganzheiten holistischer Prägung dar (HARTSHORE 1939). So faßte die sich als Brücke zwischen Natur- und Humangeographie verstehende Landschaftsforschung in der deutschen Geographie eine Landschaft als "totale Komplexität aller natur- und menschenbestimmten Elemente" auf (BARTELS 1970: 26). Aus dieser Auffassung folgt, daß sich diese Landschaften bzw. Regionen klar voneinander abgrenzen lassen müssen. Hierzu gelangten neben der "integralen Methode" ("landscape method") verschiedene Varianten der "Grenzgürtelmethode" zur Anwendung (vgl. u.a. GRANÖ 1935;

MAULL 1919; PASSARGE 1908; SCHULTZE 1956). Dabei werden bestimmte Merkmale entsprechend ihrer räumlich differenzierten Ausprägung als Isoplethen kartographisch dargestellt. Die Entscheidungskriterien, welche bei Überlappung von Grenzen verschiedener Merkmale zur Festlegung der die Regionen trennenden Linien herangezogen wurden, genügten selten dem heute weitgehend akzeptierten Postulat intersubjektiver Überprüfbarkeit.

Eine vor dem Hintergrund der in den Kapiteln 5.1 bis 5.5 durchgeführten geoökologischen Regionalisierungen bedeutsame Arbeit ist die in den 50er Jahren von der Bundesanstalt für Landeskunde (Bad Godesberg) und vom Deutschen Institut für Landeskunde (Leipzig) durchgeführte naturräumliche Gliederung Deutschlands. Sie basiert auf einer Typisierung von Raumausschnitten anhand geoökologischer Standortsfaktoren wie u.a. orographische Höhenlage, Bodentyp, -struktur und -güte, Geologie, Hydrologie, Klima, Fauna und Flora.

Von der phänomenologisch-ontologischen Tradition unterscheiden sich die Ansätze der empirisch-analytischen Regionalisierung in erster Linie durch die Abkehr vom ontologischen Regionsbegriff. Diesen Wandel kennzeichnet die Auffassung WHITTLEYSEYs (1954: 30), wonach Regionen eben keine Wesensganzheiten sind, sondern vielmehr intellektuelle Abstraktionen und als solche theoretische Konstrukte. Regionalisierungen sind demnach zweckgebunden, weshalb sich die Auswahl der zu ihrer Ableitung herangezogenen Merkmale bemißt nach der Forschungsfrage bzw. der zu lösenden Problemsituation (HARD 1973; FRÄNZLE & BOBROWSKI 1983). Entscheidend für den Wandel des Regionenparadigmas ist die einleitend vertretene und in einen größeren Zusammenhang gestellte Ansicht, daß Raumtypisierungen/Regionalisierungen als Spezifikationen der Klassifikation zu betrachten sind. Eine wissenschaftstheoretisch begründete Formulierung der Regionalisierung als Ordnungsansatz der Klassenlogik hat BARTELS (1968) erarbeitet, als deren Ergänzung die Ausführungen der Kapitel 1 und 2 verstanden werden mögen.

In einer Übergangsphase vom ontologisch-phänomenologischen zum empirisch-analytischen Regionsparadigma erlangte neben der "Klassifikation im Dreiecksdiagramm" auch eine Methode Bedeutung, die FISCHER (1982: 28) als "(disaggregatives) hierarchisches Schwellenwertverfahren" bezeichnet. Es weist deutliche Parallelen zu dem in der vorliegenden Arbeit angewendeten und ergänzten CHAID auf. So wie bei CHAID (Kap. 4.3 und 5.3) wird nämlich beim disaggregativen hierarchischen Schwellenwertverfahren eine Grundgesamtheit (räumlicher Basiseinheiten) gemäß einem Merkmal in mindestens zwei Untergruppen aufgeteilt. Die solcherart abgeleitete Klassifikation wird in Form von Dendrogrammen (Stammbäumen) dargestellt.

Neben den oben geschilderten Regionalisierungsansätzen, die auf dem Homogenitätsprinzip basieren (Ausweisung von Räumen mit größtmöglicher Gleichartigkeit der Ausprägungen relevanter Merkmale), sieht FISCHER (1982: 29) in den die Übergangsphase vom ontologisch-phänomenologischen zum empirisch-analytischen Regionsparadigma mitprägenden funktionalen Regionalisierungen eine "bedeutende Weiterentwicklung". Diese seien dadurch gekennzeichnet, daß funktionale Interaktionen in ihrer räumlichen Dimension erfaßt würden. Dabei werden diejenigen Räume als Regionen definiert, deren interne Verflechtungen maximal, ihre externen Relationen hingegen minimal sind. Nach Ansicht des Autors beruht dieser funktionale Ansatz auch auf dem Homogenitätsprinzip, das sich eben nicht auf (statische) Strukturmerkmale, sondern vielmehr auf dynamisch funktionale Relationen bezieht.

Diese "qualitativ-klassischen Lösungsansätze" der Übergangsperiode (FISCHER 1982: 30) münden ein in die empirisch-analytische Regionalisierungsphase im engeren Sinne, deren Arbeiten ein Streben nach logischer Konsistenz und intersubjektiver Überprüfbarkeit zeigen. Als förderlich für diese Entwicklung war der formalisierend-quantifizierende Ansatz in den Wirtschafts- und Sozialwissenschaften. Ihnen entlehnte BERRY (1958, 1961, 1967, 1969) dort bereits gängige aggregativ-hierarchische Verfahren (z.B. das Verfahren von WARD) für Regionalisierungsprobleme. Hierin ist eine Parallele zu dem vorgelegten Sammelwerk zu sehen, denn auch die hier neben anderen eingesetzten statistischen Verfahren Korrespondenzanalyse (Kap. 4.1, 5.1), Latent Class Analysis (Kap. 4.2, 5.2) und Chisquare Interaction Detection (Kap. 4.3, 5.3) sind in den o.g. Wissenschaftsdisziplinen entwickelt worden. Diese Verfahren und mit ihnen die vorliegenden Beiträge fügen sich ein in zwei der drei von FISCHER (1982: 32 f.) wie folgt gekennzeichneten "Schwerpunkte ..., denen in der Geographie und in der Regionalforschung besondere Anstrengungen gelten":

1.   Entwicklung leistungsfähiger Verfahren zur Bewältigung großer Datenmengen sowie
2.   Evaluierung der Leistungsfähigkeit alternativer Ansätze und Entwicklung von Entscheidungs-
       hilfen zur problemgerechten Auswahl von Verfahren.

Diese Zielsetzung erfordert nach FISCHER (1987: 272) und JOHNSTON (1970: 93) die Anwendung und Entwicklung von "most powerful spatial classification procedures" bzw. "powerful family of categorical data analysis procedures". Damit sind hauptsächlich clusteranalytische bzw. loglineare Verfahren gemeint (AUFHAUSER & FISCHER 1985; BROUWER 1987; FINGLETON 1981; FISCHER 1986; ; WRIGLEY 1985). Die Leistungsfähigkeit dieser Regionalisierungsprozeduren ist insofern eingeschränkt, als in eine Clusteranalyse qualitativer Daten häufig nur ca. 1000 Beobachtungseinheiten (Merkmalsträger) einbezogen werden können. Da auch die Berechnung loglinearer Modelle eines sehr großen Hauptspeichers bedarf, sind deren Einsatzmöglichkeiten im Falle umfangreicher und/oder gemischter Datensätze ebenfalls sehr beschränkt. Insofern ist nach Verfahren zu suchen, die diesen Limitierungen nicht in dem Maße unterliegen. Zudem ist neben der stets subjektiven Wahl diskriminierender Attribute auf die Begründungsbedürftigkeit der Wahl des Gruppierungsalgorithmus und der Abbruchskriterien zu achten. Eine a priori zu treffende Festlegung von Klassenzahlen ist zu vermeiden (GRIMM 1992: 265; KILLISCH et al. 1984; MICH 1983).

Repräsentanzdefinition mittels Regionalisierung

In empirischen Wissenschaften kann stets nur ein sehr kleiner Anteil der Grundgesamtheit der Untersuchungsobjekte betrachtet werden. Somit ist es eine zunächst rein praktische Notwendigkeit, eine - begründbare - Auswahl zu treffen. Diese Stichprobe soll aus den in Kapitel 1 erläuterten wissenschaftstheoretischen Gründen repräsentativ für ihre Grundgesamtheit sein.
    Der Begriff der Repräsentativität oder Repräsentanz wird hier und im folgenden im Sinne von Stellvertretung - als 'repraesentatio identitatis' - verstanden. Semantisch-operational läßt sich hierbei ein häufigkeitsstatistischer und ein regionalstatistischer Aspekt unterscheiden. Der zuletzt genannte Gesichtspunkt erscheint dann als die wichtigere Komponente, wenn es darum geht, Objekte zu berücksichtigen, die aus einer räumlich stark differenzierten Grundgesamtheit stammen (AKIN & SIEMS 1988; BATTY 1974, 1976; FRÄNZLE 1984; GÜßEFELD 1978; OTTE 1988; SCHERELIS & BLÜMEL 1988).
    Die Auswahl repräsentativer Objekte - z.B. Böden und Ökotope (Kap. 5.4) - setzt voraus, daß die intrastrukturellen Relationen der Objektgruppe hinsichtlich der in einer operationalen Definition genannten Merkmale homogen sind. Dann und nur dann fungiert jeder Vertreter (jedes Mitglied) der Gruppe als Repräsentant derselben. Da die interstrukturellen Relationen der Gruppenmerkmale voneinander disjunkt sind, deckt eine Stichprobe einzelner Vertreter dieser disjunkten Klassen ein breites Spektrum von Merkmalsausprägungen ab. Regionalisierung bedeutet also die Einordnung von Objekten einer Grundgesamtheit von Erdstellen aufgrund gleicher oder innerhalb eines Intervalls liegender Merkmalsausprägungen (z.B. Bodenassoziationen oder Sorptionsverhalten von Bodenhorizonten).
    Wird in die operationale Definition von Repräsentanz zusätzlich das Merkmal "räumliche Vergesellschaftung" aufgenommen, so bedarf es spezieller statistischer Verfahren zur Muster-erkennung (KINZELBACH 1989: 8). Regionalisierung ist dann das Aufdecken latenter Muster anhand von manifesten Phänomenen bzw. das Explizieren impliziter Strukturen (VETTER 1989).
    Im Rahmen der Umweltanalyse und -planung dienen regionalstatistische Verfahren zur Selektion repräsentativer Erdstellen aus einer definierten Fläche (z.B. der Europäischen Gemeinschaft, Deutsch-lands oder eines der Bundesländer), um dort Untersuchungen durchzuführen, die für den Bezugsraum aussagekräftig sind. Der Repräsentativitätsaspekt kommt auch in der empirischen Umweltforschung zum Tragen, wenn aus der Vielzahl von Umweltchemikalien diejenigen für ökotoxikologische

Untersuchungen zu bestimmen sind, die für eine ganze Stoffgruppe repräsentativ sind (VETTER 1989, 1992). Repräsentanz ist somit eine Grundvoraussetzung für die Extrapolationsfähigkeit von stichprobenartigen Beobachtungen.

Demnach sind Regionen räumliche Klassen, deren Bildung nicht nur nach ähnlichen Eigenschaften, sondern zusätzlich auch unter Berücksichtigung der räumlichen Nachbarschaft der Objekte (Erdstellen) erfolgen kann. Um von gleichartigen Einflüssen und Randbedingungen (z.B. Schadstoffeintrag, Standortsfaktoren) auf ähnliche Reaktionen der Ökosysteme regionaldifferenzierend schließen zu können, müssen räumliche Klassen (Regionen) von Erdstellen gebildet werden, die in sich möglichst homogen, untereinander hingegen möglichst verschieden und in ihrer räumlichen Vergesellschaftung typisch sind (ERDMANN & NAUBER 1992: 17 - 19, 23; SCHÄFER et al. 1992; vgl. den Begriff der "Prognose" in Kap. 1). Erweiternd läßt sich der Repräsentanzbegriff mit SCHÖNWIESE (1985: 94) abschließend differenzieren in:

■   Repräsentanz meßpunktbezogener Aussagen,
■   Repräsentanz der örtlichen Übertragbarkeit und
■   Repräsentanz der zeitlichen Übertragbarkeit.

Gegenstand der Überprüfung meßpunktbezogener Aussagen sind zum einen Fragen der Fehlerrechnung. Mit Hilfe dieser ist abzuklären, ob eine quantitative Aussage über Ausprägungen eines Merkmals den aus den Hauptgütekriterien der klassischen Testtheorie (Objektivität, Reliabilität und Validität) abgeleiteten Zuverlässigkeitskriterien genügt (Kap. 3; SCHRÖDER et al. 1991).

Die örtliche und zeitliche Repräsentanz geben Auskunft über die lokale bzw. temporale Übertragbarkeit von Meßergebnissen auf andere Zeit- und/oder Ortskoordinaten. Eine konsequente Anwendung dieses Repräsentanzansatzes erlaubt mithin die Prüfung, ob die Variabilität der Meßwerte auf raumzeitlicher Varianz beruht, oder ob sie systematischen Fehlern ihres Erzeugungsprozesses entspringt (SCHRÖDER et al. 1991).

Zitierte Literatur

AKIN, H. & SIEMES, H. (1988): Praktische Geostatistik.- Berlin (...)

AUFHAUSER, E. & FISCHER, M. M. (1985): Log-linear modelling and spatial analysis. In: Environment and Planning, 17: 931 - 951

BAGER, M. (1978): Qualitativ statistische Analyse der Landschaft am Mittleren Oberrhein.- Karlsruhe (Karlsruher Manuskripte zu Mathematischen und Theoretischen Wirtschafts- und Sozialgeographie, 23)

BARTELS, D. (1968): Zur wissenschaftstheoretischen Grundlegung einer Geographie des Menschen.- Wiesbaden

BARTELS, D. (Hrsg.) (1970): Wirtschafts- und Sozialgeographie.- Köln, Berlin

BARTELS, D. & HARD, G. (1975): Lotsenbuch für das Studium der Geographie als Lehrfach.- Bonn, Kiel (Selbstverlag)

BATTY, M. (1974): Spatial entropy. In: Geographical Analysis, 6: 1 - 31

BATTY, M. (1976): Entropy in spatial aggregation. In: Geographical Analysis, 8: 1 - 21

BAUMGARNER, R. (1984): Die visuelle Landschaft. Kartierung der Ressource Landschaft in den Colorado Rocky Mountains (USA).- Bern (Geographica Bernensia, G 22)

BECK, G. (1985): Erklärende Theorie und Landeskunde.- Karlsruhe (Karlsruher Manuskripte zu Mathematischen und Theoretischen Wirtschafts- und Sozialgeographie, 70)

BERRY, B.J.L. (1958): A note concerning methods of classification. In: Annals of the Association of American Geographers, 48: 300 - 303

BERRY, B.J.L. (1961): A method for deriving multi-factor uniform regions: A synthesis. In: Annals of the Association of American Geographers, 54: 2 - 11

BERRY, B.J.L. (1967): Grouping and regionalization: An approach to the problem using multivariate analysis.- In: GARRISON, W.L. & MARBLE, D.F. (eds.): Quantitative geography. Part I: Economic and cultural topics.- Evanston (Ill.) (Northwestern University Studies in Geography, 14): 219 - 251

BERRY, B.J.L. (1969): Approaches to regional analysis. A sythesis. In: BERRY, B.J.L. & MARBLE, D.F. (eds.): Spatial analysis.- Englewood Cliffs, N.J.: 24 - 34

BLUME, H. & SCHWARZ, R. (1976): Zur Regionalisierung der USA. In: Geographische Zeitschrift, 64: 262 - 295

BOBECK, H. & SCHMIDTHÜSEN, J. (1949): Die Landschaft im logischen System der Geographie. In: Erdkunde, 3: 112 - 120

BROUWER, F. (1987): Integrated environmental modelling: Design and tools.- Dordrecht (...)

CENDRERO, A., FRANCIS, E. & DIAZ DE TERAN, J.R. (1992): Geoenvironmental units as a basis for the assessment, regulation and management of the earth's surface. In: CENDRERO, A. et al. (eds.): 199 - 234

CENDRERO, A., LÜTTIG, G. & WOLFF, F.Ch. (eds.) (1992): Planning the use of the earth's surface.- Berlin (...) (Lecture Notes in Earth Science, 42)

COROMINAS, J. (1992): Landslide risk assessment and zoning. In: CENDRERO, A. et al. (eds.): 141 - 173

DOLDER, F. & BUSER, M.W. (1989): Klassifizierung von Argumentkombinationen in Gerichtsurteilen mit der partitionierenden Cluster-Analyse. In: Rechtstheorie, 20: 380 - 401

DOWING, M. (1985): The international regulation of hazardous waste: Problems of definition and classification. In: Zeitschrift für Umweltpolitik und Umweltrecht, 2/85: 141 - 151

ERDMANN, K.-H. & NAUBER, J. (Hrsg.) (1992): Beiträge zur Ökosystemforschung und Umwelterziehung.- Bonn (MAB-Mitteilungen, 36)

ERDMANN, K.-H. & NAUBER, J. (1992): Biosphärenreservate - Instrument zum Schutz, zur Pflege und zur Entwicklung von Natur- und Kulturlandschaften. In: ERDMANN, K.-H. & NAUBER, J. (Hrsg.): 15 - 24

FINGLETON, B. (1981): Log-linear modelling of geographical contingency tables. In: Environment and Planning, 13: 1539 - 1552

FISCHER, M. M. (1978a): Theoretische und methodische Probleme der regionalen Taxonomie. In: Bremer Beträge zur Geographie und Raumplanung, 1: 19 - 50

FISCHER, M.M. (1978b): Zur Lösung funktionaler regionaltaxonomischer Probleme auf der Basis von Interaktionsmatrizen: Ein neuer graphentheoretischer Ansatz.- Karlsruhe (Karlsruher Manuskripte zu Mathematischen und Theoretischen Wirtschafts- und Sozialgeographie, 25)

FISCHER, M.M. (1982): Eine Methodologie der Regionaltaxonomie: Probleme und Verfahren der Klassifikation und Regionalisierung in der Geographie und Regionalforschung.- Bremen (Bremer Beiträge zur Geographie und Raumplanung, 3)

FISCHER, M.M. (1986): Theory testing via the latent variable model approach LISREL. In: Bremer Beiträge zur Geographie und Raumplanung, 8: 60 - 84

FISCHER, M.M. (1987): Some fundamental problems in homogeneous and functional regional taxonomy. In: Bremer Beiträge zur Geographie und Raumplanung, 11: 267 - 282

FRÄNZLE, O. (1971): Physische Geographie als quantitative Landschaftsforschung. In: Kieler Geographische Schriften, 37: 297 - 312

FRÄNZLE, O. (1984): Regionally representative sampling.- In: LEWIS, A.C. & STEIN, N. (eds.): Environmental specimen banking and monitoring as related to banking.- Boston (...): 164 - 179

FRÄNZLE, O. (1988): Naturraumgliederung mit Hilfe der Schwermetallbelastbarkeit. In: Berichte zur deutschen Landeskunde, 62: 287 - 303

FRÄNZLE, O. & BOBROWSKI, U. (1983): Untersuchungen zur ökologischen Aussagefähigkeit floristisch definierter Vegetationseinheiten. In: Verhandlungen der Gesellschaft für Ökologie, XI: 101 - 109

GOEBL, H. & SCHADER, M. (Hrsg.) (1992): Datenanalyse und Klassifikation. Methoden und Anwendungen in verschiedenen Fachgebieten.- Heidelberg

GRANÖ, J.G. (1935): Geographische Ganzheiten. In: Petermanns Mitteilungen, 81: 295 - 302

GRIMM, J. (1992): Die Repräsentantenanalyse - ein neuer Weg zur Strukturierung von Variablen oder Objekten. In: GOEBL, H. & SCHADER, M. (Hrsg.): 265 - 270

GÜßEFELD, J. (1978): Probleme bei der Verwendung inferenzstatistischer Modelle in geographischen Arbeiten.- Karlsruhe (Karlsruher Manuskripte zu Mathematischen und Theoretischen Wirtschafts- und Sozialgeographie, 26)

HAASE, G. et al. (1985): Richtlinie für die Bildung und Kennzeichnung der Kartierungseinheiten der "Naturraumtypen-Karte der DDR im mittleren Maßstab".- Leipzig (Institut für Geographie und Geoökologie der Akademie der Wissenschaften der DDR, Sonderheft 3)

HAFNER, J. (1992): Klassifikation aus wissenschaftstheoretischer Perspektive. In: GOEBL, H. & SCHADER, M. (Hrsg.): 3 - 9

HARD, G. (1964): Zur "erlebten Landschaft". In: Die Erde, 95 (1): 26 - 35

HARD, G, (1970 a): Die "Landschaft" der Sprache und die "Landschaft" der Geographen. Semantische und forschungslogische Studien zu einigen zentralen Denkfiguren in der deutschen geographischen Literatur.- Bonn (Colloquium Geographicum, 11)

HARD, G. (1970 b): Noch einmal: "Landschaft" als objektivierter Geist. Zur Herkunft und zur forschungslogischen Analyse eines Gedankens. In: Die Erde, 101 (3): 171 - 197

HARD, G. (1973): Die Geographie. Eine wissenschaftstheoretische Einführung.- Berlin

HARD, G. (1989): Geographie als Spurenlesen. Eine Möglichkeit, den Sinn und die Grenzen der Geographie zu formulieren. In: Zeitschrift für Wirtschaftsgeographie, 33 (1/2): 2 - 11

HARD, G. (1990 a): "Was ist Geographie?" Re-Analyse einer Frage und ihrer möglichen Antworten. In: Geographische Zeitschrift, 78 (1): 1 - 14

HARD, G. (1990 b): "Was ist Geographie. Reflexionen über geographische Reflexionstheorien.- Karlsruhe (Karlsruher Manuskripte zur Mathematischen und Theoretischen Wirtschafts- und Sozialgeographie, 94)

HARTSHORE, R. (1939): The nature of geography, a critical survey. In: Annals of the Association of American Geographers, 29: 173 - 658

HEILIG, G.K. (1980): Die Faktorenanalyse als ein vorbereitendes Verfahren zur Bildung homogener Regionen mehrdimensionaler Definition.- Karlsruhe (Karlsruher Manuskripte zu Mathematischen und Theoretischen Wirtschafts- und Sozialgeographie, 39)

HOHENEGGER, J. (1992): Die Art als basales Element des Systems der Organismen. Ein Klassifikationsproblem. In: GOEBL, H. & SCHADER, M. (Hrsg.): 11 - 19

HORMANN, K. (1981): Länderkunde, Landeskunde und Geographie. In: Kieler Geographische Schriften, 52: 51 - 56

JAX, K., ZAUKE, G.P. & VARESCHI, E. (1992): Remarks on terminology and the description of ecological systems. In: Ecological Modelling, 63: 133 - 141

JOHNSON, K.G. (1992): Mapping and modelling quarternary depositional systems to assess groundwater pollution hazards in the glaciated Appalachian Region, U.S.A.. In: CENDRERO, A. et al. (eds.): 175 - 197

JOHNSTON, R. J. (1970): Grouping and regionalizing: Some methodological and technical observations. In: Economic Geography, 46: 93 - 305

KILCHENMANN, A. (1978): Prototyp eines faktorenanalytischen Landschaftsbewertungsmodelles basierend auf quantitativen und qualitativen regionalen Merkmalen.- Karlsruhe (Karlsruher Manuskripte zu Mathematischen und Theoretischen Wirtschafts- und Sozialgeographie, 27)

KILCHENMANN, A. (1991): Klassifikation, Datenanalyse und Informationsverarbeitung in der Geographie und Geoökologie.- Karlsruhe (Karlsruher Manuskripte zu Mathematischen und Theoretischen Wirtschafts- und Sozialgeographie, 98)

KILLISCH, W.F., MICH, N. & FRÄNZLE, O. (1984): Ist die Anwendung der Faktorenanalyse in der empirischen Regionalforschung noch vertretbar?- Karlsruhe (Karlsruher Manuskripte zu Mathematischen und Theoretischen Wirtschafts- und Sozialgeographie, 66)

KINZELBACH, R.K. (1989): Ökologie, Naturschutz, Umweltschutz.- Darmstadt (Dimensionen der modernen Biologie, 6)

KLINK, H.-J. (1966): Naturrämliche Gliederung des Ith-Hils-Berglandes. Art und Anordnung der Physiotope und Ökotope.- Bad Godesberg (Forschungen zur deutschen Landeskunde, 159)

KLINK, H.-J. (1967): Die naturräumliche Gliederung als ein Forschungsgegenstand der Landeskunde. In: Institut für Landeskunde. 25 Jahre amtliche Landeskunde: 195 - 219

KLINK, H.-J. (1969): Das naturräumliche Gefüge des Ith-Hils- Berglandes.- Bad Godesberg (Forschungen zur deutschen Landeskunde, 187)

KLINK, H.-J. (1978): Ökologische Raumgliederung aus geographischer Sicht. In: OLSCHOWY, G. (Hrsg.): Natur und Umweltschutz.- Hamburg: 55 - 91

KRAFT, R. (1991): Analyse komplexer Dynamik in Ökosystemen. In: Internationale Biometrische Gesellschaft (Hrsg.): Tagungsberichte der Arbeitsgruppe Biometrie in der Ökologie, Heft 2, März 1991: 33 - 42

KRZANOWSKI, W. J. (1975): Discrimination and classification using both binary and continuous variables. In: Journal of the American Statistical Association, 70: 782 - 790

KUBLIN, E. (1991): Auswertung der Schadbonituren von Dauerbeobachtungsflächen. In: Internationale Biometrische Gesellschaft (Hrsg.): Tagungsberichte der Arbeitsgruppe Biometrie in der Ökologie, Heft 2, März 1991: 5 - 27

KRAFT, R. (1991): Analyse komplexer Dynamik in Ökosystemen. In: Internationale Biometrische Gesellschaft (Hrsg.): Tagungsberichte der Arbeitsgruppe Biometrie in der Ökologie, Heft 1, März 1990: 33 - 42

LAUER, W. & FRANKENBERG, P. (1985): Versuch einer geoökologischen KLassifikation der Klimate. In: Geographische Rundschau, 37: 359 - 365

LESER, H. (1984): Zum Ökologie-, Ökosystem- und Ökotopbegriff. In: Natur und Landschaft, 59: 351 - 357

LIEDTKE, H. (1984a): Naturraumpotential, Naturraumtypen und Naturregionen in der DDR. In: Geographische Rundschau, 36: 606 - 612

LIEDTKE, H. (1984b): Namen und Abgrenzungen von Landschaften in der Bundesrepublik Deutschland gemäß der amtlichen Übersichtskarte 1:500000 (ÜK 500).- Trier (Forschungen zur deutschen Landeskunde, 222)

LIEDTKE, H. (1988): West Germany's natural regions and their potential. In: Geographische Rundschau, Special Edition: 12 - 19

MARKER, B.R. (1992): Methods and approaches of environmental geology mapping: Meeting the planner's requirement. In: CENDRERO, A. et al. (eds.): 25 - 48

MATTIG, U. (1992): Geoscientific maps for land-use planning. In: CENDRERO, A. et al. (eds.): 49 - 81

MAULL, O. (1919): Geographische Staatsstruktur und Staatsgrenze. In: Kartographische Zeitschrift, 8: 129 - 136

MEYNEN, E., SCHMITTHÜSEN, J., GELLERT, J., NEEF, E., MÜLLERMINY, H. & SCHULTZE, J.H. (1962): Handbuch der naturräumlichen Gliederung Deutschlands.- Bad Godesberg

MICH, N. (1983): Zur Auswertung von Bodendaten mittels Clusteranalyse und Biplot. In: Mitteilungen der Deutschen Bodenkundlichen Gesellschaft, 36: 91 - 96

MÜLLER, F. (1992): Hierarchical approaches to ecosystem theory. In: Ecological Modelling, 63: 215 - 242

MÜLLER-MINY, H. (1960): Deutschland - Die Großregionen als naturräumliche Erscheinungen.- Bad Godesberg (Geographisches Taschenbuch 1960/61): 267 - 286

OTTE, F. (1988): Über die quantitative Erfassung der Bodenvariabilität und Gütemaße für großmaßstäbige Karten.- Diss., Kiel

PAFFEN, K. (Hrsg.) (1973): Das Wesen der Landschaft.- Darmstadt

PANIZZA, M. (1992): Geomorphological hazards and environmental impact: Assessment and mapping. In: CENDRERO, A. et al. (eds.): 101 - 123

PASSARGE, S. (1908): Die natürlichen Landschaften Afrikas. In: Petermanns Geographische Mitteilungen, 54: 147 - 160 und 182 - 188

POHLMANN, H. (1990): Geostatistical modelling of environmental data. In: Internationale Biometrische Gesellschaft (Hrsg.): Tagungsberichte der Arbeitsgruppe Biometrie in der Ökologie, Heft 1, März 1990: 18 - 27

QUEDNAU, H.D. (1989): Statistische Analyse von Waldschadensdaten aus Luftbildern mit Berücksichtigung von Nachbarschaftseffekten. In: Forstwissenschaftliches Centralblatt, 108: 96 - 102

QUEDNAU, H.D. (1990): Probleme bei der Analyse von Nachbarschaftseffekten bei Waldschadens-untersuchungen. In: Internationale Biometrische Gesellschaft (Hrsg.): Tagungsberichte der Arbeitsgruppe Biometrie in der Ökologie, Heft 1, März 1990: 43 - 51

REICHELT, G. (1984): Waldschadensmuster im Umkreis uranerzhaltiger Gruben und ihre Interpretation. In: Allgemeine Forst- und Jagdzeitung, 155: 184 - 190

RENNERS, M. (1992): Geoökologische Raumgliederung der Bundesrepublik Deutschland.- Trier (Forschungen zur deutschen Landeskunde, 235)

RICHTER, H. (1978): Eine naturräumliche Gliederung der DDR auf der Grundlage von Naturraumtypen. In: Beiträge zur Geographie, 29: 323 - 340

RÖHLE, H. (1991): Regressions-, kovarianz- und diskriminantanalytische Untersuchung der Zuwachsreaktionen von Buchen unterschiedlicher Vitalität nach Freistellung. In: Internationale Biometrische Gesellschaft (Hrsg.): Tagungsberichte der Arbeitsgruppe Biometrie in der Ökologie, Heft 2, März 1991: 75 - 85

RUDOLPH, P. & BOJE, R. (1992): Ökotoxikologie nach dem Chemikaliengesetz. Grundlagen für die ökotoxikologische Bewertung von Umweltchemikalien. In: RIPPEN, G. (Hrsg.): Handbuch der Umweltchemikalien. Stoffdaten, Prüfverfahren, Vorschriften.- Landsberg am Lech: II-1.2.1

SCHÄFER, A., LANGNER, U. & SCHÄFER, G. (1992): Makrozoobenthon- Strukturanalysen in der Fließgewässerbewertung. In: ERDMANN, K.- H. & NAUBER, J. (Hrsg.): 82 - 91

SCHERELIS, G. & BLÜMEL, W.D. (1988): Geostatistik und ihre Anwendungsperspektiven in der Geoökologie am Beispiel des Kriging- Verfahrens.- Karlsruhe (Karlsruher Manuskripte zu Mathematischen und Theoretischen Wirtschafts- und Sozialgeographie, 92)

SCHMIDT, G. (1975): Zur Bedeutung des KLimafaktors bei der Naturraumgliederung. In: Petermanns Geographische Mitteilungen, 119: 192 - 196

SCHMIDTHÜSEN, J. (1964): Was ist eine Landschaft? In: Erdkundliches Wissen, 9: 7 - 24

SCHÖNWIESE, C.-D. (1985): Praktische Statistik für Meteorologen und Geowissenschaftler.- Berlin, Stuttgart

SCHÖPFER, W. & HRADETZKY, J (1984): Analyse der Bestockungs- und Standortsmerkmale der terrestrischen Waldschadensinventur Baden-Württemberg 1983. - Freiburg (Mitteilungen der Forstlichen Versuchs- und Forschungsanstalt Baden-Württemberg, 110=

SCHÖPFER, W. & HRADETZKY, J. (1984): Analyse der Bestockungs- und Standortsmerkmale der terrestrischen Waldschadensinventur Baden- Württemberg 1983.- Freiburg (Mitteilungen der Forstlichen Versuchs- und Forschungsanstalt Baden-Württemberg, 110)

SCHRÖDER, W. (1989): Ökosystemare und statistische Untersuchungen zu Waldschäden in Nordrhein-Westfalen: Methodenkritische Ansätze zur Operationalisierung einer wissenschafts- theoretisch begründeten Konzeption.- Diss., Kiel

SCHRÖDER, W., GARBE-SCHÖNBERG, C.-D. (1991): Die Validität von Umweltdaten. In: Umweltwissenschaften und Schadstoff-Forschung, 3 (4): 237 - 241

SCHRÖDER, W. & VETTER, L. (1988): Erfassung waldschadensrelevanter Standortsfaktoren auf der Basis EDV-gestützter Auswertung geowissenschaftlichen Kartenmaterials. In: Schriften des Naturwissenschaftlichen Vereins für Schleswig-Holstein, 58: 31 - 54

SCHRÖDER, W., VETTER, L. & FRÄNZLE, O. (1992): Einfluß statistischer Verfahren auf die Bestimmung repräsentativer Standorte für Umweltuntersuchungen. In: Petermanns Geographische Mitteilungen, Jg. 136, H. 5/6: 309 - 318

SCHULER, M. (1992): Stadtregionen und Agglomerationen: Die Vielfalt statistischer Definitionen von urbanen Räumen in Europa. In: GOEBL, H. & SCHULER, M. (Hrsg.): 125 - 136

SCHULTZE, J. H. (1956): Methoden der Raumgliederung in naturbedingte Landschaften am Beispiel von Mecklenburg, Brandenburg, Sachsen-Anhalt, Thüringen und Sachsen. In: Berichte zur deutschen Landeskunde, 16: 69 - 79

SCHWARZ, R. (1977): Arealinvarianter Zusammenhang von Nominalmerkmalen.- Karlsruhe (Karlsruher Manuskripte zu Mathematischen und Theoretischen Wirtschafts- und Sozialgeographie, 21)

SEDLACEK, P. (Hrsg.) (1978): Regionalisierungsverfahren.- Darmstadt

SEKOT, W. (1988): Zur Anlage und statistischen Auswertung betrieblicher Waldschadensinventuren. In: Centralblatt für das gesamte Forstwesen, 105: 215 - 235

SIMONS, P. (1992): Philosophische Aspekte der Klassifikation. In: GOEBL, H. & SCHULER, M. (Hrsg.): 21 - 28

SODEUR, W. (1974): Empirische Verfahren zur Klassifikation.- Stuttgart

SPÄTH, H. (Hrsg.) (1977): Fallstudien Cluster-Analyse.- München, Wien

SPÄTH, H. (1983): Cluster-Formation und Analyse.- München, Wien

SRU (1987) (Der Rat von Sachverständigen für Umweltfragen): Umweltgutachten 1987.- Stuttgart, Mainz

STORKEBAUM, W. (Hrsg.) (1975): Zum Gegenstand und zur Methode der Geographie.- Darmstadt

SYMADER, W. (1980): Zur Problematik landschaftsökologischer Raumgliederungen. In: Landschaft + Stadt, 12: 81 - 89

THORNTON, I. (1992): Trace element maps and the regional distribution of human deseases. In: CENDREREO, A. et al. (eds.): 259 - 281

TROLL, C. (1973): Landschaftsökologie als geographisch-synoptische Naturbetrachtung. In: PAFFEN, K. (Hrsg.): 252 - 267

VETTER, L. (1989): Evaluierung und Entwicklung statistischer Verfahren zur Auswahl von repräsentativen Untersuchungsobjekten für ökotoxikologische Problemstellungen.- Diss., Kiel

VETTER, L. (1992): Vom Nutzen und Nachteil der Statistik für die Umweltforschung. In: Kieler Geographische Schriften, 85: 115 - 130

VOGEL, F. (1975): Probleme und Verfahren der numerischen Klassifikation.- Göttingen

WALDEN, A.T. & GUTTORP, P. (eds.) (1992): Statistics in the environmental and earth sciences: New developements.- London (...)

WALSH, J.A. & O'KELLY, M.E. (1979): An information theoretic approach to measurement of spatial inequality. In: Economic and Social Review, 10: 267 - 286

WHITTLEYSEY, D. (1954): The regional concept and the regional method. In: JAMES, P.C. & JONES, C.F. (eds.): American geography. Inventory and prospect.- Syracuse: 19 - 68

WRIGLEY, N. (1985): Categorial data analysis for geographers and environmental scientists.-
London, New York

ZÄCK, W. (1990): Grundlagen der Geographie. Eine Analogie geometrischer und geographischer
Grundbegriffe.- Karlsruhe (Karlsruher Manuskripte zu Mathematischen und Theoretischen
Wirtschafts- und Sozialgeographie, 95)

3 Statistische Sicherung geoökologischer Daten

Winfrid Kluge und Uwe Heinrich

Problemstellung

Unsere Kenntnisse über das komplexe Wirkungsgefüge und die Selbstorganisation der Ökosysteme bzw. unserer Umwelt als Ganzes sind noch sehr unvollständig. Die Gewinnung repräsentativer, statistisch gesicherter valider Daten bildet die entscheidende Basis für ein besseres Verständnis natürlicher Systeme (vgl. Kap. 2).

Ein großer Anteil der bei ökologischen Untersuchungen anfallenden Kosten entsteht bei der Datengewinnung. Es stellt sich daher die Frage, wie die immer nur begrenzt zur Verfügung stehenden Mittel effizient eingesetzt werden, d.h. wie mit möglichst geringem Meßaufwand ein maximaler Beitrag zur Problemlösung erzielt werden kann. Voraussetzung für eine Optimierung experimenteller Untersuchungen ist eine detaillierte Formulierung der Fragestellung. Es ist keine Seltenheit, daß mit der Qualitätssicherung und der Schätzung der Fehlerbereiche erst während oder beim Abschluß von Meßprogrammen begonnen wird. Selbst aufwendige Meßkampagnen können ohne eine Qualitätssicherung und Dokumentation der Daten letztlich wertlos sein.

Die Probleme, die bei der statistischen Sicherung ökologischer Daten auftreten, sind vielschichtig:

- Messungen beziehen sich immer auf einen raum-zeitlichen Ausschnitt, der von sogenannten "Punktwerten" bis zu Mittel- oder Summenwerten reicht.

- Der unzureichende Kenntnisstand über die Prozesse und deren wesentliche Zustandsgrößen sowie die Vielfalt potentieller Störeinflüsse sind häufig der Grund für unausgewogene und unvollständige Beobachtungsprogramme.

- Ökosysteme haben Unikatcharakter. Parallel- und Wiederholungsmessungen sind nur begrenzt möglich.

- Ökosysteme sind nur begrenzt beobachtbar. Der Meßvorgang selbst kann systematische Störungen verursachen. Die für ökosystemare Bilanzen wichtigen Wasser-, Stoff- und Energieflüsse können nur kleinräumig gemessen oder als Bilanzen für gesamte hydrologische Einzugsgebiete geschätzt werden. Aussagen zu den dazwischenliegenden Maßstabsebenen bleiben dem Einsatz von Modellen vorbehalten.

- Die für natürliche Systeme charakteristische Wechselwirkung biotischer und abiotischer Elemente, die Nichtlinearität und Irreversibilität der Prozesse, das komplexe Zusammenspiel kontinuierlicher und sprunghafter Veränderungen, die Systemhierarchie bei Stoff- und Energiekreisläufen, sind u.a. Ursache dafür, daß es keine verbindliche Meßtheorie, keinen Methodenkatalog für den Entwurf, die Durchführung, statistische Auswertung und Interpretation von ökologischen Meßprogrammen gibt. Eine interdisziplinäre "Ökometrie" und Ökosystemtheorie sind erst im Entstehen.

- Hinsichtlich der Ziel- und Aufgabenstellungen unterscheiden sich die Meßprogramme beträchtlich. Sie reichen von der ökosystemaren System- und Prozeßanalyse für die Modellbildung, Parametergewinnung, Modellkalibrierung und - validierung bis hin zur Umweltbeobachtung, zum Umweltmonitoring und Umweltmanagement.

■   Eine unzureichende technische Ausstattung mindert die Sicherheit und Aussagekraft von
         Meß- und Beobachtungsprogrammen.

Ziel des Beitrags ist es, auf die methodischen Probleme und die Wege zur Gewinnung statistisch
gesicherter ökologischer Daten aufmerksam zu machen. Dabei darf jedoch nicht unberücksichtigt
bleiben, daß eine effiziente Qualitätssicherung weit über den Rahmen der Statistik hinausreicht und
nur in Verbindung mit solidem Fachwissen möglich sein wird. Damit wird es auch zukünftig dem
Einzelbearbeiter überlassen bleiben, sich selbst intensiver als bisher mit dem Nachweis der Eignung
der Untersuchungsmethoden, den Verfahren der Qualitätssicherung, der Aggregierung und
Verallgemeinerung sowie der Interpretation von ökologischen Daten zu beschäftigen. Die folgenden
Betrachtungen gelten uneingeschränkt zunächst nur für metrische Daten.

Gewinnung geoökologischer Daten

Klassifikation

Die hier vorgestellte Klassifikation ökologischer Größen und Daten bildet die Grundlage für eine
Zusammenstellung zur mehrstufigen Qualitätssicherung in Tabelle 3.1. Die zu ergreifenden
Maßnahmen bei der Qualitätssicherung sollen für Größen einer Klasse gleich sein. Wegen der
Verschiedenartigkeit ökologischer Daten mußte ein Kompromiß zwischen wenigen Klassen, mit der
Gefahr der zu großen Verallgemeinerung und stärker differenzierter Klassen, mit dem Verlust der
Überschaubarkeit gefunden werden. Die Zuordnung von Größen ist nicht disjunkt, d.h. sie können
durchaus mehreren Klassen angehören.

(1)   **Direkt beobachtbare Größen**
         Diese Gruppe von Daten geht auf direkte Beobachtungen durch die menschlichen
         Sinnesorgane mit geeichten Meßmitteln oder auf das Ermitteln einer Anzahl nach einer
         verbindlichen Vorschrift zurück. Es handelt sich dabei überwiegend um Massen, Zeiten,
         Längen, Flächen, Volumina, phänologische Daten, Beträge, Stück- und Verhältniszahlen,
         Bewirtschaftungsdaten, Abundanzen oder ähnliche Informationen.

(2)   **Indirekt beobachtbare Größen**
         Diese Art von Daten wird mit zu kalibrierenden physikalischen, elektrochemischen oder
         sonstigen Sensoren weitgehend ohne die fortlaufende Benutzung menschlicher Sinnesorgane
         ermittelt. Temperaturgeber, Drucksensoren, hydrochemische Sonden und sonstige installierte
         Sensoren werden dieser Gruppe zugeteilt.

(3)   **Daten von Proben bei Feld- oder Laboranalysen**
         Proben müssen dann genommen werden, wenn die Versuchs- oder Analysentechnik nicht
         direkt vor Ort eingebaut oder nicht automatisiert im Feld gemessen werden kann. Falls die
         Proben nach deren Entnahme raschen physikalischen, chemischen oder mikrobiellen
         Veränderungen unterliegen und die sich unter natürlicher Lagerung ausgebildeten Gleich-
         gewichtszustände verschieben, sind Feldmessungen zu empfehlen oder die Proben zu
         konservieren. Im Labor überwiegen die indirekten gegenüber den direkten Meßmethoden.

(4)   **Statistisch abgeleitete Daten**
         Aus Primärdaten werden mit Verfahren der deskriptiven und schließenden Statistik Daten
         abgeleitet, die einer direkten Beobachtung nicht zugänglich sind oder eine solche zu
         aufwendig wäre. Dabei stehen Verfahren wie Korrelation und Regression, Interpolation,
         räumliche oder zeitliche Mittelbildung sowie Filterung im Mittelpunkt.

(5) **Zusammengesetzte Größen**
Hierbei handelt es sich um selbst nur eingeschränkt beobachtbare komplexe Größen, die aus verschiedenen Meßgrößen und Parametern nach arithmetischen Beziehungen berechnet werden. Als Beispiel sind hier die Evapotranspiration, Stoffbilanzen, Stoff- und Erosionsfrachten und ähnliches zu nennen.

(6) **Simulierte Daten**
Die mit Modellen simulierten Größen werden nach den Grundsätzen der Systemtheorie in die Gruppen Zustandsgrößen und Flüsse bzw. Flußraten unterteilt. Die Treffsicherheit der simulierten Daten ist unmittelbar von der Qualität der im Modell benutzten Parameter und Inputdaten abhängig. Bei Sensivitätsanalysen, der Kalibrierung und Validierung von Modellen bilden Fehlerangaben zu den zugrundeliegenden Daten eine notwendige Vorbedingung.

Für alle Daten ist es erforderlich, die physikalischen Dimensionen (als Kombination von Länge, Masse, Zeit, Strom- oder Lichtstärke) und bei Zahlenwerten die Maßeinheiten anzugeben, um Fehlerquellen bei Umrechnungen und Gegenüberstellungen zu vermeiden.

Datengewinnung und Qualitätssicherung

Qualitätssicherung muß vorbereitet und geplant sein. Bereits zu Beginn eines Untersuchungsprogrammes müssen die folgenden Arbeitschritte einmal sorgfältig und kritisch durchlaufen werden. Eine vorausschauende Qualitätssicherung von Meßprogrammen setzt natürlich Kenntnisse über Prozesse und Vorgänge in den zu untersuchenden Systemen, deren determinierte räumliche Struktur (Heterogenität) und zufällige räumliche Variabilität, deren zeitliche Dynamik sowie über die potentiell einsetzbaren Meßverfahren und Störgrößen voraus. Falls diese Informationen in der Planungsphase nicht verfügbar sind, muß das folgende Ablaufschema teilweise mehrfach durchlaufen und schrittweise ergänzt werden. Das nutzbare Vorwissen aus bereits abgeschlossenen Untersuchungen wird häufig unterschätzt. Gerade Angaben zur raum-zeitlichen Dynamik, zur Fehler- oder Streuungsbreite sind oft größentypisch und können bei vergleichbaren Meßbedingungen zumindest in ihrer Größenordnung übernommen werden. In Publikationen sollten hierzu verstärkt Angaben gemacht werden. Auch Negativerfahrungen können für weiterführende Untersuchungen einen hohen Informationswert aufweisen.

In Tabelle 3.1 sind die wesentlichen Möglichkeiten der Qualitätssicherung über den gesamten Vorgang der Datengewinnung von der Begründung und Formulierung der Aufgabe über den Entwurf der Meßprogramme, deren Durchführung bis zur Auswertung und Interpretation der Daten zusammengestellt. Die Markierungen in den rechten Spalten informieren darüber, bei welchen Datenklassen in den einzelnen Stufen der Qualitätssicherung besondere Aufmerksamkeit zu schenken ist.

Da die Ergebnisse ökologischer Untersuchungen letztendlich auf die im Feld vorherrschenden Verhältnisse zu beziehen oder zu übertragen sind, gewinnen klare Aussagen zu den Scales, die die jeweiligen Größen und Parameter widerspiegeln oder repräsentieren, zunehmend an Bedeutung. Dabei wird der Begriff Scale hier in einem Sinne gebraucht, der den Terminus Maßstab oder Skala übertrifft. Unter einem Scale wird ein raumzeitlicher Betrachtungsmaßstab verstanden. Eine adäquate Beschreibung von Prozessen, Strukturen und komplexen Wechselwirkungen in einem bestimmten Scale wird entweder durch eine gezielte Wahl der Meßkonfiguration oder durch eine Filterung von Datensätzen erreicht.

Alle Meß- und Beobachtungswerte ökologischer Untersuchungen sind anteilig mit Fehlern behaftet. Diese Aussage bedeutet jedoch keineswegs, daß erhobene Daten falsch seien. Der statistischen Qualitätssicherung kommt die Aufgabe zu, mit objektiven Prüfmethoden und Tests, die der geforderten Genauigkeit genügenden Daten von den offensichtlich "falschen" Werten (Ausreißern) zu trennen. Ob es sich bei diesen Ausreißern jedoch tatsächlich um falsche Werte oder

Tab. 3.1 Zusammenstellung von Möglichkeiten zur Qualitätssicherung bei der Vorbereitung und Durchführung ökologischer Meß- und Beobachtungsprogramme.

Stufe	Maßnahme	Möglichkeiten der Qualitätssicherung	1	2	3	4	5	6
1	Vorbereitungsphase							
	Fragestellung (Ziel und Aufgabe)	Liste der Meßgrößen mit Genauigkeitsanforderungen	■	■	■	■	■	■
	Meßpläne mit Angaben zu Meßmethoden	potentielle Fehlerquellen und Störeinflüsse sowie Abschätzung der zu erwartenden Genauigkeit aus Vorwissen	■	■	■			
	Begründung zu Standortwahl, Meßterminen, Raum- und Zeitscale	Eignung und Repräsentanz des Untersuchungsgebietes	■	■	■			
	Konzept und Vorschriften zur Qualitätssicherung	Sondermeßprogramme zur Fehleranalyse und Erprobung der Methoden bei der Qualitätssicherung	■	■	■			
2	Auswahl der Meß- und Beobachtungsflächen oder -stellen							
	Auswahl der Meß- und Beobachtungsflächen oder -stellen	Auswertung thematischer Karten und sonstiger Unterlagen	■	■	■			
	Aufnahme der Standortverhältnisse	Auflistung möglicher Probleme, Stellungnahme zur Erfüllung der Vorgaben	■	■	■			
3	Aussagen zur raum-zeitlichen Struktur der Meßgrößen und zu sonstigen Fehleranteilen							
	Sonder- oder Intensivmeßprogramme zur Analyse der räumlichen und zeitlichen Variabilität, zur Quantifizierung von potentiellen Fehlern	Schätzung von Mittelwerten und Schwankungsbereichen, Trends und Sprüngen, raum-zeitliche Variabilität, Tagesgang, Anisotropie, Autokorrelationslängen u.a. aufgrund von Meßdaten	■	■	■	■	■	■
	Ermittlung der tatsächlichen Meß- oder Probenvolumina, der zeitlichen Auflösung und Abstimmung mit anderen Meßmethoden	zeitliche und räumliche Auflösung, zeitliche Synchronisation, Angaben zu Fehleranteilen aufgrund der Meßmethode, durch natürliche Variabilität und sonstige Störungen bei der Messung bzw. Probenahme	■	■	■			
4	Messung und Beobachtung mit stationären Meßeinrichtungen							
	Einbau von Sensoren, Filterkörpern, sonstigen Geräten und Versorgungsleitungen	Minimierung der Zerstörung beim Einbau, detailliertes Protokoll zur Situation an jeder Meßstelle mit Störungen im Nahbereich oder Koppelung zwischen Sensor und ungestörter Meßumgebung	■	■				
	Einmessen der Lage, Meßtiefe oder -höhe	Eingabe in Karten und Geographisches Informationssystem, Angaben zur Lagegenauigkeit	■	■				
	Störungen durch den Meßbetrieb vermeiden	feste Wege, Einzäunung u.a.	■	■				

Stufe	Maßnahme	Möglichkeiten der Qualitätssicherung	Datenklassen					
			1	2	3	4	5	6
Fortsetzung 4	Funktionstests und Probebetrieb der Meßeinrichtungen sowie der automatischen Datenerfassung	Testprotokoll (eventuell Kalibrierung im Feld), Erprobung von Kriterien zur Plausibilität und zur Integrität der Daten	■	■				
	Datenerfassung, Datenübertragung und -sicherung in Rohdatenbanken	Prüfzeichen, Plausibilitätskontrolle, Anzeige und Dokumentation von Störungen	■	■				
	Registrierung der Meßzeiten und Synchronisation mit anderen Meßprogrammen	Erzeugung konsistenter und synchroner Datensätze in Arbeitsdatenbanken	■	■				
	Wartung und Kontrolle der Geräte	Wartungs- und Störungsprotokoll	■	■				
	fortlaufende Qualitätskontrolle mit periodischer Feldkalibrierung, Kontrolle anhand vergleichbarer Messungen und Beobachtungen	statistische Qualitätskontrolle, Prüfung auf Ausreißer und Trends, Rückschlüsse auf mögliche systematische Fehler und sonstige Störeinflüsse	■	■				
	Validierung von Meßergebnissen auch unter extremen Verhältnissen	Vergleich mit unabhängigen Methoden und Werten aus ähnlichen Versuchsgebieten zum Nachweis der Treffsicherheit (Gesamtfehler)	■	■				
5	Wiederholte Probenahme an vorzugebenden Stellen oder Flächen							
	Entnahme von Proben mit Parallelen unter reproduzierbaren Bedingungen (wenn möglich nach Standardmethoden oder Einheitsverfahren)	"ungestörte" Proben, Reduzierung von Beschaffenheitsänderungen bei der Probenahme (Temperatur, Druck, Gaskonzentration), Entnahme einer ausreichenden Anzahl von Parallelen			■			
	Abfüllen der Proben in geeignete Behälter oder Gefäße	reproduzierbare Bedingungen bei der Probenahme, Verhindern von Vermischung, Kontamination und Sorptionswirkungen, eindeutige Kennzeichnung			■			
	sofortige Konservierung der Probe	Verhinderung oder ausreichende Hemmung mikrobieller Umsetzungen			■			
	Transport, Zwischenlagerung	kurze Transportwege und möglichst sofortige Analyse			■			
	Erfassung von Störungen	Probenahmeprotokoll mit Datum, Uhrzeit, Probenehmer, Wetter usw.			■			
	Sonderprogramme zur Qualitätssicherung im Feld und Labor	Test verschiedener Probenahmetechniken und Probenehmer, Vergleich mit Standardproben, Vergleich mit Sofortanalysen unter Feldbedingungen	■	■	■			
6	Durchführung von Messungen an variablen Meßstellen zur Vorbereitung oder Ergänzung stationärer, regelmäßiger Meßprogramme oder für charakteristische Einzelereignisse (vgl. auch Stufe 4 und 5)							
	Einmessen und Kennzeichnung	Kartierung und Aufzeichnung mit ergänzenden Informationen	■	■	■	■		

Stufe	Maßnahme	Möglichkeiten der Qualitätssicherung	1	2	3	4	5	6
		Datenklassen						
Fortsetzung 6	Funktionstest der Geräte wenigstens zu Beginn und zum Abschluß des Meßeinsatzes	Eintragungen in Versuchsprotokolle			■			
	Messung des zeitlichen Verlaufs an einzelnen Meßstellen oder Messung der räumlichen Verteilung mit zeitlich versetzten Wiederholungen an stationären Bezugspunkten	möglichst einfache Sofortauswertung, Plausibilitätskontrolle des zeitlichen Verlaufs und räumlicher Unterschiede			■	■		
7	Messungen und Analysen von Proben im Feld							
	Probenahme (vgl. Stufe 5), sofortige Messung oder Analyse	Verhinderung rascher Veränderungen der Beschaffenheit durch Messung im fluiden Strom bei ausreichender Ergiebigkeit oder Messung an abgeschlossenen Proben			■			
	Sonderprogramme zur Qualitätssicherung (mit reduziertem Umfang, sonst wie Labormessungen)	Kalibrierung der Meßtechnik, Analyse von Standardreferenzmaterial, Protokoll zum Meßverlauf			■	■		
8	Messungen und Analysen von Proben im Labor							
	Probenvorbereitung, Filtern, Aufschlüsse, Mischung oder Teilung für Parallelen u.a.	Laboruntersuchungen nach vorliegenden oder eindeutig festzulegenden Vorschriften zur Organisation, technischen Ausstattung und Durchführung, Nachweis der Wirkung eines jeden Schrittes auf das Analysenergebnis			■			
	Messung oder Analyse möglichst nach Standard- oder Einheitsverfahren	Durchlauf von Wiederholungen, Standard-, Referenz- und Blindproben, Ringversuche			■	■		
	laufende Kontrolle und Registrierung der Daten	Eingabe in Arbeitsdatenbank mit automatischer Kontrolle, laufende statistische Qualitätskontrolle			■	■		
	Auswertung und Speicherung der Analysenergebnisse	Prüfbericht mit statistischen Qualitätsmaßen für zufällige und systematische Fehler, Speicherung in Datenbank			■	■		
9	Statistische Bearbeitung von Datensätzen							
	Nachweis der Integrität der verfügbaren Datensätze	Auswertung aller Versuchsprotokolle, Prüfprogramme im Computer zum Auffinden von Störungen bei Messung und Datenübertragung	■	■	■	■	■	■
	Statistische Analyse aller verfügbaren Datensätze (unter Vernachlässigung einer räumlichen oder zeitlichen Autokorrelation)	Verteilungsfunktion, Trendanalysen, Ausreißertests, Schätzung von Mittelwerten und Konfidenzintervallen, Varianzen, Variationskoeffizienten, Fehlerrechnung, graphische Darstellung	■	■	■	■	■	■
	Auffüllen von Zeitreihen	Interpolation, Datenmodelle oder Simulationsprogramme	■	■	■	■	■	■

	Maßnahme	Möglichkeiten der Qualitätssicherung	1	2	3	4	5	6
Fortset-zung 9	Geostatistische Analyse (Berücksichtigung der räumlichen Korrelation)	Variogrammanalyse (vgl. Punkt 4.7)	×	×	×	×	×	×
	Zeitreihenanalyse (Berücksichtigung der zeitlichen Korrelation)	Spektren im Zeit- und Frequenzbereich, Einsatz von Filtern, Nachweis von Trends, charakteristischen Perioden und von Reststreuung	×	×	×	×	×	×
	Herstellung und Speicherung geprüfter, zeitlich synchroner und konsistenter Datensätze	Nachweis über Methoden, Gewinnung und Verarbeitung der Daten, Dokumentation der Datenprüfung	×	×	×	×	×	×
10	Statistische Auswertung und Interpretation von Datensätzen einer Meßgröße							
	Nachweis der Validität der Daten einschließlich der Zuverlässigkeit der Fehlerschätzung	Zusammenstellung und Auswertung der wesentlichen Fehlerkomponenten, Nachweis der inhaltlichen, räumlichen und zeitlichen Repräsentanz, Vergleich mit unabhängig davon erhobenen Werten	×	×	×	×		
	Interpolation der Daten	geostatistische Verfahren				×	×	
	Regionalisierung der Daten (ohne oder mit Scaletransformation)	Schätzung von Mittelwerten				×	×	
11	Statistische Auswertung von Datensätzen verschiedener Größen							
	Berechnung abgeleiteter und zusammengesetzter Größen	Berechnung von Mittelwerten einschließlich Fehlerfortpflanzung				×	×	
	Nachweis von Korrelationen zwischen verschiedenen Meßgrößen	Anwendung weiterer statistischer Methoden (siehe analoge Kapitel in diesem Buch)					×	×

um vom mittleren Verhalten abweichende Extremwerte handelt, bedarf einer zusätzlichen fachlichen Begründung. Da die wahren Werte nicht gemessen werden können, ist es ebenso unmöglich, die wahren Fehler zu ermitteln. Sowohl die erhobenen Einzel- und Mittelwerte als auch die Fehler- bzw. Streumaße sind Schätzwerte von Stichproben. Aber gerade hier treten bei ökologischen Untersuchungen besondere Probleme auf. Bei den ökologischen Meßobjekten handelt es sich um komplexe Strukturen mit zeitlichen und räumlichen Veränderungen. Vor allem bei Zeitreihen sind Wiederholungen unmöglich. Identische Raumausschnitte für Parallelen gibt es nicht.

Gründliche Fehleranalysen und eine Schätzung der Einzelfehler für jeden Schritt der Datenerhebung bis zur Auswertung bilden somit die Grundlage der Qualitätssicherung. Möglichst für jede Stufe sind Kontrollmöglichkeiten durch Mehrfachbeprobung, Parallelen oder Wiederholungen, die Messung von Standards usw. einzuplanen. Der Entwurf effektiver, kostensparender Meß- und Beobachtungsprogramme führt über die gezielte Reduzierung der Hauptfehleranteile. Das bedeutet wiederum, in jedem Schritt der Datengewinnung ist nicht so genau wie möglich, sondern in Hinsicht auf das Endergebnis (zeitliche und räumliche Mittelwerte, zusammengesetzte Größen, Parameter und Größen für Simulationen) nur so genau wie nötig zu arbeiten. Bereits in der Vorbereitungsphase, beim Entwurf der Meßstrategie und des Meßnetzes wird darüber entschieden, ob die geforderte Genauigkeit mit der beabsichtigten Lösung erreicht werden kann oder ob nach alternativen Untersuchungsmethoden und -strategien Ausschau zu halten ist.

In Anlehnung an die umfangreiche Literatur zur Fehlerrechnung in den klassischen Naturwissenschaften und der Technik werden folgende Arten von Fehlern unterschieden (TOPPING 1975):

■ grobe Fehler:

Sie entstehen durch falsche Ablesung, Datenübertragung und Abspeicherung, falsche oder ungeeignete Auswertungen sowie sonstige Unachtsamkeiten oder grobe Mängel. Sie können durch Plausibilitätstests sowie durch Methoden- und Wertevergleiche aufgedeckt werden. Da diese Daten nicht zur eigentlich zu untersuchenden Grundgesamtheit gehören, rechtfertigen stark abweichende Werte die Anwendung von Außreißertests. Bei der Unterscheidung zwischen Ausreißern vom mittleren Verhalten und seltenen Extremereignissen ist das Fachwissen des Bearbeiters gefragt.

■ systematische Fehler und ihr Einfluß auf Repräsentanz und Verzerrungsfreiheit:

Hierzu gehören folgende Fehlerquellen:

- Auswahl falscher oder nur begrenzt repräsentativer Meßgrößen oder Proben
- Auswahl wenig repräsentativer Meßareale oder -stellen, Meßzeitpunkte oder -intervalle
- Auswahl mangelhafter oder nur begrenzt geeigneter Meß- und Probenahmeverfahren
- mangelhafte Durchführung der Messungen und Nichtberücksichtigung einseitig wirkender interner und externer Störereignisse sowie räumlicher und zeitlicher Trends, unzureichender Kalibrierung oder fehlender Vergleich mit Standards usw.

Das Nachweisen solcher Fehler erfordert Methodenvergleiche, den Nachweis von Gültigkeitsgrenzen der Meßverfahren, statistische Trendanalysen (z.B. Analyse der Reststreuung (GÖTZ 1988)), eine interne Qualitätssicherung und Ringversuche der Labors. Da systematische Fehler die Ergebnisse allgemein einseitig verfälschen, ist bei Fehleranalysen deren Vorzeichen zu beachten. Bei zuverlässiger Kenntnis und Registrierung der Ursachen kann das Anbringen von Korrekturbeziehungen nützlich sein.

■ zufällige Fehler und ihr Einfluß auf die Präzision:

Zufällige Fehler sind sowohl negativ als auch positiv. Sie entstehen durch Einwirkung verschiedenartiger zufallsartiger Einflüsse, die dem Beobachter explizit nicht zugänglich sind. Der Mittelwert aller zufälligen Fehler bei Gauß'scher Normalverteilung ist Null. Die Genauigkeit von Mittelwerten kann durch eine steigende Anzahl von Einzelmessungen im Sinne von Parallelen erhöht werden. Messungen sind dann als Parallelen einzustufen, wenn diese als Stichproben derselben Grundgesamtheit (durch Verteilungsfunktion bestimmt) entstammen. Die statistische Häufigkeitsverteilung dieser zufälligen Fehler beeinflußt die Präzision der Messungen.

Die Validität der Meßergebnisse ist erst dann gegeben, wenn grobe Fehler vermieden werden, die Repräsentanz und die Verzerrungsfreiheit nachgewiesen ist und die Ergebnisse durch eine ausreichende Anzahl von Parallelen bzw. Wiederholungen statistisch gesichert sind. Die Unterscheidung von rein zufälligen und zufällig korrelierten Fehleranteilen geht auf Modellkonzepte der Zufallsstatistik zurück. Die statistische Analyse räumlich verteilter Meßwerte erfolgt bevorzugt mit der Geostatistik (AKIN & SIEMES 1988). Bei der statistischen Auswertung zeitlicher Verläufe wird vorrangig die Zeitreihenanalyse angewendet (SCHLITTGEN & STREITBERG 1987). Beide Vorgehensweisen beruhen auf einer gemeinsamen theoretischen Basis, der Korrelationstheorie stochastischer Prozesse (TAUBENHEIM 1969). Beschäftigt sich die Geostatistik vorrangig mit der Schätzung von Varianzen, mit der Interpolation räumlicher Felder und der Schätzung von räumlichen Mittelwerten, so konzentriert sich die Zeitreihenanlyse auf Spektralanalysen, die Ableitung von stochastischen Datenmodellen und die Prognose von Prozessen. In der Ökologie ist eine engere Verzahnung beider Disziplinen gefordert.

Methoden der Fehlerschätzung

Statistische Grundlagen

Die raum-zeitliche Struktur einer ökologischen Meß- oder Beobachtungsgröße $w(x,t)$ kann als Realisierung eines kontinuierlichen stochastischen Prozesses oder Feldes durch das folgende allgemeine Datenmodell beschrieben werden:

$$w(x,t,V,T) = w_o + w_T(x,t,V,T) + w_A(x,t,V,T) + w_Z(x,t,V,T)$$
$$+ e_M(x,t,MO,I,A,ME,MK,...) + e_B(x,t,MO,MG,MV,ME,ST,...) \qquad (3.1)$$

Der Meßwert $w(x,t,V,T)$ für die Raumkoordinate x, den Zeitpunkt t, das tatsächliche Meß- oder Probenvolumen V und eine endliche Registrierzeit T für jeweils einen Meßwert wird in folgende Anteile zerlegt:

$w_0 = konstant$	Erwartungswert eines stationären Zufallsprozesses
$w_T(x,t,V,T)$	deterministische Komponente als Abweichung vom stationären Zufallsprozeß
$w_A(x,t,V,T)$	autokorrelierte oder zufällige periodische Komponente
$w_Z(x,t,V,T)$	zufällige Komponente an der Meßstelle
$e_M(x,t,MO,I,A,ME,MK,...)$	zufälliger Meßfehler durch nicht einzeln erfaßbare zufällige Veränderungen am Meßobjekt MO und im Meßinstrument I, durch Analysenfehler A, durch Einwirkung des Messenden ME, durch mikroklimatische Störungen MK, u.a.
$e_B(x,t,MO,MG,MV,ME,ST-,...)$	systematische Fehler (Bias) beim Meßvorgang durch Mängel oder Veränderungen am Meßobjekt MO, durch andauernde Veränderungen im Meßgerät I, durch Mängel beim Meßverfahren MV, durch Fehlverhalten des Messenden ME, durch Störeinflüsse mit längerfristigen einseitigen Veränderungen ST, u.a.

Die Aufspaltung der beiden rein zufälligen Komponenten w_Z und e_M in eigene Anteile bereitet bei der Analyse der Zufallsprozesse häufig Probleme. Der resultierende Beobachtungsfehler, der bei der Variogrammanalyse dem Nuggeteffekt (vgl. Kap. 4.7) entspricht, wird deshalb zu einem zufälligen Meßstellen-Beobachtungsfehler w_A zusammengefaßt, der bei einem stationären Zufallsprozeß weder vom Ort x noch von der Zeit t abhängig ist.

$$w_\Delta = w_Z(V,T) + e_M(MO,I,A,ME,MK,..) \qquad (3.2)$$

Die Anzahl der möglichen und statistisch nur begrenzt erfaßbaren Komponenten und Fehlerquellen verdeutlicht, daß die wahren Meß- oder Beobachtungswerte nur näherungsweise innerhalb gewisser Vertrauensbereiche zugänglich sind. Alle ökologischen Messungen und Beobachtungen mitteln bei jedem Meßvorgang über ein endliches Meßvolumen V und über eine bestimmte Registrierzeit T. Bei der statistischen Auswertung und Interpretation der Einzelwerte darf diese Tatsache nicht unberücksichtigt bleiben. Falls es möglich ist, sollten diese unmittelbaren Meßvolumina und Registrierzeiten eines jeden Meßwertes so gewählt werden, daß die zu beobachtenden Prozesse und Erscheinungen repräsentativ widergespiegelt werden. Man spricht dann von sogenannten REV (repräsentative Elementarvolumina) und RET (repräsentative Elementarzeiten). Die damit festgelegten Bereiche charakterisieren gewisse Optima bei denen die räumliche oder zeitliche Streuung geringen Veränderungen unterliegt. Bei nahezu "punktförmiger" Auflösung wäre die Variabilität besonders groß und bei zu großer Mittelung würde die Empfindlichkeit gegenüber einzelnen Wirkungen stark reduziert.

Die folgenden Erläuterungen sollen die Anschaulichkeit des in Gleichung (3.1) vorgestellten Datenmodells erhöhen. Die Unterscheidung zwischen deterministischen und stochastischen Komponenten erfolgt in der Literatur keinesfalls einheitlich. Den folgenden Ausführungen liegt die Unterscheidung homogener und heterogener deterministischer Komponenten sowie autokorrelierter und unkorrelierter (räumlich oder zeitlich voneinander unabhängig) Zufallskomponenten oder zufälliger Variabilität zugrunde:

■   Die homogene deterministische Komponente w_0 wird durch den Erwartungswert (Mittelwert) eines stationären Zufallsprozesses charakterisiert.

■   Die heterogene deterministische Komponente w_T beschreibt eine mittlere räumlich oder zeitlich andauernde, phänomenologisch erklärbare Veränderung im Sinne einer determinierten Heterogenität, die nicht zufällig ist und als Trend oder Sprung wirken kann. Wertvolle Hinweise auf die Existenz dieses Anteils in den Untersuchungen geben statistische Tests mit den Verteilungsfunktionen von Teilmengen aus der gesamten Stichprobe, Trendanalysen, die Anwendung von gleitenden Mittelwerten und Tiefpaßfiltern sowie Hinweise auf systematische Veränderungen von Einflußgrößen, die eine anhaltende Meßwertdrift zur Folge haben.

■   Die ungleichmäßig autokorrelierte Komponente w_A charakterisiert eine zufällige räumliche oder zeitliche Variabilität, deren Ursache nicht direkt zugänglich ist und die eine Erhaltungsneigung (Autokorrelation) aufweist. Räumlich oder zeitlich eng beieinanderliegende Werte zeigen geringere Unterschiede als das bei weiter voneinander entfernt liegenden Meßwerten der Fall ist. Der Übergang von der deterministischen zu dieser autokorrelierten Komponente ist mehr oder weniger fließend. Häufig existiert eine Abhängigkeit vom Kenntnisstand und dem Scale der Untersuchung. Eine zu geringe räumliche Ausdehnung oder zeitliche Dauer der Untersuchungen sowie eine zu geringe Datendichte kann diese Unterscheidung nachhaltig beeinflussen. Die Zuverlässigkeit einer Schätzung nimmt mit der Zahl der Meßwerte zu, die in die Berechnung miteingehen, d.h die autokorrelierte Länge in der Zeitreihenanalyse oder der "range" in der Variogrammanalyse sollte klein (10 bis 20 %) gegenüber der gesamten Beobachtungslänge sein. Aus gleicher Sicht bereitet die Beantwortung der Frage nach dem Grad der Stationarität oder der Homogenität von räumlich oder zeitlich verteilten endlichen Stichproben Probleme. Wird ein Trend als autokorrelierter Anteil betrachtet, so können diese eigentlich determinierten Anteile zu Pseudokorrelationen führen, die sich wiederum in verfälschten Schätzungen von Parametern der Grundgesamtheit niederschlagen.

■   Die natürliche rein zufällige Komponente w_Z beschreibt die unkorrelierte räumliche oder zeitliche Variabilität im Sinne einer Reststreuung. Da jede Messung oder jede Beobachtung nur über ein endliches Volumen V und eine endliche Registrierzeit T durchgeführt werden kann, ist diese Streuung direkt von der Aggregierung im Niveau der Einzelmessung abhängig. Bei der raum-zeitlichen statistischen Auswertung von Versuchsdaten darf das Meßvolumen und die tatsächliche Registrierzeit einzelner Beobachtungswerte nicht unberücksichtigt bleiben. Größere Probenvolumina und eine ansteigende Meßdauer bewirken allgemein eine Verminderung der nachgewiesenen Variabilität.

■   Der Mittelwert der zufälligen Meßfehler $\in_M$ bestimmt die Präzision der Messungen. Durch mehrfache Wiederholungen oder Parallelen an homogenisierten Meßobjekten, durch den

Vergleich mit Standards und das Ausschalten von Störeinflüssen können Strategien zu deren Verminderung entwickelt werden. Unter realen Feldbedingungen ist es allgemein schwierig, die beiden Zufallskomponenten w_Z und ϵ_M zuverlässig zu unterscheiden.

■   Die Verzerrung der Meßwerte durch systematische Fehler ϵ_B kann zwei Ursachen haben. Durch einzelne Fehlhandlungen können Ausreißer entstehen, die nicht zur beobachteten Grundgesamtheit gehören. Durch die Wahl ungeeigneter Meßverfahren, falsche Kalibrierung sowie sonstige Fehler und Mängel kann das Meßergebnis verfälscht werden. Bei gründlicher Vorbereitung des Meßprogrammes und laufender Kontrolle in allen Ebenen der Datengewinnung sind derartige Fehler zu vermeiden bzw. weitgehend auszuschließen. Damit wird gleichzeitig ein wesentlicher Beitrag zur Zuverlässigkeit der Meßwerte geleistet (SCHRÖDER, GARBE-SCHÖNBERG & FRÄNZLE 1991).

Welchen Einfluß die zufälligen und systematischen Meßfehler der Einzelmessungen auf die Ergebnisse von Meßprogrammen nach deren Zusammenfassung und Interpretation haben werden, hängt vom Verhältnis der in Gleichung (3.1) ausgewiesenen Komponenten ab. Sind vorrangig Flächenaspekte (z.B. Flächenmittelwerte, Interpolation) von Interesse kann eine erhöhte Anzahl von Meßstellen zugunsten einer verminderten Genauigkeit bzw. erhöhter zufälliger Fehler der Einzelmessungen eine durchaus überprüfenswerte Strategie zur Optimierung von Meßprogrammen sein (HEINRICII 1992).

Abbildung 3.1 zeigt ein Beispiel dafür, wie die Zerlegung der längs einer Meßtrasse erhobenen

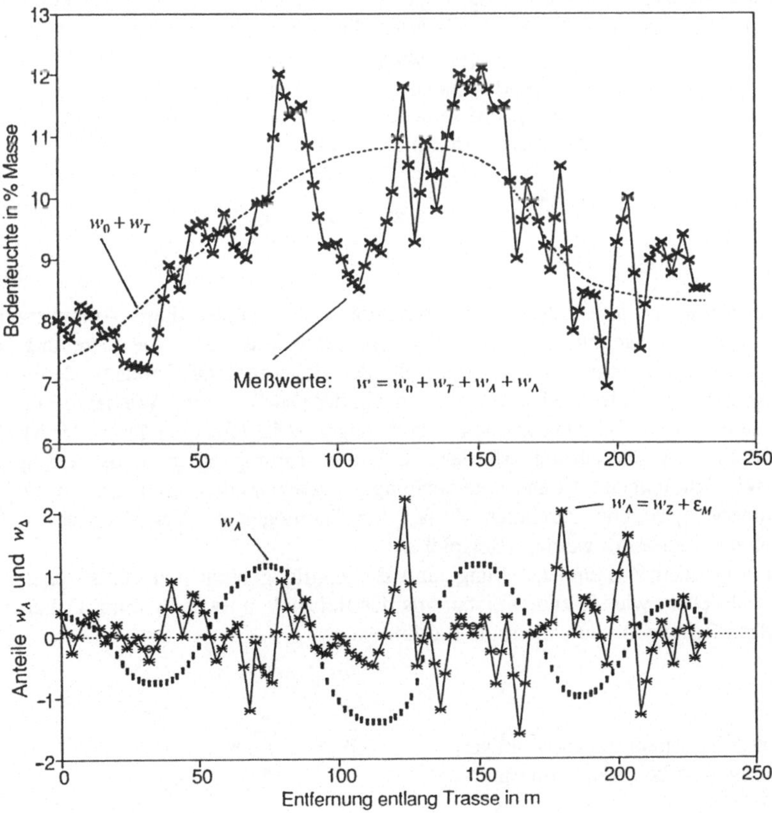

Abb. 3.1 Bodenfeuchteverlauf entlang einer Meßtrasse - Überlagerung deterministischer und zufälliger Komponenten

Bodenfeuchtewerte in einzelne Komponenten aussehen würde. Bei Gauß'schen Zufallsprozessen kann die periodische autokorrelierte Komponente w_A durch eine Überlagerung harmonischer Schwingungen (hier als rotes Rauschen), deren Amplituden und Phasen zufälligen Schwankungen unterliegen, dargestellt werden. Die als zufällig ausgewiesene Komponente w_A schließt als Reststreuung der Realisierung dieses räumlichen Prozesses (weißes Rauschen) die zufälligen Meßfehler ein. Das in Abbildung 3.1 dargestellte Beispiel wurde mit den Methoden der Spektralanalyse (KLUGE & HOFFMANN 1985) untersucht.

Die Zufallsfelder ökologischer Größen sind durch enge Wechselwirkungen räumlicher und zeitlicher Einflüsse bestimmt. Gerade weil sich die Geostatistik und die Zeitreihenanalyse in den letzten Jahren vor allem durch die Entwicklung von Anwender-Software in unterschiedliche Richtungen entwickelt haben, bedarf es für die Analyse und Stichprobenschätzung ökologischer Daten einer gemeinsamen methodischen Basis, die in der Korrelationstheorie raum-zeitlicher Zufallsprozesse gefunden werden kann. Das mit Gleichung (3.1) gewählte Modell ermöglicht gleichfalls einen Einstieg in eine theoretisch fundierte Scaleanalyse.

Die folgenden Ausführungen sollen anhand von ausgewählten Beispielen verdeutlichen, mit welchen Problemen bei der statistischen Sicherung der beschriebenen Datenklassen zu rechnen ist. Bezüglich fachlicher Details wird auf die einschlägige ergänzende Literatur verwiesen.

Fehlerschätzung für direkte unabhängige Meßwerte

Dieser Methode zur Fehlerschätzung liegt das Prinzip der kleinsten Quadrate zugrunde. Die Anwendung beschränkt sich auf Meßwerte, die einer Standardnormalverteilung entstammen, voneinander unabhängig sind und mit gleicher Genauigkeit bestimmt wurden. Da die systematischen Fehleranteile statistisch nicht direkt zugänglich sind, werden diese bei den zukünftigen Beispielen gleich Null gesetzt. Unter Bezug auf Gleichung (3.1) setzt sich der einzelne Meßwert aus dem wahren Wert w_0 und den zufälligen Fehlern am Meßort zusammen:

$$w = w_0 + w_Z + e_M = w_0 + w_\Delta \tag{3.3}$$

Bezogen auf die in der Ökologie vorkommenden Daten würden diese Voraussetzungen bedeuten, daß am gleichen Meßobjekt durch Wiederholungsmessungen die Streuung der zufälligen Beobachtungsfehler geschätzt werden kann. Bei der Sichtung in der Praxis tatsächlich zu erhebenden Daten muß man jedoch feststellen, daß die Anzahl der Daten, die mit Wiederholungen an den selben Meßobjekten bestimmt werden können, relativ begrenzt ist (Beispiel 1). In der Mehrzahl der Fälle sind zusätzliche Arbeitsschritte erforderlich. Durch Teilung einer zuvor homogenisierten Probe könnten Wiederholungen für Laboruntersuchungen erzeugt werden. In unmittelbarer Umgebung vom Probenahmeort gezogene Parallelen dürfen bei "homogenen" Verhältnissen noch als Pseudowiederholungen gewertet werden (Beispiel 2).

In der folgenden Zusammenstellung sind die häufig gebrauchten statistischen Maßzahlen nur soweit beschrieben, wie sie zum Verständnis der Beispiele notwendig sind. Dabei bezeichnet n die Anzahl der Messungen und i dient als Laufindex.

Arithmetischer Stichproben-Mittelwert (Erwartungswert bei Standardnormalverteilung):

$$\bar{w} = \frac{1}{n} \sum_{i=1}^{n} w_i \tag{3.4}$$

Empirische Stichprobenstreuung (Varianz, mittlere quadratische Abweichung):

$$s^2 = \frac{1}{n-1} \sum_{i=1}^{n} (w_i - \overline{w})^2 \qquad (3.5)$$

Standardabweichung:

$$s = \sqrt{s^2} \qquad (3.6)$$

Variationskoeffizient in %:

$$v = \frac{s}{\overline{w}} \cdot 100 \qquad (3.7)$$

Spannweite (Schwankungsbreite, Variationsbreite, w_{max} = größter Einzelwert, w_{min} = kleinster Einzelwert):

$$R = w_{max} - w_{min} \qquad (3.8)$$

Extremwerte und Ausreißer können dieses Variabilitätsmaß unbrauchbar machen. Allgemein gilt die Annahme, daß bei mindestens 10 Einzelwerten ein Wert verworfen werden darf, falls dieser außerhalb des Bereiches $\overline{w} \pm 4s$ liegt. Der Interdezilbereich I_{80} bietet sich im Vergleich zur Spannweite als ein stabileres Streumaß an (SACHS 1992). Hierbei wird die Häufigkeitsverteilung beiderseits um 10 % der äußeren Werte reduziert. I_{80} beschreibt somit die Spannweite für 80 % der Werte.

Absoluter mittlerer Fehler des einzelnen Meßwertes:

$$m_w = \pm s \qquad (3.9)$$

Absoluter mittlerer Fehler des Mittelwertes:

$$m_{\overline{w}} = \frac{m_w}{\sqrt{n}} \qquad (3.10)$$

Oft werden daraus auch die relativen mittleren Fehler berechnet, wobei die absoluten Fehler in den Gleichungen (3.9) und (3.10) durch den Stichprobenmittelwert zu dividieren sind.

Fehlerschranken des Mittelwertes mit Irrtumswahrscheinlichkeit $\alpha = 5\%$. Weitere Schranken für die Standardnormalverteilung sind entsprechenden Tabellen der Literatur (z.B. SACHS 1992) zu entnehmen:

$$\overline{w} - 2m_{\overline{w}} \leq \overline{w_0} \leq \overline{w} + 2m_{\overline{w}}$$
$$\text{bzw.} \quad |\overline{w_0} - \overline{w}| \leq 2m_{\overline{w}} \qquad (3.11)$$

Konfidenzgrenzen $\delta(\overline{w})$ des Mittelwertes oder Vertrauensbereich (Werte der Standard t-Verteilung $t(\alpha,N)$ mit Irrtumswahrscheinlichkeit α und Freiheitsgrad $N=(n-1)$):

$$\overline{w}-t(\alpha,(n-1))\frac{m_w}{\sqrt{n}} \leq \overline{w_0} \leq \overline{w}+t(\alpha,(n-1))\frac{m_w}{\sqrt{n}} \qquad (3.12)$$

Für eine ausreichende Anzahl von Meßwerten ($n > 20$) ergeben die Fehlerschranken und Konfidenzgrenzen der Mittelwerte etwa die gleichen Vertrauensbereiche. Bei einer Anzahl der Meßwerte < 10 sollten bevorzugt die Konfidenzgrenzen zur Bewertung der Sicherheit des Mittelwertes herangezogen werden.

Beispiel 1

Problemstellung: Schätzung des zufälligen Meßfehlers und Konfidenzintervalls bei der Ermittlung des Wasserstandes in Grundwasserbeobachtungsrohren

Datenmodell: $w = w_0 + \epsilon_M$ (3.13)

Datenerfassung: 10 Wiederholungsmessungen mit einem Lichtlot und Maßband, Wasserstand bleibt während des Meßzeitraumes unverändert, 10 Personen messen den Wasserstand voneinander unabhängig.

Meßwertfolge: $w_1,...,w_{10}$ in m unter Rohroberkante: 10.54, 10.542, 10.55, 10.542, 10.547, 10.545, 9.542, 10.538, 10.545, 10.542

Statistische Auswertung nach den Gleichungen (3.4), (3.5), (3.9), (3.11), (3.12):

Anzahl der Meßwerte:	$n = 9$ (der Wert 9.542 ist ein Ausreißer)
Stichproben-Mittelwert:	$\overline{w} = 10.543$ m
empirische Stichprobenstreuung:	$s^2 = 1.4 \cdot 10^{-5}$ m^2
abs. mittlerer Fehler des einzelnen Meßwertes:	$m_w = 3.8 \cdot 10^{-3}$ m
Mittelwert mit Fehlerschranken ($\alpha=5\%$):	$\overline{w} = 10.543 \pm 0{,}0025$ m
Mittelwert mit Konfidenzgrenzen ($\alpha=5\%$):	$\overline{w} = 10.543 \pm 0{,}004$ m
Variationskoeffizient in %:	$v = \pm 0.036$ %

Interpretation: Die hier angegebenen Fehlermaße sind stets aufgerundet. Im Vergleich zur Physik und Technik, wo die Präzision der Labormeßverfahren sowie die Anzahl der Wiederholungen das in der Ökologie übliche Niveau übertrifft, sollten bevorzugt die Standardabweichung, der Variationskoeffizient und die Konfidenzgrenzen von Mittelwerten nach den Gleichungen (3.6), (3.7) und (3.12) als Fehlermaße verwendet werden. Bei gleicher Irrtumswahrscheinlichkeit wird der Fehler des Mittelwertes bei dieser kleinen Stichprobe durch die Verwendung der Standardnormalverteilung deutlich unterschätzt. Mit $m_w = \pm 0.004$m erreicht der mittlere Fehler eines Meßwertes bereits die Größenordnung möglicher systematischer Meßfehler. Der Nachweis würde eine Kalibrierung des Maßbandes erfordern.

Beispiel 2

Problemstellung: Gewogene Schätzung der Mittelwerte und Fehlermaße von Bodenfeuchtemeßwerten für Einzelproben und Mischproben entlang einer Trasse:

Datenmodell: $w = w_0 + w_T(x,V) + w_A(V,MO,L,ME,...)$ (3.14)

Die Gleichung (3.14) sagt aus, daß entlang der Trasse sowohl zufällige als auch determinierte
Feuchteunterschiede im Sinne eines Trends (Trassenvariabilität) miteinbezogen sind. Für die zufällige
Komponente als Meßstellenstreuung $s_A{}^2$ oder lokale räumliche Variabilität (Meßstellenstreuung) wird
Stationarität (Unabhängigkeit von der Längenkoordinate x) vorausgesetzt.

Datenerfassung: Entnahme von jeweils 4 unmittelbar nebeneinanderliegenden Parallelproben
an 9 Stellen im Abstand von 4 m entlang einer Trasse zu ca. 50 g Substanz
pro Einzelprobe, mit Wägung vor und nach der Trocknung bei 105 °C.

Statistische Auswertung:

Für die Schätzung der Streuung sind zwei räumliche Scales maßgebend. Zum einen handelt es sich
um die 5 bis 10 cm entfernten Parallelproben an den Meßstellen und zum anderen ist der
Meßstellenabstand von 4 m maßgebend. Da die Variabilität oder Streuung unter realen Feldbedingungen allgemein mit der Entfernung ansteigt, können die Stichproben nur gewogen (im Sinne von
schrittweise vereinten Teilmengen) bearbeitet werden.

Tab. 3.2 Meßwerte und statistische Kennwerte

		Probe (k) in % Masse				Mittelwert $\bar{w}_k$ n=4	Streuung s^2_k n=4	$\delta(\bar{w}_k)$ α=0.05 N=3
		1	2	3	4			
	1	10.3	9.8	9.5	10.9	10.13	0.38	0.98
	2	12.1	11.1	11.5	11.0	11.43	0.25	0.80
	3	13.0	12.4	14.2	12.8	13.10	0.60	1.23
Meßstelle (i)	4	13.6	14.1	14.0	14.2	13.98	0.07	0.42
	5	12.0	13.8	12.1	12.3	12.55	0.71	1.34
	6	12.8	13.3	12.6	13.0	12.93	0.09	0.48
	7	12.1	13.3	11.1	11.9	12.10	0.83	1.45
	8	11.5	12.0	12.1	13.3	12.23	0.58	1.21
	9	11.6	11.5	10.7	10.6	11.10	0.27	0.83
Mittelwert $\bar{w}_i$ m=9		12.11	12.37	11.97	12.22	$\bar{w}=\bar{\bar{w}}_k=\bar{\bar{w}}_i$ = 12.17	$\bar{s^2}_k =$ 0.42	$\bar{\delta}(\bar{w}_k) =$ 0.97
Streuung s^2_i m=9		0.93	1.99	2.28	1.5	$\bar{s^2}_i$=1.68		

In den drei rechten Spalten der Tabelle 3.2 sind für die 9 Meßstellen (m=9) über 4 Parallelen
(n=4) die geschätzten Mittelwerte, Streuungen und Konfidenzgrenzen eingetragen. Da diese

geschätzten "Meßstellenstreuungen" innerhalb der Parzelle wiederum einer statistischen Verteilung unterliegen, wird die mittlere Streuung der zufälligen Komponente an den Meßstellen ohne die Trassenvariabilität $\overline{s}^2_k = 0.42$ % Masse^2 durch das arithmetische Mittel der s^2_k berechnet.

In den beiden unteren Spalten der Tabelle 3.2 sind für die 4 Einzelproben über die 9 Meßstellen die geschätzten Mittelwerte und Streuungen eingetragen. Diese Schätzungen werden natürlich von der Trassenvariabilität der jeweils 4 m voneinander entfernten Meßstellen beeinflußt (vgl. Abb. 3.2). Das arithemetische Mittel $\overline{s}^2_i = 1.68$ % Masse^2 der Streuung der Einzelproben s^2_i gibt die mittlere Streuung der Meßstellenstreuung und der Trassenvariabilität wider.

Der Mittelwert für alle 36 Proben $\overline{w}=\overline{\overline{w}}_k=\overline{\overline{w}}_i = 12.17$ % Masse ist gleich dem Mittel der Meßstellenmittelwerte als auch dem Mittel der Probenmittelwerte. Dagegen ist die Angabe einer entsprechenden Gesamtvarianz, in der die 36 Proben gleichberechtigt zu einer Stichprobe zusammengefaßt werden, nicht sinnvoll. Die Streuung der 9 Mischproben-Mittelwerte $\overline{w}_k$ für die Trasse $s^2(\overline{w}_k)=1.34$ % Masse^2 setzt sich aus der mittleren lokalen Meßstellenstreung und der Trassenvariabilität zusammen.

Weitere geschätzte Fehlermaße:

Mittlerer Fehler einer Einzelprobe (V ca. 50 cm^3) als mittlere Standardabweichung ohne Trassenvariabilität	$m_w = \pm\sqrt{\overline{s^2_k}} = \pm0.65$ % Masse
Mittlerer Fehler einer Mischprobe für die 4 Parallelen (V ca. 200 cm^3) als Standardabweichung einer Mischprobe ohne Trassenvariabilität	$m_{\overline{w}_k} = \pm\dfrac{m_w}{\sqrt{n}} = \pm0.33$ % *Masse*
Mittlere Konfidenzgrenzen einer Mischprobe für die 4 Parallelen (V ca. 200 cm^3) an einer Meßstelle	$\delta(\overline{w}_k) = \pm t(0.05,n-1)\dfrac{m_w}{\sqrt{n}}$ $= \pm1.1$ % Masse
Mittelwert mit Konfidenzgrenzen für die 9 Mischproben nur unter Berücksichtigung der Meßstellenstreuung (Gesamtmischprobe)	$\overline{w} = \overline{\overline{w}}_k + t(0.05,(m-1))\dfrac{m_{\overline{w}_k}}{\sqrt{m}}$ $= (12.2 \pm0.25)$ % Masse
Mittelwert mit gewogener Schätzung der Konfidenzgrenzen für die 9 Mischproben unter Berücksichtigung der Meßstellenstreuung und der Trassenvariabilität	$\overline{w} = \overline{\overline{w}}_i + t(0.05,(m-1))\dfrac{s^2(\overline{w}_k)}{\sqrt{m}}$ $= (12.2 \pm0.9)$ % Masse

Interpretation:

Dieses Beispiel zeigt die Scaleabhängigkeit der Streuung und der daraus abgeleiteten Fehlermaße für Einzelproben, Mischproben und Trassenmittel. Durch das Vorgehen, die Streuung an den Meßstellen s^2_k aus mehreren scalekonsistenten Stichproben von Parallelen zu ermitteln, bleibt die Trendkomponente innerhalb der Trasse weitgehend ohne Einfluß auf das Ergebnis der Schätzung der Konfidenzgrenzen für den Mittelwert nur der Mischproben, als ob alle Einzelproben zu einer Gesamtmischprobe vereint worden wären. Die räumliche Streuung innerhalb der Trasse hat hierbei keinen Einfluß auf dieses Ergebnis.

Die Schätzung der Konfidenzgrenzen des Trassenmittelwertes der 32 m langen Trasse berücksichtigt die räumlichen Unterschiede an den einzelnen Meßstellen einschließlich der Meßstellenstreuung so, als ob die Meßstellen untereinander frei austauschbar wären. Bei einem eindeutigen Trend entlang der Meßtrasse wären eine Überschätzung der Fehler die Folge. In Wirklichkeit wird der Fehler des Trassenmittels zwischen beiden Schätzungen für die Gesamtmischprobe von ±0.25 % Masse und dem Trassenmittel von ± 0.9 % Masse für frei austauschbare Meßstellen anzutreffen sein.

Dieses Beispiel dient gleichzeitig als Beleg dafür, daß bei der gewogenen Mittelbildung und Streuungsschätzung nur die Meßwerte berücksichtigt werden sollten, die bezüglich Meßpunktabstand oder Meßzeitintervall scalekonsistent sind. Eine Scalekonsistenz kann dadurch erreicht werden, indem schrittweise Parallelen zu Mischproben zusammengefaßt werden. Statistische Berechnungen mit "gemischten" Stichproben (mit stark variierenden Meßpunktabständen) können leicht die Ursache von Fehlaussagen sein.

Die gewogene Mittelbildung und Schätzung der Fehlermaße eröffnet eine Reihe von Möglichkeiten, die Scaleabhängigkeit der Streuung nachzuweisen. Mit einfachen Schätzverfahren für unabhängige Meßwerte können Strategien zur Qualitätssicherung von Einzelwerten, Mischproben und

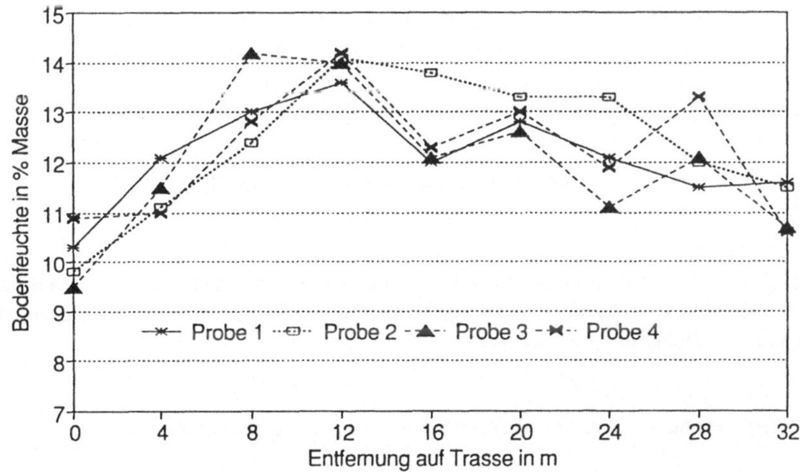

Abb.3.2 Bodenfeuchte entlang einer Trasse mit jeweils 4 Parallelen an Meßpunkten im Abstand von 4 m

Flächenmittelwerten unter Berücksichtigung der Scaleabhängigkeit der Streuung entwickelt werden, wozu hier eine Anregung gegeben werden sollte. Die Möglichkeiten dieser Betrachtung sind natürlich eingeschränkt. Hier hilft nur die Anwendung der Theorie zufälliger autokorrelierter Prozesse oder die Geostatistik weiter (vgl. Punkt 3.3.5).

Fehlerschätzung für indirekte Meßwerte an einzelnen Meßstellen

Die bisher vorgenommene Einschränkung auf nur eine unabhängige Meßgröße wird in den folgenden Ausführungen aufgegeben, indem sowohl die zufälligen Streuungen an den Meßstellen einschließlich der instrumentellen Meßfehler als auch die Kovarianzen von Paaren der Zufallsfunktionen (direkte und indirekte Meßgröße) berücksichtigt werden sollen.

Zum Verständnis des folgenden Beispiels 3 werden hier einige ausgewählte Rechenregeln zum Umgang mit Erwartungswerten, Varianzen und Kovarianzen von Zufallsfunktionen (Variable X, Y und Z) dargestellt. Dabei steht E für Erwartungswert, D für Dispersion oder Streuung und Cov für Kovarianz mit den jeweiligen Variablen in den eckigen Klammern (KENDALL & STUART 1987):

Für die lineare Beziehung Z = kX + lY gilt (k und l sind Konstante):

$$D[kX+lY] = k^2 D[X]+l^2 D[Y]+2kl\,Cov[X,Y] \tag{3.15}$$

Für das Produkt von Zufallsfunktionen Z = XY ergibt sich:

$$D[XY] = E[X]^2 D[Y]+E[Y]^2 D[X]+D[X]D[Y]+2E[X]E[Y]Cov[X,Y] \tag{3.16}$$

Weiterhin gilt:

$$Cov(Z,XY)=E(X)Cov(Z,Y)+E(Y)Cov(Z,X) \tag{3.17}$$

E[X] und E[Y] sind die erwartungstreue Schätzung der Mittelwerte der Zufallsfunktionen X und Y. Ebenso werden $s^2(X), s^2(y)$ und $s(X,Y)$ für die erwartungstreue Schätzung von D[X], D[Y] und Cov(X,Y) im Beispiel 3 verwendet.

Schätzung der Streuung indirekter Meßwerte mit linearer Kalibrierbeziehung

Der indirekte Meßwert W wird durch das Einsetzen der direkten Meßanzeige I in eine lineare Kalibrierkurve berechnet.

$$W = a+bI \tag{3.18}$$

Für einen mit mehreren Wiederholungen n an einem Meßort bestimmten Mittelwert der Meßanzeige $\overline{I}$ ergibt sich unter Vernachlässigung zeitlicher Veränderungen während der Wiederholungsmessungen:

$$\overline{W} = a + b\overline{I} \qquad (3.19)$$

Für die Differenz der mit der zeitlichen Verschiebung Δt gemessenen Mittelwerte $\Delta\overline{W}$ gilt analog:

$$\Delta\overline{W} = \overline{W}(t) - \overline{W}(t+\Delta t) = b(\overline{I}(t) - \overline{I}(t+\Delta t)) \qquad (3.20)$$

Mit Hilfe der oben zusammengestellten Rechenregeln lassen sich die Beziehungen zur Schätzung der Streuungen von sowohl indirekten Meßwerten $\overline{W}$ zum Zeitpunkt t als auch von Meßwertdifferenzen $\Delta\overline{W}$ der um Δt verschobenen Meßwerte ableiten. Dabei werden die Parameter a und b der Eichkurve wiederum als Mittelwerte von Zustandsvariablen betrachtet.

Streuung eines indirekten Meßwertes

$$s^2(\overline{W}) = s^2(a) + \overline{I}^2 s^2(b) + b^2 s^2(\overline{I}) + 2s(a,b\overline{I}) \qquad (3.21)$$

Da die Kovarianzterme $s(a,\overline{I})$ und $s(b,\overline{I})$ im allgemeinen vernachlässigbar klein sind, kann die Streuung eines indirekten Meßwerts mit Hilfe der Beziehung (3.22) geschätzt werden.

$$s^2(\overline{W}) = s^2(a) + \overline{I}^2 s^2(b) + 2\overline{I}s(a,b) + b^2 s^2(\overline{I}) \qquad (3.22)$$

Für die Streuung des Mittelwertes der Meßanzeige $s^2(\overline{I})$ (Meßstellenstreuung) werden die Beziehung (3.23) für n Wiederholungen mit stets neuer Positionierung am Meßort und die Beziehung (3.24) für ebenfalls n Wiederholungen bei stationärer Positionierung eingeführt:

$$s^2(\overline{I}) = \frac{s_r^2}{n} + \frac{s_g^2}{n} = \frac{1}{n}(s_r^2 + s_g^2) \qquad (3.23)$$

$$s^2(\overline{I}) = s_r^2 + \frac{s_g^2}{n} \qquad (3.24)$$

mit: s_r^2 = räumliche Streuung infolge Positionierungsfehler am Meßort,
       s_g^2 = meßgerätebedingte instrumentelle Streuung.

Die Durchführung der Messungen entscheidet, ob Gleichung (3.23) oder (3.24) in die Gleichung (3.22) zur Schätzung der Gesamtstreuung des indirekten Meßwertes $s^2(\overline{W})$ oder des mittleren zufälligen Meßfehlers $m_{\overline{W}}$ analog zu Gleichung (3.10) einzusetzen ist.

$$m_{\overline{W}} = \sqrt{s^2(\overline{W})} \qquad (3.25)$$

Gleichung (3.21) weist außerdem darauf hin, daß sich die Gesamtstreuung des indirekten Meßwertes aus den Streuungsanteilen infolge Kalibrierung mit der Streuung $s^2(a)$ von a, $s^2(b)$ von b und der Kovarianz $s(a,b)$ von a und b sowie der Meßstellenstreuung der Meßanzeige $s^2(\overline{T})$ zusammensetzt. Werden zeitliche Veränderungen innerhalb des unmittelbaren Meßzeitraumes ausgeschlossen, so unterteilt sich $s^2(\overline{T})$ wiederum in eine Positionierungsstreuung (räumlicher Lokalisierungsfehler) s^2_r und eine instrumentelle Streuung s^2_g.

Streuung der zeitlichen Änderung indirekter Meßwerte

Die Differenz der Meßwerte ergibt sich aus Gleichung (3.19). Für die Schätzung der zugehörenden Streuung werden die folgenden Gleichungen abgeleitet.

$$s^2(\Delta \overline{W}) = (\overline{I}(t) - \overline{I}(t+\Delta t)^2 s^2(b) + b^2 s^2(\overline{I}(t) - \overline{I}(t+\Delta t)) + 2b(\overline{I}(t) - \overline{I}(t+\Delta t))s(b,\Delta \overline{I}) \qquad (3.26)$$

Unter Vernachlässigung des dritten Terms in Gleichung (3.26) ergibt sich:

$$s^2(\Delta \overline{W}) = (\Delta \overline{I})^2 s^2(b) + 2b^2(s^2(\overline{I})) - 2b^2 s(\overline{I}(t), \overline{I}(+\Delta t)) \qquad (3.27)$$

Das Gegenüberstellen der Gleichungen (3.22) und (3.26) belegt, daß die Streuung der zeitlichen Differenz der Meßwerte von der Streuung des Parameters a der Kalibrierkurve $s^2(a)$ unbeeinflußt ist. Die Gesamtstreuung der Änderung wird durch die Streuung von $s^2(b)$ des Parameters b, die Streuung der Meßanzeige $s^2(\overline{T})$ nach Gleichung (3.23) oder (3.24) sowie die Autokovarianz der Meßanzeige $s(\overline{T}(t) - \overline{T}(t-\Delta t))$ und damit der Zeitdifferenz zwischen den einzelnen Meßterminen beeinflußt. Das Vermindern der Gesamtstreuung infolge Autokovarianz wirkt nur solange, bis bei ausreichender zeitlicher Differenz zwischen den Meßterminen die statistische Unabhängigkeit erreicht ist. Beim Vergleich der Gleichungen (3.22) und (3.26) werden die Unterschiede zwischen der Streuungsschätzung für absolute Meßwerte zum Zeitpunkt t und der durch zeitliche Autokorrelation verminderten Streuung für Meßwertdifferenzen einer Zeitreihe sichtbar. Zwei zeitlich aufeinanderfolgende Werte weisen somit infolge der Erhaltungsneigung eine Ähnlichkeit auf, die sich in einer erhöhten relativen Genauigkeit der beiden Meßwerte zueinander widerspiegelt. Die Streuung der Konstante a der Regressionsbeziehung $s^2(a)$ geht in Gleichung (3.26) ebenfalls nicht ein. Mit der Anwendung der Rechenregeln der Zufallsstatistik von Gleichung (3.15) bis (3.17) eröffnen sich neue Möglichkeiten, Gleichungen für die Streuungsschätzung indirekter Meßwerte und für die Berücksichtigung sowohl von räumlicher als auch zeitlicher Variabilität abzuleiten.

Beispiel 3

Problemstellung: Schätzung der Streuung von indirekten Bodenfeuchtemeßwerten mit der Neutronensonde.

Datenmodell: $w = (a_0 + \epsilon_a) + (b_0 + \epsilon_b)(I_0 + \epsilon_r + \epsilon_g)$ $\qquad (3.28)$

Das Modell sagt in vereinfachter Schreibweise aus, daß sowohl die Regressionsparameter mit Zufallskomponenten als auch die Impulsraten mit räumlichen Positionierungsfehlern und "instrumentellen" Zufallsanteilen des radioaktiven Zerfalls behaftet sind.

Datenerfassung: Anhand von 25 indirekten Messungen der Bodenfeuchte mit einer Neutronensonde soll die Vorgehensweise bei der Fehleranalyse bzw. der Schätzung der
Streuung indirekter Meßwerte kurz demonstriert werden. Die der Feldkalibrierung zugrundeliegenden 25 Daten für die Bodenart stark lehmiger Sand
sind in Abbildung 3.3 dargestellt.

Statistische Auswertung:

Ziel der Fehlerschätzung ist es, mit den Gleichungen (3.26), (3.24) und (3.9) die Streuung sowie
den entsprechenden mittleren Fehler der Bodenfeuchtewerte für die Impulsraten 140/sek., 180/sek.
und 220/sek. zu ermitteln. Die Messungen wurden mit 3 Wiederholungen für eine Registrierzeit von
jeweils 20 sek. bei fester Positionierung am Meßpunkt durchgeführt. Der Term der instrumentellen
Streuung leitet sich aus dem statistischen Charakter des radioaktiven Zerfalls nach der
Poisson-Verteilung ab (MILITZER & WEBER 1985). Sonderuntersuchungen in natürlich gelagerten
Böden ergaben, daß der mittlere relative räumliche Positionierungsfehler der Sonde mit etwa 2,5 %
der Impulsrate wirksam wird. Die daraus abgeleitete räumliche Streuung am Meßort hängt
entscheidend von der Inhomogenität bzw. den Feuchtegradienten innerhalb des Meßvolumen der
Neutronensonde ab.

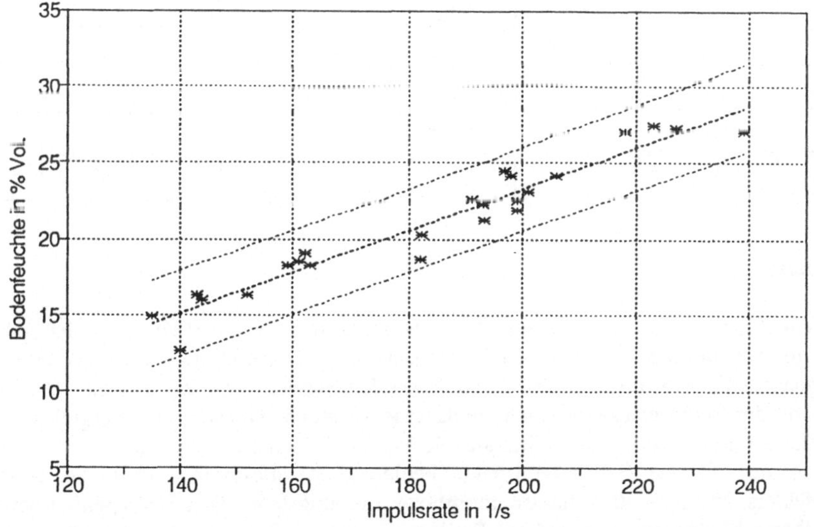

Abb.3.3 Daten für die Feldkalibrierung einer Neutronensonde mit 95% Vertrauensbändern (Berechnung nach LOZAN
1992) für einen zur gemessenen Impulsrate ermittelten Regressionswert

$$\overline{W} = -3.934 + 0.136\ \overline{I}$$
$$s^2(a) = 2.0\ \%\,Vol.^2$$
$$s^2(b) = 0.000058\ sek.^2 \cdot \%\,Vol.^2$$
$$s(a,b) = 0.011\ sek. \cdot \%\,Vol.^2$$

Tab. 3.3 Ausgangswerte für die Fehlerschätzung

$\overline{I}$ sek.$^{-1}$	$s^2(a)$ % Vol.^{2}	$\overline{I}^2 s^2(b)$ % Vol.^{2}	$2\overline{I}s(a,b)$ % Vol.^{2}	s^2_r sek.$^{-2}$	s^2_g sek.$^{-2}$	$b^2 s^2(\overline{I})$ % Vol.^{2}
140	1.97	1.13	-2.94	12.25	7.0	0.270
180	1.97	1.87	-3.78	20.25	9.0	0.430
220	1.97	2.79	-4.62	30.25	11.0	0.627

Tab. 3.4 Ergebnisse der Fehlerschätzung

$\overline{I}$ sek.$^{-1}$	$\overline{W}$ % Vol.	$s^2(\overline{W})$ % Vol.^{2}	m_W % Vol.	Fehleranteile in %		
				Kalibrierung	Positionierung	Meßgerät
140	15.1	0.43	±0.7	37	53	10
180	20.5	0.49	±0.7	12	77	11
210	30.3	0.77	±0.7	18	73	9

Interpretation:

Die durchgeführte Fehlerschätzung erlaubt Aussagen zum Betrag und Ursprung der zu erwartenden Fehler. In Tabelle 3.3 sind die der Fehlerschätzung (Tabelle 3.4) zugrundeliegenden Werte zusammengestellt. Ein mittlerer Fehler der Bodenfeuchtemeßwerte m_W unter ±1 % Vol. bestätigt, daß die mit der Neutronensonde in situ gemessenen Bodenfeuchtewerte im Vergleich zur allgemein anzutreffenden räumlichen Variabilität ausreichend statistisch gesichert sind.

Die in der Tabelle 3.4 aufgelisteten Fehleranteile informieren über die Aufteilung des Gesamtfehlers. Mit 50 - 70 % hat die räumliche Streuung bzw. die Inhomogenität der Feuchte im unmittelbaren Meßvolumen besonderen Stellenwert. Der damit verbundene Positionierungsfehler ist weder räumlich noch zeitlich konstant. Er steigt mit der Wechsellagerung der Bodenarten im Bodenprofil und dem Auftreten von Feuchtefronten an. Die Quantifizierung dieses Fehleranteils erfordert Sondermeßprogramme mit vertikalen Meßprofilen in cm-Intervallen. Eine andere Möglichkeit der Schätzung dieses Positionierungsfehlers bietet die Variogrammanalyse durch Auswertung der Nuggetvarianz (vgl. Kap. 4.7).

Der Kalibrierungsfehler hat einen Anteil von 10 - 40 % am Gesamtfehler. Durch technisch fortgeschrittene Meßtechnik und Elektronik konnte der Anteil des instrumentellen Fehlers am Gesamtfehler von ca. 10 % gering gehalten werden. Eine Erhöhung der Meßzeiten bzw. der Wiederholungsmessungen am Punkt ist somit wenig sinnvoll. Eine verbesserte Meßgenauigkeit in Form vertikaler Mittelwerte ist nur erreichbar, wenn die Anzahl der Einzelmeßpunkte innerhalb der vertikalen Beobachtungsrohre deutlich erhöht wird.

Fehlerschätzung von Flächenmittelwerten

Die folgenden Ausführungen sollen anhand von einem einfachen Beispiel zeigen, welche Konsequenzen der Übergang von unabhängigen zu autokorrelierten Beobachtungs- oder Meßwerten auf die Fehlermaße von Mittelwerten räumlich verteilter Meßstellen hat. Mit den Methoden der Korrelationstheorie stochastischer Prozesse und der Geostatistik im engeren Sinne lassen sich Aussagen zu den Schätzfehlern bei der Regionalisierung von Daten ableiten (DFG 1992). In der Hydrologie wird unter der Regionalisierung vorrangig die Ermittlung der flächenhaften Verteilung und die Flächenaggregierung einschließlich der Übertragung der Meßergebnisse von kleineren auf größere Areale (upscaling) verstanden. Da das Vorgehen bei der Interpolation von Daten mit geostatistischen Methoden in Kapitel 4.7 behandelt wird, konzentrieren sich die folgenden Ausführungen auf die Schätzung von Mittelungsfehlern. Bei dieser Mittelbildung wird das Ziel verfolgt, aus mehr oder weniger "Punktwerten" flächenrepräsentante Größen abzuleiten. Der sich damit eröffnenden Möglichkeit der Ableitung "homogenisierter" Modellgrößen und Parameter wurde in der Ökologie bisher kaum Beachtung geschenkt (NITSCHE & BRENNER 1989).

Die Korrelationstheorie stochastischer Prozesse liefert die theoretische Basis für die Schätzung der Mittelungsfehler und setzt Stationarität zweiter Ordnung voraus (SWESCHNIKOW 1965). Für den eigentlich gesuchten wahren Mittelwert $\overline{w}_F$ eines Gebietes F gilt bei Erfüllen der Ergodizitätsvoraussetzung (aus einer Realisierung kann auf die Eigenschaften der Grundgesamtheit geschlossen werden) folgende Beziehung:

$$\overline{w_F} = \frac{1}{F} \int_F w(x,y)\,dx\,dy \tag{3.29}$$

Für n äquidistante Meßpunkte ergibt sich analog dazu der Mittelwert der beobachteten Stichprobe:

$$\hat{w} = \frac{1}{n} \sum_{i=1}^{n} w_i \tag{3.30}$$

Eine endliche Gebietsgröße und der endliche Stichprobenumfang (bei diskreter Abtastung) sind Ursachen für Mittelungsfehler. Die Meßvolumina an den n Meßstellen erfassen als unvollständige Informationen nur einen Bruchteil der gesamten Fläche. Als quadratischer Fehler des diskreten Flächenmittels $\hat{E}^2$ wird die Dispersion des Unterschiedes zwischen dem wahren (Gleichung (3.29)) und dem diskreten fehlerbehafteten Gebietsmittel (Gleichung (3.30)) definiert (STOYAN 1973, HOFFMANN & KLUGE 1984):

$$\hat{E}^2 = D[\overline{w_0} - \hat{w}] = D[\overline{w_F}] + D[\hat{w}] - 2Cov[\overline{w_0}, \hat{w}] \tag{3.31}$$

In Gleichung (3.31) steht D[ ] für Dispersion bzw. Varianz im gleichen Sinne wie es in den Rechenregeln zur Zufallsstatistik in den Gleichungen (3.15) bis (3.17) gebraucht wird. Der erste Term in Gleichung (3.31) berücksichtigt den Stichprobenfehler infolge endlicher Mittelungslänge und geht mit wachsender Gebietsgröße gegen Null. Der zweite Term erfaßt den Einfluß der Diskretisierung bzw. Meßstellengeometrie und die Wirkung der zufälligen Beobachtungsfehler auf den Mittelungsfehler. Mit steigender Meßstellenanzahl geht dieser Einfluß in den Fehler des Mittelwertes unabhängiger Beobachtungen entsprechend Gleichung (3.10) über. Der dritte Term beschreibt die Autokorrelation innerhalb der den Meßpunkten zugeordneten Rasterflächen und bewirkt bei positiver Korrelation innerhalb der Meßfläche allgemein eine Verminderung des Mittelungsfehlers. Der mittlere quadratische Fehler in Gleichung (3.31), ein Schätzmaß für die Abweichungen zwischen dem wahren kontinuierlichen und dem aus diskreten Meßwerten berechnetem Gebietsmittel, ist somit abhängig von der Größe des vorgegebenen Mittelungsgebiets, der Geometrie und Verbreitung der Meßstellen, dem zufälligen Beobachtungsfehler und der Autokorrelation der Meßwerte untereinander. Eine Lösung von Gleichung (3.31) erfordert recht aufwendige Lösungen von Integralen (KAGAN 1979). Geschlossene analytische Lösungen sind nur für relativ einfache Varianten sinnvoll, wie es anhand des Beispiels 4 für das Trassenmittel gezeigt wird.

Zur Bewertung des Einflusses der autokorrelierten Komponente auf den Fehler des Gebietsmittels $\hat{E}^2$ in Gleichung (3.31) besitzen die stochastischen Parameter autokorrelierte Länge oder Integralscale I und die relative Meßstellenstreuung besonderen Stellenwert. Unter einer autokorrelierte Länge ist anschaulich eine "Reichweite" der Autokorrelation zu verstehen. Sie ergibt sich aus dem Integral über die Autokorrelationsfunktion $\mu(r)$ (TAUBENHEIM 1969):

$$I = \int_0^\infty \mu(r)dr \tag{3.32}$$

Dieser Parameter I entspricht im Prinzip dem Parameter "range" der Variogramm-analyse. Bei einer räumlichen Entfernung einzelner Meßpunkte, die diese autokorrelierte Länge deutlich übersteigt, kann mit Näherung die statistische Unabhängigkeit der einzelnen Meßwerte angenommen werden, was natürlich die Fehlerschätzung im Sinne von Beispiel 2 wesentlich vereinfacht.

Die relative Meßstellensteuung η^2 informiert über das Verhältnis zwischen der zufälligen Meßstellenstreuung s^2_Δ und der autokorrelierten Streuungskomponente s^2_A. Dieser Parameter kann mit folgender Gleichung geschätzt werden:

$$\eta^2 = \frac{s^2_\Delta}{\bar{s}^2 - s^2_\Delta} = \frac{s^2_\Delta}{s^2_A} \tag{3.33}$$

Dabei entspricht die Gesamtstreuung s^2 dem Grenzwert ("sill") für große Abstände r und die Meßstellenstreuung s^2_Δ der Nuggetstreuung für $r \to 0$, wie diese bei der Variogramm-analyse verwendet werden. Für eine relative Meßstellenstreuung $\eta^2 > 2$ ist wiederum ein Übergang zur einfacheren Statistik unabhängiger Meßwerte gerechtfertigt.

Auf ein weiteres Problem soll noch verwiesen werden. Statistische Tests wie die Schätzung der Konfidenz- oder Vertrauensgrenzen unabhängiger Beobachtungen in Gleichung (3.12) können auf Stichproben autokorrelativer Zufallsprozesse nur dann angewendet werden, wenn bei der Ermittlung der Freiheitsgrade N nicht der tatsächliche Stichprobenumfang N=n-1, sondern eine in Abhängigkeit von der Autokorrelation und Meßstellenanordnung reduzierte Anzahl äquivalenter Meßwerte $\hat{N}$ angesetzt wird. Wie Abbildung 3.5 zeigt, kann sich der äquivalente Freiheitsgrad $\hat{N}$ bei Meßpunkt-abständen innerhalb der autokorrelierten Länge und bei geringer Meßstellenanzahl drastisch vermindern (OLBERG 1972). Das hat zu Folge, daß die Konfidenzgrenzen $\delta(\alpha,\hat{N})$ für einen äquivalenten Freiheitsgrad und eine vorzugebende Irrtumswahrscheinlichkeit so geschätzt werden, als ob eine geringere Anzahl äquivalenter pseudounabhängiger Meßwerte vorliegen würde.

$$\tilde{\delta}_A(\alpha,\hat{N}) = \hat{E} \cdot t(\alpha,\hat{N}) \tag{3.34}$$

mit: $\tilde{\delta}_A$ -   Konfidenzgrenzen für Mittelwerte aus autokorrelierten, fehlerbehafteten
Meßwerten (Index ~ weist auf Fehleranteil w_A hin)

$t(\alpha,\tilde{N})$ -   Standardverteilung für Irrtumswahrscheinlichkeit α und reduzierten Freiheitsgrad $\tilde{N}$ als Anzahl äquivalenter Meßstellen

$\hat{E}$ -   mittlerer Fehler des geschätzten Flächenmittelwertes

Bei statistischer Unabhängigkeit der Meßwerte werden die Konfidenzgrenzen des Mittelwertes im Sinne von Gleichung (3.12) nach folgender Beziehung geschätzt:

$$\delta_u(\alpha,n-1) = t(\alpha,n-1)\frac{\tilde{s}}{\sqrt{n}} \tag{3.35}$$

Bei diesen Betrachtungen darf außerdem nicht vergessen werden, daß zusätzliche Stichprobeneffekte dadurch entstehen, daß die Autokovarianzfunktionen oder Variogramme in der Praxis aus diskreten, häufig zu wenigen, räumlich eng beieinanderliegenden Meßwerten geschätzt werden. Mit ansteigendem Meßvolumen V werden die kleinräumigen (hochfrequen-ten) und bei zu geringer räumlicher oder zeitlicher Länge der Meßreihen die großräumigeren (niederfrequenten) autokorrelierten Zufallsanteile unterdrückt. Eine daraus resultierende Scaleabhängigkeit der geschätzten Autokorrelationsfunktionen und Variogramme ist somit das Ergebnis von Stichprobeneffekten bzw. das Resultat der jeweiligen Meßkonfiguration, was bei der Anwendung von Methoden der Zeitreihenanalyse oder Geostatistik häufig zu wenig Beachtung findet.

Die hier nur kurz angerissenen Probleme werden anhand eines praktischen Beispiels zu einem eindimensionalen räumlichen Zufallsprozeß vorgestellt. Zur Vereinfachung der Lösung von Gleichung (3.31) wurde auf das häufig verwendete Modell einer exponentiellen Autokorrelationsfunktion zurückgegriffen.

Beispiel 4

Problemstellung: Ermittlung von Schätzvarianzen und Konfidenzintervallen der Trassenmittel bei Bodenfeuchtemessungen mit konstanter Meßstellenanzahl und variabler Meßtrassenlänge für zwei Fallbeispiele:

Fall (1)   die variablen Meßtrassenlänge L und Mittelungslänge L_M sind identisch ($L=L_M$, was einer Aggregierung bei unverändertem Scale entspricht) und

Fall (2)   bei variabler Meßtrassenlänge ist die Mittelungslänge stets konstant ($L\leq L_M$, was einer Übertragung oder "Prognose" vom kleineren zum größeren Scale im Sinne von "upscaling" entspricht).

Datenmodell: $w = w_0 + w_A(r) + w_A$ r = Abstand entlang der Meßtrasse.   (3.36)

Für den Zufallsprozeß wurden auf Grundlage von Meßprogrammen folgende Parameter vorgegeben: w_0=15 % Masse, Länge der räumlichen Autokorrelation l_0=10m für eine exponentielle Autokorrelationsfunktion, zufälliger Meßstellenfehler $s^2_A(r\rightarrow 0)$=1 % Masse räumliche Streuung ohne zufälligen Beobachtungsfehler s^2_A=4 % Masse.

Die Autokorrelationsfunktion und das zugehörige Variogramm werden somit durch folgende Beziehungen beschrieben:

$$\tilde{\mu} = \frac{s_A^2}{s_A^2 + s_\Delta^2} \exp\left(-\frac{r}{l_0}\right) = 0.8\exp(-0.1r) \tag{3.37}$$

$$\tilde{\gamma} = s_\Delta^2\left(1 - \exp\left(-\frac{r}{l_0}\right)\right) = 5 - 4\exp(-0.1r) \tag{3.38}$$

Statistische Auswertung:

Der quadratische Mittelungsfehler $\hat{E}^2$ einer linienförmig angelegten Meßtrasse mit äquidistanten Meßpunkten und fehlerbehafteten Meßwerten wird nach folgender Gleichung berechnet (KAGAN 1979):

$$\hat{E}^2 = s_A^2\left(\frac{1}{n} + 2\frac{q}{(1-q)n^2}\left(n - \frac{1-q^n}{1-q}\right) + \frac{4l_0(1-q^n)}{nL_M(1-q)}\exp\left(-\frac{L_M - L}{2l_0}\right) - \frac{2l_0}{L_M}\left(1 + \frac{l_0}{L_M}\left(1 - \exp\left(-\frac{L_M}{l_0}\right)\right)\right) + \frac{\eta^2}{n}\right)$$

$$\text{mit:}\quad q = \exp\left(-\frac{h}{l_0}\right), \quad h = \frac{L}{n-1}, \quad \eta^2 = \frac{s_\Delta^2}{s_A^2} \tag{3.39}$$

(n = Anzahl der Meßstellen, h = Meßstellenabstand, L = Länge der Meßtrasse, L_M = Mittelungslänge oder "Übertragungslänge").

Für den äquivalenten Freiheitsgrad der Streuungsschätzung gilt für mit Meßfehlern behaftete Werte die folgende Beziehung:

$$\hat{N} \approx n\frac{1-q^2}{1+q^2(2(1+\eta^2)^{-2}-1)} \tag{3.40}$$

Diese Gleichungen (3.39) und (3.40) bilden die Grundlage für die bei HOFFMANN & KLUGE (1984) dargestellten Diagramme, die die Wirkung von Diskretisierung, Autokorrelation und Meßstellenstreuung sowie einer vergrößerten Mittelungslänge auf den Mittelungsfehler zeigen. Eine vergleichbare Lösung hat BRAS & RODRIGUUÉZ-ITURBE (1976) unter Benutzung numerischer Methoden für den zweidimensionalen Fall angegeben. Dabei muß vorausgesetzt werden, daß das Zufallsfeld bezüglich seiner stochastischen Eigenschaften isotrop ist.

In Abbildung 3.4 sind die Ergebnisse der mit diesem Beispiel berechneten Konfidenzintervalle für eine statistisch unabhängige Variante δ_u, für die autokorrelierte Mittelungsvariante δ_a unter der Bedingung $L=L_M$ und für die autokorrelierte Mittelungsvariante δ_{au} mit dem Übergang auf größere Mittelungslängen $L \leq L_M$ dargestellt.

Die Abhängigkeit der äquivalenten Freiheitsgrade von den Meßstellenabständen und damit der Autokorrelation sowie der Meßstellenstreuung für jeweils 10 Meßstellen wird in der Abbildung 3.5 gezeigt. Bei der unkorrelierten Variante ist der Freiheitsgrad unabhängig von der Länge der Meßtrasse bzw. dem Meßstellenabstand. In diesem Fall nimmt die t-Verteilung für zweiseitige Schranken den Wert t(0.05,9)=2.26 an. In dem Bereich, wo die Meßstellenabstände im Bereich der autokorrelierten Länge $l=l_0=10$ m liegen, werden die effektiven Freiheitsgrade bereits deutlich reduziert. Für eine Meßtrassenlänge von 12 m bzw. den Meßstellenabstand von 1.3 m würde $\hat{N}$ ca. 2 betragen. Die dazugehörenden Schranken der t-Verteilung würden dafür den Wert t(0.05,2)=4.3 annehmen. Für die Anzahl äquivalenter Meßstellen < 2 ist eine statistische Sicherung der Konfidenzintervalle bereits sehr fragwürdig. Stark ansteigende Konfidenzbereiche bzw. größere Mittlungsfehler, die häufig über die physikalisch sinnvollen Schwankungsbreiten hinausreichen, sind die Folge (Abbildung 3.4). Bei Meßstellenabständen h, die klein gegenüber der autokorrelierten Länge l_0 sind, würden die tatsächlichen Meßstellen soweit reduziert, als ob nur 1 bis 2 effektiv unabhängige Meßstellen vorhanden wären. Mit anwachsendem relativem Meßstellenfehler η^2 geht die Zahl der effektiven Freiheitsgrade in den Bereich der unabhängigen Meßwerte über.

Interpretation:

Bei voneinander unabhängigen Meßwerten ist die Konfidenzgrenze konstant und unabhängig von der Meßstellengeometrie. Der Parameter q in Gleichung (3.39) geht gegen Null, womit diese Beziehung nach mehrfachem Umformen für $s=(s_A{}^2+s_A{}^2)^{1/2}$ in Gleichung (3.35) übergeht und das Konfidenzintervall für unabhängige Meßwerte lediglich von der großräumigen Streuung und der Anzahl der Meßstellen abhängt. Die Ergebnisse von kurzen Meßtrassen wären bei dem entsprechenden Datenmodell $w=w_0+w_A$ (homogene determinierte Komponente mit zufälliger lokaler Variabilität) ohne Erhöhung der Mittelungsfehler auf längere Trassen übertragbar. Diese Art einer idealisierten Beweisführung ist kein Fall für die Korrelationstheorie oder Geostatistik. Eine Scaleabhängigkeit besteht nicht.

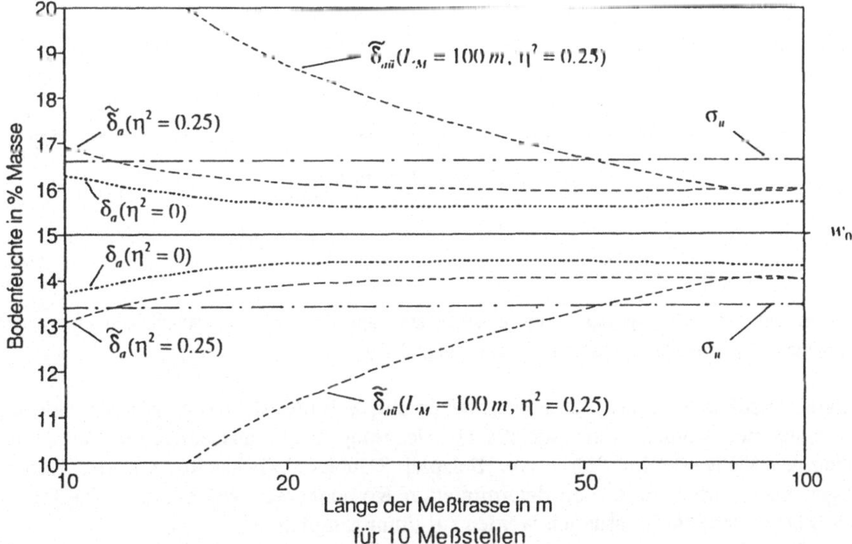

Abb.3.4 Fehlerschätzung von Trassenmittelwerten unter der Berücksichtigung der räumlichen Autokorrelation nach den Gleichungen (3.34 bis 3.40)

Für den Fall (1), bei dem Meßtrassen- und Mittelungslänge identisch sind, zeigen die Diagramme zu δ_a und $\widetilde{\delta}_a$ mit Ausnahme der geringen Meßtrassenlängen eine auf die Autokorrelation zurückzuführende erhöhte Genauigkeit. Obwohl der zufällige Beobachtungsfehler nur 25 % der durch Autokorrelation verursachten Streuung beträgt, bewirkt der Meßfehler innerhalb der autokorrelierten

Länge (< 10 m) eine deutliche Erhöhung des Schätzfehlers der Trassenmittel. Bei geringen Meßpunktabständen sind demzufolge die Beobachtungsfehler möglichst gering zu halten.

Für den Fall (2), bei dem die Meßergebnisse von kürzeren Meßtrassenlängen auf die konstante Mittelungslänge von 100 m übertragen werden sollen, wird deutlich sichtbar, daß diese Übertragung erst dann gerechtfertigt ist, wenn die Meßtrassenlänge ein Drittel der Mittelungslänge erreicht und die Mittelungslänge wiederum wesentlich über der korrelierten Länge liegt. Eine Übertragung von diskreten Meßwerten auf größere Einheiten ist ohne vorausgehende aufwendige Untersuchungen zur Zufallsstruktur und zu den Mittelungsfehlern nicht zu empfehlen. Bei der Schätzung der Konfindenzgrenzen für Meßtrassenlängen, die deutlich unter der autokorrelierten Länge l_0 liegen (z.B. auch bei nestförmig im Abstand von 1 m angeordneten Meßstellen), liefert auch die Theorie

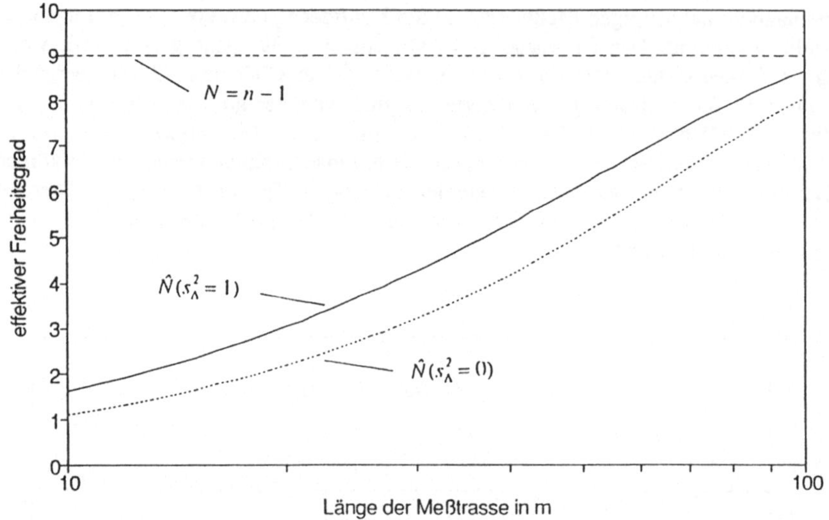

Abb.3.5   Anzahl des Freiheitsgrades $\hat{N}$ für unabhängige Meßwerte und der äquivalenten Freuheitsgrade N für autokorrelierte und fehlerhafte Meßwerte nach Gleichung (3.40)

der Zufallsstatistik keine sinnvollen Fehlermaße mehr, weil die effektiven Freiheitsgrade sogar Werte $\hat{N} < 1$ annehmen können. Eine statistische Sicherung bleibt ausschließlich der Zufallsstatistik unabhängiger Meßwerte im Sinne von Beispiel 2 unter Berücksichtigung der Kenntnisse des jeweiligen Fachbearbeiters zu den determinierten Komponenten vorbehalten. Zusätzliche auf die gesamte Fläche verteilte Messungen werden oft unumgänglich sein.

Mit der Korrelationstheorie kann die Wirkung von Diskretisierung, Autokorrelation und zufälligen Beobachtungsfehlern auf die Mittelungsfehler ohne und mit Übertragung auf größere Längen oder Flächen beschrieben werden. Die anhand des Beispiels gezeigten Tendenzen wirken mehr oder weniger ausgeprägt bei allen stationären Feldern und sind demzufolge verallgemeinerungsfähig. Es darf dabei jedoch nicht verkannt werden, daß die in der Ökologie allgemein üblichen flächenbezogenen Meßprogramme in der Mehrzahl der Fälle eher einer Erweiterung als einer Reduzierung bedürfen werden. Bei der Registrierung zeitlicher Verläufe liegen die Verhältnisse etwas anders. Die mit hoher zeitlicher Auflösung messenden Sensoren liefern Ergebnisse, die sich von den in wöchentlichen oder größeren Abständen zu entnehmenden Proben deutlich unterscheiden.

Fehlerschätzung abgeleiteter oder zusammengesetzter Größen

Die folgenden Beziehungen basieren auf der Gauß'sche Fehlertheorie. Eine Fehlerschätzung nach dieser Methode ist dann sinnvoll, wenn aus einzelnen direkten und indirekten Meßwerten, gemittelten Meßwerten oder Parametern sowie räumlichen und zeitlichen Mittelwerten, deren Streumaße oder mittlere Fehler bekannt oder schätzbar sind, abgeleitete Größen $F=F(\bar{p},\bar{u},\bar{v},...)$ zu berechnen sind.

Voraussetzung ist, daß es sich bei den Abweichungen der Einzelmeßwerte von den jeweiligen Mittelwerten $\bar{p},\bar{u},\bar{v},...$ lediglich um zufällige Abweichungen handelt, die hinreichend klein gegenüber den Mittelwerten $m_{\bar{p}}\ll\bar{p}, m_{\bar{u}}\ll\bar{u},...$ sind. Außerdem muß die statistische Unabhängigkeit der einzelnen Größen untereinander $\bar{x},\bar{y},...$ erfüllt sein.

Der absolute mittlere Fehler der zu berechnenden Größe wird nach folgender Beziehung ermittelt (TOPPING 1975):

$$m_F \;=\; \sqrt{\left(\frac{dF}{d\bar{p}}m_{\bar{p}}\right)^2+\left(\frac{dF}{d\bar{u}}m_{\bar{u}}\right)^2+\left(\frac{dF}{d\bar{v}}m_{\bar{v}}\right)^2+\;...} \qquad (3.41)$$

Die partiellen Ableitungen sind für $p=\bar{p}, u=\bar{u}, v=\bar{v},...$ zu bilden.

Für eine lineare Funktion würde das zu folgender Gleichung für die Fehlerschätzung führen:

$$\bar{F} \;=\; a\bar{p}+b\bar{u}-c\bar{v} \qquad (3.42)$$

$$m_{\bar{F}} \;=\; \pm\sqrt{\left(am_{\bar{p}}\right)^2+\left(bm_{\bar{u}}\right)^2+\left(cm_{\bar{v}}\right)^2} \qquad (3.43)$$

Wenn die zu berechnende Größe aus einem Polynom hervorgeht, so ergibt sich für die Fehlerschätzung folgende Beziehung:

$$\bar{F} \;=\; \frac{\bar{p}\,\bar{u}^{\alpha}}{\bar{v}^{\beta}} \qquad (3.44)$$

$$m_{\bar{F}} \;=\; \pm\bar{F}\sqrt{\left(\frac{m_{\bar{p}}}{\bar{p}}\right)^2+\left(\alpha\frac{m_{\bar{u}}}{\bar{u}}\right)^2+\left(\beta\frac{m_{\bar{v}}}{\bar{v}}\right)^2} \qquad (3.45)$$

Wie diese Beispiele belegen, kann mit der Theorie der Fehlerfortpflanzung nachgewiesen werden, mit welchen Anteilen Fehler unterschiedlicher Herkunft (zufällige und instrumentelle Beobachtungsfehler, räumliche oder zeitliche Stichprobenfehler u.a.) der einzelnen Größen oder Parameter am mittleren Fehler der zu berechnenden Größe beteiligt sind.

Beispiel 5

Problemstellung: Fehleranalyse zur Schätzung des Einflusses einzelner fehlerbehafteter Faktoren auf die Berechnung des jährlichen Bodenabtrags nach der UNIVERSAL SOIL LOSS EQUATION (USLE) nach WISCHMEIER (1976).

Datenmodell: $m_A = f(R \pm m_R, K \pm m_K, L \pm m_L, S \pm m_S, C \pm m_C, P \pm m_P)$

Der jährliche Bodenabtrag wird nach folgender Beziehung ermittelt:

A =	mittlerer jährlicher Bodenabtrag	in kg/(m²a)
R =	Erosivitätsfaktor (Erosionsenergie) der Niederschläge eines Jahres	in N/(h a)
K =	Erodibilitätsfaktor des Bodens nach bodenphysikalischen Eigenschaften	in kg h/(N m²)
L =	Hanglängenfaktor	ohne Einheit
S =	Hangneigungsfaktor	ohne Einheit
C =	Bedeckungs- und Bearbeitungsfaktor	ohne Einheit
P =	Erosionsschutzfaktor	ohne Einheit
	mR, mK, ... = zugehörende absolute Fehler	

Statistische Auswertung:

Nach dem Fehlerfortpflanzungsgesetz gilt folgende Beziehung:

$$m_A = \pm A \sqrt{\left(\frac{m_R}{R}\right)^2 + \left(\frac{m_K}{K}\right)^2 + \left(\frac{m_L}{L}\right)^2 + \left(\frac{m_S}{S}\right)^2 + \left(\frac{m_C}{C}\right)^2 + \left(\frac{m_P}{P}\right)^2} \qquad (3.46)$$

Tab. 3.5 Relative Fehler der USLE-Faktoren

Variante	$\dfrac{m_R}{R}$	$\dfrac{m_K}{K}$	$\dfrac{m_L}{L}$	$\dfrac{m_S}{S}$	$\dfrac{m_C}{C}$	$\dfrac{m_P}{P}$	$\dfrac{m_A}{A}$
Minimum	±0.07	±0.04	±0.05	±0.02			±0.0097
Maximum	±0.07	±0.4	±0.22	±0.3			±0.55
Meßbeispiel	±0.07	±0.1	±0.1	±0.1	±0.1	±0.1	±0.234

Nach umfangreichen Fehleranalysen zu den einzelnen Faktoren schätzt DETTLING (1989) die Auswirkungen der Fehler der einzelnen Faktoren auf den Gesamtabtrag. Die in der Tabelle (3.5) zusammengestellten relativen Fehler verdeutlichen, daß selbst bei korrekter Anwendung von USLE der Fehler der Abtragschätzung zwischen 10% und 55% schwanken wird. Der Gesamtfehler ist immer mindestens so groß wie der größte Fehler eines einzelnen Faktors.

Interpretation:

Anhand solcher Fehleranalysen sind statistisch begründete Schlußfolgerungen ableitbar, wo Vorbehalte gegen die USLE-Beziehung bestehen bzw. Verbesserungen anzubringen sind. Demnach wurde den Faktoren L und S bisher zu wenig Beachtung geschenkt. Der Faktor R weist dagegen ausreichende Genauigkeit auf. Es kann weiterhin abgeschätzt werden, welcher Fehler der einzelnen Faktoren erlaubt ist, um einen maximalen Gesamtfehler nicht zu übertreffen. Beim Entwurf von Versuchsprogrammen sind solche Erkenntnisse zu berücksichtigen.

Einordnung der statistischen Datensicherung

Mit den Ausführungen zur statistischen Sicherung ökologischer Daten wird das Ziel verfolgt, ein in sich geschlossenes, erweiterungsfähiges, auf Datenmodellen beruhendes methodisches Konzept zur statistischen Sicherung und Interpretation von ökologischen Meßdaten vorzustellen. Die gestraffte Darstellung der theoretischen Grundlagen orientierte sich ausschließlich an den fünf vorgestellten Beispielen, die exemplarisch für ein breitere Palette möglicher Anwendungen stehen sollen. Das zugrundeliegende Konzept bildet gleichzeitig die Basis für die Unterscheidung einzelner Fehleranteile bei der Gewinnung ökologischer Daten, für die Optimierung von Meß- und Experimental- programmen, für die Schätzung von Fehler- oder Vertrauensmaßen und die Speicherung valider Daten in Datenbanken, die in Zukunft in komplexere Umweltinformationssysteme einzubinden sind. Wie die Abbildung 3.6 verdeutlicht, ist die Datengewinnung selbst wiederum nur ein Teil im Prozeß des Erkenntniszuwachses über Ökosysteme.

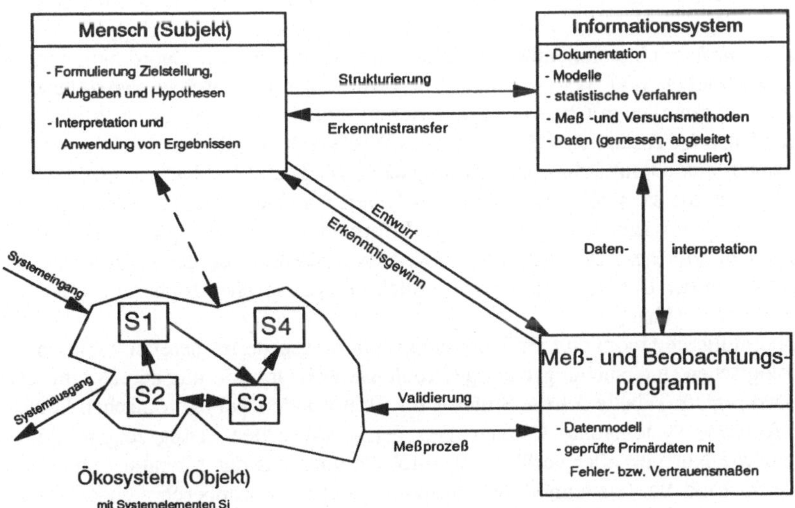

Abb.3.6 Einordnung von Meßprogrammen in die Informationsgewinnung über Ökosysteme

In diesem Beitrag wird den Datenmodellen eine zentrale Funktion zugemessen, um die spezifischen Vorgehensweisen bei der statistischen Sicherung von Daten aus unterschiedlichen Fachdisziplinen auf dem Wege zur Herausbildung einer Ökometrie zu vereinen. Gerade weil die

Fehlerrechnung der Naturwissenschaften, die Biometrie, die Sozial- und Wirtschaftsstatistik sowie die Geostatistik als Einzelrichtungen ihre traditionellen Anwendungsgebiete haben, können die in der Ökologie bestehenden Anforderungen damit nur unvollständig erfüllt werden.

Das Datenmodell in Geichung 3.1 vermittelt eine Vorstellung davon, wie jede beliebige ökologische Größe am Ort x und zum Zeitpunkt t als Überlagerung von mehreren determinierten und zufälligen Anteilen gesehen werden kann (vgl. Abb. 3.1). Jede Komponente besitzt seine eigene charakteristische raum-zeitliche Zufallsstruktur, die durch Häufigkeitsverteilungen, Erwartungswerte und statistische Momente höherer Ordnung beschrieben wird. Bei der Autokovarianz (räumliche oder zeitliche Erhaltungsneigung) und Kreuzkovarianz (Korrelation mit anderen beobachtbaren Größen) handelt es sich ebenfalls um statistische Momente.

Ausgangspunkt für jede statistische Sicherung ökologischer Daten bildet die Analyse der Zufallsstruktur an ausreichend großen Stichproben, also eine Datenanalyse mit Zerlegung in einzelne Komponenten (vgl. Abb. 3.1) sowie die Schätzung der dazugehörenden statistischen Parameter. Dabei darf nicht vergessen werden, daß die Schätzung von Parametern (Mittelwerte, Trends, Streuungen, Variogramme u.a.) und die Anwendung statistischer Tests stets an mehr oder weniger strenge Bedingungen und Voraussetzungen (abgegrenzte Grundgesamtheit, Größe der Stichprobe, Normalverteilungen, statistische Unabhängigkeit, Stationarität u.a.) gebunden ist. Die Anwendung "einfacher" statistischer Routinen bei der Datenanalyse und Sicherung ökologischer Feldwerte werden häufig mehr Ausnahme als Regel sein. Die Ursachen sind in der Vielfalt der Größen und deren komplexer Vernetzung in Ökosystemen zu suchen. Die geforderte Anwendung "anspruchsvollerer" Methoden der Geostatistik, Spektral- und Zeitreihenanalyse ist jedoch nur dann gerechtfertigt, wenn die Stichproben den geforderten Anforderungen genügen. Aber gerade das ist in der Ökologie wegen der hochgradigen Unvollständigkeit der Informationen das Problem. Die Gefahr einer unseriösen statistischen Sicherung von Daten ist dann besonders groß, wenn mit zu kleinen und mit systematischen Fehlern behafteten Stichproben gearbeitet wird.

Die Mittelwerte und Fehlermaße oder Vertrauensbereiche von Stichprobenschätzungen gelten nur für die Grundgesamtheit, aus der die Stichprobe gezogen wurde. Die Repräsentanz von Stichproben kann also nur über eine eindeutige inhaltliche und raum-zeitliche Zuordnung oder Abgrenzung von Grundgesamtheiten und Vertrauensbereichen von Stichprobenschätzungen bestätigt werden. Der Nachweis der räumlichen Übertragbarkeit, der räumlichen oder zeitlichen Prognose ist, wie Beispiel 4 gezeigt hat, ohne zusätzliches determiniertes Wissen oder Ergänzungsmessungen allein nicht lösbar.

Nur durch eine Optimierung von ökologischen Meß- und Beobachtungsprogrammen können die hohen Kosten, die stets bei experimentellen Untersuchungen anfallen, reduziert werden. Ziel ist es, zwischen Meßaufwand und gefordertem Informationswert ein günstiges, möglichst optimales Verhältnis zu erreichen. Der Informationswert ist wiederum von der Prozeß- und Scalerepräsentanz und damit von der Datenqualität einschließlich der statistischen Sicherung mit der Ermittlung von Fehlerschranken abhängig.

Die Formulierung möglichst eindeutiger Optimierungskriterien bereitet vor allem bei experimentellen ökologischen Untersuchungen einige Probleme, weil Optimierung bereits fundiertes Prozeßwissen voraussetzt (vgl. in Tabelle 3.1 die Stufen 1 bis 3). Besonders bei ökologischen Forschungen wird erst die stufenweise System- und Datenanalyse den gewünschten Erfolg zeigen. Bei der Optimierung sollte auf die Nutzung aller verfügbaren Informationen aus der Literatur und die Anwendung aller geeigneten Modelle (Datenmodelle, Strukturmodelle, prozeßbeschreibende Modelle u.a.) nicht verzichtet werden.

Bei der Optimierung von Versuchsprogrammen gibt es eine Reihe von Möglichkeiten (vgl. Tabelle 3.1):

■　　Konkretisierung der Ziel- und Aufgabenstellung (Abgrenzung des tatsächlichen Informationsdefizites der eigentlichen Meßgrößen und möglicher Störeinflüsse, Formulierung von zu beantwortenden Hypothesen oder Fragen, Aussagen zur Verwendung der Meß- und Beobachtungsdaten für Prozeßanalyse mit Modellbildung, für Parameteridentifikation oder - anpassung, für Modellkalibrierung und für Maßnahmen zur Umweltbeobachtung, zum Umweltmanagement möglichst unter Einbeziehung von Modellen)

■   Optimierung der Meßkonfiguration (Auswahl effektiver Meßmethoden und -sensoren, effektive Meßstellenanzahl und eine an die räumliche Variabilität angepaßte Anordnung, effektive Meßzeitfolge entweder für die Beobachtung von langfristigen Mittelwerten oder von kurzzeitigeren Einzelereignissen, gegenseitige Abstimmung der räumlichen und zeitlichen Untersuchungsscales)

■   Automatisierung der Datenerfassung und -speicherung in temporären Dateien und Rohdaten- banken (Freilandmessungen und Laboruntersuchungen in gegenseitiger Abstimmung) bei hoher Datensicherheit und Minimierung von personellen Arbeitsleistungen

■   Statistische Bearbeitung von Datensätzen mit Fehlersuche, Plausibilitätskontrolle und sonstige statistische Tests mit laufender Qualitätskontrolle, Erstellung korrigierter Datensätze, Datenanalyse mit Angabe von zufälligen und systematischen Fehlermaßen durch Softwarerou- tinen (Nachweis der Integretät der Daten)

■   Reduzierung von Meßprogrammen mit fortlaufendem Erkenntniszuwachs und schrittweise Ablösung der experimentellen Untersuchungen durch Simulation von Daten mit Modellen

Bei der Meßnetzoptimierung und statistischen Sicherung handelt es sich also nur um Teilaspekte bei der Optimierung von Meßprogrammen. In den Beispielen 2 und 4 ist zwar der Einfluß der Meßpunktabstände bereits miteinbezogen, eine allgemeine Behandlung dieses Themas kann in diesem Beitrag jedoch nicht geleistet werden. Gerade die Meßnetzeinrichtung und eine eventuell später notwendige Meßnetzoptimierung ist für verschieden Größen in der geostatistischen Literatur häufig behandelt worden. So beschäftigen sich GARRETT (1983) und OLIVER & WEBSTER (1986) mit den Problemen der Meßnetzeinrichtung, OLEA (1984) und BURGESS et al. (1981) dagegen mit der Optimierung von Meßnetzen. HEINRICH (1992) verdeutlicht mittels simulierter Daten den Einfluß verschiedener Faktoren u.a. der Meßnetzdichte und -konfiguration auf das Meßergebnis.

Ein wesentlicher Teil des Meß- und Beobachtungsaufwandes sollte für Qualitätssicherung eingesetzt werden. Jeder Schritt von der Probenahme über die Laboranalyse bis zur Verfügbarkeit der Meßergebnisse in einer Datenbank kann Einfluß auf das Meßergebnis haben. Durch geeignete Qualitätssicherungsmaßnahmen können zum einen grobe Fehler eliminiert werden und kann zum anderen die Größe des Einflußes bestimmt werden. Die Qualitätssicherungsmaßnahmen müssen bereits in der Vorbereitungsphase geplant, getestet und in die Datenmodelle integriert werden. Um die entscheidenden Verfahrensschritte zu erfassen, ist entsprechendes Vorwissen vonnöten bzw. kann auf die zahlreiche Literatur zu größenspezifischen Qualitätssicherungmaßnahmen zurückgegriffen werden. So beschreiben etwa THOMPSON (1983) und REIMANN (1987) für den geochemischen Bereich Qualitätssicherungsmaßnahmen für Laboranalysen und die Probenahme. Mit Hilfe der Varianzanalyse kann der Einfluß der einzelnen Verfahrensschritte auf das Gesamtergebnis bestimmt werden.

Bevor ein kostspieliges Meß- und Beobachtungsprogramm initiiert wird, sollte sorgfältig geprüft werden, inwieweit überhaupt die Notwendigkeit dazu besteht oder ob die benötigten Informationen nicht bereits anderweitig vorliegen. Für Modellvalidierung und -kalibrierung ist zumeist kein bestimmter Orts- und Zeitbezug nötig, sondern vielmehr sind häufig Datensätze erforderlich, die den inhaltlichen Gültigkeitsbereich des Modells abdecken. Die Versorgung mit langen Zeitreihen ist zumeist nur über diesen indirekten Weg zu gewährleisten. Werden Daten für einen bestimmten Raum bzw. Zeitpunkt benötigt, sollte man nicht unterschätzen, wieviele Meßprogramme bereits durchgeführt wurden bzw. noch andauern. Selbst wenn die verfügbaren Daten nicht genau den Ansprüchen genügen, so können sie doch wertvolle Vorinformation liefern, die den Meßaufwand reduzieren helfen. Schwierig ist es häufig zu erfahren, welche Informationen bereits vorliegen, wie sie zugänglich und verfügbar sind. Neben dem traditionellen Weg der Informationsverbreitung über Datenbanken werden in zunehmendem Maße elektronische Informationssysteme neue Möglichkeiten bieten. Über die reine Metainformation hinaus wäre es auf diesem Wege auch möglich, auf komplette Datenbestände zuzugreifen. Je größer allerdings die "Distanz" zwischen dem eigentlichen Datenerfasser und dem Datenbenutzer wird, umso mehr muß auf eine umfassende Dokumentation der Daten Wert gelegt werden. Erst durch die Angabe der Meß- und Beobachtungsverfahren, der Fehler- und Vertrauensgrenzen, des Raum- und Zeitbezugs können solche Daten sinnvoll eingesetzt werden.

Schlußfolgerungen

Dieser Beitrag kann nur ein Anfang sein zu einem in sich geschlossenen, auf Datenmodellen beruhendem, methodischem Konzept zur statistischen Sicherung geoökologischer Daten. Er unterstreicht, wie dringend eine der Spezifik ökologischer Größen gerecht werdende Methode bei der Gewinnung gesicherter, valider Daten ist. Auf dem Weg zu einer Ökometrie sollten Begriffe vereinheitlicht werden und für jede Meßgröße ein charakteristisches Datenmodell formuliert wird. Auch komplexe Datenmodelle, wie hier in einigen Beispielen gezeigt, die verschiedene Komponenten verzahnen, sind erforderlich. Die in einigen Disziplinen bereits weit entwickelte spezifische Methodik zur Qualitätssicherung und Fehlerschätzung ist auf die disziplin-übergreifenden Fragestellungen in der Ökosystemforschung anzupassen. Geostatistik und Zeitreihenanalysen sind in Zukunft stärker zu verbinden, um die raum-zeitlichen Aspekte ökologischer Daten stärker berücksichtigen zu können. Damit lassen sich neue Möglichkeiten bei der Aggregierung, Interpolation, Scaletransformation, räumlichen Übertragung und zeitlichen Prognose erschließen.

Der Interpretation von Daten ist verstärkt Aufmerksamkeit zu widmen. Die technischen Möglichkeiten automatisierter Meßdatengewinnung verleiten dazu, die inhaltlichen Aspekte und die Frage nach realistischen Vertrauensgrenzen von Messungen in der Hintergrund treten zu lassen. Ebenso kann die leichte Handhabbarkeit von Statistikprogrammen vermehrt zu mißbräuchlichen Anwendungen führen. Es sind Fachleute vonnöten, die sowohl den inhaltlich fachlichen als auch den statistisch methodischen Wissenshintergrund vereinen.

Die einerseits begrüßenswerte Bereitstellung von Daten in Informationssystemen, die zu einer effektiveren Mehrfachnutzung der Daten führen kann, erfordert andererseits umso höhere Ansprüche an die Datensicherheit und -validität sowie an deren Dokumentation. Die Angabe von Datenmodellen, Vertrauens- und Fehlergrenzen und raum-zeitlichen Gültigkeitsbereichen ist hier umso zwingender. Qualitätssicherung muß bereits Bestandteil der Planung von Meß- und Beobachtungsprogrammen sein. Es sollte allerdings nicht vergessen werden, daß die Informationen von Meßprogrammen die Wirklichkeit stets nur unvollständig widerspiegeln kann und alle Primärdaten sowie davon abgeleitete Daten stets eine subjektiv und objektiv begrenzte Genauigkeit aufweisen.

Zitierte Literatur:

AKIN, H. & SIEMES, H. (1988): Praktische Geostatistik.- Springer, Berlin-Heidelberg

BRAS, R.L. & RODRIGUÉZ-ITURBE, I. (1976): Evaluation of Mean Square Error Involved in a Approximating the Areal Average of a Rainfall by a Discrete Summation. In: Water Res. Res., 12, 181-184

BURGESS, T.M., WEBSTER, R. & MCBRATNEY, A.B. (1981): Optimal Interpolation and Isorithmic Mapping of Soil Properties. IV Sampling Strategy. In: Journal of Soil Science, 32, 643-659

DETTLING, W. (1989): Die Genauigkeit geoökologischer Feldmethoden und die statistischen Fehler quantitativer Modelle.- Physiogeographica - Baseler Beiträge zur Physiogeographie, Band 11

DEUTSCHE FORSCHUNGSGEMEINSCHAFT (1992): Regionalisierung in der Hydrologie.- Mitteilung XI der Senatskommission für Wasserforschung, Verlag Chemie, Weinheim

GARRETT, R.G. (1983): Sampling Methodology. In: R.J. Howarth: Handbook of exploration Geochemistry (Statistics and Data Analysis in Geochemical Prospecting Vol.2).- Amsterdam, Elsevier, 83-110

GÖTZ, R. (1988): The Use of Residuals in the Analysis of Time Series of River Water Data. In: Vom Wasser, 71, 125-134

HEINRICH, U. (1992): Zur Methodik der räumlichen Interpolation mit geostatistischen Verfahren.- Dt. Univ.-Verl., Wiesbaden

HOFFMANN, E. & KLUGE, W. (1984): Zur Mittelung bodenphysikalischer Größen von landwirtschaftlichen Flächen am Beispiel der Bodenfeuchte. In: Arch. Acker- u. Pflanzenbau u. Bodenkd., 28, 383-391

KAGAN, R.L. (1979): Osrednenie meteorologičeskich polej.- Gidrometeoizdat, Leningrad

KENDALL, M.G. & STUART, A. (1987): The Advanced Theory of Statistics.- Vol. 1 (5.ed.), Griffin and Co., London

KLUGE, W. & HOFFMANN, E. (1985): Die Messung der Bodenfeuchte auf landwirtschaftlichen Flächen unter Berücksichtigung der räumlichen Variabilität. Tag.-Ber. Akad. Landwirtsch.-Wiss., Berlin, 231, 245-256

LOZAN, J. (1992): Angewandte Statistik für Naturwissenschaftler.- Verl. P. Parey, Berlin u. Hamburg

MILITZER, H. & WEBER, F. (1985): Angewandte Geophysik.- Band 2, Akademie-Verlag, Berlin

NITSCHE, L.C. & BRENNER, H. (1989): Eulerian Kinematics of Flow through Spatially Periodic Models of Porous Media. In: Arch. Rat. Mech. Anal., 107, 225-292

OLBERG, M. (1972): Bemerkungen zur Verwendung der effektiven Anzahl unabhängiger Stichprobenwerte bei stochastischen Testverfahren in Meteorologie und Geophysik. In: Gerl. Beitr. z. Geophys., 81, 57-64

OLEA, R.A. (1984): Systematic Sampling of Spatial Functions. In: Kansas Series on Spatial Analysis, 7, 57

OLIVER, M.A. & WEBSTER, R (1986): Combining Nested and Linear Sampling for Determining the Scale and Form of Spatial Variation of Regionalized Variables. In: Geographical Analysis, 18(3), 227-242

REIMANN, C. (1987): Aussagekraft der geochemischen Basisaufnahme. Mineralogische, geochemische und statistische Detailuntersuchungen an Bachsedimenten im alpinen Bereich. Berichte der Geologischen Bundesanstalt Österreich, 10

SACHS, L. (1992): Angewandte Statistik.- 7.Aufl. Springer, Berlin-Heidelberg

SCHLITTGEN, R. & STREITBERG, M.J. (1987): Zeitreihenanalyse.- Oldenbourg, München-Wien

SCHRÖDER, W., GARBE-SCHÖNBERG, C.-D. & FRÄNZLE, O. (1991): Die Validität von Umweltdaten. In: Umweltwissenschaft und Schadstoff-Forschung, 3, 237-241

STOYAN, D. (1973): Bemerkungen zum Problem der optimalen Erkundung. In: Z. angew. Geol., 19, 122-127

SWESCHNIKOW, A.A. (1965): Untersuchungsmethoden zur Theorie der Zufallsfunktionen mit praktischen Anwendungen.- Teubner, Leipzig

TAUBENHEIM, J. (1969): Statistische Auswertung geophysikalischer und meteorologischer Daten.- Verl. Geest u. Portig, Leipzig

THOMPSON, M. (1983): Control Procedures in Geochemical Analysis. In: R. J. Howarth (ed.), Handbook of Exploration Geochemistry (Statistics and Data Analysis in Geochemical Prospecting Vol.2). Amsterdam, Elsevier

TOPPING, J. (1975): Fehlerrechnung.- 4.Aufl. Verlag Chemie, Weinheim

WISCHMEIER, W.H. (1976): Use and Misuse of the Universal Soil Loss Equation. In: J. of Soil and Water Conservation, 31, 5-9

Einführende und weiterführende Literatur:

BAHRENBERG, G., GIESE, E. & NIPPER, J. (1990): Statistische Methoden in der Geographie.- Teubner, Stuttgart

BOX, G. E. P. & JENKINS, G. M.(1970): Time Series Analysis, Forecasting and Control.- San Francisco, Holdenday

BURROUGH, P. A. (1986): Principles of Geographical Information Systems for Land Resources Assessment (Monographs on Soil and Resources Surveys 12). Oxford, Clarendon Press

CLIFF, A. D. & ORD, J. K. (1973): Spatial Autocorrelation.- London, Pion

CRESSIE, N. (1989): The many Faces of Spatial Prediction. Third International Geostatistics Congress. Avignon, 5.-9. Sept. 1988. In: M. Armstrong: Geostatistics (Band1). Dordrecht, Kluwer Academic Publishers, 163-176

DOERFEL, K. (1990): Statistik in der analytischen Chemie.- Verl. Chemie, Weinheim

GOEBL, H. & SCHRADER, M. (Hrsg.) (1992): Datenanalyse und Klassifikation. Methoden und Anwendungen in verschiedenen Fachgebieten.- Springer, Berlin-Heidelberg

HELSEL, D. R. & HIRSCH, R. M. (1992): Statistical Methods in Water Resources.- Studies in Environmental Science, Vol. 49, Elsevier Science Publ., Amsterdam

KLUTE, A. (Ed.) (1989): Methods of Soil Analysis, Physical and Mineralogical Methods.- 2nd Ed., Amer. Soc. of Agr. and Soil Science Soc. of Amer., Madison, USA

MATÉRN, B.(1970): Performance of Various Designs of Field Experiments when Applied in Random Fields. Third Conference of the Advisory Group of Forest Statisticians. Jouyen - Josas 7.-11. Sept., 119-129

MATHERON, G. (1989): Estimating and Choosing.- An Essay on Probability in Practice. Berlin, Springer

MIESCH, A. T. (1967): Theory of Error in Geochemical Data. Geological Survey Professional Paper, 574 A(U.S. Department of the Interior), 17

MÜLLER, P. M. (Hrsg.) (1991): Wahrscheinlichkeitsrechnung und Mathematische Statistik. Lexikon der Stochastik.- 5.Aufl., Akad.-Verl., Berlin

SACHS, L. (1989): Statistische Methoden - Planung und Auswertung.- Springer, Berlin-Heidelberg

SCHÖNWIESE, C.-D. (1985): Praktische Statistik für Meteorologen und Geowissenschaftler.- Gebr. Bornträger, Berlin

SOLOW, A. R. (1984): The Analysis of Second-Order Stationary Processes: Time Series Analysis, Spectral Analysis, Harmonic Analysis and Geostatistics. In: G.Verly et al.: Geostatistics for Natural Resources Characterization (Band 1). Dordrecht, Reidel, 573-585

STARKS, T. H. (1986): Determination of Support in Soil Sampling. Mathematical Geology, 18(6), 529-537

STORM, R. (1986): Wahrscheinlichkeitsrechnung, Mathematische Statistik, Statistische Qualitätskontrolle.- 8. Aufl., Fachbuchverlag Leipzig

TUKEY, J. W. (1977): Exploratory Data Analysis.- Reading, Mass., Addison Wesley Publishing Company

VANMARCKE, E. (1983): Random Fields.- Cambridge, MIT Press

YATES, F. (1975): The Early History of Experimental Design. In: J. N. Srivastava (Hg.), A Survey of Statistical Design and Linear Models. Amsterdam, North-Holland

4.1 Einführung in die Korrespondenzanalyse

Jörg Blasius und Harald Rohlinger

Einleitung

Die Korrespondenzanalyse ist ein exploratives multivariates Analyseverfahren, dessen wichtigstes Charakteristikum die graphische Darstellung von Zeilen und Spalten von Kontingenztabellen ist. Das Verfahren kann auf Hirschfeld (1935) zurückgeführt werden, der als erstes eine algebraische Formulierung der Korrelation von Zeilen und Spalten von Kontingenztabellen veröffentlichte. In den frühen vierziger und fünfziger Jahren wurde diese Idee von Guttman und Hayashi aufgegriffen, die daraus die Hauptkomponentenanalyse bzw. die "quantification of qualitative data" entwickelten. In der zweiten Hälfte der siebziger und der ersten Hälfte der achtziger Jahre wurden zusätzlich zu der Korrespondenzanalyse Verfahren entwickelt, die auf eine graphische Darstellung der Zeilen und Spalten von Kontingenztabellen hinausliefen, so z.B. die "homogeneity analysis" (Gifi 1990 [1980]) oder das "optimal scaling" (Nishisato 1980). Die numerischen Ergebnisse dieser Verfahren können in die der Korrespondenzanalyse überführt werden, die geometrischen Ansätze sind jedoch verschieden.

Die Korrespondenzanalyse, so wie sie von uns verstanden wird, wurde bereits zu Beginn der 70er Jahre in Frankreich entwickelt (Benzécri et al. 1973). Das Verfahren blieb jedoch aufgrund der nahezu ausschließlich französisch sprachigen Publikationen außerhalb von Frankreich lange Zeit relativ unbeachtet. Erst mit den englischsprachigen Lehrbüchern von Greenacre (1984) und Lebart et al. (1984) wurde die Korrespondenzanalyse auch im übrigen Europa und in den Vereinigten Staaten diskutiert. Seit dieser Zeit wird die Korrespondenzanalyse zunehmend sowohl in den Sozialwissenschaften als auch im Marketing-Bereich eingesetzt, so daß die Anbieter der großen Statistikpakete inzwischen entsprechende Prozeduren aufgenommen haben: BMDP mit dem Modul CA (BMDP 1988), SAS mit der Prozedur PROC CORRESP (SAS Inc. 1988) und SPSS mit der Programmbibliothek CATEGORIES (SPSS Inc. 1990)[1].

Die Korrespondenzanalyse kann als Skalierungstechnik angesehen werden, die insbesondere zur Strukturierung von nominalen Daten verwendet wird. Eine der wichtigsten Eigenschaften bei der Korrespondenzanalyse ist die Möglichkeit der graphischen Darstellung von Zeilen <u>und</u> Spalten von zwei- und mehrdimensionalen Kontingenztabellen. Zur Beschreibung höher dimensionaler Räume kann zusätzlich zu graphischen Darstellungen (so z.B. mittels dreidimensionaler Plots bzw. der Andrew-Kurve, vgl. Rovan 1992) auch die numerische Ausgabe verwendet werden. Ähnlich wie bei der Hauptkomponentenanalyse, der Clusteranalyse und der multidimensionalen Skalierung und ähnlichen Verfahren wird bei der Korrespondenzanalyse eine Vielzahl von Informationen auf möglichst wenige Faktoren reduziert. Insgesamt gesehen ist die Korrespondenzanalyse ein mächtiges Verfahren zur (multivariaten) explorativen Analyse nominaler oder höher skalierter Daten.

Innerhalb des Verfahrens können zwei Ansätze unterschieden werden: die einfache und die multiple Korrespondenzanalyse. Eingabedaten bei der einfachen sind in der Regel Kontingenztabellen, wobei eine zu beschreibende Variable in Abhängigkeit zu einer Vielzahl von beschreibenden gesetzt wird. In der multiplen Form ist die Eingabematrix entweder eine Indikatormatrix oder eine Burt-Matrix. Beide Verfahren basieren auf demselben Algorithmus (s. Greenacre 1984), d.h. mit

---

[1] Während SAS und BMDP die Korrespondenzanalyse entsprechend der "französischen Schule" aufgenommen haben, hat SPSS einzelne Programmpakete zur "homogeneity analysis" aufgekauft und zu der Programmbibliothek CATEGORIES zusammengefaßt (zu der Logik der dort verfügbaren Prozeduren siehe SPSS Inc. (1990) sowie Gifi (1990)).

Prozeduren zur einfachen Korrespondenzanalyse können auch multiple gerechnet werden[2]. Van der Heijden und de Leeuw (1989, S. 55) bezeichnen demzufolge auch die multiple Korrespondenzanalyse als einfache Korrespondenzanalyse einer Indikator- bzw. einer Burt-Matrix.

Methode

In diesem Abschnitt wird formal gezeigt, daß Zeilen <u>und</u> Spalten einer Kontingenztabelle einen identischen Projektionsraum determinieren und daher auch simultan in diesen abgebildet werden können. Diese gemeinsame Darstellung ist mit Hilfe der Eckart-Young-Zerlegung (Eckart und Young 1936, s. auch Greenacre 1984) möglich. Die nachfolgend verwendete Notation basiert auf der Arbeit von Kristof (1990). Wir beginnen mit der Matrix der Eingabedaten $\underline{A} = (a_{ij})$ mit n-Zeilen und m-Spalten wobei $n \geq m$ sein soll.

$$\sum_{i=1}^{n} \sum_{j=1}^{m} a_{ij} = N \tag{1}$$

$\underline{1}'_n$ und $\underline{1}'_m$ sind Zeilenvektoren mit n- bzw. m- Elementen, die Eins sind.

$$\underline{P} = (p_{ij}) = \frac{1}{N} \underline{A} \tag{2}$$

$\underline{P}$ enthält die relativen Häufigkeiten von $\underline{A}$, bezogen auf die Summe aller Elemente, und wird als Korrespondenzmatrix bezeichnet. Demnach gilt:

$$\sum_{i=1}^{n} \sum_{j=1}^{m} p_{ij} = 1 \tag{3}$$

Die relativen Häufigkeiten von Zeilen und Spalten sollen in die Analyse einbezogen werden, um damit Zeilen- und Spaltenvariablen entsprechend ihrer Ausprägungshäufigkeit gewichten zu können. In dem Zeilenvektor $\underline{r}$ stehen die relativen Häufigkeiten der Spaltensummen der Matrix $\underline{A}$, $\underline{r}$ kann somit als Schwerpunkt der Zeilendarstellung betrachtet werden. Für die Berechnung von $\underline{r}$ können die Elemente von $\underline{P}$ spaltenweise addiert werden.

$$\underline{r} = \underline{1}'_n \underline{P} \tag{4}$$

Auf ähnliche Art können die relativen Häufigkeiten der Zeilen ($\underline{c}$) bestimmt werden. In der Zeilendarstellung entsprechen die Komponenten von $\underline{c}$ den Massen (den relativen Häufigkeiten) der Zeilen, in der Spaltendarstellung ist dieser Vektor der Schwerpunkt.

$$\underline{c} = \underline{P} \, \underline{1}_m \tag{5}$$

Die Diagonalmatrices von $\underline{r}$ und $\underline{c}$ werden als $\underline{D}_r$ und $\underline{D}_c$ bezeichnet. Für den Nachweis, daß Zeilen und Spalten (der gleichen Kontingenztabelle) in dem gleichen optimalen Unterraum projiziert werden können, soll mit der Zeilendarstellung begonnen werden. Im ersten Schritt wird dafür die

---

[2] Hierbei ist anzumerken, daß in diesem Fall die Eigenwerte nicht stimmen, sie können jedoch "per Hand" umgerechnet werden (siehe hierzu Benzécri 1979).

Korrespondenzmatrix ($\underline{P}$) mit den relativen Häufigkeiten der Spalten ($\underline{r}$) gewichtet. Die resultierende Matrix ($\underline{R}$) wird als Zeilenprofil bezeichnet.

$$\underline{R} = \underline{D}_c^{-1} \underline{P} \tag{6}$$

$\underline{R}$ enthält n-Zeilenvektoren, die spaltenweise von $\underline{r}_1'$ bis $\underline{r}_n'$ zusammengefügt werden. In der Spalten-darstellung wird die Korrespondenzmatrix mit den relativen Anteilen der Zeilen gewichtet, die resultierende Matrix ($\underline{C}$) wird als Spaltenprofil bezeichnet.

$$\underline{C} = \underline{D}_r^{-1} \underline{P}' \tag{7}$$

In der Zeilendarstellung sind die Summen der Komponenten der einzelnen Zeilenvektoren gleich Eins. Die n-Punkte in dem m-dimensionalen Raum spannen einen Projektionsraum auf, der maximal von der Dimensionalität (m-1) ist. Die Dimensionen dieses Vektorraumes sind alle orthogonal zu dem Vektor $\underline{1}_j$. Für diesen Raum hat die euklidische Metrik keine Gültigkeit. Die quadrierte Distanz zwischen zwei Punkten innerhalb dieses Raum ist definiert als:

$$d^2(\underline{r}_i, \underline{r}_k) = (\underline{r}_i - \underline{r}_k)' \underline{D}_r^{-1} (\underline{r}_i - \underline{r}_k) \tag{8}$$

Im folgenden wird ein orthogonales Koordinatensystem unter der Bedingung bestimmt, daß suk zessive die quadrierten Abstände der $\underline{r}_i$ zu den Achsen bestimmt werden. Zur Lösung dieses Problems wird durch Neudefinition der Achseneinheiten die Gültigkeit der euklidischen Metrik hergestellt.

$$\underline{r}_i^* = \underline{D}_r^{-1/2} \underline{r}_i \tag{9}$$

Die Transformation des Schwerpunktes in den neuen Raum erfolgt analog der Zeilenvektoren.

$$\underline{r}^* = \underline{D}_r^{-1/2} \underline{r} \tag{10}$$

Die quadrierte (nun euklidische) Distanz zwischen zwei beliebigen Zeilenvektoren im Projektions-raum kann im Anschluß an die obigen Transformationen folgender maßen angegeben werden:

$$d^{2*}(\underline{r}_i^*, \underline{r}_k^*) = (\underline{r}_i^* - \underline{r}_k^*)'(\underline{r}_i^* - \underline{r}_k^*) = (\underline{r}_i - \underline{r}_k)' \underline{D}_r^{-1} (\underline{r}_i - \underline{r}_k) = d^2(\underline{r}_i, \underline{r}_k) \tag{11}$$

Im Anschluß an diese Transformation können die relativen Häufigkeiten der Zeilen (c_i) berück-sichtigt werden. Die Berechnung der Eigenwerte $\underline{e}$ im (modifizierten) Raum erfolgt durch sukzessive Maximierung von:

$$\underline{e}' \left[\sum_{i=1}^{n} c_i (\underline{r}_i^* - \underline{r}^*)(\underline{r}_i^* - \underline{r}^*)' \right] \underline{e} \tag{12}$$

Die Berechnung der Eigenwerte und Eigenvektoren erfolgt durch:

$$\underline{U} = \sum_{i=1}^{n} c_i (\underline{r}_i^* - \underline{r}^*)(\underline{r}_i^* - \underline{r}^*)' = \underline{D}_r^{-1/2} \left[\sum_{i=1}^{n} c_i (\underline{r}_i - \underline{r})(\underline{r}_i - \underline{r})' \right] \underline{D}_r^{-1/2} \tag{13}$$

Unter Verwendung der Matrixnotation gilt für Gleichung (13):

$$\underline{U} = \underline{D}_r^{-1/2}(\underline{R}'-\underline{r}\,\underline{1}_n') \, \underline{D}_c \, (\underline{R}-\underline{1}_n\underline{r}') \, \underline{D}_r^{-1/2} = \underline{D}_r^{-1/2}(\underline{R}-\underline{1}_n\underline{r}')' \, \underline{D}_c \, (\underline{R}-\underline{1}_n\underline{r}') \, \underline{D}_r^{-1/2} \qquad (14)$$

Die Spur der (mxm)-Matrix $\underline{U}$ ist gleich der Summe der Eigenwerte. Diese Summe der Eigenwerte wird als Gesamtträgheitsgewicht (total inertia) bezeichnet. Sie ergibt sich auch aus dem Chi-Quadrat-Wert der Matrix der Eingabedaten ($\underline{A}$), dividiert durch die Summe aller Elemente der Matrix $\underline{A}$ (Gesamt-N). Aufgrund der (noch zu zeigenden) Analogien von Zeilen- und Spaltendarstellung kann die (nxn)-Matrix $\underline{V}$ direkt angegeben werden. Die Spur der Matrix $\underline{V}$ ist ebenfalls gleich der Summe der Eigenwerte und damit gleich dem Gesamtträgheitsgewicht.

$$\underline{V} = \underline{D}_c^{-1/2} \, (\underline{C}-\underline{1}_m\underline{c}')' \, \underline{D}_r \, (\underline{C}-\underline{1}_m\underline{c}') \, \underline{D}_c^{-1/2} \qquad (15)$$

Um den Zusammenhang von $\underline{U}$ und $\underline{V}$ zu zeigen, wird erneut Gleichung (6) betrachtet. Daraus ergibt sich:

$$\underline{P} = \underline{D}_c \, \underline{R} \qquad (16)$$

$$\underline{P}' = \underline{R}' \, \underline{D}_c \qquad (17)$$

Die rechte Seite von Gleichung (17) wird in Gleichung (7) eingesetzt.

$$\underline{C} = \underline{D}_r^{-1}\underline{R}'\underline{D}_c \qquad (18)$$

Durch die Zusammenführung der Gleichungen (15) und (18) ergibt sich:

$$\underline{V} = \underline{D}_c^{-1/2}(\underline{D}_r^{-1}\underline{R}' \, \underline{D}_c -\underline{1}_m\underline{c}')' \underline{D}_r(\underline{D}_r^{-1}\underline{R}' \, \underline{D}_c -\underline{1}_m\underline{c}')\underline{D}_c^{-1/2} \qquad (19)$$

Werden die rechten Seiten der Klammerausdrücke von Gleichung (19) erweitert, so ergibt sich:

$$\underline{V} = \underline{D}_c^{-1/2}(\underline{D}_r^{-1}\underline{R}'\underline{D}_c -\underline{D}_r^{-1}\underline{D}_r\underline{1}_m\underline{c}'\underline{D}_c^{-1}\underline{D}_c)' \, \underline{D}_r(\underline{D}_r^{-1}\underline{R}'\underline{D}_c -\underline{D}_r^{-1}\underline{D}_r\underline{1}_m\underline{c}'\underline{D}_c^{-1}\underline{D}_c)\underline{D}_c^{-1/2} \qquad (20)$$

$$\underline{V} = \underline{D}_c^{-1/2}(\underline{D}_c\underline{R}\,\underline{D}_r^{-1}-\underline{D}_c\underline{D}_c^{-1}\underline{c}\,\underline{1}_m'\underline{D}_r\underline{D}_r^{-1}) \, \underline{D}_r(\underline{D}_r^{-1}\underline{R}'\underline{D}_c -\underline{D}_r^{-1}\underline{D}_r\underline{1}_m\underline{c}'\underline{D}_c^{-1}\underline{D}_c)\underline{D}_c^{-1/2} \qquad (21)$$

$\underline{D}_r^{-1}$ und $\underline{D}_c$ werden aus den Klammern herausgenommen, so daß:

$$\underline{V} = \underline{D}_c^{1/2}(\underline{R}-\underline{D}_c^{-1}\underline{c}\,\underline{1}_m'\underline{D}_r) \, \underline{D}_r^{-1}(\underline{R}'-\underline{D}_r\underline{1}_m\underline{c}'\underline{D}_c^{-1})\underline{D}_c^{1/2} \qquad (22)$$

$\underline{D}_c^{-1}\underline{c}$ ist ein Spaltenvektor mit n-Elementen, die alle Eins sind. Wird dieser Vektor mit einem m-elementigen Zeilenvektor multipliziert, der ebenfalls ausschließlich aus Einsen besteht, so hat die Lösungsmatrix die Dimensionalität (nxm), deren Komponenten alle Eins sind. Durch die Multiplikation dieser Matrix mit der Diagonalmatrix $\underline{D}_r$ entsteht eine (nxm)-Matrix mit spaltenweise identischen Werten. Somit gilt:

$$\underline{D}_c^{-1}\underline{c}\,\underline{1}_m'\underline{D}_r = \underline{1}_n\underline{r}' \qquad (23)$$

$$\underline{V} = \underline{D}_c^{1/2}(\underline{R}-1_n \underline{r}')\underline{D}_r^{-1}(\underline{R}'-\underline{r}\;1_n')\underline{D}_c^{1/2} \tag{24}$$

$$\underline{V} = \underline{D}_c^{1/2}(\underline{R}-1_n \underline{r}')\underline{D}_r^{-1}(\underline{R}-1_n \underline{r}')'\underline{D}_c^{1/2} \tag{25}$$

Unter der Bedingung, daß:

$$\underline{W} = \underline{D}_c^{1/2}(\underline{R}-1_n \underline{r}')\underline{D}_r^{-1/2} \tag{26}$$

gilt:

$$\underline{V} = \underline{W}\underline{W}' \tag{27}$$

und, abgeleitet aus Gleichung (14):

$$\underline{U} = \underline{W}'\underline{W} \tag{36}$$

Von diesen Lösungen kann abgeleitet werden, daß $\underline{U}$ and $\underline{V}$ die gleichen von Null verschiedenen Eigenwerte haben. Ist $\lambda \neq 0$ ein Eigenwert von $\underline{U}$ mit dem dazugehörigen Eigenvektor $\underline{e}$, dann gilt:

$$\underline{W}'\underline{W}\underline{e} = \lambda \underline{e} \tag{29}$$

und

$$\underline{W}\underline{W}'(\underline{W}\underline{e}) = \lambda (\underline{W}\underline{e}) \tag{30}$$

Ist $\lambda \neq 0$ ein Eigenwert von $\underline{W}'\underline{W}$, dann ist er auch ein Eigenwert von $\underline{W}\;\underline{W}'$. Ist $\underline{e}$ der dazugehörige Eigenvektor von $\underline{W}'\underline{W} = \underline{U}$ dann ist $\underline{W}\;\underline{e}$ - nach der Standardisierung auf die Länge Eins - der dazugehörige Eigenvektor von $\underline{V} = \underline{W}\;\underline{W}'$. Dieser standardisierte Eigenvektor von $\underline{W}\;\underline{e}$ wird mit $\underline{f}$ bezeichnet. Ist $\underline{e}$ bekannt, so kann daraus $\underline{f}$ berechnet werden. Damit ist gezeigt, daß Zeilen und Spalten der Matrix der Eingabedaten ($\underline{A}$) einen gemeinsamen Unterraum beschreiben, der durch eine identische geometrische Ausrichtung seiner Achsen gekennzeichnet ist.

Nach der Berechnung von Eigenwerten und Eigenvektoren sollen die Vektorendpunkte der Zeilen und Spalten im Projektionsraum, die (quadrierten) Korrelationen der Variablenausprägungen mit den Achsen und die Trägheitsgewichte (getrennt für Zeilen- und Spaltenmerkmale) - sowohl die der einzelnen Achsen als auch die des gesamten Modelles - bestimmt werden. Entsprechend Gleichung (11) ist die quadrierte Distanz zwischen einem beliebigen Zeilenvektor und dem Schwerpunkt der Zeilendarstellung innerhalb des Projektionsraumes definiert als:

$$d^{2*}(\underline{r}_i^*,\ \underline{r}^*) = (\underline{r}_i^*-\underline{r}^*)'(\underline{r}_i^*-\underline{r}^*) \tag{31}$$

Im folgenden sollen die (quadrierten) Distanzen der vom Schwerpunkt ausgehenden Vektoren ($\underline{h}_i$) maximiert, bzw. die (quadrierten) Distanzen der Vektorendpunkte auf die Achsen ($\underline{d}_i$) minimiert werden (siehe Abbildung 1). Die Werte von $\underline{h}_i$ entsprechen der Differenz von ($\underline{r}_i^*-\underline{r}^*$). Der Vektor

$\underline{u}_i$ entspricht der Länge der Projektion des Vektors $\underline{r}_i^*$ auf den (jeweiligen) Eigenvektor. Entsprechend der Definition des Skalarproduktes wird die Länge dieser Projektion auf die erste Achse bestimmt durch:

$$u_{iI} = (\underline{r}_i^* - \underline{r}^*)' \underline{e}_1 \tag{32}$$

Das Skalarprodukt u_{iI} kann für alle Zeilen- und alle Spaltenmerkmale für alle Achsen bestimmt werden. Für den Kosinus des Winkels zwischen dem Vektor $\underline{r}_i^*$ und dem Schwerpunkt (siehe ρ in Abbildung 1) gilt:

$$\rho_{iI} = u_{iI} \, / \, ((\underline{r}_i^* - \underline{r}^*)'(\underline{r}_i^* - \underline{r}^*))^{1/2} \tag{33}$$

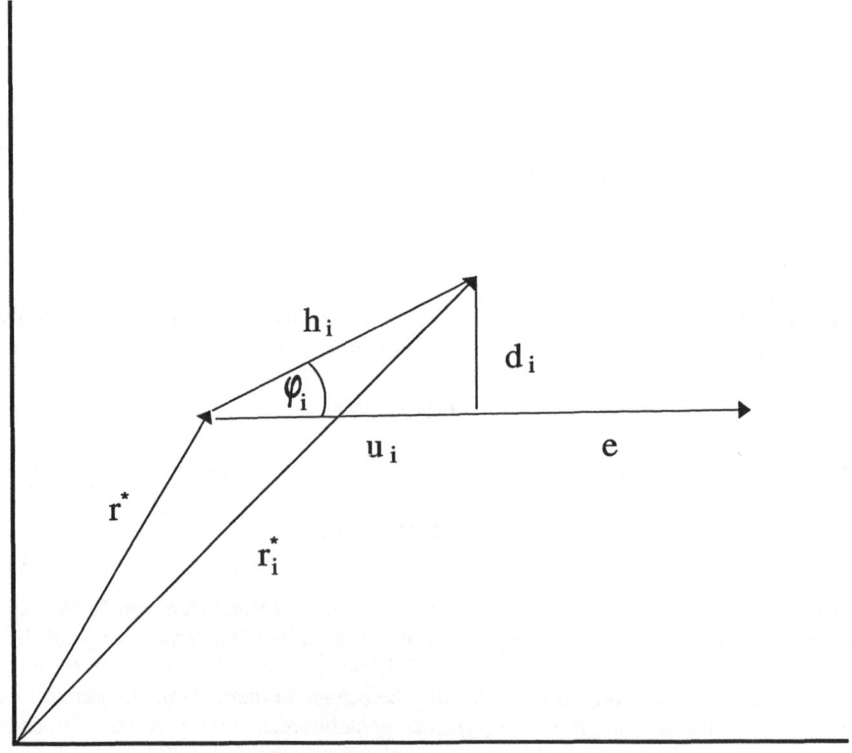

Abb.4.4.1 Graphische Darstellung der Projektion

Der Kosinus von ρ_i entspricht der Korrelation von $\underline{r}_i$ mit dem ersten Eigenvektor. In der Hauptkomponentenanalyse werden derartige Korrelationen von Variablen mit den Achsen des Projektionsraumes als Faktorladungen bezeichnet. Bei der Korrespondenzanalyse werden in der Regel die quadrierten "Faktorladungen" interpretiert, in der numerischen Beschreibung wird somit die "erklärte Varianz" der Variablen(ausprägungen) durch die einzelnen Achsen angegeben. Die Summen der Werte über die Achsen, die in die Analyse einbezogen werden -für die Auswahl der relevanten Achsen kann z.B. ein Scree-Test gemacht werden - können analog der Hauptkomponentenanalyse als Kommunalitäten interpretiert werden.

Zuzüglich zu diesen beschriebenen Koeffizienten kann bei der Korrespondenzanalyse die Trägheit der einzelnen Achsen sowie des gesamten Modelles (Gesamtträgheit) bestimmt werden. Die Trägheit einer Variablenausprägung auf einer Achse wird bestimmt mittels der quadrierten Länge der Projektion auf der zu betrachtenden Achse, multipliziert mit der Masse (dem relativen Anteil) der Variablenausprägung. Um die Werte als Prozentwerte interpretieren zu können, werden die Koeffizienten - für Zeilen und Spalten getrennt - auf die Länge Eins standardisiert.

$$i_{iJ} = u_{iJ}^2 * c_i \; / \; \lambda_1 \tag{34}$$

Bei der Interpretation gilt für die Trägheitskoeffizienten die umgedrehte Logik zu den (quadrierten) Korrelationen (Faktorladungen). Mit Hilfe dieser Koeffizienten wird angegeben, wie stark die geometrische Ausrichtung der einzelnen Achsen (des gesamten Modelles) durch die einzelnen Variablenausprägungen determiniert wird. So kann mittels dieser Koeffizienten u.a. unterschieden werden, ob der Zusammenhang zwischen Zeilen- und Spaltenmerkmalen als primär oder als sekundär zu betrachten ist (siehe z.B. Blasius 1991).

Das Gesamtträgheitsgewicht (total inertia) entspricht dem Chi-Quadrat-Wert der Eingabematrix (A), dividiert durch das Gesamt-N von A (vgl. auch Blasius und Rohlinger 1989, S. 100 ff.). Anhand des Chi-Quadrat-Wertes bzw. des Gesamtträgheitsgewichtes kann festgestellt werden, ob Variation oder ob lediglich "weißes Rauschen" in den Daten vorhanden ist. Ist die Trägheit einer Variablenausprägung, also der Anteil zur Determination der geometrischen Ausrichtung, der ersten beiden Achsen im Projektionsraum gering, so trägt dieses Merkmal nur wenig (nichts) zur "Erklärung" dieser Achsen bei: In der graphischen Darstellung der ersten beiden Achsen würde diese Variablenausprägung in der Regel nahe am Achsenkreuz liegen.

Dieser hier formal dargestellte Algorithmus der Korrespondenzanalyse soll anhand eines empirischen Beispieles noch einmal in Matrix-Schreibweise dargestellt werden. Für diesen Zweck wurde ein Lehrprogramm in der matrix-orientierten Sprache SAS PROC MATRIX geschrieben, womit alle Zwischenergebnisse ausgegeben werden können (vgl. Blasius und Rohlinger 1988, 1989)[3].

Daten

Für das nachfolgende Beispiel wurden lediglich zwei Variablen aus dem Datensatz von VETTER (vgl. Kap.5.1) verwendet, theoretisch kann die Anzahl der Variablen nahezu beliebig erweitert werden. Als Zeilenmerkmale wurden dreizehn Merkmale der Variable "Boden" verwendet (Randsinen-Terrae, Tschernoseme, Braunerden I, Braunerden II, Parabraunerden I, Parabraunerden II, Pseudogleye, Podsole, wechselnde Typen, Niederungsböden, Marschböden, Moore und sonstige Böden), als Spaltenmerkmale die zehn Ausprägungen der Variable "Vegetation" (Bruch-Auewälder, Moorvegetation,Eichenmischwälder,Eichen-Hainbuchenwälder,Eichen-Buchenwälder,nährstoffarme Buchenwälder, nährstoffreiche Buchenwälder, Buchenwälder-Nadelhain, Nadelwälder und Schuttvegetation). Die hier aufgeführte Reihenfolge entspricht der Reihenfolge der Variablenausprägungen in Tabelle 1 und in den folgenden Tabellen[4]. Die Daten der Eingabematrix (A) sind die absoluten Werte der Kontingenztabelle, die bei der Kreuztabellation der beiden genannten Variablen entsteht. In diesem Beispiel der einfachen Korrespondenzanalyse hat die Matrix n = dreizehn Zeilen und m = zehn Spalten.

---

[3] Das Programm KORRES wird in zwei Versionen von den Autoren kostenlos vertrieben: KORLV ist die lange Version, die alle Zwischenergebnisse beinhaltet, KORLV die kurze Version, die ausschließlich die Ergebnisse enthält. Für PC's kann eine in SAS IML umgeschriebene und ebenfalls kostenlose Version verwendet werden.

[4] Eine ausführliche Beschreibung der Variablen gibt Vetter in Kapitel 5.1

Tab.4.1.1 Eingabedaten der Korrespondenzanalyse

INPUT DATA

A	BRUCHW	MOORVG	EICHMW	EICHHB	EICHBU	BUCHEA	BUCHER	BUCHNA	NADELW	SCHUTT
REND	18.00	0.00	12.00	105.00	82.00	8.00	660.00	39.00	19.00	0.00
TSCHE	7.00	0.00	1.00	33.00	4.00	2.00	34.00	0.00	0.00	0.00
BRAUN1	14.00	2.00	6.00	37.00	95.00	14.00	214.00	51.00	22.00	3.00
BRAUN2	40.00	3.00	121.00	71.00	1262.00	563.00	357.00	18.00	68.00	0.00
PARAB1	136.00	4.00	10.00	181.00	522.00	46.00	806.00	213.00	7.00	0.00
PARAB2	92.00	8.00	97.00	47.00	896.00	57.00	242.00	21.00	8.00	0.00
PSEUDO	8.00	2.00	22.00	252.00	176.00	30.00	144.00	46.00	26.00	0.00
PODSOLE	130.00	10.00	522.00	103.00	687.00	151.00	140.00	3.00	23.00	0.00
WECHS	5.00	2.00	3.00	16.00	96.00	39.00	58.00	69.00	34.00	10.00
NIEDER	215.00	4.00	93.00	87.00	217.00	6.00	127.00	24.00	15.00	4.00
MARSCH	221.00	3.00	9.00	5.00	41.00	0.00	2.00	0.00	0.00	0.00
MOORE	188.00	33.00	155.00	11.00	178.00	7.00	27.00	30.00	5.00	0.00
SONST	13.00	0.00	0.00	1.00	2.00	0.00	13.00	15.00	4.00	5.00

Für die Prüfung, ob die Daten genügend Variation haben oder ob lediglich "weißes Rauschen" analysiert wird, wird die Chi-Quadrat-Statistik verwendet. Die Berechnung erfolgt, analog dem aus der Statistik bekannten Koeffizienten, aus dem Quadrat der Differenz von erwarteten und beobachteten Werten, dividiert durch die Erwartungswerte, summiert über alle Zellen.

Tab.4.1.2 Chi-Quadrat-Statistik

INERTIA IN EACH CELL
SQUARED DIFFERENCES BETWEEN EXPECTED AND EMPIRICAL VALUES

CELLIN	BRUCHW	MOORVG	EICHMW	EICHHB	EICHBU	BUCHEA	BUCHER	BUCHNA	NADELW	SCHUTT
REND	53.59	5.61	60.71	12.08	192.15	57.74	856.82	0.18	0.03	1.74
TSCHE	0.02	0.48	5.27	109.66	21.43	2.90	11.52	3.59	1.57	0.15
BRAUN1	18.38	0.19	29.19	0.01	28.54	12.93	103.22	46.52	19.50	5.51
BRAUN2	154.80	9.48	44.71	82.21	153.24	706.26	93.13	77.77	7.93	4.61
PARAB1	8.76	4.84	149.96	5.15	39.29	70.97	270.55	191.43	24.54	3.55
PARAB2	12.95	0.06	8.01	41.57	265.45	28.08	31.80	29.80	14.64	2.70
PSEUDO	49.24	1.15	25.91	684.27	22.75	11.05	3.14	6.94	11.17	1.30
PODSOLE	5.96	0.03	862.29	10.03	5.05	1.50	185.09	72.46	3.67	3.26
WECHS	21.04	0.00	23.52	4.08	4.22	6.94	5.35	200.51	118.47	144.15
NIEDER	283.44	0.11	7.80	9.21	15.11	49.79	19.38	3.50	0.01	4.43
MARSCH	1493.58	1.06	10.00	13.44	34.95	21.71	62.49	12.44	5.43	0.52
MOORE	294.30	226.75	176.47	30.77	10.19	35.99	100.75	0.13	4.30	1.17
SONST	13.86	0.32	4.66	2.45	15.10	4.10	0.02	68.21	8.64	246.21

Die Komponenten der Matrix CELLIN werden errechnet aus dem Quadrat der empirischen minus den erwarteten Häufigkeiten, dividiert durch die erwarteten Häufigkeiten der Matrix $\underline{A}$. Die Summe dieser Werte ist der Chi-Quadrat-Wert (χ^2=9986.8 mit df=108, p< .001, total inertia=0.836). Da dieser Wert signifikant ist, kann die in den Daten vorhandene Variation nicht als zufällig betrachtet werden, eine weitergehende Analyse, z.B. mittels der Korrespondenzanalyse, ist daher sinnvoll.

Im nächsten Schritt werden die Zeilen- und Spaltenprofile sowie die Anteile der Zeilen und Spalten an dem Gesamt-N bestimmt (vgl. Abschnitt 2 in diesem Kapitel). Bei der nachfolgenden Darstellung beschränken wir uns aus Platzgründen auf die Zeilendarstellung.

Im Anschluß an die Standardisierung der dreizehn Zeilenvektoren und des Vektors der Spaltensummen auf die Länge Eins wird der Vektor RPERCC, welcher der Schwerpunkt der Zeilendarstellung ist, in eine Diagonalmatrix geschrieben. Von dieser Matrix wird die Inverse berechnet und daraus dann die Wurzel gezogen, so daß die Matrix $\underline{D}^{-1/2}$ berechnet werden kann. Diese Matrix wird von rechts mit den standardisierten Zeilenvektoren der Matrix der Zeilenprofile (PERCR) und dem Schwerpunktvektor (RPERCC) multipliziert. Es entsteht die spaltengewichtete Matrix der Zeilenprofile und der spaltengewichtete "neue" Schwerpunkt. Nach dieser Transformation hat die euklidische Metrik Gültigkeit.

Tab.4.1.3 Zeilenprofile und Massen der Spalten

```
                    ROW PROFILE - ROWS DIVIDED BY ROW TOTALS
```

PERCR	BRUCHW	MOORVG	EICHMW	EICHHB	EICHBU	BUCHEA	BUCHER	BUCHNA	NADELW	SCHUTT
REND	0.0191	0.0000	0.0127	0.1113	0.0870	0.0085	0.6999	0.0414	0.0201	0.0000
TSCHE	0.0864	0.0000	0.0123	0.4074	0.0494	0.0247	0.4198	0.0000	0.0000	0.0000
BRAUN1	0.0306	0.0044	0.0131	0.0808	0.2074	0.0306	0.4672	0.1114	0.0480	0.0066
BRAUN2	0.0160	0.0012	0.0483	0.0284	0.5042	0.2249	0.1426	0.0072	0.0272	0.0000
PARAB1	0.0706	0.0021	0.0052	0.0940	0.2712	0.0239	0.4187	0.1106	0.0036	0.0000
PARAB2	0.0627	0.0054	0.0661	0.0320	0.6104	0.0388	0.1649	0.0143	0.0054	0.0000
PSEUDO	0.0113	0.0028	0.0312	0.3569	0.2493	0.0425	0.2040	0.0652	0.0368	0.0000
PODSOLE	0.0735	0.0057	0.2951	0.0582	0.3884	0.0854	0.0791	0.0017	0.0130	0.0000
WECHS	0.0151	0.0060	0.0090	0.0482	0.2892	0.1175	0.1747	0.2078	0.1024	0.0301
NIEDER	0.2715	0.0051	0.1174	0.1098	0.2740	0.0076	0.1604	0.0303	0.0189	0.0051
MARSCH	0.7865	0.0107	0.0320	0.0178	0.1459	0.0000	0.0071	0.0000	0.0000	0.0000
MOORE	0.2965	0.0521	0.2445	0.0174	0.2808	0.0110	0.0426	0.0473	0.0079	0.0000
SONST	0.2453	0.0000	0.0000	0.0189	0.0377	0.0000	0.2453	0.2830	0.0755	0.0943

```
                    COLUMN TOTALS DIVIDED BY TOTAL SUM
```

RPERCC	BRUCHW	MOORVG	EICHMW	EICHHB	EICHBU	BUCHEA	BUCHER	BUCHNA	NADELW	SCHUTT
ROW1	0.0910	0.0059	0.0880	0.0794	0.3565	0.0773	0.2364	0.0443	0.0193	0.0018

Tab.4.1.4 Spaltengewichtete Zeilenvektoren und neuer Schwerpunkt der Zeilendarstellung

```
                    ROW PRESENTATION - WEIGHTED MATRIX
              CALCULATED BY MULTIPLICATION OF PERCR BY SQIDCP
```

AI	COL1	COL2	COL3	COL4	COL5	COL6	COL7	COL8	COL9	COL10
ROW1	0.0633	0.0000	0.0429	0.3950	0.1456	0.0305	1.4394	0.1965	0.1449	0.0000
ROW2	0.2865	0.0000	0.0416	1.4454	0.0827	0.0888	0.8633	0.0000	0.0000	0.0000
ROW3	0.1013	0.0566	0.0442	0.2866	0.3474	0.1100	0.9610	0.5291	0.3454	0.1526
ROW4	0.0530	0.0155	0.1630	0.1006	0.8445	0.8092	0.2933	0.0342	0.1954	0.0000
ROW5	0.2342	0.0270	0.0175	0.3336	0.4542	0.0860	0.8611	0.5258	0.0261	0.0000
ROW6	0.2077	0.0707	0.2228	0.1136	1.0223	0.1397	0.3390	0.0680	0.0392	0.0000
ROW7	0.0376	0.0367	0.1051	1.2664	0.4175	0.1529	0.4195	0.3096	0.2648	0.0000
ROW8	0.2436	0.0733	0.9948	0.2066	0.6505	0.3071	0.1628	0.0081	0.0935	0.0000
ROW9	0.0499	0.0781	0.0305	0.1710	0.4843	0.4226	0.3593	0.9876	0.7364	0.7018
ROW10	0.8999	0.0655	0.3959	0.3897	0.4589	0.0273	0.3298	0.1440	0.1362	0.1177
ROW11	2.6071	0.1385	0.1080	0.0631	0.2444	0.0000	0.0146	0.0000	0.0000	0.0000
ROW12	0.9830	0.6751	0.8242	0.0616	0.4702	0.0397	0.0876	0.2249	0.0567	0.0000
ROW13	0.8131	0.0000	0.0000	0.0669	0.0632	0.0000	0.5045	1.3449	0.5427	2.1982

```
                    CENTROID OF ROW PRESENTATION
              CALCULATED BY MULTIPLICATION OF RPERCC BY SQIDCP
```

ACR	COL1	COL2	COL3	COL4	COL5	COL6	COL7	COL8	COL9	COL10
ROW1	0.3017	0.0771	0.2966	0.2819	0.5970	0.2780	0.4862	0.2104	0.1391	0.0429

Um für alle dreizehn Zeilenvektoren einen gemeinsamen Ursprung zu ermitteln, wird der neue Schwerpunktsvektor von allen Zeilenvektoren abgezogen (AI - ACR), das Ergebnis dieser Berechnungen steht in der Matrix DIFFAICR.

Die Zeilen der Matrix DIFFAICR werden nun so mit sich selbst multipliziert, daß dreizehn symmetrische Matrices entstehen. Im Anschluß an diesen Schritt werden die einzelnen Matrices mit den zu den einzelnen Zeilenvektoren gehörenden Massen (den relativen Anteilen der Zeilen) multipliziert. Im nächsten Schritt werden diese dreizehn symmetrischen Matrices addiert: Die resultierende Matrix SOL enthält alle Informationen der Eingabedaten incl. der Gewichte von Zeilen und Spalten.

Die resultierende Matrix SOL ist die Ausgangsmatrix zur Berechnung der Eigenwerte und Eigenvektoren. Die Spur von SOL ist gleich der Summe der Eigenwerte und damit gleich dem Gesamtträgheitsgewicht - dieses ergibt sich aus der Division des Chi-Quadrat-Wertes der Matrix der

Tab.4.1.5 Spaltengewichtete Matrix der Zeilendarstellung minus Schwerpunkt

ROW PRESENTATION - MINUS CENTROID

DIFFAICR	COL1	COL2	COL3	COL4	COL5	COL6	COL7	COL8	COL9	COL10
ROW1	-0.2384	-0.0771	-0.2537	0.1132	-0.4514	-0.2475	0.9532	-0.0139	0.0058	-0.0429
ROW2	-0.0152	-0.0771	-0.2550	1.1635	-0.5143	-0.1892	0.3771	-0.2104	-0.1391	-0.0429
ROW3	-0.2003	-0.0205	-0.2525	0.0047	-0.2496	-0.1680	0.4747	0.3187	0.2064	0.1097
ROW4	-0.2487	-0.0616	-0.1337	-0.1812	0.2474	0.5312	-0.1929	-0.1763	0.0563	-0.0429
ROW5	-0.0675	-0.0501	-0.2791	0.0517	-0.1429	-0.1920	0.3749	0.3153	-0.1129	-0.0429
ROW6	-0.0939	-0.0064	-0.0739	-0.1683	0.4252	-0.1383	-0.1472	-0.1425	-0.0999	-0.0429
ROW7	-0.2641	-0.0404	-0.1916	0.9845	-0.1795	-0.1251	-0.0667	0.0992	0.1258	-0.0429
ROW8	-0.0581	-0.0038	0.6982	-0.0753	0.0534	0.0291	-0.3235	-0.2024	-0.0456	-0.0429
ROW9	-0.2517	0.0010	-0.2662	-0.1109	-0.1127	0.1446	-0.1269	0.7771	0.5974	0.6589
ROW10	0.5982	-0.0116	0.0992	0.1079	-0.1381	-0.2507	-0.1564	-0.0664	-0.0029	0.0748
ROW11	2.3055	0.0614	-0.1886	-0.2187	-0.3527	-0.2780	-0.4716	-0.2104	-0.1391	-0.0429
ROW12	0.6813	0.5980	0.5276	-0.2203	-0.1268	-0.2383	-0.3986	0.0144	-0.0824	-0.0429
ROW13	0.5114	-0.0771	-0.2966	-0.2149	-0.5338	-0.2780	0.0182	1.1344	0.4037	2.1553

BEGIN OF PERMUTATION OF A MATRIX FOR CALCULATING EIGENVALUES
FIRST ROWVECTOR OF DIFFAICR MULTIPLICATED WITH ITSELF

AIII	COL1	COL2	COL3	COL4	COL5	COL6	COL7	COL8	COL9	COL10
ROW1	0.0568	0.0184	0.0605	-0.0270	0.1076	0.0590	-0.2272	0.0033	-0.0014	0.0102
ROW2	0.0184	0.0059	0.0196	-0.0087	0.0348	0.0191	-0.0735	0.0011	-0.0004	0.0033
ROW3	0.0605	0.0196	0.0644	-0.0287	0.1145	0.0628	-0.2419	0.0035	-0.0015	0.0109
ROW4	-0.0270	-0.0087	-0.0287	0.0128	-0.0511	-0.0280	0.1079	-0.0016	0.0007	-0.0049
ROW5	0.1076	0.0348	0.1145	-0.0511	0.2038	0.1117	-0.4303	0.0063	-0.0026	0.0194
ROW6	0.0590	0.0191	0.0628	-0.0280	0.1117	0.0612	-0.2359	0.0034	-0.0014	0.0106
ROW7	-0.2272	-0.0735	-0.2419	0.1079	-0.4303	-0.2359	0.9086	-0.0133	0.0056	-0.0409
ROW8	0.0033	0.0011	0.0035	-0.0016	0.0063	0.0034	-0.0133	0.0002	-0.0001	0.0006
ROW9	-0.0014	-0.0004	-0.0015	0.0007	-0.0026	-0.0014	0.0056	-0.0001	0.0000	-0.0002
ROW10	0.0102	0.0033	0.0109	-0.0049	0.0194	0.0106	-0.0409	0.0006	-0.0002	0.0018

THE RESULTING MATRIX ABOVE MULTIPLICATED WITH THE RELATIVE PART
OF THE FIRST ROW OF THE STARTING DATA MATRIX

AIIIM	COL1	COL2	COL3	COL4	COL5	COL6	COL7	COL8	COL9	COL10
ROW1	0.0045	0.0015	0.0048	-0.0021	0.0085	0.0047	-0.0179	0.0003	-0.0001	0.0008
ROW2	0.0015	0.0005	0.0015	-0.0007	0.0027	0.0015	-0.0058	0.0001	-0.0000	0.0003
ROW3	0.0048	0.0015	0.0051	-0.0023	0.0090	0.0050	-0.0191	0.0003	-0.0001	0.0009
ROW4	-0.0021	-0.0007	-0.0023	0.0010	-0.0040	-0.0022	0.0085	-0.0001	0.0001	-0.0004
ROW5	0.0085	0.0027	0.0090	-0.0040	0.0161	0.0088	-0.0340	0.0005	-0.0002	0.0015
ROW6	0.0047	0.0015	0.0050	-0.0022	0.0088	0.0048	-0.0186	0.0003	-0.0001	0.0008
ROW7	-0.0179	-0.0058	-0.0191	0.0085	-0.0340	-0.0186	0.0717	-0.0010	0.0004	-0.0032
ROW8	0.0003	0.0001	0.0003	-0.0001	0.0005	0.0003	-0.0010	0.0000	-0.0000	0.0000
ROW9	-0.0001	-0.0000	-0.0001	0.0001	-0.0002	-0.0001	0.0004	-0.0000	0.0000	-0.0000
ROW10	0.0008	0.0003	0.0009	-0.0004	0.0015	0.0008	-0.0032	0.0000	-0.0000	0.0001

SECOND ROWVECTOR OF DIFFAICR MULTIPLICATED WITH ITSELF

AIII	COL1	COL2	COL3	COL4	COL5	COL6	COL7	COL8	COL9	COL10
ROW1	0.0002	0.0012	0.0039	-0.0177	0.0078	0.0029	-0.0057	0.0032	0.0021	0.0007
ROW2	0.0012	0.0059	0.0197	-0.0897	0.0397	0.0146	-0.0291	0.0162	0.0107	0.0033
ROW3	0.0039	0.0197	0.0650	-0.2967	0.1312	0.0482	-0.0962	0.0537	0.0355	0.0109
ROW4	-0.0177	-0.0897	-0.2967	1.3538	-0.5985	-0.2201	0.4387	-0.2449	-0.1618	-0.0499
ROW5	0.0078	0.0397	0.1312	-0.5985	0.2645	0.0973	-0.1939	0.1082	0.0715	0.0221
ROW6	0.0029	0.0146	0.0482	-0.2201	0.0973	0.0358	-0.0713	0.0398	0.0263	0.0081
ROW7	-0.0057	-0.0291	-0.0962	0.4387	-0.1939	-0.0713	0.1422	-0.0793	-0.0524	-0.0162
ROW8	0.0032	0.0162	0.0537	-0.2449	0.1082	0.0398	-0.0793	0.0443	0.0293	0.0090
ROW9	0.0021	0.0107	0.0355	-0.1618	0.0715	0.0263	-0.0524	0.0293	0.0193	0.0060
ROW10	0.0007	0.0033	0.0109	-0.0499	0.0221	0.0081	-0.0162	0.0090	0.0060	0.0018

THE RESULTING MATRIX ABOVE MULTIPLICATED WITH THE RELATIVE PART

OF THE FIRST ROW OF THE STARTING DATA MATRIX

AIIIM	COL1	COL2	COL3	COL4	COL5	COL6	COL7	COL8	COL9	COL10
ROW1	0.0000	0.0000	0.0000	-0.0001	0.0001	0.0000	-0.0000	0.0000	0.0000	0.0000
ROW2	0.0000	0.0000	0.0001	-0.0006	0.0003	0.0001	-0.0002	0.0001	0.0001	0.0000
ROW3	0.0000	0.0001	0.0004	-0.0020	0.0009	0.0003	-0.0007	0.0004	0.0002	0.0001
ROW4	-0.0001	-0.0006	-0.0020	0.0092	-0.0041	-0.0015	0.0030	-0.0017	-0.0011	-0.0003
ROW5	0.0001	0.0003	0.0009	-0.0041	0.0018	0.0007	-0.0013	0.0007	0.0005	0.0001
ROW6	0.0000	0.0001	0.0003	-0.0015	0.0007	0.0002	-0.0005	0.0003	0.0002	0.0001
ROW7	-0.0000	-0.0002	-0.0007	0.0030	-0.0013	-0.0005	0.0010	-0.0005	-0.0004	-0.0001
ROW8	0.0000	0.0001	0.0004	-0.0017	0.0007	0.0003	-0.0005	0.0003	0.0002	0.0001
ROW9	0.0000	0.0001	0.0002	-0.0011	0.0005	0.0002	-0.0004	0.0002	0.0001	0.0000
ROW10	0.0000	0.0000	0.0001	-0.0003	0.0001	0.0001	-0.0001	0.0001	0.0000	0.0000

FURTHER STEPS ARE SKIPPED UNTIL THE END OF THE LOOP
ROW PRESENTATION MATRIX FOR CALCULATING EIGENVALUES
ADDITION OF R-(NUMBER OF ROWS) SYMMETRIC MATRICES (PRODUCTS OF R-
ROWVECTORS OF DIFFAICR) - MULTIPLICATED WITH THEIR RELATIVE PARTS

SOL	COL1	COL2	COL3	COL4	COL5	COL6	COL7	COL8	COL9	COL10
ROW1	0.2018	0.0304	0.0286	-0.0214	-0.0331	-0.0516	-0.0554	-0.0110	-0.0177	0.0036
ROW2	0.0304	0.0209	0.0225	-0.0089	-0.0030	-0.0108	-0.0197	-0.0005	-0.0031	-0.0009
ROW3	0.0286	0.0225	0.1179	-0.0224	0.0142	-0.0014	-0.0763	-0.0388	-0.0103	-0.0088
ROW4	-0.0214	-0.0089	-0.0224	0.0841	-0.0354	-0.0280	0.0311	0.0155	0.0052	-0.0034
ROW5	-0.0331	-0.0030	0.0142	-0.0354	0.0676	0.0438	-0.0596	-0.0312	-0.0042	-0.0099
ROW6	-0.0516	-0.0108	-0.0014	-0.0280	0.0438	0.0846	-0.0434	-0.0261	0.0130	-0.0028
ROW7	-0.0554	-0.0197	-0.0763	0.0311	-0.0596	-0.0434	0.1459	0.0423	-0.0005	-0.0007
ROW8	-0.0110	-0.0005	-0.0388	0.0155	-0.0312	-0.0261	0.0423	0.0597	0.0143	0.0276
ROW9	-0.0177	-0.0031	-0.0103	0.0052	-0.0042	0.0130	-0.0005	0.0143	0.0184	0.0168
ROW10	0.0036	-0.0009	-0.0088	-0.0034	-0.0099	-0.0028	-0.0007	0.0276	0.0168	0.0351

Eingabedaten (A), dividiert durch das Gesamt-N. Aufgrund dieser Analogie wird die der Korrespondenzanalyse zugrundeliegende Metrik auch als Chi-Quadrat-Metrik bezeichnet (vgl. Greenacre 1984, 1989). Die Berechnung der Eigenwerte und Eigenvektoren erfolgt mittels der

Tab.4.1.6 Eigenwerte, erklärte Varianzen der Faktoren und Eigenvektoren

```
                              EIGENVALUES


                       LAMBDA        COL1


                       1.AXIS        0.3045

                       2.AXIS        0.2372

                       3.AXIS        0.0967

                       4.AXIS        0.0718

                       5.AXIS        0.0648

                       6.AXIS        0.0338

                       7.AXIS        0.0156

                       8.AXIS        0.0080

                       9.AXIS        0.0037

                      10.AXIS       -0.0000
```

```
                                EIGENVECTORS
```

EVECTOR	COL1	COL2	COL3	COL4	COL5	COL6	COL7	COL8	COL9	COL10
ROW1	0.4638	0.7183	-0.3273	-0.0824	0.1882	-0.1380	0.0606	-0.0681	-0.0350	-0.3017
ROW2	0.1306	0.1028	0.0633	0.0442	-0.1487	0.0911	-0.7071	0.6122	0.2350	-0.0771
ROW3	0.4437	-0.0495	0.6721	0.0572	-0.4261	-0.2031	0.0829	-0.1660	-0.0231	-0.2966
ROW4	-0.2487	0.1316	0.4627	0.3850	0.6777	0.0123	0.0028	0.0335	0.1365	-0.2819
ROW5	0.2092	-0.3957	-0.1813	-0.1166	0.0880	0.5983	0.1451	0.0901	-0.0429	-0.5970
ROW6	0.1047	-0.4761	-0.3241	0.0729	0.1698	-0.6378	-0.2357	-0.1738	0.2309	-0.2780
ROW7	-0.6171	0.1903	0.0462	-0.4651	-0.2438	-0.2178	0.0789	0.1150	0.0432	-0.4862
ROW8	-0.2602	0.1663	-0.1738	0.4711	-0.3306	0.2476	-0.3729	-0.5442	-0.0484	-0.2104
ROW9	-0.0633	-0.0601	-0.1055	0.3661	-0.0611	-0.2351	0.0560	0.3783	-0.7890	-0.1391
ROW10	-0.0433	0.0553	-0.2043	0.4986	-0.3044	-0.0484	0.5142	0.3179	0.4924	-0.0429

```
                            EXPLAINED VARIANCE


                       EVAR          COL1


                       1.AXIS        36.42

                       2.AXIS        28.37

                       3.AXIS        11.56

                       4.AXIS         8.59

                       5.AXIS         7.76

                       6.AXIS         4.04

                       7.AXIS         1.87

                       8.AXIS         0.95

                       9.AXIS         0.45

                      10.AXIS        -0.00
```

bekannten kanonischen Zerlegung, wie sie etwa auch bei der Hauptkomponentenanalyse verwendet wird.

Entsprechend dem Modell der Korrespondenzanalyse sind alle Achsen unkorreliert. Einen Fehlerterm wie bei der Faktorenanalyse (gemeint ist z.B. das Modell von Thurstone) gibt es nicht, die Summe der Werte der erklärten Varianzen ist daher 100 Prozent. An dieser Stelle wird bereits ersichtlich, daß die Lösung nicht eindimensional ist, mindestens zwei Achsen müssen in die Interpretation eingehen.

Da die Vektorendpunkte der Zeilenvektoren und der Vektor des Schwerpunktes im Projektionsraum ebenso wie die Eigenvektoren bekannt sind, können die Schnittpunkte der Vektorendpunkte mit den Achsen, die Längen der Projektionen auf den Achsen, ebenso wie die Korrelation mit den Achsen (die Cosinus der Winkel) und die Trägheiten der Variablenausprägungen bestimmt werden. Des weiteren können bei der Spaltendarstellung ebenfalls die Spaltenmerkmale im Projektionsraum und der dazugehörige Schwerpunktvektor, die (transformierten) Anteile der Zeilen, ermittelt werden, d.h. es wird eine zu DIFFAICR analoge Matrix errechnet.

Da, wie gezeigt, bei der Korrespondenzanalyse für die Zeilen- als auch für die Spaltendarstellung die gleichen Eigenwerte gültig sind und da aus den Eigenvektoren der Zeilendarstellung die der Spaltendarstellung abgeleitet werden können, können auch die Längen der Projektionen der Spaltenausprägungen auf den Achsen, deren quadrierte Korrelationen und deren Trägheitsgewichte bestimmt werden. Da dies analog der Vorgehensweise bei der Zeilendarstellung erfolgt, kann auf die detaillierte Darstellung verzichtet und direkt zu den graphischen und numerischen Ergebnissen übergegangen werden.

Ergebnisse

Mit Hilfe der Koordinaten der Zeilen- und Spaltenmerkmale ist zusätzlich zu der numerischen Ausgabe auch eine graphische Darstellung der Ergebnisse möglich. Zur Illustration wurden für diese Arbeit die ersten beiden Achsen geplottet.

Bei der Interpretation der graphischen Darstellung muß beachtet werden, daß zwar die Distanzen zwischen den Zeilen- bzw. zwischen den Spaltenmerkmalen als solche interpretiert werden dürfen, nicht aber zwischen Spalten- und Zeilenausprägungen (vgl. Greenacre und Hastie 1987, Greenacre 1989)[5]. Sollen die Ähnlichkeiten zwischen Zeilen- und Spaltenmerkmalen dennoch direkt aus der Graphik abgeleitet werden, so muß die Interpretation über die Ähnlichkeit der (Cosinus der) Winkel erfolgen (vgl. Blasius 1990).

Schon anhand der Graphik wird sichtbar, daß der linken Seite der ersten (der horizontalen) Achse die Vegetationsmerkmale "Buchen-Nadelwälder" (BUCHNA), "nährstoffreiche Buchenwälder" (BUCHER) und "Eichen-Hainbuchenwälder" (EICHHB) zuzuordnen sind. Diese werden überdurchschnittlich oft dort gefunden, wo der Boden das Merkmal "Parabraunerden I" (PARAB1), "Braunerden I" (BRAUN1), "Rendsinen-Terrae" (REND), "Tschernoseme" (TSCHE) bzw. "Pseudogleye" (PSEUDO) hat. Auf der rechten Seite der ersten Achse, also negativ mit den zuvor genannten Variablenausprägungen korreliert, laden insbesondere die Merkmale "Eichenmischenwälder" (EICHMW) und "Podsole" (PODSOLE). Inhaltlich können diese

---

[5] Für eine Interpretation von derartigen Distanzen kann die asymmetrische Darstellung der Korrespondenzanalyse verwendet werden: Bei dieser sind jedoch die am Abbildungsrand angegebenen Skaleneinteilungen entweder für die Spalten- oder für die Zeilenmerkmale falsch (vgl. ausführlich Greenacre und Hastie 1987). Während der von uns verwendete symmetrische Plot kennzeichnend für die "französische Schule" der Korrespondenzanalyse ist, wird in der "homogeneity analysis", wie sie z.B. von SPSS umgesetzt wurde, nur die asymmetrische Darstellung verwendet (vgl. Gifi 1990).

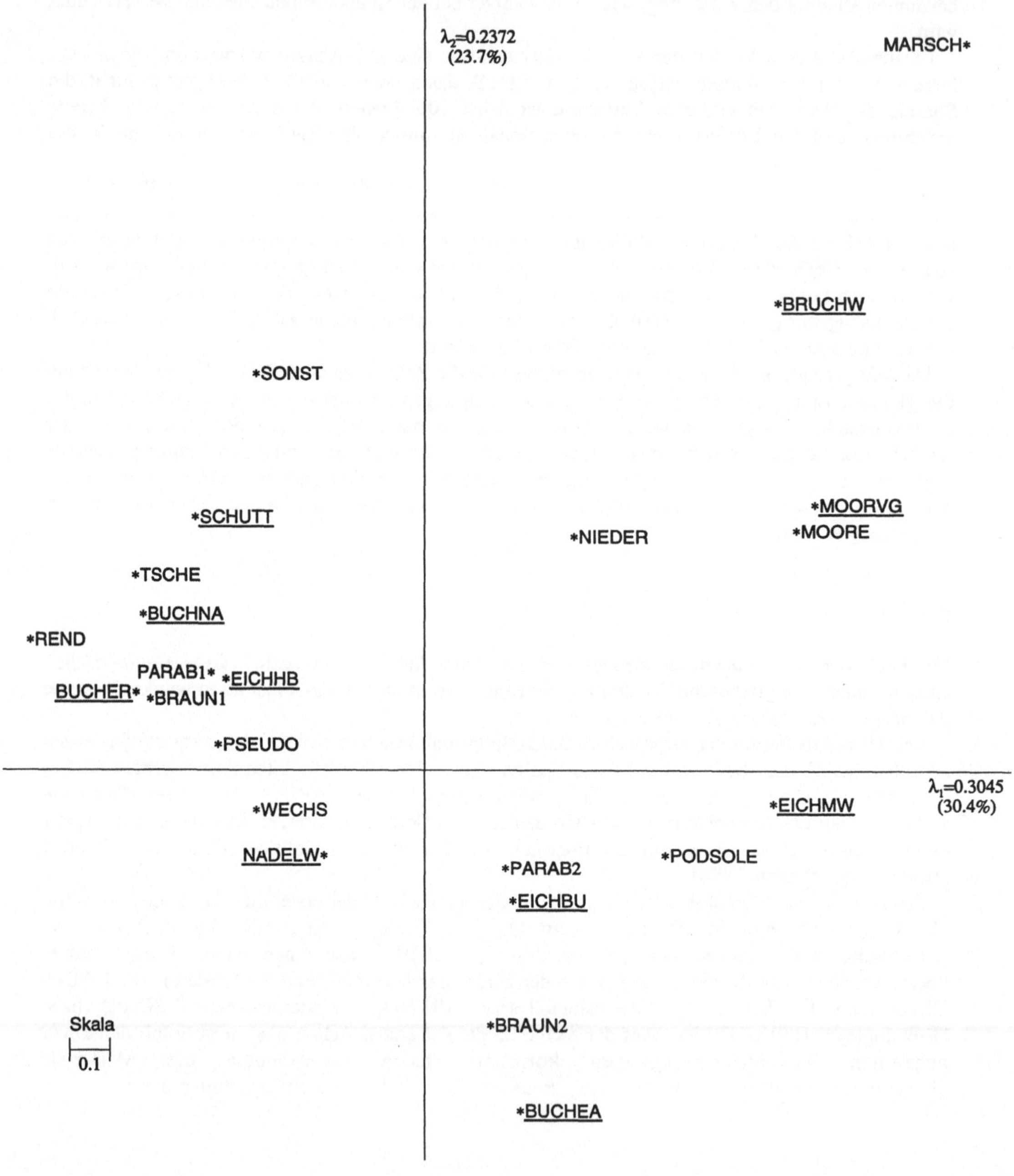

Abb.4.1.2 Graphische Darstellung der Ergebnisse[6]

---

[6] Zur Verbesserung der Unterscheidung zwischen den beiden Variablen wurden die zehn Spaltenmerkmale unterstrichen.

GENERAL STATISTIC

GENSTAT	MASS	SQCOR	INR	LOC1	QCOR1	INR1	LOC2	QCOR2	INR2	LOC3	QCOR3	INR3	LOC4	QCOR4	INR4
BRUCHW	0.091	0.985	0.241	0.848	0.325	0.215	1.160	0.606	0.516	-0.337	0.051	0.107	-0.073	0.002	0.007
MOORVG	0.006	0.393	0.025	0.935	0.248	0.017	0.649	0.120	0.011	0.255	0.019	0.004	0.154	0.007	0.002
EICHMW	0.088	0.886	0.141	0.825	0.508	0.197	-0.081	0.005	0.002	0.704	0.370	0.452	0.052	0.002	0.003
EICHHB	0.079	0.645	0.101	-0.487	0.224	0.062	0.227	0.049	0.017	0.510	0.246	0.214	0.366	0.126	0.148
EICHBU	0.356	0.808	0.081	0.193	0.197	0.044	-0.323	0.549	0.157	-0.094	0.047	0.033	-0.052	0.014	0.014
BUCHEA	0.077	0.800	0.101	0.208	0.039	0.011	-0.834	0.636	0.227	-0.363	0.120	0.105	0.070	0.005	0.005
BUCHER	0.236	0.961	0.175	-0.700	0.795	0.381	0.191	0.059	0.036	0.030	0.001	0.002	-0.256	0.106	0.216
BUCHNA	0.044	0.771	0.071	-0.682	0.345	0.068	0.385	0.110	0.028	-0.257	0.049	0.030	0.600	0.267	0.222
NADELW	0.019	0.694	0.022	-0.251	0.066	0.004	-0.210	0.046	0.004	-0.236	0.058	0.011	0.705	0.523	0.134
SCHUTT	0.002	0.660	0.042	-0.557	0.016	0.002	0.628	0.021	0.003	-1.480	0.115	0.042	3.112	0.508	0.249
REND	0.079	0.923	0.124	-0.965	0.707	0.241	0.321	0.078	0.034	0.172	0.022	0.024	-0.389	0.115	0.167
TSCHE	0.007	0.579	0.016	-0.714	0.264	0.011	0.483	0.121	0.007	0.599	0.186	0.025	0.131	0.009	0.002
BRAUN1	0.038	0.865	0.026	-0.672	0.784	0.057	0.183	0.058	0.005	-0.081	0.011	0.003	0.079	0.011	0.003
BRAUN2	0.210	0.925	0.134	0.133	0.033	0.012	-0.625	0.732	0.345	-0.289	0.156	0.181	-0.044	0.004	0.006
PARAB1	0.161	0.877	0.077	-0.529	0.700	0.148	0.243	0.148	0.040	-0.073	0.013	0.009	-0.079	0.015	0.014
PARAB2	0.123	0.429	0.044	0.175	0.104	0.012	-0.237	0.190	0.029	-0.092	0.029	0.011	-0.178	0.107	0.054
PSEUDO	0.059	0.619	0.082	-0.499	0.215	0.048	0.070	0.004	0.001	0.459	0.182	0.129	0.502	0.218	0.208
PODSOLE	0.148	0.914	0.115	0.572	0.504	0.159	-0.216	0.072	0.029	0.468	0.337	0.335	0.028	0.001	0.002
WECHS	0.028	0.853	0.053	-0.406	0.104	0.015	-0.101	0.006	0.001	-0.513	0.165	0.076	0.959	0.578	0.356
NIEDER	0.066	0.924	0.039	0.349	0.245	0.026	0.575	0.667	0.093	0.016	0.000	0.000	0.073	0.011	0.005
MARSCH	0.024	0.948	0.166	1.302	0.288	0.131	1.796	0.547	0.320	-0.786	0.105	0.151	-0.214	0.008	0.015
MOORE	0.053	0.829	0.088	0.881	0.558	0.135	0.588	0.249	0.077	0.164	0.019	0.015	0.054	0.002	0.002
SONST	0.004	0.694	0.036	-0.417	0.025	0.003	0.976	0.139	0.018	-0.963	0.135	0.043	1.645	0.395	0.167

Tab.4.1.7 Numerische Darstellung der Ergebnisse

Zusammenhänge dahingehend interpretiert werden, daß Eichen-Hainbuchenwälder, Buchen-Nadelwälder, und "nährstoffreiche" Buchenwälder überdurchschnittlich oft auf Böden vorhanden sind, die durch Parabraunerden I, Braunerden I, Rendsinen-Terrea, Tschernoseme und Pseudogleye gekennzeichnet sind. Unter derartigen Bodenbedingungen gibt es hingegen relativ selten Eichenmischenwälder, die überdurchschnittlich oft dort zu finden sind, wo der Boden durch "Podsole" gekennzeichnet ist.

Unkorreliert mit den bisher aufgeführten Bodeneigenschaften ist das Spaltenmerkmal "nährstoffarme Buchenwälder" (BUCHEA), es lädt auf dem negativen Abschnitt der zweiten Achse. D.h. "nährstoffarme" Buchenwälder sind in den bisher aufgezählten Bodentypen weder überdurchschnittlich oft noch überdurchschnittlich selten zu finden. Soll für diese Art der Bewaldung eine typische Bodenart angegeben werden, so ist dies Braunerden II (BRAUN2) (vgl. die Ähnlichkeit der Winkel zum Achsenkreuz). Da mit der graphischen Darstellung der Ergebnisse aber lediglich 54.1 Prozent der Gesamtvariation der Daten erklärt werden können, sind schon allein aufgrund der im zweidimensionalen Plot nicht vorhandenen Darstellungsmöglichkeiten "falsche" Zuordnungen von Merkmalen zu erwarten. Da, zusätzlich zu der Einbeziehung weiterer Dimensionen, mit Hilfe der numerischen Ausgabe die Variablenausprägungen, anhand erhältlicher Koeffizienten wie der Trägheit, im Projektionsraum besser beschrieben werden können als ausschließlich mit der graphischen Darstellung, soll an dieser Stelle deren Erläuterung beginnen.

Die wichtigsten Koeffizienten zur Interpretation sind die quadrierten Korrelationen der Variablenausprägungen mit den Achsen (vgl. QCOR1, QCOR2, QCOR3 und QCOR4), da hier abzulesen ist, wie stark die einzelnen Merkmale durch die Faktoren beschrieben werden können (das Vorzeichen der "Faktorladung" kann den Spalten LOC1 bis LOC4 entnommen werden). Die Summe dieser quadrierten Faktorladungen, in diesem Fall der in der Auswertung berücksichtigten vier Dimensionen, ist in der Spalte SQCOR abzulesen, welche analog zu den Kommunalitäten der Hauptkomponentenanalyse interpretiert werden können.

Wird als Schwellenwert für die Zuordnung einer Variablenausprägung zu einer Achse der Wert "QCOR = .50" gewählt, d.h. 50 Prozent der Varianz einer Variablenausprägung werden durch diese Achse erklärt[7], so wird mit der ersten Achse der Gegensatz zwischen Eichenmischwäldern (QCOR1 = .508) und "nährstoffreichen" Buchenwäldern (QCOR1 = .795) beschrieben. Während die Eichenmischwälder relativ oft in Regionen zu finden sind, die durch Moore (QCOR1 = .558) bzw. durch Podsole (QCOR1 = .504) gekennzeichnet sind, sind Rendsinen-Terrae (QCOR1 = .707), Braunerden I (QCOR1 = .784) und Parabraunerden I (QCOR1 = .700) relativ "günstige Böden" für das Vorhandensein von "nährstoffreichen" Buchenwäldern. Bei Hinzuziehung des Trägheitsgewichtes für die Interpretation der ersten Achse muß auf der Ebene der Vegetationsmerkmale noch die Variablenausprägung "Bruch-Auewälder" genannt werden, diese erklärt 21.5% der geometrischen Ausrichtung dieser Achse (INR1 = .215). Auf der Ebene der Variablen "Boden" sollte aufgrund des hohen Trägheitsgewichtes noch das Merkmal "Marschböden" (INR1 = .131) genannt werden, welches diesen Ergebnissen zufolge ein Indikator für Bruch-Auewälder und Eichenmischwälder ist. Die durch die erste Achse erklärten Gegensätze haben einen Anteil von 30.4% an der Gesamtvariation der Daten.

Die zweite Achse erklärt weitere 23.7% der Variation. Auf ihr spiegelt sich auf der Ebene der "Vegetationsmerkmale" der Gegensatz von Bruch-Auewäldern (QCOR2 = .606) versus Eichen-Buchenwälder (QCOR2 = .549) und "nährstoffarme" Buchenwälder (QCOR2 = .636) wider. Den beiden letztgenannten Vegetationstypen kann die Bodenbeschaffenheit "Braunerden II" (QCOR2 = .732), den Bruch-Auewäldern "Niederungsböden" (QCOR2 = .667) und "Marschböden" (QCOR2 = .547) zugeordnet werden. Anhand des Trägheitsgewichtes wird deutlich, daß insbesondere die Variablenausprägung "Bruch-Auewälder" (auf der Ebene der Spaltenmerkmale) zu über 50% zur geometrischen Ausrichtung der zweiten Achse beiträgt (INR2 = .516). Dies korrespondiert mit dem Zeilenmerkmal "Marschboden", welches trotz seiner geringen Masse - lediglich 2.4% aller

---

[7] Ähnlich wie bei der Hauptkomponentenanalyse wird der Schwellenwert "willkürlich" gewählt, d.h. nahezu ausschließlich anhand von Plausibilitätsüberlegungen.

Bodentypen sind als Marschboden klassifiziert (s. Spalte MASS) - einen Anteil von 32.0% an der Erklärung der zweiten Achse hat. Da zwischen diesen beiden Merkmalen, wie auch bereits bei Beschreibung der ersten Achse dargestellt, ein positiver Zusammenhang besteht, scheinen diese beiden Merkmale sehr stark zusammenzuhängen.

Auf der dritten Achse, die weitere 11.6% der Gesamtvariation des Modelles erklärt, ist keine deutliche Struktur zu erkennen. Allenfalls besteht ein schwacher positiver Zusammenhang zwischen "Eichenmischwälder" und "Eichen-Hainbuchenwälder" auf der Ebene der Vegetation und "Podsole" auf der Ebene der Bodentypen. Die vierte Achse, die lediglich noch 8.6% der verbleibenden Varianz erklärt und von daher sehr vorsichtig interpretiert werden sollte, ist durch den Zusammenhang von Nadelwäldern und Schuttvegetation auf der einen Seite und "wechselnde Typen" und "sonstige Böden" auf der anderen Seite gekennzeichnet.

Mit Hilfe der ersten vier Dimensionen konnten die Merkmale "Moorvegetation" und "Parabraunerden II" nur unzureichend beschrieben werden (vgl. die Spalte SQCOR) , d.h. diese Merkmale laden auf einer der höheren Dimensionen bzw. auf allen Dimensionen etwas. Inhaltlich kann dies dahingehend interpretiert werden, daß es für "Moorvegetation" keinen typischen "Bodentyp" gibt - zumindest keinen der in dieser Analyse berücksichtigten - und daß für "Parabraunerden II" keine der in dieser Analyse berücksichtigten Vegetationsarten als besonders typisch oder als besonders atypisch angesehen werden kann.

Zusammenfassend bleibt festzuhalten, daß mittels der Korrespondenzanalyse Zeilen- und Spaltenmerkmale von Kontingenztabellen graphisch dargestellt und deren Ähnlichkeiten im Projektionsraum interpretiert werden können. Zusätzlich zu dieser Interpretationsmöglichkeit gibt es bei der Korrespondenzanalyse eine numerische Ausgabe, mittels derer auch höherdimensionale Zusammenhänge dargestellt werden können. Mit dem gewählten Beispiel sind die Möglichkeiten der Korrespondenzanalyse jedoch keineswegs erschöpfend vorgestellt; die inhaltlich interessante Anwendung dieses Verfahren beginnt erst, wenn eine Vielzahl von Merkmalen verwendet wird, um eine zu beschreibende Variable zu kennzeichnen. Dies soll in Kapitel 5.1 von VETTER geleistet werden.

Literatur:

BENZÉCRI, J.P. et collaborateurs (1973): L' Analyse des Données. L'Analyse de Correspondence.- Paris

BENZÉCRI, J.P. (1979): Sur le Calcul des Taux d'Inertie dans l'Analyse d'un Questionnaire. In: Cahiers de l'Analyse des Données, 4: 377-378

BLASIUS, J. (1991): Alkoholismus und Therapieteilnahme. In: Sucht, 37: 215-228

BLASIUS, J. & ROHLINGER, H. (1988): KORRES: A Program to Analyse Categorical Data. In: Psychometrika, 53: 425-426

BLASIUS, J. & ROHLINGER, H. (1989): KORRES - A Program for Multivariate Analysis of Categorical Data from Contingency Tables. In: SAS INSTITUTE INC. (eds.): SEUGI'89, Proceedings of the SAS Users Group International Conference. Gary, N.C.: 98-117

BMDP (eds.) (1988): Technical Report #87. CA -- Correspondence Analysis. Los Angeles

ECKHART, C. & YOUNG, G. (1936): The Approximation of One Matrix by Another of Lower Rank. In: Psychometrika, 1: 211 - 218

GIFI, A. (1990[1980]): Nonlinear Multivariate Analysis.- Chichester

GREENACRE, M. (1984): Theory and Applications of Correspondence Analysis.- London

GREENACRE, M. (1989): The Carroll-Green-Schaffer Scaling in Correspondence Analysis: A Theoretical and Empirical Appraisal, In: Journal of Marketing Research, 26: 358-365

GREENACRE, M. & HASTIE, T. (1987): The Geometric Interpretation of Correspondence Analysis. Journal of the American Statistical Association, 82: 437-447

HIRSCHFELD, H.O. (1935): A Connection between Correlation and Contingency. In: Proceedings of the Cambridge Philosophical Society, 31: 520 - 524

KRISTOF, W. (1990): Korrespondenzanalyse. Vervielfältigtes Manuskript zum gleichnamigen Frühjahrsseminar des Zentralarchivs für empirische Sozialforschung. Köln

LEBART, L., MORINEAU, A. & WARWICK, K.M. (1984): Multivariate Descriptive Statistical Analysis: Correspondence Analysis and Related Techniques for Large Matrices.- New York

ROVAN, J. (1992): Visualizing Solutions in more than two Dimensions. Erscheint in: GREEN-ACRE, M., KRISTOF, W. & BLASIUS, J. (eds.): Correspondence Analysis in the Social Sciences: Recent Developments and Applications

SAS INSTITUTE INC. (eds.) (1988): SAS Technical Report: P-179. Additional SAS/STAT Procedures, Release 6.03. Cary, N.C.

SPSS INC. (eds.) (1990): SPSS Categories.- Chicago

VAN DER HEIJDEN, P.G.M. & DE LEEUW, J. (1989): Correspondence Analysis, with Special Attention to the Analysis of Panel Data and Event History Data. In: CLOGG, C.C. (ed.): Sociological Methodology 1989. Oxford: 43-87

4.2 Ermittlung idealtypischer Merkmalskonfigurationen: Die Latent Class Analyse

Jürgen Rost und Christiane Gresele

Einleitung

Eine sehr allgemeine **Definition** der Latent Class Analysis (LCA) lautet: Die LCA ist ein statistisches Verfahren, das multivariate Zusammenhänge zwischen manifesten, kategorialen Variablen durch die Berücksichtigung latenter, kategorialer Variablen aufzuklären versucht. Damit verfolgt die LCA ein ähnliches Ziel wie clusteranalytische Verfahren (CLA) (Kap. 4.5), nämlich die Klassifikation von Objekten. Der **wesentliche Unterschied** läßt sich dabei auf zwei Punkte reduzieren: Erstens sind die Variablen, anhand derer die Klassifikation vorgenommen wird, nicht metrisch, sondern es handelt sich um **kategoriale** oder **ordinale** Variablen. Zweitens wird nicht eine manifeste Klasseneinteilung gesucht, bei der jedes Objekt genau einer Klasse zugeordnet wird, sondern es werden **idealtypische Muster** der Merkmalsausprägungen ermittelt, von denen jedes beobachtete Merkmalsmuster nur eine mehr oder weniger fehlerbehaftete Realisation darstellt. Daher spricht man von **latenten Klassen.**

Das Grundmodell der Latent Class Analyse

Obwohl CLA und LCA die Klassifizierung der Objekte anhand ihrer Merkmalsprofile anstreben, geht die LCA gänzlich anders vor als die CLA. Während clusteranalytische Verfahren, und zwar sowohl die hierarchischen als auch die nicht-hierarchischen, die Merkmalsprofile der zu klassifizierenden Objekte zunächst in Ähnlichkeits- und Distanzkoeffizienten transformieren, **parametrisiert die LCA direkt die Wahrscheinlichkeitsverteilung dieser Merkmalsprofile.** Damit entfallen die Annahmen, die in der Wahl eines Distanzmaßes (z. B. die euklidische Distanz) begründet sind.

Die LCA (FORMAN, 1984; LAZARSFELD UND HENRY, 1968; ROST, 1988a) bezieht sich auf die Wahrscheinlichkeiten, die ein <u>Objekt i</u> bei <u>Merkmal j</u> <u>Kategorie k</u> aufweist $p(x_{ij}=k) = p_{ijk}$, und führt diese unbedingten Wahrscheinlichkeiten auf **klassenspezifische** Größen zurück: In jeder <u>Klasse l</u> gelten für jedes Merkmal andere **Kategorienwahrscheinlichkeiten** $p_{jk|l}$. Diese bedingten Wahrscheinlichkeiten, die für alle Objekte einer Klasse gelten müssen, sind die unbekannten Parameter der LCA.

Mit Hilfe der zusätzlichen Annahme, daß die Klassen disjunkt und exhaustiv sind und jede Klasse mit einem relativen Anteil, der durch den Parameter der **Klassengröße** p_l bestimmt wird, in der Population vertreten ist, läßt sich die unbedingte Wahrscheinlichkeit als gewichtete Summe der bedingten Wahrscheinlichkeiten schreiben:

$$p_{ijk} = \sum_l p_l \, p_{jk}|_l \quad mit \sum_K p_{jk}|_l = 1 \tag{1}$$

Dabei wird über alle latenten Klassen l summiert und jeweils mit der Klassengröße p_l gewichtet ($0 \le p_l \le 1$; $\Sigma_l p_l = 1$).

Nimmt man weiterhin an, daß die Klasseneinteilung der Objekte anhand aller Merkmale gleichzeitig definiert sein soll (Annahme der Merkmalshomogenität), so ist die Wahrscheinlichkeit eines **Merkmalsmusters** $\underline{x}$

$$p(\underline{x}) = \sum_l p_l \prod_j p_{jk}|_l \tag{2}$$

Die Multiplikation der bedingten Wahrscheinlichkeiten innerhalb der latenten Klassen ist Ausdruck der **Annahme lokaler stochastischer Unabhängigkeit**. Sie besagt: Hält man die latente Variable konstant, betrachtet man also nur eine Ausprägung, d. h. eine Klasse, so sollen die Zusammenhänge zwischen den manifesten Variablen verschwinden. Mit anderen Worten: Die latenten Klassen sind so definiert, daß innerhalb der Klassen Unabhängigkeit der beobachteten Variablen gilt, also die Multinomialverteilung der beobachteten Merkmale.

$$p(x_{ij}=k \;\; und \;\; x_{ij'}=k') = p(x_{ij}=k\,|\,l) \times p(x_{ij'}=k'\,|\,l)$$
$$= p_{jk|l} \times p_{j'k'|l} \tag{3}$$

Die Werte der latenten Variablen l sind die Klassennummern: l=1,2,3,...,L. Läßt sich keine nominale, latente Variable finden, unter der stochastische Unabhängigkeit gilt, so müßte sich dies in einer schlechten Modellanpassung niederschlagen. Die Annahme der lokalen stochastischen Unabhängigkeit stellt also ein Optimierungskriterium dar. Diese Optimierung erfolgt durch Maximierung der Likelihoodfunktion, d.h. die Modellparameter werden geschätzt, indem das Maximum der Wahrscheinlichkeit der Daten als Funktion der (unbekannten) Modellparameter ermittelt wird. Diese Likelihoodfunktion ergibt sich einfach durch Aufmultiplizieren der Wahrscheinlichkeiten der Merkmalsmuster über alle Objekte:

$$L = \prod_i p(\underline{x}_i) \tag{4}$$

Die Ermittlung des Maximums dieser Likelihoodfunktion erfolgt mittels des EM-Algorithmus, der in seiner allgemeinen Form von DEMPSTER et al. (1977) untersucht wurde. Die Ausgangssituation für den EM-Algorithmus besteht darin, daß aus **unvollständigen Daten** die Parameter für ein Modell zu schätzen sind, das die - eben nur teilweise beobachteten - **vollständigen** Daten beschreibt. Der Begriff "vollständige Daten" besagt, daß zwei Stichprobenräume existieren, der "vollständige" V und der "unvollständige" U, und daß es eine mehr - eindeutige Abbildung von V nach U gibt. Beobachtbar sind nur die Daten aus U. Wegen der Nicht-Umkehrbarkeit der Abbildung sind mit einem Datensatz aus U mehrere (sehr viele) vollständige Datensätze (aus V) vereinbar.

Um es gleich auf die LCA zu beziehen: Unvollständig und beobachtbar sind die Häufigkeiten einer J-dimensionalen Kreuztabelle, die die Häufigkeiten aller möglichen Merkmalsmuster enthält (n_x). Vollständig und vom Modell beschrieben ist die J+1-dimensionale Kreuztabelle mit der latenten Variable als (j+1)-te Variable. Die Abbildungsfunktion von V nach U besteht in der Summation der (erweiterten) Zellen- oder Vektorhäufigkeiten über die Kategorien der latenten Variable und nur die Daten/Häufigkeiten links vom Gleichheitszeichen sind beobachtbar. Soweit die Erläuterung, warum wir es bei der LCA mit einem Problem unvollständiger Daten zu tun haben.

Was macht der EM-Algorithmus damit? Er besteht aus zwei Schritten, dem E-Schritt und dem M-Schritt, die solange wiederholt werden, bis eine hinreichende Genauigkeit der Parameterschätzung

$$\mu = f(v) \; : \; n_x = \sum_{l=1}^{L} n_{x_l} \tag{5}$$

erreicht ist. Im E-Schritt werden die Erwartungswerte der erschöpfenden Statistiken der vollständigen Daten (s.u.) unter der Bedingung der beobachteten Daten geschätzt. Mit diesen Schätzwerten wird im M-Schritt die Likelihoodfunktion maximiert, d.h. es werden die Modellparameter nach der ML-Methode berechnet, so "als ob die geschätzten vollständigen Daten die beobachteten Daten wären" (DEMPSTER et al. 1977: 2). Damit hat man nun bessere Schätzwerte der Modellparameter, und im anschließenden E-Schritt erhält man daher auch bessere Schätzwerte für die vollständigen Daten. Die erschöpfenden Statistiken der vollständigen Daten sind die Kategorienhäufigkeiten für jede latente Klasse n_{jkl} und die Klassenhäufigkeiten n_l. Die beobachteten Daten bestehen aus den Häufigkeiten n_x. Im E-Schritt sind daher die folgenden bedingten Erwartungswerte $(\in)$ zu bestimmen:

$$\mathrm{e}\ (n_{jkl}|n_x) = \sum_{x|x_j=k} n_x p(x|l)\ /\ p(x) \tag{6}$$

Der Erwartungswert ergibt sich für eine bestimmte Kategorie k der Variable j in Klasse l durch Summation über all jene Vektoren, in denen Variable j den Wert k hat. Und zwar werden jeweils diejenigen Anteile der Vektorhäufigkeiten n_x addiert, die auf Klasse l entfallen. Der Erwartungswert der Klassenhäufigkeit n_l ist dann die Summe dieser Kategorienhäufigkeiten über alle Variablen j und Kategorien k:

$$\mathrm{e}\ (n_l|n_x) = \sum_j \sum_k \mathrm{e}\ (n_{jkl}) \tag{7}$$

Der umgekehrte Schritt, der M-Schritt, nämlich mit Hilfe der vollständigen Daten die Modellparameter zu schätzen, ist vergleichsweise einfach, da

$$p_{jk|l} = (\mathrm{e}\ (n_{jkl})\ /\ N)\ /\ (\mathrm{e}\ (n_l)\ /\ N)$$
$$und\ p_l = \mathrm{e}\ (n_l)\ /\ N \tag{8}$$

DEMPSTER et al. (1977: 3) haben gezeigt, "that successive iterations always increase the likelihood, and that convergence implies a stationary point at the likelihood". Die vorsichtige Ausdrucksweise vom "stationary point" der Likelihoodfunktion wird von ANDERSEN (1980: 10) deutlicher interpretiert: "We cannot in general be sure that it produces the global maximum of the likelihood equations". Das Problem, daß der Algorithmus ab und zu auch ein lokales Maximum finden kann, stellt unseres Erachtens das einzig gravierende Problem dieses Algorithmus dar. Der beste Schutz vor der Interpretation lokaler Maxima besteht darin, mehrere Rechnungen mit unterschiedlichen Startwerten für den Zufallszahlengenerator und somit auch mit unterschiedlichen Startwerten für die Modellparameter durchzuführen und zu prüfen, ob man so zu unterschiedlichen Ergebnissen gelangt. So untheoretisch dieser Vorschlag auch klingen mag, so kann er doch vor Fehlinterpretationen empirischer Daten schützen. Werden verschiedene Lösungen produziert, so ist selbstverständlich das Ergebnis mit dem höchsten Likelihoodwert zu interpretieren.

Manifeste Klassifikation

Allen durch die LCA ermittelten Klassen gehört jedes Objekt j mit einer gewissen Wahrscheinlichkeit an. Aus den genannten Modellannahmen folgt, daß sich die Wahrscheinlichkeit eines Objekts einer Klasse l anzugehören, unter der Bedingung ihres Merkmalsmusters $\underline{x}$ folgendermaßen berechnet:

$$p(i\varepsilon l \,|\, \underline{x}_i) = \frac{p(l)\, p(\underline{x}_i \,|\, l)}{p(\underline{x}_i)} = \frac{p_l \prod_j p_{jk|l}}{p(\underline{x}_i)} \tag{9}$$

wobei die Wahrscheinlichkeit eines bestimmten Merkmalprofils von Klasse l $p(\underline{x}_i \,|\, l)$ gleich dem Produkt aller klassenspezifischen Kategorienwahrscheinlichkeiten ist.

Hierin zeigt sich der oben genannte prinzipielle Unterschied zur CLA: Während bei der CLA versucht wird, jedes Objekt "tatsächlich" genau einem Cluster zuzuordnen, also eine manifeste Gruppenaufteilung vorzunehmen gehört bei der LCA jedes Objekt jeder Klasse mit einer gewissen Wahrscheinlichkeit an (die durch die obige Gleichung definiert ist). Die Klassen stellen eine latente Gruppenaufteilung im Sinne einer latenten, kategorialen Variable dar, welche durch die beobachteten Merkmale nur mehr oder weniger genau gemessen wird. Jedes Objekt kann derjenigen Klasse zugeordnet werden, der es am wahrscheinlichsten angehört, also dem Modalwert der o. g. bedingten Wahrscheinlichkeiten, $\max_l (p(i\varepsilon l \,|\, \underline{x}_i))$. Die durchschnittliche Höhe dieser Modalwerte T

$$T = \frac{\sum i \, \max_l \, (p \,|\, \underline{x}_i)}{N} \tag{10}$$

kann dabei als Indikator für die Güte der Typisierung interpretiert werden. Ähnlich wie ein Reliabilitätsmaß gibt T die "Treffsicherheit" an, mit der die wahre Klassenzugehörigkeit eines Objekts auch tatsächlich ermittelt wird. Dieses Gütemaß kann auch für jeden Wert der latenten Variable (also für jede Klasse) getrennt berechnet werden, indem man den Mittelwert nur über die Objekte einer bestimmten Klasse berechnet.

LCA für ordinale Modelle

Das Modell der LCA wurde von Rost (1988a, 1988b) um zusätzliche Annahmen erweitert, die speziell eine Anwendung auf **ordinale Merkmale** erlauben.

Es handelt sich also um Variablen, bei denen die verschiedenen Kategorien auf einer Skala in Rangfolge angeordnet sind, wie z. B Variable 3 (Orographie):

k (0-75m)
k' (75-150m)
k" (150-300m)
usw.

Um verschiedene Annahmen über ordinale Merkmale parametrisieren zu können, wird der Ansatz der Schwellenwahrscheinlichkeiten, d.h. Übergangswahrscheinlichkeiten von einer Kategorie zu nächsten gewählt (vgl. ROST 1988a). Die Schwellenwahrscheinlichkeiten geben als Ergebnis der Datenanalyse Auskunft über die Kategorienabstände auf der Skala: Je höher die Schwellenwahrscheinlichkeiten, desto größer oder breiter ist die höher gelegene Kategorie im Vergleich zu der niedrigeren. Die Schwellenwahrscheinlichkeiten (q_k) der Schwellen zwischen den Kategorien k-1 und k sind folgendermaßen definiert:

$$q_k = \frac{p_k}{p_k + p_{k-1}} \quad mit \quad k \geq 1 \tag{11}$$

q_k nimmt den Wert 0.5 an, wenn beide benachbarten Kategorien "gleich groß", also gleich wahrscheinlich sind.

Die folgende Abbildung zeigt ein Beispiel für eine 6-kategorielle Skala, in der p_k durch die Breite der Kästchen symbolisiert ist:

P_k	0.1	0.2	0.2	0.3	0.15	0.05
k	0	1	2	3	4	5
q_k	0.66	0.5	0.6	0.33	0.25	

Im Gegensatz zu den Kategorienwahrscheinlichkeiten P_k, die sich zu 1 addieren, können die Schwellenwahrscheinlichkeiten beliebige Werte im Intervall [0,1] annehmen. Die Verteilung der k+1 Kategorienwahrscheinlichkeiten eines Merkmals (mit den Kategorien 0 - k) wird also auf k Schwellenwahrscheinlichkeiten zurückgeführt. Dies bedeutet noch keine Reduktion, da die k+1-te Kategorienwahrscheinlichkeit wegen $\Sigma_k \, p_k = 1$ ohnedies von den anderen abhängig ist.

Die Wahrscheinlichkeit $q_{jk|l}$, daß in Klasse l bei Merkmal j die Schwelle k überschritten wird, soll nun eine Funktion des Ausprägungsgrades des Merkmals in der betreffenden Klasse μ_{jl} und der Leichtigkeit dieser Schwelle bei diesem Merkmal β_{jk} sein. Wie bei Logit-Modellen für dichotome Daten wird hier eine logistische Funktion gewählt mit additiver Verknüpfung der beiden Komponenten im Exponenten:

$$q_{jk|l} = \frac{\exp(\mu_{jl} + \beta_{jk})}{1 + \exp(\mu_{jl} + \beta_{jk})} \tag{12}$$

Das LC-Modell, das sich aus der genannten Restriktion (Ordnung der Kategorien) ableiten läßt, lautet:

$$p_{ijk} = \sum_l p_l \frac{\exp(k\mu_{jl} + \sum_{s=0}^{k} \beta_{js})}{\sum^k \exp(k\beta_{jl} + \sum_{s=0}^{k} \beta_{js})} \tag{13}$$

wobei $\sum_{s=0}^{k} \beta_{js}$

bedeutet, daß alle Schwellenparameter von s=0 Schwelle 1 bis zur betreffenden Kategorie k addiert (kumuliert) werden. Um die Merkmalsleichtigkeit μ_{jl} als Mittelpunkt aller Schwellen bei einem Merkmal j in einer Klasse l zu definieren, wird die folgende Normierungsbedingung eingeführt:

$$\sum_k \beta_{jk} = 0 \quad (für \ alle \ j) \tag{14}$$

Die Höhe des Schwellenparameterwertes gibt die Leichtigkeit an, mit der der "Übertritt" von einer Kategorie in die nächste vollzogen wird. Bei den unteren Kategorien ist die Wahrscheinlichkeit, eine Schwelle zu überschreiten, relativ hoch, während die Wahrscheinlichkeit bei höheren Kategorien geringer wird. Diese Geordnetheit der Schwellen läßt sich zum Kriterium für die Ordinalskalenqualität machen (ROST 1988b).

Prüfung der Modellanpassung

Wie an den Beispielrechnungen gezeigt wurde, können dieselben Daten mit unterschiedlichen LC-Modellen gerechnet werden. Die LC-Modelle machen keine a priori Annahmen über die Skalenqualität, sondern es werden die Schwellen zwischen je zwei benachbarten Kategorien getrennt parametrisiert. Dabei werden unterschiedliche Annahmen über die Konstanz der Schwellenabstände über Variablen und Klassen zugrundegelegt. Beispielsweise wird in Modell 4 angenommen, daß die Distanzen in allen Klassen gleich, aber für jede Variable und jede Kategorie unterschiedlich sein dürfen.

Die Geltung der jeweiligen Modellannahmen für die Daten schlägt sich im Wert der Likelihoodfunktion nieder und kann mit entsprechenden Verfahren geprüft werden. Prinzipiell sind hier zwei unterschiedliche Vorgehensweisen zu unterscheiden. Inferenzstatistische Prüfungen mittels Likelihood-Quotienten Tests sind zwar theoretisch möglich, scheitern aber praktisch an der zu großen Anzahl möglicher Merkmalsmuster, die bei etwas größeren Merkmalszahlen gegeben ist.
Die Voraussetzungen für eine Signifikanzaussage sind dann nicht erfüllt.

Modellvergleich mittels informationstheoretischer Maße werden in letzter Zeit zunehmend als mögliche Lösung des Problems gesehen. Zu nennen wären hier AKAIKEs (1987) Information Criterion (AIC) oder das Best Information Criterion (BIC) (BODZDOGAN 1987).

$$AIC = -2 \log(L) + 2g$$
$$BIC = -2 \log(L) + \log(N)g$$

wobei L das Maximum der Likelihoodfunktion, g die Anzahl unabhängiger Modellparameter und N den Stichprobenumfang bezeichnet. Das Prinzip besteht in beiden Fällen darin, einen Anstieg der Likelihood damit "gegenzurechnen", mit wievielen zusätzlichen Parametern dieser Anstieg erkauft werde. Da schon ab wenigen Objekten log(n) größer als 2 wird, ergibt sich, daß der BIC im Vergleich zum AIC parameterärmere Modelle bevorzugt, also eine Überparametrisierung "bestraft". Er soll bei der Auswahl der geeigneten Annahmen über die Schwellendistanzen verwendet werden.

Diese Indices haben gegenüber Likelihood-Quotienten Tests auch den Vorteil, daß Modelle miteinander verglichen werden können, die nicht in einer hierarchischen Relation zueinander stehen. Allerdings herrscht noch kein allgemeiner Konsens darüber, welcher Index unter welchen Bedingungen der angemessene ist, was angesichts der teilweise erheblichen Unterschiede in den Ergebnissen zur Vorsicht mahnt. Diese Problematik betrifft nicht nur die Auswahl eines Modells bei gegebener Klassenanzahl, sondern auch die Bestimmung der Klassenanzahl selbst, die ebenfalls aufgrund eines Vergleichs von Likelihoodwerten unter verschiedenen Klassenanzahlen vorgenommen werden muß.

Zitierte Literatur

AKAIKE, H. (1987): Factor Analysis and AIC. In: Psychometrica, 3: 317-332

BOZDOGAN, H. (1987): Model Selection and Akaike's Information Criterion (AIC): the General Theory and its Analytical Extensions. In: Psychometrica, 52, Vol 3: 345-370

DEMPSTER, A.P., LAIRD, N.M. & RUBIN, D.B. (1977): Maximum Likelihood Estimation from Incomplete Data via the EM-Algorithm. In: Journal of the Royal Statistical Society B, 39: 1-22

FORMANN, A.K. (1984): Die Latent-Class-Analyse.- Weinheim

LANGEHEINE, R. & ROST, J. (1992): Latent Class Analyse. In: ERDFELDER, E., MAUSFELD, R. & RUDINGER, G. (Hrsg.): Psychologische Methoden.- München (ein Handbuch in Schlüsselbegriffen)

LAZARSFELD, P.F.& HENRY, N.W. (1968): Latent Structure Analysis.- Boston

ROST, J. (1988a): Quantitative und qualitative probabilistische Testtheorie.- Bern.

ROST, J. (1988b): Rating Scale Analysis with Latent Class Models. In: Psychometrica, 53, Vol.3: 327-348

ROST, J. (1990): Lacord - Latent class analysis for ordinal variables. A Fortran Program.- Kiel

4.3 CHAID - Chisquare Automatic Interaction Detection

Rüdiger Maass und Lutz Vetter

Einleitung

Für die Beschreibung von Zusammenhängen zwischen Variablen werden in Abhängigkeit vom Skalenniveau und der "Geometrie" der Aussageabsicht - hier wird von einer asymmetrischen Fragestellung, d. h. einer Unterscheidung von einer Zielvariablen (ZV) und mehreren unabhängigen Variablen, die in diesem Zusammenhang als Prädiktoren bezeichnet (P) werden, ausgegangen - gelangen eine Reihe miteinander "verwandte" statistische Verfahren zur Anwendung. Neben der Varianz-/Kovarianzanalyse (ZV: metrisch, P: nominal), der Kontingenzanalyse (n, n) und der Diskriminanzanalyse (n, m) handelt es sich dabei um die Regressionanalyse, deren "klassische Form" für metrische Daten (m, m) entwickelt wurde (vgl. FAHRMEIR & HAMERLE 1984, BACKHAUS et al. 1987). Mittlerweile sind aber auch Regressionsansätze für nicht-metrische Daten verfügbar, von denen die loglinearen Modelle - bei asymmetrischer Fragestellung als Logitanalysen bezeichnet - oder der GSK-Ansatz Bedeutung erlangt haben (GRIZZLE, STARMER & KOCH 1969; KÜCHLER 1979; LANGEHEINE 1980). Gemeinsam mit den oben genannten Verfahren sind sie Spezifikationen des verallgemeinerten linearen Modells (generalized linear model - GLM; vgl. ANDRESS 1986).

Werden in einer statistischen Analyse von Assoziationen (Abhängigkeiten) nur wenige Prädiktoren (Ps) betrachtet oder liegen bereits Informationen über die Strukturen des Datensatzes bzw. begründet formulierte Hypothesen über Zusammenhänge zwischen den Variablen vor, so sind loglineare Modelle als geeignete - konfirmatorische - Techniken anzusehen. Oft sind jedoch diese Randbedingungen nicht gegeben, so daß der Einsatz explorativ- analytischer Modelle angezeigt erscheint. Wenig bekannt, aber sehr rationell sind in solchen Fällen Automatic-Interaction- Detection-(AID)--Verfahren. Sie identifizieren unter Berücksichtigung aller Ps, in welcher Weise diese in Form von Haupteffekten und/oder Interaktionen statistisch bedeutsam sind für die Variation der ZV.

AID wird u.a. von MORGAN & SONQUIST (1963 a, b) und KASS (1975) beschrieben als eine Prozedur, die das im Vorsatz skizzierte Ziel für eine intervallskalierte ZV und mindestens ordinale Ps zu realisieren gestattet. Weiterentwicklungen bzw. Modifikationen dieses Verfahrens sind als XAID (HEYMANN 1981), Theta AID (THAID: MORGAN & MESSENGER 1973), MAID und CHAID (KASS 1980) vorgestellt worden. Als analoge Verfahren gelten die hierarchische Rangvarianzanalyse (HRV: SCHULZE 1978) und HYPAG/S-Disc (PIEPERSJOHANNS 1983). Nach den diese Ansätze vergleichend bewertenden Arbeiten von HAWKINS & KASS (1981) sowie LANGEHEINE (1984) kann davon ausgegangen werden, daß für geoökologische Fragestellungen - also überwiegend nicht-metrische Daten (nominal, ordinal) - CHAID als sehr geeignet erscheint.

CHAID teilt die statistisch zu analysierende Grundgesamtheit bei definiertem Signifikanzniveau nach Maßgabe des Chiquadrates in disjunkte und exhaustive Untergruppen auf. Dies vollzieht sich automatisch in mehreren aufeinanderfolgenden Schritten:

1.   Das für diese Untersuchung verwendete CHAID-Programm berechnet die Likelihood-Ratio--Statistik (G^2) für die n Zwei-Wege-Kreuztabellen ZV*P.

2.   Für jeweils zwei Ausprägungen jeder der n Ps wird mittels G^2 geprüft, ob ihre Verteilung in den Stufen der ZV signifikant variiert. Im Falle nominaler Prädiktoren ist die Fusionierung jedes Kategorienpaares gestattet. Sind die Ps hingegen ordinal skaliert, so werden nur jeweils die in der Rangfolge nebeneinanderliegenden Ausprägungen zusammengelegt. Diese unterliegen dann einer Signifikanzprüfung auf der Basis der Bonferroni-Adjustoren.

3.   Auf der Grundlage des G^2 sowie des Signifikanzniveaus der n Kreuztabellen der n - gemäß Schritt 2 ggf. "optimierten" - Prädiktoren mit der ZV wird der erklärungskräftigste P bestimmt. Entsprechend der Verteilung der ZV in den Ausprägungen dieses P wird die Grundgesamtheit in Untergruppen gesplittet.

Die eben genannten drei Schritte erfolgen mit den noch nicht als Teiler herangezogenen Prädiktoren für jede der auf diese Weise gebildeten Untergruppen, bis definierte Abbruchkriterien in Kraft treten. Diese sind dann gegeben, wenn sich im Rahmen der geschilderten Prozedur keine der Ps als statistisch signifikant für die Variation der ZV erweist. Die Irrtumswahrscheinlichkeit ist im Programm frei wählbar. Eine weitere Untergliederung in Subsets findet dann nicht mehr statt, wenn die zur Teilung herangezogenen Gruppen eine zuvor definierte Anzahl an Mitgliedern unterschreitet.

    Das von MAASS enwickelte PC-lauffähige CHAID-Programm erlaubt auch die Berechnung zusätzlicher wichtiger statistischer Kenngrößen. Dabei handelt es sich um PEARSONs Chiquadrat, YATES' korrigiertes Chiquadrat, PEARSONs Kontingenzkoeffizient C, den maximalen Kontingenzkoeffizienten C_{max} und den normierten bzw. korrigierten Kontingenzkoeffizienten C_{korr}

Methode

Anhand der CHAID-Programmstruktur werden in diesem Kapitel sowohl die einzelnen Verarbeitungsschritte sowie die zugrundeliegenden Algorithmen näher beschrieben.

    Während der Initialisierungsphase erwartet CHAID Angaben zu folgenden Parametern:

- Anzahl der Variablen m (Zielvariable ZV, Prädiktoren P(1) bis P(m-1))
- Skalenniveaus der Variablen (nominal / ordinal)
- Minimale Untergruppengröße u_{min}
- Signifikanzniveau α (in Prozent) - daraus und aus dem zugrundeliegenden Datensatz werden:

       - a := 1 - α/100 und
       - die Anzahl der gültigen Fälle n ermittelt.

    In der eigentlichen Berechnungsphase wird dann die Irrtumswahrscheinlichkeit α zu einer Fisher-verteilten Prüfgröße F näherungsweise berechnet (vgl. CLAUß u. EBNER, S. 263). Jeder in die Analyse eingehende Prädiktor P durchläuft die Schritte 1 bis 13:

1.   Berechnung der Kreuztabelle K := P * ZV, deren Zellen die absoluten Häufigkeiten enthalten:

$$K(i,j) := |\{ f \in \{1,2,...,n\} : c_f[P] = i,\ c_f[ZV]=j \}|\qquad(1)$$

wobei c_f den Fall f und $c_f[ZV]$ bzw. $c_f[P]$ die Komponenten der zugehörigen Ausprägungen von ZV bzw. P bezeichnen.

2.   Reduktion von K durch Streichen derjenigen Zeilen und Spalten, die nur den Wert 0 zu einer zl * sp Matrix enthalten.

3.   Berechnung der Zeilensummen von K:

$$zsum[i] \; := \; \sum_{j=1}^{sp} K(i,j) \; \textit{für alle} \; i=1,2...,zl \tag{2}$$

4.   Berechnung der Spaltensummen von K:

$$ssum[j] \; := \; \sum_{i=1}^{zl} K(i,j) \; \textit{für alle} \; j=1,2,...,sp \tag{3}$$

5.   Berechnung der Summe der Komponenten in Zeile r von K (zsum[r]).

6.   Berechnung der Summe der Komponenten in Spalte c von K (ssum[c]).

7.   Bestimmung der Freiheitsgrade df := zl*sp-zl-sp+1.

8.   Berechnung des Chi-Quadrat:

$$K\chi \; := \; 2 \times \sum_{\substack{i=1,2,...,\,zl \\ j=1,2,...,\,sp \\ \mathit{mit}\,K\,(i,\,j)\,>\,0}} K(i,\,j) \times \ln \left(\frac{n \times K(i,\,j)}{zsum[i] \times ssum[j]} \right) \tag{4}$$

Hierbei bezeichnet ln den natürlichen Logarithmus zur Basis e.

9.   Berechnung der Signifikanz:

$$Ksig \; := \; \alpha \; (df, \; 1000, \; \frac{K\chi}{df}), \quad \textit{falls df} > 0 \; \textit{und} \; K\chi > 0 \tag{5}$$

10.   Seien p und p' zwei verschiedene Kategorien von P. Falls P ordinal skaliert ist, werden p und p' als benachbart bezeichnet, falls $|\,p - p'\,| = 1$ gilt. Bei nominal skalierten   Variablen sind stets sämtliche Kategorien miteinander benachbart. Für jedes benachbarte Paar von Kategorien (p, p') werden die Freiheitsgrade df, das Chi-Quadrat chi' und die Signifikanz sig' berechnet, die wie folgt definiert sind:

$$\chi' := 2 \times \sum_{\substack{i = p,\, p' \\ j = 1,2,\dots,\, sp \\ mit\ K\,(i,j)\, \diamond\, 0}} K(i, j) \times \ln\left(\frac{K(i, j) \times (zsum(p) + zsum(p'))}{zsum[i] \times (K(p, j) + K(p', j))} \right) \tag{6}$$

$$df' := sp - 1 \tag{7}$$

Das sig' wird mit den Werten (df', chi') statt (df, Kchi) wie Ksig (vgl. Formel 4) berechnet.
Es wird ein benachbartes Paar (p, p'), p < p', ermittelt, für das chi' minimal wird. Ist der zugehörige
Wert von sig' mindestens so groß wie das Signifikanzniveau a, so werden die Kategorien p und p'
zusammengefaßt, d.h. die Werte p und p' werden identifiziert:

(a) K(p,j) := K(p,j) + K(p',j) für j = 1,2,..,sp

(b) zsum(p) := zsum(p) + zsum(p')

(c) zl := zl - 1

(d) Streichen der Zeile p' aus K.

Das Zusammenfassen wird, solange dies geht, mit den neuen Werten wiederholt. Die Nachbarschaft
von Kategorien wird bei ordinal skalierten Variablen nach einem Zusammenfassen von p und p' zu
p um folgende Paare erweitert: Kategorien, die vor dem Zusammenfassen zu p' benachbart waren,
sind nun benachbart zu p.

11.   Ausgabe der zusammengefaßten Kategorien, sofern vorhanden.

12.   Falls Kategorien zusammengefaßt wurden, Ausgabe der Kreuztabelle K sowie der
        zugehörigen Werte df, Kchi und Ksig.

13.   Berechnung und Ausgabe der folgenden Kenngrößen:

        (a) Die Bonferroni-Signifikanz bonf, die für ordinal skaliertes P definiert ist als:

$$bonf := Ksig \times \frac{(alt_{zl} - 1)!}{(alt_{zl} - zl)! \times (zl - 1)!} \tag{8}$$

wobei alt_{zl} den ursprünglichen Wert von zl vor dem Zusammenfassen von Kategorien bezeichnet.

Für nominal skaliertes P ist bonf festgelegt durch:

$$bonf := Ksig \times \sum_{i=0}^{zl-1} (-1)^i \times \frac{(zl - i)^{alt_{zl}}}{(zl - i)! \times i\,!} \qquad (9)$$

(b) Das Pearson-Chi:

$$\chi_p^2 := \sum_{\substack{i=1,2,...,\,zl \\ j=1,2,...,\,sp}} \frac{(K(i, j) - r(i, j))^2}{r(i, j)} \qquad (10)$$

wobei

$$r(i,j) := \frac{zsum(i) \times ssum(j)}{n} \qquad (11)$$

gesetzt wird.

(c) Das C nach Pearson:

$$C := \sqrt{\frac{\chi_p^2}{\chi_p^2 + n}} \qquad (12)$$

(d) Das Yates-Chi errechnet sich nach der Formel des Pearson-Chi, wenn dort K(i,j) durch K'(i,j) ersetzt wird, das wie folgt definiert ist:

$$K'(i,j) := \begin{cases} K(i,j) + 0.5 , & \text{falls } K(i,j) < r(i,j) \\ K(i,j) - 0.5 , & \text{falls } K(i,j) > r(i,j) \\ K(i,j) , & \text{sonst} \end{cases}$$

(e) Den Koeffizienten C_{Max}:

mit zsmin := min{zl,sp}.

(f) Den Koeffizienten C_{Korr} falls zsmin > 1

$$C_{max} := \sqrt{\frac{zsmin - 1}{zsmin}} \tag{13}$$

$$C_{Korr} := \frac{C}{C_{max}} \tag{14}$$

Es wird ein Prädiktor P ausgewählt, für den der Wert bonf aus den Schritten 1 bis 13 minimal wird. Gilt (bonf <= a) und (Ksig <= a) für den zugehörigen Wert Ksig, so wird P als Teilungsprädiktor festgelegt.

Die Fälle werden gemäß den Werten des Teilungsprädiktors P in Untergruppen eingeteilt. Das oben dargestellte Verfahren wird nun rekursiv auf diejenigen Untergruppen angewendet, die die festgelegte Mindestgröße ($>= u_{min}$) besitzen. P wird dabei aus der Liste der zu untersuchenden Prädiktoren gestrichen.

Durch dieses Vorgehen entsteht ein Baum, dessen Wurzel die Gesamtheit der gültigen Fälle repräsentiert und dessen Äste entsprechend den Teilungen ausgebildet sind. Die inneren Knoten stellen Untergruppen dar, die noch weiter geteilt werden. Untergruppen, die nicht mehr zur Teilung herangezogen werden, bilden die Blätter des CHAID-Baums.

Zitierte Literatur

ANDRESS, H.-J. (1986): Verallgemeinerte lineare Modelle.- Braunschweig, Wiesbaden

BACKHAUS, K., ERICHSON, B., PLINKE, W., SCHUCHARD-FICHER, C. & WEIBER, R. (1987): Multivariate Analysemethoden.- Berlin, Heidelberg, New York, London, Paris, Tokyo

CLAUß, G. & H. EBNER (1974): Grundlagen der Statistik.- Berlin

FAHRMEIR, L. & HAMERLE, A. (1984): Multivariate statistische Verfahren.- Berlin, New York

GRIZZLE; J., STAMER, E.F. & KOCH, G.G. (1969): Analysis of categorial data by linear models.- In: Biometrics, 25: 489-504

HAWKINS, D.M. & KASS, G.V. (1981): Automatic interaction detection.- HAWKINS, D.M. (ed.): Topics in Applied Multivariate Analysis: 269-302

HAWKINS, D.M. (ed.) (1981): Topics in Applied Multivariate Analysis.- London

HEYMANN, C. (1981): XAID - An extended automatic interaction detector.- International Report, CSIR

KASS, G.V. (1975): Significance testing in automatic interaction detection (AID).- In: Appl. Statist., 24: 178-189

KASS, G.V. (1980): An exploratory technique for investigating large quantities of categorial data.- In: Appl. Stat., 29 (2): 119-127

KÜCHLER, M. (1979): Multivariate Analyseverfahren.- Stuttgart

LANGEHEINE, R. (1980): Log-lineare Modelle zur multivariaten Analyse qualitativer Daten.- München, Wien

LANGEHEINE, R. (1984): Explorative Techniken zur Identifikation von Strukturen in großen Kontingenztafeln.- In: Zeitschrift für Sozialpsychologie, 15: 254-268

MORGAN, J.A. & MESSENGER, R.C. (1973): THAID - A sequential analysis program for the analysis of nominal scale dependent variables.- SRC, Inst. Soc. Res., Univ. of Michigan

MORGAN, J.A. & SONQUIST, J.N. (1963a): Problems in the analysis of survey data: A proposal.- In: J. Amer. Stat. Ass., 58: 415-434

MORGAN, J.A. & SONQUIST, J.N. (1963b): Some results from a nonsymmetrical branching process that looks for interaction effects.- In: Proc. of the Soc. Stats. Sec, ASA: 40-53

PIEPERSJOHANNS, R. (1983): Ansätze zum Suchen nach Strukturen bei Nominaldaten.- In: EDV in Medizin und Biologie, 14: 49-53

SCHULZE, G. (1978): Ein Verfahren zur multivariaten Analyse der Bedingungen von Rangvariablen: Hierarchische Rangvarianzanalyse.- In: Zeitschrift für Sozialpsychologie, 9: 129-141

4.4 Nachbarschaftsanalytische Verfahren

Lutz Vetter und Rüdiger Maass

Mathematische Ableitung des Multidimensionalen Nachbarschafts-Repräsentanzmaßes MNR

Grundsätzlich liegen für flächendeckende geowissenschaftliche Fragestellungen häufig nur Karten als Informationsträger vor. Deshalb erscheint es angezeigt, geeignete Auswerteverfahren anzuwenden resp. zu entwickeln, die eine Aussage über die regionale Repräsentanz des und/oder der in Rede stehenden Merkmals/Merkmale zu treffen gestattet. Aufgrund des ständig weiterentwickelten und angewendeten remote sensing ist die eben getroffene Aussage dahingehend zu ergänzen, daß die in dieser Arbeit vorgestellten Methoden zur Auswertung von qualitativen Daten für <u>alle</u> flächenbezogenen Informationen, ungeachtet ihrer Informationsträger (z.B. Luft- und Sattelitenbilder), angewendet werden können (vgl. FÖRSTER et al. 1989).

Das im Rahmen dieser Arbeit vorgestellte Multidimensionale Nachbarschafts-Repräsentanzmaß (MNR) ist ein regionalstatistischer Parameter für polystratigraphische binäre Datenkollektive (k Karten K mit m diskreten Merkmalen). Er zeigt an, wie <u>repräsentativ</u> ein Punkt auf k Karten für m Merkmalsausprägungen ist. Dabei wird von einem Punkt P mit dem Ausprägungvektor A(P) als 'repräsentativ für A(P)' bezeichnet, wenn eine definierte Menge von Nachbarpunkten von P (etwa alle Punkte, die in ihrem Rechts- und Hochwert jeweils weniger als ein Grad von den Koordinaten von P abweichen) eine für einen Punkt mit A(P) aus K typische Ausprägungsverteilung im k dimensionalen Raum besitzt. Im folgenden wird das MNR formalisiert. Bei der Entwicklung des MNR wurde Wert darauf gelegt,

a) eine Kennzahl zu formulieren, die wie ein Assoziationskoeffizient interpretiert werden kann (vgl. etwa CRAMER's V),

b) einen Algorithmus zu formulieren, der maßstabsunabhängig arbeitet und die räumlichen Muster und Verknüpfungen auf dem Informationsträger adäquat erfaßt,

c) große Datenaggregate (= hohes n und eine große Variablenanzahl mit vielen Merkmalsausprägungen) auf einem PC mit entsprechender Hardware-Konfiguration effizient verwalten zu können.

Der eindimensionale Repräsentanzindex RI als Basis des Multidimensionalen Nachbarschafts–Repräsentanzindex

Das Repräsentanzmaß MNR (VETTER 1989) konstituiert sich aus den Repräsentanzindices (RIs) der einzelnen Informationsschichten (hier: Karten) und ist somit die Basis der Formulierung des MNR. Es wird zunächst eine Karte K mit der Rasterweite r über nur ein diskretes Merkmal betrachtet und angenommen, daß die Ausprägungen der Punkte aus K in $M := \sqrt{1,2,..,m^2}$ liegen. Ferner sei ein Punkt P_1 aus K gegeben. Ein Punkt $P_2 <> P_1$ aus K heiße 'Nachbar von P_1 vom Grade δ', falls P_2 höchstens δ Rasterpunkte von P_1 in der Länge oder Breite abweicht.

```
. . . . . . .
. x x x x x .
. x x x x x .
. x x P₁ x x .     x := Nachbarn von P₁ vom Grad 2
. x x x x x .
. x x x x x .
. . . . . . .
```

Im folgenden sei δ ein festgelegter Wert. K werde nun so mit Punkten der Ausprägung 0 zu K' erweitert, daß jeder Punkt aus K eine vollständige Nachbarschaft vom Grad δ in K' besitzt. Weiterhin sei P ein Punkt der Karte K. Die zu P' assoziierte Ausprägungsverteilung der Nachbarschaft vom Grad δ' ist ein Vektor $\alpha_P = (\alpha_0^{(P)},...,\alpha_m^{(P)})$, wobei $\alpha_j^{(P)}$ ausdrückt, wie stark die Ausprägung j (j $\in$ {0,...,m}) in der Nachbarschaft vom Grad δ von P vertreten ist:

$$\alpha_j^{(P)} := \sum_{(x,y)\, \in\, I_j} \frac{1}{x^2 + y^2} \tag{1}$$

Hierbei gilt:

$$\begin{aligned} I_j := \{(x,y)\,|\,x,y \in\{0,1,...,\delta\}, \\ (x,y) <> (0,0), \\ A(x+p_{x,y} + p_y) = j\} \end{aligned} \tag{2}$$

Dabei seien:

       A(i,j)   die Ausprägung des Punktes mit den Koordinaten (i,j) in K' und
       (Px,Py)   die Koordinaten des Punktes P.

$\alpha_j^{(P)}$ ist die Summe der reziproken quadrierten Euklidischen Distanzen der Punkte mit Ausprägung j in der Nachbarschaft vom Grade δ von P. Die zu P assoziierte normierte Ausprägungsverteilung der Nachbarschaft vom Grad δ ist definiert als Vektor:

$$\alpha_j^{(P)} := {}^*\alpha_0^{(P)},...,{}^*\alpha_m^{(P)} \tag{3}$$

$$* \alpha_j^{(P)} := \frac{\alpha_j^{(P)}}{\sum_{i=0}^{m} \alpha_i^{(P)}} \ \textit{für alle } j \in \{0,1,...,m\} \tag{4}$$

Die zu einer Ausprägung $q \in M$ assoziierte Ausprägungsverteilung der Nachbarschaft vom Grad δ wird als Vektor

$$\beta_q := (\beta_0^{(q)},...,\beta_m^{(q)}) \tag{5}$$

definiert.

$$J_q := \{\, P \in K \,|\, A(P_x,P_y) = q \,\} \tag{6}$$

Die zu einer Ausprägung $q \in M$ assoziierte normierte Ausprägungsverteilung der Nachbarschaft vom Grad δ ist ein Vektor

$$\beta_q^* := ({}^*\beta_0^{(q)},...,{}^*\beta_m^{(q)}) \tag{7}$$

$$ {}^*\beta_j^{(q)} := 1 - \frac{\beta_j^{(q)}}{\sum_{i=0}^{m} \beta_i^{(q)}} \tag{8}$$

Je besser α_P^* für einen Punkt P aus K mit $\beta^*_{A(Px,Py)}$ übereinstimmt, desto repräsentativer ist P für die Ausprägung A(Px,Py) in der Karte K. Dieser Sachverhalt definiert den RI von P als

$$RI_{(P)} := 1 - d\,\frac{(\alpha_P^*,\beta_{A(Px,Py)}^*)}{\sqrt{2}} \tag{9}$$

d(v,w) den Euklidischen Abstand der Vektoren v,w meint.

Der RI von P nimmt einen Wert von 0 bis 1 an. Falls RI(P) = 1 ist, gilt, daß P einen Idealpunkt repräsentiert. Ansonsten minimiert sich die Repräsentanz von P für RI(P) ---> 0. Der Zähler in Formel 10 wird durch den Nenner ($\sqrt{2}$) normiert.

Das Multidimensionale Nachbarschafts-Repräsentanzmaß MNR

Sei K eine Karte über m Merkmale, so berechnen sich die Repräsentanzindices gemäß den Formeln 1 bis 10 pro Variable. Zu jedem Punkt P aus K gehört also ein Repräsentanzvektor

$$RV(P) := (RI^{(1)}(P),...,RI^{(k)}(P)) \tag{10}$$

Das Repräsentanzmaß MNR ordnet diesem Vektor einen k dimensionalen "Gesamt"-Repräsentanzindex zu, der wiederum eine Zahl im Intervall [0,1] ist:

$$MNR(P) := 1 - \frac{d(RV(P),(1,...,1)^{k-mal})}{\sqrt{k}} \tag{11}$$

Hierbei ist (1,...,1) der Idealrepräsentanzvektor. Hier normiert ($\sqrt{k}$) die Euklidische Differenz zwischen RV(P) und (1,...,1).

Das Differentielle Multidimensionale Nachbarschafts-Repräsentanzmaß DMNR

Häufig ist in geoökologischen Untersuchungen nicht nur das Gesamtdatenaggregat Gegenstand der Analyse, sondern ausgewählte Teilkollektive. So lagen beispielsweise für eine Auswahl von Bodendauerbeobachtungsflächen in Brandenburg sinnvoll auswertbare flächendeckende Standortinformationen lediglich für alle agrarisch genutzten Flächen dieses Bundeslandes vor (aus der Mittelmaßstäbigen Landwirtschaftlichen Standortkartierung - MMK SCHMIDT & DIEMANN Hrsg., 1981) (vgl. Kap. 5.4). Das bedeutet, daß entsprechend dem räumlichen Landnutzungsmosaik von den nach Digitalisierung der MMK vorliegenden 118651 Datensätzen (= Rasterpunkte) jetzt nur 60196 mit Angaben für jeweils fünf Standortvariablen versehen sind (DASCHKEIT et al. 1993). Für einen solchen Fall wurde das DMNR entwickelt.

Seine mathematische Beschreibung des Differentiellen Multidimensionalen Nachbarschafts-Repräsentanzmaßes (DMNR) ist mit den bisher beschriebenen Schritten identisch. Es muß nur im Vorfeld die Karte K' generiert werden, die die Teilkollektive beinhaltet.

Bei der Erzeugung der Karte K' aus K wurden Punkte mit der Ausprägung 0 (= unbekannt, leer) hinzugefügt, damit sämtliche Punkte aus K eine vollständige δ-Umgebung zur Berechnung der Ausprägungsverteilungen besitzen. Bei Verzicht auf die Einführung von zusätzlichen Punkten mit der Ausprägung 0 und einer entsprechend eingeschränkten Berechnung der Ausprägungsverteilungen würden die Punkte aus K, die keine vollständige δ-Umgebung besitzen, starke Verzerrungseffekte hervorrufen: Ein Punkt P, dessen δ-Umgebung z.B. nur einen einzigen Punkt Q enthält, besäße die gleiche normierte Ausprägungsverteilung wie ein Punkt P', den eine vollständige δ-Umgebung mit Punkten der Ausprägung A(Q) umgibt.

Ist K dagegen durch Selektion von Punkten aus einer übergeordneten Karte K_0 hervorgegangen, sollten nur die Punkte P aus K' mit der Ausprägung 0 versehen werden, die in K_0 nicht vorkommen. Die übrigen Punkte von K' sollten die Ausprägungen von K_0 übernehmen.

Zitierte Literatur

DASCHKEIT, A.; KOTHE, P. & SCHRÖDER, W. (1993): Repräsentanzanalyse zur Auswahl von Bodendauerbeobachtungsflächen in Brandenburg.

FÖRSTER, B. u.a. (1989): Walduntersuchungen mit Satellitenbilddaten.- In: Die Geowissenschaften, 7: 352 - 358

VETTER, L. (1989): Evaluierung und Entwicklung statistischer Verfahren zur Auswahl repräsentativer Untersuchungsobjekte für ökotoxikologische Fragestellungen.- Dissertation, Kiel

4.5 Clusteranalyse (Automatische Klassifikation)

Hans-Joachim Mucha

Einleitung

Die Techniken der Clusteranalyse versuchen, eine Menge ungeordneter Objekte so in kleinere, homogene und praktisch nützliche Klassen zu zerlegen, daß in einem wohldefinierten Sinne einander benachbarte Objekte einem Cluster und zueinander unähnliche Objekte verschiedenen Clustern angehören. Mindestens die Abstände (Distanzen) zwischen den Objekten müssen quantifizierbar sein. Hier können sehr viele Eigenschaften der Objekte simultan betrachtet werden. Nach der Ergebnisart unterscheidet man in partitionierende und hierarchische Clusteranalyse-Techniken. Erstgenannte berechnen nur eine Klasseneinteilung (Partition) der Objekte in zueinander elementefremde Cluster. Letztgenannte bilden eine Folge von Partitionen, darstellbar in einem Dendrogramm.

Die Ökologie bedient sich der Clusteranalyse vorrangig in explorativer Weise zur Systematisierung und Strukturierung umfangreicher Datenmengen, zur Erkennung von Ökosystemtypen sowie zur Hypothesensuche. So können z. B. die bislang subjektiv durchgeführten Systematisierungen (meist univariat) auf hochdimensionale (multivariate) Aufgabenstellungen erweitert und deren Lösung objektiviert werden. Die aus den Daten mittels Clusteranalyse gewonnenen Informationen und Wissensgrundlagen (z. B. Ökosystemtypen) werden zunehmend zu unentbehrlichen Hilfsmitteln im Prozeß der Entscheidungsvorbereitung und -findung im Sinne einer zukunftsorientierten und verantwortungsvollen Umweltpolitik.

Hier werden wichtige Abstandsmaße, praxisrelevante partitionierende und hierarchische Clusteranalysemethoden vorgestellt. Es wird auf Validierungstechniken sowie geeignete multivariate grafische Methoden zur Visualisierung von Daten, Clustern und Hierarchien von Clustern verwiesen. Neuentwickelte adaptive Clusterverfahren sind eine praxisrelevante Möglichkeit zur Verbesserung und Stabilisierung der Klassifikationsergebnisse. Außerdem wird Statistik-Software empfohlen und auf Anwendungsprobleme hingewiesen. Dadurch soll für Nicht-Statistiker ein Beitrag zur korrekten Verfahrensanwendung und Ergebnisinterpretation geleistet werden. Ausführliche Darlegungen zu den hier behandelten Gebieten geben BOCK (1974), SPÄTH (1977), GORDON (1981) und MUCHA (1992).

Allgemeine Einführung zur Clusteranalyse

Praktisch kein Bereich der Gesellschaft kann ohne Klassifikation auskommen. In der Ökologie ist die wissenschaftliche Auswertung, Systematisierung und Aggregation von Beobachtungswerten (Meßwerten, Häufigkeiten, kategorialen Bewertungen usw.) unverzichtbar. Die von den subjektiven Fähigkeiten der Wissenschaftler stark abhängige Qualität dieser Analysen kann durch die Benutzung adäquater multivariater Clusteranalysemodelle objektiviert werden.

Die agglomerativen hierarchischen Techniken beginnen mit terminalen Clustern (d. h. jedes Objekt bildet anfangs ein Cluster), die sukzessive durch paarweise Fusion eine neue Klasse bilden. Ausgehend von einer Distanzmatrix, die jedem Objektpaar den jeweiligen Abstand zuordnet, werden auf verfahrensspezifische Art Distanzen zwischen Clustern definiert und im Algorithmus Cluster minimaler Distanz fusioniert. Aus Literatur und Software bekannte Verfahren sind Ward s Minimalvarianzmethode (Minimie- rung der Fehlerquadratsumme, d. h. der Summe der klasseninternen Varianzen), Single Linkage (Nearest Neighbor = Nächster Nachbar, Minimalbaum, Minimalsprungalgorithmus), Complete Linkage (Furthest Neighbor = Entferntester Nachbar, Diameter

Analysis), Average Linkage (Group Average, Gemittelte Distanzen) und Centroid (Centroid Sorting, Schwerpunktmethode). Die genannten Methoden werden im Kapitel 5.5 näher betrachtet. Die divisive hierarchische Clusteranalyse beginnt mit einer einzigen (trivialen) Klasse, die alle Objekte enthält. Sukzessive wird die im Sinne des Distanzmaßes inhomogenste Klasse zweigeteilt.

Es werden einige praktisch relevante Distanzmaße betrachtet, z. B. der (quadrierte) Euklidische Abstand, die L1-Norm (Absolutabstand, Manhattan-Metrik), die Supremum-Norm, das Kosinusmaß, die Koeffizienten Simple Matching, Jaccard und Rogers & Tanimoto. Für Ähnlichkeitskoeffizienten, die sich auf 0-1-Daten gründen, werden Transformationen in Distanzmaße vorgeschlagen. Durch Dichotomisierung an sogenannten "Cutpoints" (z. B. am Median einer jeden Variablen) lassen sie sich auch auf quantitative Daten anwenden.

Das partitionierende K-Means Verfahren wird in verschiedenen algorithmischen Modifikationen unter Angabe von Vor- und Nachteilen beschrieben: Austauschverfahren, Minimaldistanzmethode, Gradiententechnik. Für eine vorzugebende Klassenanzahl wird die Summe der klasseninternen Varianzen minimiert. Adaptive Clusteranalysetechniken führen im allgemeinen zu beachtlichen Verbesserungen der Stabilität der Klassifikationsergebnisse. Hier werden die Variablen in bezug auf ihre spezifischen Beiträge zur Clusterbildung untersucht und bewertet (MUCHA 1992, MUCHA & KLINKE 1993). Die adaptiven Techniken zeichnen sich durch intelligente adaptive Distanzwahl aus. Sie nutzen die spezifischen Praxisbedingungen zur Modifikation des Klassifikationsmodells aus. Dadurch kann oft das Entscheidungsrisiko wesentlich verringert werden. Die adaptiven Distanzmaße sind auch in der Hauptkomponentenanalyse (mit dem Ziel multivariate Grafik) zu benutzen. Unter Ausnutzung von einfachen Datentransformationen in der Statistik-Software (z. B. in *SAS, SPSS, S-PLUS*) können diese verbesserten Methoden oft mit den dem Anwender bislang vertrauten Clusteranalyse-Kommandos durchgeführt werden. Mit der hochinteraktiven Statistiksprache *XploRe* (HÄRDLE 1990, MUCHA 1994a) kann man ebenfalls Clusteranalysen ausführen und die Ergebnisse graphisch anspruchsvoll darstellen. *XploRe* stellt sowohl bewährte als auch neue adaptive Clusteranalyse-Techniken bereit. Die Klassifikationsresultate sollten möglichst validiert werden. Wenn sich beispielsweise bereits durch den Ausschluß einer einzigen Beobachtung das Ergebnis der Clusteranalyse stark verändert, dann ist das benutzte Clusteranalysemodell ungeeignet. Die hocheffektive Simulations-Software *SimClust* (MUCHA 1994b) führt an konkreten Daten Untersuchungen zur Stabilität der Klassifikationsresultate durch.

Ausgangspunkt der statistischen Betrachtung zur Clusteranalyse sind I unabhängige Beobachtungen x_1, x_2, ... x_I, die jeweils Meßwerte in J Variablen beinhalten. Der Einfachheit halber schreiben wir hier für die Beobachtungen auch kurz $1,2,...,i,...,I$, und analog für die Variablen $1,2,...,j,...,J$. Weiterhin nehmen wir an, daß diese Beobachtungen K *unbekannten* Populationen, Clustern oder Gruppen $\prod_1, \prod_2, ... , \prod_K$, $I > K \geq 2$ entstammen. In Kurzschreibweise bezeichnen wir die Populationen mit $1,2,...,k,...,K$. Weiterhin nehmen wir an, daß für jede der vorausgesetzten Populationen $1,...,K$ jeweils eine ganz spezielle Wahrscheinlichkeitsdichte f_k (x), definiert auf dem R^J, gilt. Das heißt, wenn eine Beobachtung i aus der Population k stammt, so ist diese Beobachtung nach der Wahrscheinlichkeitsdichte f_k (x) verteilt. Es sei extra darauf verwiesen, daß die obigen Annahmen ein sehr allgemeines Modell beschreiben, für das Lösungen abgeleitet werden sollen. In der Praxis jedoch sind weder die Klassenzugehörigkeit der einzelnen Beobachtungen noch die Populationen selbst vorab bekannt. Nicht einmal die Anzahl K der Populationen ist im allgemeinen bekannt. Um aber trotz der Komplexität des Clusteranalyse-Problems Ableitungen herleiten zu können, wird vorerst die Annahme "es seien K Populationen gegeben" gemacht. Ganz allgemein besteht das Ziel der Clusteranalyse damit in der Reproduktion der wahren, aber unbekannten Klassenzugehörigkeit der I Beobachtungen in K Populationen.

Ausgangspunkt der konkreten Clusteranalyse ist eine Datenmatrix $\mathbf{X} = (x_{ij})$, $i=1,...,I$, $j=1,...,J$, deren I Zeilen den Beobachtungen (Objekten, Personen, Tieren, Pflanzen etc.) und deren J Spalten den Variablen (Attributen, Eigenschaften, Merkmalen etc.) entsprechen. Zeilen bzw. Spalten nennen wir oft kurz Punkte. Die auch als Datentabelle bezeichnete Matrix X kann z. B. 0-1-Werte, Meßwerte, Häufigkeiten oder Prozentwerte enthalten. Im Anwendungsbeispiel (vgl. Kap. 5.5) nennen ZÖLITZ-MÖLLER & KLEIN die Zeilen auch Basiseinheiten (Stationen des Europäischen Meßnetzes). Je Station liegen 6 Meßwerte zur Luftqualität vor. Die Clusteranalyse von X als auch die ihrer Transponierten X' kann durchgeführt werden. So ist z. B. die Clusteranalyse der Beobachtungen von X ebenso wie die der Variablen im Falle von Matrizen mit Werten 0 und 1 oder Häufigkeitsmatrizen voll gerechtfertigt. In der Ökologie und Ornithologie sind solche Daten häufig auszuwerten (MUCHA 1990).

Die Clusteranalyse ermöglicht eine anschauliche Beschreibung der Daten aufgrund bestimmter, wohlüberlegt gewählter Abstands- bzw. Ähnlichkeitsdefinitionen. Insbesondere ist sie geeignet, um

- Partitionen und Hierarchien von Partitionen (Dendrogramme) zu bilden,
- Typen der Cluster auf der Basis des Distanzmaßes zu benennen,
- unter geringstem Informationsverlust die Dimensionen der Datenmatrix zu reduzieren,
- Anomalien, Auffälligkeiten, Zusammenhänge, Unkorrektheiten aufzudecken und
- Zuordnungen in vorgegebene oder berechnete Klassen (Typen) vorzunehmen.

Bei der Anwendung der Clusteranalyse sind viele Fragen zu beantworten. Können die Beobachtungen und / oder die Variablen gewichtet werden? Wenn ja, gibt es vom fachspezifischen Modell (Geologie, Ökologie,...) her "natürliche" oder sinnvoll begründbare Gewichtungen? Sind die erhaltenen Klassifikationsergebnisse (Cluster, Partitionen, Hierarchien) objektiv und stabil? Wie sind die Cluster zu charakterisieren und geeignet zu beschreiben? Was sind die Repräsentanten je Cluster (z. B. die typische und atypische Beobachtung)? Liegt überhaupt eine Klassenstruktur vor? Wenn ja, wieviel Klassen sind am wahrscheinlichsten? Welche Variablen sind besonders informativ im Sinne der Clusteranalyse? Solche Fragestellungen sind allgemeingültig für die unterschiedlichen Klassifikationsmodelle und Abstandsmaße nur durch Simulationstechniken beantwortbar (MUCHA 1992, MUCHA 1994b). Diese gründen sich auf objektive Kriterien zur Beurteilung der Übereinstimmung zweier Klassifikationsresultate, die als "gewöhnliche" kategoriale Variablen betrachtet und als Partition bezeichnet werden und deren Kreuzung eine Kontingenztafel ergibt (RAND 1971). Darüber hinaus kann dieses Bewertungsprinzip beispielsweise zur Gegenüberstellung von a priori gegebenen Strukturen (z. B. dem Grad der Umweltschädigung) mit Klassifikationsresultaten Verwendung finden. Zugleich können sogar Aussagen über die spezifische Stabilität eines jeden Clusters gemacht werden, was von großer Praxisrelevanz ist. Unter Stabilität ist z. B. der Grad der Unabhängigkeit gegenüber zufälligem Stichprobenziehen, zufälliger Gewichtung der Beobachtungen oder Variablen oder gegenüber der Störung von Daten oder Distanzen durch kleine zufällige Fehler zu verstehen.

Statistischer Zugang

Die Werte einer Beobachtung i bilden einen Zeilenvektor, d. h. eine Stichprobe vom Umfang 1 aus einer multivariaten Population (siehe oben). Untereinander gesetzt bilden die Beobachtungen $1,2,...,i,...,I$ die Datenmatrix X. Die Spalten von X sind die Variablen. Wichtige Parameter der Stichprobe sind der Erwartungswert μ (Mittelwert, Zentroid) als Lokalisationsangabe, die Varianz als Variabilitätsmaß und die Kovarianz bzw. Korrelation als Maß für die Abhängigkeit zwischen den Variablen. Die Kovarianzmatrix Σ enthält außerhalb der Diagonalen die paarweisen Kovarianzen und in der Hauptdiagonalen die Varianzen (die quadrierten Standardabweichungen). In der Cluster-, Diskriminanz- und Varianzanalyse geht man von mehreren Populationen aus, die sich hinsichtlich der Verteilung der beobachteten Variablen und damit hinsichtlich der obengenannten Parameter unterscheiden. Im Gegensatz zur Diskriminanzanalyse sind jedoch im Falle der Clusteranalyse Klassenanzahl und Klasseneinteilung vorher nicht bekannt.

Betrachten wir kurz einen möglichen statistischen Zugang zur Clusteranalyse: die Ableitung von Klassifikationsregeln und Funktionalen aus den angenommenen Verteilungen. Obwohl wir vom allgemeinsten Modell ausgehen, bevorzugen wir letztendlich Regeln mit möglichst wenigen zu schätzenden Parametern. Diese einfachsten Modelle lassen sich unter Berücksichtigung spezifischer

Praxisbedingungen (der vorliegenden Daten) noch adaptieren. Zur Herleitung der Klassifikationsregeln setzen wir voraus, daß die Beobachtungen der Stichprobe nicht identisch verteilt sind und daß sich die Lageparameter der Klassen voneinander unterscheiden.

Die Maximum-Likelihood-Methode (ML-Methode), die den Beobachtungswerten der Stichprobe die größte Glaubwürdigkeit zumißt, wird hier benutzt. Seien I voneinander unabhängige Beobachtungen $1,2,...,i,...,I$ aus irgendeiner der K möglichen Populationen mit den Verteilungsdichten $f(x , \Theta_k)$, $k=1,2,...,K$, zufällig gezogen worden. Hierbei beschreiben die K Parametervektoren die einzelnen Verteilungsdichten. Innerhalb der k-ten Klasse sind die zugehörigen Beobachtungen mit identischen Dichten verteilt. Die Anzahl K der Populationen sei hier als bekannt vorausgesetzt. Die Zugehörigkeit einer jeden Beobachtung i zur wahren Population (Klasse) ist nicht bekannt. Angenommen, der Zugehörigkeitsvektor (kurz: Partition) c beinhaltet für jede Beobachtung i die Nummer der zugeordneten Population. Die zu maximierende Likelihood-Funktion der Stichprobe ist unter diesen Voraussetzungen

$$L(c;\theta_1,\theta_2,...,\theta_K)=\prod_{c_i=1} f(x_i;\theta_1)\prod_{c_i=2} f(x_i;\theta_2)... \prod_{c_i=K} f(x_i;\theta_K). \tag{1}$$

Die Schätzwerte für die unbekannten Parameter werden so bestimmt, daß die vorliegenden Beobachtungen maximale Glaubwürdigkeit erreichen. FAHRMEIR & HAMERLE (1984) zeigen Eigenschaften der ML-Funktion und geben Optimierungsverfahren an. Durch die übliche Einschränkung auf ein konkretes Verteilungsmodell kann die obige Optimierungsaufgabe vereinfacht werden, z. B. durch die Annahme von K mehrdimensional normalverteilten Populationen $N_J (\mu_k, \Sigma_k)$. Hier sind μ_k und Σ_k die Lage- und Kovarianzparameter. Die mehrdimensionale Normalverteilung als Verteilungstyp für die Beobachtungen ist von großem praktischen Interesse, denn oftmals genügen die in den Naturwissenschaften und der Industrie auszuwertenden metrischen Meßwerte den entsprechenden Verteilungsdichten. Wir setzen die Normalverteilungsparameter in die ML-Funktion ein. Da die ML-Funktion nichtnegativ ist kann zur Maximierung der Log-Likelihood-Funktion übergegangen werden

$$l(c;\theta)=b-\frac{1}{2}\sum_{k=1}^{K} \sum_{c_i=k} (x_i-\mu_k) \,'\Sigma_{k^{-1}} (x_i-\mu_k)-\frac{1}{2}\sum_{k=1}^{K} n_k\log|\Sigma_k|. \tag{2}$$

Die Anzahl der Beobachtungen in der Klasse k ist n_k und b ist eine Konstante ($b = I\,J \log(2\prod)/2$). Für eine feste Klasseneinteilung c wird die obige ML-Funktion durch die gewöhnlichen ML-Schätzwerte für die Lokalisations- und Kovarianzparameter maximiert (siehe ausführlich: RAO 1973, ANDERSON 1984), d. h., es sind

$$\hat{\mu}_k(c)=\bar{x}=\frac{1}{n_k} \sum_{c_i=k} x_i \tag{3}$$

die Klassenmittelwerte und

$$\hat{\Sigma}_k(c) = S_k = \frac{1}{n_k} \sum_{c_i=k} (x_i - \bar{x}_k)(x_i - \bar{x}_k)' \tag{4}$$

die klasseninternen Kovarianzmatrizen. Das Einsetzen dieser Schätzwerte ergibt

$$l(c;\hat{\theta}(c)) = b - \frac{1}{2}J\ I - \frac{1}{2}\sum_{k=1}^{K} n_k\ \log|S_k|. \tag{5}$$

Damit ist die ML-Schätzung von c diejenige Partition, die

$$\sum_{k=1}^{K} n_k\ \log|S_k| \qquad (= \prod_{k=1}^{K} |S_k|^{n_k}) \tag{6}$$

minimiert (MUCHA 1992). Unter allen möglichen Partitionen c ist somit diejenige zu suchen, die das obengenannte Funktional minimiert. Die Variation der Voraussetzungen an die Kovarianzstruktur der Klassen zieht dementsprechende Veränderungen der zu optimierenden Funktionale nach sich. Angenommen, die Kovarianzstruktur ist für alle Klassen identisch (Modellannahme gleiche Kovarianzmatrix), dann ist das Determinantenkriterium $|\mathbf{W}|$ zu minimieren, wobei

$$W = \sum_{k=1}^{K} \sum_{c_i=k} (x_i - \bar{x}_k)(x_i - \bar{x}_k)' \tag{7}$$

die gemeinsame klasseninterne Produktsummenmatrix ist. Die einfachste Modellannahme, die Einheitsmatrix als Kovarianzstruktur in den Populationen, führt zum sogenannten Spur-W-Kriterium (Varianz- kriterium), d. h. tr(W) ist zu minimieren. In diesem Modell ist die Anzahl der zu schätzenden Parameter ganz wesentlich reduziert, so daß man erwarten kann, daß sogar für eine Stichprobe kleinen Umfangs stabile, d. h. auch mit anderen Stichproben reproduzierbare Klassifikationslösungen, bestimmt werden können. Im allgemeinsten Normalverteilungsmodell (siehe weiter oben) sind immerhin $K*J*(J+3)/2$ Parameter zu schätzen. Im einfachsten Modell bedeutet die Zuordnung jeder Beobachtung i zum Mittelwert der entsprechenden Klasse k eine Zuordnung mit minimalem quadrierten (gewichteten) Euklidischen Abstand

$$d_Q^2(x_i,\ \bar{x}_k) = (x_i - \bar{x}_k)'\,Q(x_i - \bar{x}_k) \tag{8}$$

Standardmäßig ist die Matrix $\mathbf{Q}$ die Einheitsmatrix (so gesehen nach obiger Modellannahme). Das Varianzkriterium ist jedoch nicht invariant gegenüber Skalentransformationen. Diesem, für die Praxis wesentlichen Nachteil versucht man durch Standardisierung bzw. geeignete Wichtung der Variablen zu begegnen. Die Matrix $\mathbf{Q}$ benutzen wir fortan in Diagonalgestalt, mit den Variablengewichten in der Hauptdiagonalen. In der Statistik-Software werden standardmäßig die inversen Varianzen als Variablengewichte benutzt, was einer Standardisierung der Variablen auf Mittelwert 0 und Varianz

1 vor der Anwendung des Varianzkriteriums in einer Clusteranalyse entspricht (vgl. Kap. 5.5). Variablen, die in verschiedenen Maßeinheiten (Meter, Gramm,...) vorliegen, werden auf diese Weise untereinander vergleichbar gemacht. Sie wirken etwa gleichberechtigt bei der Abstandsberechnung mit. Andererseits verlieren die Variablen ihre ursprüngliche spezifische Variabilität. Dadurch wird negiert, was an spezifischem Gewicht (z. B. aus einer Klassenstruktur herrührend) gegeben ist (MUCHA 1992). Weiter unten wird an einem Beispiel die negative Auswirkung dieser Standardisierung aufgezeigt.

Partitionierende Clusteranalyse (K-Means Methode)

Wir betrachten hier die algorithmische Realisierung der Clusteranalyse auf der Basis der Minimierung der Summe der klasseninternen Varianzen. Wenn die Klassenanzahl K bekannt ist (was in der Praxis jedoch selten ist) oder wenn zumindestens feste Vorstellungen über einen kleinen Bereich für die Klassenanzahl vorliegen (man hat dann mehrere separate Clusteranalysen durchzuführen), dann ist die partitionierende Clusteranalyse hierarchischen Methoden vorzuziehen. Im Unterschied zu den hierarchischen Methoden erzeugt sie nur eine einzige Partition, und ihre Algorithmen basieren auf der Austauschbarkeit der Beobachtungen zwischen den Klassen. Sei irgendeine Anfangspartition c der I Punkte in K Cluster gegeben, die jeder Beobachtung $1,2,...,i,...,I$ eindeutig eine der Klassen k, $k=1,2,...,K$, zuordnet. Diese Partition in K Klassen kann das Resultat vorangegangener Klassifikationsmethoden sein (z. B. hierarchischer Methoden), der Einteilung des Wertebereichs einer Variablen oder Hauptkomponente in K Intervalle entsprechen bzw. irgendeine andere sinnvolle oder gar rein zufällige Herkunft haben. Oder, die Anfangspartition wird durch zufälliges oder gezieltes Setzen je eines (oder mindestens eines) Repräsentanten ("seed point") je Klasse erzeugt (alle nicht gesetzten Beobachtungen werden als unklassifiziert betrachtet und vor Beginn der eigentlichen Clusteranalyse entsprechend der Minimaldistanzregel dem jeweils nächstliegenden "seed point" zugeordnet). Die Summe der klasseninternen Varianzen dieser Partition läßt sich als Summe der quadrierten gewichteten Euklidischen Abstände zwischen den Beobachtungen und den ihre zugeordnete Klasse repräsentierenden Klassenmittelwerten schreiben

$$V_K^{(c)} = \sum_{k=1}^{K} \sum_{c_i=k} m_i \, d_Q^2(x_i, \bar{x}_k). \qquad (9)$$

Nach der obigen Einführung von Variablengewichten über die Matrix **Q** verallgemeinern wir weiter: jeder Beobachtung i ist ein Gewicht (eine Masse) m_i zugeordnet. In der Praxis sind gewichtete Beobachtungen keine Seltenheit. Außerdem kann z. B. ein Cluster als eine gewichtete Beobachtung betrachtet werden. Das Gewicht eines Clusters k bezeichnen wir fortan mit w_k. Die oben angegebenen Formeln für Mittelwert und Kovarianz sind leicht anzupassen (MUCHA 1992). Der Algorithmus des <u>Austauschverfahrens</u> (als eine Variante der K-Means Methode) besteht in der sukzessiven Überprüfung der Klassenzugehörigkeit einer jeden Beobachtung. i, $i=1,2,...,I$. Gilt für eine Beobachtung i, deren zugeordnete Klasse k sei, und für eine Klasse l (l ungleich k)

$$\frac{w_k}{w_k-m_i} d_Q^2(x_i, \bar{x}_k) \; > \; \frac{w_l}{w_l+m_i} d_Q^2(x_i, \bar{x}_l), \qquad (10)$$

dann wechselt die Beobachtung von Klasse k in Klasse l (d. h. die Partition c wird geändert). Die entsprechenden Klassenmittelwerte und die Summe der internen Klassenvarianzen werden ebenfalls sofort modifiziert. Letztere vermindert sich genau um die Differenz im obigen Varianzvergleich. Das Verfahren endet, wenn nach der Überprüfung von I Beobachtungen kein Klassenwechsel erfolgte, oder wenn andere sinnvolle Abbruchkriterien erfüllt sind (SPÄTH 1983). Das Ergebnis des Austauschverfahrens ist sowohl von der Anfangspartition als auch von der Anordnung (Reihenfolge) der Beobachtungen in der Datenmatrix **X** abhängig. Diesen Nachteilen sollte durch mehrere partitionierende Clusteranalysen mit jeweils unterschiedlicher Anfangspartition und veränderter zufälliger Reihenfolge der Beobachtungen begegnet werden.

Das folgende Beispiel soll einige Schwierigkeiten bei der Anwendung der (multivariaten) Clusteranalyse verdeutlichen. Die Daten (insgesamt 1000 Beobachtungen) bestehen aus 4 Klassen, die normalverteilt generiert wurden: Klasse 1 mit 300 Beobachtungen aus $N((0,0,-0.5,-3.5,1,1,0,0,0),-1.44)$, Klasse 2 mit 150 aus $N((0,0,0.5,2,0.5,0.5,0.3,0.5,0),1)$, Klasse 3 mit 350 aus $N((0,0,0,1,5.5,2,0-.5,0.5,0),2.25)$ und Klasse 4 mit 200 aus $N((0,0,-1.5,-1.5,-2,0,0,-0.5,0),0.81)$. Die Varianzen der Variablen einer Klasse sind gleich, z. B. in Klasse 1 gleich 1.44. Erkennt das Austauschverfahren die 4 vorgegebenen Klassen? (Die vorgegebene wahre Klasseneinteilung wird <u>nicht</u> in der Clusteranalyse benutzt!) Wie hoch ist die Fehlerrate? Abbildung 4.5.1 zeigt die Daten in der ersten Hauptkomponentenebene. Die Klassen sind nicht markiert. In der Abb. 4.5.2 ist das Ergebnis des Austauschverfahrens dokumentiert. Das Verfahren benutzt die auf Mittelwert 0 und Varianz 1 standardisierten Daten. Es versagt in diesem Beispiel.

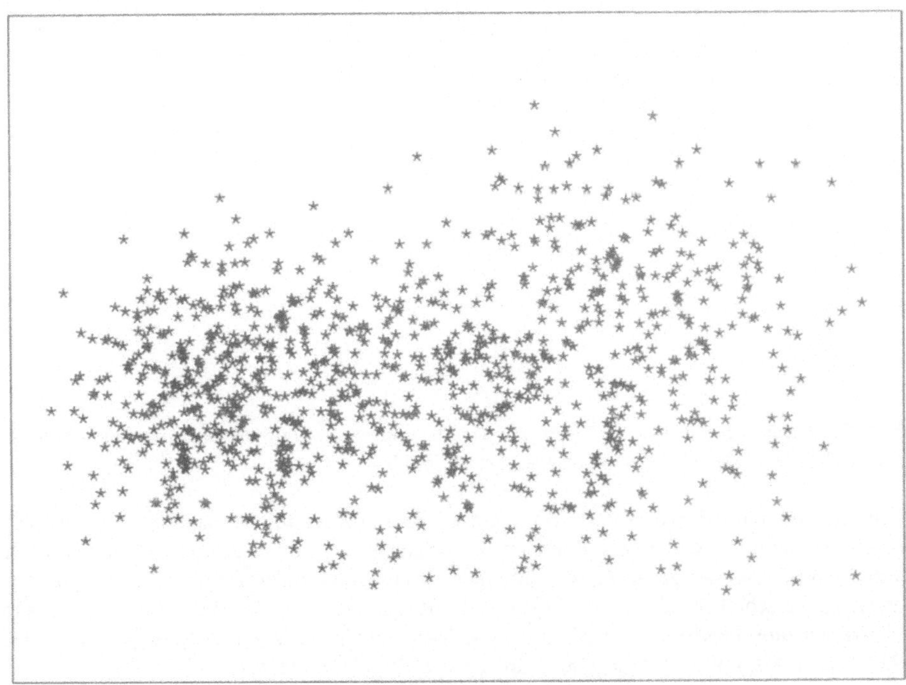

Abb. 4.5.1 Hauptkomponentenplot (HKP) von 1000 zufällig generierten 9-dimensionalen Daten, die aus 4 in Lokalisation und Varianz unterschiedlichen Klassen bestehen (siehe MUCHA 1994b). Der HKP erklärt 36,5% der totalen Varianz der Punktwolke

Das <u>Minimaldistanzverfahren</u> als eine weitere mögliche Variante der K-Means (K-Mittelwerte) Methode ist nur von der Anfangspartition abhängig, denn erst nach der Überprüfung der Klassenzugehörigkeit aller I Beobachtungen $1,2,...,i,...,I$ werden die Klassenmittelwerte geändert.

Allein die Euklidische Distanz zum Klassenmittelwert entscheidet für die Beobachtung *i* über einen möglichen Klassenwechsel (d. h. es erfolgt keine Berücksichtigung von Gewichten der Beobachtungen und Cluster). Das Varianzkriterium wird nur indirekt optimiert. Eine lokal optimale Minimaldistanz-Lösung läßt sich daher im allgemeinen mit dem Austauschverfahren hinsichtlich der Minimierung des Varianzkriteriums weiter verbessern. Der Minimaldistanz-Algorithmus läßt die Möglichkeit der Bildung leerer Klassen zu. Dieser Fall tritt gehäuft auf, wenn die Anfangspartition mittels Zufallszahlengenerator bestimmt wird und die Beobachtungsanzahl *I* nur einige Vielfache der Klassenanzahl *K* beträgt.

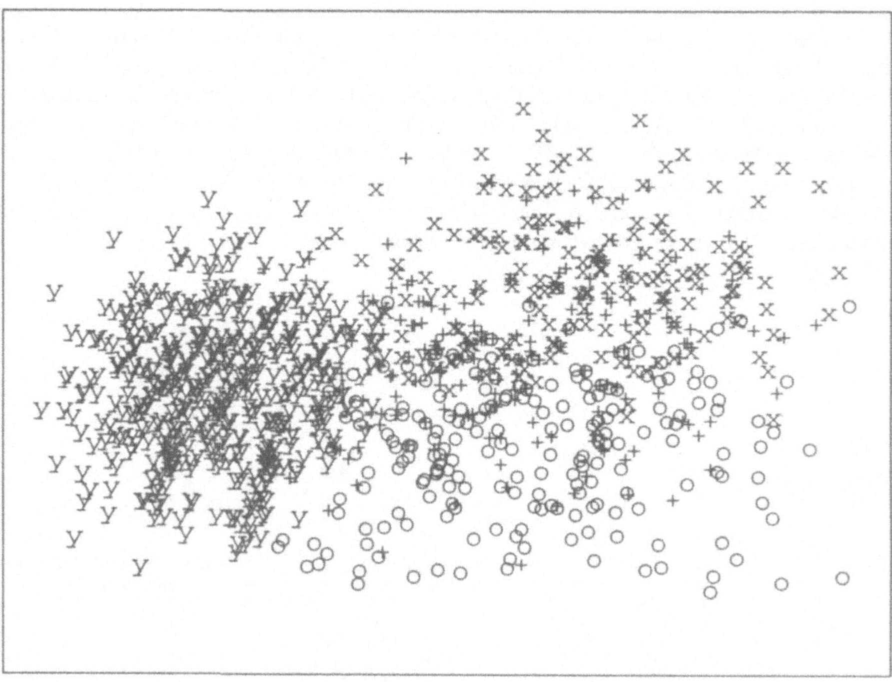

Abb. 4.5.2 Ergebnis des Austauschverfahrens mit den Standardgewichten inverse Varianzen: die Cluster sind durch unterschiedliche Symbole markiert, die Fehlerrate beträgt 55,3%

　　Um den Vorteil der direkten Verbesserung des Varianzkriteriums und zugleich die Unabhängigkeit von der Reihenfolge der Beobachtungen zu erreichen, ist im Austauschverfahren nach jedem Überprüfungszyklus, der genau *I* Beobachtungen umfaßt, nur eine einzige Beobachtung zwischen den Klassen zu verschieben. Es sollte diejenige Beobachtung sein, die die größte Verbesserung des Varianzkriteriums bewirkt. Deshalb sei diese Variante die Gradiententechnik genannt (MUCHA 1992). Dieser Algorithmus geht jedoch auf Kosten der Computerzeit.

Adaptives Austauschverfahren

Die einfachsten adaptiven Clusteranalyse-Techniken basieren auf den gemittelten klasseninternen Varianzen als Variablengewichte (MUCHA 1992). Diese Gewichte können nicht a priori berechnet werden, weil die Klasseneinteilung nicht bekannt ist. Sie müssen direkt im Clusteranalyse-Algorithmus auf adaptive Weise bestimmt werden. Es ist leicht einzusehen, daß die gemittelten klasseninternen Varianzen bezüglich einer zufällig generierten Partition etwa gleich den totalen Varianzen sind (bei I>K). Wir beginnen das Austauschverfahren also mit den Variablengewichten inverse Varianzen. Nach Konvergenz des Verfahrens nimmt man als neue Variablengewichte die inversen gemittelten klasseninternen Varianzen bezüglich der berechneten Partition. Mit diesen Gewichten wird das Austauschverfahren wiederholt. Diese Prozedur wird fortgesetzt bis ein Abbruchkriterium erfüllt ist (z. B., wenn die Partitionen zweier aufeinanderfolgender Austauschverfahren gleich sind). Abb. 4.5.3 zeigt die im zweiten Iterationsschritt des adaptiven Austauschverfahren berechneten Cluster in der ersten Hauptkomponentenebene (in der Hauptkomponentenanalyse benutzt man den gleichen gewichteten (adaptiven!) quadrierten Euklidischen Abstand). Die Cluster, die undifferenziert in der Punktwolke erschienen (Abb. 4.5.1), nehmen ein wenig Gestalt an. Sichtbare Konturen gewinnen sie nach der Konvergenz des adaptiven Austauschverfahrens (Abb. 4.5.4). Die adaptiven Variablengewichte sind 1, 1, 1.28, 4.12, 7.11, 1.35, 1.04, 1.10 und 1.

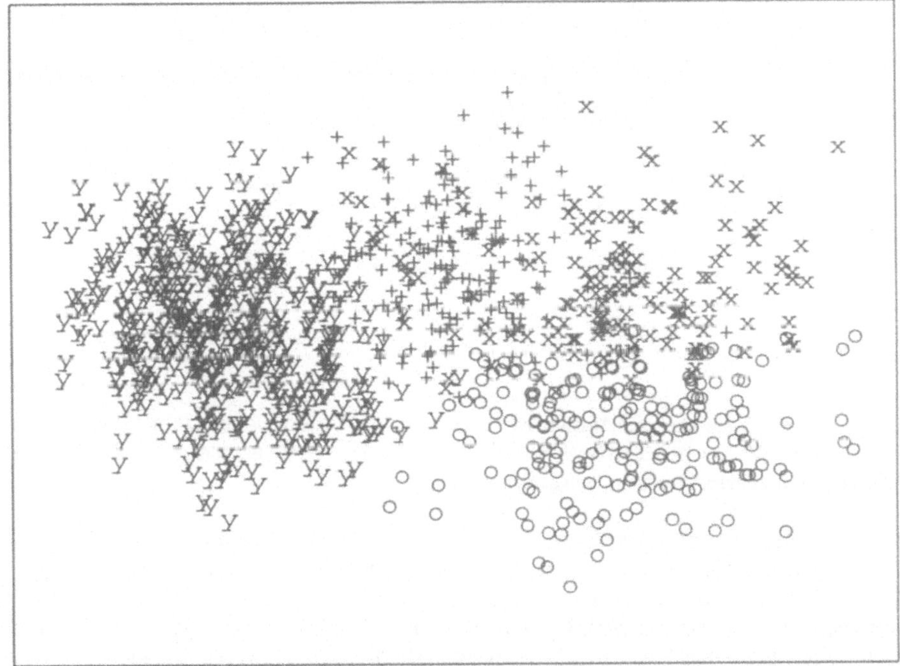

Abb. 4.5.3 Zwischenergebnis des adaptiven Austauschverfahrens nach dem zweiten Iterationsschritt in der ersten Ebene des adaptiven HKP. Der Anteil erklärter Varianz des HKP beträgt 39,6% der totalen Varianz der Punktwolke. Die Fehlerrate des adaptiven Verfahrens beträgt "noch" 39%

Adaptive Clusteranalysen führen im allgemeinen zu höherer Stabilität der Ergebnisse. Zusätzlich werden die Variablen hinsichtlich ihres Beitrags zur Clustererkennung bewertet. Simulationsuntersuchungen bestätigen dies auf eindrucksvolle Weise (MUCHA & KLINKE 1993). In der Statistiksprache XploRe sind adaptive Techniken einschließlich adaptiver multivariater Grafiken verfügbar. MUCHA (1994b) zeigt für die Software S-PLUS und SAS die Benutzung adaptiver Clusteranalyse-Techniken.

Die Minimalvarianzmethode nach Ward

Die hierarchische agglomerative Clusteranalyse nach WARD (1963) und das oben beschriebene partitionierende K-Means Verfahren in seinen verschiedenen Modifikationen sind die in der Praxis

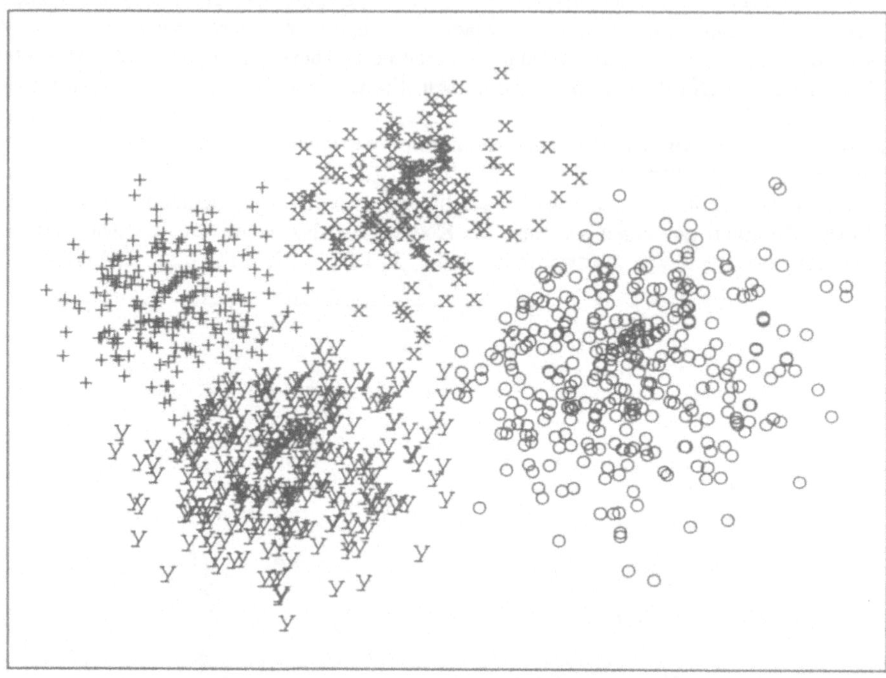

Abb. 4.5.4 Ergebnis des adaptiven Austauschverfahrens nach dem 6. Iterationsschritt (Konvergenz) in der ersten Ebene des adaptiven HKP. Der Anteil erklärter Varianz des HKP beträgt 62,4% der totalen Varianz der Punktwolke. Die Fehlerrate des adaptiven Verfahrens beträgt hier nur 3,8%

bevorzugt eingesetzten Clusteranalyse-Techniken. Das Ward-Verfahren optimiert ebenfalls das weiter oben hergeleitete Varianzsummenkriterium. Jedoch wird die Summe der klasseninternen Varianzen nicht für eine ganz bestimmte Klassenanzahl K minimiert, sondern es werden, ausgehend von den einzelnen Beobachtungen i ($i=1,2,...,I$) als terminale (einelementige) Klassen, sukzessive genau die zwei Klassen zu einer neuen Klasse fusioniert, die den Zuwachs an klasseninterner Varianz minimieren. Der Fusionsalgorithmus endet wenn I Beobachtungen der (trivialen) Klasse { $1,2,...,I$ }, d. h. der Menge aller Beobachtungen, angehören. Der gesamte hierarchische Prozeß der Clusterbildung, nicht nur eine bestimmte Stufe (die einer Partition entspricht), wird optimiert. Das Ward-Verfahren wird auch als "hierarchical grouping to minimize track **W**" und "error sum of squares method" bezeichnet. Beim Übergang von einer Partition in K Klassen zu einer in $K-1$ Klassen minimiert der WARDsche Algorithmus den Varianzzuwachs durch die Fusion genau der Klassen l und k, für die

$$\frac{w_k w_l}{w_k + w_l} d_Q^2(\bar{x}_k, \bar{x}_l) \tag{11}$$

minimal ist. Für den Fall terminaler Cluster (jedes Cluster wird aus einer Beobachtung gebildet) und ungewichteter Beobachtungen erhält man den Varianzzuwachs direkt aus der obigen Formel; er beträgt 1/2 der quadrierten gewichteten Euklidischen Distanz. Ein Beispiel soll die korrekte Anwendung des Ward-Verfahrens einschließlich der Dendrogramminterpretation aufzeigen. Die Datenmatrix X enthalte die in Tab. 4.5.1 enthaltenen 8 Beobachtungen mit je 2 Variablen. Tab. 4.5.2 zeigt unterhalb der Hauptdiagonalen die quadrierten Euklidischen Abstände zwischen den

Tab. 4.5.1 Beispiel einer Daten Matrix

Name	Variable 1	Variable 2
1	-2	-2
2	-2	-3
3	-4	-1
4	-2	2
5	1	2
6	3	2
7	4	3
8	2	-3

Tab. 4.5.2 Quadrierte Euklidische Abstände (unterhalb der Diagonalen) und Varianzzuwachs (*10) bei Fusion zweier Beobachtungen (entspricht den halbierten quadrierten Abständen)

	1	2	3	4	5	6	7	8
1	0	5	25	8	125	205	305	85
2	1	0	40	125	170	250	360	80
3	5	8	0	65	170	290	400	200
4	16	25	13	0	45	125	185	205
5	25	34	34	9	0	20	50	130
6	41	50	58	25	4	0	10	130
7	61	72	80	37	10	2	0	200
8	17	16	40	41	26	26	40	0

Beobachtungen aus der Tab. 4.5.1. Oberhalb steht jeweils die Varianzzunahme, die bei der Fusion der betreffenden Beobachtungen zu einem Cluster entstehen würde. Sowohl die Variablen als auch die Beobachtungen werden hier nicht gewichtet. Die Abb. 4.5.5. beinhaltet das Dendrogramm des Ward-Verfahrens. Auf der Abszisse ist exakt die Zunahme der Summe der klasseninternen Varianzen infolge der einzelnen Fusionen ablesbar. Für eine einzelne zu betrachtende Partition (die mit einem vertikalen Schnitt im Dendrogramm erzeugt werden kann) hat das Varianzkriterium in der Regel nicht den optimalen Wert. Deshalb sollte man (vorausgesetzt, das Klassifikationsmodell ist nicht ausschließlich durch das hierarchische Konzept festgelegt) nach der Entscheidung für eine bestimmte Klassenanzahl die zugehörige Partition zur Optimierung einem partitionierenden Klassifikationsverfahren als Startpartition übergeben (siehe auch Kap. 5.5). MUCHA (1992) beschreibt ausführlich das Ward-Verfahren und die sinnvollen und möglichen Kopplungen mit partitionierenden Clusteranalyse-Techniken.

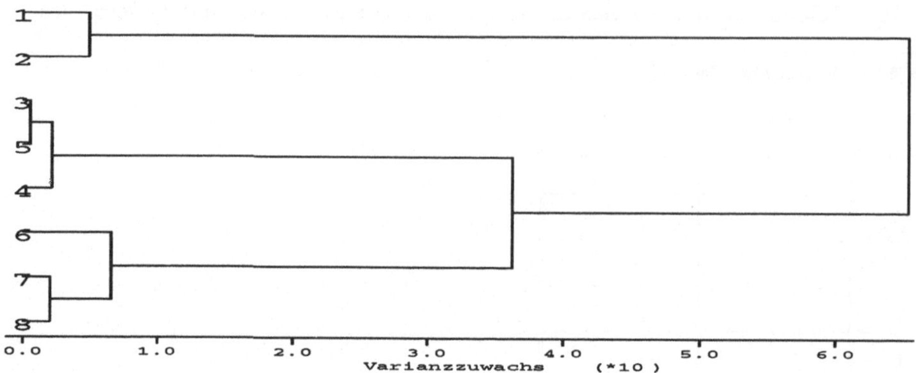

Abb. 4.5.5 Dendrogramm des Ward-Verfahrens für die Distanzmatrix aus Tab. 4.6.2

Die Maßzahlen der standardisierten Datenwerte in den Klassen sind für die Festlegung der Klassenanzahl, der Ergebnisinterpretation und für vergleichende Betrachtungen sehr nützlich, unabhängig davon, ob eine Transformation der Variablen vor der eigentlichen Clusteranalyse erfolgte oder nicht. ZÖLITZ-MÖLLER & KLEIN geben in Kapitel 5.5 diese sogenannten T-Werte für das Anwendungsbeispiel an. Der quadrierte gewichtete Euklidische Abstand, der in den bisher betrachteten Clusterverfahren benutzt wurde und der auch eine geometrische Interpretation zuläßt, ist von fundamentaler Bedeutung für die multivariate grafische Darstellung der Punktwolken (Beobachtungen, Variablen, Cluster, Hierarchien, Cluster von Variablen) im Rahmen der Hauptkomponentenanalyse und ihrer speziellen Variante, der Korrespondenzanalyse. Wie bei den obengenannten Clusteranalyse-methoden werden hier im allgemeinen die Beobachtungen und Variablen ebenfalls mit Gewichten berücksichtigt. GREENACRE (1984) gibt eine ausführliche Darstellung zu dieser Thematik. Die Methoden der Cluster- und der faktoriellen Analyse gehen sämtlich von der Annahme aus, daß sich die Ähnlichkeit (Nachbarschaft) bzw. Unähnlichkeit (Abstand) beliebiger Punkte numerisch durch Zahlenwerte quantifizieren läßt. Aufgrund dieser Information werden die Klassen (und die hypothetischen faktoriellen Achsen in der Hauptkomponentenanalyse) konstruiert. In Analogie zum bereits anfangs eingeführten Skalarprodukts ist die Abstandsberechnung zwischen zwei Beobachtungen eine Abbildung zweier beliebig hoch dimensionierter Vektoren auf einen nichtnegativen reellen Wert.

Distanz- und Ähnlichkeitsmaße

Seien ohne Einschränkung der Allgemeinheit x, y und z drei Beobachtungen aus der Menge $\{1,2,...,I\}$. Eine Abbildung d, die jedem Paar von Beobachtungen eine nichtnegative reelle Zahl zuordnet, heißt Abstand, wenn für beliebige Beobachtungen x und y gilt:

$$d(x,y) = 0 \text{ genau dann, wenn } x = y ,$$

$$d(x,y) = d(y,x) \quad \text{(Symmetrie).}$$

Der erste Ausdruck wird demnach 0, wenn der Abstand einer Beobachtung zu sich selbst gebildet wird (diese Abstände $d(x,x) = 0$ bilden in der Distanzmatrix **D** die Hauptdiagonal-elemente, siehe

Tab. 4.5.2) oder wenn zwei Beobachtungen identische Werte in allen Variablen haben. Der Abstand d wird metrischer Abstand oder kurz Metrik genannt, wenn darüber hinaus die Dreiecksungleichung für beliebige Beobachtungen gilt:

$$d(x,y) \le d\,(x,z) + d(z,y).$$

Wir sagen weiter Abstand oder Distanz und weisen die Metrik bei Bedarf explizit aus. Die Menge aller Abstände bildet die symmetrische (I^*I)-Distanzmatrix D mit lauter Nullen in der Hauptdiagonalen. Die Distanzmatrix muß nicht unbedingt vor einer Clusteranalyse verfügbar sein, jedoch ist es mindestens erforderlich, ihre Elemente bei Bedarf berechnen zu können. Um effektive Clusteranalyse-Algorithmen zu erhalten (die gar noch viele Methoden in einer Formel zusammenzufassen erlauben, siehe weiter unten und Tabelle 4.5.3) setzen wir fortan eine Distanzmatrix voraus. Analog zu obigen Definitionen läßt sich die Abstandsfunktion ebenso zwischen den Variablen angeben. In der Statistik sind Ähnlichkeitsmaße weit verbreitet. Es sei nur an die Analyse von 0-1-Daten erinnert. Der Einheitlichkeit halber bevorzugen wir hier Abstandsmaße. Bezug nehmend auf BOCK (1974) sei bemerkt, daß sich Abstands- und Ähnlichkeitsfunktionen ineinander überführen lassen. Darauf basieren die von MUCHA (1992) beschriebenen Abstandsmaße, von denen viele als Ähnlichkeitsmaße in der Literatur bekannt geworden sind (SOKAL & SNEATH 1963). Einige Abstandsmaße sind Spezialfälle der sogenannten Minkowski-Metrik, die durch

$$d_Q^{(p)}(x_i,\,x_l) = \left[\sum_{j=1}^{J}\, q_{jj}\,|x_{ij} - x_{lj}|^p\right]^{1/p} \tag{12}$$

definiert ist. Hierin ist $p > 0$ und ganzzahlig vorauszusetzen. Die Entscheidung für ein bestimmtes p sollte in Abhängigkeit davon erfolgen, welche Betonung man großen Differenzen in der Summenbildung im obigen Ausdruck geben will. Je größer p gewählt wird, desto dominierender (bis hin zur vollen Dominanz) wird der Einfluß derjenigen Variablen, für die der Differenzbetrag am größten ist (MUCHA 1992). Für $p=2$ haben wir den gewichteten Euklidischen Abstand, der invariant gegenüber Translationen und orthogonalen linearen Transformationen (Drehung und Spiegelung) ist. Es gilt die Dreiecksungleichung, was für den quadrierten gewichteten Euklidischen Abstand nicht zutrifft. Letzterer ist jedoch praktisch relevant, weil er, wie oben ausführlich dargestellt, direkt mit dem Varianzkriterium zusammenhängt.

Setzen wir $p=1$, so haben wir es mit der gewichteten City-Block-Metrik (Absolutabstand, L1-Metrik, Manhattan-Metrik) zu tun. Sie ist wesentlich unempfindlicher gegenüber Ausreißern als der Euklidische Abstand. Große und kleine Differenzen in den Variablen zweier Beobachtungen werden hier gleichartig behandelt. Für unendliches p erhält man die sogenannte Maximum-Distanz (Dominanzmetrik, Supremum Metrik). Nachteilig in den bisher betrachteten Abstandsmaßen ist die Nichtbeachtung der Kovarianzbeziehungen zwischen den Variablen (d. h. die Annahme der Nullkorrelation). Jede Variable wird als unabhängig angesehen und isoliert betrachtet. Hohe Korrelation von Variablen kann als mehrfache Messung einer gleichen latenten Eigenschaft gedeutet werden. Die betrachteten Distanzmaße geben dieser einen Eigenschaft mehr Gewicht als einer anderen, die von nur einer nichtkorrelierenden Variablen repräsentiert wird.

MUCHA (1992) betrachtet ausführlich den Chiquadrat-Abstand, der für nichtnegative Daten, insbesondere für Häufigkeiten, geeignet ist. Distanzmaße für binäre Variablen, d. h. für Variablen die nur die Zustandswerte 1 (die Eigenschaft ist vorhanden) oder 0 (die Eigenschaft ist nicht vorhanden) annehmen können, sind in der Literatur in der Regel als Ähnlichkeitskoeffizienten eingeführt worden. Für zwei Beobachtungen i und l ergeben sich in einer betrachteten Variablen die vier möglichen Kombinationen 00, 01, 10 und 11. Die Kombinationen bedeuten verbal ausgedrückt:

00 - das gemeinsame Fehlen einer Eigenschaft,

01 - die Eigenschaft fehlt in der Beobachtung *i* und ist in der Beobachtung *l* vorhanden,

10 - die Eigenschaft ist in der Beobachtung *i* vorhanden und fehlt in *l* und

11 - das gemeinsames Vorhandensein der Eigenschaft.

Die Mannigfaltigkeit der Distanzmaße binärer Daten gründet sich im wesentlichen auf die unterschiedliche Einschätzung der Bedeutsamkeit obiger Ausprägungen (*0* oder *1*) und ihrer Kombinationen (*00, 01, 10, 11*). Es ist z. B. bei der Wahl eines Distanzmaßes zu beachten, ob die Ausprägungen *0* und *1* den gleichen Informationsgehalt haben (Symmetrie), und ob der Übereinstimmung *00* die gleiche, eine geringere, höhere, oder gar keine Wertigkeit in bezug auf die Kombination *11* zukommt. Verallgemeinert auf den Fall von *J* Variablen, der der Bildung einer (2*2)-Kontingenztafel aus den beiden Zeilenvektoren der Beobachtungen *i* und *l* in der Matrix **X** entspricht, erhält man:

N00 - Anzahl des Auftretens der Kombination *00* in den Variablen *j, j=1,2,...,J*,

N01 - Anzahl der Kombinationen *01*,

N10 - Anzahl der Kombinationen *10* und

N11 - Anzahl der Kombinationen *11*.

Einige wenige Abstandsmaße seien im folgenden aufgeführt. Der Koeffizient nach Rogers & Tanimoto schließt die übereinstimmende Nullkombination *N00* ein und gibt den Nichtüberstimmungen *N01* und *N10* doppeltes Gewicht:

$$d = 1- (N11+N00)/(N11+2(N10+N01)) \,.$$

Der Jaccard-Koeffizient (auch "Similarity-" oder kurz S-Koeffizient genannt) berücksichtigt nicht die übereinstimmende Nullkombination *N00*. Der entsprechende Ähnlichkeitswert *1-d* drückt daher die bedingte Wahrscheinlichkeit für *N11* unter Ausschluß der *00*-Kombination in den Variablen aus:

$$d = 1- N\,11/(N11+N10+N01).$$

Ein weiteres Abstandsmaß, der Koeffizient Simple Matching (Koeffizient nach SOKAL und Michener, auch kurz: M-Koeffizient), schließt die Nullkombination *N00* im Zähler ein und berücksichtigt gleichberechtigt alle möglichen Kombinationen im Nenner:

$$d = (N01+N\,10)/(N00+N01+N10+N11) = (N01+N10)/J.$$

Er kann als ein Spezialfall des obigen Absolutabstands für 0-1-Daten und gleiche Variablengewichte gelten. Dementsprechend ist *1- d* die Wahrscheinlichkeit für das Auftreten der übereinstimmenden Kombinationen *00* und *11*. Weitere Koeffizienten einschließlich der Angabe von Beispielen beschreiben JAMBU & LEBEAUX (1983) sowie MUCHA (1992).

Die angegebenen Abstandsfunktionen zwischen zwei Beobachtungen sind ebenfalls zwischen zwei Variablen bestimmbar. Der Anwender sollte sich jedoch der inhaltlichen Bedeutung vergewissern. Während z. B. der quadrierte Euklidische Abstand zwischen den Variablen, die in unterschiedlichen Meßskalen vorliegen, kaum sinnvoll ist, ergibt diese Abstandsfunktion zwischen diesen Variablen nach zuvor durchgeführter Standardisierung der Variablen auf Mittelwert 0 und Varianz 1 durchaus sinnvoll interpretierbare Ergebnisse, da je Variablenpaar die Beziehung $d = 2 - 2r$ gilt, wobei *r* der übliche Korrelationskoeffizient zwischen zwei Variablen ist (*d* bezeichne hier den quadrierten Euk lidischen Abstand dividiert durch die Anzahl der Beobachtungen I). Das Kosinusmaß definiert den Kosinus des Winkels zwischen zwei Beobachtungen i und l als die Ähnlichkeitsfunktion

$$s(x_i, x_l) = \frac{\sum_{j=1}^{J} x_{ij}\, x_{lj}}{\sum_{j=1}^{J} x_{ij}^2\; \sum_{j=1}^{J} x_{il}^2}.$$ (13)

Das Kosinusmaß ändert sich nicht durch Skalentransformationen (Stauchung oder Streckung). Es kann durch Transformation in ein Abstandsmaß d übergeführt werden, z. B. durch $d=2-2s$ oder $d=1-|s|$.

Hierarchische agglomerative Clusteranalyse

Die Distanzdefinitionen zwischen Punkten (Beobachtungen oder Variablen) sind prinzipiell auch auf Mengen von Punkten übertragbar. Das kann einerseits durch Festlegung eines Repräsentanten je Klasse (z. B. Klassenzentroid, typischster Punkt), und andererseits durch Einbeziehung der Distanzen zwischen den einzelnen Punkten der Klassen geschehen. Für die Klassenrepräsentanten können spezifische Gewichte (Massen) und Variabilitätswerte zur Anwendung kommen. Die spezifische Definition von Abständen zwischen Klassen, d. h. zwischen Mengen von Punkten, ist die charakterisierende Eigenschaft einer jeden hierarchischen Klassifikationsmethode. Ausgehend von der Distanzmatrix der Punkte werden die Abstände zwischen den Klassen methodenspezifisch bestimmt. Maße, die den Grad der Verzerrung der ursprünglichen Distanzen zwischen den Beobachtungen im Prozeß der Klassenbildung, d. h. beim Übergang zu den Klassendistanzen ausdrücken, werden u. a. von GORDON (1981) beschrieben. Den Ausgangspunkt der hierarchischen Clusteranalyse bilden Distanzmatrizen $\mathbf{D}$, die im allgemeinen aus der Datenmatrix $\mathbf{X}$ berechnet werden. Die hierarchischen Klassifikationsmethoden sind überwiegend von deskriptiver Natur und liefern zumindest zweckmäßige Zusammenfassungen von Informationen in der Art multivariater Histogramme. Sie werden in agglomerative (aufsteigende) und divisive (absteigende) Methoden unterteilt. In Erstgenannten werden, ausgehend von den einzelnen Beobachtungen als terminale Klassen, sukzessive die zwei Klassen geringster Distanz zu einer neuen Klasse fusioniert, bis schließlich alle I Beobachtungen einer einzigen Klasse angehören. Die hierarchischen divisiven Verfahren hingegen schreiten, beginnend mit der Menge aller I Beobachtungen als eine einzige Klasse, durch sukzessive Teilung der Klassen fort, bis schließlich nur noch terminale (einelementige) Klassen vorliegen. In einem Dendrogramm (Abb. 4.5.5) läßt sich der Prozeß der Hierarchiebildung treffend veranschaulichen (vgl. Kap. 5.5). Unter den hierarchischen Methoden haben die agglomerativen Verfahren die weitaus größere Praxisrelevanz erreicht. Wie einleitend bemerkt, gehen wir bei den agglomerativen hierarchischen Verfahren von einer ($I*I$)-Distanzmatrix $\mathbf{D}$ sämtlicher I Beobachtungen aus und nennen die Beobachtungen zu Beginn die terminalen Klassen k, $k=1,2,...,K=I$. Die Klassifikationsmethoden unterscheiden sich untereinander durch spezifische Rechenregeln für die Abstände zwischen disjunkten Klassen von Beobachtungen. Nach jedem Fusionsschritt, der zur Bildung einer neuen Klasse führt, sind die Abstände zwischen der neuen und den anderen Klassen verfahrensspezifisch zu modifizieren. Das geschieht unter Bezugnahme auf die Abstände der an der Fusion beteiligten Klassen und der jeweils gerade betrachteten Klasse. Beschreiben wir zunächst beispielhaft einen Fusionsschritt, bestehend aus den drei Etappen:

- Suche des minimalen Wertes in der ($K*K$)-Distanzmatrix $\mathbf{D}$ (außer Hauptdiagonale). Seien m und n die zum minimalen Distanzwert gehörigen Klassen,

- Fusion der Klassen m und n zur neuen Klasse k,
- Berechnung der Abstände der neuen Klasse k zu allen anderen Klassen l (außer m, n) gemäß

$$t_{kl} = ad_{ml} + ed_{nl} + bd_{mn} + c|d_{ml} - d_{nl}|.$$

Die allgemeine Distanzformel enthält die 4 Parameter a, e, b und c. In der Regel ist $a=e$ gesetzt. Nach Ausführung der 3. Etappe folgt das Ersetzen der m-ten Zeile und Spalte der Distanzmatrix **D** durch die neuen Distanzwerte t sowie das ersatzlose Streichen der n-ten Zeile und Spalte von **D**. Die Klassenanzahl K und damit die Dimension der Distanzmatrix **D** verringert sich um 1. Ein neuer Fusionsschritt beginnt wieder mit Etappe 1, solange K größer 1 gilt. Die Belegung der Parameter a, e, b und c ist spezifisch für jedes agglomerative Verfahren (Tab. 4.5.3). Vor dem ersten Fusionsschritt ist die vorliegende Distanzmatrix **D** evtl. noch zu modifizieren. Das hängt sowohl vom gewählten Abstand als auch von der Spezifik der Klassifikationsmethode ab. So verlangt die Minimalvarianzmethode nach Ward auf der Grundlage quadrierter Euklidischer Distanzen t die Berücksichtigung der Gewichte u und v der Beobachtungen k und l in der entsprechenden Distanz d

$$d = t\ (u\ v)/(u+v)$$

Im einfachsten Fall $u=v=1$ entspricht das gerade einer Halbierung der Distanzwerte. Darüber hinaus finden die Gewichte der Klassen bei diesem und einigen anderen Methoden im Fusionsprozeß Verwendung. Die hierarchische Clusteranalyse wird oft nach der partitionierenden Klassifikation auf die dort berechneten Klassen angewendet. Üblich ist z. B. die Aggregation Tausender Beobachtungen auf einige Hundert Cluster mittels partitionierender Methoden und die anschließende hierarchische Klassifikation dieser Cluster.

Tab. 4.5.3 Parameterwerte der Distanzformel für einige hierarchische agglomerative Klassifikationsmethoden

Methode	a	e	b	c
Single Linkage	1/2	1/2	0	-1/2
Complete Linkage	1/2	1/2	0	1/2
Simple Average	1/2	1/2	0	0
Median	1/2	1/2	-1/4	0
Average Linkage	$w_m/(w_m+w_n)$	$w_n/(w_m+w_n)$	0	0
Zentroid	$w_m/(w_m+w_n)$	$w_n/(w_m+w_n)$	-ae	0
WARD-sche Methode	$(w_m+w_l)/(w_m+w_n+w_l)$	$(w_m+w_l)/(w_m+w_n+w_l)$	$-w_l/(w_m+w_n+w_l)$	0
Flexible Strategie	(1-b)/2	(1-b)/2	b	0
Gewichtete Flexible Strategie	$(1-b)w_m/(w_m+w_n)$	$(1-b)w_n/(w_m+w_n)$	b	0

Die Gewichte der Klassen werden in Tab. 4.5.3 wie üblich bezeichnet. Sie sind im einfachsten Fall gleich der Anzahl der in die Klassen eingeordneten Beobachtungen. Der Parameter b der letztgenannten beiden Methoden wird im allgemeinen vom Nutzer vorgegeben; standardmäßig gilt *b= -0.15* für die Flexible Strategie in der Software *XploRe* und *ClusCorr* (MUCHA 1992). Dieser Wert kann als Empfehlung für dieses Verfahren gelten. Charakteristisch für die agglomerativen Methoden ist die Eigenschaft, daß einmal fusionierte Beobachtungen nicht mehr ihre Klassenzugehörigkeit im Fusionsprozeß wechseln können. Einige der Methoden (z. B. Single Linkage und Complete Linkage, siehe unten) sind davon nicht nachteilig betroffen, denn sie liefern sowohl im Fusionsprozeß insgesamt als auch für jede Fusionsstufe im Sinne ihres spezifischen Kriteriums optimale Klassen (abgesehen von einer möglichen Mehrdeutigkeit im Fusionsprozeß durch gleiche Distanzwerte). Wie Evaluationsstudien zu Methodenvergleichen von MILLIGAN (1980) bestätigen, kann es sich sehr nachteilig auf die Leistungsfähigkeit der Klassifikationsmethoden auswirken, daß das Klassifikationsresultat nicht korrigiert werden kann, d. h., daß die in frühen Fusionsstadien der hierarchischen Clusteranalyse fehlklassifizierten Beobachtungen in ihrer Klassenzugehörigkeit nie mehr geändert werden können. So ist die Ward-Methode den partitionierenden Varianzminimierungsmethoden im Mittel unterlegen, obwohl sie bei korrekter Anwendung einen optimalen Fusionsprozeß garantiert. Auf einer bestimmten Stufe dieses Prozesses jedoch, d. h. für eine bestimmte Klassenanzahl, ist von ihr keine im Sinne des Varianzkriteriums optimale Klassifikation zu erwarten. Einige hierarchische Klassifikationsverfahren sollen kurz vorgestellt werden.

Die Methode Single Linkage ist auch unter den Synonymen Minimalbaum und "Minimum Distance Method" bekannt. Die Distanz zwischen zwei Klassen ist als die kleinste unter allen Distanzen zwischen allen Beobachtungen der einen zu denen der anderen Klasse definiert. Anschaulich betrachtet realisiert das diesem Minimum entsprechende Paar von Beobachtungen die kürzeste Brücke zwischen den beiden Klassen. Die neue Klasse, die durch die Fusion der beiden Klassen entsteht, wird durch die Länge dieser Brücke charakterisiert, ablesbar im Dendrogramm. An die übrigen Distanzen zwischen den Beobachtungen werden keinerlei Forderungen gestellt. Eine Klasse kann sehr groß werden, extrem entfernte Beobachtungen enthalten und ringförmige oder kettenförmige Gestalt haben. In der Praxis bleibt als Vorteil dieser Eigenschaft meist nur die Eignung zur Erkennung isoliert liegender Punkte (Ausreißer) sowie ihre Einsatzmöglichkeiten auf dem Gebiet der Muster- und Zeichenerkennung. Graphentheoretisch ist die Methode Single Linkage identisch mit der Suche nach dem Baum minimaler Gesamtlänge für eine gegebene Menge von l Punkten (LEBART et. al.). Das so gebildete Verbindungssystem aus Knoten (Punkte) und Kanten ist ein sogenannter Minimalbaum. Die Distanzmatrix der Punkte ordnet jeder Kante einen Wert zu. Damit ist der Minimalbaum ein bewerteter Graf . Aus dem Minimalbaum werden zwei Teilgrafen , das sind nichttriviale Klassen, erhalten, indem die Kante mit der größten Bewertung durchtrennt wird.

Die Methode Complete Linkage stellt das genaue Gegenteil des Ansatzes von Single Linkage dar. Hier wird die Distanz zwischen 2 Klassen durch das Maximum der paarweisen Abstände ihrer Beobachtungen bestimmt, dem sogenannten Diameter der Vereinigung beider Klassen. Diese Methode erzeugt homogene, jedoch weniger gut voneinander separierte Klassen. Es werden viele kleine Cluster gebildet. Isoliert liegende Punkte bleiben meist unerkannt. Jedes Cluster ist durch die längste Verbindung zwischen allen Punktepaaren charakterisiert, die auf der Abszisse des Dendrogramms abgelesen werden kann. Wie im Falle der Methode Single Linkage ist die Klassifikation starken Zufallseinflüssen unterworfen, denn es wird auch hier nur ein Bruchteil der Information aus der Distanzmatrix zur Bestimmung der Klassenabstände ausgenutzt.

Die Methode Average Linkage stellt eine Art Kompromiß zwischen Single Linkage und Complete Linkage dar. Der Abstand zwischen 2 Klassen ist durch den Mittelwert über alle paarweisen Distanzen ihrer Beobachtungen bestimmt und auf der Abszisse des Dendrogramms für jede Klassenfusion ablesbar. Es werden sphärische Cluster gebildet. Die Zentroid-Methode (Schwerpunktmethode), deren Ergebnisse denen der Methode Average Linkage ziemlich nahe kommen, wird auch als "Unweigthed Pairgroup Centroid Method" bezeichnet. Unter Annahme des Modell des Euklidischen Vektorraums kann jede Klasse durch ihren Schwerpunkt (Mittelwert, Zentroid) als Linearkombination ihrer Beobachtungen (Punkte) repräsentiert werden. Nach jeder Fusion berechnet man die Koordinaten eines neuen Clusters aus den beiden Vorgängerklassen (deren Zentroide unter allen Klassenpaaren einander am nächsten liegen). Die Zielstellung lautet, maximale Zentroid-abstände zwischen den Clustern (d. h. maximale Gruppenunterschiede) zu erreichen. Die Distanzmatrix **D** der Beobachtungen muß korrekterweise die quadrierten Euklidischen Abstände beinhalten. Die Methode ist geeignet, Klassen mit sehr unterschiedlicher Beobachtungsanzahl aufzudecken. Nachteilig ist, daß dabei große Klassen ziemlich heterogen werden können. Außerdem ist die Monotonie der Fusionsniveaus im Agglomerationsprozeß nicht gewährleistet. Fallende Fusionswerte führen zu Inversionen im Dendrogramm. Die Spezialvariante der Zentroid-Methode ist das Median-Verfahren, welches ebenso zu Inversionen im Dendrogramm neigt. Am Beispiel der Daten und Distanzen aus Tab. 4.5.1 und Tab. 4.5.2 kann man die Inversion im Fusionsverlauf des Median-Verfahrens leicht selbst nachprüfen

Die anderen in Tab. 4.5.3 angeführten hierarchischen Methoden sowie divisive Techniken sind z. B. bei MUCHA (1992) dokumentiert. Die bekanntesten und meistbenutzten Software-Systeme *SAS, SPSS, SYSTAT, S-PLUS* etc. enthalten zaghlreiche Prozeduren zur hierarchischen agglomerativen und partitionierenden Clusteranalyse. Die hochinteraktive Statistiksprache *XploRe* (HÄRDLE 1990) ist insbesondere geeignet, weil neben "traditionellen" neue adaptive Clusteranalysemethoden interaktiv verfügbar sind. Außerdem erlaubt die Matrixnotation die Definition neuer Distanzmaße, z. B. von Distanzen für sogenannte gemischte Daten (metrische, ordinale und kategoriale Variablen) Zum Buch von MUCHA (1992) ist außerdem die PC-Software *ClusCorr* zur Clusteranalyse und multivariaten Grafik erhältlich. Die C++-Software *SimClust* zur effektiven Validierung von Clusteranalysen konkreter Daten wird bei MUCHA (1994b) dokumentiert, einschließlich ihrer Bezugsbedingungen. WISHART (1984) beschreibt die Software *CLUSTAN*, eine der umfassensten Programmsammlungen zur Thematik Clusteranalyse.

Zitierte Literatur

ANDERSON, T. W. (1984): An introduction to multivariate statistical analysis.- Wiley, New York

BOCK, H. H. (1974): Automatische Klassifikation.- Vandenhoeck & Ruprecht, Göttingen

FAHRMEIR, L. & HAMERLE, A. (1984): Multivariate statistische Verfahren.- De Gruyter, Berlin

GORDON, A. D. (1981): Classification.- Chapman, London

GREENACRE, M. J. (1984): Theory and application of correspondence analysis.- Academic Press, London

HÄRDLE, W. (1990): Applied Nonparametric Regression.- Cambridge University Press, Cambridge

JAMBU, M. & LEBEAUX, M. O. (1983): Cluster analysis and data analysis.- North-Holland, Amsterdam

LEBART, L., MORINEAU, A. & Fenelon, J.-P. (1984): Statistische Datenanalyse.- Akademie-Verlag, Berlin

MILLIGAN, G. W. (1980): An examination of the effect of six types of error perturbation on fifteen clustering algorithms. Psychometrika 45, 325-342

MUCHA, H.-J. (1990): Untersuchungen zur Stabilität in der Cluster- und faktoriellen Analyse mit der Software *ClusCorr.* In: GLADITZ, J. & TROITZSCH, K. G. (Hrsg.): Computer aided sociological research -CASOR'89-. Akademie-Verlag, Berlin, 163-176

MUCHA, H.-J. (1992): Clusteranalyse mit Mikrocomputern.- Akademie Verlag, Berlin

MUCHA, H.-J. & KLINKE, S. (1993): Clustering Techniques in the Interactive Statistical Computing Environment *XploRe*. Discussion Paper 9318. Institute de Statistique, Universite Catholique de Louvain, Louvain-la-Neuve

MUCHA, H.-J. (1994a): Clustering Techniques in the Computing Environment *XploRe*. Proc. 17th. Annual Conference of the GfKl, Univ. of Kaiserslautern, 1993, In: BOCK, H. H., LENSKI, W. & RICHTER, M. M. (Eds.): Information Systems and Data Analysis. Springer-Verlag, Heidelberg, 259--268

MUCHA, H.-J. (1994b, Forthcoming): Clustering Techniques.- Springer-Verlag, Berlin

RAND, W. M. (1971): Objective criteria for the evaluation of clustering methods. Journal of the American Statistical Association 66, 846-850

RAO, C. R. (1973): Lineare statistische Methoden und ihre Anwendungen.- Akademie-Verlag, Berlin

SOKAL, R. R. & SNEATH, P. H. H. (1963): Principles of Numerical Taxonomy.- Freeman, San Francisco

SPÄTH, H. (1977): Cluster-Analyse-Algorithmen.- Oldenbourg Verlag, München

SPÄTH, H. (1983): Cluster-Formation und -Analyse.- Oldenbourg Verlag, München

WARD, J. H. (1963): Hierarchical grouping methods to optimise an objective function. Journal of the American Statistical Association 58, 236-244

WISHART, D. (1984): CLUSTAN. Benutzerhandbuch.- Fischer Verlag, Stuttgart

4.6 Die Biplot-Technik als Analyseinstrument komplexer Datenmatrizen

Otto Fränzle und Winfried Friedrich Killisch

Die räumliche Differenzierung von Phänomenen läßt sich in Form deskriptiver Modelle mit Hilfe von Datenmatrizen darstellen, deren Elemente die an den einzelnen Erdstellen gemessenen Ausprägungen der jeweiligen Indikatorvariablen sind.

$$[M \ (E_{n'} \ V_{m})]_{1<n,m} \tag{1}$$

Eine derartige Matrix stellt ein Ordnungsschema dar, in dem alle interessierenden Zusammenhänge innerhalb der Daten enthalten sind. Wegen der Komplexität der vorliegenden Informationen ist die Datenmatrix einer direkten Interpretation jedoch nicht oder nur sehr schwer zugänglich. Es ist daher notwendig, die Information durch Anwendung mathematisch-statistischer Verfahren der Datenanalyse zu verdichten, wobei der Verlust im Detail durch das Hervortreten der in der Matrix enthaltenen Grundstrukturen aufgehoben wird. Sind diese erkannt, so kann auf dieser Basis das Datenmaterial geordnet und auf Zusammenhänge untersucht werden, z.B. mit Hilfe von Verfahren der numerischen Klassifikation (vgl. Kap. 4.5).

Das Biplot-Verfahren

Als grundlegendes Verfahren der Informationsreduktion empfiehlt sich das Biplot-Verfahren; mit seiner Hilfe können Matrizen vom Rang ≥ 3 (bis auf die Zeichengenauigkeit) exakt in der Ebene (Rang 2) bzw. im Raum (Rang 3) dargestellt werden (BRADU, D. & GABRIEL 1978; FRÄNZLE et al. 1986; FRÄNZLE & KILLISCH 1979; GABRIEL 1971; GABRIEL 1980; GABRIEL et al. 1976; GABRIEL & ZAMIR 1979).

Jede reelle (n,m)-Matrix Y vom Rang r läßt sich in je eine Matrix G der Form (n,r) und H der Form (m,r) aufspalten, so daß gilt

$$Y = GH' \tag{2}$$

Dabei sind G und H notwendig vom Rang r. Jedes Matrixelement y_{ij} wird dargestellt durch das Skalarprodukt der entsprechenden Zeilen von G und H:

$$y_{ij} = \sum_{k=1}^{r} g_{ik} * h_{jk} = g_i' h_j \tag{3}$$

Diese Aufspaltung ist nicht eindeutig; für jede nicht-singuläre (r,r)-Matrix T und

$$G_1 = GT' \, , \, H_1 = HT^{-1} \tag{4}$$

gilt:

$$G_1 H_1 = GT(HT^{-1})' = GH' = Y \tag{5}$$

Eine mögliche Aufspaltung von Y besteht darin, die r Spalten von G als orthonormale Basis des Spaltenraumes von Y zu wählen. Dann ist

$$G'G = I_r \tag{6}$$

und H kann aus

$$H = Y'G \tag{7}$$

berechnet werden. Äquivalent dazu ist die Forderung

$$Y'Y = HH'. \tag{8}$$

Bei Vorgabe von (6) und (7) gelten für die Spalten y_i, y_j von Y bzw. zwei Zeilen Hi, Hj von H die Beziehungen:

$$\begin{aligned}
y_i' y_j &= h_i' h_j \\
\|y_i\| &= \|h_i\| \\
\cos(y_i, y_j) &= \cos(h_i, h_j) \\
\|y_i - y_j\| &= \|h_j - h_j\|
\end{aligned} \tag{9}$$

Dies erlaubt, Eigenschaften der Spalten von Y anhand der entsprechenden Zeilenvektoren von H zu inspizieren. Im speziellen Fall r = m ist Y'Y regulär, und es ist

$$Y(Y'Y)^{-1}Y' = GG', \tag{10}$$

für Zeilen y_i, y_j von Y und g_i, g_j von G gilt also

$$y_i'(Y'Y)^{-1}y_j = g_i' g_j \tag{11}$$

d.h. das Skalarprodukt der Zeilen von G entspricht dem durch die Metrik $(Y'Y)^{-1}$ induzierten

verallgemeinerten Skalarprodukt der Zeilen von Y.
Zu (9) - (11) analoge Ergebnisse liefert die Forderung

$$YY' = GG' \quad bzw. \quad H'H = I_r \tag{12}$$

für Zeilenvergleiche der Matrizen Y und G.

Allgemein können durch Vorgabe einer Metrik M des Zeilenraumes von Y bzw. einer Metrik N des Spaltenraumes von Y (in (8) ist $N = I_n$, in (12) ist $M = I_m$) den Aussagen (9) und (10) entsprechende Eigenschaften der zugehörigen Biplots abgeleitet werden. Nach Vorgabe von M bzw. N sind die entsprechenden Biplots eindeutig bis auf die Rotationen und Reflexionen, die jedoch auf die Beziehungen (9) und (11) keine Auswirkungen haben.

Matrizen vom Rang > 3 lassen sich nicht exakt durch ein Biplot darstellen. Falls sie sich hinreichend gut durch eine Matrix vom Rang 2 oder 3 approximieren lassen, kann auch das Biplot der approximierten Matrix Aufschlüsse über die Datenstruktur liefern. Zur Approximation wird hier die Singular-Value-Decomposition benutzt, die gleichzeitig eine Aufteilung in zwei Teilmatrizen G und H nahelegt.

Die Zerlegung einer reellen (n.m)-Matrix Y vom Rang r in drei Teilmatrizen P, Λ und Q, so daß

$$Y = P\Lambda Q' \tag{13}$$

wird als Singular-Value-Decomposition (SVD) von Y bezeichnet, wenn

(i) $\Lambda = \text{diag } (\lambda_1, \lambda_2, ..., \lambda_r)$
        $\lambda_i > 0, i = 1, ..., r$

(ii)   P bzw. Q sind von der Form (n,r) bzw. (m,r)

(iii)   Die Spaltenvektoren $p_1, ..., p_r$ von P bzw. $q_1, ..., q_r$ von Q sind orthonormale Basen des Spalten- bzw. Zeilenraumes von Y.

Die λ_i werden singuläre Werte, die Vektoren q_i bzw. p_i zugehörige (linke bzw. rechte) singuläre Vektoren genannt.
Aufgrund von (iii) ist

$$P'P = Q'Q = I_r \, , \tag{14}$$

daher kann aus (13) abgeleitet werden:

$$YQ = P\Lambda \quad d.h. \quad Y_{q_i} = \lambda_{p_i}$$
$$P'Y = \Lambda Q' \quad d.h. \quad p_i'Y = \lambda_i q_i' \tag{15}$$

und man erhält schließlich

$$YY'p_i = \lambda_i^2 q_i \tag{16}$$

$$Y'Yq_i = \lambda_i^2 q_i \tag{17}$$

Die Zahlen λ_i entsprechen also der positiven Wurzel der Eigenwerte λ_i^2 von YY' oder Y'Y; als positiv-semidefinite symmetrische Matrizen besitzen sie nur nicht-negative Eigenwerte. Als linke und rechte singuläre Vektoren p_i bzw. q_i kann ein Orthonormalsystem der Eigenvektoren p_i von YY' bzw. q_i von Y'Y gewählt werden. Die Eigenwerte (und mit ihnen die zugehörigen singulären Vektoren p_i und q_i) seien im folgenden ihrer Größe nach geordnet, d.h.

$$\lambda_1 \geq \lambda_2 \geq ... \geq \lambda > Q \; . \tag{18}$$

Sind alle Eigenwerte verschieden, so ist die SVD einer Matrix bis auf das Vorzeichen der singulären Vektoren p_i und q_i eindeutig bestimmt.

Aus der Gleichung (13) ergibt sich folgende Datstellung von Y:

$$Y = \sum_{i=1}^{r} \lambda_i p_i q_i' \tag{19}$$

Nach dem Prinzip orthogonaler kleinster Quadrate ist

$$Y_{(s)} = \sum_{i=1}^{s} \lambda_i \, p_i q_i' \; , \quad s < r \tag{20}$$

die Bestapproximation für Y vom Rang s, d.h. für $A = Y_{(s)}$ ist

$$\|Y * A\|^2 = \sum_{i=1}^{n} \sum_{j=1}^{m} (y_{ij} - a_{ij})^2 \tag{21}$$

minimal. Ein absolutes Maß für die Approximationsgüte liefert

$$\rho(s)^2 = 1 - \frac{\|Y - Y_{(s)}\|}{\|Y\|} = \frac{\displaystyle\sum_{i=1}^{s} \lambda_i^2}{\displaystyle\sum_{i=1}^{r} \lambda_i^2} \tag{22}$$

Für $s = 2$ liefert die SVD von $Y_{(2)}$

$$Y_{(2)} = P_{(2)}\Lambda_{(2)}Q'_{(2)}$$

$$= (p_1, p_2) \begin{pmatrix} \lambda_1 & 0 \\ 0 & \lambda_2 \end{pmatrix} \begin{pmatrix} q_1 \\ q_2 \end{pmatrix} \tag{23}$$

eine (mögliche) Aufteilung von $Y_{(2)}$ in Teilmatrizen G und H, nämlich

$$G = P_{(2)}$$
$$H = Q_{(2)}\Lambda_{(2)} = (\lambda_1 q_1, \lambda_2 q_2) \tag{24}$$

welche (6) - (8) erfüllt. Bezüglich der Spalten von $Y_{(2)}$ gelten dann die Gleichungen von (9); bezüglich Y müssen sie im Sinne von Least-Square-Approximationen verstanden werden. Das Biplot von $Y_{(2)}$ besteht aus den n + m Zeilenvektoren von G und H:

$$g_i = (p_{i1}, p_{i2}) \qquad i = 1,...,n$$
$$h_j = (\lambda_1 q_{j1}, \lambda_2 q_{j2}) \qquad j = 1,...,m \tag{25}$$

Wenn jede Spalte y_j von Y die Bedingung

$$\sum_{i=1}^{n} y_{ij} = 0 \qquad j = 1,...,m \tag{26}$$

erfüllt, so wird Y spaltenzentriert genannt. Eine (n,m)-Matrix Y m-variater Beobachtungen an n Merkmalsträgern ist genau dann spaltenzentriert, wenn die Mittelwerte der Merkmale gleich Null sind. In diesem Fall gilt für die m-variate (Stichproben-) Kovarianzmatrix S:

$$S = \frac{1}{n} Y'Y \tag{27}$$

Ein standardisiertes Abstandsmaß für Merkmalsträger y_i und y_j (Zeilen von Y) ist die MAHALANO-BIS-Distanz

$$D_{ij}^2 = (y_i - y_j)'S^{-1}(y_i - y_j) \tag{28}$$

Bei spezieller Wahl der Zerlegung (2) mit

$$H = \frac{1}{\sqrt{n}}Q\Lambda \tag{29}$$

gelten für spaltenzentrierte Matrizen Y die Beziehungen

$$Y = GH'$$
$$YS^{-1}Y' = GG'$$
$$S = HH'$$

$$(30)$$

Für die entsprechende Zerlegung der Rang 2-Approximation $Y_{(2)}$ mit

$$G_{(2)} = \sqrt{n}\,(p_1, p_2)$$
$$H_{(2)} = \frac{1}{\sqrt{n}}(\lambda_1 q_1, \lambda_2 q_2)$$

$$(31)$$

gilt, wenn ~ aufgefaßt wird als "wird approximiert durch die Kleinst-Quadrat-Anpassung vom Rang 2":

$$Y \sim G_{(2)}H_{(2)}$$
$$YS^{-1}Y' \sim G_{(2)}G_{(2)}'$$
$$S \sim H_{(2)}H_{(2)}'$$

$$(32)$$

Aus dem Biplot von $Y_{(2)}$, das aus den Zeilenvektoren g_1, ..., g_n von $G_{(2)}$ und h_1, ..., h_m von $H_{(2)}$ besteht, lassen sich folgende Werte (approximativ) ablesen:
- die Einzelbeobachtungen y_{ij}

$$y_{ij} \sim g_i' h_j$$

$$(33)$$

- die Unterschiede zwischen den Merkmalsträgern i und j bezüglich des Merkmals k

$$(y_{ik} - y_{jk}) \sim (g_i - g_j)' h_k$$

$$(34)$$

- die standardisierten Abstände D_{ij} zwischen den Merkmalsträgern i und j

$$D_{ij} \sim \|g_i - g_j\| = \sqrt{(g_i - g_j)'(g_i - g_j)}$$

$$(35)$$

- die Varianz s_i^2, Konvarianz s_{ij} und Korrelation r_{ij} für Merkmale i und j

Die Gleichungen (30) gelten bei Wahl der Zerlegung (29) auch für orthogonale Transformationen der Matrizen G und H. Es sei T eine orthogonale Matrix ung G_1 = GT, H_1 = HT. Wegen T' = T^{-1} ist offensichtlich $G_1 H_1'$ = GH', $G_1 G_1'$ = GG' sowie $H_1 H_1'$ = HH'. Gleiches gilt für orthogonale

$$s_i^2 \sim \|h_j\|^2$$
$$s_{ij} \sim h_i'h_j \tag{36}$$
$$r_{ij} \sim \cos(h_i,h_j)$$

Transformationen der Approximationen $G_{(2)}$ und $H_{(2)}$, so daß die Aussagen (32) - (36) weiterhin bestehen.

Die Zerlegung (29) und (31) stehen in engem Zusammenhang zur Hauptkomponentenanalyse, weshalb GABRIEL (1971, 460) diese Faktorisierung auch "Principal Component Biplot" nennt. Für spaltenzentrische Matrizen gilt wegen (27) die modifizierte Gleichung (17):

$$s_{qi} = \lambda_i^* q_i \quad mit \quad \lambda_i^* = \frac{\lambda_i^2}{n} \tag{37}$$

In dieser Form ist (37) eine der grundlegenden Beziehungen bei der Hauptkomponentenzerlegung einer symmetrischen positiv-semidefiniten Matrix. Die orthonormalen Eigenvektoren q_1 und q_2 zu den größten Eigenwerten λ_1^* und λ_2^* - die den rechten singulären Vektoren q_1 und q_2 entsprechen - sind die ersten beiden Hauptkomponenten von S, die Matrix

$$S_{(2)} = (q_1,q_2) \begin{pmatrix} \lambda_1^* & 0 \\ 0 & \lambda_2^* \end{pmatrix} \begin{pmatrix} q_1' \\ 2_2' \end{pmatrix} \tag{38}$$
$$= Q_{(2)} \, \Lambda_{(2)}^* \, Q_{(2)}' = H_{(2)}H_{(2)}'$$

ist Bestapproximation vom Rang 2 im Sinne kleinster Quadrate für S. Die beiden Spalten von $H_{(2)}$ entsprechen den mit den Eigenwerten $\lambda_1/\sqrt{n}$ bzw. $\lambda_2/\sqrt{n}$ gewichteten Hauptkomponenten und die Spalten von $G_{(2)}$ den Hauptkomponentenwerten.

Aus dem Biplot für die spaltenzentrierte Datenmatrix läßt sich u.a. folgendes approximativ ablesen:

- die Standardabweichung des Merkmals j als Länge des Vektors h_j
- die Korrelation zwischen den Merkmalen j und k als Cosinus des Winkels zwischen den Vektoren h_j und h_k
- der numerische Wert des Elements y_{ij} als das innere Produkt (vgl. (4) der Vektoren g_i und h_j
- der standardisierte (Mahalanobis-) Abstand $d_{i,k}$ zwischen den Merkmalsträgern i und k als der Abstand der Endpunkte der Vektoren g_i und g_k.

Diese Aussagen sind in engem Zusammenhang mit der Approximationsgüte des Biplots zu interpretieren, da der Approximationsprozeß einen gewissen Informationsverlust bedingt. Das Biplot liefert eine Bestapproximation der Ausgangsdaten im Sinne kleinster orthogonaler Quadrate in dem gewählten niedrigdimensionalen Unterraum. Diese Bestapproximation wird rechentechnisch erreicht durch Spektralzerlegung sowie Hauptachsentransformation der Datenmatrix.

Die Hauptachsentransformation spielt auch in der Faktorenanalyse eine zentrale Rolle (HARMAN 1960, ÜBERLA 1971). Es scheint daher angezeigt, beide Anwendungen dieser Technik kurz gegeneinander abzugrenzen: In der Faktorenanalyse wird sie benutzt, um sog. komplexe

Merkmalsdimensionen bzw. "Büschel hochkorrelierter Variablen" zu finden (KILCHENMANN 1968, KLEMMER 1973). Diese neuen Merkmalsdimensionen sind, mathematisch gesehen, nichts anderes als Linearkombinationen der ursprünglichen Merkmalsdimensionen mit gewissen Optimalitätseigenschaften. Es ist daher zumindest zweifelhaft, ob das Modell der Hauptaachsentransformation eine Interpretation dieser Linearkombinationen als im Datenmaterial verborgene latente Faktoren zuläßt; eine tiefergehende Diskussion dieser Problematik ist zu finden bei RAO (1964), SCHIMMLER (1975) oder KILLISCH et al.(1984).

Im Biplot dienen die Hauptachsen nur zur Festlegung der Koordinatenachsen; es erfolgt keine weitere Interpretation. Darüber hinaus erlaubt das Biplot-Verfahren in einfacher Weise, Variable und Merkmalsträger in einer Zeichnung bzw. einem Modell gemeinsam zu berücksichtigen. Im Gegensatz hierzu wird mit der Hauptkomponentenanalyse in erster Linie die Struktur des Merkmalsraumes untersucht. Ein prinzipieller Nachteil der Hauptkomponententechnik läßt sich jedoch auch im Biplot nicht unterdrücken: Wie alle Verfahren, die auf Least-Squares-Methoden aufbauen, kann auch das Biplot nur lineare Zusammenhänge vollständig berücksichtigen. Außerdem bleibt zu beachten, daß die Hauptachsen nicht skaleninvariant sind; Skalentransformationen einzelner Variablen haben im allgemeinen nicht absehbare Auswirkungen auf die Form der Hauptkomponenten.

Biplot nichttransformierter Daten

Als Beispiel wird hier das Biplot der 9dimensional definierten Belastungsstruktur der kreisfreien Städte der (alten) Bundesrepublik Deutschland für die zweite Hälfte der 70er Jahre gewählt (FRÄNZLE & KILLISCH 1979). Die Indiaktorvariablen sind in Tabelle 4.6.1 zusammengefaßt.

Tab. 4.6.1 Indikatorvariable für die Belastungsstruktur der kreisfreien Städte der (alten) Bundesrepublik Deutschland um 1975

Lfd.Nr.	Kennzeichnung	Variable
1	ENDIVERK	Emitt. Energiedichte Verkehr (tSKE/km^2 beb. Fläche p.a.)
2	ENDIHH	Emitt. Energiedichte Hausbrand (tSKE/km^2 beb. Fläche p.a.)
3	ENDIIND	Emitt. Energiedichte Industrie- u. Kraftwerke (tSKE/km^2 beb. Fläche p.a.)
4	SO2DIVERK	SO_2-Emissionen Verkehr (tSO_2/km^2 beb. Fläche p.a.)
5	SO2DIHH	SO_2-Emissionen Hausbrand (tSO_2/km^2 beb. Fläche p.a.)
6	SO2DIIND	SO_2-Emissionen Industrie- u. Kraftwerke (tSO_2/km^2 beb. Fläche p.a.)
7	ABWIND	Abwasseraufkommen Industrie (m^3/km^2 beb. Fläche p.a.)
8	ABWHH	Abwasseraufkommen Haushalte (m^3/km^2 beb. Fläche p.a.)
9	MUELLHH	Müllanfall Haushalte (m^3/km^2 beb. Fläche p.a.)

Tabelle 4.6.2 gibt einen Überblick über die Ausgangsdaten anhand der üblichen statistischen Kenngrößen und des Streuungsanteils (STRANT).

Tab. 4.6.2 Statistische Größen der Ausgangsdaten

VAR	MINIMUM		MAXIMUM	MITTELW.	STDABW	STRANT
1 KT	448.00	HN	3865.00	1914.69	643.00	0.07
2 KT	1887.00	H	22874.00	10618.92	3617.75	2.30
3 WHV	1391.00	DU	123594.00	19069.44	22946.54	92.33
4 KT	0.12	HN	1.04	0.52	0.17	0.00
5 KT	16.82	H	205.98	102.88	37.25	0.00
6 WHG	35.74	DU	2776.73	477.36	532.61	0.05
7 KG	12.00	LEV	14335.00	1008.45	1981.50	0.69
8 KT	140.00	RE	4747.00	947.39	671.19	0.08
9 KT	1305.00	F	30283.00	9154.31	5059.81	4.49

Bei der Betrachtung des Biplots ist zu beachten, daß die Variablen (Vektoren) um den Faktor 5000 gekürzt werden mußten, um eine Darstellung zu ermöglichen. Aufgrund dieser Verkürzung konnten die Vektoren für die Variablen 4, 5 und 8 nicht mehr eingezeichnet werden. Damit ist aber kein Informationsverlust verbunden; denn der Streuungsanteil dieser Variaben beträgt insgesamt weniger als 0,01 %. Graphisch dargestellt, aber ebenso ohne Einfluß, sind die Vektoren für die Variablen 1, 6 und 7.

Das Biplot der Originaldaten wird damit durch die Variablen 3, 9 und 2 bestimmt, wobei die Anordnung der Städte im Biplot von links nach rechts den wachsenden Werten der Variable 3 (ENDIIND) entspricht. Approximierte Werte für diese Variable ergeben sich als die orthogonalen Projektionen der Städte auf diesen Vektor. Entsprechend von unten nach oben angeordnet sind die Städte aufgrund des Einflusses der Variablen 9 (MUELLHH) und 2 (ENDIHH), der aber sehr viel geringer und nur in dieser Richtung wirksam ist. In der Nähe des Koordinatenursprungs liegen Städte, deren Werte für die Variablen 3, 9 und 2 sich nur unwesentlich von den Mittelwerten der entsprechenden Variablen unterscheiden (z.B. Speyer, Hamm und Hanau), also für ENDIIND, ENDIHH und MUELLHH ein "mittleres" Belastungsniveau aufweisen.

Eindeutig durch ENDIIND belastet sind alle Städte unterhalb der x-Achse innerhalb des durch Krefeld und Duisburg begrenzten Bereiches. Mit Ausnahme von Ludwigshafen und Salzgitter handelt es sich um Kernstädte der Stadtregion Rhein-Ruhr, von denen Duisburg, Witten, Gelsenkirchen und Leverkusen die höchsten Belastungswerte aufweisen. Überwiegende Belastung durch den Sektor Haushalte gilt für die Städte oberhalb der x-Achse; extrem hoch belastet sind Darmstadt, Hannover, München, Offenbach, Nürnberg und insbesondere Frankfurt. Die Zuordnung von Passau erklärt sich aus dem relativ hohen Müllaufkommen bei geringer bebauter Fläche. Im Gegensatz zu Saarbrücken, Hagen und Düsseldorf sind alle links unterhalb der x-Achse angeordneten Städte durch ENDIIND, ENDIHH und MUELLHH sehr gering belastet.

Die Verwendung der Originaldaten führt dazu, daß von den neun Belastungsvariablen nur die drei berücksichtigt werden, die einen nennenswerten Anteil an der Gesamtstreuung besitzen. Daraus erhellt die Notwendigkeit, die Daten in einer dem Problem angemessenen Form zu standardisieren. Gewählt werden muß eine Transformation, die die Aufwertung der Trenneigenschaften von Variablen mit geringer Spannweite (Variablen 1, 2, 4, 5) bewirkt.

Problemadäquate Datentransformation

Zur Ausschaltung absoluter Größendifferenzen und damit einer angemessenen Berücksichtigung auch der Indikatorvariablen geringer Spannweite dienen verschiedene Transformationsverfahren. Bei Klassifizierungen sehr häufig verwendet wird die Standardisierung auf Mittelwert 0 und Einheitsvarianz (z-Transformation). Für die m-variaten Beobachtungen an n Merkmalsträgern bedeutet dies:

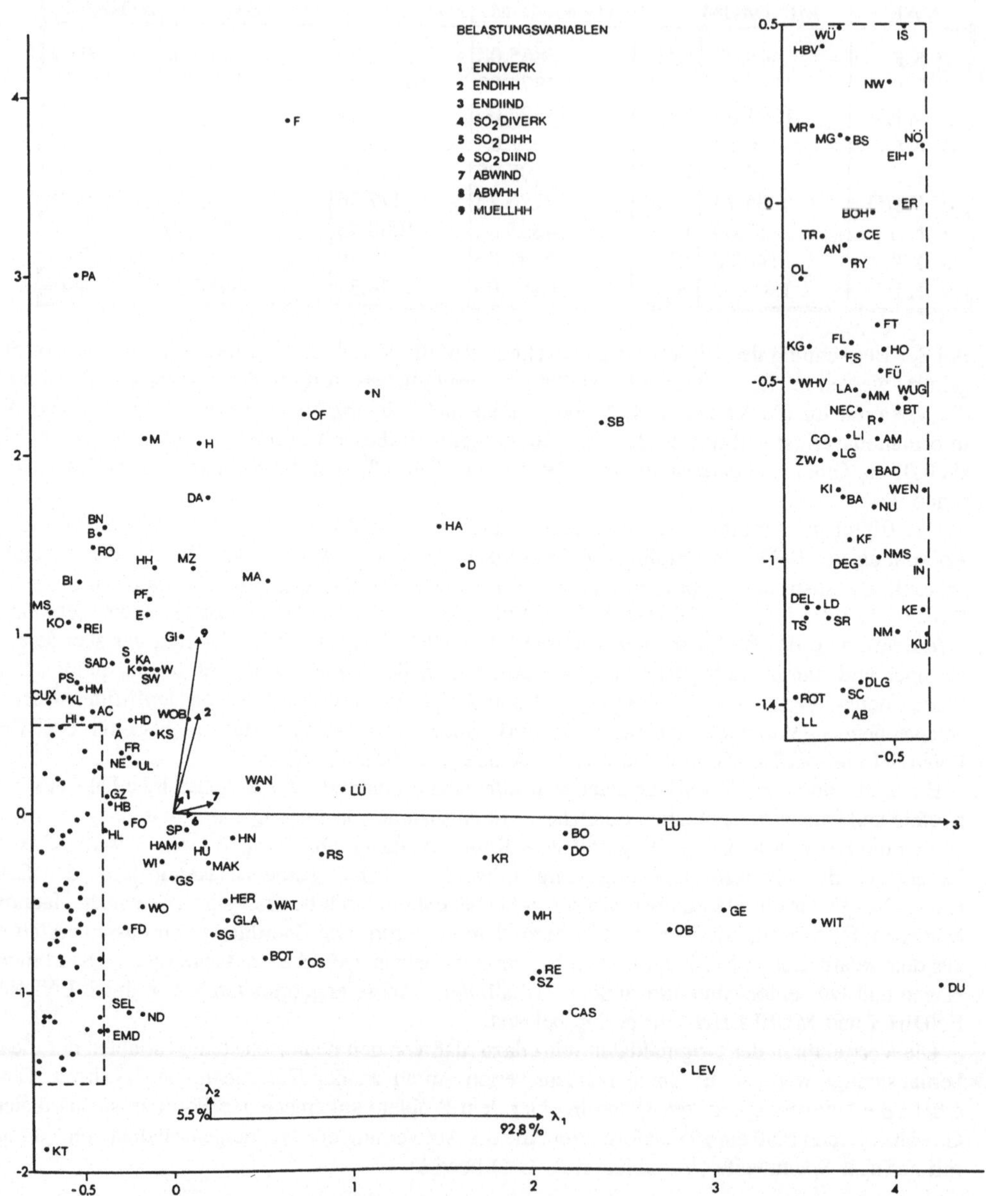

Abb. 4.6.1 Biplot nichttransformierter Daten zur Kennzeichnung der Belastungsstruktur der kreisfreien Städte der (alten) Bundesrepublik Deutschland um 1975

$$z_{ij} = \frac{y_{ij} - \overline{y}_j}{s_j} \quad i=1,\dots,n$$

$$j=1,\dots,m \tag{39}$$

$\overline{y}$ = *Mittelwertdes Merkmals j*

s_j = *Standabweichung des Merkmals j*

Der numerische Wert von z_{ij} gibt die Abweichung der Beobachtung y_{ij} vom Mittelwert des Merkmals j an, wobei die Standardabweichung der Variablen j als Maßeinheit dient. Durch diese Form der Standardisierung erhalten alle Merkmale ein gleiches numerisches Gewicht, üben somit auf das Ergebnis der Klassifikation den gleichen Einfluß aus, sofern man die Korrelation zwischen den Merkmalen sowie die unterschiedliche Spannweite der Variablen vernachlässigt (FORST 1974).

Eine zweite Form der Standardisierung ist die Transformation der Daten auf Einheitsmittelwert:

$$z_{ij} = \frac{y_{ij}}{\overline{y}_j} \tag{40}$$

$\overline{y}_j$ = *Mittelwert des Merkmals j*

Unter der Voraussetzung, daß die Verteilungen der Merkmale auf Größenunterschiede annähernd gleich sind, wird eine Angleichung der Streuungsanteile erzielt. Bei unterschiedlicher Verteilung jedoch werden wegen

$$s_j^z = \frac{s_j^y}{\overline{y}_j} \tag{41}$$

s_j^z = *Standardabweichung der transformierten Variablen* z_j

s_j^y = *Standardabweichung der ursprünglichen Variablen* y_j

$\overline{y}_j$ = *Mittelwert der ursprünglichen Variablen* y_j

die Variablen mit höheren Variationskoeffizienten überbetont. Für die hier verwendeten Daten folgt daraus, daß die Variablen 3, 6 und 7 eine unverhältnismäßig starke Bedeutung erhalten und damit die Belastungsunterschiede der übrigen Variablen weitgehend überdecken.

Diese Transformation darf nur auf Variable angewendet werden, bei denen der Nullpunkt des Maßsystems festliegt. Anderenfalls stellt der Mittelwert eine willkürliche Größe dar, die durch Addition einer Konstanten auf alle Werte beliebig veränderbar ist. Diese Verschiebungen wirken sich auch auf das Transformationsergebnis aus.

Eine dritte Möglichkeit besteht darin, die Variationsbreite der Variablen auf das Intervall (0,1) zu beschränken.

Da nur die Spannweite, d.h. der Unterschied zwischen Extremwerten der jeweiligen Variablen berücksichtigt wird, können "Ausreißer" das Ergebnis erheblich beeinflussen. Bei Zufallsstichproben muß deshalb überprüft werden, ob solche "Ausreißer" überhaupt in die Stichprobe aufgenommen werden sollen. In jedem Fall aber muß überprüft werden, wie stark sich die Extrema von dem nächst größeren bzw. kleineren Wert unterscheiden. Sind die Unterschiede gering, besteht kein Einwand, die Daten auf Variationsbreite 1 zu standardisieren. Merkmale mit relativ großer Streuung werden stärker komprimiert als solche, die eine geringe Streuung besitzen, was bei der Klassifikation dazu

$$z_{ij} = \frac{y_{ij} - \min_j}{\max_j - \min_j}$$

$$i = 1,...,n$$
$$j = 1,...,m$$

$$\min_j = \textit{Minimalwert des Merkmals } j$$
$$\max_j = \textit{Maximalwert des Merkmals } j$$

(42)

führt, daß die Trenneigenschaften von Variablen mit geringer Spannweite aufgewertet werden.

Tab. 4.6.3 Datentransformation - Einheitsspannweite

VAR	MINI-MUM		MAXI-MUM		MITTEL-WERT	STDABW	STRANT
1	KT	0	HN	1	0.43	0.19	12.51
2	KT	0	H	1	0.42	0.17	10.50
3	WHV	0	DU	1	0.14	0.19	12.46
4	KT	0	HN	1	0.43	0.19	12.44
5	KT	0	H	1	0.45	0.20	13.70
6	WHV	0	DU	1	0.16	0.19	13.34
7	KG	0	LEV	1	0.07	0.14	6.76
8	KT	0	RE	1	0.18	0.15	7.50
9	KT	0	F	1	0.27	0.17	10.77

Nach Tabelle 4.6.3 dominiert keine der neun Variablen im Biplot. Die Streuungsanteile der Variablen 1, 2, 3, 4, 5, 6 und 9 liegen zwischen 10,5 und 13,7 %, was nur geringfügig unterschiedliche Gewichtungen nach sich zieht. Die geringe Repräsentanz von 7 (ABWIND) und 8 (ABWHH) wirkt sich insofern nicht nachteilig aus, als es sich um Variablen handelt, die nur vergleichsweise wenig zur Charakterisierung der Belastungsstruktur geeignet sind.

Biplot der transformierten Daten

Das vollständige Biplot der transformierten Daten zeigt zwei deutlich voneinander getrennte Vektorengruppen. Sie repräsentieren jeweils auf die Emittentengruppen Industrie und Haushalte und Verkehr zurückgehende Belastungseffekte, die im folgenden auch als industrielle Belastungen bzw. Verdichtungsbelastungen bezeichnet werden. Der unterschiedliche Streuungsanteil der Variablen wird durch die unterschiedliche Länge der Vektoren ausgedrückt. Die Städte sind entsprechend ihrer spezifischen Belastungssituation angeordnet. Die Zuordnung ist eindeutig. Zum Beispiel: Städte mit hoher industrieller Belastung sind in Richtung der ersten Gruppe mit den Vektoren für die Variablen 3 (ENDIIND), 6 (SO2DIIND) und 7 (ABWIND) ausgerichtet; sehr hoch belastet sind vor allem Duisburg und Leverkusen, aber auch Gelsenkirchen, Witten, Ludwigshafen, Castrop-Rauxel und Oberhausen. Entsprechend eindeutig ist die Zuordnung der Städte Nürnberg, Pforzheim, Hannover und Passau zur zweiten Gruppe, die von den Vektoren für die Variablen 1 (ENDIVERK), 2 (ENDIHH), 4 (SO2DIVERK), 5 (SO2DIHH), 8 (ABWHH) und 9 (MUELLHH) gebildet wird und aus hohen Bevölkerungs- und Beschäftigtenzahlen resultierende Verdichtungsbelastungen kennzeichnet. Die Lage von Saarbrücken, Düsseldorf und Hagen zwischen den Vektorengruppen weist

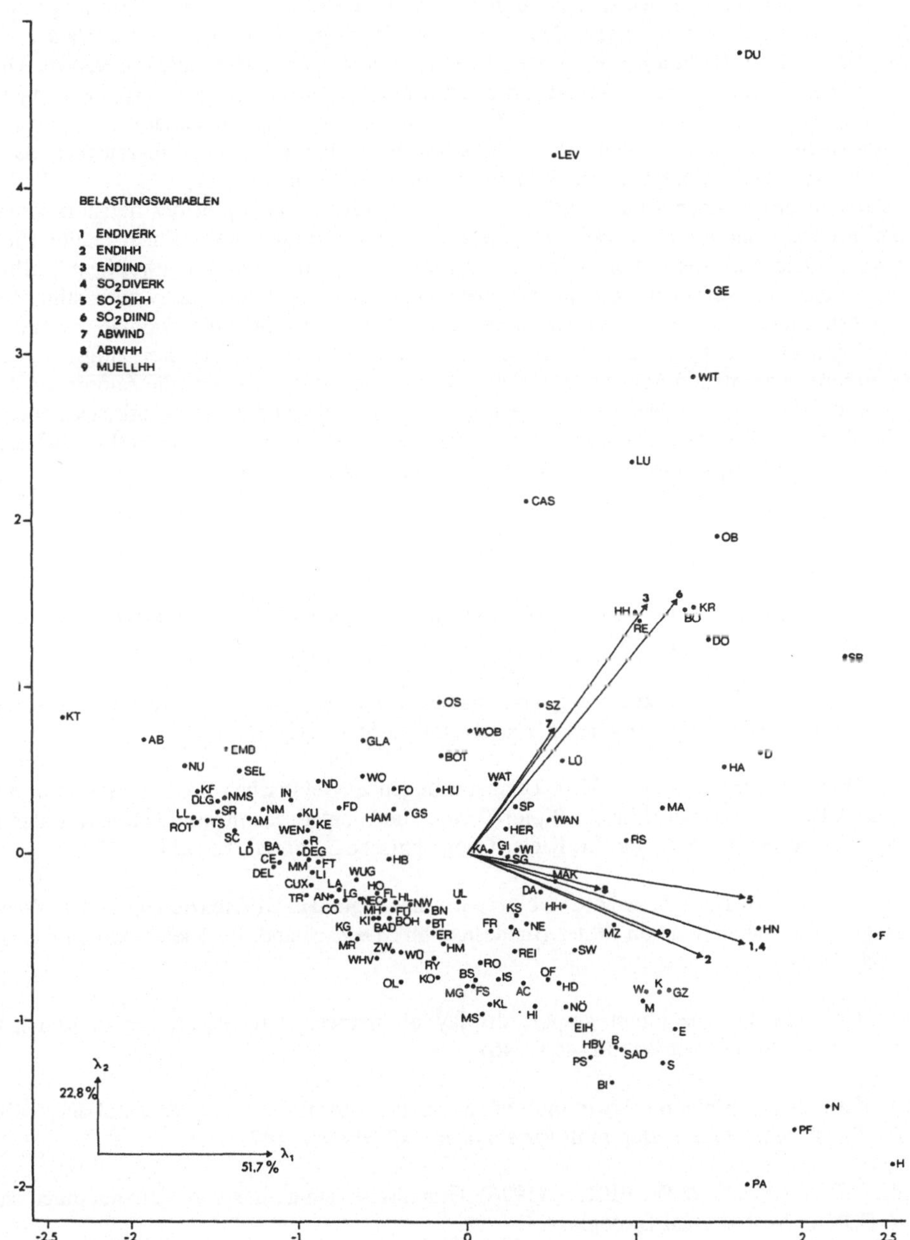

Abb. 4.6 2 Biplot transformierter Daten zur Kennzeichnung der Belastungsstruktur der kreisfreien Städte der (alten) Bundesrepublik Deutschland um 1975

auf hohe industrielle und hohe Verdichtungsbelastungen hin.

Die Mehrzahl der Städte ist beiderseits einer (im Biplot nicht eingezeichneten) Geraden von y=1.2 nach x=2.0 angeordnet. Sie zeichnen sich durch gleiche, weit unterdurchschnittliche Belastungen im industriellen Bereich aus, unterscheiden sich aber in der Höhe haushalts- und verkehrsbedingter Belastungseffekte, die in Richtung der Geraden von links oben nach rechts unten ansteigen. Die niedrigsten auf die Haushalts- und Verkehrstätigkeit zurückgehenden Belastungen weisen Kitzingen, Aschaffenburg, Neu-Ulm und Emden auf, während die am weitesten unterhalb der Geraden angeordneten Städte sich durch die niedrigsten produktionsbedingten Belastungen auszeichnen; dazu gehören Rothenburg, Delmenhorst, Trier, Wilhelmshaven und Oldenburg.

Trotz relativ niedriger Approximationsgüte (74,5 %) vermittelt das Biplot der transformierten Daten einen genauen Einblick in die belastungsspezifische Situation der untersuchten Städte. Eine detailliertere, vergleichende Betrachtung einzelner Städte könnte dazu führen, den jeweiligen Einfluß der einzelnen Belastungsvariablen - zumindest annäherungsweise - auch quantitativ zu bestimmen.

Der Vergleich mit dem Biplot der Originaldaten (Abb. 4.6.1) verdeutlicht die Vorzüge der Transformation. Während dort zur Beschreibung der städtischen Belastung nur drei aufgrund des willkürlichen Streuungsanteils ausgewählte Variablen herangezogen werden, wird die Anordnung der Städte hier durch alle neun Variablen bei gleichzeitiger Zusammenfassung in zwei deutlich separierte Gruppen bestimmt. Die Berücksichtigung aller Variablen erlaubt somit eine wesentlich bessere, sachlich begründbare Interpretation der Struktur der primären Datenmatrix.

Literatur

BRADU, D. & GABRIEL, K.R. (1978): The biplot as a diagnostic tool for models of two-way tables. In: Technometrics, 20: 47 - 68

FORST, H.T. (1974): Zur Klassifizierung von Städten nach wirtschafts- und sozialstatistischen Strukturmerkmalen. - Würzburg (Arbeiten zur angewandten Statistik, 17)

FRÄNZLE, O. & KILLISCH, W.F. (1979): Untersuchungen zur städtischen Belastungsstruktur der Bundesrepublik Deutschland mit Hilfe der Biplot-Technik und numerischer Klassifikationsverfahren. Ein Beitrag zu angewandten Statistik. In: Kieler Geographische Schriften, 50: 211 - 245

FRÄNZLE, O.; KILLISCH, W.F. & MICH, N. (1986): Die regionale Differenzierung und zeitliche Veränderung der Emissionssituation in der Bundesrepublik Deutschland. In: Kieler Geographische Schriften, 64: 31 - 77

GABRIEL, K.R. (1971): The biplot graphic display of matrices with application to principal component analysis. In: Biometrika, 58: 453 - 467

GABRIEL, K.R. (1980): Biplot display of multivariate matrices for inspection of data and diagnosis. In: BARNETT, V. (ed.): Interpreting multivariate data. - Chichester: 147 - 174

GABRIEL, K.R.; RAVE, G. & WEBER, E. (1976): Graphische Darstellung von Matrizen durch das Biplot. In: EDV in Medizin und Biologie, 1: 1 - 15

GABRIEL, K.R. & ZAMIR, S. (1979): Lower rank approximation of matrices by least spares with any choice of weights. In: Technometrics, 21: 489 - 498

HARMAN, H.H. (1960): Modern Factor Analysis. - Chicago

KILCHENMANN, A. (1968): Untersuchungen mit quantitativen Methoden über die fremden-
verkehrs- und wirtschaftsgeographische Struktur der Gemeinden im Kanton Graubünden (Schweiz). -
Zürich

KILLISCH, W.F.; MICH, N. & FRÄNZLE, O. (1984): Ist die Anwendung der Faktorenanalyse in
der empirischen Regionalforschung noch vertretbar? Darstellung und Kritik einer Methode. -
Karlsruhe (Karlsruher Manuskripte zur Mathematischen und Theoretischen Wirtschafts- und
Sozialgeographie, 66)

KLEMMER, P. (1973): Die Faktorenanalyse als Instrument der empirischen Strukturforschung. In:
Veröffentlichungen der Akademie für Raumforschung und Landesplanung, Forschungs- und
Sitzungsberichte, 87: 131 - 146

RAO, C.R. (1964): The use and interpretation of principal component analysis in applied research.
In: The Indian Journal of Statistics, 26A: 329 - 358

SCHIMMLER, J. (1975): Einführung in die Hauptkomponenten- und Faktorenanalyse. - Kiel
(Manuskript)

ÜBERLA, K. (1971): Faktorenanalyse. - Berlin, New York

4.7 Flächenschätzung mit geostatistischen Verfahren - Variogrammanalyse und Kriging

Uwe Heinrich

Allgemeines

Ein raumzeitlicher Prozeß ist ein Phänomen, das u.a. durch seinen Bezug in Raum und Zeit definiert ist. Der Begriff Prozeß findet hier Verwendung, um auf die raum-zeitliche Dynamik solcher Phänomene hinzuweisen, die zwar nicht im Mittelpunkt der hier vorgestellten Verfahren steht, aber bei deren Anwendung und Interpretation eine wichtige Rolle spielt. Bei umweltrelevanten Fragestellungen ist der Orts- und Flächenbezug im allgemeinen bedeutsam. Ökologisch relevante Daten sind häufig Meßwerte eines Prozesses, dessen räumliche Verteilung geschätzt werden soll, wie sie häufig in Form von Isolinien dargestellt wird. Im folgenden werden kontinuierliche räumliche Prozesse betrachtet, die zu einem wesentlichen Teil eine stochastische Komponente beinhalten. Stochastisch bedeutet nicht völlig zufällig, sondern, daß der Prozeß einem gewissen Wahrscheinlichkeitsgesetz folgt. Eine Realisation eines solchen Prozesses ist also nicht ausschließlich deterministisch bestimmt, sondern nur mit einer bestimmten Wahrscheinlichkeit. Sie hätte im Rahmen des prozeßspezifischen Wahrscheinlichkeitsgesetzes auch etwas anders ausfallen können.

Abbildung 4.7.1 zeigt Beispiele dieser Komponenten (Abb. 4.7.1a-4.7.1d) für einen eindimensionalen raumzeitlichen stochastischen Prozeß (Abb. 4.7.1e). Der deterministische Anteil setzt sich in diesem fiktiven Beispiel aus einem linearen Trend (Abb. 4.7.1a) und einer sinusförmigen periodischen Komponente (Abb. 4.7.1b) zusammen. Der deterministische Anteil am Gesamtprozeß ist für dessen instationäres Verhalten verantwortlich. Der stochastische Anteil wird durch eine autokorrelative Komponente (Abb. 4.7.1c), die die stochastische Abhängigkeit des Prozesses wiedergibt, und eine rein zufällige Komponente (Abb. 4.7.1d), häufig als weißes Rauschen bezeichnet, gebildet. Die autokorrelative Eigenschaft eines Prozesses spiegelt die intuitive Vorstellung wider, daß die Werte benachbarter Punkte, in Raum und/oder in der Zeit, sich ähnlicher sind als weiter entfernte Punkte. Man bezeichnet diese Eigenschaft auch als Persistenz oder Erhaltensneigung.

Die Aufgabe besteht also darin, aus einer Stichprobe die Wahrscheinlichkeitsstruktur der Grundgesamtheit, den realisierten stochastischen Prozeß, zu schätzen, um mit deren Hilfe eine bestmögliche Schätzung für Gebiete vorzunehmen, für die keine Beobachtungen vorliegen. Eine übliche Vorgehensweise zur Beschreibung der Wahrscheinlichkeitsstruktur eines Prozesses ist die Schätzung der Momente. Hierbei ist eine vollständige Bestimmung aufgrund einer Stichprobe kaum möglich. Man beschränkt sich daher im allgemeinen auf die Schätzung der ersten beiden Momente. Selbst dann ist es jedoch noch notwendig, gewisse Anforderungen an das stationäre Verhalten des Prozesses zu stellen. Die ersten beiden Momente reichen nur im Falle eines Gauß'schen Prozesses aus, die Wahrscheinlichkeitsstruktur eines stochastischen Prozesses vollständig zu charakterisieren (VANMARCKE 1983: 6). Diese, auch "second-order-analyses" genannte Methode beruht auf den klassischen Arbeiten über Zeitreihen zu stationären stochastischen Prozessen von Wiener und Khinchine in den dreißiger und vierziger Jahren. Bereits zu dieser Zeit wurden von Wiener und Kolmogorov auch die Grundlagen für eine optimale lineare Schätzung von stochastischen Prozessen im Sinne von Erwartungstreue und minimaler Schätzvarianz gelegt.

Mehr oder weniger unabhängig voneinander sind in verschiedenen Disziplinen Verfahren zur Untersuchung stochastischer Prozesse mit Hilfe der ersten beiden Momente entwickelt worden. Die größte Bedeutung und weiteste Verbreitung haben dabei die folgenden Verfahren bzw. Theorien erlangt: Die aus der Physik kommende Spektralanalyse, die für ökonomische Fragestellungen entwikkelte Zeitreihenanalyse und die aus der Lagerstättenforschung entstandene Geostatistik (BAHREN-

BERG et al. 1978: 42-47, SOLOW 1984 u. HEINRICH 1992). Interpolationsverfahren, wie z.B. distanzgewichtete Methoden, biquintische Polynome über Dreiecksnetze oder Trendoberflächen sind im allgemeinen ungeeignet (Überblicke geben STREIT 1981, RHIND 1975, MCCULLAGH 1981, BURROUGH 1986, TIPPER 1979), da mit diesen Verfahren bereits ein bestimmtes Prozeßmodell impliziert wird (DELFINER 1975: 50-51). Ihr Einsatz ist nur gerechtfertigt, wenn diese implizierten Annahmen dem Prozeß entsprechen, was aber selten berücksichtigt wird.

Die räumliche Abhängigkeitsstruktur wird bei geostatistischen Schätzverfahren im allgemeinen durch das Variogramm repräsentiert. Mittels eines geeigneten Schätzers wird aus der vorliegenden Stichprobe das empirische Variogramm geschätzt. Aus einer Klasse von zulässigen Funktionen wird dann dem empirischen Variogramm ein Modell angepaßt. Die Schätzung der Prozeßrealisation erfolgt schließlich mit einer der Krigingtechniken, einer Familie von Verfahren, die in einem statistischen Sinne optimale Schätzer sind. Beim Kriging dient das Variogramm zur Bestimmung der Schätzgewichte und zur Ableitung eines Schätzfehlers.

Theorie der regionalisierten Variablen

Die Grundlage der Geostatistik wurde in den sechziger Jahren von Matheron und seinen Mitarbeitern basierend auf empirischen Arbeiten von Krige über Goldlagerstätten in Südafrika entwikkelt. Die Theorie der regionalisierten Variablen, genauer gesagt, die intrinsische Theorie, kann man als eine Einbettung der Geostatistik in eine wahrscheinlichkeitstheoretische Umgebung auffassen. Detaillierte Beschreibungen finden sich bei MATHERON (1963 und 1971), JOURNEL & HUIJBREGTS (1978) und DAVID (1977). Eine praxisorien-tierte Einführung gibt CLARK (1979). Als einführende Werke sind im deutschsprachigen Raum bislang die Arbeiten von DUTTER (1985) und AKIN & SIEMES (1988) erschienen. Allen Arbeiten ist jedoch eine geologische Ausrichtung, speziell auf die Lagerstättenforschung , gemeinsam. HEINRICH (1992) beschäftigt sich ausführlich mit den Problemen der flächenhaften Interpolation mittels geostatistischer Verfahren.

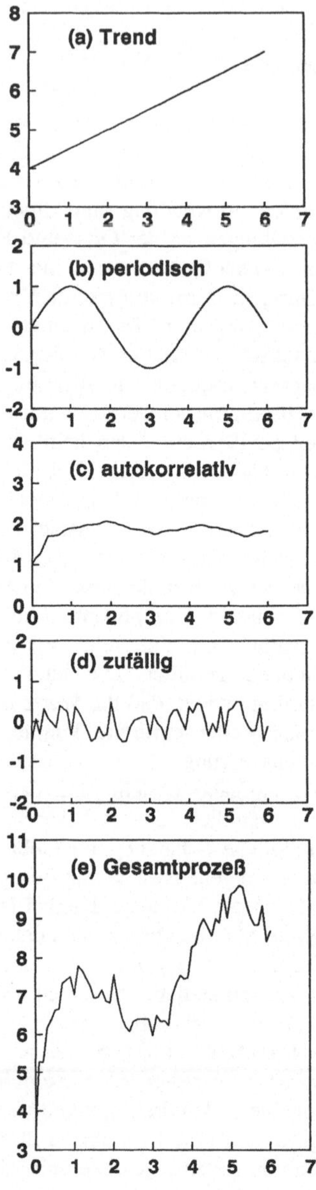

Abb. 4.7.1 Beispiele für die Komponenten eines eindimensionalen raumzeitlichen stochastischen Prozesses (nach FINKE 1983: 25).

Eine Variable z(x), die die Werte einer Größe in Abhängigkeit vom Ort x angibt, wird als regionalisierte Variable bezeichnet. Geostatistischen Verfahren liegt die Annahme zugrunde, daß sich eine regionalisierte Variable aus einer deterministischen, einer autokorrelativen und einer rein zufälligen Komponente zusammensetzen kann. Dementsprechend wird die Beobachtung einer regionalisierten Variablen an einem Ort x als eine mögliche Realisation einer Zufallsvariablen Z(x) betrachtet. Die Menge aller Zufallsvariablen über die Beobachtungsreihe einer regionalisierten Variablen ist eine Realisation dieser Zufallsfunktion. Die durch die Zufallsfunktion definierte Wahrscheinlichkeitsverteilung wird als räumliches Verteilungsgesetz bezeichnet. Zur Charakterisierung des räumlichen Verteilungsgesetzes beschränkt sich die Geostatistik im allgemeinen auf die ersten beiden Momente, da Informationen über Momente höherer Ordnung aus empirischen Daten kaum ableitbar sind.

Der Erwartungswert einer Zufallsvariablen Z wird durch die Verteilungsfunktion, bzw. durch die Wahrscheinlichkeitsdichte definiert:

$$E(Z) = \int_{-\infty}^{\infty} z\,dF = \int_{-\infty}^{\infty} z f(z) \tag{1}$$

Die Varianz einer Zufallsvariablen wird definiert als:

$$VAR(Z) = E[Z - E(Z)]^2 \geq 0 \tag{2}$$

Das Moment erster Ordnung oder die Erwartung einer Zufallsfunktion Z(x), $x \in R^2$, vorausgesetzt der Erwartungswert (Gl.1) ihrer Zufallsvariablen existiert, definiert man als:

$$E[Z(x)] = m(x) \tag{3}$$

Die Momente zweiter Ordnung einer Zufallsfunktion Z(x), $x \in R^2$, die Existenz der Erwartung (Gl.3) vorausgesetzt, werden definiert als:

Varianz:

$$VAR[Z(x)] = E[Z(x) - m(x)]^2 \tag{4}$$

Kovarianz:

$$C[Z(x_1), Z(x_2)] = E[(Z(x_1) - m(x_1))(Z(x_2) - m(x_2))] \tag{5}$$

Variogramm[1]:

---

[1] $\gamma(x_1)$ wird als Semi-Variogramm bezeichnet. Im Allgemeinen wird nur der Begriff Variogramm verwendet, auch wenn eigentlich das Semi-Variogramm gemeint ist.

$$2\gamma(x_1,x_2) \;=\; \mathrm{VAR}[Z(x_1)-Z(x_2)] \tag{6}$$

Der Faktor 2 in der Definition des Variogramms (Gl.6) erklärt sich aus der Beziehung (CRESSIE 1980: 574):

$$2\gamma(x_1,x_2) \;=\; \mathrm{VAR}[Z(x_1)]+\mathrm{VAR}[Z(x_2)]-2C[Z(x_1),Z(x_2)] \tag{7}$$

Da von einer Zufallsfunktion nur eine Realisation vorliegt, müssen hinsichtlich ihres räumlichen Verhaltens einige Annahmen getroffen werden, um statistische Schlußfolgerungen zu ermöglichen. Werden bezüglich der Stationarität einer Zufallsfunktion gewisse Einschränkungen vorgenommen, dann kann man mit Hilfe des Variogramms das autokorrelative Verhalten der regionalisierten Variablen in Abhängigkeit vom räumlichen Abstand der Beobachtungen beschreiben.

Man spricht von Stationarität zweiter Ordnung einer Zufallsfunktion, falls

-    der Erwartungswert existiert und nicht vom Ort x abhängt:

$$E[Z(x)] \;=\; m \qquad \text{für alle } x \tag{8}$$

-    die Kovarianz für jedes Paar von Zufallsvariablen [Z(x),Z(x+h)] existiert und nur vom Abstandsvektor h abhängt:

$$C(h) \;=\; E[Z(x)Z(x+h)] \;-\; m^2 \qquad \text{für alle } x \tag{9}$$

Die Stationarität der Kovarianz beinhaltet die Stationarität der Varianz und des Variogramms. Die intrinsische Hypothese stellt eine Abschwächung der Stationarität zweiter Ordnung dar:

-    es gelte (8)

-    die Differenz [Z(x)-Z(x+h)] hat eine endliche Varianz und hängt nicht von x ab:

$$\mathrm{VAR}[Z(x+h)-Z(x)] \;=\; E[Z(x+h)-Z(x)]^2 \;=\; 2\gamma(h) \qquad \text{für alle } x,h \tag{10}$$

Das heißt, die intrinsische Hyphothese fordert nur die Stationarität der Inkremente.

In der Praxis wird häufig eine Beschränkung des Abstandsvektors h vorgenommen, so daß die intrinsische Hypothese nur für ein nach oben beschränktes h angenommen wird. Man spricht dann von Quasistationarität. Das entspricht der Vorstellung eines lokal stationären Variogramms, das sich nur langsam im Raum ändert.

Aus der Stationarität zweiter Ordnung folgt die intrinsische Hypothese. Die Umkehrung gilt nicht. Das heißt, existiert die Kovarianz, dann folgt daraus die Existenz des Variogramms. Der Umkehrschluß ist nicht zulässig. Aus diesen schwächeren Voraussetzungen, die an die Existenz des Variogramms geknüpft sind, leitet sich dessen Bevorzugung gegenüber der Kovarianz in der Geostatistik ab. Dies wird häufig als Vorteil gegenüber anderen Verfahren angeführt (CAMPBELL 1978: 461, OLIVER u. WEBSTER 1986: 491).

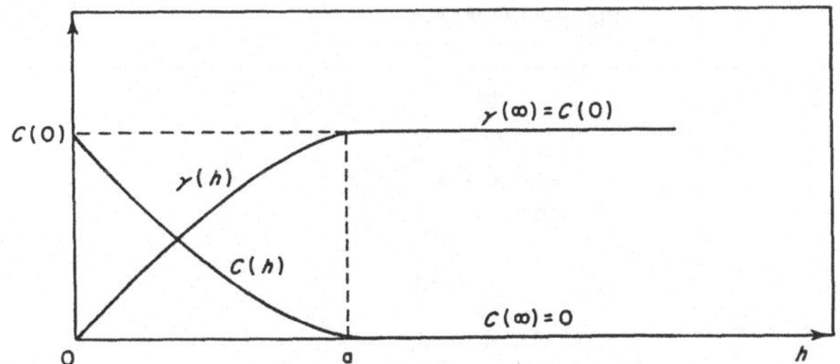

Abb. 4.7.2 Zusammenhang zwischen Kovarianz und Variogramm bei Stationarität 2. Ordnung (JOURNEL & HUIJBREGTS 1978: 37).

Stationarität zweiter Ordnung vorausgesetzt sind Kovarianz und Variogramm äquivalent. Dann gilt:

$$\gamma(h) = C(0) - C(h) \tag{11}$$

und

$$VAR[Z(x)] = C(0) \tag{12}$$

Abbildung 4.7.2 zeigt den durch die Gleichungen (11) und (12) hergestellten Zusammenhang zwischen dem Variogramm und der Kovarianz.

Variogramm

Das Variogramm nimmt bei der Schätzung stochastischer räumlicher Prozesse in mehrfacher Hinsicht eine bedeutende Funktion ein. Es ist das Instrument der Geostatistik zur Bestimmung der räumlichen Erhaltensneigung. Daher konzentrieren sich die Auswirkungen der Entscheidungen oder Fehler, die in den vorhergehenden Arbeitsschritten gemacht wurden, an dieser Stelle. Insbesondere bei kleinem Stichprobenumfang kann sich die Frage nach der Validität der Schätzung eines stochastischen räumlichen Prozesses auf die Frage nach der Validität der Variogrammschätzung reduzieren. Innerhalb der geostatistischen Schätzverfahren hat der Bearbeiter hier die meisten Entscheidungsmöglichkeiten und damit auch die meisten Fehlermöglichkeiten.

Das Ablaufschema (Abb. 4.7.2) gibt die wichtigsten Arbeitsschritte zur Bestimmung der räumlichen Erhaltensneigung mittels eines Variogramms wieder (HEINRICH 1992). Die Modellentwicklung physisch-geographischer Prozesse ist im allgemeinen nicht so fortgeschritten, als daß man das zugrundeliegende Variogramm als bekannt vorraussetzen kann. Dieses muß also mittels eines geeigneten Schätzers aus der beobachteten Prozeßrealisation geschlossen werden. Man erhält ein experimentelles Variogramm, indem man die Varianz der Meßwerte in Beziehung zu den räumlichen Abstandsvektoren der Meßpunkte setzt (Gl.10). Üblicherweise nimmt man zur Berechnung und Darstellung eines experimentellen Variogramms eine zweifache Diskretisierung des

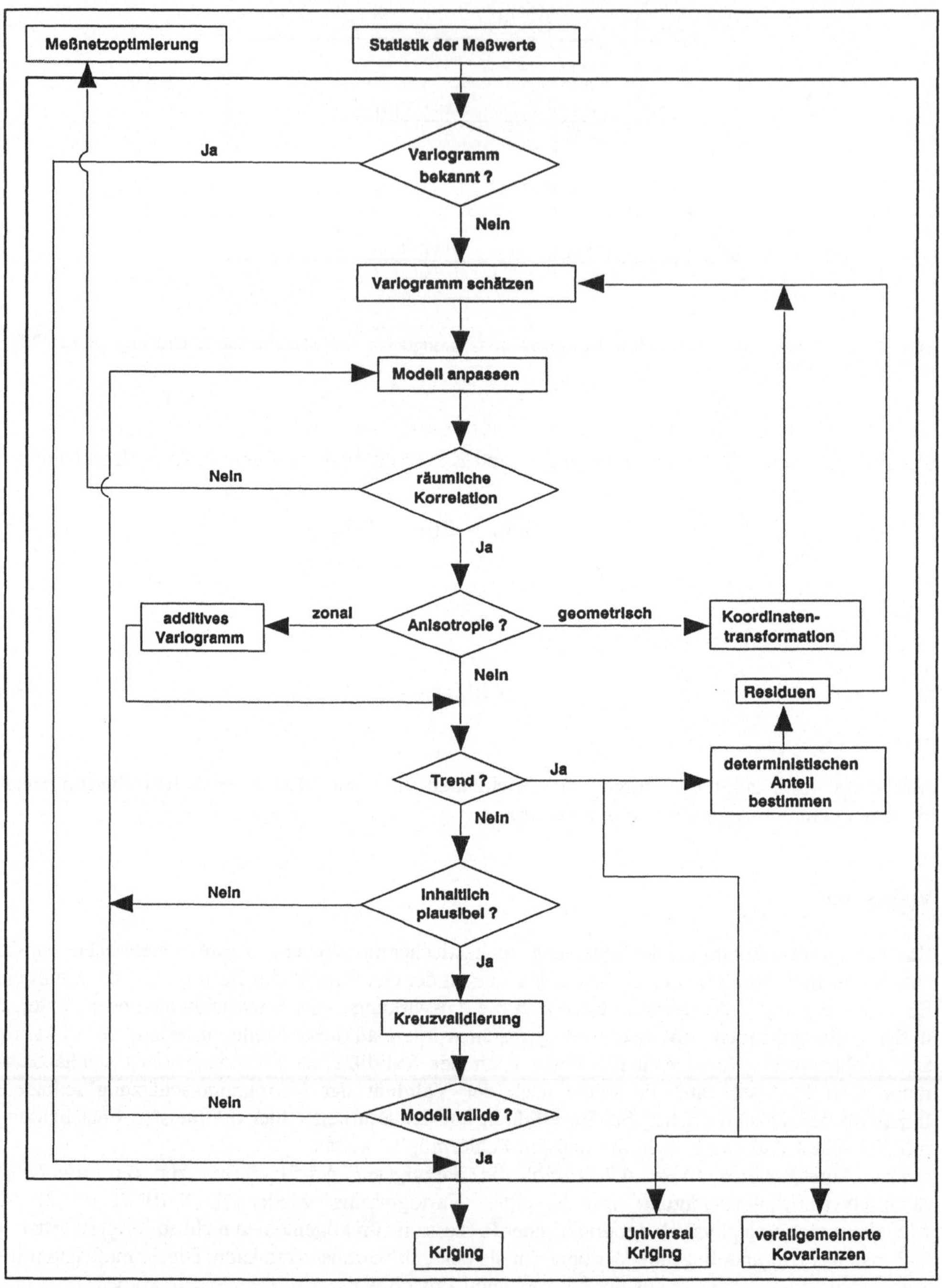

Abb. 4.7.3 Ablaufschema zur Schätzung des einem Prozeß zugrundeliegenden Variogramms.

Raumes vor.

Durch Bildung disjunkter Entfernungs- und Winkelklassen kann jedes Meßpunktpaar eindeutig einer Enfernungs- und Winkelklasse zugeordnet werden. Zur Darstellung einer Winkelklasse werden auf der Abzisse die Entfernungsklasse und auf der Ordinate die mittlere Varianz abgetragen. Das Ergebnis ist eine Menge von Punkten im Koordinatenkreuz, denen sich aus einer Familie von zulässigen Funktionen ein Variogrammodell anpassen läßt.

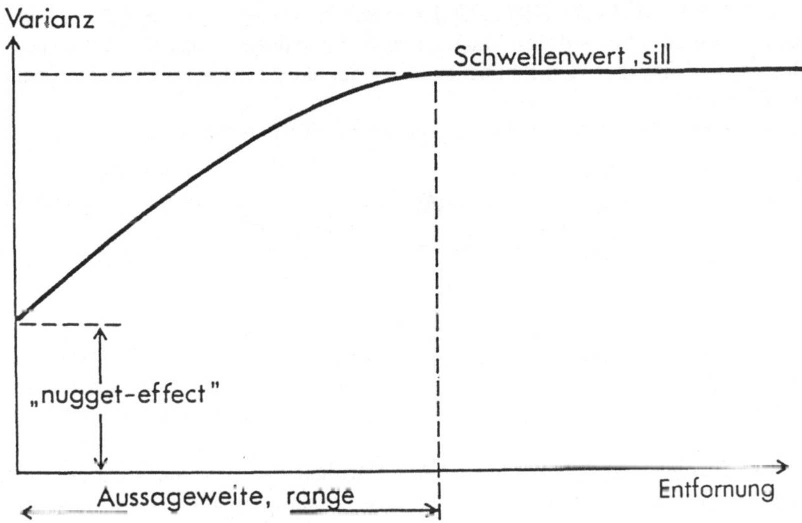

Abb. 4.7.4 Prinzipbild eines Variogramms (SCHULZ 1986: 102).

Abbildung 4.7.4 zeigt das Schema einer Variogrammdarstellung mit den wichtigsten Parametern zur Charkterisierung eines Variogrammodells. Der Anstieg der Variogrammkurve gibt den Bereich räumlicher Korrelation zwischen den Meßwerten wieder. Die Entfernung, bei der das Variogramm asymptotisch einem Wert, Schwellenwert oder "sill" genannt, entgegenstrebt, wird als Aussagenweite oder "range" bezeichnet. Die Aussageweite gibt also den Radius der Erhaltensneigung an. Definitionsgemäß müßte die Variogrammkurve durch den Ursprung gehen. Man beobachtet bei experimentellen Variogrammen aber häufig ein Verhalten, das nur eine Anpassung mit einem Schnittpunkt auf der Ordinate oberhalb des Ursprungs zuläßt. Dieser Abstand zwischen Ordinaten-schnittpunkt und Ursprung wird als "nugget-effect" oder Nuggeteffekt bezeichnet. Das Auftreten eines Nuggeteffekts kann als Meßfehler oder als nicht berücksichtigte Mikrovariabilität, die unterhalb des Probenabstandes liegt, interpretiert werden. Ein sehr hoher oder reiner Nuggeteffekt bedeutet, daß nur eine geringe oder gar keine räumliche Korrelation in den Stichproben zu beobachten ist. In diesem Falle ist eine räumliche Schätzung des nicht deterministisch bestimmten Prozeßanteils aufgrund dieser Stichprobe nicht möglich. Die Stichprobe muß optimiert werden, was in aller Regel einen größeren Stichprobenumfang, aber auch andere Meßnetzkonfigurationen, bessere Probenahme sowie Qualitätskontrolle und -sicherung im Rahmen der Meßverfahren bedeuten kann.

Variogrammschätzung

Wie ARMSTRONG (1984b: 305) feststellt, ist es im Gegensatz zu dem von Lehrbüchern der Geostatistik vermittelten Eindruck keineswegs einfach, ein valides experimentelles Variogramm zu berechnen und ein Variogrammodell anzupassen. Die Aufgabe besteht darin, aus einer Stichprobe auf das unterliegende Variogramm des Prozesses zu schließen. Es ergibt sich daher das Problem, inwieweit eine solche Schätzung möglich und zulässig ist. Für einen speziellen Fall konnte MATHERON (1965) auf theoretischem Weg den Zusammenhang klären. Aus dieser Untersuchung leiten JOURNEL & HUIJBREGTS (1978: 194) die vielzitierte Faustregel ab, daß das experimentelle Variogramm nur bis zu einer Distanz kleiner gleich der halben Größe der Untersuchungsfläche interpretierbar ist und daß zur Berechnung eines Variogrammwertes mindestens 30 bis 50 Paare Verwendung finden sollten.

Matheron hat bereits 1963 den auch heute noch gebräuchlichen Schätzer (Gl.13)[2] vorgeschlagen:

$$\gamma^*(h) \; = \; \frac{1}{2N}\sum_{i=1}^{N}\,[Z(x_1)-Z(x_i+h)]^2 \tag{13}$$

mit N gleich der Anzahl von Paaren mit dem Abstand h

Der nichtparametrische traditionelle Variogrammschätzer (Gl.13) ist im intrinsischen Fall erwartungstreu (MYERS et al. 1982: 1), d.h. $E[\tau^*(h)] - E[\tau'(h)] = \tau(h)$. Aber selbst im Gauß'schen Fall ist er weder ein robuster noch ein resistenter Schätzer der quadratischen Abweichungen (DOWD 1984: 84).

Abbildung 4.7.5 zeigt das Ablaufschema einer Datenanalyse, wie sie vor einer Variogramm-schätzung unbedingt erfolgen sollte. Die Darstellung beschränkt sich auf die unmittelbar für die Variogrammschätzung notwendig erscheinenden Prozeduren. Ausgehend von den Meßwerten werden die Verteilungsmaße, Mittelwert und Varianz bestimmt. Darüber hinaus können auch höhere Verteilungsmaße oder auch robuste und parameterfreie Darstellungen wie der Box-Plot (TUKEY 1977) herangezogen werden. Die Beurteilung der statischen Verteilung der Meßwerte wird üblicherweise anhand eines Histogrammes vorgenommen. Folgen die Meßwerte mehr oder weniger einer Normalverteilung, dann ist, wie oben beschrieben, eine Schätzung mit dem traditionellen Variogrammschätzer unproblematisch. Wie groß die Abweichung von der Normalverteilung sein darf, um mit dem traditionellen Schätzer valide Variogramme zu erhalten, ist allgemein nicht zu sagen.

Ändert sich die lokale Varianz proportional zum lokalen Mittelwert, was eine einfache Form der Nichtstationarität darstellt, wird dieses als Proportionalitätseffekt bezeichnet. Mit dem Cluster-Effekt ist hier nicht allein die räumliche Zusammenballung von Meßpunkten gemeint, sondern darüber hinaus die bevorzugte Beprobung von Teilflächen des Untersuchungsgebietes, die besonders hohe Werte aufweisen, wie es häufig in der Lagerstättenprospektion und bei der Schadstoffmessung geschieht. Eine ausführlichere Diskusssion der notwendigen statistischen Voranalysen findet sich bei HEINRICH (1992).

Variogrammanpassung

Das Variogramm wird beim Kriging zur optimalen Bestimmung des Schätzgewichtes verwendet, d.h. für jede beliebige Distanz muß ein Variogrammwert verfügbar sein. Das experimentelle Variogramm

---

[2] Analog zur Varianz wird z.T. anstatt durch 2N durch 2(N-1) dividiert.

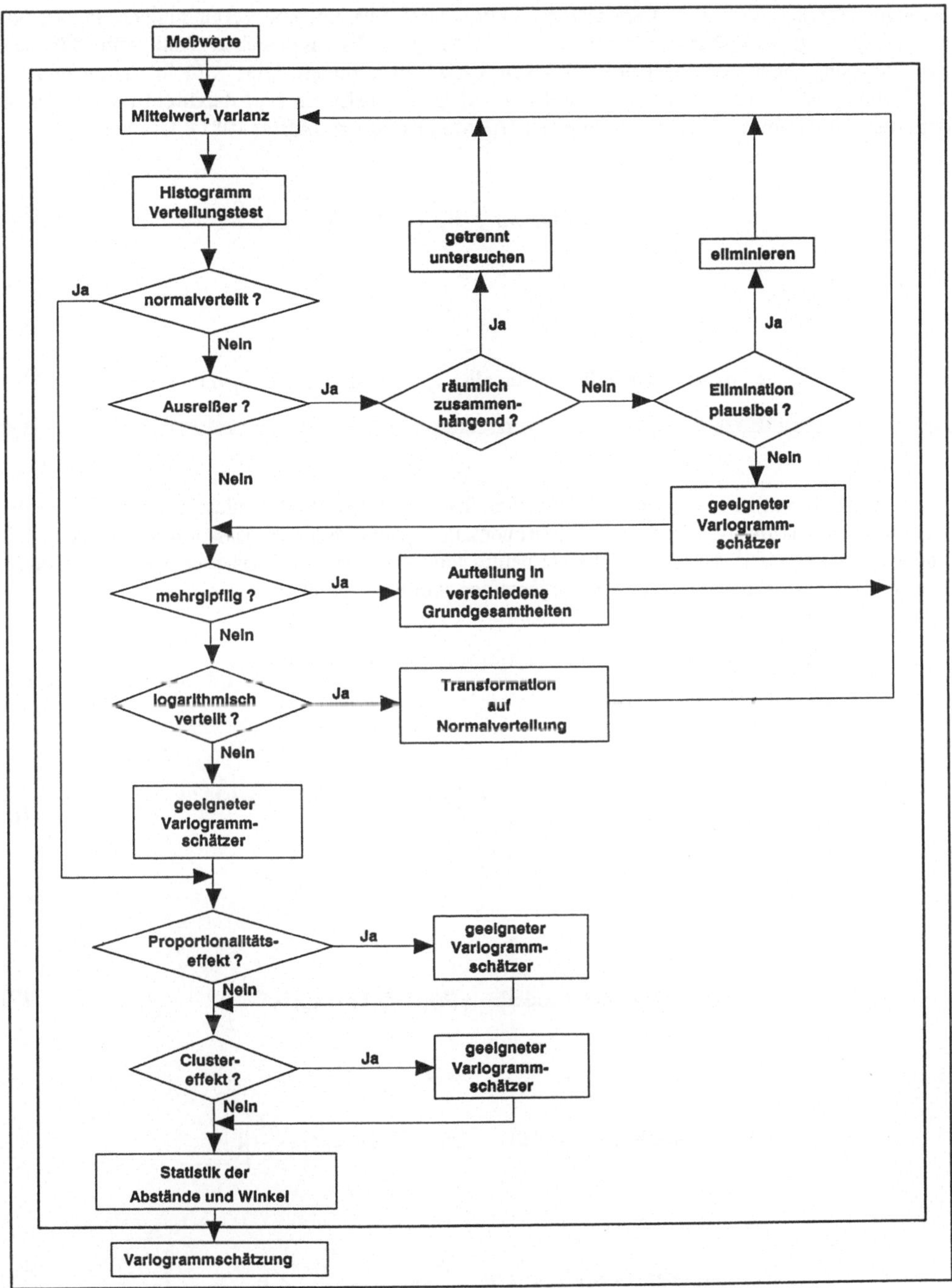

Abb. 4.7.5 Ablaufschema einer Datenanalyse im Vorfeld einer Variogrammschätzung.

genügt diesem Anspruch nicht, da es nur für bestimmte Distanzen vorliegt. Der Versuch, eine für beliebige Distanzen definierte Variogrammfunktion durch eine einfache Verbindung der Punkte oder durch eine Regressionskurve zu erreichen, ist ungeeignet. Es muß sichergestellt sein, daß beim Schätzvorgang durch Kriging keine negativen Varianzen auftreten. Dies wird im stationären Fall durch eine positiv definite Kovarianz (Gl.14) und im intrinsischen Fall durch ein bedingt positiv definites Variogramm (4.7.15) gewährleistet (ARMSTRONG & JABIN 1981). Das heißt:

$$\sum_{i=1}^{n}\sum_{j=1}^{n} \delta_i\,\delta_j\,C(x_i-x_j) \geq 0 \qquad \text{für alle } \delta_i,\, x_i,\, n \tag{14}$$

$$-\sum_{i=1}^{n}\sum_{j=1}^{n} \delta_i\,\delta_j\,\gamma(x_i-x_j) \geq 0 \qquad \text{für alle } x_i,\, n,\, \text{und für alle } \delta_i \text{ mit } \sum_{i=1}^{n}\delta_i = 0 \tag{15}$$

Es ist üblich, aus einer Familie von Modellen, die als autorisiert oder zulässig bezeichnet werden, eine Funktion auszuwählen und an das experimentelle Variogramm anzupassen. Die Abbildung 4.7.6 und 4.7.7 zeigen die in der Geostatistik am häufigsten verwendeten autorisierten Variogrammodelle. Die Variogrammparameter werden im allgemeinen wie folgt abgekürzt:

a   - Reichweite
C   - Schwellenwert
C_0 - Nuggeteffekt

$$\text{sphärisches Modell:} \quad \gamma(h) = \begin{cases} C\left(\dfrac{3|h|}{2a} - \dfrac{|h|}{2a^3}\right) & \text{für alle } h \leq a \\[2mm] C & \text{für } h > 0 \end{cases} \tag{16}$$

$$\text{exponentielles Modell:} \quad \gamma(h) = C\left[1-\exp\left(\frac{-|h|}{a}\right)\right] \tag{17}$$

$$(18) \quad \text{Gauß'sches Modell:} \quad \gamma(h) = C\left[1-\exp\left(\frac{-h^2}{a^2}\right)\right]$$

$$\text{Potenzmodell:} \quad \gamma(h) = w|h|^{\alpha} \qquad \text{mit } w > 0 \text{ und } 0 < \alpha < 0 \tag{19}$$

Modelle mit einem Schwellenwert (Gl.16-18, Abb. 4.7.6) werden als transitive Modelle bezeichnet. Die exponentiellen und sphärischen Modelle nähern sich asymptotisch einem Schwellenwert. Praktisch wird die Reichweite dann für die Entfernung festgesetzt, bei der 95% des Schwellenwertes erreicht sind. Transitives Verhalten zeigt Stationarität zweiter Ordnung (Gl.8 und

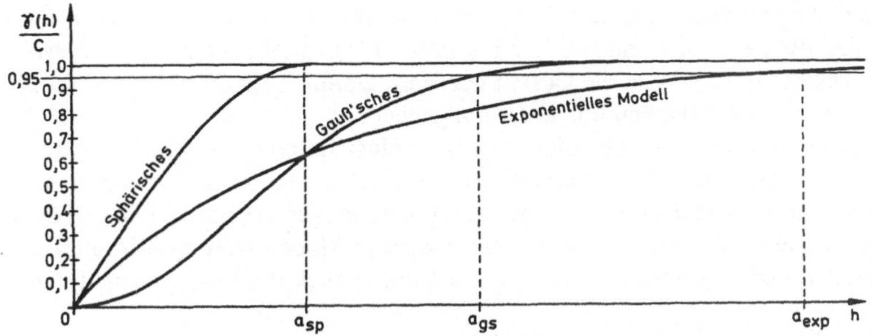

Abb. 4.7.6 Sphärisches, Gauß'sches und exponentielles Variogrammodell (AKIN & SIEMES 1988: 45).

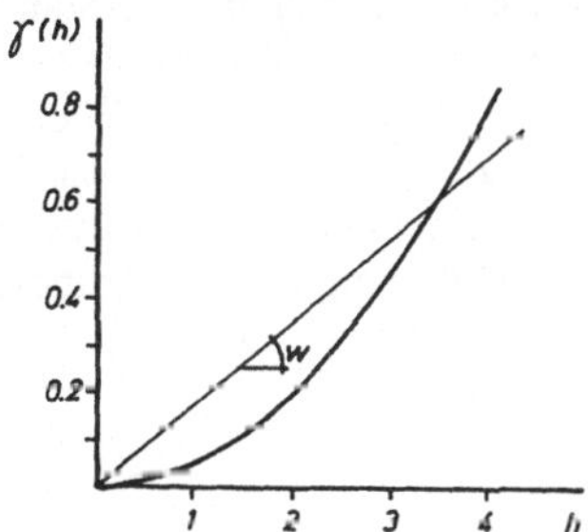

Abb. 4.7.7 Lineares Modell und Potenzmodell (AKIN & SIEMES 1988: 45).

4.7.9) an, und es folgt aus (Gl.12), daß der Schwellenwert gleich der statistischen Varianz ist. Diese Eigenschaft wird häufig bei der Variogrammanpassung benutzt, indem man den Schwellenwert gleich der statistischen Varianz setzt.

Modelle ohne Schwellenwert, wie (4.7.19, Abb. 4.7.7) zeigen an, daß die intrinsische Hypothese (Gl.10) erfüllt ist. Für Potenzen größer gleich 2 ist Gleichung (4.19) keine bedingt positiv definite Funktion mehr. Allgemein kann man zeigen, daß für bedingt positiv definite Variogrammfunktionen gilt (JOURNEL & HUIJBREGTS 1978: 39):

$$\lim_{|h| \to \infty} \frac{\gamma(h)}{|h|^2} = 0 \tag{20}$$

Das heißt, strebt h gegen unendlich, muß das Variogramm notwendigerweise langsamer als $|h|^2$ wachsen. Weist ein experimentelles Variogramm für großes h ein schnelleres Wachstum auf, dann zeigt dies Instationarität an.

In mehreren Untersuchungen wurde gezeigt, daß Kriging im allgemeinen eine gewisse Robustheit gegenüber der Variogrammanpassung aufweist, d.h. daß geringe Änderungen der Variogramm-parameter geringe Auswirkungen auf die Krigingergebnisse haben (DIAMOND & ARMSTRONG

1984, KRIGE 1981 und STEIN 1989). Das Hauptaugenmerk ist bei der Variogrammanpassung vor allem auf den Nuggeteffekt und den Variogrammanstieg im Bereich des Ursprungs zu richten (KRIGE & MAGRI 1982: 557 und BROOKER 1986: 487). Hierbei kann noch differenziert werden: Für die Güte des Schätzwertes ist die Gestalt des Variogramms, für die Güte der Schätzvarianz sind die absoluten Werte des Variogramms ausschlaggebend.

Ein angepaßtes Variogrammmodell sollte unbedingt hinsichtlich seiner Plausibilität geprüft werden. Es stellt eine Schätzung des dem beobachteten räumlichen stochastischen Prozesses zugrundeliegenden Variogramms dar und sollte daher mit den Vorstellungen über diesen Prozeß übereinstimmen. Ist dies nicht möglich, stellt sich die Frage, ob mit diesem Modell weitergearbeitet werden kann. Bei guter statistischer Variogrammabsicherung sind natürlich auch die Prozeßvorstellungen in Frage zu stellen.

Eine Möglichkeit, unter verschiedenen Variogrammmodellen zu entscheiden, bietet die Kreuzvalidierung. Hierbei wird jeweils ein Meßpunkt aus dem Datensatz ausgelassen und durch Kriging mittels der verbleibenden Meßpunkte unter Verwendung des zur Wahl stehenden Variogrammmodells ein Wert für diesen Punkt geschätzt. Für jeden Punkt wird die Differenz zwischen geschätztem und "realem" Wert quadriert und durch ihre Schätzvarianz dividiert. Es wird das Modell akzeptiert, für das der Mittelwert dieser Werte am nächsten bei Null und die Standardabweichung dieser Werte am nächsten bei Eins liegt. Das Verfahren macht keine Angaben dazu, wie groß die Abweichungen sein dürfen, um ein Modell noch akzeptieren zu können (YATES et al. 1986: 625). Es gibt nur eine Hilfestellung, um zwischen Alternativen zu entscheiden. Es erlaubt auch nur Rückschlüsse darauf, wie gut ein Modell die Stichprobe repräsentiert, aber nicht, ob es als repräsentativ für die Grundgesamtheit gelten kann. Die Kreuzvalidierung ist als Hypothesentestmethode ebenso ungeeignet (DAVIS, 1987: 247) wie für die Beseitigung des subjektiven Elements, das in der Variogrammanpassung steckt (CLARK 1986: 220).

Kriging

Mit dem Oberbegriff Kriging[3] wird eine Reihe von Schätzverfahren bezeichnet, die man entsprechend ihrer Voraussetzungen, Arbeitsweisen oder Möglichkeiten als stationär oder nichtstationär, linear oder nichtlinear, uni- oder multivariat charakterisieren kann. Gemeinsam ist ihnen, daß es Regressionstechniken sind, die eine Minimierung der Schätzvarianz zum Ziel haben. Die Grundidee entspricht dem von Wiener in den vierziger Jahren entwickelten optimalen Filter. Matheron hat die Theorien auf räumliche und nichtstationäre Prozesse erweitert (DELFINER & DELHOMME 1973: 101). Die nachfolgende Betrachtung beschränkt sich im wesentlichen auf das stationäre, lineare, univariante Kriging, "ordinary Kriging" genannt, das MATHERON (1963) eingeführt hat.

Kriging ist ein lokales Schätzverfahren mit gewichteter räumlicher Mittelwertbildung. Die Gewichte werden unter Berücksichtigung des Variogramms in dem Sinn optimiert, daß die Varianz der geschätzten Werte minimal ist und die Schätzwerte erwartungstreu sind, d.h. daß im Mittel die Abweichung zwischen den wahren und den geschätzten Werten Null ist. Einen Schätzer mit dieser Eigenschaft nennt man in der traditionellen Schätzstatistik BLUE, als Abkürzung für "best linear unbiased estimator". Nur im Sinn des besten linearen erwartungstreuen Schätzers ist die Bezeichnung

---

[3] So genannt nach dem südafrikanischen Ingenieur und Statistiker D.G. Krige.

optimaler Schätzer für lineares Kriging gerechtfertigt. Die Schätzwerte $z^*(x)$ ergeben sich aus einer Linearkombination der vorliegenden Werte mit den Gewichten δ:

$$z^*(x) = \sum_{i=1}^{n} \delta_i\, z(x_i) \tag{21}$$

$$\text{so daß gilt:}\quad E[Z(x)-Z^*(x)] = 0 \tag{22}$$

$$\text{und für die Schätzvarianz}\quad \sigma^2 = E[Z(x)-Z^*(x)]^2 = \min \tag{23}$$

Aus (Gl.21) und (Gl.8) folgt für (Gl.22):

$$E[Z(x)-Z^*(x)] = E[Z(x)-\sum_{i=1}^{n} \delta_i\, Z(x_i)]$$
$$= m - \sum_{i=1}^{n} \delta_i\, m = 0 \tag{24}$$
$$\rightarrow \sum_{i=1}^{n} \delta_i = 1$$

aus (Gl.24) und (Gl.21) folgt für (Gl.23):

$$\sigma^2 = E[\sum_{i=1}^{n} \delta_i Z(x)-\sum_{i=1}^{n} \delta_i Z(x_i)]^2$$
$$= E[\sum_{i=1}^{n} \delta_i(Z(x)-Z(x_i))]^2$$
$$= \sum_{j=1}^{n} \sum_{i=1}^{n} \delta_j\delta_i\, E[(Z(x)-Z(x_j))(Z(x)-Z(x_i))]$$
$$= \sum_{j=1}^{n} \sum_{i=1}^{n} \delta_j\delta_i\, (\frac{1}{2} E[Z(x)-Z(x_j)]^2 + \frac{1}{2} E[Z(x)-Z(x_i)]^2 - \frac{1}{2} E[Z(x_j)-Z(x_i)]^2)$$
$$= 2 \sum_{i=1}^{n} \delta_i \frac{1}{2} E[Z(x)-Z(x_i)]^2 - \sum_{j=1}^{n} \sum_{i=1}^{n} \delta_j\delta_i \frac{1}{2} E[Z(x_j)-Z(x_i)]^2$$

aus (Gl.10) folgt:

$$\sigma^2 = 2 \sum_{i=1}^{n} \delta_i\, \gamma(x,x_i) - \sum_{j=1}^{n} \sum_{i=1}^{n} \delta_j\delta_i\, \gamma(x_j,x_i) \tag{25}$$

Die Aufgabe besteht nun darin, die Schätzvarianz (Gl.23) unter der Bedingung zu minimieren, daß die Summe der Gewichte gleich Eins ist (Gl.24). Die Minimierung erfolgt nachdem Lagrange-Prinzip unter Bildung partieller Ableitungen. Man erhält für einen beliebigen Punkt x_0 ein lineares Gleichungssystem mit n+1 Unbekannten, das sogenannte Kriginggleichungssystem:

$$\sum_{j=1}^{n} \delta_i\, \gamma(x_i, x_j) + \mu = 2\gamma(x_i, x_0)$$
$$\sum_{i=1}^{n} \delta_i = 1$$

(26)

mit i, j = 1,...,n und dem Lagrangeschen Multiplikator μ.

Für die minimale Schätzvarianz, die auch als Krigevarianz bezeichnet wird, erhält man:

$$\sigma_K^2 = \mu + \sum_{i=1}^{n} \delta_i\, \gamma(x_i, x_0)$$

(27)

Einige Eigenschaften des Krigingschätzers sind:

- Das Kriginggleichungssystem ist genau dann eindeutig lösbar, wenn das Variogramm bedingt positiv definit ist.

- Kriging ist ein exakter Interpolator, d.h. wird ein Punkt aus der Stichprobe geschätzt, ist der Schätzwert gleich dem Stichprobenwert und $\sigma_K^2 = 0$.

- Das Kriginggleichungssystem und die Krigevarianz hängen nur vom Variogramm und der relativen Lage der Meßpunkte ab.

- Eine geschätzte Oberfläche ist glatter als die reale Oberfläche, d.h. hohe Werte werden unterschätzt und niedrige Werte werden überschätzt.

- Gewichte werden entsprechend ihrer räumlichen Abhängigkeit, gemessen durch das Variogramm, vergeben, d.h. naheliegende Punkte erhalten höhere Gewichte.

- Richtungsabhängigkeiten werden bei der Gewichtsvergabe berücksichtigt.

- Liegt zwischen einem Meßpunkt und dem zu schätzenden Punkt ein anderer Meßpunkt, dann wird ersterer von diesem abgeschirmt ("screen-effect"), d.h. er erhält ein niedrigeres Gewicht als es seiner Entfernung zu dem schätzenden Punkt entspräche. Dieser Effekt fällt vor allem beim Auftreten von Punkt-Clustern ins Gewicht.

- Mit zunehmendem Nuggeteffekt verlieren die naheliegenden Meßwerte an Bedeutung, die weiter entfernten erhalten höhere Gewichte.

- Bei einem reinen Nuggeteffekt, d.h. wenn die Meßpunkte räumlich unkorreliert sind, erhalten alle Punkte das gleiche Gewicht. Dieses entspricht der Mittelwertbildung in der klassischen Statistik, bei Unabhängigkeit ist das arithmetische Mittel der beste Schätzer.

Die Krigevarianz sinkt, je mehr Punkte zur Schätzung herangezogen werden, so daß unter dem Gesichtspunkt der Varianzminimierung alle Meßpunkte zur Schätzung eines Punktes benutzt werden müßten. In der Praxis ist eine Beschränkung auf eine lokale Nachbarschaft aus Gründen der Rechenzeit und der numerischen Stabilität erforderlich und üblich. RIVOIRARD (1987) zeigt an einem Beispiel mit Ordinary Kriging und einem sphärischen Variogramm, daß bei einem regelmäßigen Proberaster bei mehr als 25 Proben nur noch eine unwesentliche Minimierung zu erreichen ist. DAVIS & GRIVET (1984) diskutieren Vor- und Nachteile einer gleitenden gegenüber einer globalen Nachbarschaft. Auch wenn eine gleitende Nachbarschaft im allgemeinen geringe Auswirkungen auf die Schätzgüte hat, kann es zu Diskontinuitäten in der Neigung der zu schätzenden Oberfläche führen. DAVIS & GRIVET (1984: 265) kommen zu dem Schluß, daß erfahrungsgemäß zwischen dem lokalen und dem globalen Ansatz im Ergebnis keine signifikanten Unterschiede festzustellen sind. Aus den oben aufgeführten Eigenschaften des Krigingschätzers lassen sich einige Anhaltspunkte ableiten, wie groß die Nachbarschaft sein sollte. Liegt kein Nuggeteffekt vor, bewirkt der Abschirmeffekt, daß die am nächsten liegenden Punkte auch den größten Einfluß erlangen. Also sollte mit zunehmendem Nuggeteffekt auch die lokale Nachbarschaft größer werden.

Überblick über Krigingverfahren

In Abbildung 4.7.8 sind einige Krigingschätzer nach steigender Schätzvarianz und den nach unten abnehmenden Voraussetzungen aufgeführt. Die Auflistung ist nicht vollständig. Sie zeigt aber die Spannweite der Verfahren von der bedingten Erwartung mit der geringsten Schätzvarianz und dem größten Bedarf an Vorwissen bis hin zum Universal Kriging, dem Verfahren mit der größten Schätzvarianz und den geringsten Voraussetzungen. Eine Übersicht über diese und weitere Verfahren geben in einheitlicher Notation JOURNEL (1977) und CRESSIE (1989). Der bestmögliche Schätzer mit minimaler Schätzvarianz ist die bedingte Erwartung. Sie verlangt die Kenntnisse der Verteilungsfunktionen der Zufallsvariablen und der daraus zusammengesetzten mehrdimensionalen Verteilungsfunktion der Zufallsfunktion, welche aus einer einzigen endlichen Realisation nicht zu gewinnen sind. Wegen der lukrativen Eigenschaften der bedingten Erwartung, z.B. der Angabe der lokalen Schätzgenauigkeit, wurde der Versuch unternommen, sie durch Annahme von Randbedingungen zu ersetzen. MATHERON (1976) hat das Disjunktive Kriging als Ersatz für die bedingte Erwartung vorgeschlagen. Es erfordert Stationarität sowie uni- und bivariate normalverteilte Verteilungsfunktionen.

Nach JOURNEL (1983: 446) liegt ein entscheidender Grund für den Erfolg der klassischen linearen Krigingtechniken darin, daß die Modelle für die räumliche Abhängigkeit aus den Daten gewonnen werden. Die nichtlinearen Verfahren benutzen hingegen nicht mehr das Variogramm als Hauptwerkzeug, sondern verwenden Annahmen über die Verteilungsfunktion, die nicht mehr aus den Daten abschätzbar sind. Diese Verfahren sind sehr leistungsfähig, aber auch sehr empfindlich gegenüber falschen Modellannahmen (JOURNEL 1986: 137).

Um bei dem linearen Verfahren, dem Ordinary Kriging, das Variogramm schätzen zu können, wird Stationarität 2. Ordnung vorausgesetzt. Da für viele Prozesse diese Annahme zu strikt ist, wurde das Universal Kriging eingeführt. Es erlaubt auch die Behandlung nichtstationärer Prozesse (MATHERON 1971). Es wird angenommen, daß der Prozeß aus einer stochastischen und einer deterministischen Komponente zusammengesetzt ist. Universal Kriging ist dann geeignet, wenn die stochastische Komponente in Form des Variogramms oder die deterministische Komponente in Form des Trends bekannt ist. Problematisch wird die Anwendung, wenn beide Komponenten aus den Daten geschätzt werden müssen, was den Anlaß zur Entwicklung der Theorie der verallgemeinerten Kovarianzen gab.

Das Disjunktive Kriging ist wohl das am meisten eingesetzte nichtlineare Verfahren. Es wurde auch bereits außerhalb des klassischen Anwendungsgebietes, der Lagerstättenforschung eingesetzt. Im stationären Fall kann es bei ausreichendem Stichprobenumfang und nicht allzu großer Abweichung von der Normalverteilung durchaus als Alternative zum Ordinary Kriging verwendet werden.

	Krigingverfahren	Voraussetzungen	
nicht linear	bedingte Erwartung	mehrdimensionale Verteilungsfunktion	
	disjunktives Kriging	zweidimensionale Verteilungsfunktionen Stationarität	zunehmende
linear	ordinary Kriging	Variogramm Stationarität	Schätzvarianz
	universal Kriging	Variogramm Trend	

Abb. 4.7.8 Hierarchie verschiedener Krigingschätzer (nach JOURNEL 1977: 584).

Eine interessante Möglichkeit, die Validität einer raum-zeitlichen Schätzung zu erhöhen, bietet das multivariate Cokriging (MYERS 1982 u. 1983). Es nutzt bei der Schätzung eine bestehende Korrelation zwischen den zu schätzenden Prozessen. Um eine deutliche Verbesserung vermerken zu können und angesichts des deutlich höheren Arbeitsbedarfs gegenüber univariaten Verfahren, muß eine hohe Korrelation vorliegen. Dieses Verfahren arbeitet auch dann, wenn ein Prozeß unterbeprobt ist, d.h. einen geringeren Stichprobenumfang aufweist als die anderen. Dies eröffnet die Möglichkeit auch für einen schlecht zu beprobenden Prozeß, sei es wegen hoher Analysekosten oder aufwendiger Probenahme, mit Hilfe eines hochkorrelierten, aber leicht zu beprobenden Prozesses, eine valide Schätzung zu erhalten. LEENAERS et al.(1989) schätzen so z.B. die Zinkkontamination im Überflutungsgebiet eines Flusses mit Hilfe der Geländehöhe.

Schätzfehler

Die Möglichkeit, einen Schätzfehler angeben zu können, unterscheidet die geostatistischen Verfahren von den meisten anderen Interpolations- und Schätzverfahren. In der Literatur wird häufig darauf hingewiesen, daß unter Ausnutzung dieser Eigenschaft eine Meßnetzoptimierung (BRUN & LOPEZ 1986, HUGHES & LETTENMAIER 1981) und durch die Konstruktion von Konfidenzintervallen eine Aussage über die Zuverlässigkeit der Schätzung (SIMPSON 1985) vorgenommen werden kann. Man muß sich aber dabei der Konstruktion dieses Schätzfehlers bewußt sein, um nicht der Gefahr einer Überinterpretation zu erliegen. Wie JOURNEL (1986: 131) bemerkt, ist die Krigevarianz wahrscheinlich eines der am meisten mißbrauchten Werkzeuge in der Geostatistik.

Als Fehler einer Schätzung wird die Abweichung zwischen dem geschätzten und dem wahren Wert bezeichnet. Die Schätzvarianz ist der Erwartungswert des quadrierten Unterschiedes zwischen geschätztem und wahrem Wert (Gl.23). Sie kann daher als Fehlermaß interpretiert werden. Der wahre Wert ist natürlich unbekannt, wie aber gezeigt wurde, kann die Schätzvarianz in eine Form überführt werden, die im wesentlichen nur noch von dem Variogramm abhängig ist (Gl.25). Die Minimierung von (Gl.25), die Krigevarianz (Gl.27), dient als Schätzfehler. Sie liefert für jeden zu schätzenden Wert eine Fehlerangabe. Die Krigevarianz hängt aber nur vom Variogramm und der relativen Geometrie der Meßpunkte ab, ist aber unabhängig von den Meßwerten, mit der Ausnahme, daß das Variogramm aus ihnen geschätzt wird. Stellt man die Schätzfehler flächenhaft dar, dann zeigt sich ihre unmittelbare Abhängigkeit von der Meßnetzkonfiguration: Die höchsten Werte weisen die vom nächsten Meßpunkt am weitesten entfernten Flächen auf. Aufgrund der Unabhängigkeit von den konkreten lokalen Meßwerten kann die Krigevarianz kein Maß für die lokale Genauigkeit der Schätzung sein (JOURNEL 1986: 135). Diese Unabhängigkeit eröffnet die Möglichkeit, die Auswirkung verschiedener Meßnetzkonfigurationen auf die Minimierung der Schätzvarianz zu berechnen. Will man Angaben über die lokale Aussagesicherheit einer Schätzung geben, die auch von den Meßwerten abhängt, so muß man auf nichtlineare Verfahren zurückgreifen.

Zur Errichtung von Konfidenzintervallen ist die Kenntnis der Verteilung der Fehler notwendig. Im allgemeinen wird von normalverteilten Fehlern ausgegangen, was aber nur bei einer Normalverteilung der Aussagedaten zutrifft. Bei schiefer Verteilung der Stichprobe ist auch die Fehlerverteilung schief (KRIGE 1981: A41). Wie DOWD (1989: 82) berichtet, wurde dem Problem, realistische Konfidenzintervalle für die Krigingschätzwerte zu schätzen, bislang überraschend wenig Aufmerksamkeit geschenkt. Da in der Praxis selten reine Normalverteilungen vorkommen, angesichts der noch ungelösten Probleme bei Abweichungen davon und der zahlreichen Unwägbarkeiten, die sonst im Verlauf der Schätzprozedur auftreten können, erscheint die Angabe von zuverlässigen realistischen Konfidenzintervallen schwierig.

Zitierte Literatur

AKIN, H. & SIEMES, H. (1988): Praktische Geostatistik.- Berlin

ARMSTRONG, M. (1984): Common problems seen in variograms. In: Mathematical Geology, 16(3): 305-313

M. ARMSTRONG (ed.) (1989): Geostatistics (Vol.1). Dordrecht Third International Geostatistics Congress. Avignon, 5.-9. Sept. 1988

ARMSTRONG, M. & JABIN, R. (1981): Variogram models must be positive-definite. In: Mathematical Geology, 13(5): 455-459

BAHRENBERG, G., GIESE, E., NIPPER, J., SCHICKHOFF, I. & STREIT, U. (1978): Methoden der quantitativen Geographie. Eine Sammlung und Erläuterung von Begriffen. In: Werkstattpapiere, 5: 59

BREEN, J.J. (ed.) (1985): Environmental Applications of Chemometrics, Washington D.C. (Am. Chem. Soc. Symposium Series 292)

BROOKER, P. I. (1986): A parametric study of robustness of kriging variance as a function of range and relative nugget effect for a spherical semivariogram. In: Mathematical Geology, 18(5): 477- 488

BRUN, T. & LOPEZ, C. (1986): Some applications of regionalized variables, theory to soil sampling problems. In: GOMEZ, A., LESCHNER R., & L'HERMITE, P. (eds.): Sampling Problems for Chemical Analysis of Sludge, Soil and Plants. New York, London: 55-65

BURROUGH, P. A. (1986): Principles of Geographical Information Systems for Land Resources Assessment (Monographs on Soil and Resources Surveys 12). Oxford.

CAMPBELL, J. B. (1978): Spatial variation of sand content and pH within single contiguous delineations of two soil mapping units. In: Journal of the Soil Science Society of America, 42: 460-464

CLARK, I. (1979): Practical Geostatistics.- Essex

CLARK, I. (1986): The art of cross validation in geostatistical applications. In: Proceedings of the 19th International Symposium APCOM: 211-220

CRESSIE, N. (1980): Straight line fitting and variogram estimation. In: Bulletin of the International Statistical Institute, 3: 573- 581

CRESSIE, N. (1989): The many faces of spatial prediction. In: M. ARMSTRONG (ed.): Geostatistics (Vol.1). Dordrecht Third International Geostatistics Congress. Avignon, 5.-9. Sept. 1988: 163-176

DAVID, M. (1977): Geostatistical Ore Reserve Estimation.- Amsterdam

DAVIS, B. M. (1987): Uses and abuses of cross-validation in geostatistics. In: Mathematical Geology, 19(3): 241-248

DAVIS, J.C. & MCCULLAGH, M.J. (eds.) (1973): NATO ASI Display and Analysis of Spatial Data.- New York

DAVIS, M. W. & GRIVET, C. (1984): Kriging in a global neighbourhood. In: Mathematical Geology, 16(3): 249-265

DELFINER, P. (1975): Linear estimation of non stationary spatial phenomena. In: GUARASCIO, M., DAVID, M. & HUIJBREGTS, C. (eds.): Advanced Geostatistics in the Mining Industry Dordrecht, (NATO ASI Series. Series C: Mathematical and Physical Sciences Vol.24): 49-68

DELFINER, P. & DELHOMME, J. P. (1973): Optimum interpolation by kriging. In: DAVIS, J.C. & MCCULLAGH, M.J. (eds.): NATO ASI Display and Analysis of Spatial Data. New York: 96-114

DIAMOND, P. & ARMSTRONG, M. (1984): Robustness of variograms and conditioning of kriging matrices. In: Mathematical Geology, 16(8),: 809-822

DOWD, P. A. (1984): The variogram and kriging: robust and resistant estimators. In: VERLY, G. et al. (eds.): Geostatistics for Natural Resources Characterization (Vol.1). Dordrecht: 91-106

DOWD, P. A. (1989): Generalized cross-covariances. In: M. ARMSTRONG (ed.): Geostatistics (Vol.1). Dordrecht Third International Geostatistics Congress. Avignon, 5.-9. Sept. 1988: 151-162

DUTTER, R. (1985): Geostatistik.- Stuttgart

FINKE, K. (1983): Identifikation, Parameterschätzung und Güteprüfung von STARMA-Modellen. Eine Darstellung des Modellkonzeptes, veranschaulicht am Beispiel der Bevölkerungssub-urbanisierung in einem Umlandsektor Bremens. In: Bremer Beiträge zur Geographie und Raumplanung, 5: 218

GOMEZ, A., LESCHNER R., & L'HERMITE, P. (eds.): Sampling problems for chemical analysis of sludge, soil and plants. New York, London

GUARASCIO, M., DAVID, M. & HUIJBREGTS, C. (eds.) (1975): Advanced Geostatistics in the Mining Industry Dordrecht, (NATO ASI Series. Series C: Mathematical and Physical Sciences Vol.24)

HEINRICH, U. (1992): Zur Methodik der räumlichen Interpolation mit geostatistischen Verfahren.- Wiesbaden

HUGHES, J. P. & LETTENMAIER, D. P. (1981): Data requirements for kriging: Estimation and network design. In: Water Resources Research, 17(6): 1641-1650

JOURNEL, A. G. (1977): Kriging in terms of projections. In: Mathematical Geology, 9(6): 563-586

JOURNEL, A. G. (1983): Nonparametric estimation of spatial distributions. In: Mathematical Geology, 15(3): 445-468

JOURNEL, A. G. (1986): Geostatistics: Models and tools for the earth sciences. In: Mathematical Geology, 18(1): 119-140

JOURNEL, A. G. & HUIJBREGTS, C. J. (1978): Mining Geostatistics.- New York

KRIGE, D. G. (1981): Lognormal- de Wijsian geostatistics for Ore evaluation (Geostatistics 1). In: Journal of the South African Institute of Mining and Metallurgy: 1-51

KRIGE, D. G. & MAGRI, E. J. (1982): Studies of the effects of outliers and data transformation on variogram estimates for a base metal and a gold ore body. In: Mathematical Geology, 14(6): 557-564

LEENAERS, H., OKX, J. P. & BURROUGH, P. A. (1989): Cokriging : An accurate and inexpensive means of mapping floodplain soil pollution by using elevation data. In: M. ARMSTRONG (ed.): Geostatistics (Vol.1). Dordrecht Third International Geostatistics Congress. Avignon, 5.-9. Sept. 1988: 371-382

MATHERON, G. (1963): Principles of geostatistics. In: Economic Geology, 58: 1246-1266

MATHERON, G. (1965): Les Variables Régionalisées et leur Estimation.- Paris

MATHERON, G. (1971): The Theory of Regionalized Variables and its Application.- Fontainebleau (Les Cahiers du Centre de Morphologie Mathématique de Fontainebleau, 5)

MATHERON, G. (1976): A simple substitute for conditional expectation: The disjunctive kriging. In: Proceedings of the NATO ASI, Advanced Geostatistics in the Mining Industry, 75: 221-236

McCULLAGH, M. J. (1981): Creation of smooth contours over irregularly distributed data using local surfaces patches. In: Geographical Analysis, 13(1): 51-63

MYERS, D. E. (1982): Matrix formulation of co-kriging. In: Mathematical Geology, 14(3): 249-257

MYERS, D. E. (1983): Estimation of linear combinations and co-kriging. In: Mathematical Geology, 15(5): 633-637

MYERS, D. E., BEGOVICH, C. L., BUTZ, T. R. & KANE, V. E. (1982): Variogram models for regional groundwater geochemical data. In: Mathematical Geology, 14(6): 629-644

OLIVER, M. A. & WEBSTER, R. (1986): Semi-variograms for modelling the spatial pattern of landform and soil properties. In: Earth Surface Processes and Landforms, 11: 491-504

RHIND, D. (1975): A skeletal overview of spatial interpolation techniques. In: Computer Applications, 2: 293-309

RIVOIRARD, J. (1987): Teacher's aide. Two key Parameters when choosing the kriging neighborhood. In: Mathematical Geology, 19(8): 851-856

SCHULZ, H. D. (1986): Regionalisierung von Daten zur Grundwasserbeschaffenheit. In: DVWK Schriftenreihe, 78: 99-113

SIMPSON, J. C. (1985): Estimation of spatial patterns and inventories of environmental contaminants using kriging. In: BREEN, J.J. (ed.): Environmental Applications of Chemometrics, Washington D.C. (Am. Chem. Soc. Symposium Series 292)

SOLOW, A. R. (1984): The analysis of second-order stationary processes: Time series analysis, spectral Analysis, harmonic analysis and geostatistics. In: VERLY, G. et al. (eds.) (1984): Geostatistics for Natural Resources Characterization (Vol.1), Dordrecht: 573:585

STEIN, M. (1989): The loss of efficiency in kriging prediction caused by certain misspecifications of the covariance structure. In: M. ARMSTRONG (ed.): Geostatistics (Vol.1). Dordrecht Third International Geostatistics Congress. Avignon, 5.-9. Sept. 1988: 24-33

STREIT, U. (1981): Zur Methodik der Interpolation und Mittelbildung punktbezogener Daten bei räumlichen Informationssystemen. In: Klagenfurter Geographische Schriften, 2: 309-333

TIPPER, J. C. (1979): Surface Modelling Techniques.- Lawrence

TUKEY, J. W. (1977): Exploratory Data Analysis.- Reading

VANMARCKE, E. (1983): Random Fields.- Cambridge

VERLY, G. et al. (eds.) (1984): Geostatistics for Natural Resources Characterization (Vol.1). Dordrecht

YATES, S. R., WARRICK, A. W. & MYERS, D. E. (1986): Disjunctive kriging - 2. Ex-amples. In: Water Resources Research, 22(5): 623-630

5.1 Korrespondenzanalytische Standortstypisierung der alten Bundesländer

Lutz Vetter

Zusammenfassung

Umweltforschung produziert Daten. Diese müssen statistisch analysiert und mit Blick auf Handlungsoptionen bewertet werden. Die Entwicklung und Anwendung neuer statistischer Methoden gilt in diesem Zusammenhang als ein wichtiger Arbeitsschwerpunkt (JÄGER 1987: 57).

Zu diesem Zweck wird in diesem Kapitel die Anwendung der in der deutschen Umweltforschung weitestgehend unbeachteten Korrespondenzanalyse vorgestellt. Dies geschieht am Beispiel einer 12000 Zeilen (Fälle, Beobachtungseinheiten) und 10 Spalten (Merkmale, Variablen) umfassenden Matrix nominal und ordinal skalierter Daten. Diese wurden von FRÄNZLE et al. (1987) per Digitalisierung aus geowissenschaftlichen Karten erhoben und dienten der Auswahl repräsentativer Landschaftsausschnitte für das deutsche Ökosystemforschungsprogramm.

Bei diesen Arbeiten bereitete der Umfang des Datenaggregates rechentechnische Schwierigkeiten: Der Algorithmus zur Selektion repräsentativer Forschungsstandorte erforderte eine enorm lange Rechenzeit. Es erwies sich als nachteilig, daß kein statistisches Verfahren zur explorativen Datenanalyse, das ähnlich geeignet ist wie die Biplot-Technik für kontinuierliche Daten (GABRIEL et al. 1976, Kap. 4.6).

Daher ist es Ziel dieses Kapitels aufzuzeigen, daß die Korrespondenzanalyse sehr gut geeignet ist, die wichtigsten Standortsmerkmale unterschiedlicher Bodennutzungssysteme in der alten Bundesrepublik aus diesem Datensatz rechentechnisch mühelos herauszufiltern und graphisch darzustellen. Damit trägt die Anwendung der Korrespondenzanalyse dazu bei,

a) Strukturen umfangreicher Datenaggregate zu erkennen und

b) die wesentlichen Prädiktoren für eine Zielvariable zu benennen. Hierauf aufbauend ließen sich dann "sparsame" regressionsanalytische Modelle oder sinnvolle nachbarschaftsanalytische Auswahlprozeduren (Kap. 4.4) konzipieren. Korrespondenzanalysen ermöglichen auch - wo erfoderlich - die Bestimmung von Klassenzahlen einerseits oder die Überprüfung von Gruppierungsergebnissen (entsprechen sie den Datenstrukturen?) andererseits (FRÄNZLE et al. 1980; MICH 1983; VOGEL 1975: 294 ff.).

Umweltforschung als Grundlage der Umweltpolitik

Der auf die Wissenschaft gerichtete gesellschaftliche Erwartungsdruck bezüglich der Erarbeitung von Strategien zur Lösung der Umweltprobleme wächst seit den siebziger Jahren (LÜBBE 1987: 33; SIMONIS 1992: 83). In diesem Zusammenhang gelten Informationen über den Zustand der Umwelt als wichtige Grundlage vorsorgender Umweltpolitik (§ 1 UStatG in STORM 1987: 33; DREIßIGACKER 1987; GLAESER 1989: 30 f.; GÖB et al. 1987; JÄGER 1987; v. LERSNER 1987; v. PRITTWITZ 1990: 53; VOGEL 1987; WAHRENDORF 1987).

Diese Ansicht wird bereits von ELLENBERG et al. (1978) vertreten. In ihrer Denkschrift für die Bundesregierung "Ökosystemforschung im Hinblick auf Umweltpolitik und Entwicklungsplanung" wird ein Konzept für die Erarbeitung eines ökologischen Informations- und Bewertungssystems vorgelegt. Umweltschutzmaßnahmen sollten demnach auf der Bewertung von Informationen aus Umweltprobenbank, ökologischer Umweltbeobachtung und vergleichender Ökosystemforschung basieren (SCHRÖDER & DASCHKEIT 1993).

Die Ökosystemforschung müsse dabei Kenntnisse über Funktionen und Belastbarkeit von

Ökosystemen für die Umweltplanung erarbeiten. Hierzu seien u.a. vergleichende Analysen typischer, d.h. - operational definiert - repräsentativer Ökosystemkomplexe im Rahmen multidisziplinärer Langfristprogramme erforderlich.

Standorte für die deutsche Ökosystemforschung

Die Auswahl repräsentativer Räume für die vergleichende Ökosystemforschung war dann fast zehn Jahre später Ziel des vom Bundesminister für Umwelt, Naturschutz und Reaktorsicherheit (BMU) und dem Umweltbundesamt (UBA) geförderten F+E-Vorhabens "Auswahl der Hauptforschungsräume für das Ökosystemforschungsprogramm der Bundesrepublik Deutschland" (FRÄNZLE et al. 1987). Hauptkriterium der dabei angewendeten Auswahlprozedur ist die regionale Repräsentanz der selektierten Ökosysteme. Sie wird als Voraussetzung für eine möglichst weitreichende Extrapolierbarkeit der in den einzelnen, detailliert zu erforschenden Arealen gewonnenen Erkenntnisse auf außerhalb der Forschungsräume gelegene Gebiete betrachtet (Kap. 2). Zudem sollten möglichst viele unterschiedliche Ökotoptypen ausgewählt werden, um die Variabilität der ökosystemaren Ausstattung der Bundesrepublik auf der Basis der zur Verfügung stehenden ökologischen Flächeninformationen angemessen zu erfassen.

Die Auswahl der Ökosystemforschungsstandorte läßt sich in eine statistisch untermauerte Vorauswahl und eine hierauf sowie auf Expertenurteil und einem zusätzlichen Kriterienkatalog basierende Endauswahl gliedern (FRÄNZLE et al. 1987; SCHRÖDER et al. 1992). Dieses Vorgehen wurde bereits zuvor erstmals erfolgreich in einem anderen Forschungsvorhaben erprobt (FRÄNZLE et al. 1986, 1989; SCHRÖDER 1989).

Zur Vorauswahl repräsentativer Ökosysteme für den Bereich der alten Bundesrepublik Deutschland zogen FRÄNZLE et al. (1987) geowissenschaftliche Karten heran, auf denen die regionale Differenzierung folgender, für terrestrische Ökosysteme bei kleinmaßstäbiger Betrachtung relevanter Standortmerkmale abgebildet ist (Tab. 5.1.1): Bodennutzung (1), Bodentypen (2), potentielle natürliche Vegetation (3), mittlere jährliche Niederschlagshöhen (4), mittlere jährliche Verdunstung (5), Bodengüte (6), substratspezifisch definierte Erosionsanfälligkeit der Böden (7), pflanzenverfügbare Wassermenge (8), Vegetationszeit (Dauer des produktiven Pflanzenwachstums) (9) sowie orographische Höhenlage (10). Diese analogen Karteninformationen wurden für die EDV-gestützte statistische Auswertung durch Punkt-Digitalisierung (11945 20.8 km^2 große Landschaftsausschnitte der ehemaligen Bundesrepublik) erhoben.

Zur Auswertung dieser Informationen wurde in oben erwähntem FE- Vorhaben ein spezielles Programm entwickelt, das ein Bestimmen der Ähnlichkeit bzw. Unähnlichkeit zwischen jedem der durch zehn ökologische Merkmale unterschiedlicher Ausprägung beschreibbaren 11945 digitalisierten Punkt und der Restpunktmenge benennt. Jenseits möglicher Einwände gegen die Aussagekraft des so gewonnenen nicht-metrischen Primärdatenmaterials ist die intersubjektive Überprüfbarkeit dieses Vorgehens positiv zu bewerten. Der enorme Rechenaufwand (84 Stunden CPU run time) ist jedoch Anlaß zu zeigen, daß die Reduzierung eines so umfangreichen Datensatzes nach Maßgabe der wichtigsten Variablenzusammenhänge mit Hilfe der Korrespondenzanalyse sinnvoll ist.

Für den knapp skizzierten Datensatz wurden zu diesem Zweck mehrere Korrespondenzanalysen gerechnet, von denen nun zwei in ihren wesentlichen Ergebnissen dargestellt werden sollen. Diese korrespondenzanalytischen Untersuchungen stellen eine orientierende Vorstufe einer Regionalisierung (Kap. 2) insofern dar, als sie die dem Datensatz inhärenten Strukturen in einer zweidimensionalen Abbildung darstellen.

Überlegungen zur Methodenwahl

In der deutschen und angloamerikanischen Fachliteratur werden überwiegend loglineare Modelle zur

Tab. 5.1.1 Variablenliste und deren Merkmalsausprägungen

	V 1	V 2	V 3	V 4	V 5
C o d e	Nutzung	Bodenkarte	Vegetation	Mittlere Niederschlagshöhe (mm)	Verdunstung (mm)
1	Sonderkulturen	Rendsinen -Terrae	Bruch - Auenwald	< 500	< 450
2	Hackfrucht	Tschernoseme	Moorvegetation	500 - 600	450 - 500
3	Getreide	Braunerden I	Eichenmischwald	600 - 800	500 - 550
4	Grünland	Braunerden II	Eich.-Hainbuch. W.	800 - 1000	550 - 600
5	Gemischter Anbau	Parabraunerden I	Eichen-Buchenw.	1000 - 1200	> 600
6	Wald	Parabraunerden II	Buch.W.N.st. arm	1200 - 1400	
7		Pseudogleye	Buch.W.N.st. reich	1400 - 1600	
8		Podsole	Buch.W.-Nadelhain	1600 - 1800	
9		Wechselnde Typen	Nadelwälder	1800 - 2000	
10		Niederungsböden	Schuttvegetation	> 2000	
11		Marschböden			
12		Moore			
13		Sonstige			

	V 6	V 7	V 8	V 9	V 10
C o d e	Bodengüte (Ertragszahl)	Erosionsanfälligkeit	Pflanzenverfügbare Wassermenge (mm/qm)	Vegetationszeit (Tage)	Orographie
1	bis 20	U. Lehm	< 100	> 240	< 10
2	21 - 25	U. - S. Lehm	100 - 200	230 - 240	10 - 50
3	26 - 32	U. Lehm - Lehm	> 200	220 - 230	50 - 100
4	33 - 40	Lehm - L. Lehm		210 - 220	100 - 200
5	41 - 50	L. Sand - Sand		200 - 210	200 - 500
6	51 - 63	U. Lehm, S. Lehm		190 - 200	500 - 1000
7	64 - 80	Lehm, skelettfrei		180 - 190	1000 - 1500
8	> 80	L. Sand		< 180	1500 - 2000
9	nicht erfaßt	Sand, trocken			> 2000
10		Niedermoor			
11		L. Sand, naß			
12		Marsch, Aue			
13		L. Sand, teilw. naß			

Analyse kategorialer (d.h. nominaler, ordinaler und diskretisierter metrischer) Daten empfohlen (ARMINGER et al. 1981; AUFHAUSER & FISCHER 1985; EVERITT & DUNN 1978; GRIZZLE et al. 1969; HABERMAN 1973, 1974; STEINER 1987; THEUNIS & KOTZE 1981). Hingegen finden in Frankreich und Japan die Korrespondenzanalyse und analoge Verfahren breite Anwendung.

Die loglinearen Modelle und die Korrespondenzanalyse erweisen sich nach v.d. HEIJDEN & LEEUW (1985) als komplementär. In diesem Kapitel geht es jedoch aus unten aufgelisteten Gründen um die Anwendung der als "analyse des correspondances" insbesondere durch die Arbeitsgruppe um BENZÉCRI (1963) bekannt gewordene Technik, die auf mehrere voneinander unabhängige Ansätze zurückzuführen ist. Diese fanden mit unterschiedlichen Namen Eingang in die Literatur, so u.a. als "optimal scaling", "reciprocal averaging", "optimal scoring" und "appropriate scoring" in den USA, "quantification method" in Japan, "homogeneity analysis" in den Niederlanden, "dual scaling" in Kanada sowie als "scalogram analysis" in Israel. Eine konzise Synopse dieser untereinander verwandten Verfahren geben CAROLL et al. (1986), HOFFMAN & FRANKE (1986) sowie TENENHAUS & YOUNG (1985).

Wie nicht anders zu erwarten ist, gibt es auch zur Korrespondenzanalyse einen Methodenstreit (BLASIUS & WINKLER 1989a, 1989b, 1990; HÖHER 1989; MARENS 1990). In der vorliegenden Arbeit wird die Korrespondenzanalyse als Methode der Wahl vorgestellt, weil sie insofern vorteilhaft erscheint, als ...

a) ... sie keine Anforderungen an das Skalenniveau und die Verteilungscharakteristika der Daten stellt,

b) ... sich sowohl Individualdaten (vgl. DANGSCHAT & BLASIUS 1987) als auch in Kreuztabellen klassifizierte Daten (BLASIUS 1987) analysieren lassen,

c) ... eine einzige Datenanalysetechnik verschiedene statistische Probleme bearbeiten kann (u.a. Diskriminanz-, Cluster- und Regressionsanalyse; GREENACRE 1984: 185 ff.),

d) ... im Gegensatz zur Faktorenanalyse auch nichtlineare Zusammenhänge erfaßt werden (FRANCIS & LAURO 1982: 213 f.; KILLISCH et al. 1984; SCHIMMLER 1975),

e) ... sie sehr robust ist gegenüber der Aufnahme zusätzlicher Variablen (BLASIUS 1988) und

f) ... die Ergebnisse der Analyse eines mehrdimensionalen Datenfeldes in zwei bzw. drei Dimensionen graphisch darstellbar sind. Die Bedeutung aller erfaßten Merkmale und ihrer Ausprägungen geht aus einer Abbildung ohne "belastendes" Zahlenmaterial hervor.

SCHRÖDER (1989) hat die Korrespondenzanalyse in die deutsche Umweltforschung eingeführt, nachdem sie kurz zuvor in den deutschen Sozialwissenschaften etabliert wurde : BLASIUS & ROHLINGER (1988) haben das Programm KORRES.SAS für IBM-kompatible PCs auf der Basis des Statistikpaketes SAS in der Interactive Matrix Language (IML), einem leistungsfähigen Interpreter für Matrizenoperationen, entwickelt und vielfach erprobt (BLASIUS 1987, 1990a, 1990b; THIESSEN & ROHLINGER 1988). Diese Version wurde auf einer VAX 8550 des Rechenzentrums der Kieler Universität implementiert. Ergänzt wurde sie durch das Programm KONTAB.PAS, welches die Ergebnisse der als Ausgangsbasis für KORRES.SAS benötigten (SPSSX-) Kreuztabellen in Matrixform mit den obligatorischen Spalten- und Reihenbezeichnungen konvertiert (VETTER 1989).

Die PC-Version 6.03 des SAS-Statistikpaketes bietet mittlerweile darüber hinaus den Vorteil, bestehende SAS-Dateien ohne die eben genannten vorbereitenden statistischen Prozeduren direkt in das System einzulesen, so daß das gesamte Datenmanagement vereinfacht wird bzw. vorhandene Variablen- und Value-Label von der Prozedur CORRESP benutzt werden können. Zudem ist die Einstellung für verschiedene Modelle dahingehend vereinfacht, daß die Umsetzung derselben unmittelbar im SAS-Steuer-File deklariert werden können, ohne daß wie in dem oben beschriebenem Falle größere Umstellungen innerhalb des IML-Programms erfolgen müssen (SAS 1988).

Die Korrespondenzanalyse ist ein exploratives, multivariat statistisches Verfahren, das Häufigkeitstabellen als Graphiken darzustellen vermag, in denen die Zeilen und Spalten der Datenmatrizen als durch Koordinaten definierte Punkte abgebildet werden (GOLDSTEIN 1987; GREENACRE 1980; HILL 1974, 1982). Der mathematische Ansatz hierfür ist die Dekomposition einer dem traditionellen Assoziationsmaß Chiquadrat analogen statistischen Kenngröße, die als "inertia" bezeichnet wird (Kap. 4.1). Diese Zerlegung entspricht der Hauptkomponentenanalyse für kontinuierliche Daten. Die Korrespondenzanalyse ähnelt in der eben skizzierten Zielsetzung der BIPLOT-Technik (BRADU & GABRIEL 1978; FRÄNZLE & KILLISCH 1979; FRÄNZLE et al. 1980; GABRIEL 1971, 1972, 1980; GABRIEL et al. 1974; GABRIEL & SOKAL 1969; GABRIEL & ZAMIR 1979). Die Biplot-Version für kategoriale Daten (GABRIEL 1973; KILLISCH 1979; KILLISCH et al. 1990; MOCH & KILLISCH 1975) stand im Rahmen dieser Untersuchung nicht zur Verfügung. Der Einsatz von der entsprechenden Version des in APL geschriebenen Programmpaketes ADAM (WEBER 1980) schied wegen APL-spezifischer Peripherieanforderungen aus.

Ergebnisse

In die erste hier zu erörternde Korrespondenzanalyse geht der Datensatz ohne Modifikationen seiner Variablen bzw. deren Ausprägungen ein (Tab. 5.1.1). Als Spaltenvariable wird das Merkmal "Nutzung" definiert. Diese Setzung läßt sich damit begründen, daß die Belastung von Ökosystemen in erster Linie von ihrer Nutzung durch den Menschen abhängen. Es ist jedoch darauf hinzuweisen, daß über diese implizite Verknüpfung hinaus keinerlei direkte Informationen über einzelne Belastungsfaktoren - wie etwa Schadstoffeinträge via Deposition - in die Berechnungen einbezogen werden konnten.

Als "Sonderkulturen" (Stufe 1) werden Flächen mit einem Flächenanteil < 10% Obstanlagen bezeichnet sowie Rebland, Hopfen, Tabak, Heil- und Gewürzpflanzen. Die Nutzung "Hackfruchtanbau" (Stufe 2) benennt Agrarregionen mit < 10% Sonderkulturen, > 25% Kartoffeln, Zuckerrüben, Futterkohlarten, sonstige Hackfrüchte, Gemüse und andere Gartengewächse im feldmäßigen Anbau und Erwerbsgartenbau, oder ≥ 15% entfallen auf diese Hackfrüchte in Verbindung mit Getreide und Futterbau mit Grünland. Flächen mit < 10% Sonderkulturen, < 15% Hackfruchtbau, > 30% Getreide incl. Körnermais, Hülsenfrüchte, Ölfrüchte sowie < 70% Futterbau heißen "Getreideanbau" (Stufe 3). "Grünland" (Stufe 4) meint im Sinne der Kartenlegende eine Arealklasse mit < 10% Sonderkulturen, < 15% Hackfruchtbau, < 30% Getreide sowie > 60% Wiesen, Weiden, Feldfutterpflanzen (Klee, Luzerne etc.). "Gemischter Anbau" (Stufe 5) und "Wald" (Stufe 6) bilden die entsprechenden Restmengen.

Abbildung 5.5.1 veranschaulicht nun die in Tabelle 5.1.2 quantifizierten Zusammenhänge zwischen der in sechs Stufen ("Stufe 1" ... "Stufe 6") gegliederten Spaltenvariable "Nutzungsform" und den oben angeführten - als Prädiktoren ("P011" .... "P099")) - fungierenden Merkmalen. Die erste Achse des Modells erklärt 54.7% der Gesamtvariation im Datensatz, die zweite 27.2%, beide zusammen also 81.9%. Diese Approximationsgüte kann als hinreichend betrachtet werden, so daß sich die Erläuterung der Abbildung 5.1.1 auf die in Tabelle 5.1.2 enthaltenen Informationen über die beiden ersten Achsen beschränken kann.

Die Stufen 1 (Sonderkulturen), 2 (Hackfruchtanbau) und 3 (Getreideanbau) sind auf der ersten Achse negativ korreliert mit den Nutzungsformen Futterbau und Grünland (Stufe 4) sowie Wald (Stufe 6). Die zweite Achse trennt die Stufen 4 und 5 (letzere: gemischter Anbau) von den übrigen Nutzungsarten. Daraus ergibt sich, daß den Stufen 1, 2 und 3 der rechte untere Quadrant zugeordnet wird. Sie sind also hinsichtlich der mit ihnen assoziierten Standortsparameter als ähnlich zu betrachten. Aus der Anordnung der anderen Nutzungstypen im Merkmalsraum wird deutlich, daß sie sich einerseits von den zuletzt genannten und andererseits aber auch untereinander unterscheiden. Hieran und an den entsprechenden QCOR-Werten der Tabelle 5.1.2 läßt sich bereits erkennen, daß eine Zusammenfassung der Stufen 1 bis 3 nicht zuletzt auch aus statistischen Gründen angezeigt erscheint. In eine solche Fusionierung könnte auch die Stufe 5 (gemischter Anbau) einbezogen werden, die nur auf der zweiten Achse von den Stufen 1, 2 und 3 getrennt wird. Die Ergebnisse einer diese Fakten berücksichtigenden zweiten Korrespondenzanalyse sind der Abbildung 5.1.2 sowie - gemäß Kapitel 4.1 - der Tabelle 5.1.4 zu entnehmen. Doch zunächst soll hier auf die Resultate der ersten Korrespondenzanalyse eingegangen werden.

Diese ergibt, daß für Flächen mit Sonderkulturen, Hackfrucht- und Getreideanbau in erster Linie von nährstoffreichen Buchenwäldern (P029) (vgl. Tab. 5.1.3) als potentielle natürliche Vegetation auszugehen ist. Jede (potentiell) natürliche Vegetation ist ein Integralindikator für das ökologische Potential des betreffenden Standortes. Dies resultiert u.a. aus der Tatsache, daß ein Pflanzenbestand durch Faktoren wie Strahlung, Niederschlag und Bodenqualität beeinflußt wird, selbst aber auch Auswirkungen auf den Wasserhaushalt, das Klima und die Bodenentwicklung hat. In diesem Sinne

stellen

Tab. 5.1.2 Gekürzter Statistik-Output der Korrespondenzanalyse (Zielvariable Nutzung: 6-stufig)

GENSTAT	MASS	SQCOR	INR	LOC 1	QCOR1	INR 1	LOC 2
Stufe1	0.017	1.000	0.116	0.752	0.380	0.081	-0.185
Stufe2	0.232	1.000	0.259	0.481	0.920	0.436	-0.091
Stufe3	0.240	1.000	0.062	0.079	0.107	0.012	-0.034
Stufe4	0.138	1.000	0.226	-0.139	0.052	0.022	0.584
Stufe5	0.046	1.000	0.047	0.176	0.134	0.012	0.183
Stufe6	0.327	1.000	0.289	-0.406	0.828	0.438	-0.173
P 011	0.009	1.000	0.003	-0.128	0.190	0.001	-0.225
P 012	0.001	1.000	0.023	1.206	0.215	0.009	-0.433
P 013	0.004	1.000	0.001	-0.200	0.523	0.001	-0.012
P 014	0.023	1.000	0.033	-0.451	0.631	0.039	-0.305
P 015	0.018	1.000	0.016	0.389	0.765	0.022	0.048
P 016	0.014	1.000	0.003	0.029	0.019	0.000	0.054
P 017	0.007	1.000	0.001	-0.025	0.071	0.000	-0.039
P 018	0.016	1.000	0.004	0.053	0.056	0.000	-0.028
P 019	0.003	1.000	0.005	-0.521	0.801	0.007	-0.1149
P 0110	0.007	1.000	0.012	0.586	0.935	0.021	0.034
P 0111	0.003	1.000	0.022	0.125	0.008	0.000	1.278
P 0112	0.006	1.000	0.023	0.114	0.015	0.001	0.920
P 0113	0.000	1.000	0.000	-0.098	0.137	0.000	0.041
P 023	0.010	1.000	0.023	0.379	0.283	0.012	0.582
P 024	0.001	1.000	0.002	-0.123	0.023	0.000	0.791
P 025	0.010	1.000	0.008	0.156	0.136	0.002	0.165
P 026	0.009	1.000	0.013	0.436	0.567	0.014	-0.084
P 027	0.040	1.000	0.003	-0.064	0.205	0.001	-0.108
P 028	0.009	1.000	0.023	-0.742	0.915	0.038	-0.173
P 029	0.026	1.000	0.013	0.181	0.288	0.007	-0.243
P 0210	0.005	1.000	0.030	-0.647	0.309	0.017	0.882
P 0211	0.002	1.000	0.006	-0.752	0.853	0.010	0.215
P 0212	0.000	1.000	0.001	-0.881	0.647	0.001	0.414
P 031	0.000	1.000	0.008	1.541	0.193	0.003	-0.382
P 032	0.003	1.000	0.036	1.092	0.485	0.032	-0.390
P 033	0.064	1.000	0.020	0.242	0.820	0.031	-0.070
P 034	0.029	1.000	0.015	-0.271	0.636	0.018	0.063
P 035	0.008	1.000	0.023	-0.747	0.796	0.034	0.223
P 036	0.003	1.000	0.016	-0.842	0.641	0.018	0.388
P 037	0.001	1.000	0.007	-0.889	0.666	0.008	0.383
P 038	0.001	1.000	0.005	-0.896	0.682	0.006	0.354
P 039	0.001	1.000	0.004	-0.955	0.784	0.006	0.117
P 0310	0.000	1.000	0.002	-0.882	0.650	0.003	0.408
P 041	0.001	1.000	0.002	-0.569	0.883	0.003	0.198
P 042	0.037	1.000	0.017	-0.057	0.032	0.001	-0.305
P 043	0.058	1.000	0.007	0.111	0.444	0.006	0.071
P 044	0.010	1.000	0.007	-0.099	0.069	0.001	0.316

P 045	0.004	1.000	0.025	-0.614	0.291	0.013	0.842
P 051	0.001	1.000	0.005	-0.981	0.794	0.007	-0.264
P 052	0.003	1.000	0.002	-0.279	0.579	0.002	-0.093
P 053	0.019	1.000	0.007	-0.114	0.159	0.002	0.164
P 054	0.027	1.000	0.006	-0.214	0.870	0.010	-0.016
P 055	0.029	1.000	0.006	-0.095	0.186	0.002	0.067
P 056	0.019	1.000	0.010	0.318	0.808	0.015	-0.042
P 057	0.008	1.000	0.041	0.903	0.744	0.056	-0.158
P 058	0.001	1.000	0.014	1.342	0.718	0.018	-0.336
P 059	0.004	1.000	0.012	-0.678	0.689	0.015	-0.403
P 061	0.016	1.000	0.023	0.483	0.711	0.030	-0.290
P 062	0.009	1.000	0.014	-0.447	0.547	0.014	-0.392
P 063	0.020	1.000	0.007	-0.106	0.147	0.002	0.155
P 064	0.005	1.000	0.001	-0.059	0.078	0.000	0.027
P 065	0.001	1.000	0.001	0.411	0.668	0.001	-0.030
P 066	0.014	1.000	0.024	-0.554	0.782	0.035	-0.221
P 067	0.008	1.000	0.004	-0.230	0.507	0.004	-0.196
P 068	0.000	1.000	0.000	0.308	0.138	0.000	-0.513
P 069	0.007	1.000	0.003	0.235	0.501	0.003	-0.043
P 0610	0.001	1.000	0.002	0.391	0.449	0.001	0.335
P 0611	0.005	1.000	0.015	0.351	0.185	0.005	0.517
P 0612	0.012	1.000	0.026	0.327	0.223	0.011	0.601
P 0613	0.013	1.000	0.000	0.026	0.078	0.000	0.032
P 071	0.013	1.000	0.003	0.079	0.125	0.001	-0.182
P 072	0.65	1.000	0.014	-0.202	0.856	0.022	-0.055
P 073	0.032	1.000	0.027	0.375	0.753	0.037	0.186
P 081	0.003	1.000	0.020	1.041	0.814	0.029	-0.235
P 082	0.010	1.000	0.025	0.665	0.791	0.036	-0.076
P 083	0.028	1.000	0.013	0.299	0.885	0.021	-0.072
P 084	0.045	1.000	0.005	-0.093	0.355	0.003	0.089
P 085	0.017	1.000	0.018	-0.482	0.952	0.031	-0.020
P 086	0.005	1.000	0.011	-0.708	0.936	0.019	0.021
P 087	0.002	1.000	0.007	-0.859	0.885	0.011	-0.050
P 088	0.002	1.000	0.008	-0.942	0.834	0.013	-0.018
P 091	0.000	1.000	0.008	-0.137	0.005	0.000	1.872
P 092	0.021	1.000	0.047	0.358	0.264	0.022	0.570
P 093	0.012	1.000	0.023	0.570	0.767	0.032	-0.242
P 094	0.011	1.000	0.024	0.534	0.597	0.027	-0.317
P 095	0.043	1.000	0.018	-0.162	0.285	0.009	-0.256
P 096	0.021	1.000	0.037	-0.575	0.862	0.058	0.204
P 097	0.001	1.000	0.007	-0.982	0.805	0.010	0.006
P 098	0.000	1.000	0.001	-0.917	0.727	0.001	0.268
P 099	0.000	1.000	0.000	-1.158	0.650	0.000	-0.699

Informationen über die potentielle natürliche Vegetation eine ökologisch bedeutsame Synthese der nachfolgend diskutierten Standortsparameter dar.

Typisch für die Standorte der Nutzungsstufen 1 bis 3 sind im Sinne des korrespondenzanalytischen Modells jährliche Niederschlagsmengen von 600 bis 800 mm (P033). Dieses Merkmal hat Einfluß auf die Bodenentwicklung (FRÄNZLE 1965) sowie auf Erosionsprozesse. Hinsichtlich der Bodenqualität sind die Flächen mit Ertragsmeßzahlen (EMZ) zwischen 51 und 63 (P056) als

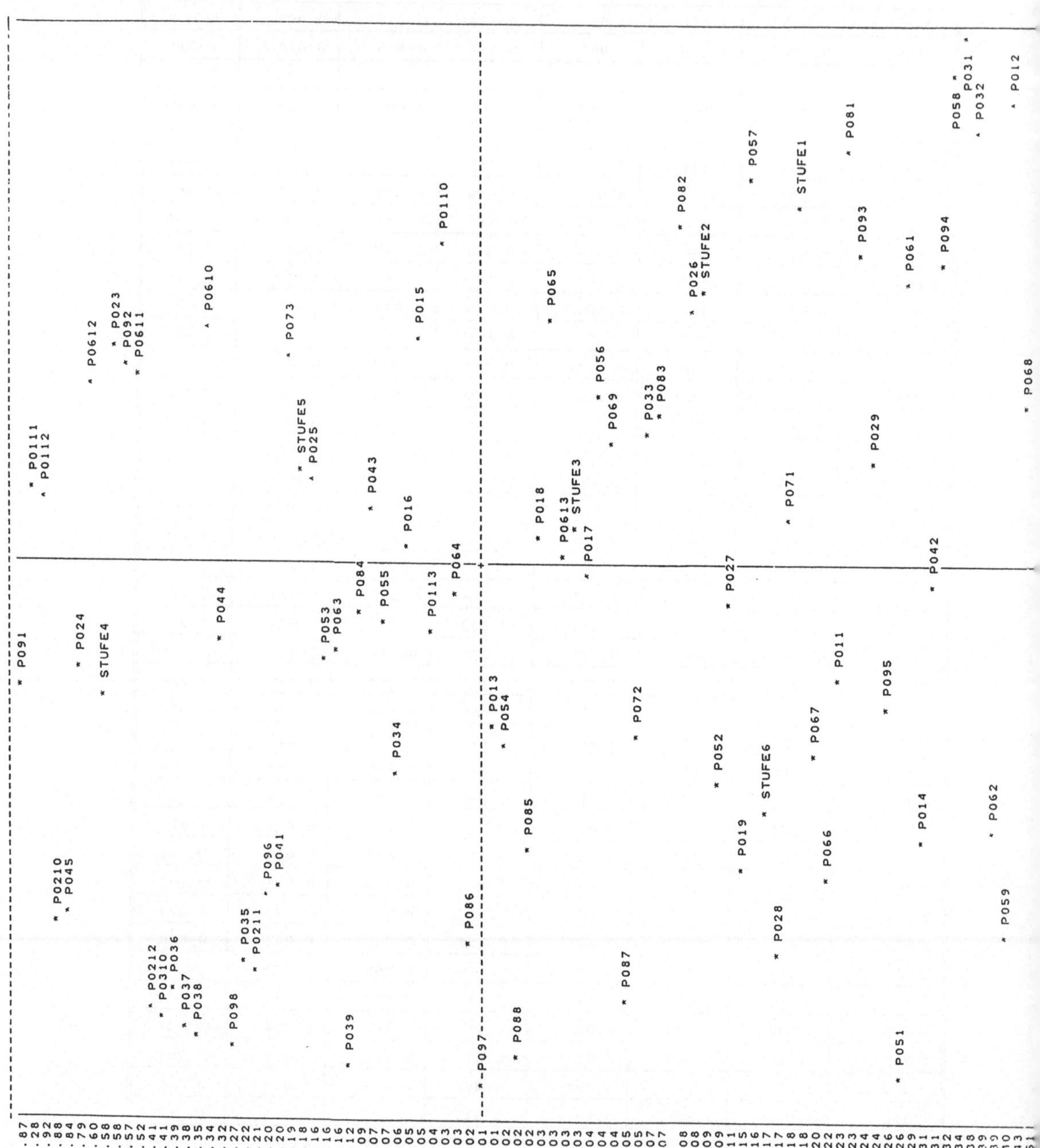

Abb. 5.1.1 KORRES-PLOT des Modells mit einer 6-stufigen Zielvariablen (Nutzung)

Tab. 5.1.3 Legende zum KORRES-Plot Abb. 5.1.1

Variable "Nutzung"

STUFE1 = Sonderkulturen
STUFE2 = Hackfrucht
STUFE3 = Getreide
STUFE4 = Grünland
STUFE5 = Gemischter Anbau
STUFE6 = Wald

Variable "Verdunstung"

P041 =   < 450 mm
P042 = 450-500 mm
P043 = 500-550 mm
P044 = 550-600 mm
P045 =   > 600 mm

Variable "Boden"

P011 = Rendsinen-Terrae
P012 = Tschernoseme
P013 = Braunerden I
P014 = Braunerden II
P015 = Parabraunerden I
P016 = Parabraunerden II
P017 = Pseudogleye
P018 = Podsole
P019 = Wechselnde Typen
P0110 = Niederungsböden
P0111 = Marschböden
P0112 = Moore
P0113 = Sonstige

Variable " Bodengüte"

P051 = Ertragszahl bis 20
P052 =   =="==   21-25
P053 =   =="==   26-32
P054 =   =="==   33-40
P055 =   =="==   41-50
P056 =   =="==   51-63
P057 =   =="==   64-80
P058 =   =="==   > 80
P059 =   Nicht erfaßt

Variable "Vegetation"

P023 = Bruch-Auewälder
P024 = Moorvegetation
P025 = Eichenmischwälder
P026 = Eichen-Hainbuchenwälder
P027 = Eichen-Buchenwälder
P028 = Buchenwälder, nährstoffarm
P029 = Buchenwälder, nährstoffreich
P0210 = Buchenwälder-Nadelhain
P0211 = Nadelwälder
P0212 = Schuttvegetation

Variable "Erosionsanfälligkeit"

P061 = U. Lehm
P062 = U. bis S. Lehm
P063 = U. Lehm bis Lehm
P064 = Lehm bis L. Lehm
P065 = L.Sand bis Sand
P066 = U. Lehm u. S. Lehm
P067 = Lehm, skelettreich
P068 = L. Sand
P069 = Sand, trocken
P0610 = Niedermoor
P0611 = L. Sand, naß
P0612 = Marsch, Aue
P0613 = L.Sand, teilweise naß

Variable "Mittlere Niederschlagshöhe"

    P031 =   < 500 mm
    P032 =   500- 600 mm
    P033 =   600- 800 mm
    P034 =   800-1000 mm
    P035 =   1000-1200 mm
    P036 =   1200-1400 mm
    P037 =   1400-1600 mm
    P038 =   1600-1800 mm
    P039 =   1800-2000 mm
    P0310 =   > 2000 mm

Variable "Pflanzenverfügbare
                    Wassermenge"

    P071 =   < 100 mm/qm
    P072 = 100-200 mm/qm
    P073 =   > 200 mm/qm

Variable "Vegetationszeit"

    P081 =   > 240Tage
    P082 = 230-240 Tage
    P083 = 220-230 Tage
    P084 = 210-220 Tage
    P085 = 200-210 Tage
    P086 = 190-200 Tage
    P087 = 180-190 Tage
    P088 =   < 180 Tage

Variable "Orographie"

    P091 =   < 10 m
    P092 =   10-   50 m
    P093 =   50- 100 m
    P094 =   100- 200 m
    P095 =   200- 500 m
    P096 =   500-1000 m
    P097 = 1000-1500 m
    P098 = 1500-2000 m
    P099 =   > 2000 m

überdurchschnittlich einzuschätzen. Diese Information ist deshalb ökologisch bedeutsam, als sie eine Synthese der Qualität der natürlichen Ertragsbedingungen (Boden, Geländegestalt, Klima) darstellt. Ein Teil dieses Aussagegehaltes wird durch Angaben über die Vegetationszeit spezifiziert. Diese stoffwechselphysiologisch aktive Periode ist entscheidend abhängig von den Temperaturverhältnissen. Als Vegetationszeit wird die Anzahl der Tage zwischen dem Beginn der Haferaussaat und dem Ende einer Tagestemperatur von $5°$ C definiert. Die Regionen mit dominantem Hackfrucht- oder Getreideanbau bzw. mit Sonderkulturen sind durch die längsten Vegetationszeiten in der Bundesrepublik gekennzeichnet: Sie liegen zwischen 220 und über 240 Tagen. Aus Abbildung 5.1.1 geht jedoch eine weitergehende Differenzierung hervor. Für die Sonderkulturen wie Rebland, Obst- und Hopfenanbau sind Vegetationszeiten von mehr als 240 Tagen typisch (P081). Regionen mit dominantem Hackfruchtbau weisen 230 bis 240 Vegetationstage auf (P082), während Gegenden mit vorherrschendem Getreideanbau ein Vegetationsintervall von 220 bis 230 Tagen aufweisen (P083). Die solcherart gekennzeichneten Flächen sind vor allem in Höhenlagen zwischen 50 und 200 m anzutreffen (P093, P094).

Futterbau und Grünlandwirtschaft (Stufe 4) wird in erster Linie dort betrieben, wo man natürlicherweise mit Moorvegetation (P024), montanen bzw. submontanen Buchen- bzw. Nadelwäldern (P0210) oder Nadelwäldern (P0211) zu rechnen hat. Hier kommt deutlich die hygrische und orographische Komponente zum Ausdruck: Die genannten Nutzungsformen finden sich auf den Flächen, die für Getreide- und Hackfruchtbau zu feucht sind oder aber aufgrund ihrer orographischen Höhenlage thermische Ungunsträume darstellen. Dies zeigt sich auch in einer jährlichen Niederschlagshöhe von über 1000 mm (P035 folgende). Die Verdunstungsraten bilden mit weniger als 450 mm (P041) und mehr als 600 mm (P045) die Extrema der in dem Datenmaterial differenzierten Ordinalskala. Die Vegetationszeit ist mit 190 bis 200 Tagen unterdurchschnittlich (P086). Als typische Höhenzonen weist das Modell Depressionen (Flächen unter dem Meeresspiegel, P091) und Lagen zwischen 500 und 1500 (P096, P097) bzw. 2000 m (P098) aus.

Gemischter Anbau (Sufe 5) findet vorwiegend auf Niederungs-, Marsch- und Moorböden (P0110, P0111) in Höhenlagen zwischen 0 und 50 m (P091, P092) statt. In guter Übereinstimmung mit dieser Merkmalskombinatorik steht auch, daß das Merkmal "Substrat" (Erosionsanfälligkeit) mit der Ausprägung Aue- und Marschböden, Hochmoor und nicht oder nur mäßig entwässertes Niedermoor (P0612) für diese Regionen besonders aussagekräftig ist. Die pflanzenverfügbare Wassermenge im Wurzelraum der Böden ist mit mehr als 200 mm nutzbarer Feldkapazität (P073) (= 66% volumetrischem Wassergehalt) als hoch einzustufen.

Waldstandorte (Stufe 6) finden sich typischerweise auf Braunerden geringer Basenversorgung (P013), Rendzinen bzw. Terrae calcis (P011) und wechselnden Bodentypen (P019). Hierunter sind gemäß der Kartenlegende folgende Vergesellschaftungen zu verstehen: Rendzina, Braunerde, Parabraunerde; Braunerde, Rendzina, Podsol; Braunerde, Rendzina, Podsol, Pseudogley. Als potentielle natürliche Vegetation ist von Eichen-Buchenwäldern (P027) und nährstoffarmen Buchenwäldern (P029) auszugehen. Die charakteristischen Verdunstungsraten rangieren zwischen 450 und 500 mm (P042). Mit Ertragsmeßzahlen geringer als 20 (P051) sind diese Standorte sehr unfruchtbar und mithin der Rodung nicht anheimgefallen. Entsprechendes gilt auch für diejenigen Standorte, deren Ertragsfähigkeit vermutlich deswegen nicht eingeschätzt wurde, weil sie für eine agrare Inwertsetzung ohnehin nicht in Frage kamen. Jedoch hat letzteres offensichtlich auch für Waldbestände auf den mit auf 33 bis 40 EMZ (P054) eingeschätzten Standorten Gültigkeit. Die pflanzenverfügbare Wassermenge im Wurzelraum der o.a. charakteristischen Böden rangiert zwischen 100 und 200 mm nutzbare Feldkapazität (P072). Begünstigtere Forsten stocken in Regionen mit 200 bis 210 Tagen Vegetationszeit (P085), andere hingegen wachsen in diesbezüglich deutlich benachteiligten Gegenden. Typische Höhenzonen bundesdeutscher Wälder sind die Mittelgebirge sowie die alpinen Wälder oberhalb 2000 m.

Die durch die voraufgegangene Diskussion motivierte Zusammenfassung der Variable "Bodennutzung" liegt der Abbildung 5.1.2 sowie der Tabelle 5.1.4 zugrunde. Neben der Stufe 1 (Wald) und der Stufe 3 (Grünland, Futterbau) erscheinen die Nutzungsformen Sonderkulturen, Hackfruchtanbau und Getreideanbau zusammengefaßt als Stufe 2. Auf der ersten Achse werden Regionen mit hohem Waldanteil und/oder dominanter Grünlandnutzung von ackerbaulich geprägten Gebieten einander gegenübergestellt. Die zweite Achse des korrespondenzanalytischen Modells separiert die Grünlandstandorte von den beiden anderen Nutzungssystemen. Im einzelnen zeigt sich, daß diese Analyse die Bedeutung der vorstehend beschriebenen Standortsfaktoren bestätigt.

Wie die obigen Ausführungen belegen, erbringen die vorgestellten Analysen relevanter Geofaktoren-Vergesellschaftungen keine "neuen" Erkenntnisse, sondern sie bestätigen das vorhandene ökologische Basiswissen. Der Sinn solcher Analysen ist darin zu sehen, daß Aussagen über die Assoziationsmuster wichtiger Standortsfaktoren räumlich und quantitativ präzisiert werden. Die Notwendigkeit, den Gültigkeitsbereich von Aussagen auf diese Weise in möglichst konziser Form zu fassen, wird immer dann deutlich, wenn über die Bedeutung einzelner Faktoren in einem vielschichtigen Beziehungsgeflecht Unklarheit besteht. Paradigmatisch hierfür sind viele (wissenschaftliche) Diskussionen über Umweltprobleme, so beispielsweise auch die über die Waldschäden (Kap. 5.3).

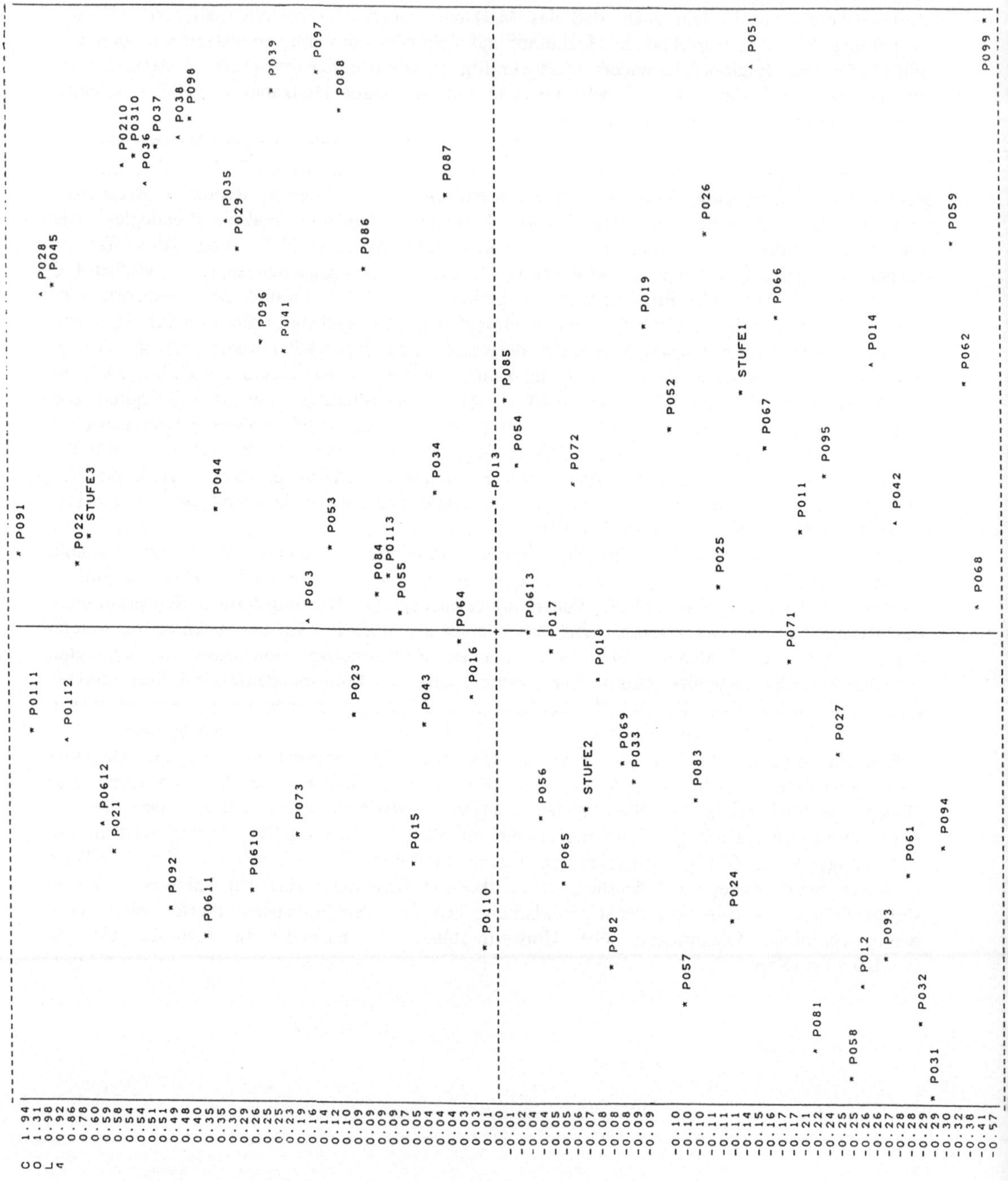

Abb. 5.1.2 KORRES-PLOT des Modells mit einer 3-stufigen Zielvariablen (Nutzung)

Tab. 5.1.4 Gekürzter Statistik-Output der Korrespondenzanalyse (Zielvariable Nutzung: 3-stufig)

GENSTAT	MASS	SQCOR	INR	LOC1	QCOR1	INR1	LOC2	QCOR2	INR2
Stufe1	0.327	1.000	0.402	0.425	0.906	0.569	-0.137	0.094	0.105
Stufe2	0.536	1.000	0.284	-0.284	0.941	0.418	-0.071	0.059	0.046
Stufe3	0.138	1.000	0.314	0.099	0.026	0.013	0.599	0.974	0.849
P011	0.009	1.000	0.003	0.106	0.212	0.001	-0.205	0.788	0.006
P012	0.001	1.000	0.002	-0.555	0.818	0.002	-0.262	0.182	0.001
P013	0.004	1.000	0.000	0.130	1.000	0.001	0.002	0.000	0.000
P014	0.023	1.000	0.046	0.497	0.779	0.056	-0.265	0.221	0.028
P015	0.018	1.000	0.015	-0.368	0.979	0.023	0.054	0.021	0.001
P016	0.014	1.000	0.001	-0.109	0.935	0.002	0.029	0.065	0.000
P017	0.007	1.000	0.000	-0.015	0.095	0.000	-0.045	0.905	0.000
P018	0.016	1.000	0.001	-0.072	0.467	0.001	-0.077	0.533	0.002
P019	0.003	1.000	0.006	0.565	0.973	0.010	-0.094	0.027	0.000
P0110	0.007	1.000	0.010	-0.478	1.000	0.016	0.010	0.000	0.000
P0111	0.003	1.000	0.028	-0.178	0.018	0.001	1.314	0.982	0.087
P0112	0.006	1.000	0.028	-0.182	0.043	0.002	0.864	0.957	0.076
P0113	0.000	1.000	0.000	0.067	0.381	0.000	0.085	0.619	0.000
P021	0.010	1.000	0.029	-0.346	0.262	0.012	0.581	0.738	0.059
P022	0.001	1.000	0.003	0.068	0.007	0.000	0.782	0.993	0.007
P023	0.010	1.000	0.002	-0.143	0.715	0.002	0.090	0.285	0.001
P024	0.009	1.000	0.012	-0.445	0.938	0.017	-0.114	0.063	0.002
P025	0.040	1.000	0.004	0.060	0.225	0.001	-0.111	0.775	0.008
P026	0.009	1.000	0.030	0.747	0.979	0.046	-0.109	0.021	0.002
P027	0.026	1.000	0.015	-0.185	0.360	0.009	-0.247	0.640	0.027
P028	0.005	1.000	0.041	0.622	0.288	0.018	0.979	0.712	0.018
P029	0.002	1.000	0.008	0.743	0.068	0.011	0.290	0.132	0.003
P0210	0.000	1.000	0.002	0.951	0.755	0.002	0.542	0.245	0.001
P031	0.000	1.000	0.001	-0.884	0.900	0.001	-0.294	0.100	0.000
P032	0.003	1.000	0.010	-0.639	0.828	0.013	-0.291	0.172	0.005
P033	0.064	1.000	0.023	-0.225	0.868	0.032	-0.088	0.132	0.008
P034	0.029	1.000	0.005	0.157	0.935	0.007	0.042	0.065	0.001
P035	0.008	1.000	0.032	0.772	0.866	0.043	0.304	0.134	0.012
P036	0.003	1.000	0.022	0.918	0.763	0.026	0.512	0.237	0.014
P037	0.001	1.000	0.009	0.962	0.780	0.011	0.511	0.220	0.066
P038	0.001	1.000	0.066	0.971	0.802	0.008	0.483	0.198	0.003
P039	0.001	1.000	0.006	1.050	0.948	0.009	0.247	0.052	0.001
P0310	0.000	1.000	0.003	0.953	0.760	0.004	0.536	0.240	0.002
P041	0.001	1.000	0.002	0.501	0.825	0.003	0.231	0.175	0.001
P042	0.037	1.000	0.021	0.112	0.137	0.004	-0.281	0.863	0.050
P043	0.058	1.000	0.009	-0.150	0.922	0.013	0.044	0.078	0.002
P044	0.010	1.000	0.009	0.122	0.111	0.002	0.345	0.889	0.021
P045	0.004	1.000	0.033	0.641	0.326	0.017	0.922	0.674	0.062
P051	0.001	1.000	0.006	1.089	0.981	0.010	-0.152	0.019	0.000
P052	0.003	1.000	0.002	0.300	0.903	0.003	-0.098	0.097	0.001
P053	0.019	1.000	0.003	0.083	0.307	0.001	0.125	0.693	0.005

P054	0.027	1.000	0.006	0.188	0.986	0.009	-0.023	0.014	0.000
P055	0.029	1.000	0.001	0.014	0.043	0.000	0.066	0.957	0.002
P056	0.019	1.000	0.011	-0.307	0.981	0.017	-0.043	0.019	0.001
P057	0.008	1.000	0.020	-0.608	0.973	0.030	-0.101	0.027	0.001
P058	0.001	1.000	0.006	-0.848	0.918	0.008	-0.253	0.082	0.001
P059	0.004	1.000	0.016	0.744	0.841	0.021	-0.324	0.159	0.007
P061	0.016	1.000	0.022	-0.382	0.646	0.022	-0283	0.354	0.022
P062	0.009	1.000	0.019	0.453	0.592	0.017	-0.376	0.408	0.021
P063	0.020	1.000	0.003	0.014	0.008	0.000	0.158	0.992	0.009
P064	0.005	1.000	0.000	-0.004	0.020	0.000	0.032	0.980	0.000
P065	0.001	1.000	0.001	-0.400	0.986	0.001	-0.048	0.014	0.000
P066	0.014	1.000	0.033	0.592	0.928	0.047	-0.165	0.072	0.007
P067	0.008	1.000	0.004	0.220	0.642	0.004	-0.164	0.358	0.004
P068	0.000	1.000	0.000	0.024	0.003	0.000	-0.406	0.007	0.000
P069	0.007	1.000	0.002	-0.196	0.853	0.003	-0.081	0.147	0.001
P0610	0.001	1.000	0.002	-0.415	0.719	0.002	0.259	0.281	0.001
P0611	0.005	1.000	0.011	-0.475	0.644	0.011	0.353	0.356	0.011
P0612	0.012	1.000	0.034	-0.320	0.229	0.012	0.586	0.771	0.073
P0613	0.013	1.000	0.000	-0.002	0.002	0.000	-0.035	0.998	0.000
P071	0.013	1.000	0.003	-0.022	0.015	0.000	-0.175	0.985	0.007
P072	0.065	1.000	0.012	0.164	0.892	0.017	-0.057	0.108	0.004
P073	0.032	1.000	0.028	-0.322	0.746	0.032	0.188	0.254	0.020
P081	0.003	1.000	0.012	-0.748	0.920	0.018	-0.220	0.080	0.003
P082	0.010	1.000	0.016	-0.499	0.975	0.024	-0.080	0.025	0.001
P083	0.028	1.000	0.015	-0.275	0.878	0.021	-0.103	0.122	0.005
P084	0.045	1.000	0.003	0.045	0.210	0.001	0.087	0.790	0.006
P085	0.017	1.000	0.016	0.397	1.000	0.025	-0.005	0.000	0.000
P086	0.005	1.000	0.015	0.710	0.985	0.022	0.088	0.015	0.001
P087	0.002	1.000	0.009	0.907	0.998	0.015	0.040	0.002	0.000
P088	0.002	1.000	0.011	1.020	0.990	0.018	0.102	0.010	0.000
P091	0.000	1.000	0.010	0.074	0.001	0.000	1.939	0.999	0.028
P092	0.021	1.000	0.058	-0.445	0.452	0.041	0.489	0.548	0.088
P093	0.012	1.000	0.024	-0.493	0.772	0.029	-0.268	0.228	0.015
P094	0.011	1.000	0.015	-0.343	0.573	0.013	-0.296	0.427	0.017
P095	0.043	1.000	0.022	0.166	0.323	0.011	-0.240	0.677	0.042
P096	0.021	1.000	0.042	0.503	0.805	0.052	0.247	0.195	0.023
P097	0.001	1.000	0.010	1.086	0.985	0.015	0.136	0.015	0.000
P098	0.000	1.000	0.001	1.000	0.864	0.002	0.396	0.136	0.000
P099	0.000	1.000	0.000	1.320	0.845	0.000	-0.566	0.155	0.000

Zitierte Literatur

ARMINGER, G., LIJNHART, N. & MÜLLER, W. (1981): Die Verwendung log-linearer Modelle zur Disaggregierung aggregierter Daten. In: Allgemeines statistisches Archiv, 65: 273 - 291

AUFHAUSER, E. & FISCHER, M.M. (1985): Log-linear modelling and spatial analysis. In: Environment and Planning, 17: 931 - 951

BARNETT, V. (ed.) (1980): Interpreting multivariate data.- Chichester

BENZÉCRI, J.P. (1963): Cours de Linguistique Mathématique.- Rennes

BLASIUS, J. (1987a): Einstellung zur Hamburger Innenstadt. Eine Auswertung mit Hilfe der Korrespondenzanalyse. In: ZA- Information, 21: 29 - 51

BLASIUS, J. (1987b): Korrespondenzanalyse - ein multivariates Verfahren zur Analyse qualitativer Daten. In: Historische Sozialforschung, 42/43: 172 - 189

BLASIUS, J. (1988): Zur Stabilität von Ergebnissen bei der Korrespondenzanalyse. In: ZA-Information, 23: 47 - 62

BLASIUS, J. (1990a): Gentrification und Lebensstile. In: BLASIUS, J. & DANGSCHAT, J.S. (Hrsg.): 354 - 375

BLASIUS, J. (1990b): Correspondence analysis - Theory and application. In: GLADITZ, J. TROITZSCH, K.G. (eds.) (1990): 49 - 64

BLASIUS, J. & DANGSCHAT, J.S. (Hrsg.) (1990): Gentrification. Die Aufwertung innenstadtnaher Wohnviertel.- Frankfurt, New York

BLASIUS, J. & ROHLINGER, H. (1988): Korrespondenzanalyse - ein multivariates Programm zur Auswertung von zweidimensionalen Kontingenztabellen. In: FAULBAUM, F. & UEHLINGER, H.-M. (Hrsg.): 387 - 397

BLASIUS, J. & WINKLER, J. (1989a): Gibt es die "feinen Unterschiede"? Eine empirische Überprüfung der Bourdieuschen Theorie. In: Kölner Zeitschrift für Soziologie und Sozialpsychologie, 41: 72 - 95

BLASIUS, J. & WINKLER, J. (1989b): Feine Unterschiede - Antwort auf Armin Höher. In: Kölner Zeitschrift für Soziologie und Sozialpsychologie, 41: 729 - 736

BLASIUS, J. & WINKLER, J. (1990): Zur "Philosophie des Sozialen" oder die praktische Umsetzung von Theorie. In: Kölner Zeitschrift für Soziologie und Sozialpsychologie, 41: 755 - 759

BRADU, D. & GABRIEL, K. R. (1978): The biplot as a diagnostic tool for models of two-way tables. In: Technometrics, 20: 47 - 68

CARROLL, J.D., GREEN, P.F. & SCHAFFER, C.M. (1986): Interpoint distance comparisons in correspondence analysis. In: Journal of Marketing Research, 23: 271 - 280

DANGSCHAT, J. & BLASIUS, J. (1987): Social and spatial disparities in Warsaw in 1978: An application of correspondence analysis to a socialist city. In: Urban Studies, 24: 173 - 191

DREIßIGACKER, H.L. (1987): Der Informationsbedarf der Umweltpolitik aus der Sicht der Länder. In: Statistisches Bundesamt (Hrsg.): 18 - 26

ELLENBERG, H., FRÄNZLE, O. & MÜLLER, P. (1978): Ökosystemforschung im Hinblick auf Umweltpolitik und Entwicklungsplanung.- Berlin (Umweltforschungsplan des Bundesministers des Innern. Forschungsbericht 78-101 04 005 im Auftrag des Umweltbundesamtes)

EVERITT, B. S. & DUNN, G. (1988): Log-linear modeling, latent class analysis, or correspondence analysis: which method should be used for the analysis of categorical data? In: LANGEHEINE, R. &. ROST, J. (Hrsg.): Latent trait and latent class models.- New York, London: 109 - 128

FAULBAUM, F. & UEHLINGER, H.-M. (Hrsg.) (1989): Fortschritte der Statistik-Software I. Vierte Konferenz über die wissenschaftliche Anwendung von Statistik-Software, Heidelberg 1987.- Stuttgart, New York

FRÄNZLE, O. (1965): Klimatische Schwellenwerte der Bodenbildung in Europa und den USA. In: Die Erde, 96: 86 - 104

FRÄNZLE, O., GARBE, C.-D., WILDFÖSTER, E. & VETTER, L. (1989): Synoptische Darstellung möglicher Ursachen der waldschäden. Untersuchungen zu Langzeitwirkungen von Kompensationskalkungen auf Buchen-, Fichten- und Kiefernforstökosysteme.- Kiel (Abschlußbericht zu dem F+E-Vorhaben 108 03 046/13 im Umweltforschungsplan des Bundesministers für Umwelt, Naturschutz und Reaktorsicherheit)

FRÄNZLE, O. & KILLISCH, W. F. (1979): Untersuchungen zur städtischen Belastungsstruktur der Bundesrepublik Deutschland mit Hilfe der Biplot-Technik und numerischer Klassifikationsverfahren. Ein Beitrag zur angewandten Statistik. In: Kieler Geographische Schriften, 50: 211 - 246

FRÄNZLE, O., KILLISCH, W.F., INGENPASS, A. & MICH, N. (1980): Die Klassifizierung von Bodenprofilen als Grundlage agrarer Standortplanung in Entwicklungsländern. Ein Beispiel aus dem Savannengebiet Nordost-Ghanas. In: Catena, 7: 353 - 381

FRÄNZLE, O., KUHNT, D., KUHNT, G. & ZÖLITZ, R. (1987): Auswahl der Hauptforschungsräume für das Ökosystemforschungsprogramm der Bundesrepublik Deutschland.- Kiel (Umweltforschungsplan des Bundesministers für Umwelt, Naturschutz und Reaktorsicherheit. Forschungsbericht 101 04 043/02, im Auftrag des Umweltbundesamtes)

FRÄNZLE, O., SCHRÖDER, W. & WILDFÖRSTER, E. (1986): Untersuchungen zu Langzeitwirkungen von Kalkungen auf Fichten- und Buchenökosysteme. In: Bericht zum 7. Statusseminar "Waldschäden/Luftverunreinigungen" am 10. und 11. März im Umweltbundesamt.- Schmallenberg (Fraunhofer-Institut für Umweltchemie und Ökotoxikologie)

FRANCIS, I. & LAURO, N. (1982): An analysis of developer's and user's ratings of statistical software using multiple correspondence analysis. In: CAUSSINUS, H. et al. (eds.): COMPSTAT 1982.- Vienna: 212 - 217

GABRIEL, K.R. (1971): The biplot graphik display of matrices with application to principal component analysis. In: Biometrica, 58: 453 - 467

GABRIEL, K.R. (1972): Analysis of meteorological data by means of canonical decomposition and biplots. In: Journal of Applied Meteorology, 11: 1071 - 1077

GABRIEL, K.R. (1973): Biplot display of contingency tables for data analysis and significance testing.- Jerusalem

GABRIEL, K.R. (1980): Biplot display of multivariate matrices for inspection for data in diagnosis.- In: BARNETT, V. (ed.): 147 - 174

GABRIEL, K.R., HILL, M. & LAW-YONE, H. (1974): A multivariate statistical technique for regionalization. In: Journal of Regional Science, 14: 89 - 106

GABRIEL, K.R., RAVE, G. & WEBER, E. (1976): Graphische Darstellung von Matrizen durch das Biplot. In: EDV in Medizin und Biologie, 7: 1 - 15

GABRIEL, K.R. & SOKAL, R.R. (1969): A new statistical approach to geographic variation analysis. In: Systematic Zoology, 18: 259 - 278

GABRIEL, K.R. & ZAMIR, S. (1979): Lower rank approximation of matrices by least squares with any choice of weights. In: Technometrics, 21: 489 - 498

GLADITZ, J. & TROITZSCH, K.G. (eds.) (1990): Computer aided sociological research. Proceedings of a workshop organized by the research committee 33 of the International Sociological Association and the Academy of Sciences of the GDR, held at Holzhau, GDR, october 2nd to 6th, 1989

GLAESER, B. (1989): Umweltpolitik zwischen Reparatur und Vorbeugung. Eine Einführung am Beispiel Bundesrepublik im internationalen Kontext.- Opladen

GÖB, R., EICHBERG, J. & SCHULMEYER, R. (1987): Der Informationsbedarf der Umweltpolitik aus der Sicht der Kommunen. In: Statistisches Bundesamt (Hrsg.): 27 - 33

GOLDSTEIN, II. (1987): The choice of constraints in correspondence analysis. In: Psychometrika, 52: 207 - 215

GREENACRE, M.J. (1984): Theory and applications of correspondence analysis.- London

GREENACRE, M.J. (1980): Practical correspondence analysis. In: BARNETT, V. (ed.): 119 - 146

GRIZZLE, J.E., STARMER, E.F. & KOCH, G.G. (1969): Analysis of categorical data by linear models. In: Biometrics, 25: 489 - 504

HABERMAN, S.J. (1973): Loglinear models for frequency data: sufficient statistics and likelihood equations. In: Annals of Statistics, 1: 617 - 632

HABERMAN, S.J. (1974): Loglinear models for frequency tables with ordered classifications. In: Biometrics, 30: 589 - 600

HAWKINS, D.M. (ed.) (1981): Topics in applied multivariate analysis.- London

HEIJDEN, P.G.M. v. d. & LEEUW, J.d. (1985): Correspondence analysis used complementary to loglinear analysis. In: Psychometrica, 50(4): 429 - 447

HEIN, W. (Hrsg.) (1992): Umweltorientierte Entwicklungspolitik..- 2., erw. Aufl., Hamburg (Schriften des deutschen Übersee- Instituts, 14)

HILL, M.O. (1974): Correspondence analysis: a neglected multivariate method. In: Applied Statistics, 23: 340 - 354

HILL, M.O. (1982): Correspondence analysis.- In: KOTZ, J. (ed.): 204 - 210

HÖHER, A. (1989): Auf dem Wege zu einer Rezeption der Soziologie Pierre Bourdieus? Replik zu dem Artikel von Jörg Blasius und Joachim Winkler "Gibt es 'die feinen Unterschiede'?". In: Kölner Zeitschrift für Soziologie und Sozialpsychologie, 41: 721 - 728

HOFFMAN, D. L. & FRANKE, G. R. (1986): Correspondence analysis: Graphical representation of categorical data in marketing research.- Journal of Marketing Research, 23, 213-227.

JÄGER, M. (1987): Das Datenangebot des Statistischen Bundesamtes auf dem Umweltsektor. In: Statistisches Bundesamt (Hrsg.): 48 - 60

KILLISCH, W. (1979): Räumliche Mobilität. Grundlegung einer allgemeinen Theorie der räumlichen Mobilität und Analyse des Mobilitätsverhaltens der Bevölkerung in den Kieler Sanierungsgebieten.- Kiel (Kieler Geographische Schriften, 49)

KILLISCH, W.F., GÜTTER, R. & RUF, M. (1990): Bestimmungsfaktoren, Wirkungszusammenhänge und Folgen der Umwandlung von Miet- in Eigentumswohnungen. In: BLASIUS, & DANGSCHAT, J.S. (Hrsg.): 325 - 353

KOCKA, J. (Hrsg.) (1987): Interdisziplinarität. Praxis, Herausforderung, Ideologie.- Frankfurt a.M.

KOTZ, J. (ed.) (1982): Encyclopedia of statistical sciences.- New York

LANGEHEINE, R. & ROST, J. (eds.) (1988): Latent trait and latent class models.- New York, London

LERSNER, H. Frh. v. (1987): Statistische Daten im Umweltschutz - Bedeutung und Probleme. In: Statistisches Bundesamt (Hrsg.): 40 - 47

LÜBBE, H. (1987): Helmut Schelsky und die Interdisziplinarität. Zur Philosophie gegenwärtiger Wissenschaftskultur. In: KOCKA, J. (Hrsg.): 17 - 33

MARTENS, B. (1990): Feine Unterschiede (zwischen Korrespondenzanalysen). In: Kölner Zeitschrift für Soziologie und Sozialpsychologie, 41: 753 - 754

MICH, N. (1983): Zur Auswertung von Bodendaten mittels Clusteranalyse und Biplot. In: Mitteilungen der Deutschen Bodenkundlichen Gesellschaft, 36: 91 - 96

MOCH, K. & KILLISCH, W.F. (1975): Die Untersuchung der Struktur sozialer Systeme. In: Erdkunde, 29: 292 - 300

PRITTWITZ, V. v. (1990): Das Katastrophenparadox. Elemente einer Theorie der Umweltpolitik.- Opladen

SAS Institute Inc. (1988): Additional SAS/STAT Procedures, Release 6.03 (SAS Technical Report P-179).- Cary, NC

SCHIMMLER, J. (1975): Einführung in die Hauptkomponenten- und Faktorenanalyse.- Kiel (Rechenzentrum der Universität Kiel)

SCHRÖDER, W. (1989): Ökosystemare und statistische Untersuchungen zu Waldschäden in Nordrhein-Westfalen. Methodenkritische Ansätze zur Operationalisierung einer wissenschaftstheoretisch begründeten Konzeption.- Diss., Kiel

SCHRÖDER, W. & DASCHKEIT, A. (1993): Thesen zum Anforderung zukünftiger Umwelt-forschung (im Druck)

SCHRÖDER, W., VETTER, L. & FRÄNZLE, O. (1992): Einfluß statistischer Verfahren auf die Bestimmung repräsentativer Standorte für Umweltuntersuchungen. In: Petermanns Geographische Mitteilungen, 5 + 6: 309 - 318

SIMONIS, U.E. (1992): Ökologie, Politik und Wissenschaft. Drei allgemeine Fragen. In: HEIN, W. (Hrsg.): 75 - 88

Statistisches Bundesamt (Hrsg.) (1987): Statistische Umweltberichterstattung. Ergebnisse des 2. Wiesbadener Gesprächs am 12./13. November 1986.- Stuttgart, Mainz (Schriftenreihe Forum der Bundesstatistik, 7)

STEINER, D. (1987): Beziehungen zwischen dem informationsanalytischen und dem log-linearen Ansatz der Kontingenztabellen-Analyse. In: Bremer Beiträge zur Geographie und Raumplanung, 11: 293 - 310

STORM, P.-Ch. (1987): Umweltrecht. Wichtige Gesetze und Verordnungen zum Schutz der Umwelt.- München

TENENHAUS, M. & YOUNG, F.W. (1985): An analysis and synthesis of multiple correspondence analysis, optimal scaling, dual scaling, homogeneity analysis and other methods for quantifying categorical data. In: Psychometrika, 50: 91 - 119

THEUNIS, J. & KOTZE, V.W. (1981): The log-linear model and its application to multi-way contingency tables. In: HAWKINS, D.M. (ed.): 142 - 182

THIESSEN, V. & ROHLINGER, H. (1988): Die Verteilung von Aufgaben und Pflichten im ehelichen Haushalt. In: Kölner Zeitschrift für Soziologie und Sozialpsychologie, 40: 640 - 658

VETTER, L. (1989): Evaluierung und Entwicklung statistischer Verfahren zur Auswahl von repräsentativen Untersuchungsobjekten für ökotoxikologische Problemstellungen.- Diss., Kiel

VOGEL, A.O. (1987): Der Informationsbedarf der Umweltpolitik aus der Sicht des Bundes. In: Statistisches Bundesamt (Hrsg.): 12 - 17

VOGEL, F. (1975): Probleme und Verfahren der numerischen Klassifikation.- Göttingen

WAHRENDORF, J. (1987): Anforderungen an ein statistisches System aus epidemiologischer Sicht. In: Statistisches Bundesamt (Hrsg.): 98 - 102

WEBER, E. (Hrsg.) (1980): Statistische Auswertung biomedizinischer Daten (Teil I Datenerfassungs- und Auswertungssystem ADAM).- Heidelberg

5.2 Raumcharakterisierung Nordrhein-Westfalens mittels Latent Class Analyse

Jürgen Rost und Christiane Gresele

Einleitung

VETTER (1989) hat die LCA erstmals für eine geowissenschaftliche Fragestellung eingesetzt. Dabei ging es um die Ermittlung von "Landschaftstypen" als räumliche Klassen (Regionen)(Kap. 2) anhand geoökologischer Standortsmerkmale, die in einer Region an gitterförmig angeordneten Meßpunkten erhoben wurden. Die zu klassifizierenden Objekte wären hier die einzelnen Meßpunkte, wobei diese jedoch nicht direkt in Klassen aufgeteilt werden, sondern als Manifestationen bestimmter idealtypischer Standortkonfigurationen angesehen werden. Zur Illustration des in Kapitel 4.2 Gesagten sei nun ein reales Datenbeispiel angeführt. Es handelt sich dabei um digitalisierte geowissenschaftliche Karten Nordrhein-Westfalens (SCHRÖDER 1989, VETTER 1989). In dem Datensatz liegen für das ganze Bundesland an insgesamt 1775 Rasterpunkten die Ausprägungen der in Tabelle 5.2.1 aufgeführten Merkmale vor.

Tab. 5.2.1 Geoökologische Flächeninformationen für Nordrhein-Westfalen

Variable	Ausprägung	Code
1.) Bewaldung	Wald	0
	kein Wald	1
2.) Boden	gut basenhaltig	0
	gut bis mittel basenhaltig	1
	mittel bis schwach basenhaltig	2
	basenarm und Podsole	3
	schwach und selten	4
	schwach teils mittel	5
	ohne Angaben	6
3.) Orographie (Höhenlage)	0 – 75 m	0
	75 – 150 m	1
	150 – 300 m	2
	300 – 450 m	3
	450 – 600 m	4
	600 – 900 m	5
4.) Potentielle natürliche Vegetation	Hochmoor/Birkenbruchwald und Eichen – Birkenwald	0
	Eichen – Buchenwald	1
	Erlenbruchwald	2
	Erlen – Eschenwald	3
	Auenwälder	4
	Eichen – Hainbuchenwald	5
	Buchenwald	6

5.) Nebelhäufigkeit	1 - 30	0
	30 - 50 Tal	1
	50 - 70 Tal	2
	70 - 100 Tal	3
	30 - 50 Hoch	4
	50 - 70 Hoch	5
	>70 Hoch	6

6.) Nebelstruktur	Talnebel	0
	Nebelarme Hangzone	1
	Hochnebel	2
	Wolkennebel	3

7.) Niederschlag	<650 mm	0
	650 - 750 mm	1
	750 - 850 mm	2
	850 - 950 mm	3
	950 - 1100 mm	4
	1100 - 1300 mm	5
	>1300 mm	6

8.) Mittl. Lufttemp. Januar	< -2 °C	0
	-2 bis -1 °C	1
	-1 bis 0 °C	2
	0 bis 1 °C	3
	1 bis 1.5 °C	4
	>1.5 °C	5

9.) Mittl. Lufttemp. Juli	<15 °C	0
	15 - 16 °C	1
	16 - 17 °C	2
	17 - 18 °C	3
	18 - 18,5 °C	4
	>18.5 °C	5

Das Grundmodell

Ein großer Vorteil der LCA ist, daß, wie in diesem Beispiel, "gemischte" Daten verwendet werden können. Einige, wie z.B. Bewaldung, Boden und Vegetation sind nominal skaliert, andere, wie z.B. Orographie, Niederschlag und Temperatur sind ordinal skaliert. Die Berechnung der LCA wurde mit LACORD durchgeführt, einem von ROST (1990) entwickeltem Computerprogramm für kategoriale und ordinale Daten (LAtent Class Analyse für ORDinale manifeste Merkmale) (Kap. 4.2). Zur Überprüfung, ob eventuell ein lokales Maximum gefunden wurde, wurde dieselbe Rechnung mit mehreren verschiedenen Zufallszahlen berechnet. Die Ergebnisse unterschieden sich jedoch nicht. Zur Ermittlung der Likelihood wurden 74 Iterationen durchlaufen. Die Schätzungen für die Werte der beiden Modellparameter, Klassengrößen und Kategorienwahrscheinlichkeiten, werden für die 6-Klassenlösung dargestellt, da sich diese Klassenanzahl bei der Modellgeltungskontrolle ergab (s.u.: Prüfung der Modellanpassung).

In der ersten Zeile jeden Blocks stehen die Nummern der Klassen und ihre Klassengröße. Die Zahl zwischen * und * ist der Code der Kategorie, wie er bei der Variablendarstellung mit aufgeführt ist. Die übrigen Werte sind die Kategorienwahrscheinlichkeiten für die Variablen 1-9 (wobei folgende Abkürzungen verwendet werden: Wald, Boden, Oro (Orographie), Veg (potentielle, natürliche Vegetation), Nebhf (Nebelhäufigkeit), Nebst (Nebelstruktur), Nied (Niederschlag), Jan (mittlere Lufttemperatur im Januar), Juli (mittlere Lufttemperatur im Juli).

Tab. 5.2.2 Klassengrößen und Kategorienwahrscheinlichkeiten

1.KLASSE   0.113

	Wald	Boden	Oro	Veg	Nebhf	Nebst	Nied	Jan	Juli
0	0.033	0.533	0.935	0.003	0.000	0.995	0.009	0.000	0.000
1	0.967	0.162	0.060	0.065	0.359	0.005	0.791	0.000	0.000
2		0.066	0.005	0.015	0.504	0.000	0.193	0.000	0.000
3		0.008	0.000	0.039	0.137	0.000	0.007	0.000	0.539
4		0.000	0.000	0.145	0.000		0.000	0.236	0.416
5		0.042	0.000	0.147	0.000		0.000	0.764	0.045
6		0.189		0.586	0.000		0.000		

2.KLASSE   0.205

	Wald	Boden	Oro	Veg	Nebhf	Nebst	Nied	Jan	Juli
0	0.077	0.073	0.198	0.000	0.378	0.982	0.166	0.000	0.000
1	0.923	0.568	0.654	0.009	0.575	0.018	0.567	0.000	0.000
2		0.204	0.148	0.000	0.039	0.000	0.169	0.007	0.006
3		0.000	0.000	0.000	0.008	0.000	0.086	0.212	0.994
4		0.018	0.000	0.002	0.000		0.009	0.436	0.000
5		0.017	0.000	0.240	0.000		0.004	0.346	0.000
6		0.120		0.749	0.000		0.000		

3.KLASSE   0.056

	Wald	Boden	Oro	Veg	Nebhf	Nebst	Nied	Jan	Juli
0	0.745	0.142	0.000	0.010	0.072	0.000	0.000	0.268	0.586
1	0.255	0.039	0.000	0.000	0.000	0.223	0.000	0.666	0.414
2		0.030	0.021	0.000	0.000	0.534	0.019	0.066	0.000
3		0.042	0.106	0.000	0.000	0.242	0.099	0.000	0.000
4		0.708	0.610	0.000	0.246		0.301	0.000	0.000
5		0.000	0.263	0.010	0.359		0.511	0.000	0.000
6		0.040		0.980	0.323		0.070		

4.KLASSE   0.270

	Wald	Boden	Oro	Veg	Nebhf	Nebst	Nied	Jan	Juli
0	0.134	0.015	0.848	0.253	0.105	0.993	0.047	0.000	0.000
1	0.866	0.018	0.152	0.373	0.507	0.007	0.461	0.000	0.000
2		0.118	0.000	0.002	0.377	0.000	0.463	0.000	0.030
3		0.395	0.000	0.038	0.011	0.000	0.028	0.254	0.968
4		0.002	0.000	0.025	0.000		0.000	0.626	0.003
5		0.196	0.000	0.264	0.000		0.000	0.120	0.000
6		0.255		0.045	0.000		0.000		

```
5.KLASSE        0.205
      Wald    Boden   Oro     Veg     Nebhf   Nebst   Nied    Jan     Juli
*0*   0.291   0.246   0.000   0.015   0.669   0.407   0.027   0.000   0.000
*1*   0.709   0.182   0.205   0.032   0.304   0.590   0.114   0.000   0.004
*2*           0.150   0.706   0.000   0.016   0.003   0.331   0.320   0.826
*3*           0.065   0.090   0.006   0.000   0.000   0.210   0.644   0.170
*4*           0.244   0.000   0.003   0.011           0.202   0.034   0.000
*5*           0.012   0.000   0.085   0.000           0.113   0.002   0.000
*6*           0.101           0.860   0.000           0.002
```

```
6.KLASSE        0.150
      Wald    Boden   Oro     Veg     Nebhf   Nebst   Nied    Jan     Juli
*0*   0.540   0.174   0.000   0.000   0.582   0.219   0.000   0.006   0.022
*1*   0.460   0.009   0.000   0.007   0.240   0.671   0.076   0.252   0.742
*2*           0.053   0.071   0.000   0.007   0.109   0.096   0.654   0.236
*3*           0.041   0.724   0.000   0.000   0.000   0.138   0.089   0.000
*4*           0.632   0.205   0.000   0.135           0.332   0.000   0.000
*5*           0.000   0.000   0.031   0.036           0.297   0.000   0.000
*6*           0.090           0.962   0.000           0.061
```

Anhand dieser Werte kann man sehen, wie stark die Kategorien der einzelnen Variablen in den verschiedenen Klassen besetzt sind. Am deutlichsten unterscheiden sich die Klassen 3 und 4 voneinander, wobei die kleinste dritte Klasse mit 5,6% der Meßpunkte einen Landschaftstyp definiert, bei dem die Bewaldung deutlich dominiert. Die Wahrscheinlichkeit, dort Wald vorzufinden, beträgt 74,5%. Über 50% Bewaldung weist nur noch Klasse 6 auf.

Die Klassen 3 und 4 sind in den Abbildungen 5.2.1 und 5.2.2 graphisch dargestellt. Auf der Ordinate sind die Kategorienwahrscheinlichkeiten, auf der Abszisse die Variablen und auf der z-Achse die Kategorien 0-6 von vorne nach hinten abgetragen. Die beiden Klassen unterscheiden sich außer in der Bewaldung auch bezüglich der Bodenbeschaffenheit: Im Landschaftstyp von Klasse 3 überwiegt schwach basenhaltiger Boden deutlich (70%), während in Klasse 4 dieser Bodentyp extrem selten vorkommt (0,2%). Demgegenüber sind hier aber Podsole zu fast 40% vorzufinden. Weitere Unterschiede zeigen sich zwischen den Klassen hinsichtlich der Höhenlage. Sie beträgt in Klasse 3 zu 61% 450 - 600 m, die also im Vergleich zu Klasse 4, wo 85% der Meßwerte zwischen 0 und 75 m liegen, ein recht hoch gelegenes, bergiges Gebiet darstellt.

An der Variable Vegetation ist besonders auffällig, daß im Gebiet, das Klasse 3 repräsentiert, die natürliche Vegetation zu 98% Buchenwald ist. In Klasse 4, die ja ein sehr schwach bewaldetes Gebiet umfaßt (insgesamt nur 13,4% Wald), stellen Eichen - Buchenwald mit 37,3% und Eichen-Hainbuchenwald (Kategorie 5) mit 26,4% und Hochmoor/Birkenbruchwald, Eichen--Birkenwald (Kategorie 0) mit 25,3% die natürliche Vegetation dar.

Im Gebiet von Klasse 3 gibt es hauptsächlich Hochnebel (53%) mit einigen nebelarmen Hangzonen (22,3%) und Wolkennebel (24,2%), während in Klasse 4 Talnebel stark überwiegt (99,3%). Die Niederschlagsmenge im Gebiet, das Klasse 3 darstellt, beträgt zu 51,1% der Meßpunkte 1100 - 1300 mm, in Klasse 4 zu 92% 750 - 950 mm (Kategorien 1 und 2). Die Lufttemperaturen sind sowohl im Januar als auch im Juli in Klasse 3 deutlich niedriger. Im Januar liegt die mittlere Lufttemperatur dort zu 66,6% zwischen -2 und -1°C und im Juli zu 100% unter 16°C. Im Gebiet, das von Klasse 4 beschrieben wird beträgt die durchschnittliche Lufttemperatur im Januar in 62% der Beobachtungspunkte 1 - 1,5°C und im Juli liegt die Temperatur im Schnitt zu 96,8% zwischen 17 und 18°C.

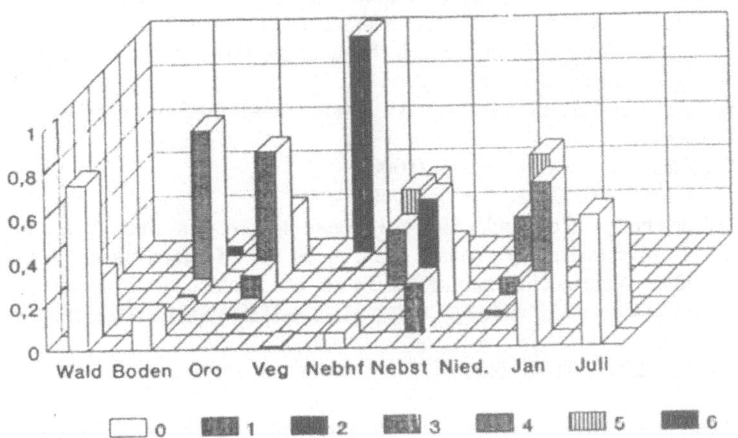

Abb. 5.2.1 Merkmalsausprägungen der Klasse 3

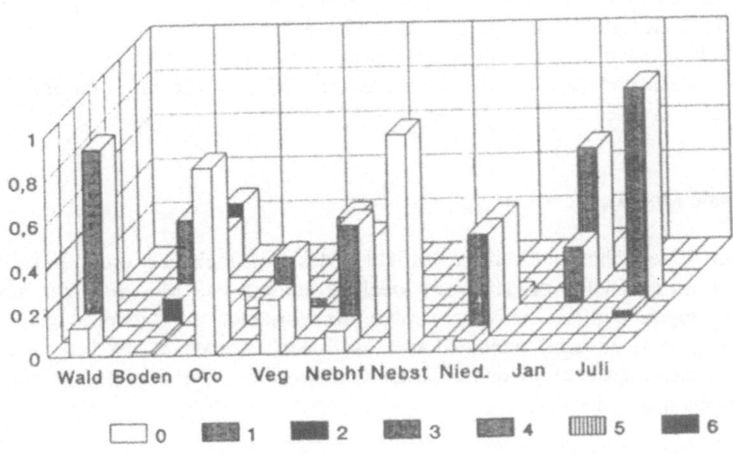

Abb. 5.2.2 Merkmalsausprägungen der Klasse 4

Manifeste Klassifikation

Wie in Kapitel 4.2 erläutert, läßt sich für jeden Wert der latenten Variable (also für jede Klasse) ein Gütemaß berechnen, das die wahre Klassenzugehörigkeit eines Objekts beschreibt. Dies sei wieder an demselben Datenbeispiel verdeutlicht. LACORD legt einen Datenfile an, in dem für jeden Meßpunkt bestimmte Informationen über dessen Klassenzugehörigkeit aufgeführt sind. Daraus wird ersichtlich, mit welcher Wahrscheinlichkeit ein betrachteter Rasterpunkt von Nordrhein-Westfalen welcher Klasse zugeordnet wird.

Ein Merkmalsmuster mit dem Code 1 6 0 3 1 0 0 5 3 wird mit folgenden Wahrscheinlichkeiten den 6 Klassen zugeordnet:
Klasse 1: 0.159, Klasse 2: 0.000, Klasse 3: 0.000,
Klasse 4: 0.841, Klasse 5: 0.000, Klasse 6: 0.000.

Die größte Wahrscheinlichkeit findet sich bei Klasse 4, d. h. mit einer Wahrscheinlichkeit von 0.841 gehört dieses Merkmalsmuster Klasse 4 an. Auch das Merkmalsmuster 1 5 1 1 1 0 1 5 3 gehört mit der größten Wahrscheinlichkeit Klasse 4 an. Die Wahrscheinlichkeiten für die 6 Klassen lauten:

0.028   0.027   0.000   0.945   0.000   0.000

Folgendes Merkmalsmuster wird mit einer Wahrscheinlichkeit von 0.994 der dritten Klasse zugeordnet:
0 6 4 6 5 2 5 2 0
0.000   0.000   0.994   0.000   0.000   0.006
Die klassenspezifischen T-Werte lauten für die 6 Klassen:
Klasse 1: 0.895, Klasse 2: 0.912, Klasse 3: 0.955
Klasse 4: 0.943, Klasse 5: 0.946, Klasse 6: 0.958.

Danach sind insbesondere die letzten vier Klassen sehr "trennscharf". Anhand der Klassenzuordnungen kann rekonstruiert werden, welche Meßpunkte Nordrhein-Westfalens welchen Klassen zuzuordnen sind. Diese können dann an den Koordinaten der Karte eingezeichnet werden. Es ergibt sich somit ein Muster zusammenhängender Gebiete. Abbildung 5.2.3 zeigt Nordrhein-Westfalen in 6 Landschafts- und Klimatypen eingeteilt. Klasse 3 nimmt nur einen kleinen Teil der Gesamtfläche ein und grenzt etwa an das Hessische Bergland. Klasse 1 ist gekennzeichnet durch eine sehr geringe Höhenlage (93,5% der Meßpunkte liegen unter 75 m), Talnebel und geringe Bewaldung. Dieses Gebiet umfaßt das niederrheinische Tiefland. Klasse 4 umfaßt ein recht großes Gebiet im Norden Nordrhein-Westfalens und ist durch Merkmale gekennzeichnet, die im vorangehenden Abschnitt bereits beschrieben wurden.

LCA für ordinale Modelle

Wie in Kapitel 4.2 erwähnt, sind einige Variablen des Datenbeispiels ordinal skaliert. Für diese Variablen kann mit LACORD ein anderes Modell (in diesem Fall Modell 4) zur Bestimmung der Klassen herangezogen werden. Zunächst werden alle Variablen mit Modell 4 gerechnet, das von geordneten Kategorien ausgeht, ohne jedoch Annahmen darüber zu machen, welche Abstände zwischen den Kategorien oder in den Klassen vorliegen. Für die 6-Klassenlösung ergeben sich folgende Schwellenparameter:

Tab. 5.2.3 Schwellenparameter der 6-Klassenlösung mit 9 Variablen

Variablen	Schwellenparameter					
	Schw.1	Schw.2	Schw.3	Schw.4	Schw.5	Schw.6
1:	0.00					
2:	0.89	0.06	0.07	0.08	-1.51	0.40
3:	4.36	2.64	-0.28	-2.78	-3.95	
4:	0.46	-3.46	1.19	0.16	1.41	0.23
5:	4.04	2.17	0.57	0.21	-3.49	-3.51
6:	2.50	-0.76	-1.74			
7:	3.53	0.94	-0.50	-0.21	-0.89	-2.86
8:	4.16	2.66	0.18	-2.61	-4.39	
9:	4.31	2.30	0.39	-4.22	-2.78	

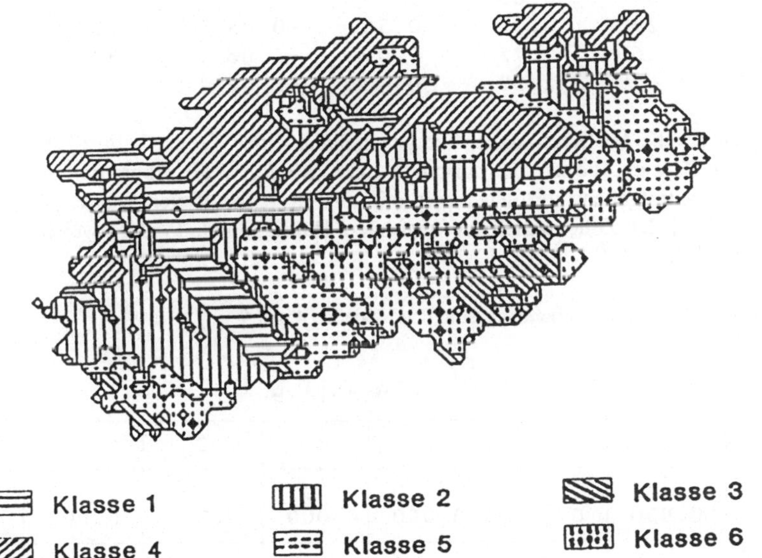

Abb. 5.2.3 Visualisierung der 6-Klassenlösung

Es fällt auf, daß die Schwellen der Variablen 2 und 4 ungeordnet sind. Es handelt sich dabei um die Variablen Boden und Vegetation, deren Merkmalsausprägungen inhaltlich keinerlei Ordinalität nahelegen. Das Ergebnis verwundert daher nicht weiter. Eine kleine Unregelmäßigkeit taucht bei Variable 7 (Niederschlag) auf, hier ist die vierte Schwelle etwas leichter als die dritte, d. h. an dieser Stelle ist die Ordnung umgekehrt. Da es sich jedoch nur um eine relativ geringe Distanz handelt und alle übrigen Schwellen dieser Variable deutlich geordnet sind, soll diese kleine Unregelmäßigkeit toleriert werden.

Da die Lufttemperatur ordinal skaliert ist und die Schwellenwerte für den Januar dies auch bestätigen, scheint es zunächst etwas verwunderlich, daß die beiden letzten Schwellenwerte der Variablen 9 (also der Lufttemperatur im Juli) verdreht sind. Dies läßt sich jedoch sehr gut mit der gewählten Kategorisierung erklären. Da Kategorie 4 ziemlich schmal ist (ein Abstand von nur 0,5°C) und die folgende Kategorie 5 eine "Restkategorie" darstellt (größer als 18,5), fällt der Übergang nach Kategorie 4 relativ schwerer als der Übergang von 4 nach 5.

Mit Ausnahme von Variable 2 und 4 sind demnach alle Variablen als ordinalskaliert anzusehen. Daher wird mit LACORD noch einmal die 6-Klassenlösung mit Modell 4 berechnet, dieses Mal mit den 7 Variablen, die sich als ordinal erwiesen haben. Die beiden letzten Kategorien von Variable 9 wurden zu einer zusammengefaßt. Es ergeben sich folgende Schwellenparameter:

Tab. 5.2.4 Schwellenparameter der 6-Klassenlösung mit 7 Variablen

Variablen	Schwellenparameter					
	Schw.1	Schw.2	Schw.3	Schw.4	Schw.5	Schw.6
1:	0.00					
3:	4.44	2.53	-0.21	-2.80	-3.96	
5:	4.97	2.03	-0.06	-0.07	-3.43	-3.44
6:	2.58	-0.80	-1.78			
7:	3.29	0.79	-0.56	-0.08	-0.71	-2.73
8:	4.16	2.75	0.09	-2.66	-4.34	
9:	4.67	2.33	-0.48	-6.52		

Im Vergleich der beiden Klassenzuordnungen anhand einer Kreuztabelle (Tab. 5.2.5) kann man sehen, daß die Klassen, die mit der normalen LCA (Modell 9 im Programm LACORD) bestimmt wurden, auch weitestgehend mit denen, die mit Modell 4 identifiziert wurden, übereinstimmen. In der ersten Zeile jeder Zelle stehen die absoluten Häufigkeiten, in der zweiten die Zuordnungswahrscheinlichkeiten.

Tab. 5.2.5 Vergleich von Klassenzuordnungen in den Modellen 4 und 9

Modell 4	Modell 9						
	1	2	3	4	5	6	
1	41 0.856	0 0.000	0 0.000	0 0.000	1 0.821	0 0.000	42 0.767
2	0 0.000	340 0.941	0 0.000	0 0.000	16 0.723	14 0.854	370 0.906
3	0 0.000	2 0.751	88 0.976	0 0.000	0 0.000	51 0.960	141 1.000
4	61 0.836	0 0.000	0 0.000	521 0.885	119 0.761	0 0.000	701 0.854
5	1 0.873	9 0.810	0 0.000	31 0.670	271 0.852	0 0.000	312 0.753
6	0 0.000	4 0.581	7 0.958	0 0.000	0 0.000	198 0.934	209 0.930
	103 0.968	355 0.958	95 0.955	552 0.865	407 0.909	236 0.939	1775

Jeder Klasse, die mit Modell 4 berechnet wurde, entspricht eine Klasse von Modell 9, die Klassen wurden dementsprechend nummeriert. Die beste Übereinstimmung bezüglich der absoluten Häufigkeiten (340) zeigt sich bei Klasse 2. Auch die Zuordnungswahrscheinlichkeit ist hier sehr groß (0.941).

Klasse 3 unter Modell 4 setzt sich aus der dritten und sechsten Klasse unter Modell 9 zusammen. Die Randsumme 141 ergibt sich fast ausschließlich aus den 88 bzw. 51 Meßpunkten, die unter Modell 9 der dritten bzw sechsten Klasse zugeordnet wurden. Der überwiegende Teil der sechsten Klasse unter Modell 9 bildet auch unter Modell 4 wieder eine eigene Klasse. Wie bereits erwähnt, ist die sechste Klasse unter anderem auch durch eine relativ hohe Bewaldung (>50%) gekennzeichnet.

Klasse 4 unter Modell 4 wird noch größer. Ihr werden Gebiete zugeordnet, die unter Modell 9 zu Klasse 1 und 5 zugeordnet wurden. Wie Abbildung 5.2.3 zeigt, handelt es sich dabei um Gebiete, die an diejenige Region angrenzen, die durch Klasse 4 repräsentiert wird.

Prüfung der Modellanpassung

Abschließend sei unter Verweis auf die Formeln 15 und 16 in Kapitel 4.2 erklärt, warum bisher immer von der 6-Klassenlösung gesprochen wurde. Die Anzahl der Klassen für Modell 9 wurde durch denjenigen BIC-Wert festgelegt, der unter dieser Bedingung am kleinsten wurde. Dies zeigt der folgende Vergleich:

Tab. 5.2.6 Best Information Criterion-Werte für Modell 9

Klassen	BIC
1	42231
2	34919
3	33551
4	32881
5	32526
6	**32318**
7	32355

Ein Vergleich der BIC-Werte der 6-Klassenlösungen zwischen Modell 4 und der einfachen LCA (Modell 9) wird sinnvollerweise für die sieben Variablen vorgenommen, für die die Schwellen weitestgehend geordnet waren: Wald (1), Orographie (3), Nebelhäufigkeit (5), Nebelstruktur (6), Niederschlag (7), mittlere Lufttemperatur im Januar (8) und Juli (9).

Tab. 5.2.7 AKAIKEs Information Criterion- und Best Information Criterion-Werte im Modellvergleich

Modell	log(L)	Anzahl der Parameter	BIC	AIC
4	−11249	70	23023	22639
9	−10969	185	23323	22309

Es zeigt sich, daß Modell 4 einen kleineren BIC-Wert erlangt als Modell 9, jedoch einen höheren AIC-Index.

Diskussion

Die LCA kann im Rahmen geoökologischer Forschung dort sinnvoll eingesetzt werden, wo es um die Ermittlung idealtypischer Muster von Merkmalsausprägungen geht, und die Merkmale nur Nominal- oder Ordinalskalenniveau haben oder verschiedenen Niveaus angehören. Dies dürfte ein relativ häufig anzutreffender Datentyp sein. Das Ziel ist fernerhin **nicht** eine manifeste Klassifikation der Meßobjekte anhand der Meßwerte. Vielmehr werden die Mes-sungen an jedem Meßobjekt nur als eine fehlerbehaftete Messung einer zugrundeliegenden idealtypischen Merkmalskonfiguration angesehen und dementsprechend als Realisationen einer stochastischen Variable behandelt. Die Ermittlung dieser idealtypischen Merkmalskonfigurationen ist das eigentliche Erkenntnisziel, das damit über eine lediglich pragmatisch zu rechtfertigende Klasseneinteilung von Meßobjekten hinausgeht.

Freilich kann es für eine gegebene Fragestellung auch sein, daß es solche Idealtypen nicht gibt. Dies muß sich dann anhand der Analyseergebnisse zeigen, was auch bei diesem Modellansatz nicht nur eine Frage der statistischen Inferenz ist, sondern auch der inhaltlichen Plausibilität und Übereinstimmung mit anderen Forschungsergebnissen. Der besondere Reiz der LCA liegt jedoch darin, **qualitative** Strukturen anhand von **qualitativen** Daten zu identifizieren und somit eine Alternative zur Quantifizierung zu bieten.

Zitierte Literatur

ROST, J. (1990): Lacord - Latent class analysis for ordinal variables. A Fortran Program.- Kiel

SCHRÖDER, W. (1989): Ökosystemare und statistische Untersuchungen zu Waldschäden in Nordrhein-Westfalen: Methodenkritische Ansätze zur Operationalisierung einer wissenschafts-theoretisch begründeten Konzeption.- Diss., Kiel

VETTER, L. (1989): Evaluierung und Entwicklung statistischer Verfahren zur Auswahl von repräsentativen Untersuchungsobjekten für ökotoxikologische Problemstellungen.- Diss., Kiel

5.3 CHAID-Analyse des Bedingungsgefüges von Waldschäden

Winfried Schröder

Zusammenfassung

Seit 1983 werden bundesweit Waldschadenserhebungen durchgeführt. Die statistische Auswertung und die Interpretation ihrer Ergebnisse sind umstritten. In diesem Artikel werden deshalb zunächst die Aussagemöglichkeiten der Erforschung und Erhebung von Waldschäden problematisiert. Anschließend erfolgt die statistische Analyse von Waldschadensinventurdaten aus Nordrhein-Westfalen der Jahre 1985 und 1986. Hierzu wird Chisquare Automatic Interaction Detection (CHAID) (Kap. 4.3) eingesetzt.

Waldschäden als Komplexerkrankung

Die seit den 80er Jahren bei den meisten bestandsbildenden Waldbaumarten Mitteleuropas großflächig aufgetretenen Erkrankungen werden in der Bundesrepublik zu dem "vielleicht schwersten Umweltschaden" gerechnet (SRU 1987: Zf. 1). Der Staat reagierte hierauf mit:
- Maßnahmen zur Reduzierung des Ausstoßes von Luftschadstoffen,
- der Förderung von Forschungen zu Waldschadensursachen und
- den alljährlichen bundesweiten Terrestrischen Waldschadensinventuren (TWI).

Die Forschungsergebnisse über Ursachen der Waldschäden sind außerordentlich reichhaltig. Sie lassen sich wie folgt zusammenfassen (BMELF 1990: 49 f., 60 f.):
- Monokausale und raumzeitlich undifferenzierte Hypothesen über Waldschadensursachen kann es nicht geben.
- Ein Komplex abiotischer und biotischer Faktoren verursacht die Waldschäden. Hierbei kommt den Luftschadstoffen eine Schlüsselrolle zu.
- Die Luftschadstoffe wirken nicht nur negativ auf die Assimilationsorgane (Blätter, Nadeln) der Bäume ein. Vielmehr stören sie die vielfältigen ökologischen Funktionen der für die Stabilität von Ökosystemen sehr wichtigen Böden.

Diese - sehr stark zusammengefaßten - Erkenntnisse mögen vor dem Hintergrund einer kritischen Sichtung auch älterer Literatur als etwas dürftig erscheinen (FRÄNZLE et al. 1985; SCHRÖDER et al. 1986; SCHRÖDER & VETTER 1989a; SCHÜTT 1977; UBA 1986; ULRICH 1981; ULRICH et al. 1979; ULRICH & MATZNER 1983; VETTER & SCHRÖDER 1989). Denn trotz der erheblichen Forschungsleistungen harren folgende Fragen weiterhin einer Beantwortung:
- Wie groß ist die Bedeutung einzelner Schadfaktoren an bestimmten Orten zu bestimmten Zeiten?
- Wie wirken organische Umweltchemikalien auf Waldökosysteme?
- Ist die Waldschadensentwicklung prognostizierbar?

Ob sich diese Fragen jemals beantworten lassen und ob dies für eine Ökologisierung unseres Wirtschaftssystems überhaupt erforderlich ist, soll hier nicht erörtert werden (SCHRÖDER 1992). Dennoch sind einige Fakten anzuführen, die sowohl die für Bewertung des skizzierten Forschungsstandes als auch für die Interpretation von Befunden aus Waldschadensinventuren bedeutsam sind.

Basishypothesen der Ökosystemforschung

Mitverursacher von Waldschäden sind Luftverunreinigungen (zur Legaldefinition § 3 Abs. 4 BImSchG, in STORM 1987: 218). Ziel der Ökotoxikologie ist es, Wirkungen von Umweltchemikalien - d.h. Stoffen, die durch menschliche Aktivitäten in die Umwelt gelangen - auf einzelne Arten, Biozönosen und Ökosysteme zu untersuchen. Gerade die Kenntnisse der letztere betreffenden synökologisch orientierten Toxikologie sind noch wenig entwickelt, denn dies erfordert die Berücksichtigung der kybernetischen Funktionsweisen natürlicher Prozesse, die für die Stabilität und Belastbarkeit komplexer Systeme von entscheidender Bedeutung sind. Da die Ökotoxikologie Grundlagen für die Festlegung von Richt- und Grenzwerten liefern soll, kommt es darauf an, das Schädigungspotential (Toxizität) von Umweltchemikalien hinreichend verläßlich zu bestimmen. Voraussetzung hierfür ist die systemare Verknüpfung von Kenntnissen über die physikochemischen Eigenschaften der jeweiligen Substanzen, ihr Emissions-, Transmissions- und Immissionsverhalten sowie die Charakteristika der Rezeptoren. Zu der großen Vielfalt von chemischen Substanzen und ihren PC-Eigenschaften gesellen sich ihre unüberschaubaren Interaktionen auf dem Wege zu den Rezeptoren sowie die Fülle ihrer potentiellen Reaktionsmuster mit Teilen dieser hochkomplexen und miteinander vergesellschafteten Ökosysteme.

Aus dem Gesagten ergeben sich für die Ökosystemforschung weitreichende erkenntnistheoretische und praktische Probleme. Sie lassen sich wie folgt als Basishypothesen fassen (SCHRÖDER 1989: 3 - 6):

1. Die hohe Komplexität von Ökosystemen erschwert eine quanitative Abschätzung der Bedeutung einzelner Belastungsfaktoren.

2. In komplexen Systemen können Belastungen über große Zeiträume kompensiert werden. Zu sichtbaren Folgen solcher Störungen kommt es erst, wenn das Pufferungsvermögen des Systems erschöpft ist.

3. Zeitpunkt und Ort des Auftretens von Schadwirkungen können erheblich von Ort und Beginn des Einwirkens von Umweltchemikalien in Ökosystemen abweichen.

4. Zu der nur näherungsweise möglichen Bestimmung der Schadwirkungen von Umweltchemikalien in biologischen Systemen ist die Kenntnis der natürlichen Schwankungsbreite ihres "Normalzustandes" unabdingbar.

5. Ökosysteminterne Kausalketten lassen sich nicht in Experimenten nachvollziehen, was die Überprüfung und Bewertung von ökosystemaren Hypothesen erschwert (SRU 1987: Zf. 216). Mithin lassen sich auch die Störungen komplexer, eng miteinander verknüpfter Systeme nicht mit einfachen Ursache-Wirkungs-Modellen erklären (WALLACE 1978).

6. Art und Ausmaß einer ökosystemaren Schadwirkung bemessen sich nicht nur nach Eigenschaft, Dosis und Einwirkungsdauer des Stoffes, sondern sie wird mitbestimmt von einer Vielzahl in sich sehr variabler und komlexer exogener Faktoren wie etwa Boden und Klima. Diese können den Zusammenhang zwischen Schadstoffexposition und Schadwirkung einzeln und interagierend verschleiern.

7. Schadwirkungen einer Substanz können auch dann nicht ausgeschlossen werden, wenn diese in einem System nicht nachweisbar ist. Die Unschädlichkeit einer Chemikalie ist aus erkenntnistheoretischen Gründen und wegen des Komplexcharakters sowohl der Schadfaktoren und ihrer Interaktionen als auch der Ökosysteme prinzipiell nicht beweisbar. Auf der Grundlage experimentell bewiesener Dosis-Wirkungsbeziehungen kann es lediglich darum gehen, ökologische Randbedingungen in standörtlicher Differenzierung mit Blick auf mögliche Gefährdungen zu klassifizieren.

8. Solche prognostischen Aussagen über Dosis-Wirkungsbeziehungen zwischen einem komplexen Schadfaktorenbündel und vernetzten Rezeptorsystemen sind Wahrscheinlichkeitsaussagen. Mit Hilfe der Statistik kann die Wahrscheinlichkeit von Hypothesen abgeschätzt, nicht jedoch ihre Richtigkeit (Wahrheit) bewiesen werden (Kap. 1). Die fehlende Signifikanz bei einem statistischen Hypothesentest darf keinesfalls als Nichtexistenz eines Zusammen-

hanges interpretiert werden.

9. Prognosen betreffen die Zukunft und sind somit eine Funktion des Möglichkeitspotentials der Gegenwart. Um ökosystemare Negativeffekte mathematisch prognostizieren zu können, müssen die Freiheitsgrade der Eintrittswahrscheinlichkeit, Ereignisraum und Schadenshöhe erfaßbar sein. Bei ökologischen Problemen handelt es sich jedoch um Situationen elementarer Ungewißheit: Wegen der Vielzahl potentieller Schädigungsursachen und der Komplexität von Wirkungsabläufen in Ökosystemen läßt sich heute vielfach nicht angeben, zu welchem Zeitpunkt und an welchem Ort aufgrund welcher Ursache ökologische Funktionen und Strukturen beeinträchtigt werden (Kap. 1; RIEDL 1992: 16, 23, 125 - 129, 142; SCHRÖDER et al. 1993).

10. Validität und Prognosequalität ökotoxikologischer Untersuchungsmethoden sind oft unbekannt. Deshalb ist es unabdingbar, daß sowohl für Laborexperimente als auch für Freilanduntersuchungen der Umweltforschung ein verbindlicher Katalog von Basismethoden erstellt und die Datengewinnung Qualitätskontrollen unterzogen wird (Kap. 1, 3).

11. Eine zentrale Bedeutung bei der Erfassung der zeitlichen und räumlichen Entwicklung der Immission von Umweltchemikalien kommt biologischen und technischen Meßnetzen zu. Die Aufgabenstellung eines solchen Umweltmonitorings sollte zweifach definiert werden:

   a) Ausgehend von beobachtbaren Schadwirkungen sind damit raumzeitlich koinzidierende Schadfaktoren zu ermitteln. Für gegebene Symptome sind also potentielle Schadensursachen zu suchen. Hierbei handelt es sich um eine explorative, hypotheseninduzierende Funktion von Meßnetzen (Kap. 1).

   b) Basierend auf experimentell gefundenen stoff- bzw. stoffgruppenspezifischen Dosis-Wirkungsbeziehungen ist zu prüfen, wo in der Umwelt die Randbedingungen des Laborversuches gegeben sind, um dann im Sinne einer Erklärung entsprechende Wirkungen zu konstatieren oder aber zu prognostizieren (konfirmative Funktion des Monitorings) (Kap. 1).

   Dabei ist jedoch zu beachten, daß viele Schadwirkungen eine lange Latenzzeit aufweisen und der Schluß von Symptomen auf Ursachen problematisch ist: Ein Symptom kann häufig auf verschiedene Ursachen zurückgeführt werden, so wie auch ein Belastungsfaktor verschiedene Symptome hervorzurufen vermag (KENNEWEG 1980: 11 f.; SCHÜTT 1985: 179: SIGAL & SUTER 1988: 677).

12. Der Schutz einzelner Tier- und Pflanzenarten ist nur über den Schutz von Ökosystemen möglich. Entscheidend für die Aussagekraft ökotoxikologischer Untersuchungen ist eine objektive Strategie zur Auswahl repräsentativer Ökosysteme und ihrer systemtragenden Arten. Den Phyto- und Zoozönosen sowie dem Boden kommt im Rahmen einer synökologisch orientierten Toxikologie die Rolle komplexer Bioindikatoren zu. Der Indikatorwert von Ökosystemen bzw. Teilen hiervon ist eng mit ihrer inhaltlichen Fassung und deren Operationalisierbarkeit verknüpft. Diese erscheint angesichts der oben skizzierten Komplexität nur auf dem Wege der Klassifizierung relevanter ökologischer Kenngrößen möglich. Ziel der Ökotoxikologie muß es sein, einerseits Beziehungen zwischen den in definiertem Sinne typischen Repräsentanten der Indikatorklassen und andererseits den ebenfalls mit Hilfe entsprechender Verfahren ermittelten Vertretern von Stoffgruppen zu untersuchen (Kap. 2). Bezogen auf die Erforschung von Waldschadensursachen bedeutet dies:

13. Waldökosysteme stellen ein "Beziehungsgefüge mit millionenfachen Wechselwirkungen und ebensovielen Reaktionsorten" dar (SCHÜTT 1985: 181). Je umfassender Störungen hierauf wirken, desto größer ist die Gefahr für das Gesamtsystem. Bestandteile hiervon sind u.a. die Bäume, die wiederum selbst komplexe biologische Systeme darstellen (ALLEN & STARR 1982). Subsysteme der Bäume sind u.a. ihre Grenzflächen, die Phyllosphäre und die Rhizosphäre. Erstere beherbergt zahlreiche Mikroorganismen, deren Konkurrenzgefüge auch von dem Chemismus der Kutikularwachse bestimmt wird, und ihre Schutzfunktion für die Wirtspflanze hängt von unüberschaubar vielen interaktiven endogenen und exogenen Faktoren ab (EUTENEUER & DEBUS 1987; EUTENEUER et al. 1988). Auch die Rhizosphäre ist

als Organon der Stoffaufnahme auf das intakte Ineinandergreifen mannigfaltiger stoffwechsel-physiologischer Prozesse der Bäume selbst sowie zahlreicher Mikroorganismen angewiesen. Die komplexen und miteinander verwobenen Systeme Wald, Baum sowie Phyllo- und Rhizosphäre bieten also jeglicher Art von Stressoren unvorstellbar viele Angriffspunkte, die jedoch keinesfalls mit den Orten der sichtbaren und unsichtbaren Schadwirkung identisch sein müssen.

15. Ist man bestrebt, Waldschadenssursachen zu erforschen, sind Kenntnisse sowohl über den gesunden Lebensablauf der Bäume als auch über darauf einwirkende Umweltfaktoren unabdingbare Voraussetzungen. Jedoch ist die Physiologie gesunder Bäume ebenso unzureichend bekannt wie die mit dem Absterben verknüpften Prozesse unter "natürlichen Bedingungen" (FRANKLIN et al. 1987: 556; MUELLER-DOMBOIS 1987: 582; v. OSTEN & RAMI 1986: 535).

16. Es unterscheiden sich nicht nur die einzelnen Baumarten hinsichtlich spezifischer Eigenschaften, sondern auch für Indidividuen einer Art können nennenswerte physiologische, morphologische und andere Eigenheiten nachgewiesen werden. Dabei handelt es sich oft um individuelle, eng mit kleinstandörtlichen Randbedingungen verknüpfte Reaktionen im Rahmen genetisch fixierter Grenzen. Hierzu zählen auch art- und individualspezifische Resistenz- bzw. Empfindlichkeitsdifferenzierungen.
Die individualspezifische Variabilität von Bäumen zeigt sich u.a.
a)   in ihren Ansprüchen an Boden und Klima,
b)   an ihren Fähigkeiten im Ertragen von Nässe, Trockenheit, Schatten, Mangelernährung oder Überflußangeboten,
c)   bezüglich der Leistungsfähigkeit ihrer Rezeptions- und Assimiliationsorgane,
d)   hinsichtlich des Wachstums und der Struktur ihres Wurzelwerks,
e)   im Beherbergen von Mykorrhizen sowie
f)   bei der Abwehr aggressiver Mikroorganismen und im Ausheilen von Wunden.

17. Während die eine Baumart kennzeichnenden Eigenschaften - dazu gehört auch die Anpassungsfähigkeit angesichts veränderter Umweltbedingungen (SCHOLZ 1984) - im Verlaufe des Lebens infolge ihrer genetischen Fixierung konstant sind, variieren die Umwelt-einflüsse erheblich. Diese Variabilität kann als "stress" wirksam werden und in dem betroffenen System zum "strain" führen, der plastisch (irreversibel, sichtbar/unsichtbar, latent) oder elastisch sein kann (LEVITT 1980, II: 3 ff.).

18. Umweltbedingungen variieren in dem breiten Spektrum der Meßeinheiten von Raum und Zeit, wobei sie jedoch stets gebündelt - koergistisch - auf die Ökosystemelemente wirken, und zwar synergistisch (Gesamtwirkung G > Summe der Einzelwirkungen E), additiv (G = E) oder antagonistisch (G < E) (WALLACE 1978). Dabei beeinflussen die Stressoren prinzipiell - auch interagierend - alle Elemente eines Ökosystems, also nicht nur die hier im Mittelpunkt des Interesses stehenden Bäume, sondern beispielsweise auch das epidemiologi-sche Verhalten potentieller biotischer Krankheitserreger (ATHARI & KRAMER 1983: 20).

19. Theoretisch ließe sich für einzelne Umweltfaktoren im Hinblick auf die Ätiologie eine spezifische Bedeutung denken, wobei diese auf verschiedenen Standorten für gleiche Faktoren unterschiedlich ausgeprägt sein kann (MOHR 1983: 106; OBLÄNDER et al. 1983: 179 f.).

20. Eine Trennung von Belastung (Ursache) und Reaktion (Wirkung) in Ökosystemen ist schwierig, da aufgrund der Vernetzung der Systemelemente die Wirkungen oft komplex sind und aus jeder Wirkung wieder mindestens eine Ursache resultieren kann. Aus den hierbei möglichen Kombinationen können unzählige Systemzustände entstehen. Deshalb und aufgrund des Fehlens der Speicherung aller relevanten Forschungsergebnisse in einer zentralen Datenbank wird eine quantifizierende, modellhafte Beschreibung ökosystemarer Prozesse äußerst schwierig (SRU 1987: Zf. 182, 605). BENECKE (1987: 20) geht sogar davon aus, daß man "ein allgemeinverbindliches Ablaufschema ausschließen ... [müsse] ... und eine Übertragung von Befunden eines Ökosystems auf ein anderes grundsätzlich nicht zulassen" dürfe.

An dieser Stelle sei angemerkt, daß die Auffassungen über "Kausalität" divergieren: Einem deterministischen Kausalitätsbegriff (MOHR 1970, zit. in FRÄNZLE 1971: 298) stehen Vorstellungen über stochastische Kausalzusammenhänge gegenüber. Hier bei ist jedoch umstritten, ob die Annahme stochastischer Kausalzusammenhänge der Unfähigkeit entspringt, die Determinierung natürlicher Prozesse zu entdecken oder aber in ihrer Natur begründet ist (NAGEL 1961: 316 ff.; SIMON 1957: 10 ff.).

Diese Grundlagen und Ergebnisse der Waldschadensforschung sind auch bedeutsam für die Bewertung der Befunde der Terrestrischen Waldschadensinventuren.

Umweltmonitoring durch Terrestrische Waldschadenserhebungen (TWI)

Trotz all dieser erkenntnistheoretischen und methodischen Probleme sollen mit Hilfe umweltbezogener Monitoringsysteme potentiell schadensdisponierende und -begleitende Faktoren erfaßt und als Wahrscheinlichkeitsaussagen dargestellt werden (SRU 1987: Zf. 1622 ff.). Diese sind jedoch an die zu ihrer Ableitung eingesetzten Methoden gebunden und können sich mithin nur auf diese beziehen. Unter diesen Randbedingungen erscheint die Analyse der TWI-Daten aus Nordrhein-Westfalen sinnvoll (ASHMORE 1988; FORSCHUNGSBEIRAT 1984: 17 f., 61; FRÄNZLE et al. 1992; HANISCH & KILZ 1988; HRADETZKY 1984; LÖFFLER & PRESTLE 1984; PANZER 1988; SEKOT 1988: 218, 225; SAAGER et al. 1991; SCHÖPFER & HRADETZKY 1984a, b: 7; SCHRÖDER et al. 1992; SRU 1983: 67; WESSELS 1992).

Die Problemsituation dieser Untersuchung läßt sich wie folgt beschreiben: Im Rahmen der Terrestrischen Waldschadensinventuren wird das Phänomen Waldschäden mittels eines Indikators, dem Blatt-/Nadelverlust (B-/NV) gemessen. In der statistischen Analyse der TWI-Daten aus Nordrhein-Westfalen geht es nun darum, die statistischen Zusammenhänge zwischen dem Indikator für Waldschäden - dem B-/NV - und den Standorts- und Bestockungsmerkmalen der bonitierten Bestände abzubilden (Tab. 5.3.1). Keine Aussagen können hingegen getroffen werden über die Beziehung zwischen dem Indikator (B-/NV) und dem Indikandum (Phänomen Waldschäden) (STEGMÜLLER 1975; STEVENS 1946).

Datenaufbereitung

Von den in den Aufnahmebelegen zur Erfassung der Waldschäden in Nordrhein-Westfalen 1985 und 1986 aufgeführten Merkmalen wurden in Anlehnung an SCHÖPFER & HRADETZKY (1984a: 8) neben 'Blatt- /Nadelverlust' (B-/NV), 'Baumart' und 'Wuchsgebiet' weitere 33 Standorts-, Bestockungs- und Baummerkmale für die statistische Untersuchung ausgewählt (Tab. 5.3.1). Dieser sehr umfangreiche Merkmalskatalog führt nicht nur zu Problemen bei der Wahl geeigneter statistischer Verfahren, sondern weist einen ganz entscheidenden Nachteil auf: Angaben über die Schadstoffbelastung der Waldstandorte fehlen nämlich völlig. Daß hierfür die zu eben diesem Zweck durchgeführte bundesweite "Bodenzustandserhebung im Walde" (BZE) (BMELF 1990) nur sehr bedingte Abhilfe schaffen kann, liegt in erster Linie in der Inkongruenz von BZE- und TWI-Untersuchungsstandorten (KUHNT et al. 1991).

Geht man davon aus, daß Luftverschmutzungen an der Genese von Waldschäden ursächlich beteiligt sind, kommt den erhobenen Merkmalen allenfalls der Charakter sekundärer Einflußgrößen zu. Somit sind als Ergebnis der Datenauswertung lediglich Aussagen über den Zusammenhang dieser sekundären Stressoren mit dem okkular meßbaren Schädigungsgrad des Assimilationsapparates möglich. Die Statistik ist nicht in der Lage, Lücken des Inventurdesigns und somit des aus diesem hervorgehenden Datenmaterials zu schließen und in diesem Sinne "neue" Informationen zu generieren. Sie ermöglicht lediglich eine Komprimierung der in Datensätzen enthaltenen Informationen. Dies führt zwangsläufig zu Informationsverlusten, die jedoch große Datenaggregate für eine Interpretation "handhabbar" machen (Kap. 1).

Tab. 5.3.1 Modell der Datenanalyse (SCHRÖDER 1989)

STANDORTS- und BESTOCKUNGS-MERKMALE	BAUMMERKMALE
Erhebungsart: bestandesweise (z.B. 501 Fichtenbestände)	Erhebungsart: einzelbaumweise (z.B. 7876 Fichten i. J. 1985)
	1 ZIELVARIABLE (ZV): Blatt-/ Nadelverlust (B-/NV)

33 ERKLÄRENDE VARIABLEN

1 orographische Höhenlage	1 Brusthöhendurchmesser
2 Geländeform	2 soziologische Stellung
3 Windeinfluß	3 Rücke- / Schälsschäden
4 Bodenwasserhaushalt	4 Schleim- / Harzfluß
5 Hangrichtung	5 Klebäste / Wasserreiser
6 Hangneigung	6 Pilzbefall
7 Nebelhäufigkeit	7 Borkenkäferbefall
8 Nährstoffversorgung Boden	8 Insektenbefall
9 Bestandesaufbau	9 Kronenbruch
10 Kronenschlußgrad	10 abgestorbene Wipfel
11 Traufbeschaffenheit	11 abgestorbene Äste
12 Mischungsform der Baumarten	12 vorzeitiger Blattabfall / Altschäden
13 Lücken im Kronenschluß	13 gerollte Blätter / Nekrosen
14 Trauf = Feld / Waldgrenze	14 Blatt- / Nadelvergilbung
15 Hiebsmaßnahmen	15 Baumalter
16 Bestockungsgrad	16 Ertragsklasse
	17 Mischungsverhältnis der Baumarten

Das zentrale Problem für die der eigentlichen statistischen Analyse voraufgehende Datenaufbereitung ist bei der vorliegenden Untersuchung darin zu sehen, daß die Zahl der Erhebungseinheiten für die Standorts- und Bestockungsmerkmale einerseits sowie die Baummerkmale andererseits - zwangsläufig - nicht dieselbe ist. Während für jene jeweils die Waldschadensansprachepunkte die Grundlage bilden, so beziehen sich diese auf den Einzelbaum (Tab. 5.3.1). Da Zusammenhänge zwischen dem einzelbaumweise gemessenen B-/NV (Zielvariable) einerseits und 33 sowohl einzelbaumweise als auch bestandesbezogen erhobenen unabhängigen Variablen andererseits aufgedeckt werden sollen, sind prinzipiell zwei Strategien denkbar:

1. Man vervielfacht die Standorts- und Bestockungsmerkmale entsprechend der Anzahl der angesprochenen Individuen der Baumarten. Damit würde man Meßwerte auf Erhebungseinheiten projizieren, an denen jene nicht ermittelt wurden.

2. Die einzelbaumweise gemessenen Parameter werden zu "Bestandes"-Werten aggregiert. Dieses Vorgehen beinhaltet zwei Probleme:

   a) Die Wahl des Aggregierungsverfahrens mag zwar statistisch korrekt sein, erscheint jedoch unter forstwissenschaftlichen Aspekten möglicherweise nur bedingt sinnvoll.

   b) Die Individuenzahl der dieser Untersuchung zugrundegelegten Baumarten bzw. Baumartklassen an den Waldschadensansprachepunkten ist nicht immer gleich. Ein Ausschluß von Meßpukten, an denen nicht eine Mindestanzahl bonitierter Bäume vorhanden ist, mildert zwar dieses Problem - jedoch zu Lasten der Engständigkeit des TWI-Rasters. Für jede Baumart stets dieselbe Individuenzahl zu taxieren und folglich das Erhebungsraster ggf. baumartspezifisch zu ergänzen, würde die häufigkeitsstatistische Relation zwischen Stichprobe und Grundgesamtheit verzerren.

Trotz der aufgezeigten Problemaspekte wird der statistischen Analyse der NRW-Waldschadensdaten 1985 und 1986 die zweite Datenaufbereitungsstrategie zugrundegelegt, weil es angemessener erscheint, Individualdaten zu klassieren als zu suggerieren, daß die Standorts- und Bestandesdaten (z.B. Bodencharakteristika) einzelbaumweise vorliegen. Die damit potentiell verknüpften Unwägbarkeiten wurden zweifach geprüft (Abb. 5.3.1):

Abb. 5.3.1 CHAID-Modellbildung für TWI-Daten (NRW) der Baumarten bzw. Baumartklassen 1: Eiche, 2: Buche, 3: "sonstige Laubbäume", 4: Kiefer, 5: Fichte, 6: "sonstige Nadelbäume", 7: "alle Baumarten" (SCHRÖDER 1989)

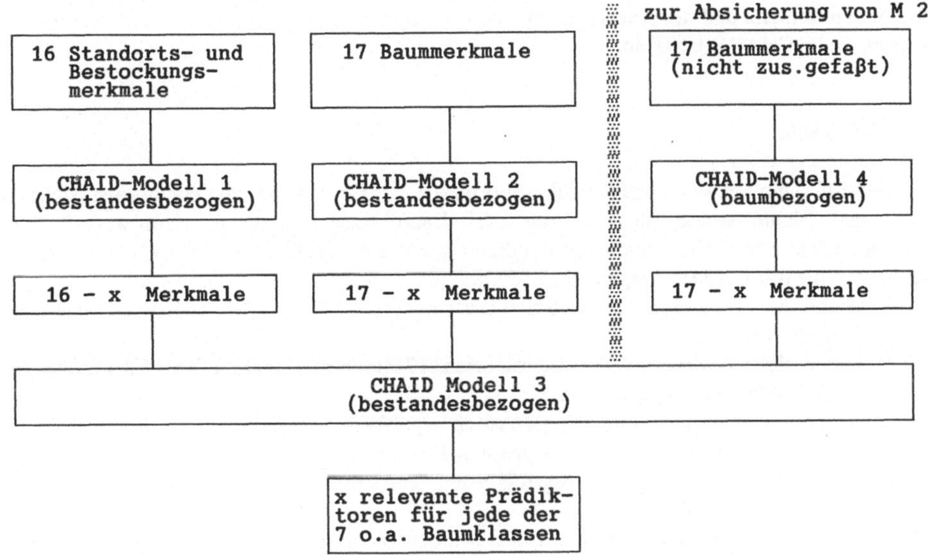

Zum einen erfolgte die separate Auswertung der einzelbaumweise ermittelten Merkmale parallel zur ihrer Analyse in aggregierter Form (CHAID-Modelle Typ 4). Dies ermöglicht es zu prüfen, ob die detailliertere Individualdatenbasis zu substanziell anderen Ergebnissen führt als die auf durch bestandesbezogene Zusammenfassung der Einzelmeßwerte von Baumindividuen basierende Analyse (CHAID- Modelle Typ 2 und 3). Entsprechende Berechnungen mit der Korrespondenzanalyse und CHAID belegen, daß die Aggregierung der Individualdaten zu "Bestandes"-Daten keine gravierenden Aussageverschiebungen hervorgerufen hat. Eine zweite Kontrolle wurde durch den Einsatz zweier unabhängiger statistischer Verfahren (Korrespondenzanalyse und CHAID, Kap. 4.1, 4.3) eingeführt (SCHRÖDER 1989: 68 - 77, 95 - 100, 105 - 109). In der Analyse werden unterschieden (WESSELS 1992: 30): Eichen (1), Buchen (2), "sonstige Laubbäume" (3), Kiefern (4), Fichten (5), "sonstige Nadelbäume" (6), "alle Baumarten" (7).

Wahl der statistischen Methode

Die Beschreibung des statistischen Zusammenhanges zwischen einer Zielvariablen (ZV, hier Waldschäden) und mehreren unabhängigen Variablen (UV) wird in der Regel mittels Varianz- bzw. Regressionsanalyse vorgenommen. In dieser Untersuchung ist jedoch das Problem gegeben, daß die Zahl der UVs mit 11 bzw. 33 relativ groß ist (Tab. 5.3.1). Die sich für die Analyse der resultie- renden Kontingenztafel stellenden Schwierigkeiten werden deutlich, wenn man sich vor Augen führt, daß eine Kreuztabelle von zehn Variablen mit je zwei Ausprägungen bereits 1024 Zellen umfaßt. Möchte man dennoch unter Berücksichtigung aller UVs wissen, welche UVs bzw. Kombinationen von UVs (d.h. welche Haupteffekte und Interaktionen) bedeutsam für die statistische "Erklärung" der Variation der ZV sind, so bieten sich Strategien zur Auswahl einer kleineren Zahl optimaler Prädiktoren (UVs) an. Der Begriff "erklären" heißt hier im statistischen Sinne: Für die Prädiktorva- riablen läßt sich rechnerisch nur herausfinden, welche von ihnen mit der Zielvariablen am engsten verknüpft ist. Ob dieser Zusammenhang sachlich etwas erklärt oder nicht, ist für die jeweilige Problemstellung vor dem Hintergrund des vorhandenen Wissens zu beurteilen (s.o.). Zwar sollten möglichst theoretische Überlegungen ein statistisches Modell bestimmen, doch bei der Betrachtung von sehr vielen Variablen kann man davon ausgehen, daß - insbesondere für mögliche Interaktionen höherer Ordnung - keine sachlich fundierten Hypothesen vorliegen. Insofern ist eine Strategie zur Auswahl passender Modelle erforderlich, die eine Reduzierung der Variablenzahl in der Gesamttabelle und der Ausprägungsstufen je Variable ermöglicht. Eine solche computerisierte Prozedur stellt CHAID dar (Kap. 4.3).

CHAID-Modelle

Die Modellbildung vollzieht sich gemäß Abbildung 5.3.1: Für jede der vier Baumarten Eiche, Buche, Kiefer und Fichte sowie für jede der drei Baumklassen "sonstige Laubbäume", "sonstige Nadelbäume" und "alle Baumarten" wird anhand nordrhein-westfälischer TWI-Daten der Jahre 1985 und 1986 wird mit CHAID festgestellt,

a)   welche der 16 Bestandes- und Standortsmerkmale (Tab. 5.3.1) statistisch bedeutsam sind (CHAID-Modelle Typ 1),

b)   welche der bestandesweise aggregierten 17 Baummerkmale (Tab. 5.3.1) relevant sind (CHAID-Modelle Typ 2),

c)   welche der gemäß (a) und (b) statistisch signifikanten Merkmale als Inputgrößen für die CHAID-Modelle des Typs 3 den größten Einfluß auf den Blatt-/Nadelverlust haben und

d)   ob die bestandesbezogene Aggregierung von Individualdaten (b) verfälschend wirkt (CHAID-Modelle Typ 4).

Für jeden dieser vier CHAID-Modelltypen wurden mehrere Varianten gerechnet. Diese (V x.y) unterscheiden sich hinsichtlich:

a)   der Zielvariablen gemäß
$x = 1$: ZV polychotom (V 1.y),
$x = 2$: ZV dichotom   (V 2.y: ZV 1 = 1 / 2 = 2 + 3 + 4 + 5)
$x = 3$: ZV dichotom   (V 3.y: ZV 1 = 1 + 2 / 2 = 3 + 4 + 5)

(Hierbei beziehen sich in den Klammern die Ziffern vor den Gleichheitszeichen auf die jeweils neue ZV-Konstellation, die danach auf die Stufen der polychotomen ZV, d.h. den fünf bei der TWI unterschiedenen Schadstufen 0, 1, 2, 3 und 4)

und

b)   der Berücksichtigung (V x.1) bzw. Nichtberücksichtigung (V x.2) der Merkmale Kronenbruch, abgestorbene Wipfel und abgestorbene Äste.

Diese Differenzierung erscheint insofern sinnvoll, als die Modellversionen (V x.1) mit den genannten Merkmalen Aufschluß über deren statistische Bedeutung relativ zu den übrigen in den B-/NV unmittelbar bei seiner Erhebung einfließenden Baumcharakteristika vermitteln. Welche Bedeutungshierarchien sich ohne die genannten drei Variablen ergeben, zeigen die Modelle entsprechend veränderten Prädiktoreninputs (V x.2). Insgesamt wurden 210 CHAID-Modelle gerechnet.

Ergebnisse

"Wertvolle, orientierende Hinweise auf die Schadensstruktur liefert die Berechnung von Häufigkeitsverteilungen der Zielvariablen in den einzelnen Straten hierarchischer Merkmalskombinationen" (SEKOT 1988: 226). Genau dieses leistet CHAID (Abb. 5.3.2). Ein großer Vorteil ist dabei, daß aus CHAID-Diagrammen die hierarchischen Interaktionen unmittelbar aufscheinen, so daß sich die Darstellungen fast selbst kommentieren. Es soll an dieser Stelle daher Abbildung 5.3.2

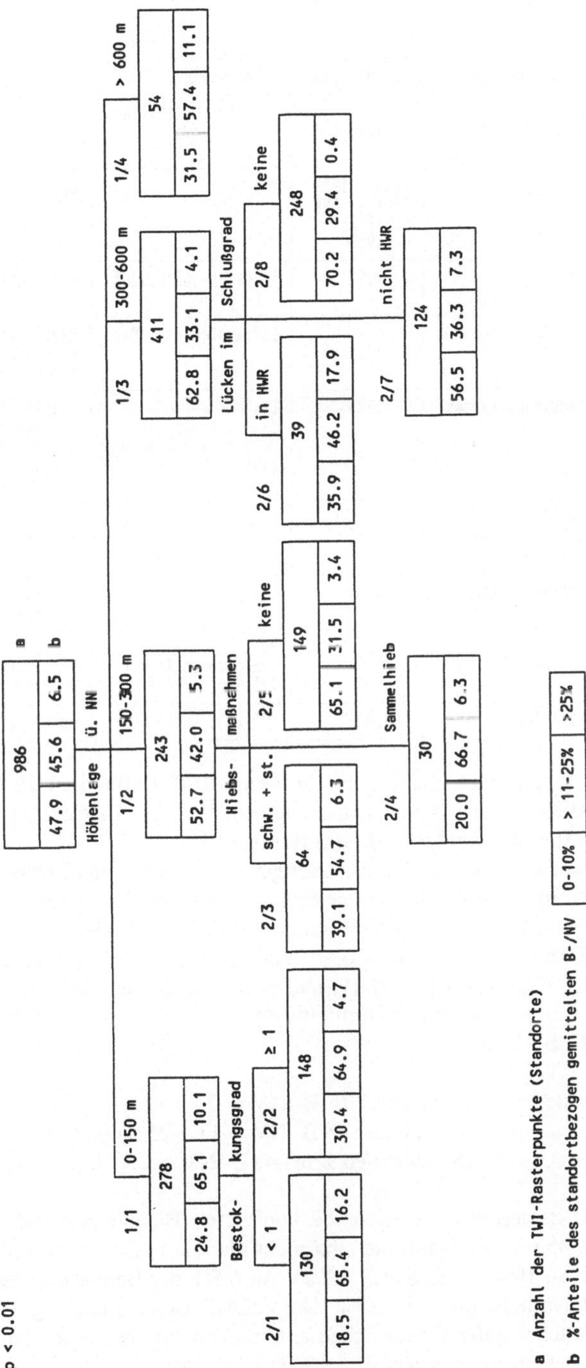

Abb. 5.3.2 CHAID-Dendrogramm waldschadensbegleitender Faktoren

Tab. 5.3.2 Untersuchungen von Zusammenhängen zwischen Standorts- und Bestockungsmerkmalen und den Waldschäden in der Bundesrepublik

Quelle	Untersuchungsgebiet	Schadensjahr	Datenquellen	Statist. Methoden
DENSTORF et al. (1984) RUNKEL & KENNEWEG (1986)	Südliches Schleswig-Holstein (Fichte und Buche)	1983	Infrarot-Luftbilder	Häufigkeitsvertlg.
FRÄNZLE et al. (1992) SAAGER (1990) SAAGER et al. (1991) SCHRÖDER et al. (1992b)	Schleswig-Holstein	1985 - 1988 1985 - 1988 1988 1988	TWI	CHAID
KUHL (1987)	Eggegebirge (Fichtenforst)	1985	Infrarot-Luftbilder	Häufigkeitsvertlg.
MÖßMER (1985)	Bayerische Alpen (Fichtenforst)	1983	Infrarot-Luftbilder	Häufigkeitsvertlg. multiple Regression Varianzanalyse
NEULAND et al. (1990)	Bundesrepublik ges.	1985	TWI Militärgeogr.Dienst, Bundesanstalt f. Geo-wiss.u.Rohstoffe, DWD	Hauptfaktoren-, Konfigurations-frenquenz-, Kova-rianzanalyse, logist.Regression
SAURER et al. (1988)	Bereiche Schluchsee und Kälbelescheuer (Schwarzwald)	1985	Infrarot-Luftbilder	GIS Häufigkeitsvertlg.
SCHÖPFER & HRADETZKY (1984a, b)	Baden-Württemberg	1983	TWI	multiple Regression
SCHRÖDER (1989)	Nordrhein-Westfalen Bundesrepublik ges.	1985/86 1983	TWI bundesweite Karten 1:1 Mio - 1:4 Mio	CHAID Korrespondenz-analyse
STOCK (1990)	Harz (Fichten)	1985	Infrarot-Luftbilder	multiple Regression

nur kurz erläutert werden, um danach die Ergebnisse von 210 CHAID- und 28 Korrespondenz-analysen (SCHRÖDER 1989) unter Berücksichtigung von in der Zielsetzung vergleichbaren Untersuchungen (Tab. 5.3.2) zusammenfassend zu diskutieren.

Abbildung 5.3.2 zeigt den Einfluß der erklärungskräftigsten Bestandes- und Bestockungsmerkmale (Tab. 5.3.1) auf die 1986 an rund 1000 TWI-Rasterpunkten (im folgenden synonym verwendet mit: Standorte, Walbestände, Forsten, Wälder ...) beobachteten Blatt- und Nadelverluste von ca. 19000 Bäumen. Die mit CHAID selektierten Prädiktoren sind unter den aufgezeigten hierarchischen Randbedingungen statistisch signifikant (p < 0.01) und in diesem Sinne erklärungskräftig.

Für die Berechnungen wurden die Standortmittelwerte des Blatt- und Nadelverlustes in drei Klassen unterteilt (WESSELS 1992):

A) "ohne Schadensmerkmale"   (Schadstufe 0: B-/NV = 0 - 10%),
B) "schwache Schäden"   (Schadstufe 1: B-/NV = 11 - 25%) und
C) "deutliche Schäden"   (Schadstufen 2 bis 4: B-/NV > 25%).

An 47.9% der der TWI-Rasterpunkte weisen die bonitierten Bäume demnach einen mittleren B-/NV von 0 bis 10% auf. 45.6% der Standorte sind nicht klar als gesund oder deutlich geschädigt zu bezeichnen (BLANK et al. 1988; WESSELS 1992). An 6.5% der Beobachtungsstellen betragen die gemittelten Blatt-/Nadelverluste mehr als 25%. Die CHAID-Berechnung legt offen, in welcher Weise sich die Schadensverteilung der Erhebungsgesamtheit (Stichprobe) unter dem Einfluß dieser oder jener Standorts- und Bestockungsmerkmale verändert.

Auf einer ersten Ebene teilt die Höhenlage die bonitierten Standorte in vier Untergruppen (1/1, 1/2, 1/3, 1/4), die sich hinsichtlich ihrer Schadensverteilung besonders stark unterscheiden. In Lagen bis 150 m (1/1) und in Regionen oberhalb 600 m ü. NN (1/4) traten 1986 die ausgeprägtesten

Schäden auf. Die geringsten Blatt- und Nadelverluste wurden zwischen 300 m und 600 m (1/2, 1/3) registriert.

Diese Aussagen lassen sich auf einer zweiten Differenzierungsstufe weiter präzisieren. Die Schädigung der Forsten bis 150 m Höhe (2/1) hängt statistisch in erster Linie von ihrem Bestockungsgrad ab. Ist dieser < 1 (2/2), dann sind nur bei 18.5% der Bestände keine Schadensmerkmale erkennbar. 65.4% von ihnen weisen schwache, 16.2% deutliche Schädigungen auf. Bei höherem Bestockungsgrad (2/2) hingegen liegt der Anteil der anscheinend gesunden Bestände bei 30.4%. Deutliche Vitalitätseinbußen weisen unter diesen Randbedingungen 4.7% der Forsten auf.

In Höhenlagen zwischen 150 und 300 m sind 13.3% der Waldbestände deutlich erkrankt, wenn in den letzten fünf Jahren vor der Bonitur Sammelhiebe vorgenommen wurden (2/4). Bei leichten bis starken Hiebsmaßnahmen reduzieren sich die deutlichen Schäden auf 6.3% (2/3). Wurden keine Hiebsmaßnahmen durchgeführt (2/5), so waren deutliche Schäden bei 3.4% der taxierten Bestände festzustellen.

17.9% der zwischen 300 m und 600 m hoch gelegenen Waldbestände sind stark geschädigt, wenn die Lücken ihres Kronenschlusses in Hauptwindrichtung weisen (2/6). Auf die Klasse C im oben definierten Sinne entfallen 7.3% der vom TWI-Raster erfaßten Wälder, wenn ihre Kronendachlücken nicht in die lokale Hauptwindrichtung zeigen (2/7). Ein mittlerer Blatt-/Nadelverlust von über 25% tritt nur in 0.4% der zwischen 300 m und 600 m gelegenen Forsten auf, wenn ihre Kronendächer geschlossen sind (2/8).

Diese Befunde werden bestätigt durch CHAID-Analysen desselben Datensatzes bei dichotomisierter Zielvariable (Klasse A und B versus C [V 3.y] sowie Klasse A versus B und C [V 2.y], s.o.). Im folgenden sollen nun die statistisch wichtigsten Beziehungen zwischen dem okkular taxierten Schädigungsgrad der Hauptbaumarten Nordrhein-Westfalens einerseits sowie den bei den TWIs der Jahre 1985 und 1986 erfaßten Standorts-, Bestockungs- und Baummerkmalen andererseits zusammenfassend kommentiert werden.

■ Orographische Höhenlage

Die allenthalben geäußerte Vermutung, die Waldschäden seien positiv mit der orographischen Höhenlage korreliert, läßt sich in dieser allgemeinen Fassung nicht halten. Mag diese Aussage ohne baumartspezifische Differenzierung in kleinerem Betrachtungsmaßstab zwar stimmen, so muß auf der Basis des ausgewerteten Datenmaterials von einer wesentlich uneinheitlicheren Lage ausgegangen werden. Es zeigt sich, daß Schäden bei den Laubbäumen negativ mit der Höhe über NN korrelieren. Positive Zusammenhänge sind lediglich für die Kiefern nachweisbar. Seltener für diese als für andere Nadelbäume sowie die Baumklasse 7 (s.o.) sind die Beziehungen jedoch insofern ungerichtet, als entsprechende Bestände mittlerer Höhenlagen weniger geschädigt sind als die in deutlich geringerer oder größerer Meereshöhe.

Die Feststellung sowohl negativ gerichteter als auch nicht- linearer Relationen deckt sich mit Beobachtungen von SCHÖPFER & HRADETZKY (1984a: 27, 29), die für Baden-Württemberg die Schadensverteilung als "verwirrend und widersprüchlich" bezeichnen und davon ausgehen, daß sich mit fortschreitendem Krankheitsverlauf "noch vor ein bis zwei Jahren bestehende kräftigere Unterschiede in der Schadensausprägung" verwischt hätten.

Im einzelnen zeigt sich, daß der Einfluß der Höhenlage auf die B- /NV überwiegend nicht anderen Standortsparametern untergeordnet ist. Wo dies doch der Fall ist, sollen die Randbedingungen für die Assoziationen zwischen Höhenlage und B-/NV beschreiben werden:

In den CHAID-Modellen T3 erweisen sich nur bei den Kiefern (1986) zwei Standorts-/-Bestockungsparameter als der Höhenlage übergeordnet. Von den Kiefernbeständen, deren Trauf keine Feld-/Waldgrenze bildet, sind zwar in Lagen oberhalb 300 m bei geringer bis normaler Nebelhäufigkeit die wenigsten der Schadstufe 1 zuzurechnen (9.1%), doch finden sich hier keine in der Klasse 3. In 150 bis 300 m Meereshöhe entfallen hierauf 18.2%, während 40.9% zur Stufe 1 zählen. Unterhalb 150 m entfallen je 13.1% auf die Schadklassen 1 und 3.

Die CHAID-Modelle des Typs 1 ordnen der Höhenlage in folgenden Konstellationen andere Standorts- oder Bestockungsparameter über: In Modellen mit polychotomer Zielvariablen (V 1.y) erweist sich, daß die Eichenschäden in weder exponierten noch geschützten Lagen unterhalb 150 m besonders zahlreich beobachtet werden. In Kiefernbeständen wirkt sich die Meereshöhe vergleichbar aus, wenn der nicht in die Hauptwindrichtung zeigende Trauf undicht ist. Eine analoge Assoziation ergibt sich in gut bestockten Fichtenbeständen (≥ 1.0) ohne Lücken im Kronendach, geschlossenem bis lockerem Kronenschluß sowie dichten Träufen in Hauptwindrichtung. Bilden die Träufe von stark durchforsteten "sonstigen Nadelbäumen" keine Feld-/Waldgrenze, so weisen gemäß CHAID-Modell 1 mit dichotomisierter Zielvariablen (V 3.y) Lagen unterhalb 150 überdurch schnittlich hohe Nadelverluste auf.

CHAID-Modelle des Typs 1 mit dichotomer ZV (V 2.y) belegen, daß Eichen bis 150 m Höhenlage deutlich schwerere Blattverluste erleiden als in höheren Regionen, wenn sie weder windexponiert noch windgeschützt stehen. Buchen, die einzeln oder gruppenweise in Mischbeständen ohne Lücken und geschlossenem Kronendach mit in Hauptwindrichtung geschlossenen oder aufgerissenen Träufen unterhalb 300 m auf ausgeglichen wasserversorgten und normal bis gering nährstoffversorgten Böden wachsen, haben deutlich häufiger stärkere Blattverluste als in vergleichbaren Beständen der höheren Lagen. Eine negativ gerichtete Assoziation zwischen Höhenlage und Fichtenschäden zeichnet sich ab in Beständen hohen Bestockungsgrades (≥ 1.0), die innerhalb der letzten fünf Jahre vor der Inventur des Jahres 1985 keine Durchforstungen erfuhren und generell oder nur in Hauptwindrichtung keine Lücken aufweisen sowie gut bis durchschnittlich mit Nährstoffen versorgt sind. Die Daten für 1986 deuten darauf hin, daß die Situation in Höhen zwischen 300 und 600 m mit 44.7% geschädigten Beständen geringen Bestockungsgrades bei ausgeglichenen Bodenwasserverhältnissen günstiger beschaffen ist als in den Lagen darunter (60.9%) und darüber. Wiederum negativ verknüpft sind Höhenlage und Schadensausmaß, wenn Beständen "sonstiger Nadelbäume" in Hauptwindrichtung ausgebildete Ränder fehlen.

■ Geländeform

Dieses Standortsmerkmal zeigt offensichtlich keine statistisch bedeutsame Vergesellschaftung mit stärkeren Waldschäden. Die nur in den CHAID-T1-Modellen gefundenen Verknüpfungsmuster sind lediglich bei Eichen und Fichten gerichtet. Fichtenschäden sind auf Bergkuppen etc. besonders ausgeprägt, wenn in den letzten Jahren vor der TWI starke Hiebsmaßnahmen durchgeführt wurden (1985), sonst aber mit einem hohen Bestockungsgrad, gutem Nährstoffgehalt und ausgeglichenem Wasserhaushalt - allerdings aufgerissenem bzw. fehlendem Trauf - gute Bedingungen gegeben sind (1986). Bei Eichen trifft dies dann zu, wenn sie auf einem Bergrücken, aber dennoch windgeschützt stehen. Mit in Hauptwindrichtung weisenden Lücken versehene Bestände "sonstiger Laubbäume" bis 150 m sind in Ebenen und auf Bergrücken, Kuppen und Satteln überdurchschnittlich oft vitalitätsgeschwächt. Auf armen Böden stockende Kiefernbestände, deren in Hauptwindrichtung dichter Trauf keine Feld-/Waldgrenze bildet, zeigen ein ebensolches indifferentes Verhältnis. Analoges gilt auch für die Gesamtheit aller Baumarten bis 150 m in einschichtigen Beständen: Diese sind in Ebenen und auf Rükcken, Kuppen und Sätteln zu 78.8% geschädigt und an Hängen zu 58.6%, während in Tälern, Mulden und Siefen unter diesen Randbedingungen keine sichtbaren Vitalitätsminderungen registriert werden.

MAYER (1984: 34) zählt neben Windstaulagen (Kessellagen, Prallhänge) auch Ebenen zu den besonders durch morphologisch bedingte Immissionskonzentrationen gefährdeten Gebieten. Leuchtet dies für letztere Geländeform nicht unmittelbar ein, so mag diese Behauptung die - abgesehen von o.a. Randbedingungen - allgemein in ebenem Gelände verstärkt auftretenden Eichen-Schäden erklären.

■ **Windeinfluß**

Die CHAID-Analysen belegen, daß Bestände in "weder windexponierter noch windgeschützter" Lage seltener geschädigt sind als die entsprechend anderen Standorte. Aufgrund der in windexponierten und windgeschützten Teilkollektiven ähnlichen Schadensverteilung werden diese von CHAID fusioniert. Deshalb bezeichnet eine positive Assoziation in diesem Falle das Abweichen von der indifferenten Lage. Nicht unwesentlich dürfte für die Ähnlichkeit windexponierter und windgeschützter Bestände sein, daß auch windgeschützte Lagen durch Immissionen besonders betroffen sind, weil hier nicht nur die Konzentration, sondern vielmehr die Einwirkungsdauer entscheidend ist. Insofern erweist sich das Merkmal als wenig geeignet, auf etwaige Immissionsschäden zu schließen. Untersuchungen von SCHÖPFER & HRADETZKY (1984a: 31) bestätigen diese Befunde auf der Basis von Baumstichproben, nicht hingegen jedoch für Flächenstichproben.

Die Fälle, in denen der Windeinfluß nicht in der ersten Hierarchie als statistisch relevanter Prädiktor fungiert, lassen sich wie folgt spezifizieren: In den alle UVs berücksichtigenden Modell-3-Versionen (T 3: V 1.1, V 2.1, V 3.1) sind exponierte und windgeschützte Eichenbestände mit einem durchschnittlichen Brusthöhendurchmesser von 21 bis 40 cm in 150 bis 450 m gegenüber denen indifferenter Lage öfter von Blattverlusten betroffen. Dies trifft auch für 26 bis 50 jährige "sonstige Nadelbaum"-Bestände zu, die hinsichtlich ihres Vergilbungsgrades als nicht oder leicht geschädigt charakterisiert wurden.

CHAID-3-Modelle mit reduziertem Prädiktorensatz (T 3: V 1.2, V 2.2, V 3.2) bestätigen für Eichen die im vorigen Absatz skizzierte Konstellation. Kiefernbestände der Ertragsklassen < III westexponierter und indifferenter Lage bis 150 m mit seltenen bis normal häufigen Nebelereignissen bilden einen Schadensschwerpunkt, wenn ihre Ränder keine Feld-/Waldgrenze konstituieren.

Aus CHAID-1-Modellen mit polychotomer Zielvariablen (V 1.y) geht hervor, daß bis 150 m über NN bei normaler bis seltener Nebelhäufigkeit und guter Bestockung windexponierte Bestände mit "sonstigen Laubbäumen" überdurchschnittlich starke Schäden aufweisen. Ein entsprechendes Verknüpfungsmuster existiert für durchforstete (schwach, Sammelhieb) und nicht von Hiebsmaßnahmen betroffene Bestände derselben Baumklasse in Ebenen und auf kuppigen Erhebungen bis 150 m, wenn deren Träufe an offenes Gelände grenzen. Unklarer sind die Beziehungen des Windeinflusses zum Nadelverlust von Kiefern derselben Höhenschicht, deren Bestandesränder nicht mit Freiflächen vernachbart sind. Hinsichtlich des letztgenannten Merkmals analog ausgestattete Fichtenwälder geringen Bestockungsgrades sind in windgeschützten und indifferenten Lagen häufiger geschädigt als in exponierten.

Faßt man in den Modellen des Typs 1 die Schadstufen 1 und 2 zusammen und stellt diese "gesunden" den zu der Klasse "geschädigt" fusionierten Stufen 3, 4 und 5 gegenüber (V 3.y), so fungiert der Windeinfluß nur in zwei Erhebungskollektiven als bedeutsamer Prädiktor. Während er bei den "sonstigen Laubbäumen" in regressionsanalytischer Terminolgie als Effekt erster Ordnung anzusprechen ist, so wirkt er in der Sammelklasse 7 als Effekt dritter Ordnung. Dabei verhält sich der Windeinfluß bei geringem Bestockungsgrad und aufgerissenem bzw. fehlendem Trauf entsprechend der allenthalben geäußerten Vermutung, windexponierte Bestände wiesen deutlichere B-/NV auf.

Als höherrangiger bzw. nachgeordneter Effekt fungiert der Windeinfluß bei der Gegenüberstellung der Schädigungsstufe 1 einerseits und den fusionierten Stufen 2, 3, 4 und 5 (V 2.y) in mehreren Untersuchungseinheiten: Auf gut bis durchschnittlich nährstoffversorgten Böden stockende ein- und zweischichtige Buchenbestände gedrängten und geschlossenen Kronendaches mit dichten und aufgerissenen Träufen weisen in windgeschützten und -exponierten Situationen höhere relative Blattverluste auf als vergleichbare Forsten indifferenter Lage. Eine analoge Relation zeichnet sich 1985 für "sonstige Laubbäume" in Höhenlagen bis 150 m, einem Bestockungsgrad von 1.0 und zweischichtigem Bestandesaufbau ab sowie 1986 in Regionen zwischen 150 bis 600 m. Kiefern zeigen dieses Verhalten auf bis zu 150 m hoch gelegenen trockenen (und grundwasserbeeinflußten) Standorten. Fichten wiederum verlieren besonders viele Nadeln in windexponierter und -indifferenter Lage, wenn in den Beständen, in denen die Waldschadensansprachepunkte lokalisiert sind,

Sammelhiebe in den letzten Jahren vor der TWI (1986) durchgeführt wurden. Bezogen auf alle Baumarten erweisen sich sowohl windexponierte als auch geschützte Lagen bis 150 m bei dichter Bestockung als besonders betroffen.

■ **Bodenwasserhaushalt**

Unter Berücksichtigung aller Erhebungsmerkmale kommt dem Bodenwasserhaushalt keine statistische Bedeutung zu. Allerdings gilt gerade für Bodenmerkmale, daß aufgrund ihrer hohen Variabilität auch bei aufwendigen Untersuchungen Beziehungen zu einer Zielvariablen oft schwach ausgeprägt sind. Wenn hier keine bzw. - mit zwei Ausnahmen - nur Assoziationen im Rahmen der CHAID-M1 gefunden werden, so ist dies kein Beweis dafür, daß pedologische Parameter unbedeutend wären.

Für Fichten der BHD-Stufe bis 20 cm zeigt sich allerdings selbst in Konkurrenz mit den Baummerkmalen eine statistische Relevanz des Bodenwassers insofern, als sie auf Stauwasserböden deutlich stärker geschädigt sind, ohne daß abgestorbene Äste registriert werden. Kiefernschäden nehmen zu auf Standorten nichtausgeglichenen Wasserhaushaltes in bis zu 450 m hoch gelegenen, geographisch nicht exponierten Beständen mit geschlossenem Trauf und dichter Bestockung.

Die CHAID-M1 zeichnen ein uneinheitliches Bild, denn die Schadenshäufigkeit steigt sowohl je weniger extrem als auch je extremer der Bodenwasserhaushalt beschaffen ist. Einschichtige Buchenbestände ohne Lücken im Kronenschluß sind auf ausgeglichenen und trockenen Standorten unterdurchscnittlich oft geschädigt. Weisen Buchen lockeren Kronenschluß auf, so sind Schäden auf trockenen und staunassen Böden häufiger. Auf Standorten ausgeglichenen Wasserhaushaltes ist die Vitalität von Buchen in Mischbeständen (Mischungsform: einzeln, trupp-gruppenweise) ohne Kronenschlußlücken, deren Trauf in Hauptwindrichtung weist, vermindert.

Die "sonstigen Laubbäume" zeigen bei trockenen und ausgeglichenen Bodenwasserverhältnissen dann stärkere B-/NV, wenn sie unterhalb 150 m in windexponierter Lage auf durchschnittlich nährstoffversorgten Böden stocken. Dies trifft auch zu, wenn Bestände dieser Klasse in derselben Höhenstufe einen geringen Bestockungsgrad aufweisen.

Wenig aufschlußreich erscheinen die auf stauwasserbeeinflußten und ausgeglichenen Standorten bis 150 m über NN überwiegenden Kiefernschäden. Klarer stellen sich die Verhältnisse bei Fichte insofern dar, als schwächer bestockte, nicht vor der TWI durch forstete Bestände auf ausgeglichenen Standorten geringere relative Nadelverluste erleiden als jene unter sonst gleichen Randbedingungen auf trockenen und stauwasserbeeinflußten Böden. Dies zeigt sich auch, wenn lediglich ein geringer Bestockungsgrad als übergeordnete Randbedingung fungiert. Weniger Schäden auf trockenen Böden kennzeichnen "sonstige Nadelbäume" auf mehr als $11°$ geneigten Flächen bis 300 m Höhe in nicht vor der TWI durchforsteten Beständen. Solche mit fehlendem Trauf tragen auf ausgeglichenen und trockenen Standorten mehr Nadeln als auf stauwasserbeeinflußten. Die alle Baumarten integrierende Klasse 7 ist bei geringen Bestockungsgraden auf ausgeglichenen Standorten deutlich geringer geschädigt als im Falle anderer Bodenwasserverhältnisse.

■ **Hangrichtung**

Wie das Merkmal "Windexposition" läßt auch die Unterscheidung zwischen west- bzw. nicht westexponierten Waldbeständen keine klaren Tendenzen erkennen. Im Rahmen der CHAID-M3-Analysen fungiert die Hangrichtung lediglich bei der Baumart Kiefer als positiv mit der Schädigung assoziierter Prädiktor in unterhalb 450 m gelegenen Beständen mit dichtem Trauf in der Hauptwindrichtung, aber geringem Bestockungsgrad und armen Ausgangssubstraten. Westexponierte, an Freiflächen grenzende Kiefernbestände mit einem Bestockungsgrad ≥ 1.0 sind seltener erkrankt als solche in nicht exponierter Situation. Ist ein solcher Bestockungsgrad bei entsprechenden Traufverhältnissen nicht weiter spezifiziert, so sind westexponierte Kiefernflächen unterdurchschnittlich häufig erkrankt.

Eichen sind ohne zusätzliche Randbedingungen in nichtexponierten Beständen stärker geschädigt. Bei Buchen werden in Westexposition am häufigsten Schäden registriert, wenn sie flächenhaft in Mischbeständen ohne Lücken im Kronenschluß wachsen. Die Baumklasse 7 zeigt bei Bestockungsgraden ≥ 1.0 in nichtexponierter Situation am häufigsten höhere B-/NV.

■ **Hangneigung**

Der Neigungswinkel bewaldeter Flächen erweist sich in den Modellen des Typs 3 durchweg als statistisch unbedeutend. In den nur Standorts- und Bestockungsmerkmale berücksichtigenden Modellen (Typ 1) zeigt das Schadensausmaß windgeschützter und -exponierter Lagen ein indifferentes Verhältnis zur Hangneigung: Während auf ≤ 10° und > 30° geneigtem Gelände stockende Eichen besonders geschädigt sind, erweisen sich stark und steil geneigte Bestände als vitaler. Entsprechend gestalten sich die Verhältnisse sowohl windexponierter als auch windgeschützter Bestände im Erhebungsjahr 1986. Ebenso unklar ist die Situation bei "sonstigen Nadelbäumen" windexponierter und windgeschützter Lagen sowie im Falle von an Freiflächen grenzenden Kiefernbeständen mittlerer bis geringer Nährstoffversorgung. Eindeutig ist die Situation in der Baumklasse 7: In gering bestockten Beständen extremer Bodenwasserverhältnisse sind auf weniger als 5° geneigten Flächen hohe B-/NV überrepräsentiert. Eine analoge Situation ist gegeben für geringer bestockte Bestände mit intakten Träufen sowie für mit Freiland benachbarte Bestände "sonstiger Laubbäume" unterhalb 150 m auf ausgeglichenem bis trockenem Substrat.

■ **Nebelhäufigkeit**

In den Modellen des Typs 3 erlangt die Nebelhäufigkeit nur dann statistische Relevanz, wenn der reduzierte Prädiktorensatz einbezogen wird. In den drei Fällen erweisen sich die Assoziationen mit dem Schädigungsgrad der Waldbestände als positiv. So zeigen sich bei nicht an Freiflächen grenzenden Kiefernbeständen in Regionen mit häufigen Nebelereignissen eindeutig mehr Schäden als in nebelärmeren Gebieten. Ebenso eindeutig sind die Verhältnisse im Falle der Baumklasse 7: Der Nebel erweist sich in Beständen der Altersstufe > 100 Jahre als erklärungskräftig, wobei sich 1985 das Stratifizierungsmerkmal Kronenschlußgrad in der Ausprägung "geschlossen" zusätzlich als bedeutsam erweist.

Gemäß den Modell-1-Varianten kommt der Nebelhäufigkeit nach der Meereshöhe neben dem Bodennährstoffgehalt sicherlich die größte Bedeutung zu. Mit einer invers zum Trend gerichteten Ausnahme sind die Verknüpfungen durchweg positiv. Bei Eichen ergibt sich eine solche Beziehung unter folgenden Randbedingungen: windexponierte und geschützte Lage, ebenes Gelände oder schroffe Hangneigung, schwache bzw. starke Hiebsmaßnahmen innerhalb der letzten fünf Jahre vor der TWI (1986) im einen sowie westliche und nichtwestliche Expostion im anderen Falle. Bei den Buchen stellt die Nebelhäufigkeit einmal einen Effekt erster Ordnung dar, im anderen ist ihr das Merkmal "Lücken im Kronenschluß" in seinen ersten beiden Stufen übergeordnet. Bei den "sonstigen Laubbäumen" stellen sich ein- und zweischichtige Bestände mit intaktem Trauf und geschlossenem bis lockerem Kronenschluß über 150 m auf durchschnittlich bis gering nährstoffversorgten Böden als besonders anfällig heraus. Entsprechendes zeigt sich bei mit Freiflächen benachbarten Kiefernbeständen in Lagen bis 150 m ebenso wie unter nachfolgend genannten Faktorenkonstellationen: Bestände mit Innentrauf einerseits auf durchschnittlich bis gering nährstoffhaltigen Böden, andererseits aber auch bei durchschnittlich bis guter Nährstoffsituation sowie Bestände bis 150 m über NN sowohl trockner als auch grundwasserbeeinflußter Standorte windgeschützter ebenso wie wind exponierter Lagen. Vermehrte Schäden bei Fichten werden beobachtet, wenn die Bestände einen Bestockungsgrad < 1.0 aufweisen und Sammelhiebe vorgenommen wurden. In der Integrationsklasse 7 schließlich ist die Nebelhäufigkeit bei dicht bestockten Beständen (≤ 1.0) in Lagen unterhalb 150 m positiv mit verstärkten Schädigungen verknüpft. Eine solche Verbindung gilt

1986 insbesondere für Bestände mit aufgerissenem Trauf zwischen 300 und 600 m.

Die Analyse des empirisch erhobenen TWI-Datenmaterials steht in Übereinstimmung mit den aus der Auswertung geowissenschaftlichen Kartenmaterials abgeleiteten Befunden zur statistischen Bedeutung der Nebelhäufigkeit für das Auftreten von Waldschäden (VETTER & SCHRÖDER 1989). Der Nebelniederschlag erreicht mit zunehmender Höhe einen beachtlichen Anteil, der in Gipfellagen von Gebirgen (Wolkenwaldzone) bis zu 70% des Gesamtniederschlages betragen kann (MAYER 1984: 23). Während der Nebelniederschlag bis 700 m im allgemeinen mit ca. 5% gering ist, nimmt er "montan" stark zu (20 bis 50%). Diese generellen Angaben können in Waldarealen durch deren Filterwirkung Modifikationen erfahren. Entscheidend für die Auskämmeffektivität ist u.a. der Auflichtungsgrad, die Kronenausbildung sowie die Stammzahl. Nadelbäume großer Feinasthäufigkeit und langer Krone bewirken eine höhere Nebelinterzeption als astarme, breitblättrige Laubbäume. Der Nebelniederschlag eines Tannen-Fichten-Buchenmischbestandes beträgt in Abhängigkeit von der Bestandesdichte und der Jahreswitterung zwischen 11 und 37%, kann in nebelreichen Jahren sogar den Interzeptionsverlust übertreffen (MAYER 1984: 166).

Die Nebelinterzeption ist auch in Wäldern kleinräumig sehr variabel. An Waldrändern und in Hanglagen liefert die Nebeltraufe einen entscheidenden Beitrag zum Stofffluß. Untersuchungen an einem Waldrand am Hohenpeißenberg ergaben, daß sich die Nebeltraufe auf bis zu 57% des "echten" Niederschlages - gemeint ist wohl der effektive Niederschlag - belaufen und im Waldesinneren noch ca. 20% betragen kann (SRU 1983: 44). Im Lichte der experimentellen Befunde von FREVERT & KLEMM (1984), wonach mit stark erhöhten Schadstoffkonzentrationen im Nebelniederschlag zu rechnen ist, leuchtet ein, daß sowohl in der Horizontalen als auch in der Vertikalen innerhalb eines Waldbestandes beträchtliche Unterschie de des Schadstoffeintrages existieren. Diesen Sachverhalt weisen u.a. FRITSCHE (1987a, b, c) sowie BLOCK & BARTELS (1985) überzeugend nach. Als Ursachen für diese kleinräumigen Belastungsdifferenzierungen sind neben den durch bestandes-strukturelle Gegebenheiten erhöhten Schadstoffkonzentrationen im Deponat an Waldrändern und unter vorherrschenden Bäumen auch unterschiedliche Stoffumsetzungen wahrscheinlich. Damit ist zu erwarten, daß kleinräumige Differenzierungen der Bestandesstruktur engere Beziehungen zur Schädigung von Bäumen bzw. Wäldern aufweisen als großräumige Unterschiede bezüglich der geographischen Lage, des Windeinflusses sowie der topographischen Dimension (GODT 1986; GODT et al. 1986, 1988; IVENS 1990; NAUJOKAT 1991; RUCK & SCHMITT 1986, 1987; SPRANGER 1992).

■ **Bodennährstoffgehalt**

Die Schädigung von Waldökosystemen erfolgt sowohl über die Assimilationsorgane als auch über den Boden bzw. die Wurzeln (s.o.). Aus nicht nachweisbaren Beziehungen zwischen dem Nährstoffgehalt von Böden und Forstschäden auf deren Nichtexistenz zu schließen (SCHÖPFER & HRADETZKY 1984a: 33), ist erkenntnistheoretisch wie statistisch ebenso unangemessen wie von Korrelationen auf Kausalbeziehungen zu schließen. Statistische Assoziationen implizieren immer nur die Möglichkeit eines kausalen Zusammenhanges. Dies gilt für obige Ausführungen in gleicher Weise wie für die nachfolgenden. Das Erinnern an diesen Grundtatbestand erscheint an dieser Stelle aber deshalb angezeigt, weil er gerade in der Diskussion um die mit Bodenparametern eng verknüpfte Hypothese von ULRICH et al. (1979) in Vergessenheit geraten zu sein schien. Mit einigen Ausnahmen deuten die umfangreichen CHAID-Berechnungen darauf hin, daß ein geringer Nährstoffgehalt in Böden besonders oft mit erhöhten B-/NV der auf ihnen stockenden Bäume koinzidiert (RIES & HERRMANN 1985). Der Nährstoffgehalt fungiert sogar in den Modellen des Typs 3 als statistisch bedeutsamer Prädiktor. Dies trifft vor allem zu für:

- 25 bis 50 jährige Fichten,
- gering bestockte Kiefernbestände unterhalb 450 m mit dichtem Trauf,
- Kiefernbestände guter Ertragsklasse mit Innenträufen bis 150 m über NN seltener bis normaler Nebelhäufigkeit in windgeschützter Lage sowie

-		die Baumklasse 7 ohne weitere standörtliche Randbedingungen.

Im Rahmen der Modelle des Typs 1 zeigt sich in der Reihenfolge der Baumarten und Modell-Varianten unter folgenden standörtlichen Randbedingungen der Bodennährstoffgehalt mit verstärkten Schäden verknüpft:

Buche:
-		auf nährstoffreichen Böden in gering bestockten Beständen mit Lücken im Kronenschluß bei normaler bis ausgeprägter Nebelhäufigkeit;
-		in gedrängten bzw. geschlossenen Misch- und Reinbeständen ohne Lücken bei geschlossenen und aufgerissenen Träufen, wenn die ausgeglichen wasserversorgten Böden normal bis gering mit Nährstoffen ausgestattet sind;

"sonstige Laubbäume":
-		in Beständen oberhalb 150 m auf armen Substraten, unterhalb 150 m in Westexposition auf normal nährstoffversorgten Böden;
-		auf normal bis wenig fruchtbaren Böden oberhalb 150 m in Mischbeständen mit Lücken in Hauptwindrichtung;

Kiefer:
-		in an Freiflächen grenzenden Beständen mit intaktem Trauf auf armen Böden;
-		auf normal und schlecht nährstoffversorgten Böden in zwischen 150 und 300 m über NN gelegenen Beständen;
-		in Beständen mit Innenträufen bei schlechter Nährstoffversorgung;

Fichte:
-		auf mittelmäßig fruchtbaren und armen Substraten in dicht bestockten Misch- und Reinbeständen (Mischungsform "einzeln" und "reihenweise"; ≥ 1.0) ohne Lücken;
-		in nicht vor der TWI durchforsteten Beständen ohne Lücken bzw. mit nicht in Hauptwindrichtung weisenden Lücken und schlechter Nährstoffversorgung;

"sonstige Nadelbäume":
-		auf reichen Böden in Beständen sowohl mit intaktem als auch mit aufgerissenem Trauf;
-		sowohl in durchforsteten, windgeschützten als auch in windexponierten Misch- und Reinbeständen guter Nährstoffversorgung;

"alle Baumarten":
-		auf armen Böden zwischen 300 und 600 m in dicht bestockten, nichtdurchforsteten Beständen ohne Lücken ;
-		bei selbigen Bodenverhältnissen in Beständen mit einem Bestockungsgrad ≥ 1.0 unterhalb 150 m;
-		300 bis 600 m über NN auf armen Substraten in nichtdurchforsteten Beständen dichter Bestockung ohne Lücken bzw. nicht in Hauptwindrichtung weisenden Lücken;
-		bei vergleichbaren Höhen- und Bodenverhältnissen in Beständen überdurchschnittlichen Bestockungsgrades mit fehlendem oder aufgerissenem Trauf.

Aus dieser ausführlichen Analyse der Randbedingungen, unter denen die bei den Terrestrischen Waldschadensinventuren wenig trennscharf erhobenen Standortsmerkmale statistisch relevant sind, gehen bereits die Bedeutung und die Interaktionsmuster der Bestockungsmerkmale hervor. Da diese den Standortsfaktoren in den hierarchisch strukturierten CHAID-Modellen vielfach übergeordnet sind, kann auf eine Beschreibung ihrer Verknüpfungen mit anderen Prädiktoren ebenso verzichtet werden wie bei den Baummerkmalen. In aller Kürze sei daher ein Überblick vermittelt.

■ Bestandesaufbau

Erstaunlich selten - nämlich in nur einem Fall - spielt der Bestandesaufbau in den CHAID-3-Modellen eine bedeutsame Rolle. Hier wie in den verschiedenen Versionen des Modelltyps 1 ist das Schadensausmaß ungerichtet oder positiv korreliert mit der vertikalen Gliederung der Wälder. Eine Ausnahme bilden die ansonsten dieser Tendenz entsprechenden "sonstigen Laubbäume" im Rahmen der Stratifizierung des Datensatzes mit dichotomisierter Zielvariablen (V 3.y). Eindeutig positiv ist die Stufigkeit von Fichtenbeständen mit ihrer Schädigung. Insofern erfahren die Beobachtungen von SCHÖPFER & HRADETZKY 1984a: 17) in Nordrhein-Westfalen eine Bestätigung.

■ Kronenschluß

Ein Maß für die Überschirmung der Bodenoberfläche durch Baumkronen ist der Kronenschlußgrad. In dem vollständigen Modell des Typs 3 (V x.1) kann nur für die alle Baumarten integrierende Klasse 7 die Erwartungen bestätigen: Je aufgelockerter die Kronenoberfläche strukturiert ist, umso stärker sind die Schäden. Ein solcher statistischer Zusammenhang läßt sich in den Versionen des Standorts- und Bestockungsmodelles (T1) durchgehend verifizieren. Diese Klarheit wurde in Baden-Württemberg nicht gefunden, doch weisen SCHÖPFER & HRADETZKY (1984a: 17) darauf hin, daß Sanierungsdurchforstungen die Auflockerung der Kronendächer und damit auch die B-/NV fördert. Vor diesem Hintergrund sind auch die "Hiebsmaßnahmen innerhalb der letzten fünf Jahre vor der TWI" zu sehen.

■ Traufbeschaffenheit
■ Trauf = Feld-/Waldgrenze

Für die Vitalität eines Waldes ist die Beschaffenheit seines Traufes von erstrangiger Bedeutung (MAYER 1984: 41). Aus diesem Grund wird bei den Waldschadensinventuren den Waldrändern der bonitierten Bestände besondere Aufmerksamkeit gewidmet. Dies kommt in den Untersuchungsergebnissen insofern zum Ausdruck, als mit zwei Ausnahmen (V 3.y: Kiefer und "sonstige Nadelbäume") Bestände mit dichten Träufen weniger oft geschädigt sind. Als indifferent wurde die Relation dann gekennzeichnet, wenn bei aufgerissenem Waldrand mehr Bestände den Schadstufen 1 und 3 zugeordnet wurden als bei dichtem Waldrand.
    In diesem Zusammenhang ist es von besonderem Interesse, ob in Hauptwindrichtung weisende Waldränder als stark exponiert (Trauf = Feld-/Waldgrenze) oder wenig exponiert bzw. geschützt (Trauf ≠ Feld-/Waldgrenze) anzusprechen sind. Tatsächlich zeigt die Datenauswertung, daß Wälder mit in diesem Sinne exponierten Rändern (SCHÖPFER & HRADETZKY 1984a: 36) eindeutig öfter höhere B-/NV aufweisen. Die als "indifferent" qualifizierten Fälle deuten darauf hin, daß dieser Trend wie oben beschrieben nicht linear über alle Schädigungsgrade verläuft. Erklärungsansätze für Waldschäden in Abhängigkeit vom Schadstoffeintrag unter Berücksichtigung von Waldrändern wurden oben bei der Erörterung der Bedeutung von Nebelereignissen unter Verweis auf Untersuchungen von FRITSCHE (1987b, c) genannt.

■ Mischungsform
■ Mischungsverhältnis

Die Frage, ob eine Differenzierung von Waldbeständen nach dem Mischungsverhältnis der in ihnen vorkommenden Baumarten in Rein- und Mischbestände sowie letztere nach dem räumlichen Verteilungsmuster unterschiedlicher Spezies Aufschlüsse über entsprechende Zusammenhänge mit Waldschäden erbringt, ist eher mit nein als mit ja zu beantworten. Dieser Befund deckt sich weitgehend mit den Beobachtungen in Baden-Württemberg. Interpretiert man die einzelnen

Mischungsformen im Sinne einer Ordinalskala, so sind lediglich in der Modell-Version 3.y positive Assoziationen zum Schadensausmaß bei den "sonstigen Laubbäumen" und Fichten zu erkennen. Für die "sonstigen Nadelbäume" stellt sich die Situation in den beiden Erhebungsjahren widersprüchlich dar. Wie für diese im Inventurjahr 1986, so sind auch die Schäden der Sammelklasse 7 mit zunehmender Durchmischung seltener zu beobachten.

■ **Lücken im Kronenschluß**

Der Kronenschlußgrad steuert wesentlich die Depositionsvorgänge in Waldbeständen. Wie die obigen Anmerkungen belegen, ist dieses Merkmal klar negativ mit dem Schadensausmaß korreliert. In dieselbe Richtung müßten auch durch Windwurf, Schneebruch oder Hiebsmaßnahmen verursachte größere Lücken im Kronendach weisen. Dies ist für Nordrhein-Westfalen eindeutig zu bejahen.

■ **Hiebsmaßnahmen innerhalb der letzten fünf Jahre vor der TWI**

Nach SCHÖPFER & HRADETZKY (1984a: 25) muß man innerhalb der letzten fünf Jahre vor der TWI vorgenommene Hiebsmaßnahmen bei der Auswertung von Waldschadensdaten aus folgenden Gründen berücksichtigen:
-     Solche oft aus waldhygienischen und verwertungstechnischen Gründen durchgeführten Durchforstungen "beschönigen" das Schadensausmaß, weil vorzugsweise Bäume mit schütteren Kronen entnommen werden.
-     Hiebsmaßnahmen vermindern Bestockungsgrad und Kronenschluß von Wäldern. Die sich daraus möglicherweise ergebenden Konsequenzen wurden bereits erwähnt.
-     Schließlich werden potentielle statistische Zusammenhänge zwischen dem B-/NV als Zielgröße und den unabhängigen Variablen verschleiert.
  Für Eichen, Buchen, Fichten, die Baumklasse 7 und mit Abstrichen für die "sonstigen Nadelbäume" deuten die CHAID-Modelle darauf hin, daß der Grad der Durchforstung vor der TWI positiv assoziiert ist mit einer verstärkten Verlichtung von Baumkronen. Dieser Zusammenhang zeigt sich in folgenden Fällen:
-     bei Eichen zwischen 300 und 600 m Meereshöhe sowie in windgeschützten und windexponierten Beständen;
-     bei Buchen in Beständen mit Lücken im Kronendach sowie schwächer bestockten und normal bis schlecht nährstoffversorgten Beständen mit Lücken in Hauptwindrichtung, die in Regionen mittlerer bis häufiger Nebelereignisse stocken;
-     bei Fichten in gering bestockten Beständen (sonst ohne andere Randbedingungen);
-     bei "sonstigen Nadelbäumen" bis 300 m über NN an westorientierten, stark bis schroff geneigten Hängen und in Ebenen, in Beständen mit Innenträufen sowie in geographisch exponierten Misch- und Reinbeständen.
  Unklar erscheinen die Verhältnisse bei "sonstigen Laubbäumen" und Kiefern.

■ **Bestockungsgrad**

Ebenso wie Bestandesaufbau und Kronenschlußgrad lassen sich aus der Bestandesdichte Anhaltspunkte für die Oberflächenrauhigkeit der Oberfläche von Waldbeständen gewinnen. Je heterogener Kronendächer ausgebildet sind, umso größer ist die Wahrscheinlichkeit für Turbulenzbildungen und verstärkten Schadstoffeintrag. Hat dieser einen Erklärungswert für die Genese von Waldschäden, so müßten sich negative Zusammenhänge zwischen dem Bestockungsgrad und dem relativen Blatt-/Nadelverlust abzeichnen. Die Auswertung des Datenmaterials legt ein solches Verknüpfungsmuster tatsächlich nahe. Dies gilt für Buchen, "sonstige Laubbäume", Kiefern, Fichten und die Baumklasse 7, anscheinend nicht jedoch ausnahmslos für Eichen. Hier zeigt sich, daß unterdurchschnittlich bestockte Bestände mit Bäumen der BHD-Spanne 41 bis 80 cm ohne bzw. mit leichtem Insektenbefall geringere Blattverluste aufweisen als dichter bestockte. Im Trend der anderen Untersuchungskollektive liegen Eichenbestände der Höhenlagen zwischen 150 und 300 m, wobei in einem Fall geringe bis normale Nebelhäufigkeit als zusätzliche Randbedingung fungiert.

Nachfolgend werden zunächst die Beziehungen derjenigen Baumcharakteristika zu den relativen B-/NV zusammenfassend dargestellt, die keine sekundären Schadmerkmale sind. Bei der Erörterung der Baummerkmale wird im Rahmen dieser Arbeit auf die explizite Einbeziehung der CHAID--Validierungsmodelle 2 und 4 generell verzichtet.

■ **Brusthöhendurchmesser (BHD)**

Mit Ausnahme der Kiefern ist der B-/NV aller Baumarten bzw. Baumartklassen positiv verknüpft mit ihrem BHD. In diesem Befund spiegeln sich die für das Baumalter ermittelten Relationen zum Schadensausmaß wider.

■ **soziologische Stellung**

Erstaunlich selten zeigen sich Zusammenhänge zwischen der soziologischen Stellung und der Schädigung von Bäumen. Dies geht nicht nur aus den CHAID-3-Modellen und den Korrespondenz-analysen hervor, sondern ebenso aus den jeweils drei Versionen der CHAID-Modelltypen 2 und 4. Dieser überraschende Sachverhalt deckt sich mit den Untersuchungen in Baden-Württemberg. Vorherrschende Eichen und Kiefern verlieren in besonderem Umfange Blätter bzw. Nadeln, während die Verhältnisse für die Baumklassen "sonstige Laubbäume" und "sonstige Nadelbäume" genau in die entgegengesetzte Richtung weisen. Aufgrund der einzelbaumbezogenen Auswertung mit polycho-tomer Zielvariablen (Modelle Typ 4) läßt sich dies bestätigen und dahingehend ergänzen, daß für Fichte negative und für Buchen positive Assoziationen zwischen ihrer Schädigung und ihrer sozio-logischen Stellung bestehen.

■ **Baumalter**

Als "eine der auffälligsten Erscheinungen der Walderkrankung" betrachten SCHÖPFER & HRADETZKY (1984a: 13) die Altersabhängigkeit der Schäden. Dieses aus physiologischer Sicht wenig überraschende Phänomen wird in allen CHAID- und Korrespondenzanalysen für alle Baumarten und -klassen bestätigt.

■ **Ertragsklasse**

Die Wüchsigkeit der Waldbäume spielt eine eher untergeordnete Rolle im Beziehungsgeflecht der Waldschäden, wenn man die bestandesbezogenen Berechnungsmodelle betrachtet. Aus diesen geht lediglich hervor, daß Kiefern guter Ertragsklasse häufiger geschädigt sind als weniger gut wachsende. Auf der Basis der baumbezogenen korrespondenzanalytischen Modelle läßt sich diese Beobachtung bestätigen und auf Eichen und Buchen erweitern. Zieht man schließlich CHAID-Modelle mit polychotomer Zielvariablen (Typ 4) heran, so hat diese Aussage auch für die "sonstigen Laubbäume" und die "sonstigen Nadelbäume" Gültigkeit. Hingegen ergibt sich demnach für Fichten ein umgekehrtes Verhältnis, das - erstaunlicherweise - auch für die Baumklasse 7 anzunehmen ist.

■ Rücke- und Schälschäden

Dieses sekundäre Schadmerkmal hat bei der Eingruppierung von Waldbeständen in Schadklassen nur für Buchen und "sonstige Nadelbäume" statistische Bedeutung. Dies läßt sich auf der Basis der drei Modell-4-Versionen (V 1.y, V 2.y, V 3.y) bestätigen. Unter den jeweiligen modellspezifischen Randbedingungen gilt dies in Erweiterung bei einzelbaumweiser Betrachtung auch für Eichen, Kiefern und unter Einschränkungen auch für Fichten und die Baumklasse 7.

■ Schleim- und Harzfluß

Die Zunahme des Nadelverlustes von Fichten bei Vorhandensein von Harzfluß beobachtete man 1983 in Baden-Württemberg. Eine solche Tendenz läßt sich aus den bestandesbezogenen CHAID-Modellen nicht ableiten. Die korrespondenzanalytischen Untersuchungen ergeben für dieselbe Betrachtungsebene eine analoge Beziehung zwischen Schleimfluß und Blattverlust der Eichen sowie Harzfluß und Nadelverlust bei den "sonstigen Nadelbäumen". Die baumbezogene Datenauswertung mit reduziertem Datensatz (M 4 V x.2) zeigt, daß für einzelne Fichten und "sonstige Laubbäume" Vergleichbares gilt.

■ Klebäste/Wasserreiser

Zusätzlich zu den anderen Kronenmerkmalen wird bei den TWI auch die Anzahl der eine Art Sekundärkrone bildenden Wasserreiser bzw. Klebäste ermittelt. SCHÖPFER & HRADETZKY (1984a: 22) fanden für Tannen und weniger ausgeprägt bei Eichen, daß der B-/NV der Hauptkrone positiv gekoppelt ist an die im Stammbereich ausgebildeten Wasserreiser/Klebäste. Diese Tendenz bestätigen die korrespondenzanalytischen Modelle für Eiche, "sonstige Nadelbäume" und die Sammelklasse 7. Gemäß den bestandes- und baumbezogenen CHAID-Berechnungen zeichnen sich für die letztgenannte Untersuchungseinheit genau umgekehrte Verhältnisse ab, deren Erklärung schwerfällt.

■ Pilzbefall

Die Beteiligung biotischer Faktoren an Waldschäden sollte nicht ausgeschlossen werden. Dem trägt das Konzept der TWI insofern Rechnung, als daß der Befall mit Pilzen, Borkenkäfern und Insekten einzelbaumweise in drei Stufen erfaßt wird. Während das Bestandesmodell der Korrespondenzanalyse einen Schadensanstieg bei allen Nadelbäumen in Zusammenhang mit Pilzbefall diagnostiziert, zeigt das entsprechende CHAID-Modell eine solche positive Assoziation bei Eichen auf. Negative Beziehungen zwischen B-/NV und Pilzbefall ermittelt das polychotome CHAID-Baummodell.

■ Borkenkäferbefall

Immissionen schädigen Waldbäume nicht nur "direkt" über die Assimilationsorgane und Wurzeln, sondern auch indirekt auf dem Wege der Reduktion ihrer Frost- und Trockenheitsresistenz. Zusätzlich kann eine verstärkte Anfälligkeit gegen Folgeschäden auftreten. Erhöhter Insekten-, Borkenkäfer- und Pilzbefall sind hierbei sehr häufig (FÜHRER 1983; LANG 1977; MAYER 1984: 37; SCHOPF 1984; SIERPINSKY 1984; TIMANS 1986). Während in Nordrhein-Westfalen positive Korrelationen mit dem Schadensgrad von Waldbäumen in erster Linie für den Insektenbefall und mit Einschränkungen für den Pilzbefall festzustellen sind, trifft dies für Borkenkäferbefall nicht zu. Das polychotome Einzelbaummodell ermittelt einen derartigen Zusammenhang nur für Kiefern, was in dem korrespondenzanalytischen Bestandesmodell lediglich in der Baumklasse 7 zum Ausdruck kommt.

■ Insektenbefall

Deutet die Auswertung der von SCHÖPFER (1984) als "qualifizierte Schätzung" bezeichneten Waldschadensinventur des Jahres 1983 für Baden-Württemberg darauf hin, daß biotische Schädigungen vernachlässigt werden können, so erinnern SCHÖPFER & HRADETZKY (1984a: 24) daran, daß sich dieses "mit der fortschreitenden Erkrankung und der damit verbundenen weiteren Devitalisierung der Bäume ... rasch und grundlegend ändern" kann. Die Waldschadensdaten aus Nordrhein-Westfalen offenbaren, daß in den Jahren 1985 und 1986 der Insektenbefall mit einer stärkeren Schädigung bei allen Baumarten positiv assoziiert ist. Eine unerklärliche und dem analogen CHAID-Modell widersprechende Ausnahme zeigt die Korrespondenzanalyse für Kiefer (1985). Ebenso unerklärlich ist die auf Bestandesniveau mittels CHAID gefundene negative Verknüpfung von Insektenbefall und Schadensausmaß in der Klasse 7.

■ Kronenbruch

Wie in Südwestdeutschland sind die durch Schnee- und Sturmbruch im Kronenbereich geschädigten Nadelbäume Nordrhein-Westfalens häufiger durch überdurchschnittliche Nadelverluste gekennzeichnet als solche ohne Kronenbruch. Ob dies nun ein auf Schätzfehler bei der Einstufung gebrochener Kronen zurückzuführendes Artefakt ist, oder ob der aus dem Kronenbruch resultierende Verlust von Assimilationsorganen hinter dieser statistischen Beziehung steht, ist schwer zu beurteilen.

■ abgestorbene Äste

Daß sich eine große Anzahl abgestorbener Äste in einem erhöhten B-/NV niederschlägt, ist trivial. Weniger eindeutig einzuschätzen ist jedoch die relative statistische Bedeutung dieses Schadmerkmals im Vergleich mit allen anderen. In 5 von 14 bestandesbezogenen, polychotomen Modellen mit ausschließlich Baummerkmalen als unabhängige Variablen (M 2) erweisen sich die abgestorbenen Äste nicht als Effekt erster Ordnung. Bei den analogen Baummodellen (M 4) beträgt dieses Verhältnis 3 zu 14. In 6 der 14 polychotomen CHAID-Modelle des Typs 3 kommt einem anderen Merkmal als den abgestorbenen Ästen die Rolle des stärksten Prädiktors zu. Hieraus folgt die Berechtigung für die Konstruktion von explorativ-statistischen Modellen mit dem vollständigen Satz unabhängiger Variablen (V x.1) und solchen, in denen Kronenbruch, abgestorbene Wipfel und abgestorbene Äste aus den geschilderten Gründen nicht als potentielle Prädiktoren eingehen (V x.2).

■ vorzeitiger Blattabfall

Auf Bestandesniveau ist gemäß den CHAID-M3-Analysen der vorzeitige Blattabfall mit einer Ausnahme ("sonstige Laubbäume", 1985) statistisch ohne Belang für das Ausmaß der Waldschäden. Die entsprechende bestandesbezogene Korrespondenzanalyse erlaubt ebenso wie die baumbezogene Auswertung eine Verallgemeinerung dieser Aussage auf beide Erhebungsjahre und eine Erweiterung auf die Baumart Eiche (1985) sowie die Baumklasse 7 (1986).

■ gerollte Blätter/Nekrosen

Alle Modellrechnungen zeigen, daß Schäden bei Eichen, "sonstigen Laubbäumen" und Fichten sowie der Baumklasse 7 mit diesem sekundären Schadmerkmal positiv assoziiert sind. Unklar stellt sich die Situation bei Buchen und "sonstigen Nadelbäumen" dar.

■ **Vergilbung**

Ohne jeden Zweifel ist die Vergilbung von Blättern und Nadeln dasjenige sekundäre Schadmerkmal, das in allen 28 Korrespondenzanalysen und allen 210 CHAID-Modellen den stärksten statistischen Einfluß auf die Kronenverlichtung der Waldbäume ausübt. Ob für diese Verfärbungen Ozon (PRINZ et al. 1984), Ernährungsstörungen (ZÖTTL 1985; ZÖTTL & HÜTTL 1985; ZÖTTL & MIES 1983) und/oder Säure-/Schwermetalltoxizität (GODT 1986; GODT et al. 1986, 1988) verantwortlich sind, läßt sich natürlich aus dem Datenmaterial nicht ersehen. Festzuhalten bleibt, daß Verfärbungen von Assimilationsorganen auf Nährstoffmangel deuten, der sowohl pedogenen Ursprungs sein kann als auch durch Schadstoffe - ob "direkt" oder "indirekt" - gefördert bzw. hervorgerufen werden kann.

Zitierte Literatur

ALLEN, T.F.H. & STARR, T.B. (1982): Hierarchy: Perspectives for ecological complexity. - Chicago, London

ASHMORE, M. R. (1988): Methodologies for diagnosis. In: CAPE, J.N. & MATHY, P. (eds.): 203 - 216

ATHARI, S. & KRAMER, H. (1983): The problem of determining growth losses in Norway spruce stands caused by environmental factors. In: ULRICH, B. & PANKRATH, J. (eds.): Effects of accumulating of air pollutants in forest ecosystems.- Dordrecht (...) (Proceedings held at Göttingen, West Germany, May 16 - 16, 1982): 319 - 325

BENECKE, P. (1987): Die Versauerung bewaldeter Einzugsgebiete. In: Geowissenschaften in unserer Zeit, 5 (1): 19 - 26

BLANK, L., ROBERTS, Th. & SKEFFINGTON, R. (1988): New perspectives on forest decline. In: Nature, 336 (3): 27 - 30

BLOCK, J. & BARTELS, U. (1985): Ergebnisse der Schadstoffdepositionsmessungen in Waldökosystemen in den Meßjahren 1981/82 und 1982/83.- Münster-Hiltrup (Forschung und Beratung, Reihe C, wissenschaftliche Berichte und Diskussionsbeiträge, Heft 39)

BMELF (Der Bundesminister für Ernährung, Landwirtschaft und Forsten) (1990): Waldzustandsbericht. Ergebnisse der Waldschadenserhebung 1989.- Münster-Hiltrup (Schriftenreihe des BMELF, Reihe A: Angewandte Wissenschaft, Heft 381)

CAPE, J.N. & MATHY, P. (eds.) (1988): Scientific basis of forest decline symptomatology.- Proceedings of a workshop jointly organised by the CEC, and the Institute of Terrestrial Ecology, Bush Estate Research Station, in Edinburgh, Scotland, 21 - 24 March 1988

DENSTORF, O., HEESCHEN, G. & KENNEWEG, H. (1984): Ergebnisse der großräumigen Inventur von Waldschäden 1983 mit Farb-Infrarot-Luftbildern im südlichen Schleswig-Holstein. In: Allgemeine Forst- und Jagdzeitung, 155 (6): 126 - 131

EUTENEUER, T. & DEBUS, R. (1987): Vergleichende Untersuchungen epikutikularer Wachse von Klon- und Altfichten. In: 8. Seminarbericht "Waldschäden/Luftverunreinigungen" zum 9. UBA-/BMNUR-Statusseminar am Fraunhofer Institut für Umweltchemie und Ökotoxikologie vom 15. bis 16. Oktober 1987: 71 - 86

EUTENEUER, T., STEUBING, L. & DEBUS, R. (1988): Alkane distribution pattern and wettability of picea abies epicuticular waxes in regions with low immission loads. In: CAPE, J.N. & MATHY, P. (eds.): 262 - 272

FORSCHUNGSBEIRAT Waldschäden/Luftverunreinigungen der Bundesregierung und der Länder (1984): Materialsammlung für den "Zwischenbericht 1984 des Forschungsbeirates".- Karlsruhe

FRÄNZLE, O. (1971): Physische Geographie als quantitative Landschaftsforschung. In: Schriften des Geographischen Instituts der Universität Kiel, 37: 297 - 312

FRÄNZLE, O., SCHRÖDER, W. & VETTER, L. (1985): Synoptische Darstellung möglicher Ursachen von Waldschäden.- Kiel (Umweltforschungsplan des Bundesministers des Innern. Forschungsbericht 107 07 046/13 im Auftrag des Umweltbundesamtes)

FRÄNZLE, O., ZÖLITZ-MÖLLER, R., BOEDEKER, D., BRUHM, I., HEINRICH, U., JENSEN-HUβ, K., KLEIN, A., KOTHE, P., MICH, N., REICHE, E.-W., REIMERS, T. & SAAGER, W. (1992): Erarbeitung und Erprobung einer Konzeption für die ökologisch orientierte Planung auf der Grundlage der regionalisierenden Umweltbeobachtung am Beispiel Schleswig-Holsteins.- Berlin UBA-Texte 20/92)

FRANKLIN, J. F., SHUGART, H. H. & HARMON, M. E. (1987): Tree death as an ecological process. The causes, consequences, and variability of tree mortality. In: BioScience, 37 (8): 550 - 556

FREVERT, T. & KLEMM, O. (1984): Wie ändern sich die pH-Werte im Regen- und Nebelwasser beim Abtrocknen auf der Pflanzenoberfläche? In: Archives for Meteorology, Geophysics and Bioclimatology, Ser. B., 34: 75 - 81

FRITSCHE, U. (1987a): Neuartige Waldschäden in Abhängigkeit vom Abtropfverhalten des Niederschlags. In: Allgemeine Forstzeitschrift, 18: 467 - 468.

FRITSCHE, U. (1987b): Investigations on the immission stress in spruce forests in dependence on their altitude above sea level and the distance from the edge of the forest. In: PERRY, R., HARRISON, R.M., BELL, J.N.B. & LESTER, J.N. (eds.): Acid rain: Scientific and technical advances.- London: 239 - 243

FRITSCHE, U. (1987c): Zur Abscheidung von Luftverunreinigungen an Waldrändern verglichen mit dem Bestandesinneren. In: 8. Seminarbericht "Waldschäden/Luftverunreinigungen" zum 9. UBA-/BMU- Statusseminar am Fraunhofer-Institut für Umweltchemie und Ökotoxikologie vom 15. bis 16. Oktober 1987: 71 - 86

FÜHRER, E. (1983): Immissionen und Forstschädlinge. In: Allgemeine Forstzeitschrift, 38: 668 - 669

GODT, J. (1986): Untersuchungen von Prozessen im Kronenraum von Waldökosystemen und deren Berücksichtigung bei der Erfassung von Schadstoffeinträgen - unter besonderer Beachtung der Schwermetalle.- Göttingen (Berichte des Forschungszentrums Waldökosysteme / Waldsterben, 19)

GODT, J., SCHMIDT, M. & MAYER, R. (1986): Processes in the canopy of trees: internal and external turnover of elements. In: GEORGII, H.-W. (ed.): Atmospheric pollutants in forest areas.- Dordrecht (...): 263 - 274

GODT, J., SCHMIDT, M. & MAYER, R. (1988): Pathways of heavy metals in beech and spruce canopy: internal and external cycling. In: CAPE, J.N. & MATHY, P. (eds.): 307 - 315

HANISCH, B. & KILZ, E. (1988): The recording and interprtation of damage symptoms in norway spruce and scots pine. Fundamentals and sources of error in damage assessment. In: CAPE, J.N. & MATHY, P. (eds.): 9 - 29

HRADETZKY, J. (1984): Fehlertheoretische Überlegungen bei der Planung und Auswertung von Stichprobeninventuren. In: Mitteilungen der Forstlichen Versuchs- und Forschungsanstalt Ba-Wü, 111: 131 - 146

IVENS, W.P.M.F. (1990): Atmospheric deposition onto forestes. An analysis of the deposition variability by means of the throughfall measurements.- Amsterdam, Utrecht (nederlandse geografische studies, 118)

KENNEWEG, H. (1980): Luftbildinterpretation und die Bestimmung von Belastung und Schäden in vitalitätsgeminderten Wald- und Baumbeständen.- Frankfurt a.M.

KUHL, W.-E. (1987): Eggegebirge: Zusammenhänge von Waldschäden und Baumstellung. In: LÖLF-Mitteilungen, 1: 38 - 42

KUHNT, G., GARNIEL, KOTHE, P. & SCHRÖDER, W. (1991): Begleitstudie zur bundesweiten Bodenzustandsrehebung im Walde. Standortbestimmung für die begleitende Bodenprobenahme und -analyse sowie Überprüfung der Meßnetzvalidität.- Kiel (Umweltforschungsplan des Bundesministers für Umwelt, Naturschutz und Reaktorsicherheit. Forschungsbericht 107 06 002, im Auftrag der Bundesanstalt für Geowissenschaften und Rohstoffe)

LANG, K.J. (1977): Immissionsbelastung und Anfälligkeit gegenüber Schadpilzen und Insekten. In: Forstwissenschaftliches Centralblatt, 96: 72 - 75

LEVITT, J. (1980): Responses of plants to environmental stresses. I: Chilling, freezing, and high temperature stresses. II: Water, radiation, salt, and other stresses.- New York (Physiological Ecology)

LÖFFLER, H. & PRESTLE, W. (1984): Untersuchung über die Vergleichbarkeit von terrestrischer Schadansprache und Luftbildinterpretation. In: Mitteilungen der Forstlichen Versuchs- und Forschungsanstalt Baden-Württemberg, 111: 113 - 117

MAYER, H. (1984): Waldbau auf soziologisch-ökologischer Grundlage. - Stuttgart, New York

MÖßMER, R. (1985): Verteilung der neuartigen Waldschäden an der Fichte nach Bestandes- und Standortsmerkmalen in den Bayerischen Alpen - Eine Untersuchung auf der Grundlage von Infrarot-Farbluftbildern.- Diss. München

MOHR, H. (1970): Biologie als quantitative Wissenschaft. In: Naturwissenschaftliche Rundschau, 23: 779 - 785

MOHR, H. (1983): Zur Faktorenanalyse des Baumsterbens. In: Allgemeine Forst- und Jagdzeitung, 154: 105 - 110

MUELLER-DOMBOIS, D. (1987): Natural dieback in forests. In: BioScience, 37 (8): 575 - 583

NAGEL, E. 1961): The structure of science.- London

NAUJOKAT, D. (1991): Modellierung von Oberflächenwiderständen der trockenen Deposition von SO_2 im Bereich der Bornhöveder Seenkette.- Kiel (Dipl.-Arb., Geogr. Inst.)

NEULAND, H., BÖMELBURG, J., HANKE, H. & TENHAGEN, P. (1990): Regionalstatistische Analyse des Zusammenhangs zwischen Standortbedingungen und Waldschäden.- Friedrichshafen (Forschungsvorhaben FKZ 0339124A des Bundesministers für Forschung und Technologie)

OBLÄNDER, W., WÖRH, H., KÖNIG, E., BRAUNGER, H. & SCHRÖTER, H.J. (1983): Ergebnis und Interpretation zweijähriger SO_2-Messungen auf Beobachtungsflächen zur Untersuchung der Tannenerkrankung in Baden-Württemberg. In: Allgemeine Forst- und Jagdzeitung, 154: 175 - 180

OSTEN, W. v. & RAMI, B. (1986): Ökosystemforschung, eine notwendige Weiterentwicklung der Umweltforschung. In: Allgemeine Forstzeitschrift, 22: 535 - 536

PANZER, K. F. (1988): Harmonizing surveys of visible symptoms - possibilities and constraints of international cooperation. In: CAPE, J.N. & MATHY, P. (eds.): 217 - 225

PRINZ, B., KRAUSE, G.H.M. & JUNG, K.-D. (1984): Neuere Untersuchungen der LIS zu den neuartigen Waldschäden. In: Düsseldorfer Geobotanisches Kolloquium, 1: 25 - 36

RIEDL, R. (1992): Wahrheit und Wahrscheinlichkeit. Biologische Grundlagen des Für-Wahr--Nehmens.- Berlin, Hamburg

RIES, L. & HERRMANN, R. (1985): Zur Bewertung und Vorhersage der chemischen Belastung und Belastbarkeit von Forstökosystemen unter Verwendung multivariater, statistischer Methoden.- Bayreuth (Umweltforschungsplan des BMI. Forschungsbericht 106 07 046/11, im Auftrag des Umweltbundesamtes)

RUCK, B. & SCHMITT, F. (1986): Das Strömungsfeld der Einzelbaumumströmung. In: Forstwissenschaftliches Centralblatt, 105: 178 - 196

RUCK, B. & SCHMITT, F. (1987): Umströmung von Koniferen und deren Einfluß auf die Schadstoffdeposition durch Feinsttröpfchen - Einfluß der Orographie. In: 4. Statuskolloquium PEF 35 (1): 473 - 486

RUNKEL, M. & KENNEWEG, H. (1986): Waldschadens- und Waldstrukturanalyse Schleswig-Holstein.- Berlin (Schriftenreihe des Fachbereichs Landschaftsentwicklung der TU Berlin, 36)

SAAGER, W. (1990): Multivariate Bestimmung waldschadensdisponierender Faktoren auf der Grundlage der Terrestrischen Waldschadensinventur.- Kiel (Dipl.-Arb. Geogr. Inst.)

SAAGER, W., SCHRÖDER, W. & VETTER, L. (1991): Terrestrische Waldschadensinventur in Schleswig-Holstein: Datenkritik und statistische Analyse. In: Kieler Geographische Schriften, 80: 76 - 92

SAURER, H., BÄHR, H.-P., BEHR, F.-J. & GOßMANN, H. (1988): Verknüpfung und Auswertung von Waldschäden und Standortseigenschaften mit Hilfe einer geographischen Datenbank. In: 4. Statuskolloquium PEF 35, (1): 347 - 359

SCHÖPFER, W. (1984): Zur Optimierung künftiger Waldschadenserhebungen in der Bundesrepublik Deutschland. In: Allgemeine Forstzeitschrift, 39: 1079

SCHÖPFER, W. & HRADETZKY, J. (1984a): Analyse der Bestockungs- und Standortsmerkmale der terrestrischen Waldschadensinventur Baden-Württemberg 1983.- Freiburg i.Br. (Mitteilungen der FVA Baden-Württemberg, 110)

SCHÖPFER, W. & HRADETZKY, J. (1984b): Der Indizienbeweis: Luftverschmutzung maßgebliche Ursache der Walderkrankung. In: Forstwissenschaftliches Centralblatt, 103: 231 - 248

SCHOPF, R. (1984): Disposition von Fichten unterschiedlich immissionsbelasteter Waldökosysteme für den Befall durch nadelfressende Insekten. In: Berichte des Forschungszentrums Waldökosysteme / Waldsterben, 2: 95 - 128

SCHOLZ, F. (1984): Wirken Luftverunreinigungen auf die genetische Struktur von Waldbaumpopulationen? In: Forstarchiv, 55: 43 - 45

SCHRÖDER, W. (1989): Ökosystemare und statistische Untersuchungen zu Waldschäden in Nordrhein-Westfalen: Methodenkritische Ansätze zur Operationalisierung einer wissenschaftstheoretisch begründeten Konzeption.- Diss. Kiel

SCHRÖDER, W. (1992): Stirbt der Wald? Erkenntnismöglichkeiten und Aussagen der Umweltforschung. In: Kieler Geographische Schriften, 85: 167 - 189

SCHRÖDER, W., FRÄNZLE, O. & DASCHKEIT, A. (1993): Festsetzung bodenfunktionsschützender Normwerte - Praktische Notwendigkeit im Spannungsfeld von Erkenntnismöglichkeiten der Ökosystemforschung und Anforderungen des Umweltschutzes. In: MAB-Mitteilungen, 37: 79 - 90

SCHRÖDER, W., FRÄNZLE, O. & VETTER, L. (1986): Ist eine synoptische Darstellung von standörtlichen Randbedingungen der Waldschäden möglich? In: Allgemeine Forstzeitschrift, 22: 543 - 544

SCHRÖDER, W., FRÄNZLE, O., VETTER, L. & SAAGER, W. (1992): CHAID-Analyse der Terrestrischen Waldschadensinventur 1988 in Schleswig-Holstein. In: Allgemeine Forst- und Jagdzeitung, 163 (5): 93 - 98

SCHRÖDER, W. & VETTER, L. (1989a): Die Bedeutung standörtlicher Randbedingungen im Ursache-Wirkungsgefüge der Waldschäden. In: Geographische Rundschau, 41: 177 - 185

SCHRÖDER, W. & VETTER, L. (1989b): Synthetisierende Darstellung standörtlicher Randbedingungen des Waldsterbens in der Bundesrepublik Deutschland - ein systemtheoretischer und geostatistischer Ansatz. In: Allgemeine Forst- und Jagdzeitung, 160 (7): 144 - 150

SCHÜTT, P. (1977): Das Tannensterben. Der Stand unseres Wissens über eine aktuelle und gefährliche Komplexkrankheit der Tanne (Abies alba Mill.). In: Forstwissenschaftliches Centralblatt, 96: 177 - 186

SCHÜTT, P. & COWLING, E.B. (1985): Waldsterben, a general decline of forests in central europe: symptoms, development and possible causes. In: Plant Disease, 69 (7): 548 - 558

SEKOT, W. (1988): Zur Anlage und statistischen Auswertung betrieblicher Waldschadensinventuren. In: Centralblatt für das gesamte Forstwesen, 105: 217 - 235

SIERPINSKI, Z. (1984): Über den Einfluß von Luftverunreinigungen auf Schadinsekten in polnischen Nadelbaumbeständen. In: Forstwissenschaftliches Centralblatt, 103: 82 - 91

SIGAL, L.L. & SUTER, G.W. (1988): Evaluation of methods for determining adverse impacts of air pollution on terrestrial ecosystems. In: Environmental Management, 11 (5): 675 - 694

SIMON, H. A. (1957): Models of man.- New York

SPRANGER, T. (1992): Erfassung und ökosystemare Bewertung der atmosphärischen Deposition und weiterer oberirdischer Stoffflüsse im Bereich der Bornhöveder Seenkette.- Diss. Kiel

SRU (1983) (Der Rat von Sachverständigen für Umweltfragen): Waldschäden und Luftverunreinigungen. Sondergutachten März 1983.- Stuttgart, Mainz

SRU (Der Rat von Sachverständigen für Umweltfragen) (1987): Umweltgutachten 1987.- Stuttgart, Mainz

STEGMÜLLER, W. (1975): Das Problem der Induktion: Humes Herausforderung und moderne Antworten. Der sogenannte Zirkel des Verstehens.- Darmstadt

STEVENS, S.S. (1946): On the theory of measurement. In: Science, 103: 677 - 680

STOCK, R. (1990): Die Verbreitung von Waldschäden in Fichtenforsten des Westharzes - Eine geographische Analyse.- Göttingen (Göttinger Geographische Abhandlungen, 89)

STORM, P.-Ch. (1987): Umweltrecht. Wichtige Gesetze und Verordnungen zum Schutz der Umwelt.- München

TIMANS, U. (1986): Zusammenhänge zwischen den neuartigen Fichtenschäden und dem Auftreten tierischer Schädlinge, insbesondere Nematoden. In: Forstwissenschaftliches Centralblatt, 105: 471 - 477

UBA (Umweltbundesamt) (1986): Wissenschaftliches Symposium "Neue Ursachenhypothesen" 16. und 17. Dezember 1985, Reichstagsgebäude Berlin.- Berlin (UBA-Texte, o. Nr.)

ULRICH, B. (1981): Eine ökosystemare Hypothese über die Ursachen des Tannensterbens (Abies alba Mill.). In: Forstwissenschaftliches Centralblatt, 100: 228 - 236

ULRICH, B. & MATZNER, E. (1983): Abiotische Folgewirkungen der weiträumigen Ausbreitung von Luftverunreinigungen.- Göttingen (Umweltforschungsplan des Bundesministers des Innern. Forschungsbericht 104 02 615 im Auftrag des Umweltbundesamtes)

ULRICH, B., MAYER, R. & KHANNA, P.K. (1979): Deposition von Luftverunreinigungen und ihre Auswirkungen in Waldökosystemen im Solling.- Frankfurt a.M. (Schriften der Forstlichen Fakultät der Universität Göttingen, 58)

VETTER, L. & SCHRÖDER, W. (1989): Darstellung der Waldschäden als komplexes Beziehungsgeflecht. In: Die Geowissenschaften, 7 (10): 285 - 298

WALLACE, H.R. (1978): The diagnosis of plant diseases of complex etiology. In: Annual Review of Phytopathology, 16: 379 - 402

WESSELS, W. (1992): Waldzustand verschlechtert. In: LÖLF- Mitteilungen, 4/92: 29 - 34

ZÖTTL, H.W. (1985): Waldschäden und Nährelementversorgung. In: Düsseldorfer Geobotanisches Kolloquium, 2: 31 - 41

ZÖTTL, H.W. & HÜTTL, R. (1985): Schadsymptome und Ernährungszustand von Fichtenbeständen im südwestdeutschen Alpenvorland. In: Allgemeine Forstzeitung, 9/10 (Sonderdruck o. S.)

ZÖTTL, H.W. & MIES, E. (1983): Nährelementversorgung und Schadstoffbelastung von Fichtenökosystemen im Südschwarzwald unter Immissionseinfluß. In: Mitteilungen der Deutschen Bodenkundlichen Gesellschaft, 38: 429 - 434

5.4 Nachbarschaftsanalytische Ausweisung repräsentativer Bodendauer-beobachtungsflächen in Brandenburg

Peter Kothe und Rolf Schmidt

Untersuchungsziel

Eine der vordringlichen Maßnahmen der Bundesregierung zum Bodenschutz ist die Erarbeitung von Kriterien und Anforderungen für Dauerbeobachtungsflächen (BMU, 1988, Tz. 91). Bodendauerbeobachtungsflächen (im folgenden als "BDF" bezeichnet) dienen der langfristigen Überwachung der Belastung und Belastbarkeit von Böden sowie ihrer Phyto- und Zoozönosen. Die 1991 vorgelegte "Konzeption zur Einrichtung von Boden-Dauerbeobachtungsflächen" der Sonderarbeitsgruppe "Informationsgrundlagen Bodenschutz" der Umweltministerkonferenz definiert u.a. die wesentlichen Ziele der Anlage von BDF sowie die Kriterien für die Standortauswahl. Danach ist festzustellen, daß die Aussagekraft der auf solchen Flächen erhobenen Beobachtungsdaten im wesentlichen abhängt von

a)   der Repräsentativität der Flächen im Hinblick auf Standortmerkmale wie Bodentyp, Bodenart, geologischer Untergrund, orographische Höhenlage, Niederschlagsmenge, Schadstoffeinträge und -gehalte, Vegetationsbedeckung, Nutzung u.v.a.m.,

b)   der Richtigkeit und Präzision der auf den Dauerbeobachtungsflächen vorgenommenen Messungen sowie

c)   der Vergleichbarkeit der Meßmethodik (BMU, Tz. 105, 107; SAG/UAG 1991; SCHRÖDER et al. 1991).

Um dies zu zu gewährleisten, hat das Landesumweltamt Brandenburg ein Forschungsvorhaben zur Repräsentativität von BDF vergeben (DASCHKEIT et al. 1993). Im einzelnen geht es dabei um:

(i)   eine Analyse und Bewertung der bislang angewendeten Strategien zur Auswahl von BDF in der Bundesrepublik Deutschland,

(ii)   darauf aufbauende konzeptionelle Verbesserungsvorschläge und

(iii)   deren Anwendung auf Brandenburg mit dem Ziel, eine Liste von - nach ihrer operational definierten Repräsentativität geordneten - BDF-Standortvorschlägen zu erarbeiten; diese Liste soll Grundlage für die endgültige Bestimmung der BDF in Brandenburg sein.

In dem vorliegenden Artikel soll die Eignung nachbarschaftsanalytischer Verfahren (vgl. Kap. 4.4) für den zuletzt genannten Aspekt (iii) gezeigt werden.

Auswahlverfahren für Bodendauerbeobachtungsflächen

In der Bundesrepublik Deutschland sind Bodendauerbeobachtungsflächen wichtiger Bestandteil der integrierten Umweltbeobachtung (SRU 1991, S. 28). Dauerbeobachtungsflächen sollen innerhalb eines integrierten Umweltbeobachtungssystems auf großmaßstäblicher Ebene angelegt werden (SPANDAU et al. 1990, S. 74). Sie dienen der langfristigen, detaillierten Beobachtung des Bodens mit dem Ziel, ein besseres Verständnis der komplexen und komplizierten Prozesse im Boden zu erlangen und darauf aufbauend Prognoseinstrumente für einen präventiven Bodenschutz zu entwickeln (KNAUER 1988a, 1988b).

In der "Bodenschutzkonzeption" der Bundesregierung (BMI 1985) und den "Maßnahmen zum Bodenschutz" (BMU 1988) wird der Aufbau eines Bodeninformationssystems gefordert. Teil dieses Informationssystems sind BDF. Die Unterarbeitsgruppe Boden-Dauerbeobachtungsflächen (UAG) der Sonderarbeitsgruppe Informationsgrundlagen Bodenschutz (SAG) soll sicherstellen, daß durch bundesweite Koordination "gegenseitige Information und angeglichene Vorgehensweise vergleichbare

Ergebnisse und eine sinnvolle Einbettung in das Gesamtkonzept des Bodeninformatiossystems (BIS)"
erzielt werden (SAG/UAG 1991, S. 5). Ziele für Untersuchungen auf BDF sind:
"1. Feststellen der gegenwärtigen Merkmale und Eigenschaften von Böden sowie ihrer Belastungen
an boden- und landschaftsrepräsentativen Standorten (Ersterfassung des Bodenzustandes).
2. Langfristige Ermittlung von Bodenveränderungen infolge standort-, belastungs- und nutzungs-
spezifischer Einflüsse durch periodische Untersuchungen des Bodenzustandes und/oder durch Bilanzierung des Stoffhaushaltes der Böden. Aus den Veränderungen soll die Empfindlichkeit von Böden
ermittelt und die zukünftige Entwicklung prognostiziert werden, um im Sinne des Vorsorgeprinzips
rechtzeitig Maßnahmen zum Schutz des Bodens hinsichtlich seines Stoffbestandes und seiner
vielfältigen Funktionen ergreifen zu können.
3. Schaffen einer Basis für die Einrichtung von Versuchsflächen zur Entwicklung von Auswertungs-
modellen.
4. Einrichten von Referenzflächen für regionale Belastungen und Eichstandorten" (SAG/UAG 1991,
S. 6 f.).

Voraussetzung für die Verwendung der auf BDF gewonnenen Ergebnisse ist die Vergleichbarkeit
der Meßergebnisse und die Möglichkeit der Übertragung und Interpolation der Ergebnisse
(SCHRÖDER et al. 1991). Letzteres ist - wenn überhaupt - nur möglich, wenn die Standorte
Repräsentanzkriterien genügen. Die SAG/UAG (1991, S. 7) nennt folgende sieben Kriterien für die
Auswahl von BDF:
"1. Landschaftsrepräsentanz: BDF in charakteristischen bzw. flächenhaft vorherrschenden
Landschaften.
2. Bodenrepräsentanz: BDF auf Böden, die für die o. g. Landschaften bezüglich Ausgangsmaterial,
Bodenbildung, Bodenwasserhaushalt usw. als typisch anzusehen sind.
3. Nutzungsrepräsentanz: BDF unter vorherrschender Nutzung und regionalspezifischer Sondernut-
zung.
4. Geogene Besonderheit, anthropogene Belastung, Naturnähe.
5. Regionale Verwaltungseinheiten.
6. Einbindung in bestehende und geplante (Überwachungs-)Meßnetze und ökologische Beobachtungs-
gebiete.
7. Langfristige Erhaltung und Verfügbarkeit sowie Erfassung der Bewirtschaftung".

DASCHKEIT et al. (1993) zeigen, daß die Vergleichbarkeit der BDF-Untersuchungsergebnisse
aufgrund der unterschiedlichen, nicht immer vollständig dokumentierten Ansätze bei der BDF-Aus-
weisung kaum gewährleistet ist. Dieses liegt in den uneinheitlichen Repräsentanzbegriffen der
heuristischen Verfahren begründet. Deshalb wird von den Verfassern eine zweistufige Strategie zur
Auswahl von BDF vorgeschlagen. Sie basiert auf einem Ansatz, der sich bereits für Umweltuntersuchungen verschiedener Maßstabsbereiche bewährt hat (FRÄNZLE et al. 1986, FRÄNZLE et al.
1989, KUHNT et al. 1990, 1991a, b, c; VETTER et al. 1991, SCHRÖDER et al. 1992):

1.   BDF-Standortvorschläge/Vorauswahl
     a)   operationale Definition von Repräsentanz,
     b)   häufigkeits- und regionalstatistische Analyse geowissenschaftlicher Karten (=
          Operationalisierung von a),
     c)   Liste von hierarchisch nach Repräsentanz (vgl. a) geordneten BDF-Standortvor-
          schlägen und
2.   endgültige Auswahl von BDF aufgrund Bewertung der vorgeschlagenen BDF (vgl. 1c)
      anhand von Expertenwissen, Praktikabilitätserwägungen und Geländebegehungen.

Die Arbeitsschritte 1a bis 1c dieses Verfahrens werden im folgenden erläutert. Schließlich werden
100 statistisch und geoökologisch begründete BDF-Standortvorschläge unterbreitet. Jede dieser BDF
wird auf einem Datenblatt hinsichtlich der geographischen Lage (Kartenausschnitt im Maßstab
1:100.000) und der Standortmerkmale knapp beschrieben. Diese Datenblätter dienen als Grundlage
der Geländebegehungen und Expertengespräche für die endgültige Auswahl der BDF (Arbeitsschritt
2).
Während die oben genannten Kriterien 5 bis 7 der SAG/UAG (1991, S.7) sehr sinnvolle Praktika-

bilitätserwägungen darstellen, bedürfen die unter (1) bis (4) aufgeführten Kriterien einer operationalen Präzisierung. Denn das Kriterium der Landschaftsrepräsentanz ist durch die Definition "charakteristischer bzw. flächenhaft vorherrschender Landschaften" derart offen für Auslegungen, daß es schon fast zwangsläufig ist, wenn verschiedene Bearbeiter dieses Kriterium in unterschiedlicher Weise umsetzen, denn: "Charakteristisch" muß nicht "flächenhaft vorherrschend" sein. Es ist also eine operationale Definition des Begriffs "Repräsentanz" erforderlich. Der Vollzug des in einer solchen Definition anzugebenden Verfahrensganges muß genau das erfassen, worauf der Begriff mit seinem Bedeutungsgehalt verweisen soll (SCHRÖDER et al. 1992).

Im Rahmen dieser Untersuchung wird der Begriff "Repräsentativität" gemäß Kapitel 2 definiert: Die n eindeutig definierten Elemente einer Stichprobe sind dann repräsentativ für ihre Grundgesamtheit, wenn sie ein weitgehend unverzerrtes, d.h. strukturgetreues Abbild sowohl hinsichtlich der Heterogenität als auch in bezug auf die relevanten Merkmale derselben darstellen. Das Auswahlverfahren zur Gewinnung der Stichprobe muß angebbar sein. Mit Hilfe der hier beschriebenen Selektionsprozedur wird der semantische Gehalt des Begriffes "Repräsentanz" umgesetzt, d.h. n Elemente (hier: BDF-Standorte) werden auf diesem Wege im Hinblick auf k Merkmale mit m Ausprägungsstufen als - im operationalen Sinne - repräsentativ für die Grundgesamtheit bestimmt (VETTER et al. 1991, S. 167).

Datenbasis

Grundlagen der vorzunehmenden Repräsentanzanalyse sind die im Zentrum für Agrarlandschafts- und Landnutzungsforschung e.V. (ZALF) - Institut für Bodenforschung / Arbeitsstelle Eberswalde vorhandenen digitalisierten Kartenblätter der Mittelmaßstäbigen LandwirtschaftlichenStandortkartierung (MMK) des Bundeslandes Brandenburg. Die Polygonkarten wurden digital gerastert und die Koordinaten der Rasterpunkte einschließlich der punktspezifischen Bodeninformationen der zugrundeliegenden Polygone in eine ASCII-Datei überführt. Diese bildet den Ausgangspunkt der Untersuchungen. Die Rasterdaten wurden in einer Datenbank abgelegt. In ihr werden die Rasterpunkte für die Gesamtfläche des Landes Brandenburg verwaltet.

Die Datenbank enthält 118.651 Datensätze (= Rasterinformationen). Davon sind für jeden der 60196 Rasterpunkte die Ausprägungsstufen m; jeder der k=5 landwirtschaftlichen Standortmerkmale vorhanden. Der Abstand der Rasterpunkte beträgt 500 m. Eine geringere Rasterweite und damit eine höhere Anzahl von Rasterpunkten als Grundlage der Repräsentanzanalysen wurde vom ZALF als nicht sinnvoll erachtet. Rasterpunkte, denen kein Standortmerkmal zugeordnet sind, liegen entweder in nicht landwirtschaftlich genutzten Flächen, auf Flächengrenzen zwischen unterschiedlichen Standorttypen oder auf der Landesgrenze.

Kriterien für die Stichprobendefinition

Als Zielvorgaben für die Stichprobenausweisung werden folgende Kriterien zugrundegelegt:

- Der Umfang des Stichprobenvorschlages beträgt 100 Standorte (sowie zusätzliche Alternativstandorte).
- Die Verteilung der Bodenklassen auf die Grundgesamtheit der 60196 Rasterpunkte bestimmt die Verteilung der Standorte je Bodenklasse auf die Stichprobe.
- Die Verteilung der Bodenklassenmitglieder (bei Bodenklassen mit mehreren Böden oder Bodenvergesellschaftungen), Substratflächentyp-, Gefügestil-, Hydromorphieflächentyp- und Hangneigungsflächentyp-Klassen auf die jeweiligen Bodenklassen bestimmt die Verteilung der repräsentativen Merkmalskombinationen jeder Bodenklasse und damit der Stichprobe.

Flächenrepräsentanz

Aus dem Anteil der Bodenklassen an der Grundgesamtheit (n=60196) ergibt sich für die Stichprobe (n=100) die in Tabelle 5.4.1 aufgeführte Verteilung der Bodenklassen. Am Beispiel der Braunerden (Bodenklasse 1) wird die Definition der Art der in der Stichprobe vertretenen Böden oder Bodenvergesellschaftungen, d.h. ihrer räumlichen Verknüpfung mit bestimmten Substrat-, Hydromorphie- und Hangneigungsflächentypen sowie Gefügestilen verdeutlicht:

Nach der Häufigkeitsverteilung in der Grundgesamtheit sind insgesamt 6 Standorte auszuweisen, an denen als einzige und damit vorherrschende Bodeneinheit Braunerden zu finden sind. Die Verteilung auf die Substratflächentypen ergibt, daß ca. 50% der Braunerden auf Anlehmsand (SFT-Klasse 1) vorkommen, ca. 27% auf Sand mit Tieflehm (SFT-Klasse 2) sowie ca. 23% auf Decklehmsand und Sand (SFT-Klasse 7). Die anlehmsandigen Braunerden nehmen vollständig den Bereich ebenen bis mäßig geneigten Geländes mit stark geneigten Anteilen (NFT-Klasse 4) ein und weisen dabei stets ein Platten-/Hanggefüge (GEF-Klasse 8) auf. Die Sand/Tieflehm-Braunerden sind vollständig im ebenen bis flachen Bereich (NFT-Klasse 2) zu finden. Bestimmender Gefügestil ist das Plattengefüge (GEF-Klasse 5). Die Decklehmsand/Sand-Braunerden erstrecken sich auf ebene bis flach geneigte Bereiche mit mäßig geneigten Anteilen (NFT-Klasse 3). Auch hier ist ausschließlich Plattengefüge (GEF-Klasse 5) vorhanden. Der Hydromorphieflächentyp "durchgehend sickerwasserbestimmt" (HFT-Klasse 1) ist an allen ausgewiesenen Braunerde-Standorten dieser Bodenklasse zu finden. Somit sind drei Braunerde-Spezifikationen definiert, welche sich wie folgt auf die Zusammensetzung der Braunerde-Vorschläge auswirken:

Anzahl der zu definierenden Braunerden: 6
--> 3 Braunerden mit SFT-Klasse 1, HFT-Klasse 1, NFT-Klasse 4, GEF-Klasse 8,
--> 2 Braunerden mit SFT-Klasse 2, HFT-Klasse 1, NFT-Klasse 2, GEF-Klasse 5,
--> 1 Braunerde mit SFT-Klasse 7, HFT-Klasse 1, NFT-Klasse 3, GEF-Klasse 5.

Aus der Berücksichtigung der o.g. Kriterien ergibt sich somit insgesamt folgende Stichprobenzusammensetzung (vgl. Tab. 5.4.2).

Tab. 5.4.1 Häufigkeiten der Standorte je Bodenklasse in der Grundgesamtheit und der zu definierenden Stichprobe (n=100, GG = Grundgesamtheit, STP = Stichprobe) ("i.G.v. a.B."=in Gesellschaft von anderen Böden ; in Klammern mögliche Ergänzungsstandorte)

Bodenklasse	GG (n=60196)	GG (%)	STP (n=100)	STP (%)
Kl.1 Braunerden	3493	5.80	6	6.0
Kl.2 Braunerden i.G.v. a.B.	10397	17.27	17	17.0
Kl.3 Rosterden	5364	8.91	9	9.0
Kl.4 Rosterden i.G.v. a.B.	678	1.13	1	1.0
Kl.5 Fahlerden	2376	3.95	4	4.0
Kl.6 Fahlerden i.G.v. a.B.	6927	11.51	11	11.0
Kl.7 Parabraunerden i.G.v. a.B.	2480	4.12	4	4.0
Kl.8 Braunstaugleye i.G.v. a.B.	2302	3.82	4	4.0
Kl.9 Schwarzstaugleye i.G.v. a.B.	434	0.72	1	1.0

Bodenklasse	GG (n=60196)	GG (%)	STP (n=100)	STP (%)
Kl.10 Staugleye i.G.v. a.B.	569	0.95	1	1.0
Kl.11 Vegagleye u. Vegagleye i.G.v. a.B.	270	0.45	1	1.0
Kl.12 Schwarzgleye u. Schwarzgleye i.G.v. anderen Bodeneinh.	2836	4.71	5	5.0
Kl.13 Halbamphi-,Amphi-,Anmoor-,Rost-,Podsolgleye z.T. i.G.v.a.B.	2213	3.68	4	4.0
Kl.14 Braungleye u. Braungleye i.G.v. a.B.	2848	4.73	5	5.0
Kl.15 Grundgleye	6142	10.20	10	10.0
Kl.16 Grundgleye i.G.v. a.B.	1993	3.31	3	3.0
Kl.17 Humusgleye u. Humusgleye i.G.v. a.B.	720	1.20	1	1.0
Kl.18 Torftiefsande u. Torftiefsande i.G.v. a.B.	4648	7.72	8	8.0
Kl.19 Torfe u. Torfe i.G.v. a.B.	2145	3.56	3	3.0
Kl.20 Torftiefmudden u. Torftiefmudden i.G.v. a.B. u. Torff tieflehme	1133	1.88	2	2.0
Kl.21 Mudden	22	0.04	0	0
Kl.22 sand- bzw. lehmbedeckte Torfe	80	0.13	(1)	0
Kl.23 Kippstandorte	126	0.21	(1)	0

Tab. 5.4.2 Merkmalskombinationen (MK) je Bodenklasse innerhalb der zu definierenden Stichprobe (n=100, BOSKL=Bodenklasse, GFKL=Gefügestilklasse, SFTKL=Substratflächentypklasse, NFTKL=Hangneigungsklasse, HFTKL=Hydromorphietypklasse)

Bodenklasse	MK	BOSKL	GEFKL	SFTKL	NFTKL	HFTKL	n
1	11	1	8	1	4	1	3
	12	1	5	2	2	1	1
	13	1	5	7	3	1	2
2	21	2	8	3	4	1	6
	22	2	5	2	3	1	5
	23	2	6	1	2	10	3
	24	2	6	2	5	2	2
	25	2	3	2	9	2	1
3	31	3	5	1	3	1	8

Bodenklasse	MK	BOSKL	GEFKL	SFTKL	NFTKL	HFTKL	n
	32	3	5	1	1	1	1
4	41	4	6	1	4	2	1
5	51	5	5	4	3	1	2
	52	5	5	4	2	1	1
	53	5	8	9	3	2	1
6	61	6	5	3	3	1	3
	62	6	3	8	7	2	2
	63	6	6	4	3	2	3
	64	6	7	3	4	2	2
	65	6	8	5	3	1	1
7	71	7	6	5	1	4	2
	72	7	7	5	7	2	1
	73	7	4	6	7	2	1
8	81	8	6	4	3	3	1
	82	8	6	4	3	4	1
	83	8	6	4	2	5	1
	84	8	6	4	2	8	1
9	91	9	2	5	2	9	1
10	101	10	1	2	1	9	1
11	111	11	1	17	1	12	1
12	121	12	1	8	1	13	3.
	122	12	1	1	1	13	2
13	131	13	2	1	1	12	3
	132	13	1	17	1	12	1
14	141	14	2	1	1	12	5
15	151	15	1	1	1	13	6
	152	15	1	15	1	13	2
	153	15	1	16	1	13	1

Bodenklasse	MK	BOSKL	GEFKL	SPTKL	NFTKL	HFTKL	n
	154	15	1	17	1	13	1
16	161	16	1	18	1	9	2
	162	16	1	8	1	13	1
17	171	17	1	1	1	13	1
18	181	18	1	10	1	13	8
19	191	19	1	11	1	13	3
20	201	20	1	12	1	14	2
(22)	(221)	(22)	(1)	(13)	(1)	(13)	(1)
(23)	(231)	(23)	(9)	(20)	(10)	(15)	(1)

Nachbarschaftsanalytische Repräsentanz

Nach der häufigkeitsstatistischen Betrachtung der Untersuchungsvariablen mit dem Ziel der Festlegung der Stichprobenzusammensetzung folgt die regionalstatistische Analyse des Datenmaterials, d.h. die Berücksichtigung der Lage der Merkmalsausprägungen im Untersuchungsraum Brandenburg. Hierzu werden mit Hilfe von Nachbarschaftsanalysen die hinsichtlich ihrer räumlichen Vergesellschaftung repräsentativsten Standorte für die oben aufgeführten Merkmalskombinationen, welche in der Stichprobe mit bestimmten Anteilen erscheinen sollen, ermittelt.

Für jedes der k = 5 Merkmale mit jeweils m Ausprägungen werden an 60196 Rasterpunkten Nachbarschaftsanalysen gerechnet. Dabei werden die flächenhaften Assoziationen der einzelnen m Ausprägungen jeder der k Merkmale aufgedeckt. Jeder Rasterpunkt einer als Punkte-Datei vorliegenden digitalisierten Karte wird im Zuge der Berechnungen einmal als Mittelpunkt gesetzt und über eine vorher definierte Distanz (Range) mit den ihn umgehenden Punkten hinsichtlich seiner und deren Merkmalsausprägung(en) verglichen. Für jeden Punkt werden daraus Informationen darüber abgeleitet, wieviele Punkte innerhalb des Range identische oder vom Mittelpunkt abweichende Merkmalsausprägungen aufweisen.

Als Resultat wird für das jeweils betrachtete Merkmal bzw. für jede seiner Ausprägungen angezeigt,

- in wieviel Prozent der Fälle die Nachbarn gleichen Typs sind,
- in wieviel Prozent der Fälle die Nachbarn anderen Typs sind und
- wie sich die prozentuale Verteilung der fremdnachbarschaftlichen Beziehungsstrukturen darstellt.

Aus dem Vergleich der für jeden der 60196 Punkte berechneten Nachbarschaftsverhältnisse mit den Nachbarschaftsverhältnissen des Gesamtdatensatzes läßt sich der Repräsentanzgrad jedes Punktes ermitteln (VETTER 1989; VETTER et al. 1991; KUHNT et al. 1991a, RECHER & SCHMOTZ 1993). Das (Differentielle) Multidimensionale Nachbarschafts-Repräsentanzmaß MNR/DMNR (vgl. Kap. 4.4) als Kennzahl mit Werten zwischen 1 und 0 zeigt an, wie repräsentativ ein Punkt mit einer bestimmten Merkmalsausstattung und einer bestimmten Merkmalsausstattung seiner Umgebung ist. Sinkende Werte des MNR/DMNR bedeuten danach, daß die Umgebungen der jeweils ausgewerteten Punkte in ihren Merkmalsausstattungen zunehmend von der aus der Nachbarschaftsanalyse ersichtlichen Verteilung abweichen. Ein Punkt mit einer Merkmalsverteilung seiner Nachbarn, welche zu 100% mit der Nachbarschaftsanalyse-Verteilung übereinstimmt (MNR/DMNR=1), wird als Idealpunkt bezeichnet. Die auf diesen Methoden basierende Auswertung der MMK-Rasterdaten wurde wie folgt ausgeführt: Die Berechnungen erfolgten für alle Standorte mit den in Tabelle 5.4.2 aufgeführten Merkmalskombinationen. Dieses ermöglichte das Lokalisieren der jeweils repräsentativsten Vertreter jeder Merkmalskombination und damit die Festlegung der räumlichen Verteilung der Stichprobenstandorte. Am Beispiel der ersten Merkmalskombination der Tabelle 5.4.2 wird der Vorgang näher erläutert:

Zunächst wurde eine Nachbarschaftsanalyse nur für die Merkmalskombination 1 8 1 4 1 berechnet (--> Merkmal 1: BOSKL 1 = Braunerden; Merkmal 2: GEFKL 8 = Platten- und Hanggefüge; Merkmal 3: SFTKL 1 = Sande; Merkmal 4: NFTKL 4 = eben bis mäßig geneigt mit stark geneigten Anteilen; Merkmal 5: HFTKL 1 = durchgehend sickerwasserbestimmt). Daraufhin wurden alle diese Kombination aufweisenden 1.732 Rasterpunkte mit ihren jeweiligen Nachbarn innerhalb ihrer jeweiligen frei definierbaren Umgebungen (Nachbarschaften) verglichen. Die Ergebnisse der Berechnungen wurden in zwei Dateien abgelegt: Die eine Ergebnisdatei enthält die Ergebnisse der Nachbarschaftsanalyse (Tab. 5.4.3), die andere sowohl die Koordinaten der 1.732 Punkte mit den zugeordneten eindimensionalen Repräsentanzindizes jedes einzelnen in die Analyse eingegangenen Merkmals als auch das DMNR als Maß für die Repräsentativität der Merkmalskombinatorik (vgl. Tab. 5.4.4).

Aus Tabelle 5.4.3 ist ersichtlich, daß die **Bodenklasse** der Braunerden mit der gewählten Merkmalskombination zu 39.4% mit nicht landwirtschaftlich genutzten Flächen bzw. außerhalb Brandenburgs liegenden Flächen (0-Punkte) und lediglich zu einem Viertel mit sich selbst assoziiert ist. Hinzu treten mit anderen Böden vergesellschaftete Braunerden (10.1%), Rosterden (5.7%), vergesellschaftete (4.9%) und allein vorkommende Fahlerden (3.0%).

Tab. 5.4.3 Nachbarschaftsanalyse der Merkmalskombination 1 8 1 4 1
(--> Merkmal 1: BOSKL 1 = Braunerden; Merkmal 2: GEFKL 8 = Platten- und Hanggefüge; Merkmal 3: SFTKL 1 = Sande; Merkmal 4: NFTKL 4 = eben bis mäßig geneigt mit stark geneigten Anteilen; Merkmal 5: HFTKL 1 = durchgehend sickerwasserbestimmt - Anzeige bis zum zehnthäufigsten Nachbarn)

```
Merkmal: 1,    bezogen auf Signatur-Vorgabe:       1       8       1       4       1
Nachbar:            0       1       2       3       6       5      18      15      12      14
Anteil:        39.411  24.649  10.113   5.701   4.936   2.998   2.734   1.525   1.244   1.203
Restanteil: 5.486

Merkmal: 2,    bezogen auf Signatur-Vorgabe:       1       8       1       4       1
Nachbar:            0       8       5       1       6       3       2       7       4       9
Anteil:        39.411  29.419  14.814   8.009   3.424   1.811   1.593   1.019   0.491   0.009
Restanteil: 0.000

Merkmal: 3,    bezogen auf Signatur-Vorgabe:       1       8       1       4       1
Nachbar:            0       1       3       2       4      10       8       7       5       9
Anteil:        39.411  32.325   8.411   4.287   3.410   2.611   2.309   1.846   1.394   1.187
Restanteil: 2.810

Merkmal: 4,    bezogen auf Signatur-Vorgabe:       1       8       1       4       1
Nachbar:            0       4       3       1       2       9       7       5      10       6
Anteil:        39.411  29.015  15.023   9.706   3.800   1.301   1.176   0.560   0.009   0.001
Restanteil: 0.000

Merkmal: 5,    bezogen auf Signatur-Vorgabe:       1       8       1       4       1
Nachbar:            1       0      13       2      12      14      10       4       3       9
Anteil:        43.291  39.411   6.851   5.619   1.566   0.824   0.575   0.513   0.467   0.378
Restanteil: 0.506
```

Kleinere Anteile von Torf-, Grundgley- sowie z.T. vergesellschafteten Schwarz- und Braungleyvorkommen sind ebenfalls noch unter den ersten zehn häufigsten Nachbarn zu finden. Der Restanteil von 5.5 % beinhaltet weitere Bodeneinheiten bzw. Bodenvergesellschaftungen mit Anteilen < 1.2%, welche innerhalb der 10-km-Kreise mit den Braunerden assoziiert sind.

Bei den **Gefügestilen** dominieren hinter den 0-Punkten die auch an den Untersuchungsstandorten zu findenden Platten- und Hanggefügeausprägungen (29.4%). Mit deutlichem Abstand folgen Platten- (14.8%) und Senkengefüge (8.0%). Die zusätzlich noch vertretenen Gefügestilvorkommen, welche das gesamte Spektrum der noch im MMK-Raster vorzufindenden Gefügestile beinhalten, weisen relativ kleine Anteile zwischen 3.4% (Platten- und Senkengefüge) und 0.01% (Kippstandorte ohne Gefügezuordnung) auf.

Domierender **Substratflächentyp** unter den Nachbarn ist nach den 0-Punkten die Klasse der auch an den Untersuchungsstandorten zu findenden Sande und Anlehmsande (32.3%). Tieflehm-/tonvorkommen in Gesellschaft von Sanden treten mit 8.4% im Verhältnis zu den nachgeordneten Substratflächentypen noch relativ häufig auf. Kleinere Anteile nehmen Sande in Gesellschaft von Tieflehmen, -tonen oder Lehmen (4.3%) und Tieflehmvorkommen (3.4%) vor vergesellschafteten Torfen über Sand, z.T. mit Lehmsandtieflehmen vergesellschafteten Decklehmsanden, Decklehmsanden in Gesellschaft von Sanden, mit Tieflehmen vergesellschafteten Lehmen sowie Decksandlössen/Sandlößtieflehmen ein.

Bei der **Hangneigung** sind die an den 1.732 untersuchten Rasterpunkten vorzufindenden ebenen bis mäßig geneigten Bereiche mit stark geneigten Anteilen nach der Assoziation mit den 0-Punkten am stärksten mit sich selbst nachbarschaftlich verbunden (29.0%). Es folgen größere Anteile ebener bis flach geneigter Bereiche mit mäßig geneigten Anteilen (15%) sowie ebener Bereiche (9.7%). Dagegen treten die anderen NFT-Klassen, welche alle weiteren NFT-Klassen des MMK-Hangneigungsspektrums beinhalten, mit Anteilen zwischen 3.8% (NFT: flach) und 0.01% (NFT: flach bis mäßig geneigt mit stark geneigten Anteilen) stärker zurück.

Innerhalb der **Hydromorphie**-Nachbarschaftsverhältnisse zeigt sich der höchste Assoziationsgrad einer der fünf betrachteten Variablen bzw. Merkmalsausprägungen. Zu 43.3% sind die durchgehend sickerwasserbestimmten Standorte mit sich selbst vergesellschaftet. Erst an zweiter Stelle folgen die 0-Punkte, danach die stark grundwasserbestimmten (6.9%) und die abgeschwächt sickerwasserbestimmten Standorte (5.6%). Andere HFT-Klassen besitzen mit Anteilen zwischen 1.6% (mäßig grundwasserbestimmt) und 0.4% (grundwasserbestimmt mit Staunässe) bei einem Restanteil von 0.5% untergeordnete Bedeutung.

Als Ergebnis der am Beispiel aufgezeigten Nachbarschaftsanalyse bleibt festzuhalten, daß der zu wählende Standort wie folgt beschreibbar ist:

■   Er muß zum einen durch hohe Anteile nicht landwirtschaftlich genutzter bzw. nicht MMK-Daten aufweisender Standortnachbarn innerhalb des oben erwähnten 10-km-Kreises um den Standort herum charakterisiert sein.

■   Zum anderen muß er als Nachbarn neben den Braunerden noch zahlreiche andere, z.T. mit den Braunerden vergesellschaftete Bodentypen mit z.T. größeren Flächenanteilen aufweisen.

Die mit der Nachbarschaftsanalyse ermittelten zehn repräsentativsten Braunerde-Standorte mit der o.g. Merkmalskombination sind in Tabelle 5.4.4 aufgeführt. Danach weist der Standort mit den Gauß-Krüger-Koordinaten 4562750 (Rechtswert) / 5818050 (Hochwert) den höchsten DMNR-Wert aller 1.732 Standorte mit der gewählten Merkmalskombination auf. An diesem Punkt sind die Nachbarschaftsverhältnisse denen des Idealpunktes am ähnlichsten, d.h. der Punkt ist der repräsentativste Vertreter der durch die Nachbarschaftsanalyse charakterisierten Klasse der Braunerden mit den zuvor definierten Eigenschaften bzw. typischen Nachbarschaftsverhältnissen. Da für die gewählte Braunerden-Kombination gemäß Tabelle 5.4.2 insgesamt drei Standorte zu definieren sind, werden entsprechend der DMNR-Rangfolge die Standorte mit den drei höchsten DMNR-Werten als Standorte für die auszuweisende Stichprobe ausgewählt:

■   Koordinaten Braunerden-Standort 1:
    4562750 / 5818050
■   Koordinaten Braunerden-Standort 2:
    4559750 / 5862050
■   Koordinaten Braunerden-Standort 3:
    4588250 / 5799050

In Tabelle 5.4.5 sind die dem Beispiel entsprechenden Standortausweisungen bezüglich aller in Tabelle 5.4.2 aufgeführten Merkmalskombinationen auszugsweise aufgeführt. DASCHKEIT et al. (1993)

Tab. 5.4.4 Repräsentanzwertberechnung für die Merkmalskombination 1 8 1 4 1
(--> Merkmal 1: BOSKL 1 = Braunerden; Merkmal 2: GEFKL 8 = Platten- und Hanggefüge; Merkmal 3: SFTKL 1 = Sande; Merkmal 4: NFTKL 4 = eben bis mäßig geneigt mit stark geneigten Anteilen; Merkmal 5: HFTKL 1 = durchgehend sickerwasserbestimmt - Koordinaten und Repräsentanzindizes (eindimensional und partiell multidimensional) der Standorte mit den 10 höchsten DMNR-Werten der gewählten Merkmalskombinatorik)

```
| R-Wert   H-Wert   BOSKL-RI GEFKL-RI SFTKL-RI NFTKL-RI HFTKL-RI DMNR    |
|                                                                        |
| 4562.75 5818.05 0.930750 0.956956 0.921589 0.976917 0.954626 0.944523 |
| 4559.75 5862.05 0.932042 0.949306 0.910120 0.947228 0.952995 0.936343 |
| 4588.25 5799.05 0.914213 0.959495 0.899560 0.958810 0.965785 0.933735 |
| 4558.75 5862.05 0.926607 0.940217 0.913192 0.932592 0.953005 0.931811 |
| 4545.25 5869.55 0.913769 0.950804 0.920457 0.948452 0.933061 0.931705 |
| 4540.25 5840.05 0.921657 0.951360 0.925577 0.921407 0.926492 0.928414 |
| 4587.75 5806.55 0.895228 0.931363 0.935548 0.947838 0.935786 0.926943 |
| 4558.75 5862.55 0.912888 0.950493 0.902014 0.930967 0.949498 0.926574 |
| 4560.25 5861.05 0.919003 0.951672 0.885589 0.945249 0.955415 0.926554 |
| 4546.25 5870.05 0.908003 0.938009 0.921326 0.937150 0.930365 0.926115 |
```

dokumentieren die zugrundeliegenden eindimensionalen (RI) und differentiellen multidimensionalen Repräsentanzindizes DMNR, Alternativstandorte mit nachgeordneten DMNR-Werten sowie ausführlichere Standortbeschreibungen in Form von Standortblättern. Die Alternativstandorte können zur Geltung kommen, wenn die standörtlichen Gegebenheiten den ausgewiesenen Punkt als nicht ak zeptabel für die Nutzung als BDF erscheinen lassen. Jedes der 100 Standortblätter (DIN A4) enthält:

a) Informationen zu:

```
 1 Standortnummer      : 11-1 (1.Boden-Klasse, 1.Merkmalskombination, 1.MK-
                          Vertreter
 2 Standortkoordinaten : 4562750 / 5818050  (Gauß-Krüger-Koordinaten)
                          12°55'26.4'' / 52°29'36.3'' (geographische Koordinaten)
 3 TK 1:100.000        : Nr. 807 Brandenburg-Havel
 4 Landkreis           : Nauen
 5 Gemeinde            : Falkenrehde
 6 Lage                : am SW-Dorfrand von Falkenrehde, nahe der Fernverkehrs
                          straße 273, direkt am Havelkanal, ca. 5 km NO Ketzin
 7 Bodenklasse         : 1 -  Braunerden
 8 Gefügestilklasse    : 8 -  Platten- und Hanggefüge
 9 SFT-Klasse          : 1 -  Sande
10 NFT-Klasse          : 4 -  eben bis mäßig geneigt mit stark geneigten Anteilen
11 HFT-Klasse          : 1 -  durchgehend sickerwasserbestimmt
12 Bodenform           : sandige Braunerde
13 Substratflächentyp  : Anlehmsand
14 Gefügestil          : Plattengefüge & Platten- und Hanggefüge
15 NFT u. HFT          : wie Klassen
16 Standortgruppe      : Grundwasserferne Sandstandorte
17 Standorttyp         : Sickerwasserbestimmte Sande und Sande mit Tieflehm
18 Standortregionaltyp : Durchgehend "besserer" Sand der ebenen bis kuppigen
                          Platten sowie Hügel
```

und

b) einen Kartenausschnitt (TK100) mit Eintragung der Standortnummer an den entsprechenden Koordinaten.

Tab. 5.4.5 Standortvorschläge repräsentativer BDF (Auszug)

MK-Nr. & MNR	G.-K.-Ko.	geogr.Ko.	TK 100	Kreis	Gemeinde/ Gemeindeteil / Stadtteil	Lage
11–1 0.945	4562750/ 5818050	12°55'26.4'' 52°29'36.3''	807 Brandenburg-Havel	Nauen	Falkenrehde	SW v. Falkenrehde, 5km NO v. Ketzin
11–2 0.936	4559750/ 5862050	12°53'16.1'' 52°53'21.0''	N 33–110 Neuruppin	Neuruppin	Lichtenberg	7km SO v. Neuruppin, 4km O v. Ruppiner See
11–3 0.934	4588250/ 5799050	13°17'39.8'' 52°19'09.0''	908 Lukkenwalde	Zossen	Genshagen	3km NO v. Ludwigsfelde,1.7km WNW v. Genshagen
12–1 0.919	4589250/ 5871050	13°19'42.7'' 52°57'57.4''	708 Oranienburg	Gransee	Zehdenick	S-Rand v. Zehdenick, 0.2km O v. Straße Zehd.- Falkenthal
13–1 0.940	4548250/ 5772550	12°42'14.4'' 52°05'09.5''	907 Treuenbrietzen	Belzig	Niemegk	1.5km NO v. Niemegk, 1.5 km SO v. A9-Abf.Niemegk
13–2 0.935	4553750/ 5776550	12°47'05.5'' 52°07'17.1''	907 Treuenbrietzen	Belzig	Niederwerbig	1km NNO v.Niederwerbig, 2.5km SO v. A9/E51
21–1 0.943	4654750/ 5902050	14°19'03.9'' 53°13'45.9''	610 Angermünde	Angermünde	Hohenreinkendorf	1km W v. Hohenreinkendorf,3.5km NO v. Hohenselchow
21–2 0.935	4629250/ 5884050	13°55'43.8'' 53°04'28.4''	609 Prenzlau	Angermünde	Peetzig	W v. Peetzig,2.5km SW v. Greiffenberg
21–3 0.929	4549250/ 5826550	12°43'35.4'' 52°34'16.3''	807 Brandenburg-Havel	Nauen	Quermathen	1km W v. Klein-Behnitz,1.5km SSW v. Groß-Behn., 2.5km WSW v. Quermathen
21–4 0.929	4643750/ 5815050	14°06'53.3'' 52°27'04.2''	810 Fürstenwalde/ Spree	Fürstenwalde	Schönfelde	0.7km O v.Ortsausgang Gölsdorf, 2.5km N v. Bucholz
21–5 0.927	4629250/ 5883550	13°55'43.0'' 53°04'12.2''	609 Prenzlau	Angermünde	Görlsdorf	0.75km SO v. Peetzig, 2km NW v. Görlsdorf,2.5km SW v. Greiffenberg
21–6 0.926	4655250/ 5903550	14°19'33.4'' 53°14'33.8''	610 Angermünde	Angermünde	Hohenreinkendorf	0.75km SO v. Neuschönfeld, 2km W v. Hohenreinkendorf
22–1 0.955	4602750/ 5861550	13°31'35.0'' 52°52'41.4''	709 Eberswalde	Eberswalde	Großschönbeck	3km S v. Groß-Schönebeck,2.5km NWN v. Zerpenschleuse

Zitierte Literatur

ARL (Akademie für Raumforschung und Landesplanung) (Hrsg.) (1988): Regionalprognosen. Methoden und ihre Anwendung.- Hannover (Forschungs- und Sitzungsberichte, Bd. 175)

BMI (Bundesministerium des Innern) (1985): Bodenschutzkonzeption der Bundesregierung.- Stuttgart (u.a.) (Bundestags-Drucksache 10/2977 vom 7. März 1985)

BMU (Bundesministerium für Umwelt, Naturschutz und Reaktorsicherheit) (1988): Maßnahmen zum Bodenschutz. Bericht der Bundesregierung an den Deutschen Bundestag.- Bonn (BT-Drucksache 11/1625)

DASCHEIT, A.; KOTHE, P., SCHRÖDER, W. (1993): Repräsentanzanalyse zur Auswahl von Bodendauerbeobachtungsflächen in Brandenburg.- Kiel (Geographisches Institut der Universität Kiel -Regionale Umweltanalyse und -planung, im Auftrage des Zentrum für Agrarlandschafts- und Landnutzungsforschung e.V. Institut für Bodenforschung Eberswalde-Finow)

FRÄNZLE, O.; KUHNT, D.; KUHNT, G.; ZÖLITZ, R. (1986): Auswahl der Hauptforschungsräume für das Ökosystemforschungsprogramm der Bundesrepublik Deutschland.- Kiel (Geographisches Institut der Universität Kiel - Regionale Umweltanalyse und -planung, im Auftrage des Umweltbundesamtes: UFOPLAN, Kz. 101 04 043/02)

FRÄNZLE, O.; SCHRÖDER, W.; WILDFÖRSTER, E.; GARBE, C.-D.; VETTER, L. (1989): Untersuchungen zu Langzeitwirkungen von Kompensationskalkungen auf Buchen-, Fichten- und Kiefernökosystemen.- Kiel (Geographisches Institut der Universität Kiel - Regionale Umweltanalyse und -planung, im Auftrage des Umweltbundesamtes: UFOPLAN, Kz. 108 03 046/13)

KNAUER, P. (1988a): Die Stellung von Prognosen in Umweltpolitik und Umweltplanung. Überlegungen zu Programmatik und methodisch-inhaltlicher Fortentwicklung. In: ARL (Hrsg.), S. 49 - 77

KNAUER, P. (1988b): Umweltprognosen. Anwendungsbeispiele aus der ökologischen Planung. In: ARL (Hrsg.): 385 - 415

KUHNT, G.; HERTLING, T.; STRUCKMEYER, A. (1990): Umweltverträglichkeitsuntersuchung SAV Brunsbüttel. Dokumentation der Bodenbeprobung.- Kiel (Geographisches Institut der Universität Kiel - Regionale Umweltanalyse und -planung)

KUHNT, G.; HERTLING, T.; SCHMOTZ, W.; VETTER, L. (1991a): Auswahl von Referenzböden für die Chemikalienprüfung im EG-Bereich.- Kiel (Geographisches Institut der Universität Kiel - Regionale Umweltanalyse und -planung, im Auftrage des Umweltbundesamtes: UFOPLAN, Kz. 106 02 058)

KUHNT, G.; GARNIEL, A.; KOTHE, P.; SCHRÖDER, W. (1991b): Standortbestimmung für die begleitende Bodenprobenahme und -analyse sowie Überprüfung der Messnetzvalidität. Teilvorhaben im Rahmen des Projektes "Begleitstudie zur bundesweiten Bodenzustandserhebung im Walde".- Kiel (Geographisches Institut der Universität Kiel - Regionale Umweltanalyse und -planung, im Auftrage der Bundesanstalt für Geowissenschaften und Rohstoffe: UFOPLAN, Kz. 107 06 002)

KUHNT, G.; HERTLING, T.; KRAUS, E.; LÜSCHOW, R. (1991c): Umweltverträglichkeitsuntersuchung Müllheizkraftwerk Kiel, Dokumentaion der Bodenbeprobung.- Kiel (Geographisches Institut der Universität Kiel - Regionale Umweltanalyse und -planung)

RECHER, H.; SCHMOTZ, W. (1993): "stabo" - ein Kartenauswertesystem zur Ermittlung repräsentativer Probenstandorte.- Kiel (Geographisches Institut der Universität Kiel - Regionale Umweltanalyse und -planung), unveröffentlicht

SAG/UAG (Sonderarbeitsgruppe Informationsgrundlagen Bodenschutz/Unterarbeitsgruppe Boden-Dauerbeobachtungsflächen) (1991): Konzeption zur Einrichtung von Boden-Dauerbeobachtungsflächen.- München (Arbeitshefte Bodenschutz, Band 1)

SCHRÖDER, W.; GARBE-SCHÖNBERG, C.D.; FRÄNZLE, O. (1991): Die Validität von Umweltdaten. In: Umweltwissenschaften und Schadstoff-Forschung. Zeitschrift für Umweltchemie und Ökotoxikologie 3 (4): 237 - 241

SCHRÖDER, W.; VETTER, L.; FRÄNZLE, O. (1992): Einfluß statistischer Verfahren auf die Bestimmung repräsentativer Standorte für Umweltuntersuchungen. In: Petermanns Geographische Mitteilungen, Jg. 136, H. 5/6: 309 - 318

SPANDAU, L.; KÖPPEL, J.G.; SCHALLER, J. (1990): Integrierte Umweltbeobachtung auf der Grundlage einer ökosystemaren Untersuchungskonzeption. In: ELSASSER, H.; KNOEPFEL, P. (Hrsg.): Umweltbeobachtung. Umweltbeobachtung in Nachbarländern - Ein Erfahrungsaustausch.- Zürich, Geographisches Institut (Wirtschaftsgeographie und Raumplanung, Bd. 8), S. 65-91

SRU (Der Rat von Sachverständigen für Umweltfragen) (1991): Allgemeine Ökologische Umweltbeobachtung. Sondergutachten Oktober 1990.- Stuttgart

VETTER, L. (1989): Evaluierung und Entwicklung statistischer Verfahren zur Auswahl von repräsentativen Untersuchungsobjekten für ökotoxikologische Problemstellungen.- Diss., Kiel

VETTER, L.; MAASS, R.; SCHRÖDER, W. (1991): Die Bedeutung der Repräsentanz für die Auswahl von Untersuchungsstandorten am Beispiel der Waldschadensforschung. In: Petermanns Geographische Mitteilungen 135 (3): 165 - 175

5.5 Cluster-Analyse an Daten aus der europaweiten Luftqualitätsüberwachung

Reinhard Zölitz-Möller und Andreas Klein

Klassifikation in der Geoökologie

Klassifikationen haben in der Geoökologie, wie überhaupt in der Wissenschaft, eine lange Tradition. Ordnen und Gliedern ist stets einer der ersten Schritte wissenschaftlicher Tätigkeit. Dabei muß aber beachtet werden, daß das Ergebnis einer Klassifizierung nur einem bestimmten Zweck dienen kann, selten mehreren zugleich, nie aber allgemeingültig sein kann. Der Philosoph WHEWELL (zit. nach VOGEL 1975: 15) veranschaulicht dies sinngemäß folgendermaßen: Wenn ein Wal gefangen werden soll, ist es zweckmäßig, ihn als Element der Klasse "Fische" zu betrachten; soll sein Organismus studiert werden, gehört er zur Klasse der Säugetiere. Damit wird darauf hingewiesen, daß es in der Regel keine "richtigen" oder "falschen" Klassifikationen gibt, sondern nur mehr oder weniger zweckdienliche bzw. unbrauchbare, und daß der jeweilige Zweck möglichst genau angegeben werden sollte.

Klassifikationen dienen in der Geoökologie wie allgemein (1) dem Einblick in komplexe Datenmassen als Beginn einer Analyse, (2) der Hypothesengewinnung, (3) dem Test von Hypothesen, (4) der gezielten Datenreduktion vor weiteren Analyseschritten, (5) der Prognose auf der Basis von Klassen. Ein besonders im Bereich der Geowissenschaften anzutreffender Spezialfall der Klassifikation, für den die genannten Ziele gleichermaßen gelten, ist die Regionalisierung. Dabei sind die zu klassifizierenden Elemente außer durch die jeweils betrachteten sachlichen Merkmale zusätzlich gekennzeichnet durch ihre Lage auf der Erdoberfläche. Die Regionalisierung beschreibt BARTELS (1975: 95) sinngemäß folgendermaßen: Sie ist eine Variante der Klassifizierung, deren Besonderheit darin besteht, daß sie für Elemente (Beobachtungseinheiten) jeder zu bildenden Region fordert, sie möchten nicht nur als Klasse mindestens ein gemeinsames sachliches Merkmal aufweisen, sondern darüber hinaus als Punkte oder Ausschnitte der Erdoberfläche zusammen ein geschlossenes größeres Gebiet bilden, d.h. zusätzlich räumliche Kontingenz aufweisen. Die Bildung von Raumklassen ohne Kontingenzkriterium wird gelegentlich ebenfalls als Regionalisierung (im weiteren Sinne) aufgefaßt. In beiden Fällen gilt, daß auch Regionalisierungen bzw. Raumklassifikationen stets für bestimmte Zwecke vorgenommen werden und nie Allgemeingültigkeit erlangen können (s.o.).

Dieses Prinzip ist in der Geoökologie nicht immer hinreichend beachtet worden; so kann man etwa mit HARD (1973: 86-91) die "Naturräumliche Gliederung" Deutschlands (vgl. MEYNEN & SCHMITTHÜSEN 1953) als eine Regionalisierung kennzeichnen, für die keine hinreichend konkrete Zweckbestimmung angegeben ist, die von einer diffus-holistischen Vorstellung und subjektiv-intuitivem Vorgehen geprägt ist und bei der deshalb die methodischen Angaben zur Ausgliederung der Naturräume meist sehr allgemein gehalten, häufig sogar unklar sind. Von Fall zu Fall werden dort auch unterschiedliche Merkmale zur Abgrenzung herangezogen, und es findet damit eine oft nicht begründete, z.T. ungenügend reflektierte Auswahl und Gewichtung der Merkmale statt. Damit wird eine Grundforderung wissenschaftlichen Arbeitens mißachtet: Die Ergebnisse sind nicht mehr intersubjektiv überprüfbar, m.a.W.: Verschiedene Bearbeiter können trotz Beachtung der (zu allgemein gehaltenen und unpräzisen) Klassifikationsvorschrift zu unterschiedlichen Ergebnissen kommen.

Regionalisierungen und Raumklassifikationen, die mit Hilfe von Verfahren der automatisierten numerischen Klassifikation (Cluster-Analyse) durchgeführt werden, laufen vom methodischen Ansatz her grundsätzlich weniger Gefahr, in ähnlich starker Weise subjektiv geprägt zu sein. Immerhin wird dabei mit klar definierten Rechenregeln gearbeitet, die zudem einen "heilsamen" Zwang auf den Bearbeiter ausüben (z.B. den Zwang, anhand von definierten, an allen zu klassifizierenden Elementen gemessenen Merkmalen zu gruppieren). Dennoch verbleibt auch hier ein vergleichsweise großer Rest subjektiver Entscheidungen in dem ansonsten objektiven Verfahren (s.u.). Bei unsachgemäßer bzw. unreflektierter Handhabung auch der Cluster-Analyse können, sehr überspitzt gesagt, beinahe beliebige Ergebnisse erzielt werden.

Daten und Fragestellung

Der Einsatz der Clusteranalyse wird im folgenden am Beispiel von Luftqualitätsdaten aus dem EMEP-Programm vorgestellt. Das Akronym "EMEP" steht für das "Co-operative Programme for Monitoring and Evaluation of the Long-range Transmission of Air Pollutants in Europe". Dieses Programm zur Erfassung und Analyse der weiträumigen Verteilung und zeitlichen Variation säurebildender Spurenstoffe in der Luft besteht seit 1977 und wird von den Mitgliedsstaaten der Europäischen Wirtschaftskommission (ECE) der Vereinten Nationen (UN) getragen. Es zielt auf die Überwachung des weiträumigen und grenzüberschreitenden Transportes von Luftverunreinigungen ab. Deshalb sind alle Meßstationen möglichst weit entfernt von lokalen Emittenten aufgestellt; sie liegen abseits von großen Industriezentren, Verkehrsachsen, Städten etc., soweit dies im dichtbesiedelten Europa möglich ist (NODOP 1990). Häufig wird für solche Meßorte der Begriff "Reinluftstationen" verwendet; zumindest für Mitteleuropa ist eine solche Benennung aber irreführend, und es sollte besser von einem Meßnetz zur Erfassung der Hintergrundbelastung gesprochen werden (vgl. UBA 1982; ZÖLITZ 1988: 23).

Der mit Hilfe der Clusteranalyse evaluierte Datensatz entstammt SCHAUG et al. (1984). Es handelt sich um die Mittelwerte des Jahres 1983 für folgende sechs Variablen:

1:	pH	pH-Wert des Niederschlags
2:	$SO_4(P)$	Sulphatkonzentration (gerechnet als S) im Niederschlag, mg S/l
3:	SO_2	Schwefeldioxidkonzentration (gerechnet als S) in der Luft, µg S/cbm
4:	$SO_4(A)$	Sulphatkonzentration (gerechnet als S) im Aerosol, µg S/cbm
5:	$NO_3(P)$	Nitratkonzentration (gerechnet als N) im Niederschlag, mg N/l
6:	$NH_4(P)$	Ammoniumkonzentration (gerechnet als N) im Niederschlag, mg N/l

Die Merkmalsausprägungen dieser Parameter kennzeichnen also die Meßorte hinsichtlich der Höhe der dort vorgefundenen Hintergrundbelastung mit säurebildenden Spurenstoffen (in der Luft, im Niederschlag und im Aerosol), und zwar in ihrer Gesamtheit umfassender, als dies z.B. bei Berücksichtigung nur des pH-Wertes oder der Sulphatkonzentration des Niederschlags möglich wäre. Freilich ist damit dem komplexen Datensatz eine nur eindimensionale Analyse und Darstellung nicht mehr angemessen: So wäre etwa eine Isolinienkarte zwar einfach und anschaulich, könnte aber nur etwas über den pH-Wert bzw. die Sulphatkonzentration und wenig über "säurebildende Spurenstoffe" aussagen. Dies wäre nur möglich, wenn die Parameter so straff miteinander korrelierten, daß ein Merkmal als Indikator für alle oder einige andere fungieren könnte. Daß dies nicht der Fall ist, zeigt die in Tabelle 5.5.1 wiedergegebene Korrelationsmatrix.

Daß überhaupt signifikante Korrelationen festzustellen sind, ist weitgehend inhaltlich begründet. Man findet z.B. häufig einen Zusammenhang zwischen den Konzentrationen von Sulphat (SO_4), Ammonium (NH_4) und Nitrat (NO_3) im Niederschlag sowie SO_2 in der Luft: So wird in der Atmosphäre aus emittiertem Ammoniak (NH_3) in Verbindung mit der aus der Oxidation von SO_2 entstehenden Schwefelsäure (H_2SO_4) Ammoniumsulphat (($NH_4)_2SO_4$) gebildet (STERN et al. 1984: 51; JENSEN-HUSS 1990: 76-78); auch kann ein Teil des Ammonium in der Atmosphäre oder in den Niederschlagssammlern nitrifiziert werden zu NO_3 (JENSEN-HUSS 1990: 107). Bei sehr starker Ammoniakemission, z.B. in der warmen Jahreszeit aus der intensiven Landwirtschaft, kann es vermutlich auch zur Bildung von Ammoniumnitrat kommen, wenn nämlich so viel NH_3 in der Atmosphäre enthalten ist, daß sämtliches Sulphat zu Ammoniumsulphat umgewandelt wird und darüber hinaus noch genügend Ammoniak zur Bildung von Ammoniumnitrat zur Verfügung steht

Tab. 5.5.1 Produkt-Moment-Korrelationskoeffizienten für Jahresmittelwerte 1983 (EMEP-Daten)

	pH	$SO_4(P)$	SO_2	$SO_4(A)$	$NO_3(P)$	$NH_4(P)$
pH	1,00					
$SO_4(P)$	-0,15	1,00				
SO_2	-0,26	0,46	1,00			
$SO_4(A)$	-0,15	0,63	0,75	1,00		
$NO_3(P)$	-0,38	0,73	0,66	0,66	1,00	
$NH_4(P)$	-0,30	0,67	0,68	0,66	0,82	1,00

(NODOP 1990: 82).

Für eine Datenevaluation mittels Clusteranalyse ist es wichtig, daß man sich zunächst einen Überblick über die zwischen den verwendeten Parametern bestehenden Korrelationen verschafft. Wenn nämlich zwei Variablen sehr straff miteinander korrelieren, so kann man davon ausgehen, daß es sich um einen "Faktor" handelt, der anhand zweier "Parameter" gemessen wurde. Gehen dann beide Parameter in die Clusteranalyse ein, so erhält dieser Faktor automatisch ein stärkeres Gewicht im Klassifizierungsvorgang (sog. "interne" Gewichtung). Wenn dies nicht gewollt ist, so kann man einen der beiden Parameter aus der Clusteranalyse ausschließen. Im vorliegenden Fall wird darauf verzichtet, da die festgestellten Korrelationen für nicht zu straff erachtet werden. Der höchste Koeffizient wurde für den Zusammenhang zwischen Nitrat- und Ammoniumkonzentration im Niederschlag ermittelt (r=0,82); dem entspricht ein Bestimmtheitsmaß von r^2=0,67, m.a.W.: Die Varianz der mittleren Ammoniumkonzentration ist zu 67 Prozent durch die Varianz der mittleren Nitratkonzentration bestimmt, der unerklärte Varianzanteil beträgt 33 Prozent.

Es wurden nur solche Stationen einbezogen, für die eine zur Jahresmittelwertbildung hinreichende Zahl an (gemeldeten) Meßwerten für alle oben genannten Variablen verfügbar war. Eine weitergehende Auswahl fand nicht statt. Damit gehen hier etwa 40 Prozent aller im Jahre 1983 betriebenen EMEP-Stationen in die Analyse ein. Es muß dabei berücksichtigt werden, daß aus verschiedenen Gründen nie für alle existierenden Stationen gleichzeitig vollständige Datensätze zur Verfügung stehen (Minimum- oder erweitertes Meßprogramm, Geräteausfall, längere Meßpausen, verzögerte oder fehlende Meldung an die Zentrale, Werteausschluß aufgrund vermuteter Verfahrensfehler etc.).

Welcher Zweck soll nun mit Hilfe der Clusteranalyse für dieses Datenmaterial verfolgt werden? Hauptzweck sei eine mehrdimensionale (also auf der Grundlage von mehr als einer Variablen erfolgende) räumliche Darstellung der mittleren Hintergrundbelastung Europas mit säurebildenden Spurenstoffen in der Atmosphäre für 1983, also eine Raumklassifizierung. Es kann und soll dabei auch geprüft werden, ob die Stationen sich überhaupt zu räumlich kontingenten Gebieten zusammenfassen lassen oder ob die Meßwerte von Station zu Station so stark schwanken, daß sich als Ergebnis der Clusteranalyse lediglich räumlich nicht-kontingente Raumklassen ergeben. Damit erhält man auch einen Hinweis (nicht mehr!) auf die räumliche Repräsentanz der Meßstationen: Wenn mehrere benachbarte Stationen derselben Klasse zugeordnet werden, so darf vermutet werden (mehr nicht!), daß sie auch wirklich die für dieses Gebiet typische Hintergrundbelastung erfassen und nicht zu stark von lokalen Emittenten gestört sind. Außerdem soll mittels Clusteranalyse festgestellt werden, ob und ggf. welche Ausnahme-Stationen in dem Datenkollektiv vorhanden sind.

Die Daten wurden an folgenden 34 Stationen des EMEP-Netzes gemessen:

Nr.	Kennung	Land	Ort	Höhe (NN)
1	A2	Österreich	Illmitz	117 m
2	B1	Belgien	Offagne	420 m
3	CH1	Schweiz	Jungfraujoch	3573 m
4	CH2	Schweiz	Payerne	510 m
5	DD2	DDR	Neuglobsow	62 m
6	DK3	Dänemark	Tange	13 m
7	DK5	Dänemark	Keldsnor	9 m
8	DK7	Dänemark	Faröer-Akraberg	90 m
9	F1	Frankreich	Vert-le-Petit	64 m
10	F3	Frankreich	La Crouzille	460 m
11	F5	Frankreich	La Hague	133 m
12	F6	Frankreich	Valduc	470 m
13	F7	Frankreich	Lodeve	252 m
14	H1	Ungarn	K-puszta	125 m
15	N1	Norwegen	Birkenes	190 m
16	N8	Norwegen	Skreaadalen	475 m
17	N15	Norwegen	Tustervatn	439 m
18	N30	Norwegen	Jergul	255 m
19	N37	Norwegen	Bäreninsel	20 m
20	N39	Norwegen	Kaarvatn	210 m
21	NL5	Niederlande	Rekken	25 m
22	NL6	Niederlande	Appelscha	10 m
23	PL1	Polen	Suwalki	104 m
24	S1	Schweden	Ekeröd	140 m
25	S2	Schweden	Rörvik	10 m
26	S3	Schweden	Velen	127 m
27	S5	Schweden	Bredkälen	404 m
28	S8	Schweden	Hoburg	58 m
29	SF4	Finnland	Ähtari	162 m
30	SF7	Finnland	Virolahti	8 m
31	SF9	Finnland	Utö	7 m
32	UK2	Großbritannien	Eskdalemuir	243 m
33	UK3	Großbritannien	Goonhilly	108 m
34	UK4	Großbritannien	Stoke Ferry	15 m

Verfahrensschritte: Subjektive Entscheidungen im objektiven Verfahren

Im Rahmen einer Clusteranalyse ist eine ganze Reihe von Entscheidungen zu fällen, für die nicht immer harte, objektive Kriterien angeboten werden können. So verbleibt in der Regel ein nicht zu vernachlässigender Rest an subjektiven Elementen in dem ansonsten objektiven Verfahren. Will man nicht unreflektiert vorgehen und den erzielten Ergebnissen den Vorwurf der Beliebigkeit ersparen, so muß man die im folgenden genannten Probleme und Entscheidungen (Zusammenstellung in Anlehnung an FISCHER 1978: 25) transparent machen und zumindest abwägend erörtern:

- Wahl adäquater (ggf. räumlicher) Basiseinheiten
- Auswahl der Attribute
- Externe und interne Gewichtung der Attribute

- Reduktion des Attributenraumes
- Lösung des Problems fehlender Daten
- Vergleichbarkeit der Attributenwerte (Standardisierung)
- Wahl eines (Un)Ähnlichkeitsmaßes
- Wahl eines Klassifikationsverfahrens
- Wahl und Integration einer Kontingenzrestriktion (bei Regionalisierungen)
- Festlegung der zu interpretierenden Klassenzahl

Die Auswahlmöglichkeiten für die zu klassifizierenden Basiseinheiten sind bei dem hier behandelten Beispiel in hohem Maße durch die Datenlage eingeschränkt - ein Umstand, den man häufiger antrifft. Maximale Zahl, Lage und registriertes Parameterspektrum der Meßstationen sind durch das EMEP-Programm vorgegeben. Selektionsmöglichkeiten bestehen nur noch, wenn man die Zahl der berücksichtigten Basiseinheiten noch weiter reduziert. Eine erste Reduktion findet dadurch statt, daß (wie oben dargelegt) mit einem für die genannten sechs Variablen vollständigen Datensatz gearbeitet werden und nicht die bei einzelnen Stationen für einzelne Parameter fehlenden Werte durch andere (s.u.) ergänzt werden sollen. Damit wird die Zahl der Basiseinheiten von 82 (im Jahr 1983 hinreichend lange betriebenen Stationen) auf 34 (berücksichtigte Stationen) reduziert. Auf eine weitere Reduktion wird verzichtet, um den Datensatz nicht noch weiter zu verkleinern.

Die Auswahl der Attribute ist zunächst ebenfalls durch die Datenlage (Verfügbarkeit) mitbestimmt. Allerdings sind in dieser Vorentscheidung bereits inhaltliche Erwägungen, die im Rahmen des EMEP-Programms angestellt wurden, enthalten: Das o.g. Parameterspektrum erscheint geeignet, Aussagen über die regionale Differenzierung der Hintergrundbelastung mit säurebildenden Spurenstoffen in der Atmosphäre abzuleiten. Die inhaltliche Erörterung der Attribute und ihrer Interdependenzen wurde bereits weiter oben dargelegt. Es ist klar, daß hier die Richtigkeit der fachlichen Erwägungen über die Zweckmäßigkeit der getroffenen Attributauswahl entscheidet. Es dürfte aber ebenso klar sein, daß auch hier ein gewisser argumentativer (subjektiver) Spielraum verbleibt; dieser wird umso kleiner sein, je präziser der Klassifizierungszweck angegeben werden kann.

Auf eine externe Gewichtung der Attribute wurde verzichtet, da aus dem Klassifizierungszweck eine solche nicht begründet abzuleiten ist. Eine gewisse interne Gewichtung ist trotz der unten beschriebenen Standardisierung aber enthalten, da die Datenmatrix nicht frei von den oben beschriebenen signifikanten Korrelationen ist (vgl. Tab. 5.5.1).

Eine weitere Reduktion des Attributenraumes erfolgt nicht, da die ermittelten Korrelationen z.T. zwar signifikant sind, aber für nicht so straff erachtet werden, daß einzelne Attribute redundant erscheinen. Für diese Entscheidung gibt es aber keinen theoretisch begründbaren Schwellenwert (etwa in der Art: r>0,9), also kein objektives Kriterium. Es muß aber darauf hingewiesen werden, daß bei einer vollständigen Elimination korrelativer Zusammenhänge gerade auch die zur Gruppenbildung notwendigen Zusammenhangsinformationen aus dem Datensatz ausgefiltert würden und keinen strukturbildenden Einfluß mehr ausüben könnten (vgl. FISCHER 1978: 28). Realisierbar wäre eine solche Maßnahme etwa durch eine Verwendung der Mahalanobis-Metrik oder durch Hauptkomponentenzerlegung der Attribute in linear unabhängige standardisierte Faktorenwerte (VOGEL 1975: 62-67; FISCHER 1978: 28 u. Fußnote 52). Gegen ein solches Vorgehen sprechen aber schwerwiegende Gründe, für deren Darstellung hier nicht der Raum ist (VOGEL 1975: 62-69; FISCHER 1978: 28 f.; vgl. aber dagegen auch: BAHRENBERG et al. 1992: 308 f.).

Eine Reduktion des Attributenraumes aus technischen Gründen ist bei dem vorliegenden kleinen Datensatz nicht erforderlich. Sie erfolgt gelegentlich, wenn zur Verarbeitung einer sehr großen Datenmatrix der Kernspeicherplatzbedarf vermindert werden muß, um die Clusteranalyse überhaupt mit Hilfe verfügbarer Soft- und Hardware technisch durchführen zu können.

Das Problem fehlender Daten wurde im vorliegenden Fall durch Elimination derjenigen Basiseinheiten (Meßstellen) gelöst, die fehlende Ausprägungen für einen oder mehrere Parameter aufweisen. Eine andere Möglichkeit wäre der Ausschluß von Attributen, die fehlende Ausprägungen aufweisen. Da im Ursprungsdatensatz (82 Stationen) bei fast allen Attributen fehlende Werte für einzelne Stationen auftreten, war dieser Weg hier nicht gangbar. Eine dritte Möglichkeit, das Problem fehlender Daten zu lösen, besteht darin, die Lücken mit fiktiven Werten aufzufüllen, z.B. mit dem jeweiligen Mittelwert der betreffenden Variablen; ein solches Vorgehen ist aber problematisch und beeinflußt auf wenig kontrollierte Weise das Klassifizierungsergebnis.

Die <u>Vergleichbarkeit der Attributenwerte</u> wurde durch Standardisierung der Parameter hergestellt. Dadurch wird verhindert, daß bei Verwendung eines geometrischen Distanzmaßes (s.u.) ein Parameter dadurch numerisch dominant wird, daß er auf einer anderen Skala gemessen ist oder eine größere Spannweite hat als andere. Auch im vorliegenden Fall sind die Attribute in unterschiedlichen Einheiten gemessen (µg/cbm, mg/l, pH). Die Entscheidung, *ob* standardisiert werden muß, ist also häufig schnell und objektiv zu fällen. Die Frage, *wie* standardisiert wird, sollte aber ebenfalls reflektiert und nicht den Voreinstellungen der jeweiligen Cluster-Software überlassen werden. Die Auswirkungen verschiedener Transformationen werden bei FRÄNZLE & KILLISCH (1979: 223-226) an einem geoökologischen Beispieldatensatz diskutiert. Da das Datenmaterial im vorliegenden Fall nicht ganz frei von Extrema mit größerer Spannweite auf bestimmten Variablen ("Ausreißer") ist, kam z.B. eine Transformation auf das Intervall (0,1) nicht in Frage. Als problemadäquate Transformation wurde deshalb die Standardisierung auf Mittelwert Null und Einheitsvarianz (z-Transformation) eingesetzt. Dadurch erhalten alle Attribute ein gleiches numerisches Gewicht und üben somit auf das Ergebnis der Klassifikation den gleichen Einfluß aus, sofern man die Merkmalskorrelation sowie unterschiedliche Spannweiten der Variablen vernachlässigt.

Auch die <u>Wahl eines (Un)Ähnlichkeitsmaßes</u> zur Bestimmung der Ähnlichkeit oder Unähnlichkeit zwischen Basiseinheiten (hier: Meßstationen) ist eine höchst subjektive Angelegenheit (VOGEL 1975: 81). Es wird eine Vielzahl von Metriken für metrische, binäre oder gemischte Daten angeboten (vgl. Kap.4.5; ebenso VOGEL 1975: 78-129; WISHART 1987: 194-207). Die Auswahlmöglichkeit wird aber dadurch eingeschränkt, daß bestimmte Maße nur für einen Datentyp (metrisch, binär) oder nur für bestimmte Klassifikationsmethoden verwendbar sind. Im Einzelfall verbleibt dennoch häufig ein großer subjektiver Spielraum. Im vorliegenden Fall wird die Entscheidung allerdings vorgegeben durch die getroffene Wahl des Klassifikationsverfahrens (s.u.). Die danach zu verwendende quadrierte euklidische Distanz hat die Eigenschaft, daß die größeren Distanzen (Unterschiede zwischen den Merkmalsausprägungen der Objekte) stärker gewichtet werden. Sie reagiert aber nicht, wie z.B. die Manhattan-Distanz, schon dann empfindlich, wenn nur hinsichtlich einer einzelnen Variablen große Unterschiede zwischen den Objekten auftreten (BAHRENBERG et al. 1992: 282).

Aus der Vielzahl möglicher <u>Klassifikationsverfahren</u> (vgl. Kap. 4.5; WISHART 1987; VOGEL 1975: 210-346; FISCHER 1978: 29-36) wird hier der Ward-Algorithmus gewählt. Er setzt als Unähnlichkeitsmaß die quadrierte euklidische Distanz voraus. Das Ward-Verfahren ist eine hierarchisch-agglomerative Clustermethode. Dabei wird auf jeder Fusionsstufe (Zusammenfassung von m Clustern zu m-1 Clustern) die Zunahme der Fehlerquadratsumme minimiert (vgl. Kap. 4.5). Die Summe der Fehlerquadrate ist definiert als die Summe der quadrierten Abstände jedes Objektes (Basiseinheit=Meßstation) zum Schwerpunkt seines zugehörigen Clusters. Auf jeder Fusionsstufe werden jene zwei Cluster vereinigt, deren Fusion die kleinste Zunahme in der Summe der Fehlerquadrate liefert. Das Ward-Verfahren neigt normalerweise zur Bildung relativ kompakter, annähernd gleich großer Klassen, separiert jedoch Ausreißer vergleichsweise schlecht. Da es als hierarchisch-agglomeratives Verfahren nicht zuläßt, daß einmal fusionierte Objekte (z.B. zur Minimierung der Fehlerquadratsumme) noch einmal ihre Klassenzugehörigkeit wechseln können, wird hier das Ergebnis einer bestimmten Fusionsstufe (5 Klassen, zur Begründung s.u.) als Startpartition einem nicht-hierarchischen, iterativen Verfahren (iterative Phase von "Relocate"; vgl. WISHART 1987: 145-152) übergeben und so optimiert. Beide Ergebnisse werden dokumentiert.

Eine <u>Kontingenzrestriktion,</u> wie sie bei Klassifizierungen zum Zwecke der Regionalierung erforderlich ist, wurde nicht ein- oder angefügt, da für den angegebenen Zweck eine Raumklassenbildung ausreicht. Sonst kann die Kontingenz entweder als zusätzliches Fusionskriterium in den Klassifikationsalgorithmus eingebaut werden (z.B.: fusioniere nur solche Objekte bzw. Cluster, die auch hinsichtlich ihrer Lage auf der Erdoberfläche benachbart sind!), oder die räumliche Kontingenz wird erst nach dem eigentlichen Gruppierungsprozeß als zweiter Schritt (z.B. von Hand) überprüft

(FISCHER 1978: 21 f.).

Ein letzter Schritt bei der Clusteranalyse ist die Festlegung der zu interpretierenden <u>Klassenzahl</u>. Dabei können sowohl inhaltliche als auch statistische Erwägungen hilfreich sein. Selten ist die Klassenzahl durch die Fragestellung eindeutig vorgegeben oder bekannt. Meistens orientiert man sich an einer "handlichen", noch gut interpretierbaren Menge an

Klassen, die in angemessenem Verhältnis zur Zahl der ursprünglichen Basiseinheiten steht. Diese Formulierung offenbart klar den subjektiven Spielraum, der hier besteht.

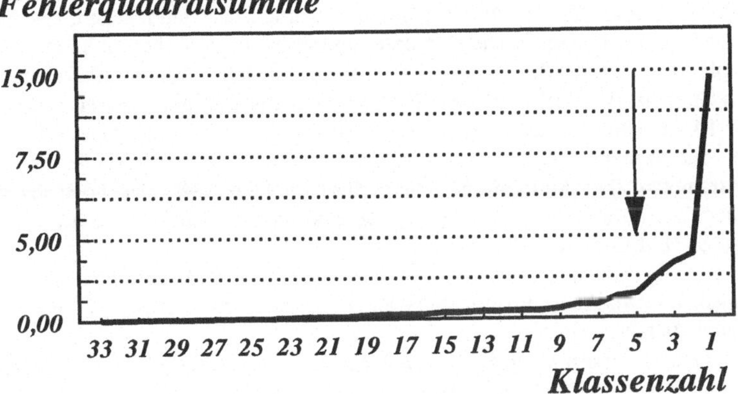

Abb. 5.5.1 Fusionsverlauf des Ward-Verfahrens im Diagramm von Fusionsschritt (Klassenzahl) und Fehlerquadratsumme (EMEP-Daten 1983)

Einen Anhaltspunkt für dieses "angemessene Verhältnis" mag man der allerdings in anderemZusammenhang (Klassifizierung von Häufigkeitsverteilungen) entstandenen Faustregel von STURGES entnehmen, nach welcher k = 1 + 3,32 log n sein soll, mit k = Anzahl der Klassen und n = Anzahl der Objekte (BAHRENBERG & GIESE 1985: 32). Danach wären hier 6 Klassen zu bilden. Bei dem hier verwendeten Clusterverfahren von WARD bietet sich aber an, eine graphische Darstellung des Fehlerquadratsummenzuwachses im schrittweisen Fusionsverlauf zur Entscheidung über die zu interpretierende Klassenzahl heranzuziehen und den Schnitt vor einem Fusionsschritt zu setzen, mit dem die Fehlerquadratsumme schlagartig ansteigt. Der hohe Informationsverlust bei diesem Schritt deutet auf die Zusammenlegung zweier relativ unähnlicher Gruppen, die bei der Klassifikation noch berücksichtigt werden sollten (Abb. 5.5.1). Ein deutlicher Sprung in der Kurve der Fehlerquadratsummen findet sich, einmal abgesehen von dem trivialen Fall der Fusion von zwei Klassen zu einer, v.a. bei der Fusion von 5 zu 4 Klassen, so daß die Wahl auf 5 zu interpretierende Klassen fällt.

Ergebnisse

Zunächst seien die Klassifikationsergebnisse des Ward-Verfahrens vorgestellt. Abbildung 5.5.2 zeigt ein Dendrogramm des hierarchisch-agglomerativen Fusionsprozesses, Abbildung 5.5.3 eine räumliche Darstellung und Abbildung 5.5.4 die zugehörige Klassendiagnose anhand der T-Werte. Der T-Wert ist ein Maß für die positive oder negative Abweichung der Intracluster-Variablenmittelwerte von den Gesamtmittelwerten unter Berücksichtigung der Standardabweichung der Variablen insgesamt. Er wird folgendermaßen ermittelt: Der Mittelwert der Variablen i wird vom Mittelwert der Variablen i im Cluster c subtrahiert, das Ergebnis wird durch die Standardabweichung der Variablen i dividiert. Je stärker der T-Wert von Null abweicht, umso stärker ist die Abweichung der mittleren

Merkmalsausprägung innerhalb einer Klasse vom Mittelwert der Variablen über alle untersuchten n Basiseinheiten.

Im Dendrogramm gut getrennt von allen anderen Clustern und mit diesen erst auf dem letzten Schritt bei sehr hohem Fehlerquadratsummenzuwachs fusioniert ist der Cluster 2 (vgl. Abb. 5.5.2 & 5.6.3). Die Klassendiagnose (Abb. 5.5.4) weist diese Stationen als diejenigen aus, welche noch am ehesten den Namen "Reinluftstationen" verdienen: Sie haben die größten negativen Abweichungen bei den Luftverunreinigungsparametern und höhere pH-Werte. Die Stationen liegen überwiegend an der nördlichen und westlichen Peripherie Europas.

Das genaue Gegenteil zu diesen 13 Stationen sind die Meßorte 5 und 23 in der damaligen DDR und Polen, die zum Cluster Nr. 3 fusioniert wurden. Sie sind gekennzeichnet durch die höchsten positiven Abweichungen bei den Verunreinigungsparametern (bes. Sulphat im Niederschlag) und niedrige pH-Werte (vgl. Abb. 5.5.4). Es sind die im Jahresmittel (1983) am stärksten mit säurebildenden Spurenstoffen belasteten EMEP-Stationen aus dem analysierten Datensatz.

Die Station 14 (in Ungarn), das einzige Mitglied des Clusters 4, ist eine Ausnahme. Sie hat nämlich trotz durchgehend positiver Abweichungen des T-Wertes bei den stofflichen Verunreinigungsparametern (bei Ammonium sehr gering) im Jahre 1983 den höchsten mittleren pH-Wert. Möglicherweise puffern hier basisch wirkende Bodenstäube den Säuregehalt im Niederschlagswasser ab (vgl. SCHAUG et al. 1984: 8).

Die 12 Stationen des Clusters 1 liegen räumlich (Abb. 5.5.3) und auch inhaltlich (Abb. 5.5.4) in einer Übergangszone zwischen dem hochbelasteten Zentraleuropa (Cluster 3) und den peripheren "Reinluftgebieten" (Cluster 2).

Die 6 zum Cluster 5 zusammengefaßten Meßorte stellen räumlich (Abb. 5.5.3) die nordöstliche Fortsetzung dieser Übergangszone dar; inhaltlich sind sie aber folgendermaßen zu beschreiben: Sie sind zwar vergleichsweise mäßig belastet, zeigen aber negative Abweichungen des T-Wertes für die Parameter SO_2 und $SO_4(A)$ bei gleichzeitig positiven für die Stickstoffparameter und niedrigen pH-Werten.

Überwiegend zeigen die Cluster räumliche Kontingenz, so daß hier ohne Einfügung einer Kontingenzrestriktion annähernd eine Regionalisierung erzielt wurde. Die Ergebnisse sind plausibel und auch räumlich interpretierbar. Die Klassen dokumentieren verschiedene Typen von Meßstandorten (zur Erfassung der atmosphärischen Hintergrundbelastung) in Europa, und die Standorte sind anscheinend angemessene Repräsentanten ihrer Umgebung, da sie meistens auch mit räumlich benachbarten Punkten zu Clustern zusammengefaßt werden. Als Ausnahmestation wurde der ungarische Meßstandort erkannt.

Insofern könnte man sich mit dem Ergebnis zufriedengeben. Dennoch soll versucht werden, die Klassenzuordnung der Objekte zu optimieren, da ja das Ward-Verfahren als hierarchisch-agglomerativer Algorithmus nicht zuläßt, daß einmal auf einer Stufe fusionierte Objekte zur Minimierung der Fehlerquadratsumme später noch einmal ihre Klassenzugehörigkeit wechseln. Deshalb geht die Ward-Gruppierung (5 Klassen) noch einmal in die iterative Phase des Relocate-Verfahrens (WISHART 1987: 145-152) als Startpartition ein. Als (Un)Ähnlichkeitsmaß wird wieder die quadrierte euklidische Distanz gewählt. Nun wechseln einzelne Basiseinheiten ihre Clusterzugehörigkeit, wenn dadurch die Fehlerquadratsumme vermindert werden kann. Dies geschieht in einem ersten Zyklus mit 16 Objekten. Da sich durch diese Wechsel mit den Clusterzusammensetzungen naturgemäß auch deren Centroide (oder Schwerpunkte) verändern müssen, werden diese nach dem ersten Zyklus für jeden Cluster neu berechnet. Anschließend wird in einem zweiten Zyklus erneut optimiert. Dabei wechselten wieder 3 Objekte ihre Klassenzugehörigkeit. Im dritten Zyklus, nach abermaliger Centroid-Neuberechnung, blieben alle 5 Cluster stabil.

Das Klassifizierungsergebnis ist wieder räumlich (in Abb. 5.5.5) und in der Klassendiagnose (Abb. 5.5.6) dokumentiert. Durch die erhebliche Zahl von Neuzuordnungen haben sich die Eigenschaften der Cluster z.T. deutlich verändert. Ein singulär besetztes Cluster (3) bildet jetzt nicht mehr Station 14 (Ungarn), sondern Meßort 23 (Polen). Dieser war zuvor noch mit Station 5 (DDR) in der Gruppe der am stärksten belasteten Meßorte vereinigt. Die DDR-Station bildet aber nun mit drei weiteren,

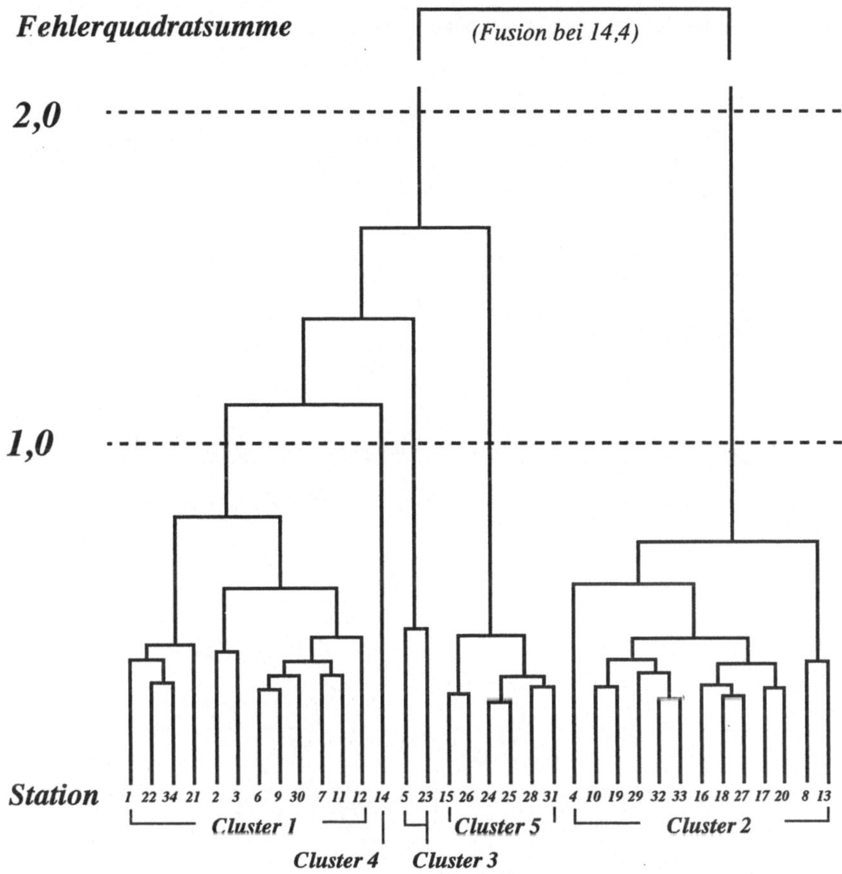

Abb. 5.5.2 Fusionsverlauf des Ward-Verfahrens im Dendrogramm (EMEP-Daten 1983)

vorher der "Übergangszone" (Ward-Cluster 1) zugewiesenen Objekten, ein neues Cluster 4 (Abb. 5.5.5) in Zentraleuropa; dieses kann als ebenfalls vergleichsweise stark belastet bezeichnet werden, unterscheidet sich aber von der polnischen Station dadurch, daß die mittlere Sulphatkonzentration im Niederschlag deutlich geringer und die mittlere SO_2-Konzentration in der Luft deutlich höher ist. Dieser Unterschied in der Belastungsstruktur der beiden Cluster ist inhaltlich begründbar: Da die Oxidation des SO_2 zu Sulphat (im Luftaerosol und im Niederschlag) eine gewisse Zeit dauert, und da West- und Mitteleuropa in der Westwindzone liegen, werden die maximalen Sulphatkonzentrationen östlich von den Gebieten mit maximaler SO_2-Emission gefunden (vgl. SCHAUG et al. 1984: 7).

Die Gruppe 2 ist kleiner geworden, hat aber ihre Eigenschaften bewahrt: Dieser Cluster vereinigt nach wie vor die (nunmehr nur noch 10) peripheren "Reinluftstationen".In Nordeuropa ist er dabei hinsichtlich der räumlichen Kontingenz geschlossener geworden.

Die neue Gruppe 1 enthält nur noch einen Rest ihrer ehemaligen Mitglieder sowie als Neuzugang das bisherige "Ausreißer"-Objekt 14 (Ungarn). Sie ist gekennzeichnet durch über dem Gesamtmittelwert liegende pH-Werte bei dennoch positiven Abweichungen auf den stofflichen Luftverunreinigungsparametern (Abb. 5.5.6). Eine Überprüfung anhand der Originaldaten zeigt aber, daß die (geringfügige) positive Abweichung im pH-Wert allein durch das Hinzukommen des "Ausreißers" verursacht ist, da die anderen 4 Gruppenmitglieder pH-Werte etwas unter dem Mittel aufweisen.

Cluster 5 ist von 6 auf 14 Mitglieder gewachsen und (nicht zuletzt dadurch) zu einer räumlich nicht mehr kontingenten Klasse des "Mittelmaßes" geworden (vgl. Abb. 5.5.6).

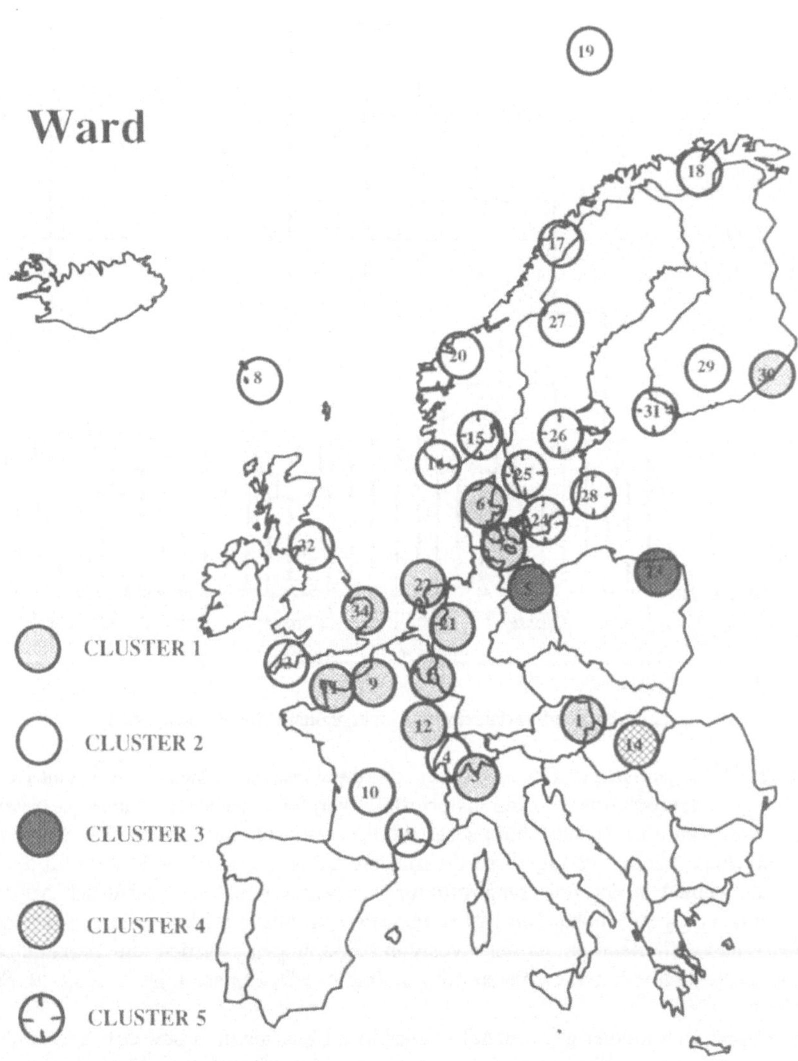

Abb. 5.5.3 Räumliche Darstellung des Ward-Ergebnisses (5 Klassen, EMEP-Daten 1983)

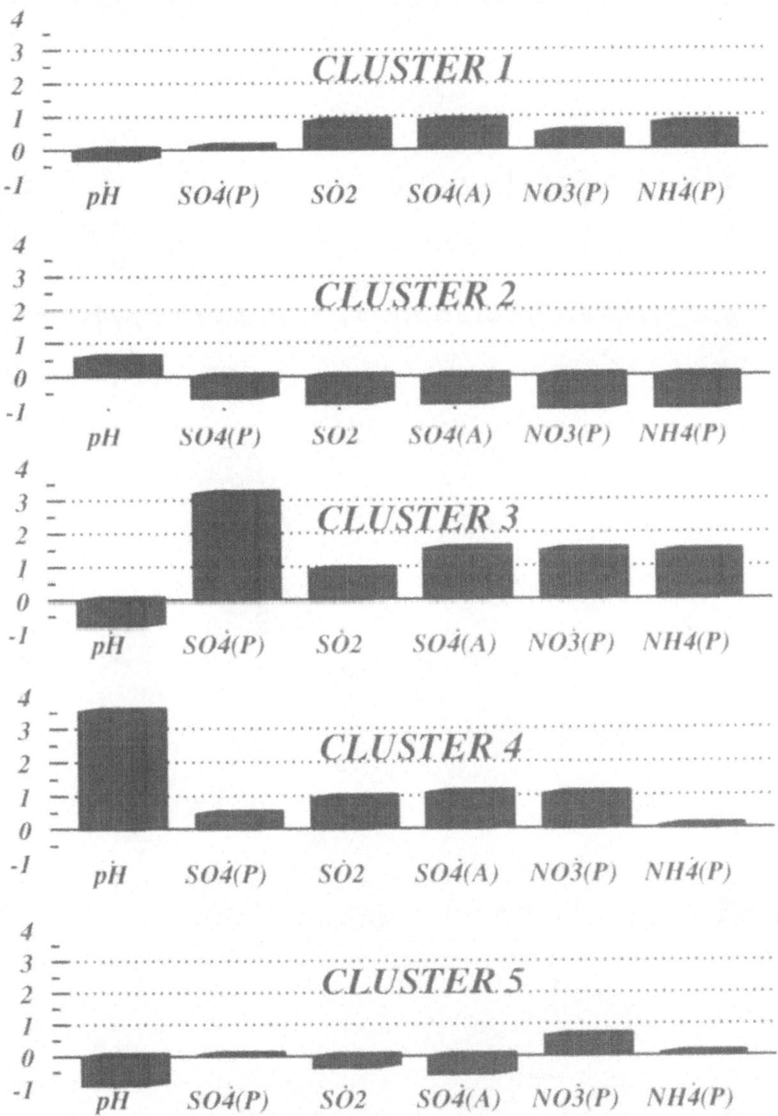

Abb. 5.5.4 Klassendiagnose für das Ward-Ergebnis: T-Werte (5 Klassen, EMEP-Daten 1983)

Weitere Ergebnisse

Das Ergebnis der Relocate-Iteration ist interessant, zeigt es doch, daß eine statistische Optimierung (in diesem Fall: Minimierung der Fehlerquadratsumme) nur zum Teil, aber keineswegs durchgängig auch inhaltlich befriedigendere Ergebnisse bringen muß. Um die Stabilität der Clusterzusammen-

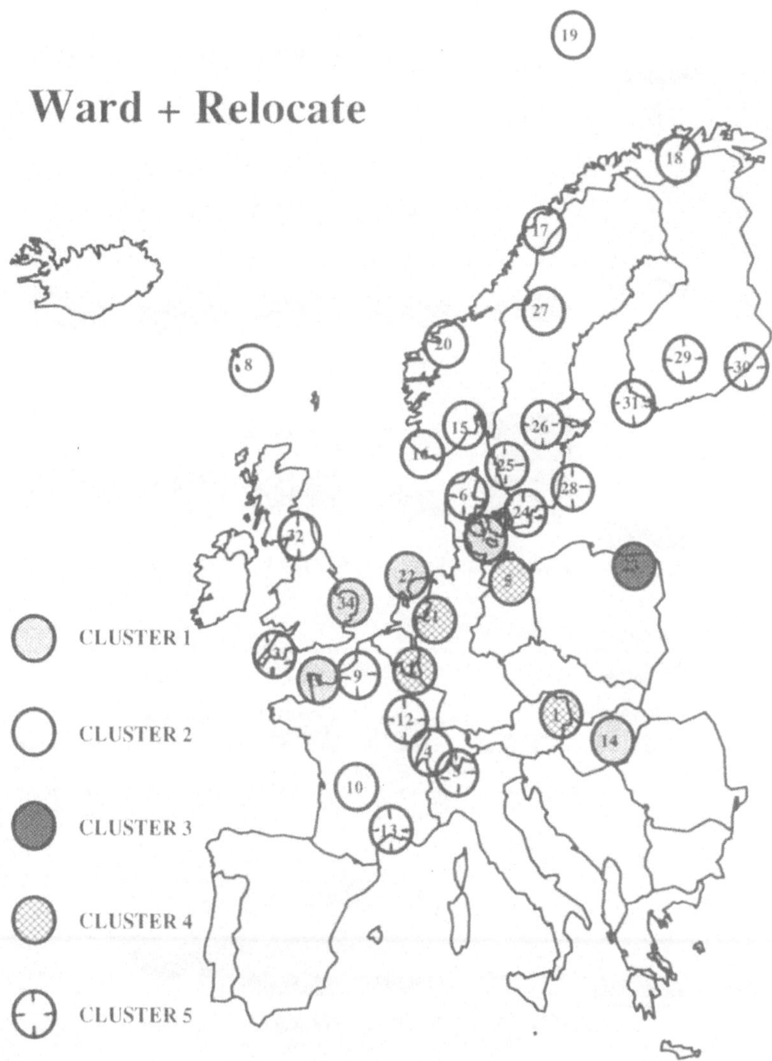

Abb. 5.5.5 Räumliche Darstellung des Ward/Relocate-Ergebnisses (5 Klassen, EMEP-Daten 1983)

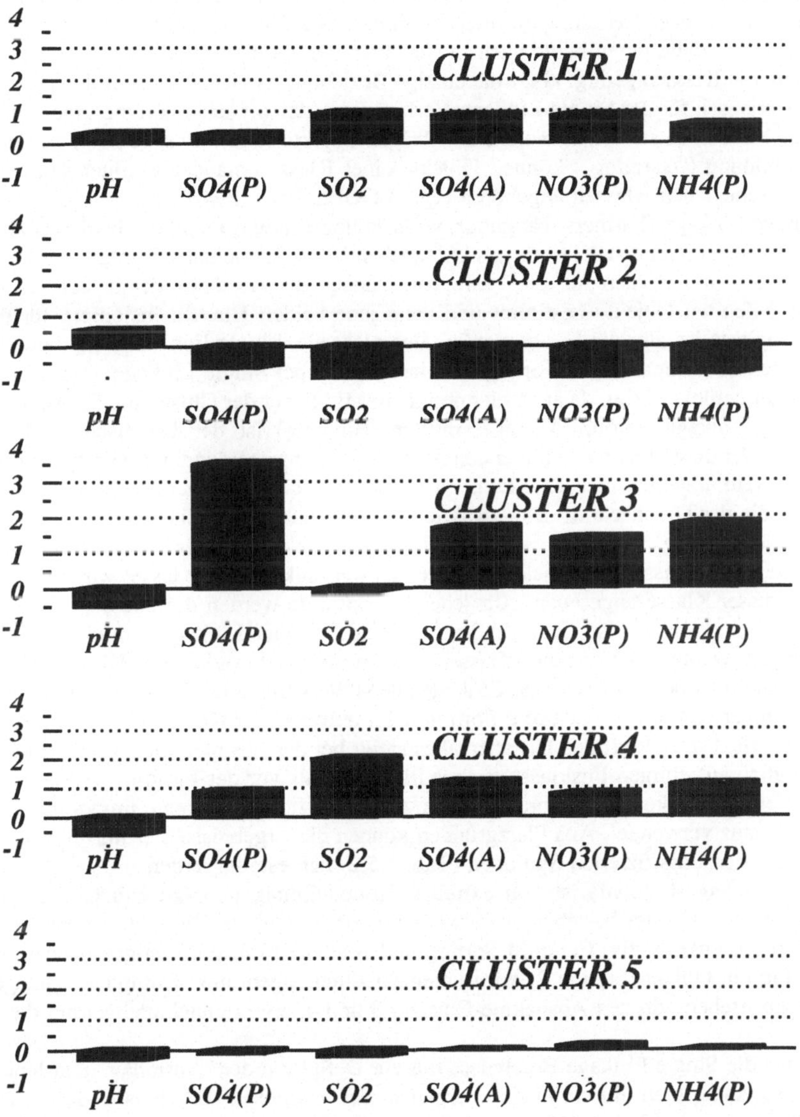

Abb. 5.5.6 Klassendiagnose für das Ward/Relocate-Ergebnis: T-Werte (5 Klassen, EMEP-Daten 1983)

setzungen und damit den vergleichsweise sicheren Anteil an der erkannten Ähnlichkeitsstruktur im Datensatz besser herauszuarbeiten, wurden Clusteranalysen mit weiteren Verfahren durchgeführt.

Die zusätzlichen Verfahren sind alle hierarchisch-agglomerative Algorithmen, unterscheiden sich grundsätzlich aber in ihrer Fusionsstrategie. Bei <u>Single Linkage</u> (Nearest Neighbor, Einfachbindung) werden für die Fusionsentscheidung nur die beiden ähnlichsten Objekte der zu vereinigenden Klassen betrachtet. Die Intracluster-Varianz wird nicht minimiert. Auf jeder Fusionsstufe werden die beiden Klassen zusammengefaßt, deren beide nächste Nachbarn den geringsten Abstand zueinander haben. Für die Fusion von Klassen genügt also eine einzige Beziehung zwischen zwei Objekten, ein "single link". Charakteristisch für das Single-Linkage-Verfahren ist, daß oft schon auf niedriger Fusionsstufe einige wenige Klassen entstehen, an welche die übrigen Objekte sukzessiv angehängt werden. Wegen dieser Kettenbildung ("chaining") können Objekte einer Klasse einander weniger ähnlich sein als solche, die verschiedenen Klassen angehören (vgl. VOGEL 1975: 294 ff.).

Bei <u>Complete Linkage</u> (Furtherst Neighbor, vollständige Bindung) sind die beiden unähnlichsten Objekte der zu fusionierenden Klassen ausschlaggebend. Die Intracluster-Varianz wird minimiert. Auf jeder Fusionsstufe werden für alle Paare von Klassen die Abstände der beiden am weitesten voneinander entfernten Objekte bestimmt und dann jene beiden Klassen fusioniert, für die dieser Abstand der kleinste ist. Für die Fusion genügt also nicht ein "single link". Die Methode liefert im Allgemeinen relativ kompakte und homogene Klassen; wie bei Single Linkage wird aber nicht die Gruppenstruktur berücksichtigt, da auch hier periphere Mitglieder der Cluster die Fusion bestimmen.

Bei <u>Average Linkage</u> (Group Average, mittlere Bindung) ist der Durchschnitt der Interobjektdistanzen in der durch Fusion zu bildenden neuen Klasse entscheidend. Die Gruppenstruktur wird berücksichtigt (Homogenität der Klassen). Auf jeder Fusionsstufe werden jeweils die Klassen fusioniert, für die der Durchschnitt des gewählten Distanzmaßes am kleinsten ist.

Bei <u>Centroid Sorting</u> (Sortieren nach dem Schwerpunkt) ist der Abstand der Centroide (Schwerpunkte) der Klassen entscheidend. Der Schwerpunkt einer Klasse wird als geeigneter Repräsentant dieser Klasse angesehen. Auf jeder Fusionsstufe werden die Klassen vereinigt, deren Centroidabstand am kleinsten ist. Centroid Sorting ist mit Average Linkage vergleichbar, bildet aber im Allgemeinen weniger homogene Klassen: Wenn die Centroide von Klassen gleich weit voneinander entfernt sind, wird Average Linkage zuerst die kompakten Klassen vereinigen und erst danach die weniger kompakten. Centroid Sorting neigt teilweise zur Kettenbildung und zeigt häufig den Inversionseffekt: Der Wert des Distanzmaßes steigt bei der Fusionierung oft nicht monoton an und kann folglich auf einigen Fusionsstufen niedriger sein als vor der Fusion.

Um die Vergleichbarkeit zu wahren, wurde als (Un)Ähnlichkeitsmaß immer die quadrierte euklidische Distanz verwendet. Aus Platzgründen können die Ergebnisse hier nur in einer tabellarischen Übersicht der klassifizierten Stationen (Tab. 5.5.2) dargestellt werden.

Das Single Linkage-Ergebnis ist von extremer Kettenbildung geprägt: Ein Cluster enthält 30 Objekte, vier weitere Cluster bestehen aus jeweils nur einem Objekt. Diese letztgenannten sind die "Ausreißer" im Datenkollektiv. Centroid Sorting und Average Linkage erzeugen nahezu identische Ergebnisse: nur ein Objekt (Station 2) wird unterschiedlich zugeordnet. Complete Linkage verteilt die Objekte, abgesehen von den Ausnahme-Clustern 3 und 4, etwas gleichmäßiger auf die Gruppen 1, 2 und 5.

Benutzt man die Single Linkage-Ergebnisse nur zur Definition der "Ausreißer" und läßt sie sonst außer acht, so kann man durch einen Vergleich der restlichen Ergebnisse die wesentlichen Gemeinsamkeiten herausarbeiten. Dadurch läßt sich die Stabilität der Clusterzusammensetzungen besser beschreiben. Von allen Verfahren gut erkannt werden die "Reinluftstationen", wobei die Gruppe (Cluster 2) je nach Methode unterschiedlich groß wird (10 bis 15 Stationen). Ebenfalls gut separiert werden die Stationen 5, 14, 21 und 23, die ja auch schon von Single Linkage als Ausnahmen erkannt wurden. Auch eine Reihe weiterer Objekte wird bei mehr als einem Verfahren gemeinsam einer Gruppe zugeordnet. Sie alle zusammen bilden den vergleichsweise sicheren Anteil an der erkannten Ähnlichkeitsstruktur im Datensatz. Es verbleibt aber ein relativ großer Rest an durchaus unterschiedlich zugeordneten Meßstationen, für deren endgültige Gruppierung vorrangig fachliche Erwägungen heranzuziehen sind (s.o.).

Die erweiterte Ergebnisdarstellung mag illustrieren, was eingangs gesagt wurde: Es gibt in der Regel keine "richtigen" oder "falschen" Klassifikationen, sondern nur mehr oder weniger zweckdienliche bzw. unbrauchbare. Allen Cluster-Verfahren gemeinsam ist das Bestreben, Klassen im Datenmaterial zu finden, auch dann noch, wenn die Ausgangsdaten unstrukturiert sind und z.B. aus Zufallszahlen bestehen (MICH 1983). Deshalb dürfen die Ergebnisse

Tab. 5.5.2 Klassifizierungsergebnisse verschiedener Cluster-Algorithmen (EMEP-Daten, 5 Gruppen)

Algorithmus	CLUSTER 1	CLUSTER 2	CLUSTER 3	CLUSTER 4	CLUSTER 5
WARD	1, 2, 3, 6, 7, 9, 11, 12, 21, 22, 30, 34	4, 8, 10, 13, 16, 17, 18, 19, 20, 27, 29, 32, 33	5, 23	14	15, 24, 25, 26, 28, 31
WARD + RELOCATE	7, 11, 14, 22, 34	4, 8, 10, 15, 16, 17, 18, 19, 20, 27	23	1, 2, 5, 21	3, 6, 9, 12, 13, 24, 25, 26, 28, 29, 30, 31, 32, 33
CENTROID SORTING	1, 21	4, 8, 10, 16, 17, 18, 19, 20, 27, 29, 32, 33	5, 23	14	2, 3, 6, 7, 9, 11, 12, 13, 15, 22, 24, 25, 26, 28, 30, 31, 34
AVERAGE LINKAGE	1, 2, 21	4, 8, 10, 16, 17, 18, 19, 20, 27, 29, 32, 33	5, 23	14	3, 6, 7, 9, 11, 12, 13, 15, 22, 24, 25, 26, 28, 30, 31, 34
COMPLETE LINKAGE	1, 12, 21, 22, 24, 25, 28, 31, 34	4, 8, 10, 13, 15, 16, 17, 18, 19, 20, 26, 27, 29, 32, 33,	5, 23	14	2, 3, 6, 7, 9, 11, 30
SINGLE LINKAGE	21	1-4, 6-13, 15-20, 22, 24-34	5	14	23

einzelner Klassifikationsverfahren nie unbesehen übernommen werden. Vielmehr müssen die Resultate verschiedener Verfahren vergleichend, im Bewußtsein der subjektiven Entscheidungen im Verfahrensprozeß und fachlich vor dem Hintergrund der Zielsetzung bewertet werden.

Literatur

BAHRENBERG, G. & GIESE, E. (1985): Statistische Methoden in der Geographie.Band 1: Univariate und bivariate Statistik.- 2. Aufl., Stuttgart

BAHRENBERG, G., GIESE, E. & NIPPER, J. (1992): Statistische Methoden in der Geographie. Band 2: Multivariate Statistik.- Stuttgart

BARTELS, D. (1975): Die Abgrenzung von Planungsregionen in der Bundesrepublik Deutschland - eine Operationalisierungsaufgabe. In: Funktionsräume, 1975, S. 93-115

FISCHER, M.M. (1978): Theoretische und methodische Probleme der regionalen Taxonomie. In: Bremer Beiträge zur Geographie und Raumplanung, Heft 1: Quantitative Modelle in der Geographie und Raumplanung, hrsg. v. G. Bahrenberg & W. Taubmann, Bremen 1978, S. 19-50.

FISCHER, M.M. (1982): Eine Methodologie der Regionaltaxonomie: Probleme und Verfahren der Klassifikation und Regionalisierung in der Geographie und Regionalforschung. Bremen (Bremer Beiträge zur Geographie und Raumplanung Heft 3)

FRÄNZLE, O. & KILLISCH, W.F. (1979): Untersuchungen zur städtischen Belastungsstruktur der Bundesrepublik Deutschland mit Hilfe der Biplot-Technik und numerischer Klassifikationsverfahren. Ein Beitrag zur angewandten Statistik. Kieler Geographische Schriften 50, S. 211-245

HARD, G. (1973): Die Geographie. Eine wissenschaftstheoretische Einführung.- Berlin

JENSEN-HUSS, K. (1990): Raumzeitliche Analyse atmosphärischer Stoffeinträge in Schleswig-Holstein und deren ökologische Bewertung.- Diss. Kiel

MICH, N. (1983): Zur Auswertung von Bodendaten mittels Clusteranalyse und Biplot. Mitteilungen der Deutschen Bodenkundlichen Gesellschaft 36, S. 91-96

NODOP, K. (1990): Weiträumige Verteilung und zeitliche Entwicklung säurebildender Spurenstoffe in Europa, 1978 bis 1985. Berichte des Instituts für Meteorologie und Geophysik der Universität Frankfurt/Main, Nr. 81, Eigenverlag des Instituts: Frankfurt/M.

SCHAUG, J., HANSSEN, J.E., NODOP, K. & DOVLAND, H. (1984): Report to the Steering Body on the Work at the Chemical Co-ordinating Centre from 1 Oct. 1983 - 30 Sep. 1984. EMEP/CCC - Note 5/84, Norwegian Institute for Air Research (NILU), Lilleström, Norway

STERN, A.C., BOUBEL, R.W., TURNER, D.B. & FOX, D.L. (1984): Fundamentals of Air Pollution.- 2. Aufl., London

UBA (1982): Umweltbundesamt: Großräumige Luftverunreinigungen in der Bundesrepublik Deutschland.- Berlin

VOGEL, F. (1975): Probleme und Verfahren der numerischen Klassifikation.- Göttingen

WISHART, D. (1987): Clustan User Manual. Cluster Analysis Software.- 4. Aufl., St. Andrews

ZÖLITZ, R. (1985): Spatial Validity of the EMEP Monitoring Net: Geostatistical Investigations of the 1981 Sulphate Deposition in Europe. In: W. Grosch (Hrsg.), Advancements in Air Pollution Monitoring Equipment and Procedures. Bonn

ZÖLITZ, R. (1988): Überwachung der Luftqualität in der Bundesrepublik Deutschland. Geographische Rundschau 40, H.6, S. 20-25

ZÖLITZ, R., JENSEN-HUSS, K. & HEINRICH, U. (1991): Die Luftqualität in Schleswig-Holstein. Kieler Geographische Schriften 80, S. 101-125

5.6 Die Biplotanalyse als Instrument der Umweltbeobachtung und Planung

Otto Fränzle und Winfried Friedrich Killisch

Das Biplotverfahren ermöglicht die Abbildung hochdimensionaler Datenmatrizen in einer überschaubaren Graphik und erleichtert durch gleichzeitige Berücksichtigung der Merkmalsträger und ihrer definierenden Eigenschaften das Auffinden von Strukturen innerhalb des Primärdatenmaterials (Kapitel 4.6). Aufgrund dieser Eigenschaften kann es ebenso als heuristisch geprägter Gruppierungsansatz dienen wie auch sehr wertvolle Hinweise zur Überprüfung der Ergebnisse von Klassifizierungsverfahren an der gegebenen Datenstruktur liefern. Zumindest erheblich eingeengt wird damit der von Anwendern bisweilen sehr extensiv ausgelegte Interpretationsspielraum von Cluster-Prozeduren, auf deren unreflektierte Benutzung zumindest in der jüngeren Vergangenheit mehr wertvolle wissenschaftliche Zeit verschwendet wurde als bei irgendeinem anderen statistischen Verfahren (CORMACK 1971).

Im folgenden wird der Nutzen der Biplot-Technik als Analyseinstrument anhand zweier Beispiele erläutert. Das erste zeigt, daß die amtliche flächenbezogene Statistik, welche aus historischen Gründen in der Regel ohne Berücksichtigung ökologischer Fragestellungen konzipiert wurde, dennoch mit Hilfe spezieller Interpretationsverfahren wesentliche Aussagen über die Qualität des menschlichen Lebensraumes abzuleiten gestattet. Als Indikator-Variablen dienen dabei luftverunreinigende Stoffe, die einen Überblick über die räumlich und zeitlich differenzierte Emissionssituation in der Bundesrepublik geben. Es versteht sich, daß die Emissionen noch keine direkte Aussage über die zu erwartenden Immissionen zulassen; denn nach der Freisetzung unterliegen die Schadstoffe chemischer Umwandlung, Verdünnung sowie emittentennaher bzw. -ferner Ablagerungen, wobei neben den Emissionsbedingungen die meteorologischen Ausbreitungsbedingungen von Bedeutung sind (vgl. etwa BEILKE 1980, KUTTLER 1983, FRÄNZLE 1993). Bei Bezugnahme auf hinreichend große Gebiete sind jedoch vielfach recht enge Korrelationen zwischen Emissionen und Immissionen, und damit der human- wie ökotoxikologisch relevanten Exposition feststellbar (s. FLEISCHHAUER et al. 1983, FRÄNZLE 1986).

Das zweite Beispiel belegt anhand von Bodendaten aus dem Savannengebiet Nordost-Ghanas, welche Möglichkeiten die Verknüpfung hierarchisch-agglomerativer Klassifizierungsverfahren mit der Biplot-Analyse für eine repräsentative Standortauswahl im Rahmen der Agrarplanung bietet. Dabei werden in Ermangelung detaillierter Ertragsziffern die produktionsbiologisch relevanten Bodeneigenschaften durch 38 Profilmerkmale gekennzeichnet. Deren Klassifikation zielt dann darauf ab, Bodenprofile mit ähnlichen produktionsbiologischen Eigenschaften zu möglichst homogenen Klassen gleicher pflanzlicher Produktionsbedingungen so zusammenzufassen, daß es genügt, aus jeder Klasse ein beliebiges Profil als Standort für Feldversuche auszuwählen, um für die Klassen repräsentative Anbauergebnisse zu erzielen. Damit wird hinsichtlich der notwendigen Datenerhebung die Relation Aufwand - Ergebnis minimiert.

Die räumliche Differenzierung und zeitliche Veränderung der Emissionssituation in der Bundesrepublik Deutschland in den Jahren 1960 - 1980

Grundlage der Analyse sind Daten über die Entwicklung der Schwefeldioxid-, Stickoxid- und Kohlenwasserstoffemissionen für die Jahre 1960, 1965, 1970, 1975 und 1980 in den Sektoren Industrie (einschließlich Kraftwerke), Haushalte und Verkehr, die einer im Auftrage des

Bundesministers des Innern erarbeiteten Studie des Battelle-Instituts und der Nukem GmbH sowie Studien des Umweltbundesamtes entnommen sind. Im Sektor Verkehr wurden zusätzlich die Kohlenmonoxid-, Ruß- und Bleiemissionen, im Sektor Haushalt die Kohlenmonoxid- und Rußemissionen berücksichtigt. Die Werte der insgesamt 14 Variablen wurden in ihrer räumlichen Verteilung nicht durch Einzelerhebungen am Emissionsort bestimmt, sondern aus den Produktions- und Verbrauchsziffern mit Hilfe von Emissionsfaktoren für 70 Bezugsflächen von etwa 55 x 70 km^2, die im folgenden als Raumeinheiten bezeichnet werden, abgeleitet (vgl. hierzu beispielsweise SCHLADOT & NÜRNBERG 1982). Die Einteilung in Rasterflächen, deren Begrenzungslinien jeweils die vollen Längengrade und die halben Breitengrade bilden, entspricht der Vorgehensweise bei Emissionserhebungen in anderen Ländern. Die Primärdaten entstammen vorzugsweise Veröffentlichungen des Statistischen Bundesamtes, der Statistischen Landesämter, der Industrie- und Handelskammern sowie einzelner Industrieverbände.

Die Emissionssituation von 1960 - 1980

Einen zusammenfassenden Überblick über die Emissionssituation von 1960 - 1980 bieten die folgenden Tabellen 5.6.1 - 5.6.6.

Tab. 5.6.1 SO$_2$ - Jahresemissionen in der Bundesrepublik Deutschland (Angben in 1000 t/a) Prozentanteile der Einzelsektoren in Klammern

	1960	1965	1970	1975	1980
Industrie	2860 (82,3)	3090 (81,8)	3230 (83,1)	2880 (81,8)	2990 (84,5)
Haushalte	595 (17,1)	655 (17,3)	615 (15,8)	595 (16,8)	490 (13,8)
Verkehr	21 (0,6)	32 (0,8)	43 (1,1)	50 (1,5)	57 (1,6)
Gesamt	3480	3780	3890	3525	3540

Tab. 5.6.2 No$_x$ - Jahresemissionen in der Bundesrepublik Deutschland (Angaben in 1000 t/a) Prozentanteile der Einzelsektoren in Klammern

	1960	1965	1970	1975	1980
Industrie	834 (86,3)	885 (78,7)	1086 (75,7)	985 (69,2)	1055 (67,8)
Haushalte	21 (2,2)	43 (3,8)	63 (4,4)	82 (5,8)	99 (6,3)
Verkehr	111 (11,5)	196 (17,5)	286 (19,9)	357 (25,1)	402 (25,8)
Gesamt	966	1124	1435	1424	1556

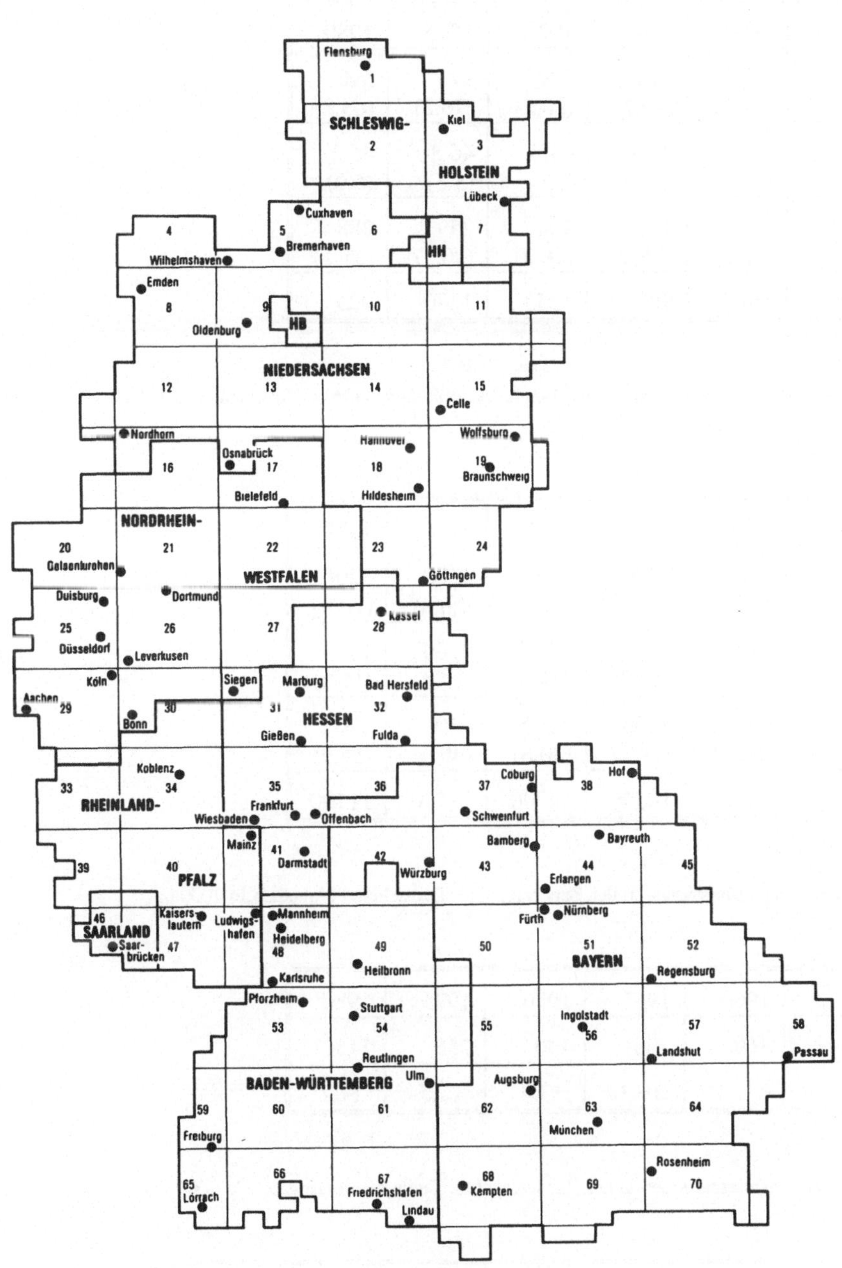

Abb. 5.6.1 Einteilung der Bundesrepublik Deutschland in Raumeinheiten

Tab. 5.6.3 C_mH_n - Jahresemissionen in der Bundesrepuplik Deutschland (Angaben in 1000 t/a) Prozentanteile der Einzelsektoren in Klammern

	1960	1965	1970	1975	1980
Industrie	470 (80,2)	720 (79,7)	1005 (80,2)	975 (76,2)	590 (63,8)
Haushalte	42,3 (7,2)	45,5 (5,0)	44,4 (3,6)	46,3 (3,6)	46,5 (5,0)
Verkehr	74 (12,6)	137 (15,2)	204 (16,3)	259 (20,2)	288 (31,1)
Gesamt	586	903	1253	1280	925

Tab. 5.6.4 CO - Jahresemissionen in der Bundesrepublik Deutschland (Angaben in 1000 t/a) Prozentanteile der Einzelsektoren in Klammern

	1960	1965	1970	1975	1980
Industrie	2980 (20,4)	3000 (20,7)	3100 (21,7)	3300 (26,0)	3200 (28,8)
Haushalte	8240 (56,4)	7200 (49,7)	5400 (37,8)	3100 (24,4)	1700 (15,3)
Verkehr	3400 (23,2)	4300 (29,7)	5800 (40,6)	6300 (49,6)	6200 (55,9)
Gesamt	14620	14500	14300	12700	11100

Tab. 5.6.5 Ruß - Jahresimissionen in der Bundesrepublik Deutschland (Angaben in 1000 t/a)

	1960	1965	1970	1975	1980
Haushalte	860	720	440	255	115
Verkehr	7,1	10,3	13,4	15,5	17,7

Tab. 5.6.6 Blei - Jahresemissionen in der Bundesrepublik Deutschland (Angaben in 1000 t/a)

	1960	1965	1970	1975	1980
Verkehr	2,82	5,40	8,18	7,84	3,29

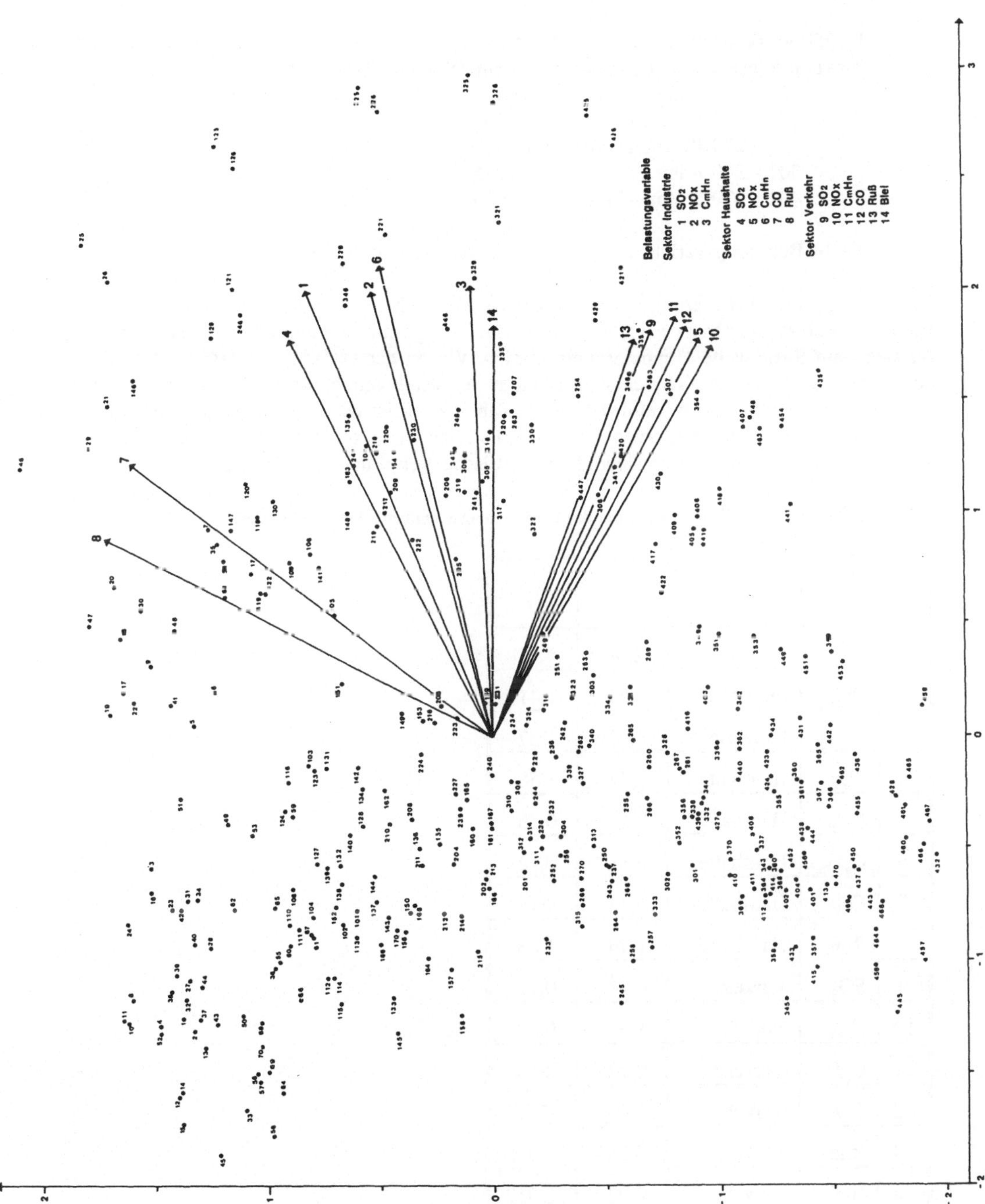

Abb. 5.6.2 Biplot der Belastungsstruktur der Bundesrepublik Deutschland 1960 - 1980

Abbildung 5.6.2 zeigt das Biplot der Belastungsstruktur der Bundesrepublik Deutschland im Zeitraum 1960 bis 1980. Es sind eingezeichnet:

- die 350 Merkmalsträger (Raumeinheiten der Abb. 5.6.1) als Punkte. Die Kennzeichnung der Punkte erfolgte durch Nummern nach dem folgenden Schlüssel:
    1 - 70 Raumeinheiten von 1960
    101 - 170 Raumeinheiten von 1965
    201 - 270 Raumeinheiten von 1970
    301 - 370 Raumeinheiten von 1975
    401 - 470 Raumeinheiten von 1980

- die 14 Belastungsvariablen in standardisierter Form als Vektoren.

Bei den folgenden Erläuterungen zum Biplot ist zu beachten, daß die Daten vor Berechnung der Biplot-Koordinaten der Merkmalsträger und Variablen logarithmiert und anschließend - jede Variable für sich - auf Spannweite 1 transformiert wurden. Wegen der extremen Schiefe der Verteilung der einzelnen Variablen, die sich schon deutlich in teilweise beträchtlichen Unterschieden zwischen Mittelwert x und Median m ausdrückt (vgl. Tab. 5.6.7), ist das Datenmaterial ohne nichtlineare Transformation nicht zur Weiterverarbeitung mit Verfahren der numerischen Klassifikation geeignet, welche durchweg zumindest annähernd symmetrische Verteilungen verlangen.

Tab. 5.6.7 Mittelwert $\bar{X}$ und Median m der 14 Belastungsvariablen (Werte in t/qkm/a)

			$\bar{X}$	m
1	SO_2	Industrie	12,69	4,11
2	NO_x	Industrie	4,15	1,41
3	C_mH_n	Industrie	3,00	1,27
4	SO_2	Haushalte	2,34	1,58
5	NO_x	Haushalte	0,25	0,18
6	C_mH_n	Haushalte	0,18	0,12
7	CO	Haushalte	6,48	4,54
8	Ruß	Haushalte	1,98	1,38
9	SO_2	Verkehr	0,16	0,12
10	NO_x	Verkehr	1,10	0,88
11	C_mH_n	Verkehr	0,78	0,53
12	CO	Verkehr	21,02	15,30
13	Ruß	Verkehr	0,052	0,038
14	Blei	Verkehr	0,022	0,017

Das Biplot soll zur Überprüfung und Veranschaulichung der Klassifikationsergebnisse eingesetzt werden, daher muß auch hier die gleiche Transformation vorgenommen werden. Die anschließende Transformation auf Einheitsspannweite im Intervall (0,1) dient dazu, die Streuungsanteile der

Variablen einander anzugleichen, so daß in Biplot und Klassifikation keine Verzerrungen durch das Dominieren einzelner Variablen eintreten.

Die Approximationsgüte des Biplot beträgt 92,3 %, d.h. bis auf 7,7 % wird die gesamte Variation der transformierten Daten im Biplot repräsentiert. Welche Informationen sich aus dem Biplot ablesen lassen, soll im folgenden exemplarisch und getrennt nach Variablen und Raumeinheiten dargestellt werden.

Die Anordnung der Belastungsvariablen im Biplot

Die Längen der Vektoren für die Variablen approximieren die Standardabweichungen der Variablen. Alle Vektoren des vorliegenden Biplot sind in etwa gleich lang, was darauf zurückzuführen ist, daß der Wertebereich aller Variablen vor Berechnung des Biplot auf das Interval $(0,1)$ transformiert wurde, um vergleichbare Skalenniveaus zu erhalten. Diese Transformation resultiert in wenig unterschiedlichen Standardabweichungen der Variablen, wie auch im Biplot gut zu erkennen ist. Die Approximation geschieht im Sinne kleinster orthogonaler Quadrate, d.h. die Unterschiede der Varianzen wirken sich im Quadrat aus. Dies kann auch bei Streuungsunterschieden, die - vom Augenschein her - wenig bedeutsam erscheinen, zum Überwiegen einzelner Variablen und zu nahezu vollständiger Bedeutungslosigkeit anderer führen.

Die Winkel zwischen den Vektoren liefern Approximationen für den Korrelationskoeffizienten zwischen den betreffenden Variablen. Sie bilden ein Maß für ihren linearen Zusammenhang. Im Biplot der Belastungsstruktur sind die Vektoren in einem Büschel angeordnet; der Öffnungswinkel zwischen den äußeren Vektoren (Variable 8 - Ruß Haushalte und Variable 10 - NO_x Verkehr) beträgt ungefähr 90°, diese beiden Variablen sind also nahezu unkorreliert. Innerhalb dieses Öffnungswinkels sind die Vektoren nicht gleich verteilt. Es sind mehrere Gruppen zu erkennen, die in ihrer Anordnung von links oben nach rechts unten kurz erläutert werden sollen:

I: Variable 8 - Ruß Haushalte
   Variable 7 - CO Haushalte
   Diese beiden Variablen zeichnen sich als einzige unter den 14 Belastungsvariablen durch einen kontinuierlichen Emissionsrückgang aus; der gleiche Belastungsverlauf wirkt sich als hohe positive Korrelation aus.

II: Variable 4 - SO_2 Haushalte
   Variable 1 - SO_2 Industrie
   Gemeinsames Kennzeichen ist ein Anstieg der Emissionen bis 1970; danach erfolgt ein Rückgang der Emissionen auf Werte, die sich 1980 nur unwesentlich von den Werten für 1960 unterscheiden.

III: Variable 2 - NO_x Industrie
   Variable 6 - C_mH_n Haushalte
   Beide Variablen zeigen keine erkennbaren Trends im zeitlichen Emissionsverlauf; die maximalen Emissionen liegen um 30 % bzw. 15 % über denen von 1960. Im Jahr 1980 betragen die Emissionen 125 % bzw. 115 % des Wertes von 1960; die Veränderungen der Emissionen sind - gemessen an den Prozentzahlen - relativ gering.

IV: Variable 3 - C_mH_n Industrie
   Variable 14 - Blei Verkehr
   In der ersten Beobachtungsdekade erfolgte ein starker Anstieg der Emissionswerte auf das Doppelte (3 - C_mH_n Industrie) bzw. Dreifache (14 - Blei Verkehr) des Wertes von 1960. Zwischen 1970 und 1975 blieben die Werte auf diesem hohen Niveau, um dann bis 1980 auf ca. 120 % der Emissionen von 1960 abzufallen.

V: Variable 13 - Ruß   Verkehr
         Variable 9 - SO_2 Verkehr
         Variable 11 - C_mH_n Verkehr
         Variable 12 - CO   Verkehr
         Variable 5 - NO_x Haushalte
         Variable 10 - NO_x Verkehr

Diese sechs Variablen verzeichnen zwischen 1960 und 1980 lineare Zuwächse ohne erkennbare
Trendabschwächung; die Zuwächse der Emissionen liegen zwischen 150 % (13 - Ruß Verkehr) und
370 % (5 - NO_x Haushalte). Die Variablen 9 bis 13 entstammen dem Bereich Verkehr, in dem sich
die Menge der emittierten Schadstoffe im Beobachtungszeitraum vervielfacht hat, bedingt durch den
stetig anwachsenden Bestand von Kraftfahrzeugen in der Bundesrepublik. Als einzige Variable des
Verkehrsbereichs fehlt hier die Variable 14 - Blei Verkehr. Die Emission von Blei blieb zwischen
1970 und 1975 konstant und ging zwischen 1975 und 1980 sehr stark zurück. Verantwortlich waren
hier in erster Linie gesetzliche Vorschriften (1. und 2. Stufe des Benzin-Blei-Gesetzes), durch welche
die erlaubte maximale Bleimenge pro Liter Ottokraftstoff eingeschränkt wurde. Als einzige Variable
des Bereichs Private Haushalte und Kleinverbraucher taucht in dieser Konfiguration die Variable 5 -
NO_x Haushalte auf. Anders als z.B. bei den Kohlenwasserstoffen, wo die Emissionsraten nur
geringfügig anstiegen, entstanden hier beim Ersatz von Kohle durch Heizöl als primäres
Brennmaterial keine Emissionsverringerungen.

Charakterisierung einzelner Raumeinheiten anhand ihrer Lage im Biplot

Neben den Vektoren für die 14 Belastungsvariablen sind im Biplot die jeweils fünf Repräsentanten
der einzelnen Raumeinheiten als Punkte eingetragen. Zwei wesentliche Eigenschaften der
Merkmalsträgerpunkte lassen sich aus dieser Graphik sofort ablesen:

1.   Die Abstände der Punkte untereinander sind Approximationen für die Abstände der Merkmalsträger im Raum der 14 transformierten Variablen. Bei der Abbildung der Punkte aus diesem Raum
in die Zeichenebene gehen natürlich einige Informationen verloren. Es kann jedoch ein Koeffizient
für die Approximationsgüte bestimmt werden, der angibt, welcher Prozentsatz der Variation der
Daten im Biplot repräsentiert wird. Im vorliegenden Fall liegt die Approximationsgüte bei 92,3 %,
d.h. nur knapp 8 % der Variation innerhalb der Daten gehen durch die Transformation in die Ebene
verloren. Konkret bedeutet dies: Die Abstände der Raumeinheitenpunkte untereinander spiegeln die
Ähnlichkeiten bzw. Unähnlichkeiten der Belastungssituation befriedigend wider; Raumeinheiten,
deren Belastungssituationen nur wenig voneinander abweichen, liegen im Biplot dicht nebeneinander,
während solche mit wesentlich verschiedener Belastung durch größere Abstände voneinander getrennt
sind.

2.   Im Vordergrund steht hier jedoch die Frage, wie darüber hinaus die Höhe der Belastung für
jeden Merkmalsträgerpunkt zumindest approximativ aus seiner Lage im Biplot abgeschätzt werden
kann. Entscheidend ist die Lage der Raumeinheit relativ zu den Vektoren für die Variablen, deren
Länge eine Standardabweichung der zugehörigen Variablen beträgt. Die Länge der orthogonalen
Projektion eines Merkmalsträgerpunktes auf einen dieser Vektoren gibt Auskunft über die Abweichung des Wertes dieser Variablen vom Mittelwert. Fällt die Projektion in den Nullpunkt des
Koordinatensystems, so stimmt der Wert dieser Variablen mit dem Mittelwert überein. Geht sie auf
der rückwärtigen Verlängerung des Vektors über den Nullpunkt hinaus, so liegt der Wert unter dem
Mittelwert. Eine Projektion, die auf dem Vektor selbst oder auf seiner (gedachten) Verlängerung
liegt, bedeutet eine positive Abweichung vom Mittelwert.
     Am Beispiel einiger Raumeinheiten soll kurz erläutert werden, wie diese Eigenschaften konkret
abzulesen sind: dazu dienen zunächst die Raumeinheiten 25 und 26 im Jahr 1960. Sie umfassen die

Zentralgebiete des Rheinisch-Westfälischen Industriegebietes und enthalten die Städte
>   25: Duisburg, Düsseldorf, Neuss, Mönchengladbach
>   26: Bochum, Witten, Dortmund, Leverkusen.

Sie liegen rechts oben im Biplot; die orthogonalen Projektionen für die Variablen 1-4 sowie 6-8 liegen weit oberhalb der entsprechenden Vektorspitzen, d.h. die Werte aller Industrie- und Haushaltsvariablen mit Ausnahme von Variable 5 - NO_x Haushalte liegen um mehr als eine Standardabweichung über den entsprechenden Mittelwerten. Die Projektionen der restlichen Variablen sind ebenfalls positiv, fallen aber auf die Vektoren und liegen somit um weniger als eine Standardabweichung über dem Mittelwert. Noch höher belastete Raumeinheiten des Jahres 1960 müßten im Biplot weiter rechts liegen. Da es aber keine gibt, sind die Raumeinheiten 25 und 26 im Jahre 1960 (und nicht nur 1960) die höchstbelasteten. Ihnen am ähnlichsten im Jahr 1960 sind die Raumeinheiten 21, 29 und 46, deren Belastung auf allen 14 Variablen ebenfalls weit über dem Durchschnitt liegt. Sie befinden sich im Biplot auf gleicher Höhe wie die Raumeinheiten 25 und 26, jedoch weiter links; ihre Belastungsentwicklung wird weiter unten näher charakterisiert.

Alle weiteren Repräsentanten der Raumeinheiten 25 und 26, d.h.

>   125, 126 für 1965
>   225, 226 für 1970
>   325, 326 für 1975
>   425, 426 für 1980

liegen im Biplot jahrgangsweise dicht nebeneinander. Daraus kann abgeleitet werden, daß beide die gleiche Belastungsentwicklung durchlaufen haben. Da außerdem alle Repräsentanten am rechten Rand des Biplot liegen, ändert sich nichts an ihrem Status als höchstbelastete Raumeinheiten zu den einzelnen Erfassungszeitpunkten. Verbindet man die jeweils fünf Repräsentanten den Untersuchungszeitpunkten entsprechend durch einen Linienzug, so kann aus dem Verlauf dieser Linie die Belastungsentwicklung, zumindest in größen Zügen, abgelegen werden. Zunächst fällt auf, daß die Repräsentanten für die einzelnen Jahre von oben nach unten in der zeitlichen Reihenfolge angeordnet sind. Die Belastungsentwicklung zumindest dieser beiden Raumeinheiten scheint also einen Trend aufzuweisen, der sich auch im Biplot ausdrückt und am Verlauf der Verbindungslinie abgelesen werden kann.

Die Belastungsveränderung für eine einzelne Variable läßt sich an dem Winkel ablesen, den die Verbindungslinie zwischen je zwei Repräsentanten mit der Richtung des Variablenvektors einschließt. Dabei sind drei Fälle zu unterscheiden, je nachdem, welchen Winkel die Richtung der Verbindungslinie mit der Richtung des Variablenvektors bildet:

(1)   Schnittwinkel zwischen $0°$ und $90°$
       Die Länge der orthogonalen Projektion wird größer, d.h. der gemessene Belastungswert für die entsprechende Variable und Raumeinheit vergrößert sich (Abb. 5.6.3).

(2)   Schnittwinkel um $90°$
       Es ist keine Belastungsveränderung bezüglich der beobachteten Variablen festzustellen. Die Länge der orthogonalen Projektion verändert sich nicht (Abb. 5.6.4).

(3)   Schnittwinkel zwischen $90°$ und $180°$
       Die emittierte Schadstoffmenge wird in dem Maße geringer, wie die Länge der orthogonalen Projektion abnimmt (Abb. 5.6.5).

Für die Raumeinheiten 25 und 26 bedeutet dies, wenn man nur die Repräsentanten für 1960 und 1980 betrachtet und durch eine Linie verbindet, welche die dazwischen liegenden Repräsentanten außer acht läßt:

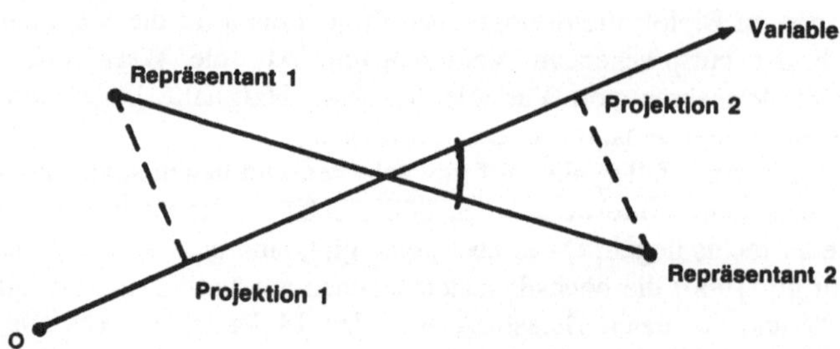

Abb. 5.6.3 Belastungszunahme - Schnittwinkel zwischen 0° und 90°

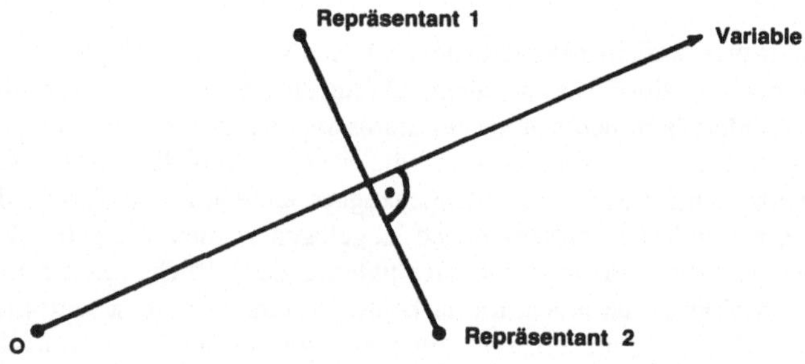

Abb. 5.6.4 Keine Belastungsveränderung - Schnittwinkel um 90°

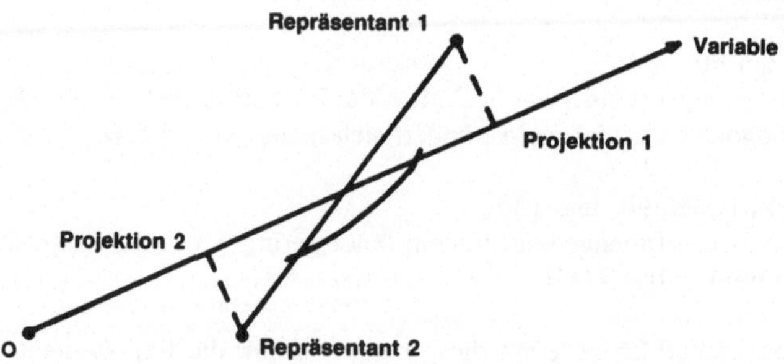

Abb. 5.6.5 Belastungsabnahme - Schnittwinkel zwischen 90° und 180°

-       Beträchtliche Abnahme der Belastung durch Variable 7 - CO Haushalte und Variable
        8 -Ruß Haushalte,
-       kaum veränderte Belastungssituation bezüglich der Variablen 1, 2, 4 und 6,
-       geringer, jedoch merklicher Anstieg der Belastung durch Variable 3 - C_mH_n Industrie
        und Variable 14 - Blei Verkehr,
-       sehr stark erhöhte Belastung durch Variable 5 - NO_x Haushalte sowie durch die Variablen
        9 bis 13 aus der Verkehrsgruppe.

Betrachtet man statt der direkten Verbindung zwischen 1960 und 1980 die Verbindungslinie über
die dazwischen liegenden Zeitpunkte, so stellt man fest, daß sie - fast in der Form eines Kreisbogens
- weiter rechts verläuft. Daraus kann abgelesen werden, daß auch die Variablen 1, 2, 4 und 6
zwischenzeitlich (etwa bis 1970/1975) angestiegen sind bzw. daß die Belastung - wie im Fall der
Variablen 3 und 14 - wesentlich höher war.

Die numerische Klassifikation der Belastungsstruktur

Im Biplot zeichnen sich zwanglos drei Gebiete ab, in denen sich Merkmalsträgerpunkte häufen.
Dazwischen liegen Zonen, in denen die Punktdichte merklich geringer ist bzw. in denen keine
Punkte liegen. Die drei Gruppen nehmen jeweils die ganze Höhe des Biplot für sich ein, jede dieser
Gruppen umfaßt alle fünf Repräsentanten einer zu ihr gehörenden Raumeinheit. Eine Aufteilung in
nur drei Gruppen ist demnach zu grob, um relative Belastungsveränderungen aufdecken zu können,
die sich im Wechsel der Gruppenmitgliedschaft zu verschiedenen Zeitpunkten äußern würden.
    Zum Zwecke einer feineren Untergliederung des Datenmaterials müssen daher Verfahren der
numerischen Klassifikation eingesetzt werden. Das hierarchische Complete-Linkage-Verfahren liefert
hier eine Aufteilung in 18 Klassen, die nach dem Gesichtspunkt des Fusionskriteriumsanstiegs
ausgewählt wurden. Anschließend wurde das Klassifikationsergebnis iterativ weiter umgruppiert mit
dem Ziel, die Fehlerquadratsumme innerhalb der Klassen zu minimieren.
    Im folgenden soll nun das Klassifikationsergebnis vorgestellt und - unter Rückgriff auf das Biplot
- auf hervorstechende Eigenschaften untersucht werden. Die Ergebnisse des Klassifikationsverfahrens
werden stets als Klassen bezeichnet, während die aus dem Biplot ablesbaren Aufteilungen der
Datenmenge weiterhin Gruppen genannt werden. Die einzelnen Repräsentanten einer Raumeinheit
gehören zu den Beobachtungszeitpunkten verschiedenen Klassen an; die Folge der Klassennummern,
denen eine Raumeinheit in aufeinander folgenden Erhebungsjahren angehört, wird der Entwicklungsgang dieser Raumeinheit genannt. In Tabelle 5.6.8 sind die Entwicklungsgänge aller 70 Raumeinheiten aufgeführt. Die Aufteilung der Raumeinheiten in drei Teilmengen entspricht der vom
Biplot gelieferten Aufteilung in drei Gruppen.
    Das Diagramm der Abbildung 5.6.6 dient zur Erhellung der Klassenstruktur; es ist aus dem Biplot
der Belastungsstruktur abgeleitet. Statt der Raumeinheitenpunkte sind hier nur die Mittelwertpunkte
der 18 Klassen als Kästchen eingezeichnet. Ein Pfeil mit Jahreszahl x zwischen zwei Kästchen A
und B zeigt an, daß beide Klassen je einen Repräsentanten der gleichen Raumeinheit enthalten;
Klasse A enthält denjenigen des Zeitpunktes x, Klasse B den des Zeitpunktes x + 5. Etwas weniger
präzise ausgedrückt, bedeutet dies, daß die Raumeinheit im Fünfjahreszeitraum (x, x+5) von Klasse
A nach Klasse B wechselte. Insoweit können die wechselnden Klassenmitgliedschaften, wie sie der
Entwicklungsgang einer Raumeinheit aufzeigt, als Übergänge verstanden werden.
    Das Klassifikationsergebnis im Diagramm der Abb. 5.6.6 bestätigt die aus dem Biplot abgeleitete
grobe Aufteilung aller 350 Repräsentanten in drei große Gruppen. Mit Ausnahme der Raumeinheit
51 verlaufen die Entwicklungsgänge aller Raumeinheiten vollständig innerhalb einer dieser Gruppen,
die sich in ein System von Klassen weiter untergliedern lassen.
    Die erste Gruppe im rechten Teil des Biplot umfaßt die höchstbelasteten Raumeinheiten 21, 25,
26 und 29 des Rheinisch-Westfälischen Industriegebietes sowie das saarländische Industriegebiet
(Raumeinheit 46 mit Saarlouis, Völklingen und Teilen von Saarbrücken). Bis auf die Repräsentanten

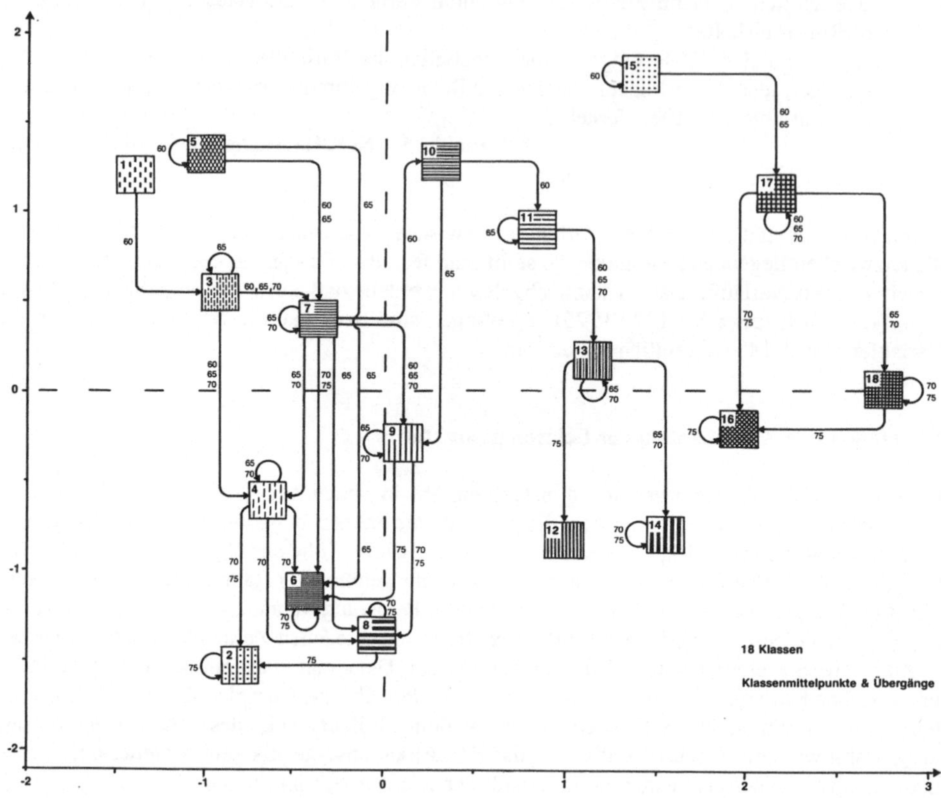

Abb. 5.6.6 Belastungsstruktur der Bundesrepublik Deutschland 1960 - 1980

429 und 446 von 1980 sowie 346 von 1975 sind alle Gruppenmitglieder im Raum vor den Vektorspitzen angeordnet; die Emissionsraten, und damit auch die Umweltbelastung, liegen um mehr als eine Standardabweichung über dem Durchschnitt. Die Belastungsentwicklung dieser Raumeinheiten wurde bereits in Kap. 1.1 kurz angesprochen; im Klassifikationsergebnis bilden sie das System der Klassen 15 - 18. Belastungsunterschiede äußern sich in den Klassenmitgliedschaften, so daß eine Untergliederung in drei Entwicklungsgänge möglich ist:

            25, 26   17 - 17 - 18 - 18 - 18
            21, 29   15 - 17 - 17 - 16/18 - 16
            46   15 - 15 - 17 - 17 - 16

Die höchstbelasteten Raumeinheiten 25 und 26 liegen 1960 in Klasse 17, steigen zwischen 1965 und 1970 eine Stufe höher auf der Belastungsskala und bleiben dort bis 1980. Die übrigen drei Raumeinheiten bewegen sich durchweg ein bis zwei Belastungsklassen tiefer; lediglich 1965 gehören die Raumeinheiten 21 und 29 bzw. 1975 die Raumeinheit 29 zur gleichen Gruppe wie die höchstbelasteten. Daß innerhalb der gesamten Gruppe erhebliche Belastungsunterschiede bestehen, belegen die Klassenmittelwerte der Klasse 15 einerseits und Klasse 18 andererseits:

	15	18
SO_2	89,5	101,1
NO_x	25,6	41,6
C_mH_n	5,7	22,1

(Emissionsmittelwerte in t/qkm/a)

Die zweite Gruppe ist in der Mitte des Biplot rechts neben der Y-Achse zu finden. Aufgrund der Lage der Gruppenmitglieder relativ zu den Vektoren der Belastungsvariablen kann die Belastung als hoch eingestuft werden. Fast alle Projektionen der Punkte auf die Vektoren sind positiv; Ausnahmen bilden lediglich die Projektionen der Repräsentanten von 1960 auf die Verkehrsvariablen 9 - 13 und auf die Variable 5 - NO_x Haushalte sowie die Projektionen einiger Repräsentanten von 1975 und 1980 auf die beiden Variablen 7 - CO Haushalte und 8 - Ruß Haushalte.
Von der Belastungsentwicklung her läßt sich diese Gruppe in zwei Untergruppen (a) und (b) aufteilen:

(a)	7	Hamburg-Nordost, Lübeck, Stormarn
	35	Wiesbaden, Main-Taunus-Kreis, Frankfurt, Offenbach, Hanau
	48	Karlsruhe, Ludwigshafen, Mannheim, Heidelberg
	54	Stuttgart und umgebende Landkreise
	65	München und umgebende Landkreise

(b)	5	Bremerhaven, Wesermünde, Cuxhaven
	6	Hamburg-Nordwest, Stade, Steinburg, Pinneberg
	9	Bremen, Delmenhorst, Oldenburg
	17	Bielefeld, Osnabrück
	18	Hannover, Hildesheim
	19	Braunschweig, Wolfsburg
	20	Bocholt, Dinslaken, Moers, Rees, Kleve
		(Nordwestlicher Rand des Rheinisch-Westfälischen Industriegebietes)
	22	Wiedenbrück, Paderborn, Detmold, Büren, Lippstadt, Soest
	30	Bonn, Rhein-Sieg-Kreis, Bergische Kreise, Neuwied, Westerwald
	41	Oberrhein von Frankenthal bis Mainz
	47	Südöstliches Saarland; Pfalz mit Kaiserslautern, Pirmasens, Zweibrücken

Es handelt sich dabei um
- großstädtische oder industrielle Ballungsräume, hier in erster Linie die Raumeinheiten 7, 35, 48, 54 und 63, aber auch 6, 9, 17, 18, 19, 41
- Randzonen größerer industrieller Zusammenballungen, wie z.B. 5, 20, 22, 30 und 47.

Diejenigen Raumeinheiten, die wie 7, 35, 48, 54 und 63 hauptsächlich durch Großstädte (Untergruppe a) geprägt werden, sind im Biplot in jedem der fünf Beobachtungsräume etwas von den restlichen Gruppenmitgliedern abgesetzt. Es ist auffallend, daß ihre Repräsentanten im Biplot in Gebieten zu finden sind, die von den restlichen Gruppenmitgliedern erst eine Pentade später erreicht werden. Die Belastung dieser Raumeinheiten scheint diejenigen der restlichen Gruppenmitglieder um jeweils fünf Jahre vorauszueilen; besonders deutlich ausgeprägt ist dieser Effekt in den Jahren 1965/70 bzw. 170/75.
Innerhalb dieser Gruppe sind im Beobachtungszeitraum 1960 bis 1980 erhebliche relative Belastungsveränderungen eingetreten. Hier nur ein Beispiel: Die Raumeinheit 48 (Oberrheinisches Industrie- und Verdichtungsgebiet mit dem Zentrum Mannheim/Ludwighafen) liegt noch 1960 etwas abgesetzt von den vier innerhalb dieser Gruppe höchst belasteten Raumeinheiten 7, 35, 54 und 63. Im Verlauf der Jahre 1965 - 1975 glich sich ihr Belastungsgrad allmählich dem der höchstbelasteten

an, bis schließlich im Jahre 1980 nur noch unwesentliche Unterschiede in der Belastungshöhe der fünf Raumeinheiten bestehen. Vergleicht man anhand der Ausgangsdaten den Emissionszuwachs dieser fünf Raumeinheiten mit denen des Bundesgebietes, so stellt man fest, daß bei Raumeinheit 48 alle Zunahmen höher und für die Variablen 3 - C_mH_m Industrie sowie die Verkehrsvariablen 9 - 13 sogar wesentlich höher liegen, während sich die restlichen vier Raumeinheiten durchweg im Rahmen der Mittelwerte für das Bundesgebiet entwickeln.

Im Klassifikationsergebnis bildet diese Gruppe das Subsystem der Klassen 10 - 14. Übergänge zur Gruppe der höchstbelasteten Raumeinheiten kommen nicht vor; mit der links liegenden Gruppe der niedrig bis mittelhoch belasteten Raumeinheiten ist dieses System lediglich durch eine (vorübergehende) Mitgliedschaft der Raumeinheit 51 im Jahre 1965 verbunden. Der im Biplot aufgefundene unterschiedliche Belastungsverlauf der beiden Teilgruppen (a) und (b) kommt ebenfalls im Klassifikationsergebnis klar zun Ausdruck: Die niedriger belasteten Raumeinheiten (b) besitzen den Entwicklungsgang 10 - 11 - 11/13 - 13 - 12, d.h. sie beginnen in Klasse 10 und liegen 1980 in Klasse 12. Die höher belasteten Raumeinheiten (a) gehören in der zeitlichen Reihenfolge den Klassen 11 - 13 - 13/14 - 14 - 14 an. Die Klassen 11 und 13, denen diese Raumeinheiten von 1960 bis 1970 angehörten, werden von den niedriger belasteten Raumeinheiten (b) jeweils fünf Jahre später , d.h. zwischen 1965 und 1975, erreicht. Im Jahre 1980 sind alle Gruppenmitglieder auf die Klassen 12 bis 14 verteilt. Die gemeinsame Entwicklung, die mit zeitlicher Verzögerung ablief, scheint sich in zwei verschiedene Stränge aufzutrennen; die Datenlage - für 1980 handelt es sich um geschätzte Werte - läßt jedoch keine endgültige Klärung dieses Sachverhaltes zu. Die Raumeinheit 48 (Mannheim- Ludwigshafen) schließlich geht als einzige aus der Teilgruppe niedrig belasteter Raumeinheiten in die höher belasteten über; ihr Entwicklungsgang ist 10 - 11 - 13 - 14 - 14.

Die Klassen 12 und 14 umfassen alle Vertreter dieser Untergruppe des Biplot für das Jahr 1980; die Belastungssituation in diesem Jahr soll durch die folgenden Klassenmittelwerte kurz illustriert werden:

	Klasse 12	Klasse 14
SO_2	19,0	16,6
NO_2	9,6	8,2
C_mH_n	5,8	12,0

(Angaben in t/qkm/a)

Die höheren SO_2- und NO_x-Werte der Klasse 12 resultieren allein aus dem industriellen Bereich; sowohl im Sektor Haushalte als auch im Sektor Verkehr liegen die Mittelwerte von Klasse 14 wesentlich höher als diejenigen von Klasse 12. Da für Biplot und Klassifikation alle drei Bereiche als gleichrangig angesehen werden, wird Klasse 14 insgesamt als die höher belastete eingestuft.

Es bleibt noch die Gruppe der niedrig bis mittelhoch belasteten Raumeinheiten zu behandeln, die im Biplot hauptsächlich links von der Y-Achse angesiedelt ist. Die (gedachte) Linie rechts von den Punkten 5, 105 und 205 sowie links von 422 und 441 trennt sie von den hoch und höchstbelasteten Raumeinheiten der beiden vorherigen Gruppen. Die Abgrenzung zwischen dieser letzten Gruppe und der vorherigen ist nicht besonders scharf ausgeprägt. Es sind Raumeinheiten vorhanden, die einen Übergangstypus zwischen diesen beiden Gruppen darstellen, beispielsweise die Raumeinheiten 49 (Heilbronn, Mosbach, Schwäbisch-Hall) oder 51 (Nürnberg, Schwabach, Neumarkt i.d. Oberpfalz). Im Falle der Raumeinheit 51 kommt ein Nachteil der hier gewählten Aufteilung des Bundesgebietes zum Tragen: Der Verdichtungsraum Nürnberg-Fürth-Erlangen mit den dazugehörigen Industrieansammlungen ist auf vier Raumeinheiten (43, 44, 50 und 51) aufgeteilt. Die restlichen nicht zur Stadtregion gehörenden Gebietsanteile dieser Raumeinheiten (westlicher Teil des Regierungsbezirkes Oberpfalz, südlicher Teil des Regierungsbezirks Oberfranken sowie der gesamte Regierungsbezirk Mittelfranken mit Ausnahme von Eichstätt) sind noch sehr stark ländlich geprägt. Somit werden alle vier Raumeinheiten den mittelhoch bis wenig belasteten Raumeinheiten zugezählt, obwohl die gesamte Stadtregion ohne die umliegenden ländlichen Gebiete zur gleichen Kategorie zu zählen ist wie z.B. die Raumeinheiten 54 oder 63, bei denen Stuttgart oder München im Zentrum liegen. Zur dritten Gruppierung gehören die restlichen 49 Raumeinheiten mit ihren jeweils fünf Repräsentanten, also insgesamt 225 Merkmalsträgerpunkte. Die Projektionen auf die Vektoren für die Belastungsvariablen sind zum größten Teil negativ; die Raumeinheiten können als niedrig bis mittelhoch belastet angesehen werden. Die am geringsten belasteten Raumeinheiten sind:

35	Westliche Eifel mit Prüm, Daun
45	Bayrischer Wald mit Tirschenreuth, Neustadt an der Waldnaab, Vohenstrauß
57	Mallersdorf, Landshut, Dingolfing, Straubing, Landau an der Isar
58	Deggendorf, Grafenau, Wolfstein, Wegscheid, Passau, Vilshofen.

Sie liegen am äußeren linken Rand des Biplot. Ähnlich niedrige Belastungshöhen und einen ähnlichen Belastungsverlauf weisen noch folgende Raumeinheiten auf:

43	Kitzingen, Gerolzhofen, Bamberg, Höchstadt an der Aisch, Scheinfeld
50	Crailsheim, Rothenburg ob der Tauber, Ansbach, Gunzenhausen, Dinkelsbühl, Feuchtwangen
64	Erding, Vilsbiburg, Mühldorf, Altötting, Wasserburg am Inn
68,69,70	Bayrisches Alpenvorland und bayrische Alpen.

Es handelt sich dabei offensichtlich um periphere Gebiete, die in anderem Zusammenhang oft als strukturschwach apostrophiert werden, bezüglich der Emissionssituation aber am günstigsten in der Bundesrepublik dastehen.

Alle oben erwähnten Raumeinheiten wiesen den Entwicklungsgang 1 - 3 - 4 - 4/2 -2 auf; sie bleiben im gesamten Untersuchungszeitraum in den im Biplot am weitesten links liegenden und damit am geringsten belasteten Klassen. Klasse 1 umfaßt alle niedrigst belasteten Raumeinheiten des Jahres 1960, Klasse 2 diejenigen des Jahres 1980; sie können daher als repräsentativ für beide Zeitpunkte angesehen werden. Die Klassen 3 und 4 kommen lediglich als Übergangsstadien zu den dazwischen liegenden Zeitpunkten vor. Die Belastung innerhalb der Klassen 1 und 2 hat sich - wenn man nur die rein zahlenmäßigen Werte berücksichtigt - nur geringfügig erhöht. Betrachtet man den Anstieg der Prozentwerte, so sind vor allem im Verkehrsbereich erhebliche Zunahmen zu verzeichnen.

Insgesamt betrachtet, ist die Gruppenstruktur innerhalb der niedrig bis mittelhoch belasteten Raumeinheiten nicht sehr deutlich ausgeprägt. Dies zeigt auch ein Blick auf die Vielzahl der im Diagramm (Abb. 5.6.6) aufscheinenden Übergänge. Zur näheren Erläuterung müßte - wie etwa bei der zweiten Gruppe - ein dreidimensionales Biplot-Modell herangezogen werden, da bei den niedrig belasteten Raumeinheiten trotz der ausgezeichneten Approximationsgüte von 92,3 % die Unterschiede zwischen den einzelnen Raumeinheiten in der zweidimensionalen Näherung nicht mehr zufriedenstellend wiedergegeben werden. Dies ist (auch) darauf zurückzuführen, daß die Belastungsunterschiede zwischen den einzelnen Raumeinheiten dieser Gruppe in Relation zu den höchstbelasteten Raumeinheiten trotz der vorgenommenen logarithmischen Transformation nur gering sind.

Zum Abschluß sollen noch kurz diejenigen Gruppenmitglieder vorgestellt werden, die innerhalb dieser Gruppe am weitesten rechts stehen und damit am höchsten belastet sind; es sind die Raumeinheiten

49	Heilbronn, Öhringen, Schwäbisch-Hall, Künzelsau, Bad Mergentheim, Buchen, Mosbach
51	Nürnberg, Schwabach, Hilpoltstein, Beilngries, Parsberg, Neumarkt in der Oberpfalz, Teile von Amberg
53	Bühl, Rastatt, Baden-Baden, Pforzheim, Calw, Teile von Karlsruhe und Freudenstadt
59	Freiburg in Breisgau, Lahr, Emmendingen.

Sämtliche vier Raumeinheiten beginnen in der Gruppe 7 und enden in der Gruppe 8; Der gemeinsäme Zwischenverlauf der Belastung ist 7 - 9/10 - 9 -)/8 - 8. Im Biplot liegen sie im Übergangsbereich zwischen der dritten und der zweiten Gruppierung; in der Klassifikation wird der Repräsentant 151 von Raumeinheit 51 in Gruppe 10, und damit den höher belasteten Raumeinheiten zugeordnet; diese Zuordnung ist jedoch nur vorübergehend. Die Belastungsentwicklung von Raumeinheit 51 weicht nur unwesentlich vom Bundesdurchschnitt ab, die Raumeinheiten 53 und 59 dagegen fallen durch überproportionale Zuwächse im Verkehrsbereich auf.

Es seien noch einige Raumeinheiten erwähnt, deren Belastungssituation sich merklich verschlechtert hat. Drastische Belastungsanstiege im industriellen und teilweise auch im Haushaltssektor verzeichnet die Raumeinheit

> 56   Eichstätt, Riedenburg, Kelheim, Mainburg, Pfaffenhofen an der Ilm, Schrobenhausen, Neuburg an der Donau.

Sie gehört 1960 nach ihrer Lage im Biplot zu den am niedrigsten belasteten Raumeinheiten und wird auch der Klasse 1 zugeordnet. Der Vertreter der folgenden Jahre sind im Biplot zunehmend weiter nach rechts von den niedrigst belasteten Raumeinheiten abgesetzt und orientieren sich mehr zur Y-Achse des Biplots hin. Verantwortlich dafür ist eine beträchtliche Zunahme der industriellen Emissionen gegenüber dem Bundesdurchschnitt.

Zunahme der Emissionen im Industriebereich:

	Raumeinheit 56	Bundesgebiet
SO_2	106 %	5 %
NO_x	277 %	26 %
C_mH_n	436 %	16 %

Aus dieser Tatsache resultiert im Klassifikationsergebnis der Belastungsverlauf 1 - 3 - 4 - 6 - 6. Ähnlich hohe Zunahmen im Industriebereich - und zusätzlich im Verkehrsbereich - zeigen außerdem die Raumeinheiten

> 12   Aschendorf-Hümmling, Cloppenburg, Meppen, Bersenbrück
>
> 14   Verden, Fallingborstel, Nienburg-Weser, die westliche Hälfte des Landkreises Celle

deren Repräsentanten teilweise noch höher belasteten Klassen zugeordnet werden als die Raumeinheit 56; ihr typischer Entwicklungsgang ist 1 - 3 - 3 - 7 - 6.

Agrare Standortplanung in Entwicklungsländern

Wie vielfach in Entwicklungsländern, so liegen auch für das hier als Beispiel gewählte Nordost-Ghana keine detaillierten Ertragsziffern vor, aus denen sich direkt Aussagen über die regionale Differenzierung pflanzlicher Produktion ableiten lassen. Theoretisch ist es möglich, auf indirektem Wege zu Ertragsziffern zu gelangen, sofern die Steuergrößen der Produktion - Boden, Klima, sozioökonomisch-technische Faktoren - in ihrer räumlichen Ausprägung genügend genau bekannt sind. Da dies für das Untersuchungsgebiet nur für den Faktor Boden der Fall ist, bleibt als für die landbauliche Praxis wichtige Möglichkeit, produktionsbiologisch wesentliche, aber nicht durch Meßwerte bestimmte klimatische und sozioökonomische Variablen als (technische) Randbedingungen festzusetzen und dann zu überprüfen, inwiefern die verbleibenden beobachteten pedologischen Steuerfaktoren Aussagen der Form "Pflanze X hat am Standort Y den Ertrag Z" gestatten. Pflanze und Standort sind dabei vorzugebende Größen.

Grundlage hierfür bildet die numerische Klassifizierung von 46 Bodenprofilen der ghanaischen Bodenaufnahme (Tab. 5.6.8), deren produktionsbiologische Eigenschaften als Pflanzenstandorte durch 38 Profilmerkmale gekennzeichnet sind (vgl. ADU 1969). Diese Merkmale werden als Steuerfaktoren der pflanzlichen Produktion angesehen und zur Klassifizierung der Bodenprofile herangezogen.

Tab. 5.6.8 Zuordnung der Bodenprofile nach der FAO - Bodenklassifikation

Profil-nummer	Bodentyp	Profil-nummer	Bodentyp
1	Solodic Planosol	24	Eutric Fluvisol
2	Petric Luvisol	25	Plinthic Luvisol
3	Eutric Fluvisol	26	Plinthic Luvisol
4	Plinthic Luvisol (Zweischichtprofil)	27	Plinthic Luvisol
5	Eutric Fluvisol (Mehrschichtprofil)	28	Plinthic Luvisol
6	Vertic Fluvisol	29	Plinthic Luvisol
7	Gleysol	30	(Dystric) Fluvisol
8	Eutric Gleysol	31	Plinthic Luvisol
9	Ferric Luvisol	32	(Petro-)Ferric Luvisol
10	(Eutric) Lithosol	33	Plinthic Luvisol
11	Ferric Luvisol	34	Dystic Gleysol
12	Eutric Fluvisol	35	Petroferric gleyic Luvisol
13	Vertic Planosol (Zweischichtprofil)	36	Plinthic geleyic Luvisol
14	Ferric Luvisol	37	Ferric Cambisol (Zweischichtprofil)
15	(Chromic) Vertisol (Mehrschichtprofil)	38	Plinthic gleyic Luvisol
16	Luvic Cambisol (Mehrschichtprofil)	39	Dystic Gleysol
17	Gleyic Luvisol	40	Eutric Fluvisol
18	Gleyic Luvisol	41	Gleyic Luvisol (Zweischichtprofil)
19	Eutric Lithosol	42	Dystic Fluvisol
20	Eutric Cambisol	43	Dystic Fluvisol
21	Plinthic Luvisol	44	Ferric Cambisol (Zweischichtprofil)
22	(Euthric) Lithosol	45	Pertoferric luvic Cambisol
23	Gleyic Fluvisol	46	Eutric Cambisol

Tab. 5.6.9 Verwendte Merkmale

Merkmalsnummer	Merkmal	Merkmalsnummer	Merkmal
1	Hangneigung	20	Kationenaustauschkapazität (KAK) [2]
2	Anzahl der A-B-Subhorizonte	21	austauschbares Ca [2]
3	Horizontmächtigkeit [1]	22	austauschbares Mg [2]
4	Korngröße > 2 mm [1]	23	austauschbares Mn [2]
5	organischer Kohlenstoff (org.C) [1]	24	austauschbares K [2]
6	pH [1]	25	austauschbares Na [2]
7	Phosphor (P) [1]	26	Summe austauschbarer Basen (SAB) [2]
8	Kationenaustauschkapazität (KAK) [1]	27	Horizontmächtigkeit [3]
9	austauschbares Ca [1]	28	Korngröße > 2 mm [3]
10	austauschbares Mg [1]	29	organischer Kohlenstoff (org. C) [3]
11	austauschbares Mn [1]	30	pH [3]
12	austauschbares K [1]	31	Phosphor (P) [3]
13	austauschbares Na [1]	32	Kationenaustauschkapazität (KAK) [3]
14	Summe austauschbarer Basen (SAB) [1]	33	austauschbares Ca [3]
15	Horizontmächtigkeit [2]	34	austauschbares Mg [3]
16	Korngröße > 2 mm [2]	35	austauschbares Mn [3]
17	organischer Kohlenstoff (org. C) [2]	36	austauschbares K [3]
18	pH [2]	37	austauschbares Na [3]
19	Phosphor (P) [2]	38	Summe austauschbarer Basen (SAB) [3]

Die produktionsbiologische Relevanz der verwendeten Bodenvariablen ist in der pedologischen Literatur (vgl. MOHR, VAN BAREN & VAN SCHUYLENBORGH 1972 und SCHACHTSCHABEL et al. 1989) ausführlich beschrieben. Daher mag es hier genügen, einige wesentliche Aspekte stichwortartig zu skizzieren:

a) Hangneigung am Profilstandort: Steuerfaktor für Verlagerungs- und Abtragungsprozesse, damit Zu- und Abfuhr von Nährstoffen und Bodenmaterial usw.;

b) Horizontdifferenzierung (Anzahl der A- und B-Subhorizonte) und Horizontmächtigkeit: zur Kennzeichnung des Entwicklungszustandes der im Untersuchungsgebiet flächenhaft verbreiteten Böden und damit der potentiellen Freisetzung von Nährstoffen aus dem Ausgangsgestein;

c) Fraktion < 2 mm: Steuerfaktor physikalischer Eigenschaften wie Infiltrations- und Feldkapazität, potentielles Adsorptionsvermögen, Durchlüftung usw.;

d) organischer Kohlenstoff: Maß für den Gehalt an organischem Material als Austauscher und Steuerfaktor für Aggregatgefüge und Feldkapazität;

e) pH: Steuerfaktor der Nährstoffverfügbarkeit, Maß der Auswaschung von Nährstoffen und der Kationenbelegung;

f) Phosphor (total): innerhalb gewisser Grenzen Maß für pflanzenverfügbaren Phosphor;

g) Kationenaustauschkapazität: Maß für die Verfügbarkeit von Pflanzennährstoffen;

h) - k) austauschbares Calcium, Magnesium, Mangan, Kalium, Natrium: Nährstoffreserve;

m) Summe austauschbarer Basen: angenähertes Maß für den Entwicklungsgrad des Bodens.

Die Daten entstammen für die unter b) bis m) genannten Merkmale den drei obersten Bodenhorizonten der betreffenden Profile[1]. Die Auswahl von drei Horizonten richtet sich nach der mittleren Wurzeltiefe von Kulturpflanzen und ist als ja-nein-Gewichtung bei der Merkmalsauswahl anzusehen[2].

Ergebnisse der Biplot-Analyse

Die Abbildungen 5.6.7 - 5.6.9 zeigen die Biplots der Bodenprofile. Die Variablen (Bodenmerkmale) sind wieder als Vektoren dargestellt, die Bodenprofile (Merkmalsträger) durch die Endpunkte der Vektoren gekennzeichnet. Für die Erhellung der Datenstruktur und die Darstellung von Standardabweichungen und Korrelationen der Variablen (Spaltenvektoren) sowie Abstandsmaßen der Bodenprofile (Zeilenvektoren) ist es zweckmäßig, zunächst das Biplot der spaltenzentrierten Matrix zu betrachten (Abb. 5.6.7).

Die hohe Approximationsgüte dieses Biplots (98,9 %, d.h. nur 1,1 % der Gesamtvariation werden nicht durch das Biplot repräsentiert) resultiert vornehmlich aus den Steuerungsanteilen der Variablen P 1-2-3 (zusammen 99,5 %). Die Variation der restlichen Variablen wird fast gänzlich unterdrückt. Das Biplot beschreibt somit nur die relative Höhe der P 1-2-3-Werte für die einzelnen Profile, wobei deren vertikale Anordnung wachsenden P 3-Werten (Vektor 31) entspricht. Approximierte Werte für diese Variable ergeben sich als die orthogonalen Projektionen der Profile auf diesen Vektor. Entsprechend horizontal gestaffelt sind die Profile aufgrund des Einflusses der P 2-(Vektor 19), vor allem aber der P 1-Werte (Vektor 7).

Im einzelnen: Unterhalb der negativen X-Achse im Bereich [-0.5,0]x[-0.05,-1] liegen die Profile mit unterdurchschnittlichen P 1-2-3-Werten. Die Profile oberhalb von Y = -0.05 weisen überdurchschnittliche Phosphor-Werte in mindestens einem der drei Horizonte auf. Die links neben der positiven Y-Achse gestaffelten Profile 1, 40, 15, 6 und 4 weisen unterdurchschnittliche P 2-3-Werte auf, entsprechend ihrer Lage zu den Vektoren 19 und 31. Die in der Nähe der positiven Y-Achse liegenden Profile 7, 17, 39 und 42 sind durch hohe P 1-2-Werte,

---

1 Bei den Profilen 10, 14, 19 und 22 sind weniger als drei A-B-Subhorizonte ausgebildet (Mächtigkeit < 25 cm). In diesen Fällen wurden die nächsten C-Subhorizonte in die Klassifizierung miteinbezogen.

2 Mit Ausnahme des pH-Merkmals liegen sämtliche Merkmale auf dem Meßniveau der Ratioskala. pH ist auf der Intervallskala meßbar.

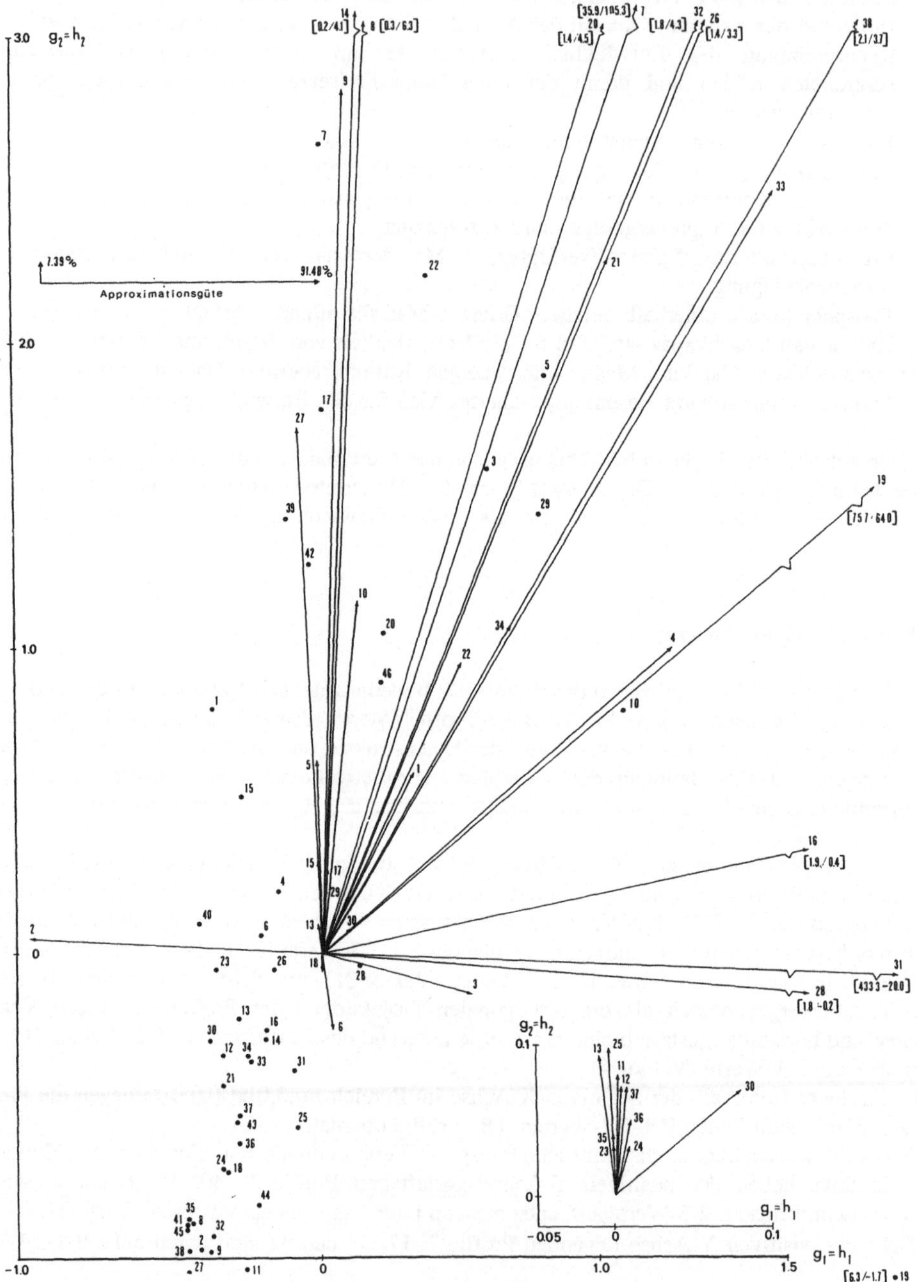

Abb. 5.6.7 Biplot spaltenzentrierter Merkmale

aber unterdurchschnittliche P 3-Werte gekennzeichnet. Bei den im Bereich des Ursprungs liegenden Profilen handelt es sich um solche mit unterdurchschnittlichem P 1-Wert und überdurchschnittlichem P 2-(Profil 26) bzw. P 2-3-Wert (Profil 28). Die Lage der überdurchschnittliche P 1-2-3-Werte aufweisenden Profile 46, 20, 22, 3, 5, 29 und 10 oberhalb der positiven X-Achse ist in Richtung dieser Achse durch zunehmende P 3-Werte bestimmt. Ein extrem hoher P 3-Wert ist für die isolierte Lage des Profils 19 im Biplot verantwortlich.

Die hohe Varianz der P-Werte spiegelt die unterschiedlichen Mechanismen der organischen und anorganischen Phosphatfestlegung und -freisetzung wider. Die Staffelung der Profile im Biplot ist genetisch folgendermaßen zu begründen: Profile 1, 40, 15, 6 und 4 sind durch P-Abfuhr in der Reduktionsphase gekennzeichnet. Profile 7, 17, 39 und 42 repräsentieren Böden, bei denen durch Akkumulationstätigkeit der Flüsse rezent organische Phosphate zugeführt werden, die in den oberen, gut durchlüfteten Teilen stabil sind, in den unteren Teilen durch Vergleyung abgeführt werden.Die Profile 26 und 28 sind charakterisiert durch eine geringe, vegetationsbedingte P-Abfuhr aus dem oberen Profilteil. Im Bereich des gut durchwurzelten oberen Profilteils erfolgt phytogene P-Abfuhr, überdurchschnittliche P-Werte im unteren, weniger gut durchlüfteten Profilteil resultieren aus einer Fe-Fixierung. Die Profile 46, 20 und 22 stellen entwicklungsgeschichtlich jüngere Böden dar, bei denen infolgedessen die Basenabfuhr und die P-Abreicherung noch am Anfang steht. Bei den Profilen 3 und 5 liegt unter Bezug auf differenzierende Merkmale eine entwicklungsgeschichtlich ähnliche Situation vor wie bei den vorgenannten; es handelt sich um Eutric Fluvisols. Profil 29 (Plinthic Luvisol) nimmt insofern eine Sonderstellung ein, als es seine Stellung bei eindeutigen Luvisol-Charakter einer sekundären Überprägung in Richtung Eutrophierung verdankt. Sie drückt sich in überdurchschnittlichen pH- und S-Werten, vor allem in ungewöhnlichen Ca- und Mg-Konzentrationen in allen Profiltiefen aus. Profil 10 zeichnet sich in allen Profiltiefen durch überdurchschnittliche P-Werte als Eutric Lithosol aus aufgrund seiner Genese aus einem phosphorreichen Granit. Diese Situation findet sich bei Profil 19 in gesteigertem Ausmaß wieder.

Da im spaltenzentrierten Biplot (Abb. 5.6.7) die Streuungsanteile des Phosphatgehaltes (Variable P 1-2-3) einseitig das Bild prägen, empfiehlt es sich, zusätzlich das Biplot standardisierter, d.h. durch gleiche Trenneigenschaften ausgezeichneter Merkmale heranzuziehen. Die Approximationsgüte dieses Biplots ist mit 52,1 % allerdings unzureichend. Daher wird im folgenden ein dreidimensionales Biplotmodell zugrunde gelegt, dessen Approximationsgüte 61,1 % beträgt. Abbildung 5.6.8 zeigt die Projektion auf die X-Y-Ebene, die dem üblichen Biplot entspricht. Während die Projektion auf die X-Z-Ebene (Abb. 5.6.9) Informationen über die Abstände der Punkte (Bodenprofile) und Vektoren (Bodeneigenschaften) von der X-Y-Ebene liefert. Das dreidimensionale Modell erlaubt somit einen differenzierteren Einblick in die Datenstruktur, wobei allerdings die immer noch recht geringe Approximationsgüte berücksichtigt werden muß.

Das Biplot der Rang 3-Approximation zeigt eine deutliche Gruppenstruktur der Bodenprofile: In der X-Y-Ebene liegen in Richtung der positiven X-Achse die Profile 3, 5, 6, 15 und 22 deutlich separiert, wobei Profil 15 eine extrem abseitige Lage aufweist. Die Profile sind durch hohe überdurchschnittliche Werte auf den in ihre Richtung weisende Merkmalsvektoren gekennzeichnet. Im Bereich der negativen Y-Achse sind die Profile 7, 17, 39 und 42 als eine Gruppe anzusehen. Sie befinden sich in Richtung der Merkmale Mn 1-2-3 (Vektoren 11, 23, 35). Weit oberhalb der X-Y-Ebene liegt in Richtung der positiven Z-Achse die Gruppe der Profile 4, 14, 19 und 29. Auf sie weisen die Vektoren der Merkmale Korngröße 1-2-3 (Vektoren 4, 16, 28) sowie P 3 (Vektor 31). Oberhalb und unterhalb der X-Y-Ebene gruppieren sich im Bereich des Ursprungs und entlang der negativen X-Achse die Profile mit überwiegend unterdurchschnittlichen Merkmalsausprägungen (vgl. auch das Biplot spaltenzentrierter Merkmale). Deutlich abgetrennt sind in diesem Bereich die Profile 1, 13, 21, 28, 36 und 46.

Aus der räumlichen Verteilung der Bodenprofile im Biplot lassen sich somit fünf Gruppierungen feststellen:

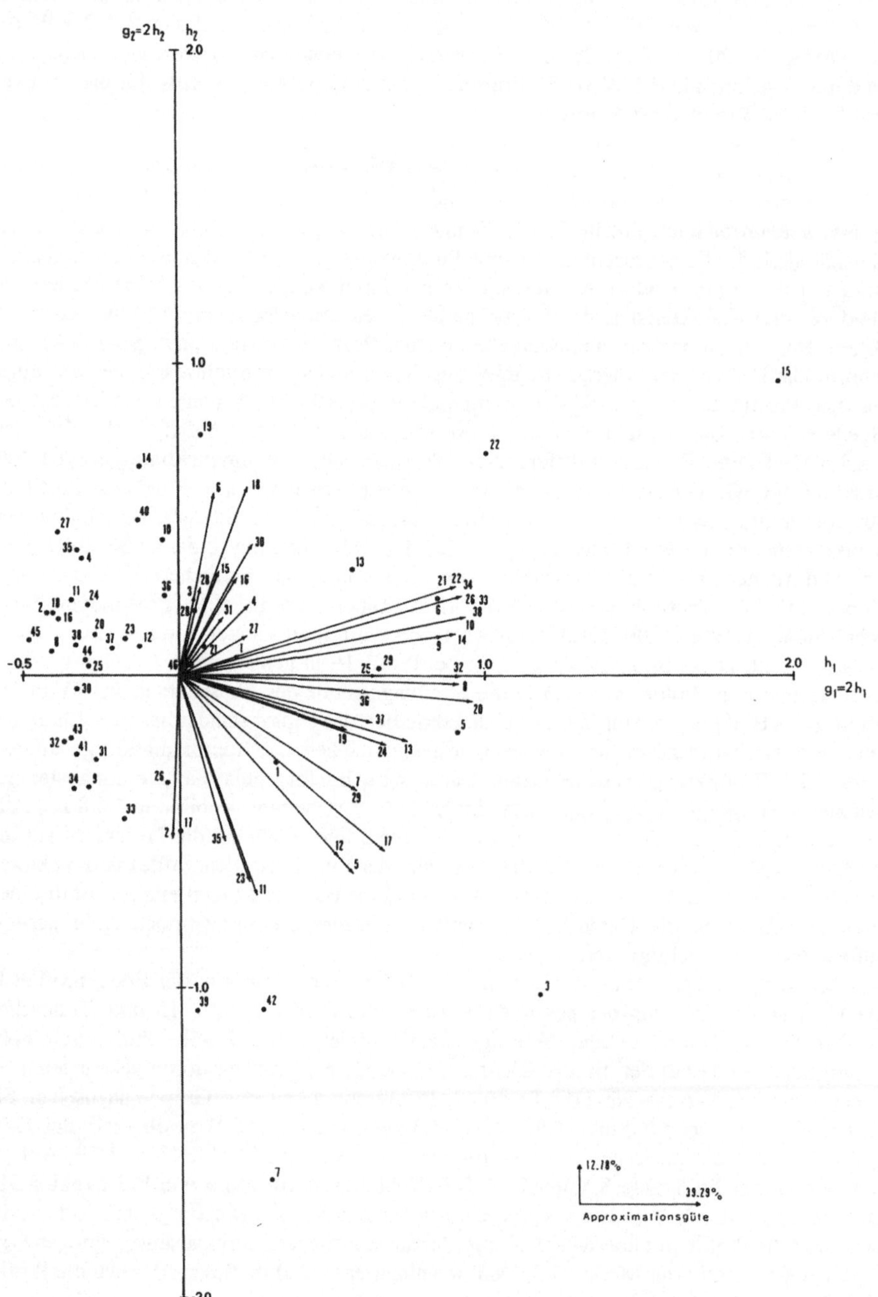

Abb. 5.6.8 Biplot standardisierter Merkmale (1. und 2. Komponente)

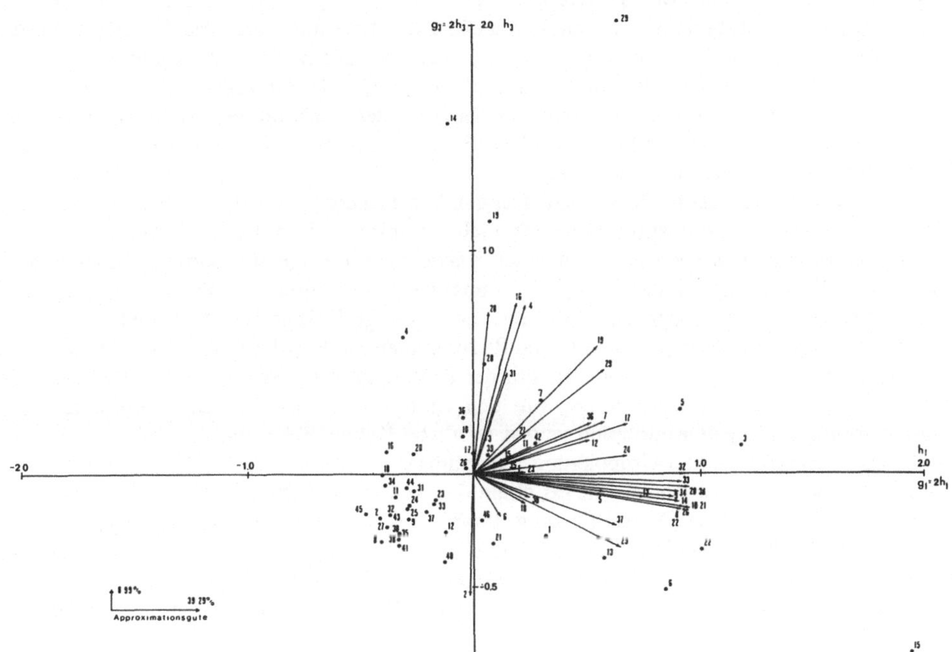

Abb. 5.6.9 Biplot standardisierter Merkmale (1. und 3. Komponente)

Biplot-Gruppierungen	Bodenprofile
I	2, 8, 9, 11, 16, 18, 20, 23, 24, 25, 27, 30, 31, 32, 33, 34, 35, 37, 38, 41, 43, 44, 45
II	1, 13, 21, 28, 36, 46
III	4, 14, 19, 29
IV	3, 5, 6, 15, 22
V	7, 17, 39, 42

Nicht eindeutig zuordnen lassen sich die Profile 10, 12, 26 und 40. Die Nähe zur Gruppierung I ist allenfalls optisch vorhanden. Sie werden deshalb dort nicht aufgeführt. In Anbetracht des Charakters der Biplot-Technik als heuristisch geprägtes Verfahren ist diese Tabelle der Biplot-Gruppierungen nur ein möglicher Klassifizierungsversuch und wird nicht als absoluter Maßstab zur Beurteilung der Klassifizierungsverfahren verwendet. Trotz dieser Einschränkungen liefert die Biplot-Technik wertvolle Hinweise zur Überprüfung der unten gegebenen Ergebnisse von Klassifizierungsverfahren an der gegebenen Datenstruktur.

Beurteilung der Klassifizierungsergebnisse

Zur vergleichenden Klassifizierung der Bodenprofile werden die Verfahren single, complete und average linkage sowie centroid sorting, median grouping und WARD's method herangezogen. Deren in Dendrogrammform als Hierarchien von Klassen darstellbaren Ergebnisse werden maßgeblich durch die Struktur des jeweiligen Algorithmus sowie das jeweils zugrundegelegte Unähnlichkeits- bzw. Ähnlichkeitsmaß für Objekte oder Klassen bestimmt. Problematisch ist bei allen Verfahren jedoch die Festlegung der Gruppenzahl; denn sie enthalten kein brauchbares Kriterium, mit dessen Hilfe entschieden werden kann, welche Gruppenanzahl als "richtig" anzusehen ist. Das (hier nicht wiedergegebene) Dendrogramm der single-linkage Klassifizierung zeigt das für dieses Verfahren typische chaining. Zunächst wird eine Klasse aus den Elementen der Biplot-Gruppierung I (einschließlich Profil 40) gebildet, an die dann die Mitglieder der Gruppierungen II, III, V, und IV sowie die Profile 10, 12 und 26 sukzessiv angehängt werden. Anhand des Dendrogramms ist keine Klassenstruktur feststellbar. Als letztes wird Profil 15 der zentralen Klasse zugeordnet, worin seine Ausreißerstellung zum Ausdruck kommt.

Bei complete linkage ist eine Klassenstruktur deutlich ausgeprägt, die den im Bilpot erscheinenden Zusammenhängen der Datenstruktur jedoch nicht entspricht. Zum Beispiel: Die Mitglieder der Biplot-Gruppierung II werden nicht zu einer Klasse zusammengefaßt, sondern anderen Klassen zugeordnet. Die Ausprägung der Gruppe I ist unsauber und schließt die Profile 21, 46, 36, 28, 1 (Gruppierung II) und 4 (Gruppierung III) mit ein. Average linkage bildet ebenfalls eine zentrale Klasse aus. Einige Profile der Gruppierungen II (zusammen mit Profil 40) und V werden in kleineren Nebenklassen zusammengefaßt, bevor sie mit der Zentralklasse fusioniert werden. Insgesamt ergibt sich auch hier keine Übereinstimmung mit den Biplot-Gruppierungen. Die Dendrogramme von centroid sorting und median grouping zeigen deutliche Ketteneffekte und Inversionen. Bei beiden Verfahren ist lediglich Biplot-Gruppierung I erkennbar.

Im Lichte der Biplot-Ergebnisse liefert allein das WARD-Verfahren (Abb. 5.6.10) eine von der Datenstruktur her akzeptable Klassifizierung. Profil 15 wird erst auf höherer Aggregationsstufe der Gruppe IV zugeschlagen und muß deshalb als eigene Klasse (6) angesehen werden, worauf schon seine abseitige Lage im Biplot hinweist. Insgesamt ergeben sich sechs Klassen von Bodenprofilen, deren produktionsbiologische Standorteigenschaften im folgenden näher beschrieben werden.

Beschreibung der WARD-Klassifizierung

In Klasse 2, welche die Profile 1, 13, 21, 28, 36 und 46 umfaßt, sind Profile zusammengefaßt, die hinsichtlich der Variablen Hangneigung, Na 1-2-3, Horizontmächtigkeit 2-3, Korngröße 3 und pH 3 inhomogen sind (Kriterium: Streuungsanteil > 3,5 %). Darin spiegelt sich die Tatsache, daß diese Klasse in Becken- und Hanglage entstandene Planosole und Luvisole enthält. Für die Planosole ergeben sich daraus eine hohe Variabilität und zugleich ein hoher Mittelwert des Na- und Ca-Gehaltes, für alle Profile beträchtliche Unterschiede in der Horizontmächtigkeit, der Korngröße (sedimentäre Schichtigkeit ist beispielsweise bei Profil 4 und 13 vorhanden) und dem pH-Wert. Umgekehrt folgt aus dem gleichen Grund, daß die tieferen Profilteile hinsichtlich der P- und Mn-Werte recht homogen sind und das gleiche gilt für die Mächtigkeit des A-Horizontes, seine KAK und seinen K-Gehalt (Kriterium: F-Ratio < 0,2).

Klasse 3 umfaßt die Profile 3, 14, 19 und 29 und besteht aus Ferric und Plinthic Luvisols sowie einem Eutric Lithosol (Profil 19). Ihre singuläre Lage im Biplot oberhalb der X-Y-Ebene resultiert daraus, daß sie als einzige einen nennenswerten Feinkiesanteil aufweisen. Die Luvisole sind in Hanglage zur Ausbildung gekommen und erfuhren Umlagerungsprozesse im oberen Profilteil, woraus sich die für die Klassenzuweisung wesentliche Homogenität folgender Variablen erklärt (Kriterium: F-Ratio < 0,2): org. C1, KAK 1, Mn 1-2-3. Die geringe Varianz der Merkmale Horizontmächtigkeit 2, pH 2-3, Ca 2, Mg 2, Na 2-3 und SAB 2 ist umgekehrt Ausdruck der Tatsache, daß die tieferen Profilteile von diesem Kappungsprozeß unberührt geblieben sind. Sie spiegeln daher die relative Einheitlichkeit der primären Luvisol-Pedogenese wider. Der geringe Streuungsanteil des Mn in allen drei erfaßten Profilabschnitten resultiert daraus, daß es infolge relativ guter Durchlüftung auch im Unterboden nicht zu einer Mn-Abfuhr unter reduzierten Bedingungen gekommen ist. Der vom Typ und Habitus abweichende Lithosol ist aufgrund seines hohen lithogenetisch bedingten P-Gehaltes Klasse 3 zugeschlagen worden.

Klasse 4 besteht aus den Profilen 3, 5, 6 und 22 und weist eine hohe Varianz (Kriterium: Streuungsanteil > 3,5 %) hinsichtlich der Merkmale Hangneigung, Anzahl der A-B-Subhorizonte,

Abb. 5.6.10 Dendrogramm - WARD's method-Klassifizierung

Horizontmächtigkeit 1-2, org. C 1-2, Mn 1-2-3, K1-2-3 und Na 2-3 auf. Dieser Sachverhalt ist durch die typologische Stellung und das relativ geringe Entwicklungsalter bedingt; Profile 3, 5 und 6 sind Eutric bzw. Vertic Fluvisols, Profil 22 ist ein entwicklungsgeschichtlich junger Eutric Lithosol. Bei Fluvisolen wird die Bodenentwicklung rhythmisch oder episodisch durch Sedimentations- bzw. Erosionsprozesse unterbrochen, was die beträchtlichen Schwankungen in Zahl und Ausbildung der A- und B-Subhorizonte ebenso erklärt wie die höhere Streuung an organischem C und basisch reagierenden Kationen in allen erfaßten Horizonten. Die mit der Fluvisol-Bildung in unterschiedlichem Maße verknüpfte Gleydynamik erklärt ferner die unterschiedlichen Mn-Gehalte in allen Horizonten. Die überdurchschnittlichen hohen Mittelwerte (> 1s) der Variablen P 1-2, KAK 1-2-3, Mg 1-2-3, K 1-2-3, org. C1, Ca 2-3, Na 2-3 und SAB 1-2-3 spiegeln ebenfalls die aufladungsbedingte Fluvisol-Dynamik wider, die für einen ständigen Nachschub organogenen und anorganischen Phosphors, von C und basisch reagierender Kationen sorgt. In Abhängigkeit von der Sorptionskapazität der Kationen werden Mg und K bevorzugt im Oberboden, Ca und Na vorzugsweise in tieferen Horizontteilen angereichert.

Klasse 5 besteht aus den Profilen 7, 17, 39 und 42, einem Gleysol, Gleyic Luvisol, Dystric Gleysol und Dystric Fluvisol. Durch rezente Akkumulationstätigkeit der Flüsse wird ihnen organisches Phosphat zugeführt (Maximum P 1), das in den unteren Profilteilen durch Vergleyung wieder abgeführt wird. Diese sich in starken Schwankungen des Kapillarsaumes äußernde Gleydynamik verursacht auch für die Klassenzuweisung wesentliche Varianz des Mn-Gehaltes in allen Horizonten sowie die Schwankungen der Mächtigkeit und des K-Gehaltes des Oberbodens (Kriterium: Streuungsanteil > 3,5 %). Umgekehrt wird aus dem gleichen Grund die ausgeprägte Homogenität bezüglich der Variablen pH 1-2-3, KAK 1-2, SAB 1-2-3, P 2-3 und Ca 2-3 verständlich (Kriterium: F-Ratio < 0,2).

Profil 15, das als Chromic Vertisol eine eigene Klasse 6 bildet, verdankt seine Sonderstellung seiner sedimentären Inhomogenität. D.h. es hat sich vermutlich aus dem Basalteil eines unter feuchteren Vorzeitklimaten entstandenen Luvisols nach Überdeckung mit einer gröber textuierten Deckschicht entwickelt. Dies bedingt, daß die Werte verschiedener Variablen sehr hohe Abweichungen vom Mittelwert aufweisen. So liegen die Korngröße 2-3, org. C 1-2-3, Na 2-3, pH 3 eine Standardabweichung , pH 1-2 zwei Standardabweichungen und KAK 2-3, Ca 3, Mg 3 sowie SAB 3 drei Standardabweichungen über dem Gesamtmittel. Insbesondere die mit Spitzenwerten verknüpften, vier bzw. fünf Standardabweichungen über dem Gesamtmittel liegenden Werte der Variablen Mg 1-2, Na 1, Ca 1-2, SAB 1-2 und KAK 1 sind charakteristisch für eine solche, auf basischem Ausgangsgestein unter arideren Bedingungen ablaufende Pedogenese.

Klasse 1 faßt pedogenetisch recht unterschiedliche Bildungen zusammen. Sie ist inhomogen bezüglich der Merkmale Anzahl der A-B-Subhorizonte, Horizontmächtigkeit 1-2-3, K 1, pH 1-2-3, Mn 2-3 (Kriterium: Streuungsanteil > 3,5 %) und homogen bezüglich der Merkmale org. C 1-3, KAK 1-2-3, Ca 1-2-3, Mg 1-2-3, Mn 1, Na 1-2-3, SAB 1-2-3, K 2-3, P 3 (Kriterium: F-Ratio < 0,2). Die Mittelwerte sämtlicher Variablen mit Ausnahme der Anzahl der A-B-Subhorizonte und pH 1-2 liegen unter dem Gesamtmittel, so daß sich diese Klasse grundsätzlich von den Klassen 2 bis 6 durch das weitgehende Fehlen von Spitzenwerten produktionsbiologisch wesentlicher Bodeneigenschaften unterscheidet.

Anmerkungen zur Diskriminanzanalyse

Abschließend ist zu begründen, warum in den oben zusammengefaßten Untersuchungen darauf verzichtet wurde, die unabhängige Überprüfung von Klassifizierungen mittels des Biplot-Verfahrens mit Verfahren zu vergleichen, die die Diskriminanzanalyse nutzen. Biplot-Verfahren und Diskriminanzanalyse liegen unterschiedlichen Modellanahmen zugrunde und werden mit anderer Zielsetzung eingesetzt. Grundsätzlich wird im Falle der Diskrimanzanalyse davon ausgegegangen, daß die zugrundeliegende Gruppenstruktur, d.h. Mittelwerte und Streuungsmatrizen der Gruppen, bekannt ist. Darüber hinaus sollen sich die Gruppen nur durch ihre Mittelwertvektoren unterscheiden.

Die Diskriminanzfunktionen werden durch diese Gruppenparameter festgelegt. Es existiert daher kein theoretisch abgesichertes Konzept, um allein mit Hilfe der Diskriminanzanalyse Gruppen aufzufinden; ein Einsatz zur "Verbesserung" von Klassifizierungsergebnissen - obgleich in der Literatur zum Teil praktiziert - scheidet ebenfalls aus.

Als deskriptives Hilfsmittel zur Gruppendiagnose vermag die Diskriminanzanalyse allenfalls Aufschluß darüber zu geben, welche Variablen zur Beschreibung einer angegebenen Gruppenstruktur geeignet sind. Inwieweit diese Gruppenstruktur einer tatsächlich vorhandenen entspricht, läßt sich aber nicht feststellen, da die Diskriminanzanalyse darauf ausgerichtet ist, optimale Trennfunktionen zwischen vorgegebenen Gruppen zu finden. Das Biplot verlangt dagegen keine a priori-Kenntnisse über die Gruppenstruktur; die Überprüfung der Klassifizierungsergebnisse mit Hilfe dieses Verfahrens ist somit tatsächlich unabhängig, was von der Diskriminanzanalyse nicht behauptet werden kann.

Literatur

ADU, S.V. (1969): Soils of the Navrongo-Bawku Area, Upper Region, Ghana. Soil Research Institute Memoir 5, Kumasi

BEILKE, S. (1980): Luftchemisches Verhalten von SO_2. In: Luftchemisches Verhalten anthropogener Schadstoffe. Ergebnisse der Arbeitsgruppe "Luftchemie" in der VDI-Kommission Reinhaltung der Luft, 12-24

CORMACK, R.M. (1971): A review of classification. Journal of the Royal Statistical Society, Series A 134, 321-367

FLEISCHHAUER, W.J., SCHÜTZE, W. & ZEISE, R. (1983): Ausbreitung und Immissionshöhe von Schadstoffen aus Kohlekraftwerken in Abhängigkeit von der Schornsteinhöhe. Luftverunreinigung 1983, 1-6

FRÄNZLE, O. (Hrsg.) (1986): Geoökologische Umweltbewertung.- Kieler Geographische Schriften 64

FRÄNZLE, O. (1993): Contaminants in Terrestrial Environments.- Springer, Heidelberg.

KUTTLER, W. (1983): Zum Ausmaß der Schwefelablagerung im Ruhrgebiet. Bericht zur deutschen Landeskunde 57, 143-154

MOHR, E.C.J., VAN BAREN, F.A. & Van SCHUYLENBORGH, J. (1972): Tropical soils. 3. Aufl. The Hague - Paris - Djakarta (Monton - Ichtiar - Barn - van Hoeve).

SCHACHTSCHABEL, P., BLUME, H.-P., BRÜMMER, G., HARTGE, K.-H., SCHWERTMANN, U. (1989): Lehrbuch der Bodenkunde.- Enke, Stuttgart

SCHLADOT, J.D. & NÜRNBERG, H.W. (1982): Atmosphärische Belastung durch toxische Metalle in der Bundesrepublik Deutschland. Emission und Deposition. Berichte Kernforschungsanlage Jülich Nr. 1776

WARD, J.H. (1963): Hierachical grouping to optimize an objective function. Journal of the American Statistical Association 58, 236-244

5.7 Flächenhafte Ableitung der Klimaparameter Niederschlag und Temperatur mittels geostatistischer Verfahren

Uwe Heinrich

Allgemeines

Mittels geostatistischer Methoden wird die räumliche Differenzierung der Klimaelemente Niederschlag und Temperatur für den Bereich der EG-Staaten analysiert. Die theoretischen Grundlagen für die hier eingesetzten Verfahren sind in Kapitel 4.7 beschrieben. Es wurden die Klimaelemente Niederschlag und Temperatur als Beispiel gewählt, da zum einen die Datengrundlage (s.u.) allgemein zugänglich ist und zum anderen jeder eine Vorstellung über ihre großräumige Verteilung hat. Daneben weisen die beiden Parameter in geostatistischer Hinsicht unterschiedliches Verhalten auf, das eine jeweils differenzierte Vorgehensweise erfordert und somit die Notwendigkeit einer eingehenden Prozeß- und Datenanalyse unterstreicht.

Die in ökologischen Untersuchungen verwendeten Variablen lassen sich u.a. in Standorts-Nutzungs- und Wirkungsvariablen kategorisieren. Die Wirkung ist dabei eine Funktion der Standortempfindlichkeit und der realisierten Nutzung. Klima-Parameter gehen dabei meist als Kennzeichnung der Standortcharakteristik ein. Sie können aber auch, so etwa bei Untersuchungen zu Klimaveränderungen ("global change"), als Wirkungsvariable auftreten. Im allgemeinen haben ökologisch relevante Daten immer einen Flächenbezug. Dieser kann in Abhängigkeit von Fragestellung, Genauigkeitsansprüchen, Vorwissen, zur Verfügung stehenden Mitteln der Datenbeschaffung oder Methodenentwicklung hergestellt werden. Will man etwa die flächenhafte Belastung durch atmosphärische Einträge ermitteln, kann man diese durch Ausbreitungsmodelle, Bewertungsmodelle, geostatistischen Verfahren oder einer Kombination aus diesen abschätzen. In Modelle fließt im allgemeinen sehr viel Vorwissen ein, und sie erfordern häufig zusätzliche Variablen. Geostatistische Verfahren beziehen die Informationen über des räumliche Ausbreitungsverhalten der Zielvariablen aus den Daten selbst. Eine genügende statistische Absicherung ist auf möglichst viele Meßwerte angewiesen. Der Flächenbezug ökologisch relevanter Daten wurde mit geostatistischen Verfahren hergestellt für:

- mittlerer Jahresniederschlag in Schleswig-Holstein (HEINRICH 1988),
- atmosphärische Einträge in Schleswig-Holstein (ZÖLITZ-MÖLLER et al. 1991),
- Niederschlag und atmosphärische Einträge in Schleswig-Holstein (REICHE 1992),
- Grundwasserbeschaffenheit in Hessen (SCHULZ 1986),
- Geomorphologie in Großbritannien (OLIVER & WEBSTER 1986),
- Saurer Niederschlag im Osten der USA (FINKELSTEIN 1984),
- geochemische Daten im Grundwasser in Teilgebieten der USA (MYERS et al. 1982),
- Nitratgehalt von Baumwollpflanzen auf Ackerniveau (TABOR et al. 1984),
- bodenchemische Werte für Hawaii (YOST et al. 1982) sowie
- Düngeroptimierung in der Landwirtschaft auf Ackerniveau (WEBSTER & OLIVER 1989).

Für geostatistische Anwendungen ist der für die vorliegende Untersuchung gewählte Raumausschnitt, die 12 EG-Staaten, ist sicherlich untypisch groß. So werden für Distanzberechnungen in den Standardsoftwareprogrammen nur ebene, rechtwinklige Koordinatensysteme berücksichtigt, die für kleinere Ausschnitte der Erdoberfläche eine hinreichende Genauigkeit liefern. Für größere Ausschnitte ist aber die Berücksichtigung der sphärischen Trigonometrie unerläßlich. Die Anwendung geostatistischer Verfahren ist prinzipiell auf keinen bestimmten "scale", weder zeitlich noch räumlich, beschränkt. Entscheidend ist nur, wie in diesen Beispielen gegeben, daß ein Wirkungszusammenhang in dem betrachteten "scale" besteht. Der Raumbezug umweltrelevanter Fragestellungen reicht von einigen Hektar umfassenden Ökosystemen bis zu globalen Betrachtungsweisen.

Fragestellung und Datengrundlage

Im Rahmen des FE-Vorhabens "Auswahl von Referenzböden für die Chemikalienprüfung im EG-Bereich" des Umweltbundesamtes (KUHNT et al. 1991) entstand der Bedarf nach Klimaparametern für den gesamten EG-Bereich. Mit regionalstatistischen Verfahren sollte aufgrund flächendeckender Informationen zu den Parametern Bodentypen, Landnutzung, Jahresdurchschnittstemperatur und Jahresdurchschnittstemperatur repräsentative Probennahmestandorte ausgewiesen werden. Für den Boden und die Landnutzung standen analoge Karten im Maßstab 1:1 Mio. bzw 1:2.5 Mio. zur Verfügung, die auf einem engmaschigen Raster digitalisiert wurden. Das Raster wurde mit einer Maschenweite von 0.02 Grad in das geographische Koordinatensystem eingepaßt. Da für die EG keine Klimakarten diesen maßstabsbereichs in hinreichender regionaler Differenzierung vorlagen und länderbezogene Karten den Nachteil unterschiedlicher, insgesamt nicht nachvollziehbarer flächenhafter Ableitungsregeln aufweisen, wurde hier der Weg gewählt, aus punktuellen Niederschlags- und Temperaturwerten mit Hilfe geostatistischer Verfahren die Werte auf dem Digitalisieraster direkt zu schätzen. Diese Vorgehensweise gewährleistete nicht nur ein einheitliches, adäquates Ableitungsverfahren, sondern reduzierte den Datenerhebungsaufwand auf die Erfassung von Meßortkoordinaten und Meßwerten (HEINRICH 1991).

Die langjährigen Jahresdurchschnittswerte für Temperatur und Niederschlag wurden dem "World Climatic Data" von WERNSTEDT (1972) entnommen. Die darin aufgeführten Stationen repräsentieren etwa ein Fünftel der in den erfaßten Staaten existierenden Klima-stationen. Ihre Auswahl orientiert sich nach der Dauer der Datenerhebungsperiode und ihrer Repräsentativität in bezug auf die länderspezifische Variabilität. In die Berechnung gingen 1486 Stationen ein, wobei für 1406 Stationen Niederschlags- und für 897 Stationen Temperaturwerte vorlagen. Die Lage der Stationen ist in den Abbildungen 5.7.7 und 5.7.17 mit einem Stern markiert. Wie weiter unten gezeigt wird, ist dieser Datensatz hinreichend dicht, um eine flächenhafte Schätzung in der gewünschten Auflösung durchzuführen.

Hard- und Software

Die methodische Entwicklung in der Geostatistik schreitet ständig voran. So gibt es die verschiedensten Methoden der Variogrammberechnung und eine Vielzahl von Krigingverfahren. Die entsprechende Software wird in umfangreichen Geostatistikprogrammen angeboten, die allerdings auch ihren dementsprechenden Preis haben. Inwieweit die einzelnen Neuentwicklungen sinnvoll und wirklich notwendig sind, sei dahingestellt.

Gibt man sich mit den Standardlösungen zur Variogrammberechnung, Variogrammanpassung und Kriging zufrieden, dann gibt es für den Bereich der IBM-kompatiblen PCs preiswerte Alternativen:

■ Die US-Umweltbehörde EPA (Environmental Protection Agency) vertreibt das Programmpaket GEO-EAS (Geostatistical Environmental Assessment Software) als Public Domain Programm.
Anschrift: Environmental Monitoring Sytems Laboratory
P.O. Box 93478
Las Vegas NV 89193-3478
USA

■   Das Forschungsinstitut des Steinkohlebergbauvereins hat das Programmpaket GEOS-
     TAT entwickelt.
     Anschrift: Bergbau - Forschung GmbH
                               Postfach 130140
                               43 Essen 13

Beide Programmpakete sind anwenderfreundlich. Sie verfügen über eine Benutzeroberfläche und werden mit Handbuch ausgeliefert.

Eine weitere Möglichkeit besteht darin, die Programme selbst zu schreiben. Abgesehen von dem Lerneffekt, ist es für spezielle Probleme unter Umständen unumgänglich, eigene Lösungen zu entwickeln. In DAVID (1977) und JOURNEL & HUIJBREGTS (1978) sind FORTRAN-Programme zur Variogrammberechnung und Kriging enthalten. Quelltexte von neueren Entwicklungen kann man u.U. in der Zeitschrift "COMPUTER & GEOSCIENCES" finden. Von dem Programm GEO-EAS ist gegen einen relativ geringen Aufpreis auch der Quelltext erhältlich.

Geostatistische Verfahren sind z.T. auch in nicht orginär geostatistischen Programm-paketen enthalten. Dabei ist darauf zu achten, daß die Verfahren hinreichend dokumentiert sind und der Benutzer Einfluß- und Kontrollmöglichkeiten auf den Verfahrensablauf hat. Abzuraten ist von Programmen, die über eine nicht steuerbare Krigingoption verfügen und nicht nachvollziehbare Resultate liefern.

Die hier eingesetzten geostatistischen Programme sind Eigen- bzw. Weiterentwicklungen. Dies ist zum einen notwendig, um die direkte Verarbeitung geographischer Koordinaten zu ermöglichen. Bei der Größe des Untersuchungsraumes sind die Verzerrungen, die eine Projektion zwangsläufig mit sich bringt, nicht mehr zu vernachlässigen. Den Entfernungsberechnungen mittels sphärischer Trigonmetrie bei der Variogrammanalyse und beim Kriging liegt die Annahme der Erdfigur als Kugel zugrunde. Die Verfügbarkeit des Quelltextes hat den Vorteil, das Programm auf verschiedenen Rechnerplattformen ablaufen lassen zu können. In der vorliegenden Untersuchung wurden Daten- und Variogrammanalyse, bei denen die graphisch interaktive Arbeitsanteil überwiegt, auf einem PC, das sehr rechenintensive Kriging dagegen auf einem Großrechner durchgeführt.

Zur Datenaufbereitung der auf einem Raster vorliegenden Krigingergebnisse wurden diese in ein GIS (Geographisches Informationssystem) importiert. Hierfür wurde das System ARC/INFO eingesetzt. Nach Projektion der Koordinaten in das UTM-System wurden durch einfache lineare Interpolation aus dem engmaschigen Raster Isothermen bzw. Isohyeten erzeugt. Zur Darstellung wurden diese mit den Grenzen der EG-Staaten verschnitten und mit einem UTM-Gitter überlagert (Abb. 5.7.7 u. 5.7.17).

Niederschlag

Den Niederschlag als einen räumlich kontinuierlichen Prozeß zu betrachten, wie es für die hier eingesetzten geostatistischen Vefahren notwendig ist, ist erst durch die zeitliche Aggregation, in diesem Fall Aufsummierung zu Jahressummen und Mittelung langjähriger Beobachtungsreihen, möglich. Die räumliche Interpolation von diskreten Einzelereignissen, wie sich der Niederschlag bei entsprechend feiner zeitlicher Auflösung darstellen würde macht keinen Sinn.

Die empirische Häufigkeitsverteilung (Abb. 5.7.1) weist eine deutliche positive Schiefe auf. Für Meßgrößen, deren beobachteter Wertebereich durch einen absoluten Grenzwert beschränkt ist, wie hier durch den Nullwert bzw. "kein Niederschlag", ist eine asymmetrische Verteilung häufig charakteristisch. Da es sich um zeitlich aggregierte Daten handelt, gibt es in dem vorliegendem Datensatz keine Werte nahe dem Nullpunkt. Bei den ursprünglichen Messungen war der Nullpunkt natürlich als absoluter Grenzwert wirksam und setzt sich in seiner Wirksamkeit, allerdings um einen positiven Wert auf der X-Achse verschoben, bei den aggregierten Daten fort. Die empirische Häufigkeitsverteilung der logarithmierten Niederschlagswerte (natürlicher Logarithmus) folgt dagegen, mit Ausnahme der überproportional vielen Meßwerte im mittleren Wertebereich sehr gut einer Normalverteilung (Abb. 5.7.2). Im folgenden wird daher mit den transformierten Werten weitergearbeitet (Abb. 4.7.5).

Neben den Klimaelementen Niederschlag und Temperatur sowie den Koordinaten der Meßstationen wurde auch deren Höhe über NN erfaßt. Eine korrelationsanalytische Auswertung ergab in dem Gesamtdatensatz keine Längen-, Breiten-, oder Höhenabhängigkeit des Niederschlages. Daß eine u.U. zu erwartende Höhenabhängigkeit (Konvektion) oder Längenabhängigkeit (Westwinddrift) sich nicht abzeichnet, mag an der Größe ("scale") des Untersuchungsraumes liegen, so daß sich verschiedene Faktoren überlagern und sich eine Dominanz erst in einer subskaligen, regional differenzierenden Betrachtungsweise auswirkt. Es kann aber auch ein Hinweis auf ein generelles Stichprobenproblem, das der Repräsentanz, sein. Das Netz der Meßstationen ist sicher nicht auf diesen Beobachtungs-"scale" hin eingerichtet und optimiert worden. Der hier verwendete Datensatz ist bereits eine Vorauswahl durch WERNSTEDT (s.o.) und die Abbildung 5.7.7 und 5.7.17 geben nicht das volle Ungleichgewicht in der räumlichen Verteilung der Meßstationen wider. Global gesehen ist bekannt, daß gerade dort, wo die relativ höchsten Niederschläge zu erwarten, sind die wenigsten Beobachtungspunkte liegen (WEISCHET 1977). Wie bereits oben angemerkt, weist der vorliegende Datensatz ein

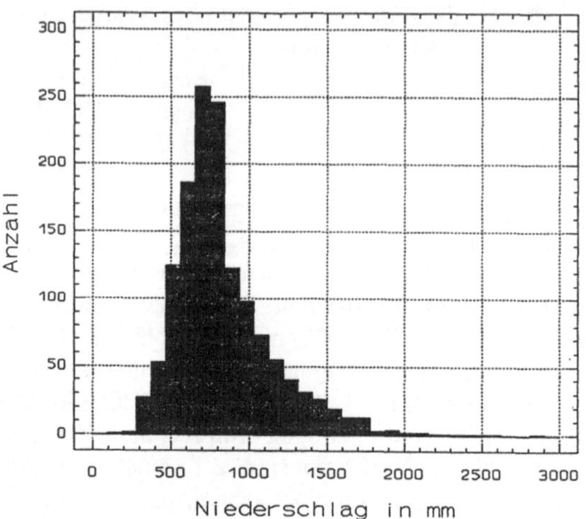

Abb. 5.7.1 Histogramm Niederschlag (n=1407).

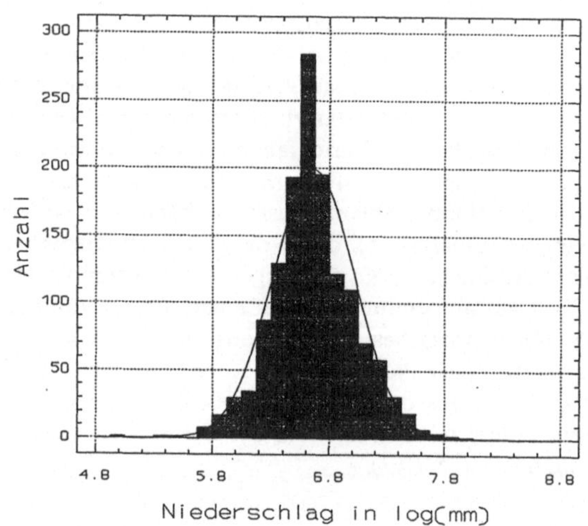

Abb. 5.7.2 Histogramm der logarithmierten Niederschlagswerte (n=1407) mit angepaßter Normalverteilung N(6.67,0.35).

zahlenmäßiges Übergewicht der mittleren Niederschlagswerte auf. Die empirischen Variogramme wurden mit 1.0-, 0.5- und 0.25-Grad-Distanzschritten berechnet (Abb. 5.7.3 - 5.7.5). Ein Grad entspricht dabei dem Meridianabstand am Äquator, also ca. 111 km. Für die Wahl der Schrittweite und der Zahl der Schritte empfehlen JOURNEL & HUIJBREGTS (1978) die Faustregel, daß der Variogrammwert jeden Schrittes auf wenigstens 50 Paaren beruht und die maximale Berechnungsdistanz die Hälfte der Ausdehnung des Untersuchungsraumes nicht überschreitet. 20 Schritte pro 1 Grad entsprechen ungefähr der Hälfte des hier betrachteten Untersuchungsraums der EG-Staaten und stellen damit die maximale Berechnungsdistanz dar. Jedes Variogramm wurde mit 20 Schritten berechnet, so daß eine Halbierung der Schrittweite jeweils eine feinere Darstellung der ersten 10 Schritte des Variogramms mit der doppelten Schrittweite darstellt. Für die Berechnung der Variogrammwerte des jeweils ersten Distanzschrittes von Abb. 5.7.5, 5.7.12 und 5.7.14 mit jeweils 0.25-Gradschritten lagen weniger als 100 Paare vor, sonst waren es mehrere hundert bzw. tausend. Eine weitere Reduzierung der Distanzschritte ist nicht möglich, da keine hinreichende Zahl von Ab-

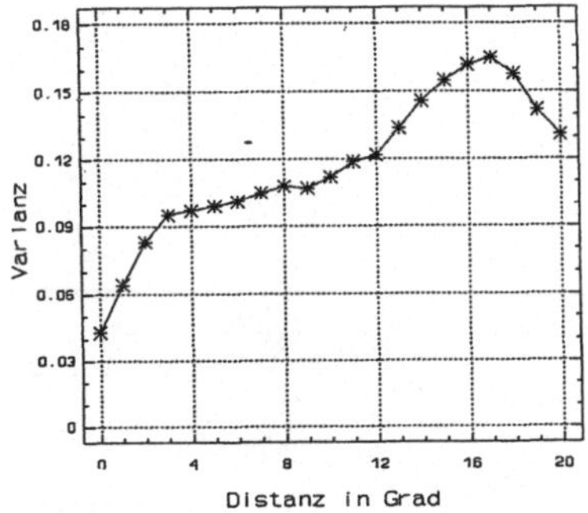

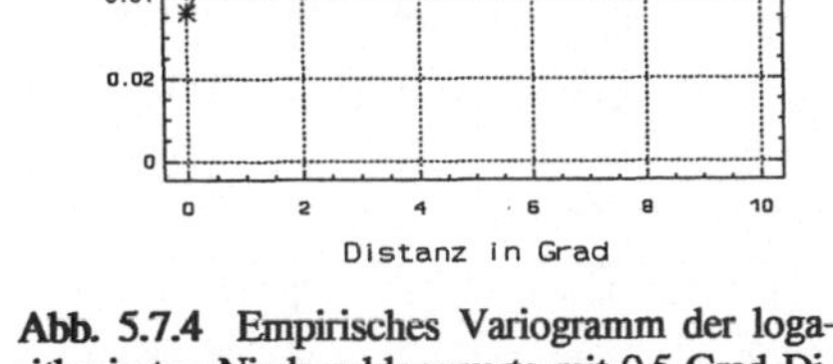

Abb. 5.7.3 Empirisches Variogramm der logarithmierten Niederschlagswerte mit 1 Grad Distanzschritten.

Abb. 5.7.4 Empirisches Variogramm der logarithmierten Niederschlagswerte mit 0.5 Grad Distanzschritten.

standspaaren zur statistisch abgesicherten Berechnung der Variogrammwerte vorliegen.

Wie die Abbildungen 5.7.3. - 5.7.5. zeigen, nehmen die Meßwertunterschiede mit zunehmender Entfernung zu, allerdings mit einem relativ hohen Nuggeteffekt. Auch bei feinster Auflösung bleibt dieser erhalten, was auf die hohe kleinräumige Variabilität des Niederschlags zurückzuführen ist. Die Messung des Niederschlags stellt bereits ein großes Problem dar. Das Ergebnis wird stark von Konstruktion und Exposition des Ausfanggefäßes beeinflußt. Nach WEISCHET (1977) wird mit den gebräuchlichen Regenmesser ein zu niedriger Wert gemessen. Der Fehlbetrag steigt zudem mit der Windexposition und liegt in der Größenordnung von mehreren Zehner-Prozenten. Die Variogrammwerte erreichen erst bei großer Distanz das Niveau der Varianz des Gesamt-

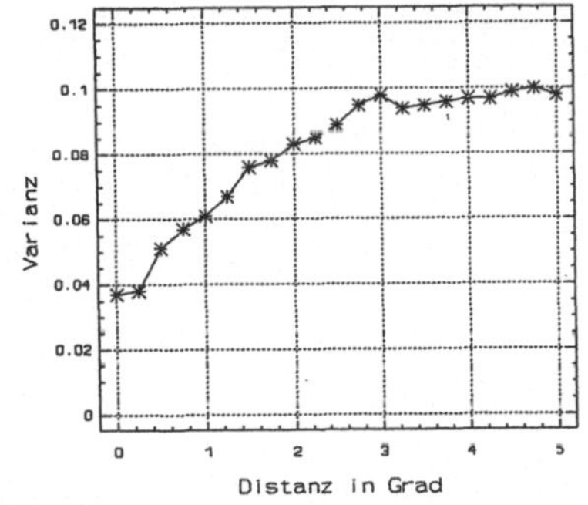

Abb. 5.7.5 Empirisches Variogramm der logarithmierten Niederschlagswerte mit 0.25 Grad Distanzschritten.

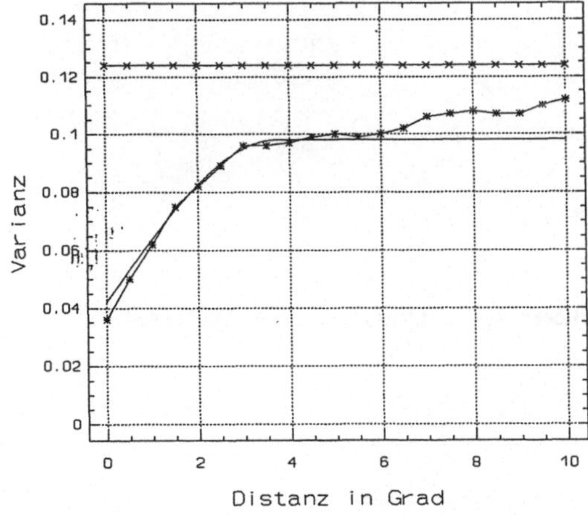

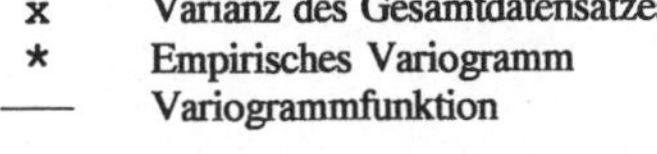

Abb. 5.7.6 An empirisches Variogramm der logarithmierten Niederschlagswerte angepaßte Variogrammfunktion (sphärisches Modell mit C_0=0.042, C=0.056, a=3.73).

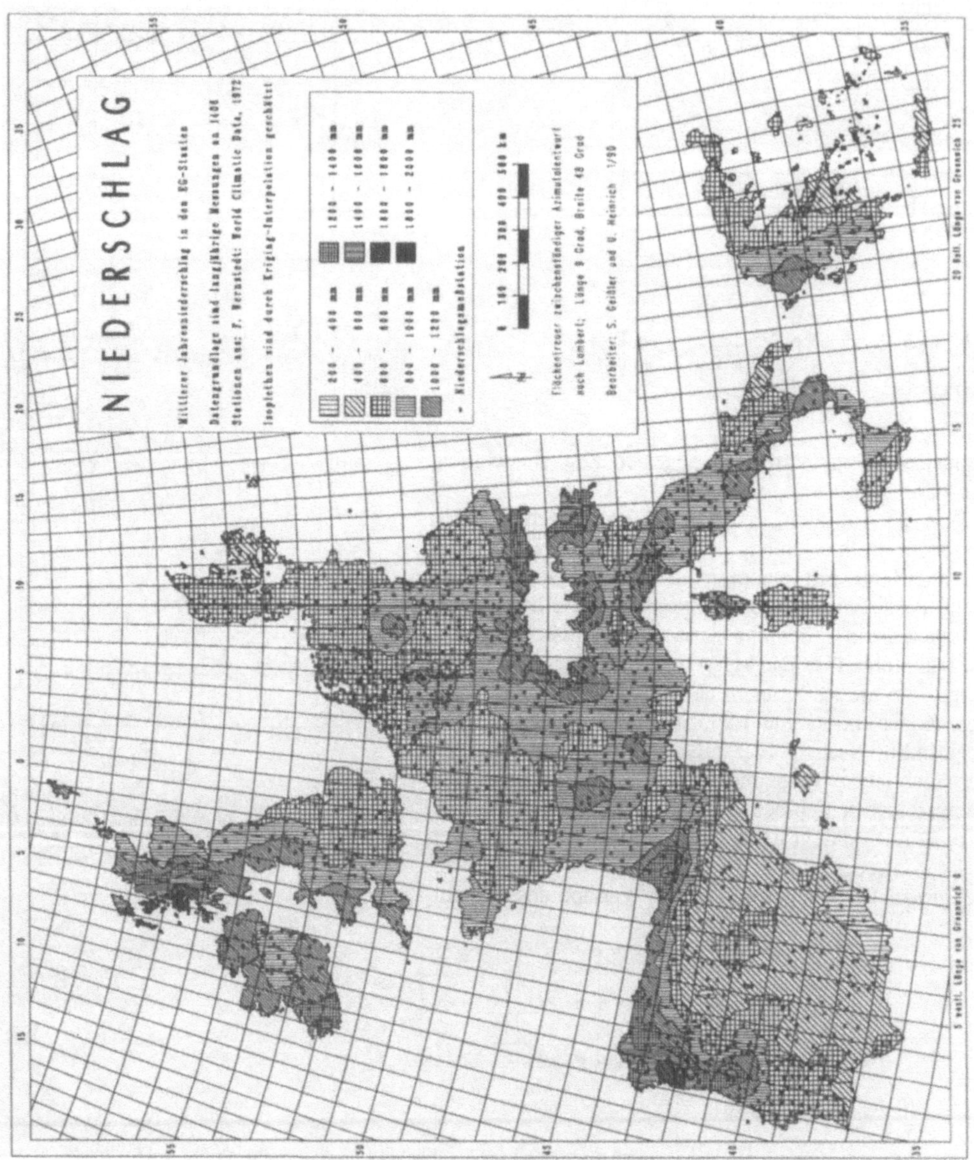

Abb. 5.7.7 Verteilung der durchschnittlichen jährlichen Niederschlagsmenge in den EG-Staaten

datensatzes (0.124). Der Verlauf der Werte weist auf geschachtelte Strukturen ("nested structures") hin, d.h. es sind verschiedene Einflußfaktoren mit sich überlagernden Reichweiten wirksam. Nur an die erste deutlich erkennbare Struktur wurde eine Variogrammfunktion, ein sphärisches Modell mit einem Nuggeteffekt von 0.042, einem Schwellenwert von 0.056 und einer Reichweite von 3.73 Grad, angepaßt (Abb. 5.7.6). Die Anpassung erfolgt graphisch interaktiv am Bildschirm. Die möglichen weiteren Strukturen wurden nicht berücksichtigt, da sie auf das eigentliche Kriging keinen nennenswerten Einfluß mehr ausüben.

Zur Schätzung eines Wertes werden beim Kriging die nächsten 15 Nachbarn berücksichtigt. Dieser Wert ist pragmatischer Natur, der zum einen gewährleistet, daß hinreichend viele Nachbarn in die Schätzung miteinbezogen werden, zum anderen aber der Rechenaufwand in vernünftigen Größen bleibt. Die erzielbare Resultatsverbesserung, die man durch die Aufnahme wesentlich mehr oder gar aller Meßwerte in das Kriginggleichungsgsystem erreichen kann, dürfte selten in vertretbarer Relation zum dadurch notwendigen Mehraufwand stehen. In diesem Beispiel liegen in 99% der Fälle mehr als 8 Nachbarn in einem Umkreis von 3 Grad. Zur Veranschaulichung der Ergebnisse der flächenhaften Ableitung des Niederschlags wurde eine Isohyetenkarte des mittleren Jahresniederschlags in den EG-Staaten erstellt (Abb. 5.7.7).

Temperatur

Im Gegensatz zum Niederschlag ist die Temperatur unabhängig vom zeitlichen Aggregationszustand ein raum-zeitlich kontinuierlicher Prozeß. Die Temperatur bezogen auf die Grad Celsius-Skala ist ein typisches Beispiel für eine intervallskalierte Größe, d.h. der Nullpunkt der Grad Celsius-Skala wurde festgelegt und ist kein absoluter Grenzwert. Der absolute Temperaturnullpunkt liegt weit außerhalb der beobachteten Werte und kann somit auch nicht als untere Schranke für die empirische Häufigkeitsverteilung der Temperaturwerte wirksam werden (Abb. 5.7.8). Das Histogramm weist dementsprechend auch keine Schiefe auf, die auf eine Lognormal-Verteilung hinweisen würde. Dagegen ist eine zweioder auch mehrgipflige Verteilung zu

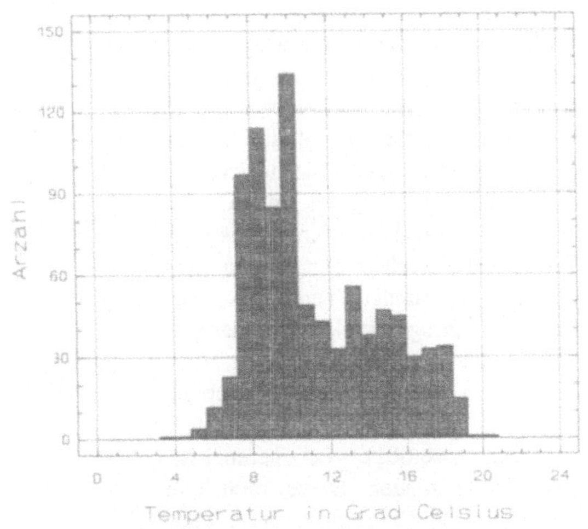

Abb. 5.7.8 Histogramm Temperatur (n=897).

erkennen, die anzeigt, daß der Datensatz verschiedenen Grundgesamtheiten entstammt (s. auch Abb. 4.7.5).

Bei der Bildung von Teilmengen von Daten, bei denen der Ortsbezug und ihre Nachbarschaftsbeziehung eine Rolle spielen, kann nicht nur der Wertebereich, dem die Daten angehören, ein Zuordnungskriterium sein, sondern es muß auch darauf geachtet werden, daß kontingente, d.h. räumlich zusammengehörende Mengen entstehen. Die Aufsplitterung darf allerdings nicht zu groß werden, da sonst die Meßpunktanzahl für eine statistisch abgesicherte Analyse nicht mehr ausreicht. Wie weiter unten gezeigt wird, ist eine Trennung nach Breitenkreisen eine praktible Lösung. Es könnte auch die Untersuchung naturräumlicher Einheiten oder nach rein klimatischen Kriterien (maritim, kontinental beeinflußt) gebildeter Räume erfolgversprechend sein. Diesen Möglichkeiten wird hier aber nicht weiter nachgegangen. Im Histogramm ist links von 12° C ein schmaler Bereich niedriger Temperaturwerte mit großer Häufigkeit von einem breiteren Bereich rechts davon mit

hohen Temperaturwerten und geringerer Häufigkeit zu unterscheiden.
WEISCHET (1977) gibt für den 40.
Breitengrad ein globales Breitenkreis-
mittel von 14° C, für den 50. Breitengrad bereits 6° C an. In Europa bewirkt der Einfluß des Golfstroms allerdings eine deutliche Verschiebung des
Breitenkreismittels nach Norden. Wie
eine Auswertung der Meßwerte (vgl.
auch Abb. 5.7.17) zeigt, erweist sich
der 47. Breitengrad als günstige Trennlinie. In diesem Bereich sind die
Meßwerte relativ homogen, die Tren-
nungslinie ist kurz, und sie teilt den
Datensatz in ungefähr gleich große
Teilmengen. Der nördliche Teil umfaßt 480, der südliche 417 Meßpunkte.
Im Vergleich zum Gesamtdatensatz
weisen die empirischen Häufigkeitsverteilungen der Teilmengen (s. Abb.
5.7.9 u. 5.7.10) eine zufriedenstellende
Annäherung an eine Normalverteilung
auf. Die Notwendigkeit einer weiteren
Unterteilung ist aufgrund der Verteilungen nicht geboten. Die horizontale
Temperaturverteilung ist im globalen
Maßstab starkbreitenkreisabhängig.
Dies kommt auch in der Verwendung
der sog. "normalen Temperatur des
Parallels", den gemittelten Temperaturwerten für Breitenkreise, zum Ausdruck. Im Gesamtdatensatz schlägt
sich dies in einer hohen Korrelation
(r=-0.83, α=0.001) von Temperatur
und Breite nieder. Diese räumliche
Abhängigkeit der Temperatur spiegelt
sich auch im empirischen Variogramm
des Gesamtdatensatzes wider. Es zeigt

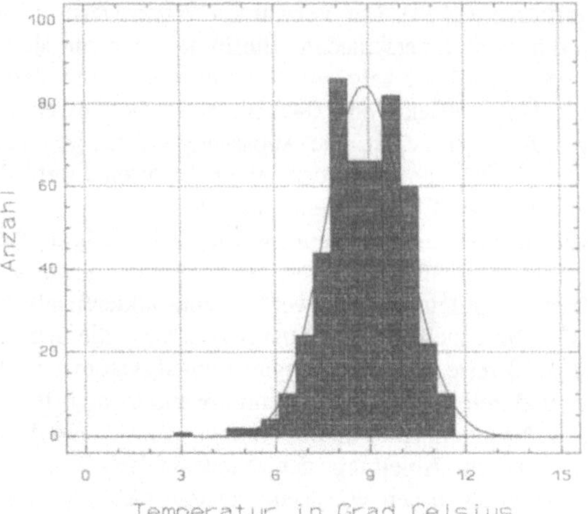

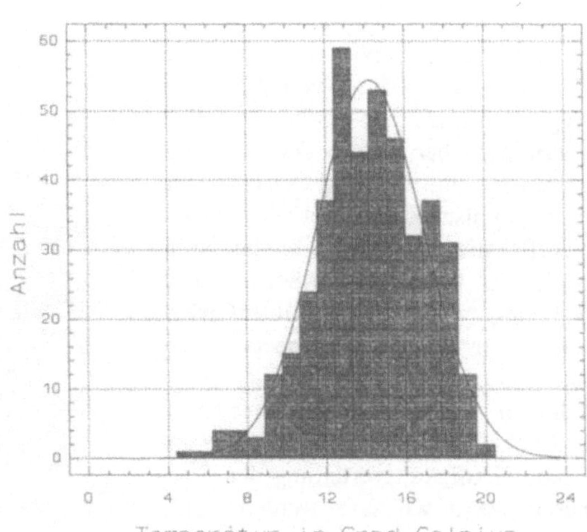

den typischen, für einen mit einem Trend behafteten Prozeß: Die Meßwertunterschiede steigen bei
großen Distanzschritten weit über den Wert der statistischen Varianz an. Verbunden damit ist auch
eine Anisotropie, die am stärksten in Nord-Süd-Richtung und etwas geringer in Nordost-Südwest-
und Nordwest-Südost-Richtung entwickelt ist. Wäre man nur an der großräumigen Temperaturverteilung interessiert, dann könnte bereits eine einfache Trendflächenanalyse das gewünschte
Resultat liefern. Will man aber den regional differenzierenden Aspekt, der häufig in der autokorrelativen Komponente eines Prozesses steckt, trotz Vorhandensein einer starken Trendkomponente
nicht vernachlässigen, dann muß man mit fortgeschritteneren geostatistischen Verfahren, wie
Universal Kriging oder intrinsischen Zufallsfunktinen k-ter Ordnung arbeiten (HEINRICH 1992 und
Abb. 4.7.3). Nichtstationarität ist aber häufig auch mit anderen Prozeßeigenschaften wie Anisotropie
oder - wie hier - Abstammung aus verschiedenen Grundgesamtheiten verbunden und kann über diese
beeinflußt werden.

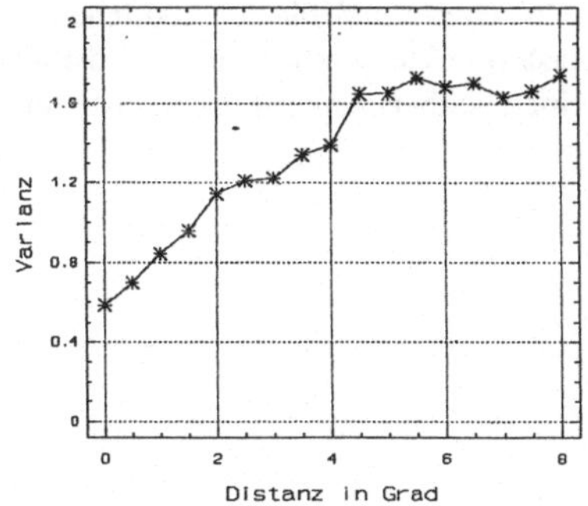

Abb. 5.7.11 Empirisches Variogramm der Temperaturwerte der nördlichen Teilmenge mit 0.5 Grad Distanzschritten

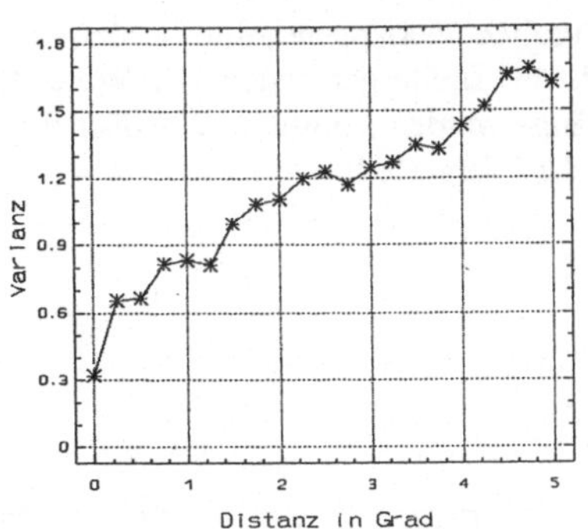

Abb. 5.7.12 Empirisches Variogramm der Temperaturwerte der nördlichen Teilmenge mit 0.25 Grad Distanzschritten.

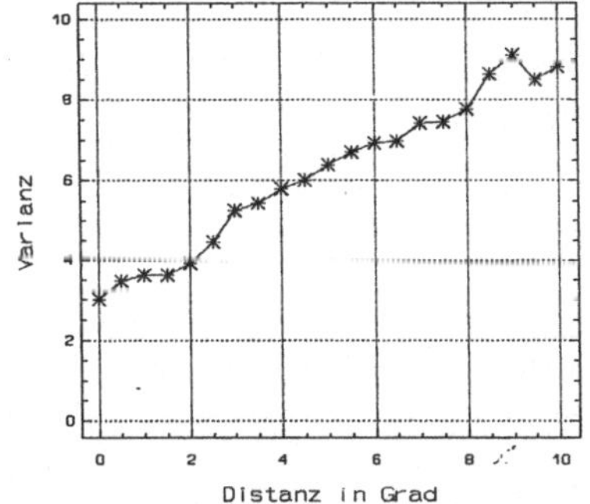

Abb. 5.7.13 Empirisches Variogramm der Temperaturwerte der südlichen Teilmenge mit 0.5 Grad Distanzschritten.

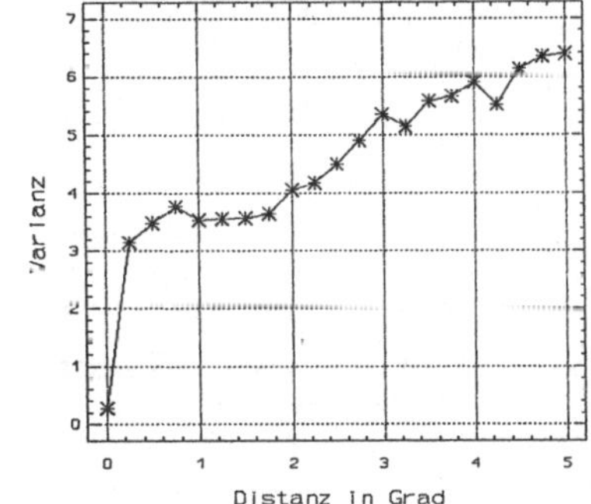

Abb. 5.7.14 Empirisches Variogramm der Temperaturwerte der südlichen Teilmenge mit 0.25 Grad Distanzschritten.

Der Einfluß der Breite auf die Temperatur ist in den Teilmengen deutlich geringer als im Gesamtdatensatz (Nordteil: $r=0.15$, $\alpha=0.001$; Südteil: $r=-0.68$, $\alpha=0.001$). Interessanterweise kommt jetzt das vertikale Temperaturgefälle zum Tragen, d.h. mit zunehmender Höhe über NN sinkt die Temperatur (Nordteil: $r=-0.51$, $\alpha=0.001$; Südteil: $r=-0.68$, $\alpha=0.001$). Darüberhinaus dominiert im Nordteil der von West nach Ost zunehmende Kontinentaleinfluß (Länge-Temperatur: $r=-0.51$, $\alpha=0.001$) über die Breitenkreisabhängigkeit.

Die empirischen Variogramme (Abb. 5.7.11 - 5.7.14) weisen dementsprechend auch kein typisches Trendverhalten mehr auf. Es wurden aufgrund des verkleinerten Untersuchungsraumes nur Variogramme mit 0.5- und 0.25-Grad-Distanzschritten berechnet, z.T. auch mit weniger als 20 Distanzschritten. Das Variogramm des nördlichen Teils nähert sich asymptotisch der statistischen Varianz (1.58). Das Variogramm des südlichen Teils steigt dagegen leicht über die statistische Varianz (7.37) an. In beiden Fällen liegt ein hoher Nuggeteffekt vor. Da die Variogrammwerte des ersten Distanzschrittes in Abbildung 5.7.12 und 5.7.14 nur auf der Grundlage weniger Meßpunktpaare berechnet wurden, wurden sie bei der Variogrammanpassung nicht berücksichtigt. Es wurden jeweils sphärische Variogramme, im nördlichen Teil mit einem Nuggeteffekt von 0.591, einem Schwellenwert von 1.07 und einer Reichweite von 6.91 Grad (s. Abb. 5.7.15), im südlichen Teil mit einem Nuggeteffekt von 2.86, einem Schwellenwert von 5.66 und einer Reichweite von 11.3 Grad (s. Abb. 5.7.16), angepaßt.

Die flächenhafte Ableitung durch das Kriging erfolgte an der Trennlinie der beiden Teilmengen räumlich überlappend, d.h. für den nördlichen Teil wurde bis 46° Breite und für den südlichen Teil bis 48° Breite gerechnet. Die Werte für die gemeinsamen Rasterpunkte westlich von 7° östlicher Länge wurden gemittelt. Das flächenhafte Resultat in Form einer Isothermenkarte ist in Abbildung 5.7.17 dargestellt.

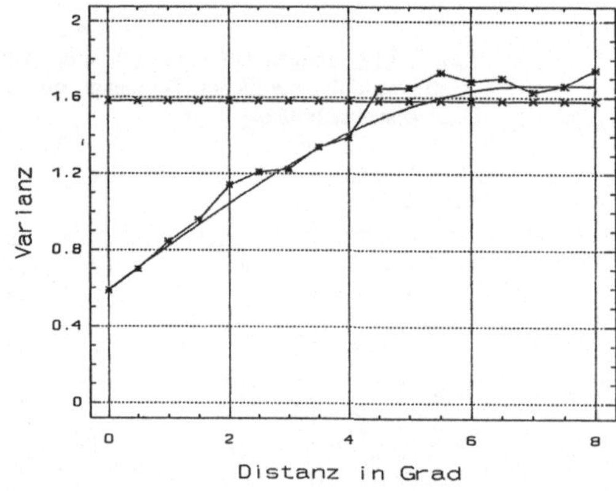

Abb. 5.7.15 An empirisches Variogramm der Temperaturwerte der nördlichen Teilmenge angepaßte Variogrammfunktion (sphärisches Modell mit C_0=0.591, C=1.07, a=6.91).

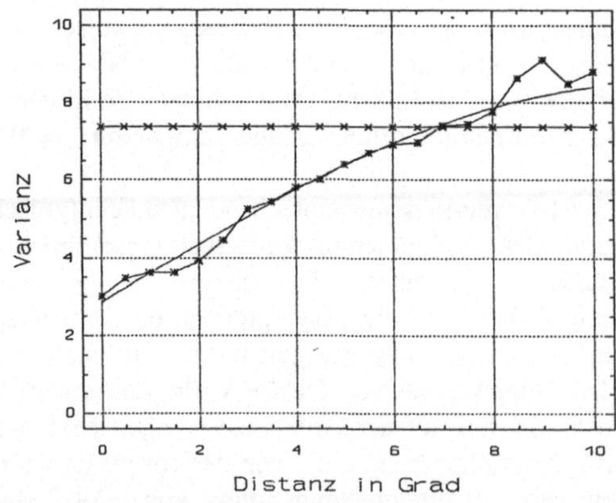

Abb. 5.7.16 An empirisches Variogramm der Temperaturwerte der südlichen Teilmenge angepaßte Variogrammfunktion (sphärisches Modell mit C_0=2.86; C=5.66; a=11.3).

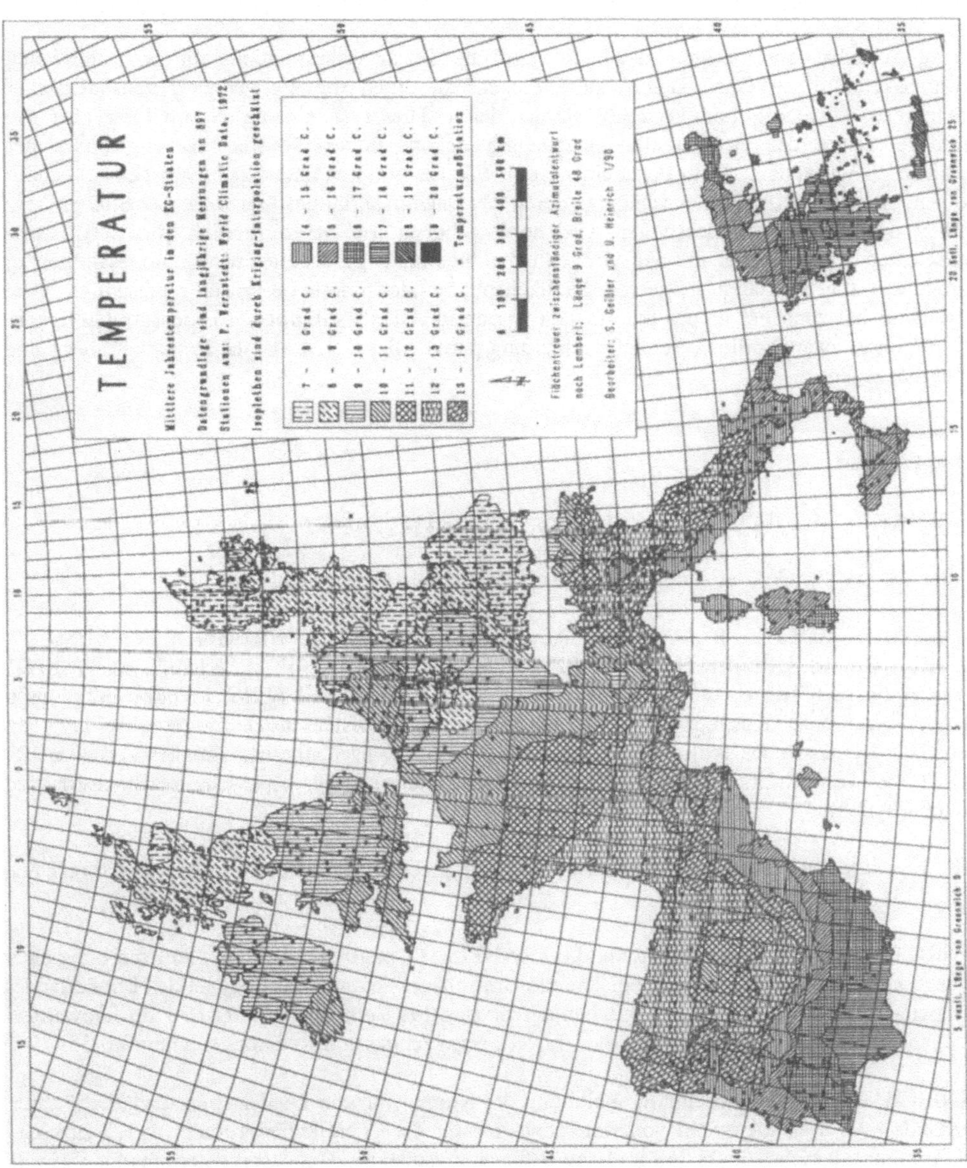

Abb. 5.7.17 Verteilung der durchschnittlichen jährlichen Temperatur in den EG-Staaten

Fazit

Es mag zunächst abschrecken, daß eine einfache Flächeninterpolation, die in zahlreichen Softwarepaketen durch einen Befehl zu erledigen ist, durch die Verwendung geostatistischer Verfahren so aufwendig und komplex werden kann. Dieser scheinbare Nachteil ist aber die eigentliche Stärke der Geostatistik. Unabhängig davon, inwieweit sich die Ergebnisse der verschiedenen Verfahren, z.B. in Form einer Isolinienkarte, wirklich unterscheiden, ist es notwendig zu klären, ob eine solche Flächenschätzung durch das Datenmaterial gestützt wird. Der Stichprobencharakter der punktuellen Messungen wird hervorgehoben. Es ist erforderlich, die statistischen Eigenschaften der Stichprobe mit den Vorstellungen über die Eigenschaften der Grundgesamtheit zu konfrontieren, d.h. zu klären, inwieweit der flächenhafte oder räumliche Prozeß repräsentiert wird. Die Antwort hat zunächst immer nur für den gerade in Arbeit befindlichen Datensatz Gültigkeit. Insofern gibt es zwar für die fächenhafte Ableitung punktueller Daten Standardsoftware, aber keine Standardlösungen.

Zitierte Literatur

ARMSTRONG, M. (ed.) (1989): Geostatistics (Vol.1).- Dordrecht

DAVID, M. (1977): Geostatistical Ore Reserve Estimation.- Amsterdam

FRÄNZLE, O., ZÖLITZ, R., AUßENTHAL, R., BOEDEKER, D., BRUHM, I., CLAUSS, E., ECKERMANN, U., HEINRICH, U., JENSEN-HUß, K., KIRCHHOFF, M., KLEIN, A., KUHNT, D., MICH, N., REICHE, E.-W., REIMERS, T., RUDOLPH, H. & WELTERS, A. !988): Erarbeitung und Erprobung einer Konzeption für die integrierte regionalisierende Umweltbeobachtung am Beispiel des Bundeslandes Schleswig-Holstein.- Kiel Dritter Zwischenbericht zum FE-Vorhaben 109 02 033 im Umweltforschungsplan des Bundesministeriums für Umwelt, Naturschutz und Reaktorsicherheit

FINKELSTEIN, P. (1984): The spatial analysis of acid precipitation data. In: Journal of Climate and Applied Meteorology, 23: 52-62

HEINRICH, U. (1988): Regionalstatistik. In: FRÄNZLE, O. et al.: Erarbeitung und Erprobung einer Konzeption für die integrierte regionalisierende Umweltbeobachtung am Beispiel des Bundeslandes Schleswig-Holstein.- Kiel Dritter Zwischenbericht zum FE-Vorhaben 109 02 033 im Umweltforschungsplan des Bundesministeriums für Umwelt, Naturschutz und Reaktorsicherheit: 46-55

HEINRICH, U. (1991): Flächenhafte Ableitung der Klimaparameter Niederschlag und Temperatur. In: KUHNT, G. et al.: Auswahl von Referenzböden für die Chemikalienprüfung im EG-Bereich.- Kiel Forschungsbericht 106 02 058 im Umweltforschungsplan des Bundesministeriums für Umwelt, Naturschutz und Reaktorsicherheit: 18-23

HEINRICH, U. (1992): Zur Methodik der räumlichen Interpolation mit geostatistischen Verfahren.- Wiesbaden

JOURNEL, A.G. & HUIJBREGTS, C.J. (1978): Mining Geostatistics.- New York

KUHNT, G., HERTLING, T., SCHMOTZ, W. & VETTER, L.: Auswahl von Referenzböden für die Chemikalienprüfung im EG-Bereich.- Kiel Forschungsbericht 106 02 058 im Umweltforschungsplan des Bundesministeriums für Umwelt, Naturschutz und Reaktorsicherheit

MYERS, D.E., BEGOVICH, C.L., BUTZ, T.R., KANE, V.E. (1982): Variogram models for regional groundwater geochemical data. In: Mathematical Geology, 14(6): 629-644

OLIVER, M.A. & WEBSTER, R. (1986): Semi-variograms for modelling the spatial pattern of landform and soil properties. In: Earth Surface Processes and Landforms, 11: 491-504

REICHE, E.-W. (1992): Regionalisierende Auswertung des Schwermetallkatasters Schleswig-Holstein auf der Grundlage eines Geographischen Informationssystems. In: Kieler Geographische Schriften, 85: 42-58

SCHULZ, H.D. (1986): Regionalisierung von Daten zur Grundwasser-Beschaffenheit. In: DVWK Schriftenreihe, 78: 99-113

TABOR, J.A., WARRICK, A.W. PENNINGTON, D.A. & MYERS, D.E. (1984): Spatial variability of nitrate in irrigated cotton: I. Petioles. In: Soil Sci. Soc. Am. J., 48: 602-607

WEBSTER, R. & OLIVER, M.A. (1989): Disjunctive kriging in agriculture. In: ARMSTRONG, M. (ed.): Geostatistics (Vol.1).- Dordrecht: 421-432

WEISCHET, W. (1977): Einführung in die Allgemeine Klimatologie.- Stuttgart

WERNSTEDT, F.L. (1972): World Climatic Data.- Lemont, Pennsylvania

YOST, R.S., UEHARA, G. & FOX, R.L. (1982): Geostatistical analysis of soil chemical properties of large land areas. I. Semi-Variograms. II. Kriging. In: Soil Sci. Soc. Am. J., 46: 1028-1037

ZÖLITZ-MÖLLER, R., JENSEN-HUß, K. & HEINRICH, U. (1991): Die Luftqualität in Schleswig-Holstein. In: Kieler Geographische Schriften, 80: 101-125

6 Modelle als wissenschaftliche und praxisrelevante Instrumente in der Geoökologie

Ernst-Walter Reiche und Felix Müller

Einleitung

Eine wesentliche Aufgabe der Geoökologie ist es, die flächenhaften Ausprägungen des Zusammenwirkens von einzelnen ökologischen Faktoren und ökologischen Prozessen im System Mensch--Umwelt zu untersuchen und zu bewerten. Diese Erkenntnisse werden für planerische und umweltpolitische Entscheidungsprozesse als wissenschaftlich fundierte Basisinformationen zur Verfügung gestellt. Hierbei ist die Betonung des Flächenaspekts, verbunden mit dem Einsatz regionalisierender Verfahren als Charakteristikum des **geoökologischen Ansatzes** zu betrachten: Die Resultate aus der Erforschung von Wirkungsketten in Ökosystemen oder Geosystemen, also zielgerichtet
ausgewählten Ökosystemausschnitten, werden unter landschaftsökologischen Aspekten regional differenziert und erhalten dadurch eine hohe Relevanz für die Umweltpolitik und Umweltplanung.

In den vorangegangenen Kapiteln wurden mögliche Beiträge neuerer statistischer Verfahren zu den regionalisierenden Aufgabenstellungen aufgezeigt. **Im nachfolgenden Text soll nun versucht werden darzustellen, inwiefern Simulationsmodelle Ausschnitte aus den Wirkungsgefügen der Ökosysteme beschreiben und diese auf unterschiedliche Raumeinheiten extrapolieren können.** Hierzu werden zunächst die Grundeigenschaften von Modellen dargestellt. Es werden weiterhin die Einsatzmöglichkeiten von verschiedenen Modelltypen beschrieben, und es wird in allgemeiner Form aufgezeigt, mit welchen Methoden Modelle entwickelt und getestet werden. Anschließend werden zwei Simulationsmodelle vorgestellt, die die Beschreibung, Verknüpfung und die flächenhafte Extrapolation des Wasser- und Stickstoffhaushalts (WASMOD&STOMOD: REICHE 1991) von terrestrischen Ökosystemen zum Ziel haben. Die Modellvorstellung wird in mehreren Schritten durchgeführt: Zunächst werden Zielsetzungen, Datengrundlagen, Parameterableitungen, Modellstrukturen und Modellvalidierungsläufe anhand der Daten einzelner Arbeitsstandorte vorgestellt. In einem zweiten Teil wird die flächenhafte Modellanwendung mit Hilfe eines Geographischen Informationssystems demonstriert, und schließlich wird an Beispielen aufgezeigt, in welcher Weise die Programme WASMOD und STOMOD für Aufgabenstellungen der Umweltplanung verwendet werden können. Aufgrund der Komplexität der Materie ist es nicht möglich, auf den folgenden Seiten eine vertiefte Einführung in die Grundlagen und Techniken der Modellbildung zu liefern. Es wird daher empfohlen, für einen weiterführenden Einstieg auf die Literatur (z.B.: ANLAUF et al.,1988; BOSSEL 1989; JOERGENSEN 1986; RAUCH 1985; RICHTER 1985) zurückzugreifen.

Aus der Inhaltsübersicht können gleichsam die wichtigsten methodischen **Besonderheiten von Simulationsmodellen** im Vergleich zu den statistischen Verfahren aus den ersten Kapiteln abgeleitet werden:

-   Simulationsmodelle sind **prozeßorientierte Auswertungs- und Prognosewerkzeuge.** Sie werden meist genutzt, um die **Dynamik von Vorgängen zu erklären und abzubilden,** während die geostatistischen Methoden häufig für eine vergleichende Standorttypisierung auf der Basis statischer Faktorenkomplexe verwendet werden.

-   Simulationsmodelle berücksichtigen die **funktionalen und strukturellen Verflechtungen** von Faktoren und Prozessen. Die Wechselbeziehungen werden in bezug auf die jeweilige Fragestellung möglichst realitätsnah miteinander verknüpft.

-   Die untersuchten Interaktionen müssen in Simulationsmodellen in einer exakten, kausalen und quantitativen Form durch Gleichungssysteme ausgedrückt werden. Im Gegensatz zu den statistischen Verfahren, die der Absicherung von empirischen Ergebnissen und der Hypothesengenerierung dienen, ist das **inhaltliche Vorwissen** über die bearbeiteten Beziehungen eine entscheidende Voraussetzung für die Modellbildung.

-   Simulationsmodelle sind auch gültig, wenn sich die **Randbedingungen** innerhalb des Validierungsrahmens verändern.

-   Simulationsmodelle dienen nicht nur der Beschreibung und Erklärung von Wechselwirkungen bzw. der Erarbeitung von Verteilungsmustern. Sie können darüber hinaus auch für **prognostische Zwecke** genutzt werden, woraus sich ein hoher Anwendungsbezug ergibt.

Modelle und statistische Verfahren sind komplementäre Methoden: Statistische Untersuchungen werden benutzt, um Zusammenhänge qualitativ sicher herzuleiten, während die korrelierten Parameter in Modellen funktional zueinander in Beziehung gesetzt werden.

Simulationsmodelle werden als Beschreibungs-, Erklärungs- und Prognosewerkzeuge genutzt

Im öffentlichen Leben begegnen uns Simulationsmodelle häufiger als wir zunächst vermuten würden. So basieren etwa die täglichen **Wettervorhersagen** auf sehr komplexen Simulationsmodellen, die anhand der räumlichen Verteilungen witterungsrelevanter Parameter Prognosen für die Entwicklung des Wetters in regional differenzierter Form liefern können. Diese Modelle beeinflussen unser Alltagsleben in erheblicher Weise, was besonders deutlich wird, wenn die Vorhersagen falsch waren. Auf einem gröberen Zeitmaßstab sind die modernen **Klimamodelle** angesiedelt. Durch ihre Anwendung wächst derzeit das Bewußtsein, daß unser Lebenswandel und unsere Wirtschaftsweise zu globalen Katastrophen ungekannten Ausmaßes führen können. Ähnliche Warnungen ergingen, als die Modelle des Club of Rome mit ihren pessimistischen Szenarien einen hohen Bekanntheitsgrad erlangten (MEADOWS et al. 1972). Die Folgen der Modellergebnisse bestanden sowohl in einer Veränderung der Grundeinstellung zur Ressourcennutzung und zur Bevölkerungspolitik als auch in einer "Initialzündung" für die ökologische Bewegung. Wir sehen, daß von Simulationsmodellen erhebliche Wirkungen ausgehen können. Es lohnt sich also, die Grundzüge der Modellierung zu betrachten.

Über die Verwendung bzw. Funktion von Modellen im wissenschaftlichen **Erkenntnisprozeß** und in der Anwendung **wissenschaftlicher Ergebnisse** informiert die Tabelle 6.1. Hierbei wird der vielfältige Einsatzbereich von Simulationsmodellen deutlich. Unter geoökologischem Aspekt stellt sich dabei im Anwendungsbezug immer wieder die Frage nach der räumlichen Verteilung und Anordnung von Parametern oder Prozessen sowie nach der Kapazität bzw. der Be- und Entlastbarkeit von bestimmten Standorten oder Raumeinheiten. Aus dieser Tatsache ergibt sich die Notwendigkeit, die Modellergebnisse auf Flächen zu beziehen; die Instrumente der Simulationsmodellierung müssen also mit Planungswerkzeugen gekoppelt werden.

Modelle sind abstrahierte Abbildungen der Realität

Der Begriff "Modell" begegnet uns nicht nur in bezug auf die o.a. Modell-Szenarien, sondern wird häufig in einem wesentlich weiteren Begriffsfeld angewendet. Dies reicht von verkleinerten Mustern, Entwürfen und Vorbildern bis hin zur Entwicklung von Vorstellungen nicht direkt sichtbarer Naturformen. Zusammenfassend können wir folgern, daß Modelle **vereinfachte Abbildungen der Realität, also Abstraktionen** sind. Insofern versucht jede Wissenschaft, Modelle abzuleiten, die Bestandteile einer Theorie der jeweiligen Disziplin sein können. Aus den Beispielen "Atommodell", "Photosynthesemodell" oder "Modell der zentralen Orte" können wir ableiten, daß Modelle fast immer als **Hilfsmittel für das Verständnis komplexer Strukturen** zu betrachten sind. **Simulationsmodelle** werden in diesem Zusammenhang entwickelt, um das Verhalten von Systemen zu erklären und in einer möglichst einfachen, verallgemeinerten, mathematisch formulierten Form abzubilden.

Tab. 6.1 Wissenschaftliche Anwendungsbereiche von ökologischen Modellen

Modelle werden als Hilfsmittel im Erkenntnisprozeß genutzt ...

... zur Forschungsplanung (Aufdeckung von Forschungslücken),
... zur Beschreibung komplexer Zusammenhänge,
... zur Erklärung komplexer Zusammenhänge,
... zur Beschreibung der Dynamik komplexer Systeme,
... zur Bilanzierung von Fluß- und Transfergrößen,
....zur Prüfung von Hypothesen,
... zur Parameterevaluierung,
... zur Speicherung des erworbenen Wissens,
... zur Kommunikation zwischen Wissenschaftlern unterschiedlicher Disziplinen,
... zur Integration von Detailkenntnissen.

Modelle werden als Hilfsmittel zur ökologisch-ökonomischen Entscheidungsfindung genutzt...

... zur Prognose der Auswirkungen von Nutzungsalternativen,
... zur Durchführung von Planungsszenarien,
... zur Extrapolation von Erkenntnissen,
... zur Information über komplexe Zusammenhänge.

Demzufolge sind Simulationsmodelle wichtige Hilfsmittel bei der **Analyse dynamischer Systeme**. Diese bestehen aus **Elementen** (Systemteilen), die in Abhängigkeit von der Zielsetzung des Beobachters zu aggregierten Subsystemen zusammengefaßt werden können. Zwischen diesen Elementen bestehen **Relationen** (F1 bis F5 in Abb. 6.1), Regelkreise, Prozesse oder funktionale Beziehungen, die mit Hilfe von mathematischen Verfahren (z.B. Differentialgleichungen) dargestellt werden können. In Abhängigkeit von diesen Prozessen verändern sich die Ausprägungen der Elemente, die mit Hilfe von **Zustandsvariablen** meßbar und quantifizierbar sind. Die Anfangswerte dieser Variablen nehmen entscheidenden Einfluß auf das Entwicklungspotential eines Systems, sie sollten daher für jede Simulation bekannt sein. Ebenso wichtig sind die **Veränderungsraten der Zustandsvariablen**, wenn das Systemverhalten abgeschätzt werden soll.

Die beschriebenen Relationen werden nicht nur intern gesteuert, sondern in starkem Umfang durch **äußere Einflüsse** modifiziert. Hierbei kann es sich um **statische Parameter** handeln, die das während der Simulation unveränderte Umfeld des Standortes charakterisieren. In bezug auf den Wasserhaushalt zählen hierzu beispielsweise die Exposition des Standortes, die Korngrößenzusammensetzung des Bodens oder dessen Porenvolumen. Daneben bestimmen die Veränderungen **dynamischer Randbedingungen** das Prozeßgefüge innerhalb des modellierten Systems: Zum Beispiel übt das Temperatur- und Niederschlagsklima erhebliche Einflüsse auf den Wasserhaushalt eines Standortes aus.

Wie werden nun diese Modellbestandteile ausgewählt und zueinander in Beziehung gesetzt?

Vom Forschungsproblem zum Simulationsmodell - Schritte der Modellentwicklung

Die Modellbildung als Bestandteil der Systemanalyse vollzieht sich nach einem mehr oder weniger festem Schema, das im folgenden in Anlehnung an JOERGENSEN (1986) und BOSSEL (1989) erläutert werden (vgl. Abb. 6.2)

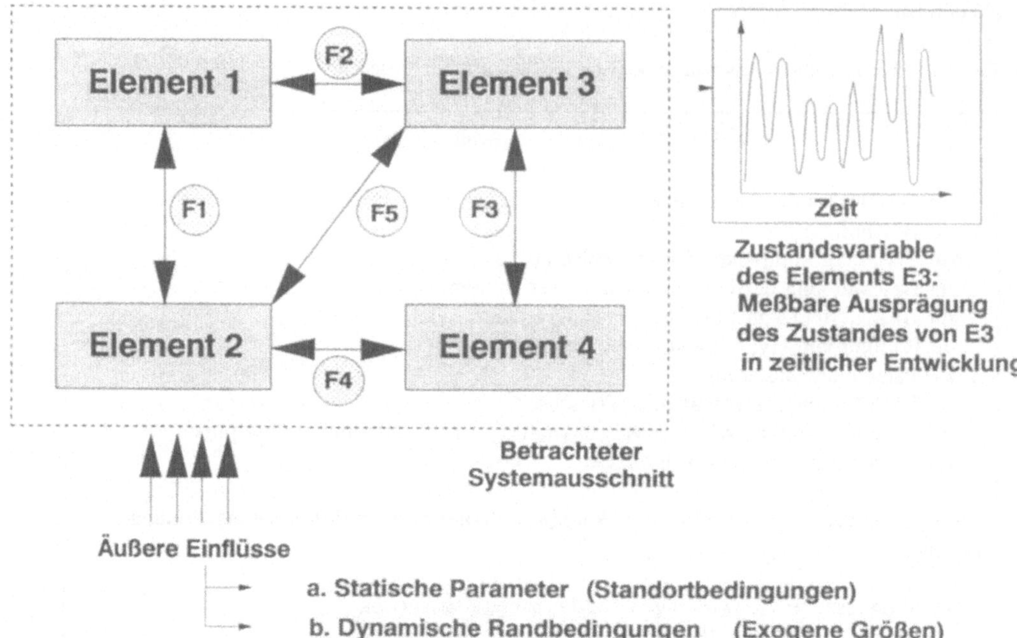

Abb. 6.1 Darstellung eines vereinfachten Systemausschnitts mit wichtigen Bestandteilen von Simulationsmodellen. Erläuterungen im Text

Welches Problem soll bearbeitet werden?

Der erste Schritt einer jeden Systemanalyse muß in der Definition von Fragestellungen und Untersuchungszielen bestehen. Alle weiteren Arbeiten und Überlegungen müssen an dieser Problematik gemessen werden, weshalb eine genaue Festlegung des Problems und der Zielgröße dringend erforderlich ist. So ergibt sich beispielsweise aus der Problematik erhöhter Nitratgehalte im Trinkwasserdas Ziel, den N-Haushalt terrestrischer Ökosysteme zu modellieren

Welchem Zweck soll das Modell dienen?

Der Modellierer muß sich zu Beginn der Arbeiten klarmachen, wozu das geplante Modell dienen soll und wie bzw. in welchem Rahmen es zur Problemlösung beitragen soll. Problem, Ziel und Zweck sollten ausführlich formuliert und dokumentiert werden, weil alle anderen Arbeitsschritte auf diese Punkte hin orientiert werden müssen. Bezogen auf das unten beschriebene Beispiel wäre der Zweck unseres Stickstoff-Modells die flächenhafte Berechnung von Stickstoffbilanzen, um eine Grundlage für Planungsmaßnahmen zur Reduzierung der Nitratfrachten in das Grund- bzw. Oberflächenwasser zu schaffen.

Welche räumlichen und zeitlichen Maßstäbe sollen verwendet werden?

Nachdem Problem, Ziel und Zweck definiert sind, kann der Frage nachgegangen werden, auf welchem Scale die zu bearbeitenden Prozesse ablaufen bzw. abgebildet werden müssen: Über welchen Zeitraum soll die Simulation laufen? Welche Zeitschritte sollen als Modellintervalle gewählt werden? Für welche Flächengrößen bzw. Raumeinheiten wird das Modell geplant? Aus den

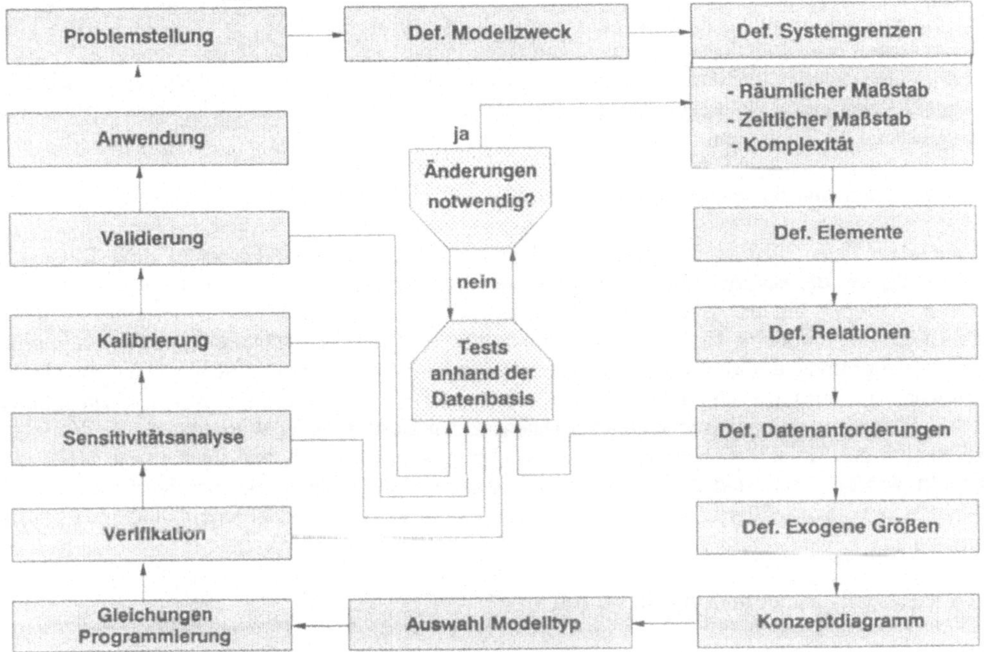

Abb. 6.2 Methodische Schritte der Systemanalyse

Antworten zu diesen Fragen ergibt sich die notwendige bzw. die hinreichende Präzision und die optimale Komplexität des Modells. Erfahrungsgemäß wird häufig ein zu hoher Komplexitätsgrad gewählt, und es werden zuviele Details in die Modelle integriert. Hierdurch entstehen oft Instabilitäten; das Ziel wird nicht erreicht, weil das Modell zu umfangreich ist. Zum Beispiel können mikrobielle Umsatzraten in Abhängigkeit von Standortparametern (Nährstoffgehalte, C/N-Verhältnis, Temperatur, Feuchte,...) sinnvolle Submodelle darstellen, wenn kurzfristige Schwankungen des Nährstoffhaushalt auf kleinsten Ökosystemausschnitten modelliert werden sollen. Wenn hingegen der Stoffhaushalt von Einzugsgebieten bearbeitet werden soll, können nur noch gröbere Abschätzungen der Umsätze in das Modell aufgenommen werden, weil die räumlichen Schwankungen der mikrobiellen Umsätze viel höher ausfallen als die zeitlichen Variabilitäten. Raum- und Zeitscale sind also vernetzt zu betrachten.

Welche Elemente und Einflußgrößen sollen berücksichtigt werden?

Aus dem o.a. Beispiel geht hervor, daß die Wahl der Elemente bzw. Zustandsvariablen und der externen Einflußgrößen vom Ziel, Zweck und Scale der Untersuchung abhängig ist. Weiterhin muß ein ausreichendes Vorwissen vorliegen, wenn die Systemelemente gewählt werden. Die Kunst des Modellierens liegt darin, komplexe Vorgänge möglichst einfach, also mit Hilfe von möglichst wenigen Variablen bei einem hohen Abstraktionsgrad darzustellen. Die entscheidende Frage lautet demnach: Welche Zustandsvariablen, Parameter und Randbedingungen nehmen den stärksten Einfluß auf die zu modellierenden Prozesse? Diese Elemente sind in das Modell aufzunehmen. Ein jedes System kann vom Beobachter beliebig weit ausgedehnt werden; die Entscheidung, welche Faktoren ins Modell integriert werden und welche als externe Umweltwirkungen betrachtet werden, muß anhand der o.a. Kriterien getroffen werden. Hierbei ist es sinnvoll, von einer groben zu einer feinen Auflösung zu schreiten und den jeweiligen Informationsgewinn gegenüber den potentiellen Instabilitäten und den zusätzlichen Aufwendungen abzuwägen.

Wie sind die Elemente miteinander verknüpft?

Im nächsten Schritt muß festgelegt werden, wie die gewählten Variablen miteinander vernetzt sind. Die zwischen den Modellbestandteilen ablaufenden Prozesse können durch ein Wortmodell oder in Form einer Matrix qualitativ formuliert werden. Hierbei sind alle direkten und indirekten Wechselbeziehungen zu berücksichtigen, und ihrer Bedeutung für die Zielgröße/Problemlösung entsprechend zu integrieren.

Welche Daten sind für das Modell erforderlich?

Gemessene Daten werden für viele verschiedene Zwecke benötigt: Einerseits sind Datensätze notwendig, um die Parameterfunktionen abzuleiten und um die formale Richtigkeit des Modells zu prüfen. Darüber hinaus werden Zeitreihendatensätze benötigt, um die Kalibrierung und die Validierung des Modells durchführen zu können. Dabei sollten Input- und Outputdaten in dem für die Modellprüfung erforderlichen Rahmen und Umfang zur Verfügung stehen, und sowohl die zeitlichen als auch die räumlichen Scales von Modell und Datenbasis sollten übereinstimmen. Schließlich wird häufig ein umfangreicher Datensatz zur Definition der Werte von Zustandvariablen zu Beginn der Simulation benötigt. Da die Richtigkeit des Modells nur anhand von Meßwerten geprüft werden kann, sind die entsprechenden Datensätze unbedingt bei der Strukturierung des Modells zu berücksichtigen. Liegen sie nicht vor, so müssen neue Modellierungsstrategien gewählt werden.

Ein Konzeptdiagramm muß erstellt werden

Eine sehr wichtige Hilfe für die Strukturierung von Modellen sind graphische Darstellungen der bearbeiteten Zusammenhänge in Form von Konzeptschemata. Hierin sind alle Systemelemente enthalten. Sie werden entsprechend der zu modellierenden Wirkungen durch Pfeile verbunden. In Konzeptdiagrammen werden Prozesse, Flüsse, Speicher, Zustandsvariablen, Regler bzw. Steuerkreise, Informationsflüsse, Senken und Quellen, Hilfsgrößen sowie externe Variablen oft durch unterschiedliche Symbole dargestellt und zueinander in Beziehung gesetzt (vgl. Abb. 6.3). Häufig werden die Symbolsprachen nach FORRESTER und ODUM (1983)(vgl. JOERGENSEN 1986; KLUG & LANG 1982) zur Darstellung des Modellaufbaus benutzt. Diese graphischen Modelle können zusätzlich durch Wortmodelle, Konnektivitätsmatritzen oder "Computer flow charts" ergänzt werden. Die Konzeptschemata sind zusammenfassende Darstellungen des Modellaufbaus; durch sie wird die interne Logik des Modells in übersichtlicher Form dargelegt. Sie sollten daher in jedem Fall angefertigt werden, zumal sie zur Dokumentation und Diskussion des Modellkonzepts wertvolle Hilfen darstellen.

Der geeignete Modelltyp muß ausgewählt werden

Auf der Basis der vorangegangenen Schritte zur Modellkonzipierung gilt es, spätestens in diesem Entwicklungsstand die Entscheidung für einen spezifischen Modelltyp zu treffen. Als Grundlage einer solchen Entscheidung sind die folgenden Fragen zu stellen:

-   Welche Modellierungssoftware und welche Soft- und Hardware-Umgebung liegen vor? Sind diese Werkzeuge für den Modellzweck geeignet?
-   Kann das untersuchte Objekt durch Systeme von Differenzialgleichungen beschrieben werden oder müssen andere Verfahren (z.B. Wissensbasierte Systeme) ausgewählt werden?
-   Soll das Modell unter einem top-down-Ansatz oder mit Hilfe der bottom-up-Methode entwickelt werden?
-   Sollen konventionelle Verfahren oder neuere Modellierungsmethoden (z.B. Zelluläre Automaten, Objektorientierte Ansätze) verwendet werden? Ist der methodische Aspekt von Bedeutung?
-   Sollen die Werte exakt (deterministische Modelle) berechnet werden oder sind die

prognostizierten Verhaltensweisen von Wahrscheinlichkeitsverteilungen abhängig (stochastische Modelle)?

- Sind die Variablen des Modells unabhängig von der Zeit (statische Modelle) oder sollen Zeitfunktionenen integriert werden (dynamische Modelle)?

Nach einer Abwägung dieser Fragen wird der für das Problem optimale Modelltyp gewählt. Dabei können verschiedenste Programmiersprachen oder Dienstleistungsprogramme zur Simulation benutzt werden.

Die Gleichungen müssen formuliert und programmiert werden

In diesem Schritt müssen die im Konzeptdiagramm bzw. in der Verknüpfungsmatrix definierten Beziehungen zwischen den Zustandsvariablen und den externen Einflußgrößen durch mathematische Beziehungen (vgl. Kap. 5) formuliert werden. In der Regel gibt es hierfür eine Fülle verschiedener Möglichkeiten, so daß Alternativen ebenfalls getestet werden sollten. Das mit Hilfe der formulierten Gleichungssysteme definierte Modell muß nun mehreren Prüfungen unterzogen werden, bevor es angewendet werden kann.

Das Modell muß verifiziert werden

Im Rahmen der Verifikation wird geprüft, ob das Modell sich tatsächlich so verhält wie es vom Modellierer vorgesehen ist. Die Verifikation ist eine erste Fehlersuche, bei der die interne Logik und Kausalität des Modells zu testen ist. Typische Fragen zu diesem Schritt lauten:

- Reagiert das Modell wie erwartet?
- Stimmen die Modell-Outputs und das inhaltliche Vorwissen überein?
- Verhält sich das Modell langfristig stabil?
- Werden elementare Gesetze der Physik und Chemie eingehalten?
- Wie reagiert das Modell auf Extremwerte und Störungen, und innerhalb welcher Wertebereiche ist das Modell gültig?

Die Parameter müssen mit einer Sensitivitätsanalyse bewertet werden

Um das Modell kennenzulernen und um "ein Gefühl für das Programm zu bekommen", sollte eine Sensitivitätsanalyse durchgeführt werden. Hierbei wird systematisch getestet, wie die Zustandsvariablen auf Veränderungen der Parameter, der dynamischen Randbedingungen und der Submodelle reagiert. Durch eine schrittweise Veränderung der Parameter innerhalb ihrer Fehlerbereiche wird durch die Sensitivitätsanalyse deutlich, welche Parameter besondere Einflüsse auf die Ergebnisse nehmen, wie die aus der Literatur stammenden Parameter zu bewerten sind und auf welche Punkte bei der Kalibrierung besonders zu achten ist. Die Wirkung von Submodellen kann durch Auslassen oder durch das Ersetzen mit anderen Gleichungssystemen erreicht werden. Abschließend sollten die Modell-Sensitivitäten mit den realen Wirkungen in der Natur verglichen werden, um langfristig eine Arbeit mit falschen Modellkonzepten zu verhindern.

Das Modell muß kalibriert werden

Anhand des Entwicklungsdatensatzes soll die optimale Übereinstimmung zwischen berechneten und gemessenen Systemzuständen ggf. durch die Variation von Parametern gefunden werden. Dieser Schritt steht in engem Zusammenhang mit der Sensitivitätsanalyse, bei der die empfindlichsten Parameter ausgezeichnet werden. Das Parameter-Fitting ist besonders wichtig, wenn bei biozönotischen Problemen artspezifische Eigenschaften abzubilden sind, weil viele Kenngrößen in der Literatur mit sehr großen Spannweiten angegeben werden.

Das Modell muß validiert werden

Der letzte Entwicklungsschritt besteht in einem objektiven Test, wie gut die Modellergebnisse mit gemessenen Werten der Zustandsvariablen übereinstimmen. Hierfür sollten mehrere Meßserien verwendet werden, wobei andere Standorteigenschaften und möglichst unterschiedliche Entwicklungen der dynamischen Eingangsgrößen verwendet werden sollten. Ein Modell, das nicht validiert werden kann, scheidet zunächst für eine praktische Anwendung aus. Nur Modelle mit zufriedenstellenden Übereinstimmungen zwischen Rechenergebnissen und Realität sind für die Verwendung in anwendungsbezogenen Problembereichen geeignet.

Die geschilderte Entwicklungsweise von Modellen kann selbstverständlich variiert werden. Entscheidend ist aber, daß die Modelltests durchgeführt werden. Aus ihnen ergeben sich Rückkopplungen innerhalb des Entwicklungssystems: Einzelne Arbeiten müssen häufig wiederholt werden, und im Verlauf der Verifikation, Kalibrierung und Validierung sind sehr oft Veränderungen von frühzeitig getroffenen Entscheidungen bzw. Formulierungen notwendig. Modellentwicklung ist also kein linearer Prozeß; die Güte von Modellen basiert vielmehr auf immer wieder durchgeführten Tests, die schließlich in Kreisprozessen zu einem zufriedenstellenden Ergebnis führen.

Im folgenden werden zwei Modelle vorgestellt, die entwickelt wurden, um Stoffflüsse im Boden regional differenzierend zu beschreiben. Da das Modellsystem durch sehr komplexe Interaktionen vernetzt ist, kann die Vorstellung nur exemplarisch erfolgen. Hierbei wird ein Schwerpunkt auf die Beschreibung des Gleichungssystems zum Wasserhaushalt und die flächenhafte Anwendung des Gesamtpakets gelegt.

Ein Modell zur Beschreibung des Wasser- und Stickstoffhaushalts

Problembeschreibung: Hohe Stickstoffkonzentrationen belasten Grund- und Oberflächenwässer

In vielen Regionen Deutschlands stellt die Gewährleistung einer einwandfreien Trinkwasserversorgung ein Problem dar, weil die von den Wasserversorgungsunternehmen bzw. durch Privatbrunnenbetreiber genutzten Grundwässer durch **hohe Nitrat (NO_3)-Gehalte** belastet sind oder sogar den gültigen Grenzwert von 50 mg NO_3/l überschreiten. Nitrat kann in hohen Konzentrationen bei Säuglingen zur Blausucht führen; dies trat allerdings bis heute nur selten auf. Darüber hinaus gefährden zu hohe NO_3-Konzentrationen die menschliche Gesundheit, weil das Nitrat im Mundspeichel zu Nitrit umgesetzt wird, woraus cancerogene Nitrosamine und Nitrosamide entstehen. Gelangen große Nitratmengen in Oberflächengewässer (Teiche, Seen, Flüsse, Meere), so erhöhen diese das Algenwachstum und schädigen nicht selten auf Dauer die Stabilität der Ökosysteme. Der weitaus größte Anteil der in die Gewässer gelangenden Nitratmengen ist auf **Auswaschungsprozesse aus landwirtschaftlich genutzten Böden** zurückzuführen. Zu welchen Anteilen die dem Boden zugeführten Stickstoffmengen von Pflanzen als Nährstoff aufgenommen werden, gasförmig in die Atmosphäre entweichen oder mit dem Sickerwasser die durchwurzelte Bodenzone verlassen und vertikal ins Grundwasser verlagert werden, hängt u.a. von der Höhe des Düngeraufwandes, vom Klimaverlauf und vom Pflanzenwachstum, aber auch von den Boden- und Reliefverhältnissen ab. So begünstigen beispielsweise die hohen Wasser-Durchlässigkeiten bzw. das niedrige Wasserhaltevermögen sandiger Böden den Austrag. Eine niedrige Sauerstoffversorgung bei wenig durchlässigen Böden (verdichtete Böden; hohe Tongehalte) fördert die Denitrifizierung, d.h. die Umwandlung des Nitrats bis hin zum atmosphärischen Stickstoff.

Insgesamt folgt die Stickstoffdynamik sehr komplexen Ursache-Wirkungs-Zusammenhängen, die sich durch die bloße Beschreibung von Einzelprozessen nicht nachvollziehen oder gar quantifizieren lassen. Viele Transformationsprozesse hängen vom Wassergehalt des Bodens ab. Gerade das Nitrat-Ion weist eine sehr hohe Wasserlöslichkeit auf, so daß es weitgehend der Bodenwasserdynamik folgt. Daher ist die **Kenntnis der hydrologischen Prozesse** eine wichtige Voraussetzung für die Berechnung von Stickstoffbilanzen. Um im kommunalen Planungsmaßstab erhöhte Nitratkonzentrationen in

Grund- und Oberflächenwässern auf punkt- bzw. flächenhafte Quellen zurückführen zu können und um darauf aufbauend die Ausweisung von Grundwasserschutzgebieten bzw. die Sanierung von Oberflächengewässern durch ein **ökologisch orientiertes Management** ihrer Einzugsgebiete zu planen, bieten sich Modelle als sehr hilfreiche Instrumente an.

Im folgenden soll ein aus mehreren Teilmodellen bestehendes Modellsystem vorgestellt werden, welches die **Wasser- und Stickstoffdynamik in terrestrischen Ökosystemen** beschreibt und flächenhaft bilanziert. Wie in Abbildung 6.3 dargestellt wird, sind so unterschiedliche Einflußebenen wie die Witterung, die Bodenbewirtschaftung, der Bodenwasser- und Wärmehaushalt, das Pflanzenwachstum, die Grundwasser- und Oberflächenabflußdynamik sowie die im Boden stattfindenden mikrobiellen Prozesse im Modell zu kombinieren. Das angestrebte Ziel besteht darin, für Grundwasserschutzgebiete bzw. für Teileinzugsgebiete, also für **Raumgrößen** von wenigen Hektar bis zu einigen Quadratkilometern, eine räumlich und zeitlich differenzierte Beschreibung der ablaufenden Prozesse zu ermöglichen. Der **zeitliche Rahmen** ist nach unten dadurch vorgegeben, daß in relativ kurzen Zeiträumen (Minuten - Stunden) hohe Niederschlagsmengen zu einer gravierenden Zustandsänderung führen können (z.B. völlige Nitrat-Entleerung der durchwurzelten Zone, hohe Wassereinträge durch Oberflächenabfluß). Andererseits können die Verlagerungsprozesse in das Grundwasser und vom Grundwasser zum Vorfluter viele Jahre und Jahrzehnte andauern. Daher ist es notwendig, die Simulation trotz der kurzen Intervalle über längere Zeiträume hinweg durchzuführen.

Im Rahmen dieser Darstellung kann nicht jedes Teilmodell in gleicher Präzision beschrieben werden; aus didaktischen Gründen wird ein Schwerpunkt auf die Präsentation der Prozesse gelegt, die sich direkt auf die Bodenwasserdynamik und die wichtigsten Umsatzprozesse von Stickstoff beziehen.

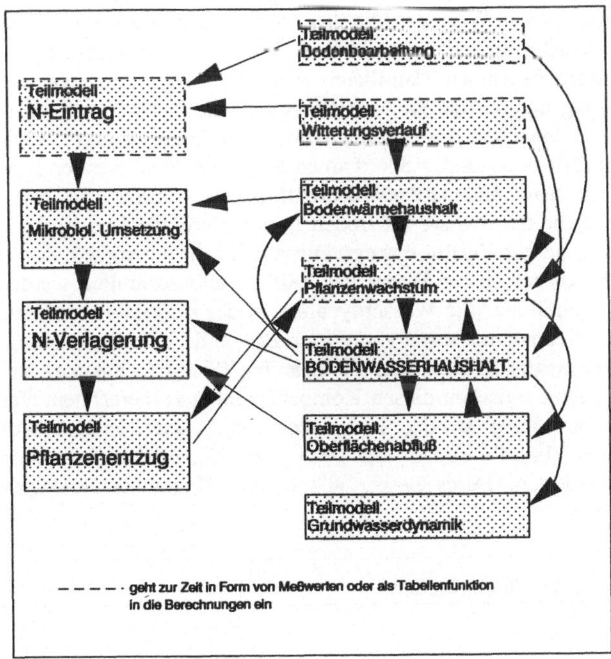

Abb. 6.3 Vernetzung der einzelnen Teilmodelle

Wie läßt sich die Bewegung des Wasser im Boden berechnen?

Die Basisstruktur des Modells WASMOD wird in dem vereinfachten Konzeptschema in Abbildung

6.3 dargestellt. Hierbei werden die Funktionen Wasserspeicherung, Wassertransport und Regelung in einem gekoppelten System zwischen terrestrischem Umfeld und Vorflut unterschieden. Wie in der Abbildung 6.4 dargestellt, werden in dem Modell vier Ökosystem-Kompartimente unterschieden: Pflanzenbestand, Bodenkörper, Grundwasserkörper und Vorfluter.

Die Modellierung der Wasserflüsse beginnt mit dem **Niederschlagsinput**, der zunächst auf die Vegetationsdecke gerät und dort zumindest teilweise auf den Blatt- und Sproßoberflächen zurückgehalten wird. Ein Teil dieser Fraktion verdunstet (**Interzeptionsverdunstung**), während andere Wassermengen durch den Bestand hindurchtropfen oder an den Sprossen abfließen und somit als **effektiver Niederschlag** auf die Bodenoberfläche gelangen. Hier entscheidet die aktuelle Infiltrationskapazität zusammen mit der Niederschlagsintensität über die Infiltrationsraten (Eindringen des Wassers in den Bodenkörper) und den Anteil des Niederschlags, der oberflächlich abfließt (**runoff**). Im Boden geht das infiltrierte Wasser in den Vorrat des betroffenen Kompartiments (Schicht oder Horizont) über. Die Verlagerung des Wassers zwischen den Kompartimenten des Wasserhaushalts wird durch das **Matrixpotential** des Bodens (die Retentionskraft der einzelnen Kompartimente) bestimmt. Dies ist als eine Materialkonstante in Abhängigkeit vom jeweiligen Wassergehalt zu betrachten: Je mehr Wasser sich in einer Volumeneinheit befindet, umso geringer ist die Bindung des Wassers an die Oberflächen und umso leichter kann das Wasser transportiert werden. Die standortspezifische Ausprägung dieses Verhältnisses kann in Wasserspannungskurven dargestellt werden. Wenn Transportvorgänge stattfinden, so werden diese durch die Differenzen der Potentiale in verschiedenen Tiefen gesteuert. Die Geschwindigkeit der Bewegung richtet sich nach der **Leitfähigkeit** des Materials. Diese Eigenschaft wird von den Bodeneigenschaften und der vorhandenen Wassermenge beeinflußt.

Nach Durchlauf verschiedener Kompartimente, in denen die angedeuteten Steuerungsvorgänge wiederholt werden, versickert das Wasser schließlich in den **Grundwasserkörper** und wird von hier aus langfristig in die Vorflut transportiert. Neben den **Versickerungsprozessen** bestehen auch aufwärtsgerichtete Wasserbewegungen (**kapillarer Aufstieg**), wenn der Wasserverlust über die Transpiration (Verdunstung durch Pflanzen nach Wasserentzug durch die Pflanzenwurzeln aus den Kompartimenten des durchwurzelten Bodenbereichs) oder die **Evaporation** (Verdunstung von freien Bodenoberflächen) besonders hoch sind. Außerdem besteht neben den lateralen Bewegungsmöglichkeiten über den Oberflächen- und Grundwasserabfluß eine Option für den Zwischenabfluß (**Interflow**), der auftritt, wenn das Wasser im Boden über undurchlässigen Horizonten gestaut wird und sich dem Gefälle folgend zur Vorflut bewegt. Diese hier sehr vereinfacht dargestellten Prozesse müssen in den Gleichungssystemen des Wasserhaushaltsmodells formuliert werden.

Ein mathematisches Modell, das die Wasserdynamik in der Bodenzone darstellt, hat danach die von bodenphysikalischen Kennwerten sowie von Witterungs- und Vegetationsbedingungen abhängige **Verweildauer des Bodenwassers in einzelnen Tiefenstufen** (Kompartimenten) bzw. seine ab- und aufwärtsgerichtete Bewegung zwischen diesen Kompartimenten zu berechnen. Vernachlässigt man die horizontale Wasserbewegung an der Bodenoberfläche (Oberflächenabfluß) und in unterschiedlichen Bodentiefen (Interflow), so läßt sich die Wasserbewegung durch die von der Kontinuitätsgleichung und dem Darcy-Gesetz abgeleitete **allgemeine Bewegungsgleichung des Bodenwassers** beschreiben:

(1) Bewegungsgleichung des Bodenwassers

$$\frac{\delta\theta}{\delta t} = \frac{\delta}{\delta z}[k(\theta)(\delta\frac{\psi}{\delta z}-1)]$$

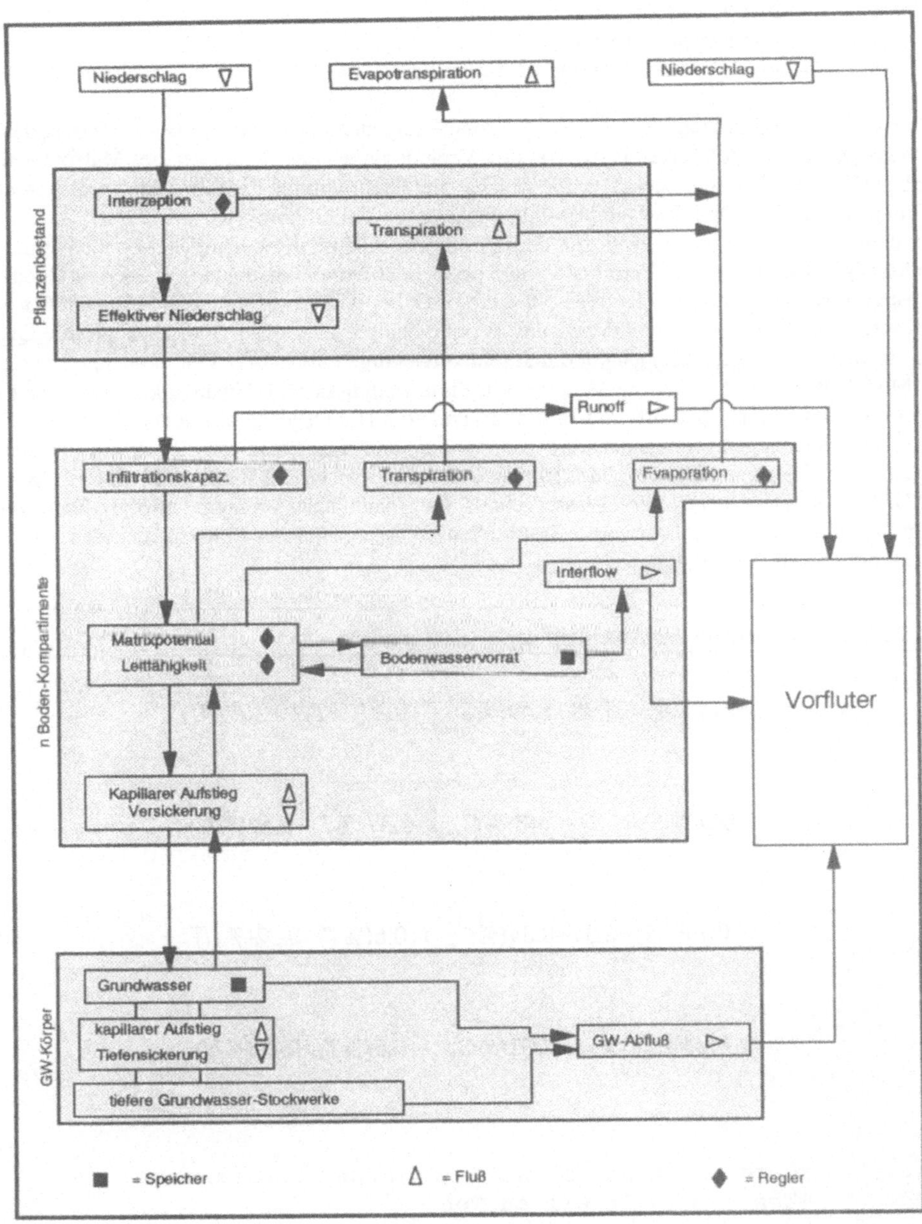

Abb. 6.4 Vereinfachtes Konzeptschema zur Modellierung des Wasserhaushalts

```
mit: θ     = Wassergehalt
     t     = Zeit
     k     = Durchlässigkeitsbeiwert
     ψ     = Matrixpotential
     z     = vertikale Kompartimentmächtigkeit
```

Eine verbale Beschreibung der Gleichung 1 könnte folgendermaßen lauten: Die Änderung des Bodenwassergehalts pro Zeiteinheit hängt von den Veränderungen des Gradienten des Matrixpotentials entlang der vertikalen Raumachse z ab, welche die Fließrichtung darstellt. Sie wird wesentlich bestimmt durch die Größe des Durchlässigkeitsbeiwertes k (Leitfähigkeit).

In diese Gleichung gehen zwei für den Bodenwasserhaushalt wesentliche Größen ein: vom **Durchlässigkeitbeiwert** k (das Vermögen von Boden- oder Gesteinsschichten, Wasser zu leiten) und das **Matrixpotential** (Intensität der Wasserbindung). Dabei ist zu beachten, daß beide Größen nicht als Konstanten, sondern als Funktionen des Wassergehaltes anzusehen sind. Eine genaue Quantifizierung dieser Parameter läßt sich nur durch sehr aufwendige Labor- bzw. Feldmessungen erreichen. Das Modell WASMOD bietet die Möglichkeit, diese Funktionen in Abhängigkeit von der Korngrößenverteilung (Sand-, Schluff- und Tonanteil) und vom Humusgehalt abzuleiten. Es werden dabei Regressionsgleichungen verwendet, die auf einem umfangreichen, das Spektrum schleswig-holsteinischer Böden weitgehend abdeckenden Datensatz beruhen (REICHE 1985; MÜLLER 1987; FRÄNZLE et al. 1987). Die Wassergehalts-Saugspannungszuordnung erfolgt über lineare Interpolation auf der Grundlage von 5 Stützstellen (Wassergehalt bei Matrixpotentialen von pF 0, pF 1.8, pF 2.5, pF 3.5, pF 4.2).

---

(2) Regressionsgleichung zur Ableitung der pF-Stützstellen

$$\theta(pF1.8)=15.98+1.49(\%C_{org})+0.47(\%T)+0.26(\%U)$$

$$\theta(pF2.5)=7.57+1.43(\%C_{org})+0.37(\%T)+0.42(\%U)$$

$$\theta(pF3.5)=2.04+0.84(\%C_{org})+0.6(\%T)+0.32(\%U)$$

$$\theta(pF4.2)=2.1+0.001(\%C_{org})+0.5(\%T)+0.26(\%U)$$

```
mit:     %Corg     = Anteil an organischer Substanz
         %Ton      = Anteil an Ton
         %U        = Anteil an Schluff
         ψ(pFx)    = Wassergehalt bei pF=x
```

Die **Wasserleitfähigkeitsfunktion** wird in Abhängigkeit von der gesättigten Wasserleitfähigkeit (k_f) nach Gleichung 3 berechnet, die auf der Grundlage einer großen Anzahl von Tensiometer- und Wassergehaltsmessungen abgeleitet wurde (s. FRÄNZLE et al. 1987, MÜLLER 1987, MÜLLER & REICHE 1990).

(3) Berechnung des Durchlässigkeitsbeiwertes

$$K_u = C * 10^{a - b * (\log(\psi))^2}$$

mit

$$a = \log\left[\frac{K_f}{36}\right]$$

für 0<pF<.18

$$c = 10^{\left(\frac{69.3 + \psi}{34.6}\right) * \log\left(\frac{75.6 + \psi}{12.6}\right)}$$

für pF>1.8

$$c = 1$$

Teilt man eine Bodensäule in beliebig viele Kompartimente festgelegter Schichtdicken ein, so läßt sich auf der Grundlage der Differentialgleichung (1) nach Diskretisierung unter Anwendung der Finite-Differenzen-Methode die Bodenwasserbewegung durch ein numerisches, iterativ ablaufendes Rechenmodell beschreiben (DUYNISVELD 1984, BENECKE 1984). Einfacher ausgedrückt läßt sich nach dem Prinzip der Gleichung 1 der Gang des Bodenwassers berechnen, wenn man den Boden entsprechend seiner hydraulischen Eigenschaften in einzelne Tiefenstufen aufteilt und für diese Schichten im Minuten- bis Stundenabstand die Änderung des Wassergehalts berechnet. Iterativ nennt sich das Verfahren, weil der für einen Zeitschritt berechnete Endzustand (Bodenwassergehalt, Matrixpotential und Durchlässigkeitsbeiwert) jeweils den Anfangzustand für den folgenden Schritt darstellt.

Bei der Beschreibung der Bodenwasserdynamik ist die Einbeziehung des Wassertransfers von der Bodenoberfläche in das oberste Bodenkompartiment (**obere Randbedingung**), der Pflanzendecke sowie des Übergang zum Grundwasser (**untere Randbedingung**) notwendig. Um eine praktikable Anbindung der Berechnung des Bodenwassers an die Grundwasserdynamik zu erreichen, wurde ein Berechnungsverfahren angewendet, bei dem die Schichtdicke des untersten, über dem Grundwasser liegenden Kompartimentes variabel gehalten wird. Der Potentialgradient wird als Differenz zwischen dem aktuellen Matrixpotential und dem sich unter stationären Bedingungen in Abhängigkeit zur Grundwassertiefe einstellenden Potential berechnet, so daß die **Flußrate in das unterste Kompartiment**, also in den Grundwasserkörper, nach Gleichung 4 berechnet werden kann:

(4) Grundwasserneubildungsrate

$$SRU_n = -\frac{ku_n}{m_n - m_{(n+1)}} * \left[\frac{\psi_n}{z_{n+1} - z_n} + \frac{3}{2}\right]$$

```
mit:        SRU = Sickerrate in das Grundwasser
            k   = Durchlässigkeitsbeiwert (ungesättigt)
            ψ   = Matrixpotential
            m   = Ortskoordinate der Kompartimentmitte
            z   = Ortskoordinate der oberen Kompartimentgrenze
```

---

(5) Berechnung der Grundwasserhöhe

$$\frac{\Delta GW}{\Delta t} = \frac{SRU_n}{FWK_n} - kf_n \frac{h}{l}$$

```
mit:        ΔGW = Veränderung der Grundwasserhöhe
            t   = Zeit
            SRU = Sickerrate in das Grundwasser
            FW  = auffüllbarer Porenraum (freie Wasserkapazität)
            h   = Höhe über dem Vorfluter
            l   = Entfernung zum Vorfluter
```

Der **Grundwasserabfluß** wird in Anlehnung an die Darcy-Gleichung stark vereinfachend in Abhängigkeit vom Gefälle des Grundwassers, bezogen auf die Lage des zu berechnenden Punktes, und von der Durchlässigkeit des Grundwasserleiters bestimmt, wobei der Zufluß aus anliegenden Gebieten (Basis-Strom) als konstant angenommen wird.

Das Rechenmodell WASMOD bietet auch die Möglichkeit, den Wasserabfluß aus einem beliebigen Kompartiment als **Dränabfluß** abzuschätzen. Als Berechnungsgrundlage wird ebenfalls die Gleichung 5 herangezogen, wobei der Dränabfluß in Abhängigkeit vom mittleren Dränabstand, der Dräntiefe, der mittleren berechneten Aufwölbung zwischen den Dränen und den k-Werten der wassergesättigten Schichten ermittelt wird.

Bei der modellhaften Formulierung der an und über der Bodenoberfläche ablaufenden Prozesse muß neben dem Niederschlag die **Interzeption** (der Anteil des Niederschlags, der an oberirdischen Pflanzenteilen haften bleibt), die **Evapotranspiration** (Verdunstung) sowie temporär auftretendes **Oberflächenwasser** Berücksichtigung finden. Zur Kennzeichnung des täglichen Niederschlags werden Meßwerte eingelesen. Der **Interzeptionsverlust** wird anhand der von HOYNINGEN HUENE (1983) empirisch ermittelten Gleichungen in Abhängigkeit vom Blattflächenindex LAI (Verhältnis zwischen Oberfläche der Pflanzenteile und der von der Pflanze bedeckten Grundfläche) berechnet.

---

(6) Interzeptionsverlust (N_i)

$$N_i = -0.42 + 0.245 N_O + 0.2 LAI + 0.0271 N_O LAI - 0.0111 N_O{}^2 - 0.0109 LAI^2$$

mit: N_i = Interzeptionsverlust als Anteil des Gesamtniederschlags
           N_o = Freilandniederschlag
           LAI   = Blattflächenindex

Der Interzeptionsverlust steigt in Abhängigkeit von der Niederschlagsmenge bis zu einer oberen Grenze, die durch die Gleichung 7 beschrieben wird.

---

(7) Interzeptionspotential

$$N_{i_{max}} = 0.935 + 0.498 LAI - 0.00575 LAI^2$$

mit: $N_{i(max)}$ = Grenzwert der Interzeptionskapazität

Der als Differenz des Freilandniederschlags und der Interzeptionsrate berechnete Bestandes-
niederschlag wird als Vorratsänderung zum Wassergehalt des obersten Kompartimentes hinzuaddiert,
solange das Porenvolumen dieses Kompartimentes nicht überschritten ist. Dies kann dann der Fall
sein, wenn bei grundwassernahen Böden hohe Wassereinträge zur vollständigen Sättigung der
Bodensäule führen oder wenn aufgrund niedriger Durchlässigkeitsbeiwerte die Versickerung in die
tieferen Kompartimente so langsam abläuft, daß das oberste Kompartiment den Sättigungspunkt erreicht. Der Wasseranteil, der nicht infiltriert, wird bei niedriger Hangneigung bzw. dichtem Bewuchs
als Oberflächenwasser für den folgenden Simulationszeitschritt gespeichert und kann bei entsprechender Abnahme des Bodenwassergehalts in die oberste Schicht **infiltrieren**. Steigt die berechnete Menge
an nicht infiltriertem Wasser über eine von der jeweiligen Vegetationsdecke abhängige Höhe, so
wird diese Wassermenge bei entsprechender Hangneigung (>2% Gefälle) als **Oberflächenabfluß**
bilanziert. Um die Verdunstung zu berechnen, wird zunächst die **potentielle Evapotranspiration**
(Verdunstung bei uneingeschränktem Wasservorrat) nach dem Verfahren von HAUDE (1954)
ermittelt. Dazu ist die Kenntnis des Sättigungsdefizits der Atmosphäre ($14^{\circ\circ}$) und der Lufttemperatur
($14^{\circ\circ}$) in Form von Tageswerten erforderlich. Diese Parameter werden ebenso wie die tägliche
Niederschlagssumme an vielen Stationen des Deutschen Wetterdienstes erhoben und sind damit mehr
oder weniger flächendeckend verfügbar. Durch die Verwendung von empirisch gut abgesicherten,
spezifischen, jeweils auf Entwicklungsstadien bezogenen Pflanzenfaktoren kann auf aufwendige Sub-
programme zur Berechnung des Transpirationspotentials verzichtet werden.

---

(8) potentielle Evapotranspiration (nach HAUDE)

$$EP = f * (e_s - e_a)_{14.00 Uhr}$$

mit: EP   = potentielle Evapotranspiration
     f   = Faktor (abhängig vom Pflanzenart und Phänologie)
     $e_s - e_a$ = Sättigungsdefizit der bodennahen Luftschicht

Die **aktuelle Evapotranspiration** wird in Abhängigkeit von der relativen Durchwurzelungsintensität
als Funktion der Tiefe für einzelne Kompartimente in Anlehnung an BRAUN (1975) berechnet.
Dabei wird vereinfachend nur für die obersten Kompartimente eine Evaporationsrate bestimmt; der
Betrag der potentiellen Evapotranspiration wird hier um die Höhe des Interzeptionsverlustes reduziert. Die Wasserentzugsrate entspricht damit der potentiellen Evapotranspiration, wenn der Boden
wassergesättigt ist bzw. wenn Oberflächenwasser im vorausgegangenen Rechenschritt bilanziert
wurde.

---

(9) aktuelle Evapotranspiration (nach BRAUN)

$$ET_A = ET_P * VF * e^{\psi/4000}$$

```
mit: ET_A = Aktuelle Evapotranspiration
     ET_P = Potentielle Evapotranspiration
     VF   = Vegetationsfaktor
```

Bei ungesättigten Verhältnissen wird dieser Betrag entsprechend der Höhe des als Verdunstungswiderstand anzusehenden Matrixpotentials reduziert.

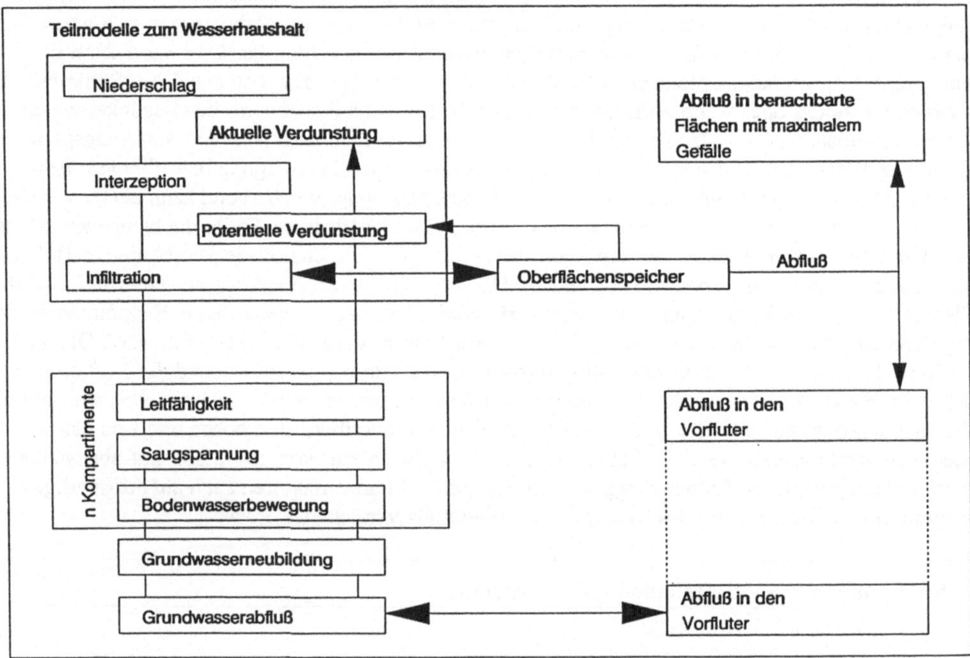

Abb. 6.5 Teilmodelle zur Simulation des Wasserhaushaltes

Auf der Basis des beschriebenen Gleichungssystems wurde ein Fortran-Programm erstellt, mit dessen Hilfe sich Wasserbilanzen für unterschiedliche Standorte berechnen lassen. Eine Besonderheit des Modells WASMOD ist es, daß im Gegensatz zu vielen anderen Modellen wichtige Parameterableitungen im Programmablauf enthalten sind. Hierdurch wird es möglich, daß auch bei geringer Datendichte ein Modelleinsatz durchführbar ist. Dieser Umstand ist gerade für die regionale Anwendung von großer Bedeutung. Trotz der relativen Vereinfachung werden sehr gute Übereinstimmungen zwischen Modellergebnissen und Meßreihen erreicht, so daß das Modell WASMOD eine ausreichende Basis für die Simulation des N-Haushaltes darstellt.

Die Stickstoffdynamik hängt von vielen im Boden ablaufenden Prozessen ab

Auch der Aufbau der Teilmodelle zum Stickstoffhaushalt wird zunächst in einer vereinfachten Form als zusammenfassendes Konzeptschema (Abb. 6.6) vorgestellt: Stickstoffverbindungen gelangen über atmosphärische **Depositionsmechanismen** und als **Dünger** (Mineraldünger und Wirtschaftsdünger) auf die Bodenoberflächen. Hierbei sind vor allem die Substanzen Nitrat und Ammonium zu unterscheiden, die durch organische Stickstoffverbindungen ergänzt werden. Letztere machen einen großen Teil des Stickstoffinputs durch Wirtschaftsdünger aus. Aus Mist oder Gülle können direkt nach der Applikation erhebliche Stickstoffmengen durch die **Ammoniakverflüchtigung** entweichen, was besonders bei trockener und warmer Witterung als ein wichtiger Verlustpfad anzusehen ist. Weiterhin werden die organischen Stickstoffverbindungen durch längerfristige Prozesse **mineralisiert**, d.h. sie gehen in anorganische Bindungsformen über. Hierbei greifen verschiedene mikrobielle Prozesse ineinander, bei denen Ammonium-Stickstoff freigesetzt wird. Dieser kann in Abhängigkeit von den Standortbedingungen und dem Witterungsverlauf **nitrifiziert** werden, wobei als Endprodukt das mobile Nitrat entsteht. Unter sauerstoffarmen Bedingungen, also bei hohen Wassergehalten wird der Bodenstickstoff **denitrifiziert**; es entstehen gasförmige Stickstoffformen, die in die Atmosphäre entweichen können.

Durch Einarbeitung oder Lösungstransport mit dem Bodenwasser gelangen die Stickstoffformen Nitrat, organischer Stickstoff und Ammonuim-Stickstoff in den Bodenkörper, der im Modell - in Analogie zum Wasserhaushaltsmodell - in verschiedene Kompartimente unterteilt werden kann. Hier befindet sich in der Humusfraktion ein beträchtlicher **Stickstoffspeicher**, der - wie oben beschrieben - mineralisiert und nitrifiziert werden kann und unter bestimmten Bedingungen durch die Vorgänge der **Denitrifikation** in gasförmige Stickstoffverbindungen umgewandelt werden kann. Weiterhin können erhebliche Fraktionen des Bodenstickstoffs (Ammonium u. Nitrat) von den Pflanzen aufgenommen werden. Der im oberirdischen Pflanzenteil festgelegte Stickstoff wird auf agrarisch genutzten Standorten mit der **Ernte** entzogen, während Wurzeln und Ern!ereste den organischen Stickstoffvorrat des Bodens erweitern. Die anorganischen Komponenten, vor allem aber das Nitrat, werden mit dem **Sickerwasser** durch den Boden transportiert, so daß sie bis in das Grundwasser und in die Vorflut gelangen können. Diesen mobilen Fraktionen stehen die **adsorbierten Stickstoffver-bindungen** gegenüber, die an den Bodenoberflächen zurückgehalten werden. Diese Vorgänge betreffen vor allem das Ammonium.

Häufig werden zur modellhaften Beschreibung der Bewegung von im Bodenwasser gelösten Stoffen drei Prozesse berücksichtigt: die **Konvektion**, die molekulare **Diffusion** und die hydrodynamische **Dispersion**. Diese Mechanismen lassen sich durch die folgende partielle Differentialgleichung beschreiben:

(10) vertikaler Stofftransport

$$\frac{\delta \theta c}{\delta t} = \frac{\delta}{\delta z}(\theta D \frac{\delta c}{\delta z}) - \frac{\delta q c}{\delta z}$$

```
mit:      θ = Wassergehalt
          c = Konzentration  in der Lösung
          D = scheinbarer Diffusionskoeffizient
          q = vertikaler Wasserfluß
          z = Kompartiment-Tiefe
          t = Zeit
```

Während die molekulare Diffusion (Ausgleich von Konzentrationsunterschieden) durch die thermische Bewegung der Moleküle verursacht wird und auch ohne Wasserbewegung stattfindet, tritt die hydrodynamische Dispersion nur bei Wasserbewegung auf. Sie wird durch ungleichmäßige Fließgeschwindigkeiten bei der Bewegung einer Flüssigkeit durch poröse Medien verursacht, wobei unterschiedliche Porendurchmesser verschiedene Fließgeschwindigkeiten verursachen.

Neben der konvektiven Verlagerung (vertikale Bewegung), der Diffusion und der Dispersion werden auch Austauschprozesse mit dem Bodenkörper (**De- und Adsorptionsprozesse**) unter Einbeziehung einer mobilen und einer immobilen Wasserfraktion berücksichtigt. Ferner ist aufgrund der engen Abhängigkeit zum **Bodenwärmehaushalt** die Verknüpfung mit einem Bodentemperatur-

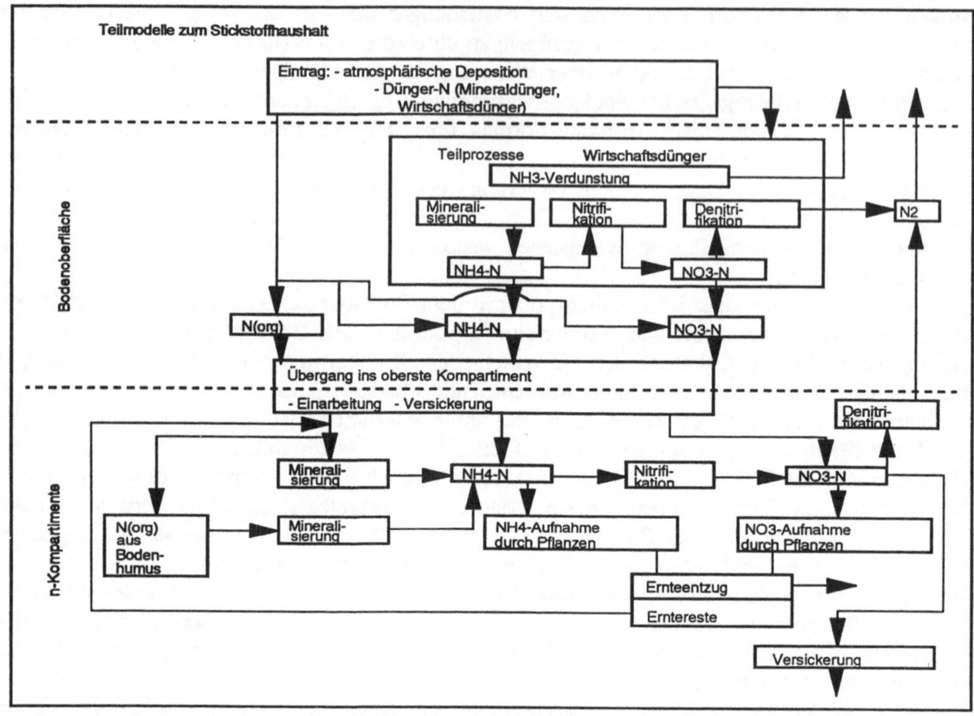

Abb. 6.6 Schematische Übersicht zum Stickstoffhaushaltsmodell

modell notwendig. In die Berechnung der Stickstoffmineralisation, Nitrifikation und Denitrifikation gehen neben der Bodentemperatur und dem Bodenwassergehalt der Anteil an organischem Kohlenstoff, der pH-Wert sowie das C/N-Verhältnis der einzelnen Bodenkompartimente als wesentliche Randbedingungen ein. Dabei wird zwischem einem leicht mineralisierbaren und einem schwer mineralisierbaren **Stickstoffpool** unterschieden. Die nach der Ausbringung von Wirtschaftsdüngern (Gülle, Festmist) ablaufenden Prozesse wie Gülleversickerung und Ammoniak-Verdunstung werden berücksichtigt. Die Aufnahme von Nitrat und Ammonium durch die Pflanzenwurzeln wird als konvektiver Transportprozeß in Abhängigkeit von der Wasseraufnahme bei vorher festgelegtem Maximum berechnet.

Eine Überprüfung der Aussagegenauigkeit der Modellrechnungen erfolgte durch den Vergleich mit zahlreichen, an unterschiedlichen Standorten durchgefühten Zeitreihenuntersuchungen (REICHE 1991). Die Basisgleichungen des Stickstoff-Modells werden in der Tabelle 6.2 zusammengefaßt. Eine ausführliche Diskussion zur Modellierung von Einzelprozessen des Stickstoffhaushalts in Böden ist bei HOFFMANN (1989) nachzulesen.

Bei der Berechnung der Nitrifikation (verändert nach JONES et al. 1986) geht als Reduktionsfaktor K jeweils das Minimum der nach HAGIN et al. (1974) berechneten Temperatur-, Wassergehalts- und pH-Funktion ein. Bei dem in Anlehnung an ROLSTON (1982) eingesetzten Verfahren zur Abschätzung der Denitrifikationsrate wird der Stickstoffverlust (DNR) in Abhängigkeit vom organischen Kohlenstoffgehalt, der Bodendichte, und Bodentemperatur sowie mit Hilfe einer von JONES et al. (1986) übernommenen Wassergehaltsfunktion berechnet. Es werden folgende organische bzw. mineralische N-Eintragsformen berücksichtigt: Ammonium-Dünger, Nitratdünger, Kalkammonsalpeter (50 % NO_3, 50 % NH_4), Rindergülle, Schweinegülle, Mischgülle, atmosphärische Deposition (60 % NH_4, 40 % NO_3).

Tab. 6.2 Gleichungen zur Berechnung des Stickstoffhaushalts

---

(11) N-Mineralisation

$$Min_{i,t}=0.0058NPOT_{i,t}\,2^{0.1(Bt_{i,t}-35)}4\frac{PV_{i,t}-W_{i,t}}{PV_{i,t}^2}$$

Min = Mineralisationsrate
Npot = poteniell mineralisierbarer organischer N-Anteil
Bt   = Bodentemperatur
W   = Wassergehalt
PV   = Porenvolumen

---

(12) Nitrifikation

$$Nitr_{i,t}=K_{nitr}\frac{NH4_{i,t}40}{NH4+90}NH4_{i,t}$$

Nitr = Nitrifikationsrate
K   = Faktor
NH_4 = Ammoniumgehalt

---

(13) Denitrifikation

$$DNR_{i,t}=0.0006NO3_{i,t}(\frac{C_{org_{i,t}}}{2}0.0031+24.5)1-\frac{PV_i-W_{i,t}}{PV_i-FK_i}0.1\exp(0.046Bt_{i,t})$$

DNR   = Denitrifikationsrate
NO_3 = Nitratgehalt
C_{org} = organischer Kohlenstoffgehalt
FK   = Feldkapazität

---

(14) Ammoniak-Verdunstung

$$SG:\quad NH3_{VOL}=0.1EP*GNH4\exp(-0.4LAI)$$

$$RG:\quad NH3_{VOL}=(0.33+0.077EP)*GNH4*\exp(-0.4LAI)$$

$$MG:\quad NH3_{VOL}=(0.165+0.0885*EP)*GNH4*\exp(-0.4LAI)$$

SG   = Schweinegülle
RG   = Rindergülle
MG   = Mischgülle
LAI = Blattflächenindex
EP   = potentielle Evapotranspiration
GNH4 = Ammoniumanteil der Gülle

---

(15) N-Mineralisation an der Bodenoberfläche

$$\Delta GON = 0.005 * (1.1 - \exp(0.4 * LAI)) * GON * K$$

$$\Delta GNH_4 = +0.4 \Delta GON$$

$$\Delta SNH_{4_1} = +0.4 \Delta GON$$

$$\Delta NHUM_1 = +0.2 \Delta GON$$

ΔGON	= Mineralisationsrate
GON	= organisch N-Anteil im Wirtschaftsdünger
K	= Faktor (abhängig von Temperatur+Feuchte)
$NHUM_1$	= organ. gebundener N-Anteil im obersten Boden-Kompartiment

---

(16) Infiltration der Gülle

$$SG: \quad \Delta NH4_1 = 0.6 GNH4 \sqrt{1.45/BD_1}$$

$$RG: \quad \Delta NH4_1 = 0.25 GNH4 \sqrt{1.45/BD_1}$$

$$MG: \quad \Delta NH4_1 = 0.42 GNH4 \sqrt{1.45/BD_1}$$

$NH4_1$	= Ammoniumgehalt im obersten Kompartiment
GNH4	= Ammoniumgehalt im Wirtschaftsdünger
BD	= Bodendichte

Überprüfung anhand von Meßdaten

Inwiefern ein Modell tatsächlich für planerische Fragestellungen einsetzbar ist, kann nur der Vergleich mit Meßdaten zeigen. Dabei muß betont werden, daß ein Modell immer nur für ein mehr oder weniger breites Spektrum von Parameterkombinationen überprüft (validiert) werden kann. Es muß also immer ein Gültigkeitbereich angegeben werden. Zur **Validierung** des beschriebenen Wasser- und Stickstoffmodells wurde eine größere Anzahl von Freilanduntersuchungen an unterschiedlichen Standorten Schleswig-Holsteins durchgeführt. Maßgeblich für die Auswahl dieser Standorte war eine möglichst hohe Variabilität von Nutzungs- und Bodenverhältnissen. Zu den untersuchten Nutzungsvarianten zählen Hackfrucht-, Getreide- und Grünlandanbau. Es gingen

Braunerden, Pseudo-Braunerden, Gleye und Pseudo-Gleye ins Beprobungsprogramm ein. In den Abbildungen 6.8 und 6.9 werden die für 14 Standorte in den Jahren 1987 und 1988 ermittelten Bodenwassergehalte und Nitratgehalte den jeweiligen Modellergebnissen gegenüber gestellt.

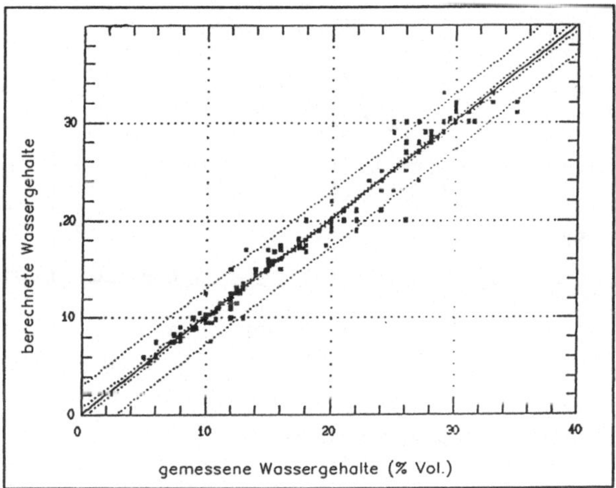

Abb. 6.7 Gegenüberstellung berechneter und gemessener Bodenwassergehalte

Die Berechnungen zum Boden-Wasserhaushalt liefern Ergebnisse, die nur selten mehr als 2 Volumenanteile von den Meßergebnissen abweichen, so daß für die berücksichtigten Standortverhältnisse und Nutzungsvarianten von einer hinreichenden Genauigkeit des Boden-Wassermodells auszugehen ist. Teilweise größere absolute Abweichungen ergeben sich zwischen gemessenen und modellhaft berechneten Nitragehalten. Die höchsten Differenzen zwischen Meß- und Modellergebnissen treten bei Oberböden auf, wenn kurz vor der Beprobung eine Ausbringung von Stickstoffdünger stattgefunden hat. Für Standorte mit tonreichen, wenig wasserdurchlässigen Böden wird durch die Modellrechnung ein zeitweise zu hoher N_{min}-Anteil (in mineralischer Form vorliegender Stickstoff) im Unterboden berechnet. Es ist anzunehmen , daß hier die Berechnung der Denitrifikation, die im besonderen Maße bei Böden mit häufiger Wassersättigung auftritt, nicht präzise genug erfolgt. An dieser Stelle muß zukünftig eine Modell-Optimierung vorgenommen werden. Für Standorte, die mit weniger tonreichen Böden ausgestattet sind, liefern die Modellrechnungen Ergebnisse, die gut mit den Meßwerten übereinstimmen. Hier betragen die Abweichungen weniger als 20 kg N pro ha und liegen damit unterhalb der für solche flächenbezogenen Untersuchungen angegebenen Nachweisgenauigkeit.

Datenorganisation ist eine Voraussetzung für Gebietssimulationen

Während die Handhabung von komplexen Modellen für Einzelberechnungen noch im interaktiven Betrieb (Parametereingabe am Bildschirm) vorstellbar ist, muß für die Bearbeitung größerer Gebiete, die aus einer Vielzahl von Einzelflächen bestehen, die Datenorganisation weitgehend automatisch ablaufen. Entscheidend ist hierbei, daß sich Parameterklassen entsprechend ihres räumlichen Bezuges definieren lassen. Während die Witterungs-Kenngrößen in der Regel für ein ganzes Gebiet (mehrere qkm) Gültigkeit haben, beziehen sich die Angaben zur Nutzung immer nur auf eine begrenzte Anzahl von Schlägen, auf denen die gleiche Fruchtfolge eingehalten wird und die in bezug auf

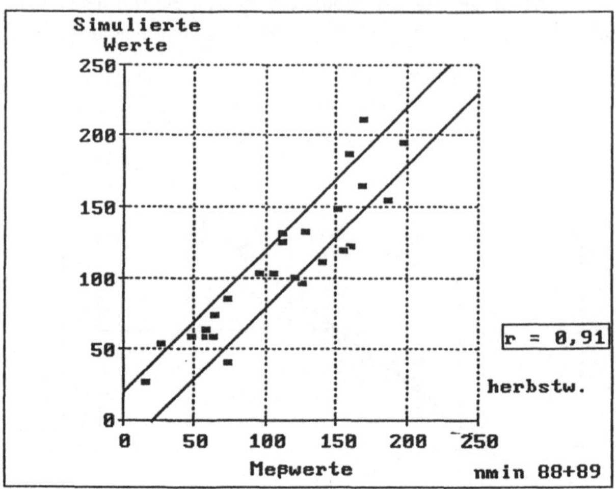

Abb. 6.8 Gegenüberstellung berechneter und gemessener N_{min}-Gehalte

Bearbeitungsmaßnahmen und Düngeraufwand vergleichbar sind. Die Parameter zur Beschreibung von Boden-, Relief- sowie Grund- und Oberflächenwasserverhältnissen gelten in der Regel nur für einen einzigen Flächenausschnitt. Die notwendigen statischen und dynamischen Eingabewerte werden aus vier Einzeldateien eingelesen.

Die **Bodendatei** beinhaltet die notwendigen bodenphysikalischen und -chemischen Kennwerte (Korngrößenverteilung, effektive Lagerungsdichte, Wassergehalt für unterschiedliche pF-Stufen, K_f-Wert, pH-Wert, Anfangswassergehalt, Kompartimenttiefe) für alle vertikal angeordneten Kompartimente jeder Einzelfläche. Darüber hinaus werden hier weitere flächenbezogene Eingabeparameter zur Kennzeichnung der Flächengröße, des Oberflächen- und Grundwasserabflusses sowie der Nutzung und Fruchtfolge verwaltet.

Die **Bodenstickstoffdatei** enthält für jedes Kompartiment Anfangswerte für vier unterschiedliche Stickstoffformen (schwer mineralisierbarer organisch gebundener Stickstoff, leicht mineralisierbare Stickstoffverbindungen aus organischer Düngung und Ernteresten, Nitrat-N, Ammonium-N).

Die **Klimadatei** besteht aus tagesbezogenen Angaben zur Minimum- und Maximumtemperatur, zum Niederschlag, zum Sättigungsdefizit sowie zum atmosphärischen Stickstoffeintrag.

Die **Nutzungsdatei** beinhaltet jeweils für einzelne Kulturarten und Düngungsvarianten, entsprechend des phänologischen Ablaufes differenziert, Angaben zur Beschreibung der tiefenabhängigen Durchwurzelungsintensität, des pflanzentypischen Verdunstungsfaktors, des Blattflächenindex, der ausgebrachten Stickstoffmenge und -applikationsform sowie des durch die Ernte bedingten Stickstoffentzuges. Für die Form der Ergebnisausgabe stehen je nach Fragestellung verschiedene Varianten zur Verfügung: Zustandsgrößen und Flußraten des Bodenwasserhaushalts (z. B. Bodenwassergehalte, Sickerraten, Transpirationsraten für einzelne Bodenkompartimente), des Bodenstickstoffhaushalts (Nitrat- und Ammoniumgehalt, Mineralisations- u. Nitrifikationsraten) in Form von Zeitreihen, bezogen auf Einzelflächen sowie gebietsbezogene Bilanzgrößen (Grundwasserneubildung, Oberflächenabfluß, Stofffrachten in Grund- und Oberflächengewässer).

Ein integriertes Bodeninformationssystems

Um die Durchführung von gebietsbezogenen Modellrechnungen praktikabel zu gestalten, wurde es notwendig, das Modellsystem an ein **Software-Umfeld** anzupassen, durch welches zum einen die Bereitstellung der erforderlichen raumbezogenen Eingabeparameter erfolgt und wodurch zum anderen die Erstellung von Parameterdateien und die Auswertung von Ergebnisdateien weitgehend oberflächengesteuert und automatisiert abläuft. Durch die Anbindung an ein **geographisches Informationssystem** (GIS) werden auf der Grundlage der für die Modellrechnung relevanten Parameter zur Beschreibung der Bodeneigenschaften, der Reliefgestalt, der Vegetation und der anthropogenen Nutzung durch Verschneidung **kleinste Geometrien**, also Flächeausschnitte mit gleicher Ausstattung an für die Modellrechnung relevanten Kenngrößen, definiert. Diese Einzelflächen, deren Größe in Abhängigkeit von der Homogenität des Areals sehr unterschiedlich sein kann, stellen die räumliche Basis für Gebietssimulationsläufe dar und werden bei der Kennzeichnung der Modell-Eingabeparameter durch ihre Flächenschwerpunkte repräsentiert. Bei großer Variabilität von Hangneigung und Hangrichtung wird eine stark differenzierte Segmentierung in viele Einzelflächen erforderlich. Darüber hinaus liefert das GIS alle geometrischen Daten, die für die Modellrechnungen erforderlich sind: Flächengröße, Flächenumfang, inhaltliche Kennzeichnung und Koordinaten der punkt- linien- und flächenhaften Elemente. Diese Daten werden wie in der Abbildung 6.11 dargestellt anhand eines Transformationsprogramms ("TOPTRA") ausgewertet. Dabei werden die folgenden für die Parameterfindung wichtigen Zuordnungs- und Ableitungsprozeduren durchgeführt:

- Bestimmung der Höhe über NN für einzelne Flächenschwerpunkte,
  Zuordnung der Höhe über NN für jeden Gewässerteilabschnitt,
- Abschätzung der mittleren Grundwassertiefe für jeden Flächenschwerpunkt unter Zugrundelegung des für die ungesättigte Zone abgeschätzten K_f-Wertes, der mittleren Grundwasserneubildungsrate, des Gefälles zu jedem Vorfluterabschnitt sowie einer geschätzten Grundwasserzuflußrate,
- Zuordnung von Teilflächen und Vorfluterteilabschnitten entsprechend der Oberflächenabflußrichtung durch Ausweisung von Abflußkaskaden, die jeweils mit einer abflußlosen Mulde oder einem Vorfluterteilabschnitt abschließen. Dabei wird zusätzlich untersucht, ob die jeweilige Flächengrenze Oberflächenabfluß zuläßt oder als Abflußbarriere anzusehen ist.

Die für einen Modellauf notwendigen Eingabedaten zur Beschreibung des Witterungsverlaufes, zur Kennzeichnung phänologischer Charakteristika einzelner Kulturarten und zur Einbeziehung der landwirtschaftlichen Bearbeitungs- und Düngungsmaßnahmen werden in einer relationalen **Datenbank** verwaltet. Diese enthält auch die physikalischen und physikochemischen Bodenkennzahlen jeder Einzelfläche. Da in der Regel hierfür Meßergebnisse nicht flächenhaft vorliegen, wurden Programme inplementiert, die die erforderlichen Werte von Kartierergebnissen (Bodenart und Bodentyp) ableiten. Häufig liegen lediglich die Profilbeschreibungen der Bodenschätzung vor. Aus diesem Grunde wurden Prozeduren entwickelt, welche diese Daten in die Sprache der wissenschaftlichen Bodenkunde umformen (BENNE et al. 1990).

Anwendung des Modellsystems

Mit den geschilderten Schritten liegt ein einsatzfähiges Modellsystem vor, dessen Anwendugsmöglichkeiten im folgenden anhand zweier Beispiele vorgestellt werden. Zum einen werden die überhöhten N-Frachten eines kleinen Bachs anhand der Nutzung im Einzugsgebiet flächenhaft erklärt, und es werden Wege zur Reduzierung der Gewässerbelastung aufgezeigt. Im zweiten Beispiel wird dargestellt, wie auf der Grundlage des Modellsystems WASMOD&STOMOD das Risikopotential bezüglich der Grundwasser-Kontamination mit Nitrat regional differenziert beschrieben werden kann.

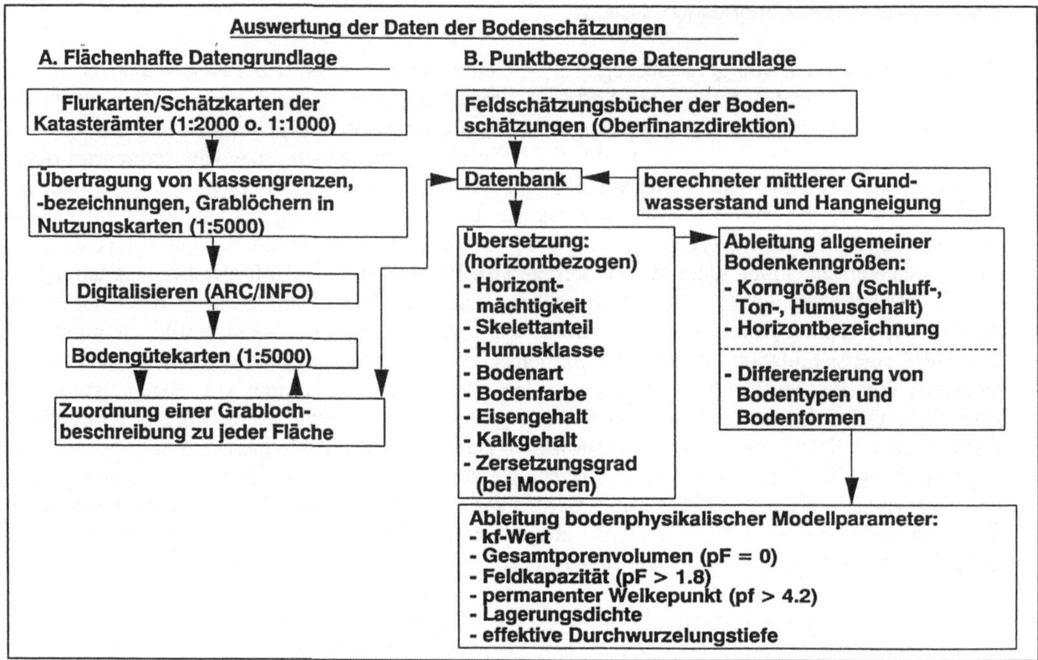

Abb. 6.9 Schema zur Auswertung von Daten der Bodenschätzung

Das Beispiel der Schmalenseefelder Au

Die Schmalenseefelder Au befindet sich im Bereich der Bornhöveder Seenkette (Schleswig-Holstein). Das Bachbett liegt umgeben von extensiver Grünlandnutzung in einer zum Teil unter Landschafts- schutz stehenden Niederung und entwässert in den Schmalensee. Jenseits der Niederung finden sich im Einzugsgebiet des Baches intensiv genutzte landwirtschaftliche Flächen. Das Teileinzugsgebiet (79 ha) wird zu 56 % ackerbaulich genutzt, 24 % entfallen auf Grünland und der verbleibende Rest auf versiegelte Flächen, Gartenland, kleine Waldflächen etc.. Im südlichen Teil des Einzugsgebietes herrschen sandige Braunerden, z. T. kolluviert, sowie Parabraunerden (Sand über lehmigem Sand) vor. Im Niederungsbereich sind Niedermoorböden anzutreffen. Die mittlere Jahrestemperatur des Gebiets beträgt 8.3° C, die mittlere Jahresniederschlagshöhe liegt bei 757.3 mm (langjährige Mittel der Meßstationen Neumünster, Kiel und Plön, 1951 bis 1980).

Die **landwirtschaftlichen Betriebe** dieses Areals sind durchschnittlich ca. 58 ha groß. Ein wesentlicher Betriebszweig der ausschließlich als Familiebetriebe geführten Unternehmen ist die Milchviehhaltung, zu der in unterschiedlichem Maße Mastviehhaltung (Rinder/Schweine) hinzu- kommt. Dementsprechend werden auch die Fruchtfolgen in den Betrieben weitgehend nach den Erfordernissen der Viehhaltung ausgerichtet. So ist der Futterbau (vorwiegend Mais und Futterrüben sowie Ackergras) ein fester Bestandteil der meisten Fruchtfolgen. Unter den Marktfrüchten dominie- ren Raps und Roggen. Das durch eine Fragebogenerhebung ermittelte durchschnittliche Wirtschafts- düngeraufkommen beträgt 1,5 Dungeinheiten (GÜLLEVERORDNUNG d. LANDES SCHLESWIG- HOLSTEIN, 1989), was einem jährlichen Input von 120 kg Stickstoff pro Hektar entspricht. Bei regelmäßigen Untersuchungen der chemischen **Gewässerqualität** im Zeitraum 1979/80 wurden vom LANDESAMT FÜR WASSERHAUSHALT UND KÜSTEN (1980) hohe Stickstoffkonzentrationen im Oberflächenwasser der Au festgestellt. BRUHM (1990) stellt bereits im Quellwasser eine hohe

Nitratbelastung fest. Die Entwässerungsgräben der Niederung sind dagegen gering belastet. Die am nördlichen Hangfuß des Bachlaufes entspringenden grundwassergespeisten Gräben sowie das Quellwasser der Au selbst weisen Nitratkonzentrationen zwischen 30 und 75 mg NO_3/l auf. Diese Ergebnisse stützen die Annahme, daß landwirtschaftlich bedingte Auswaschungsverluste die hohen Stickstoffkonzentrationen des die Quelle der Schmalenseefelder Au speisenden oberflächennahen Grundwassers verursachen.

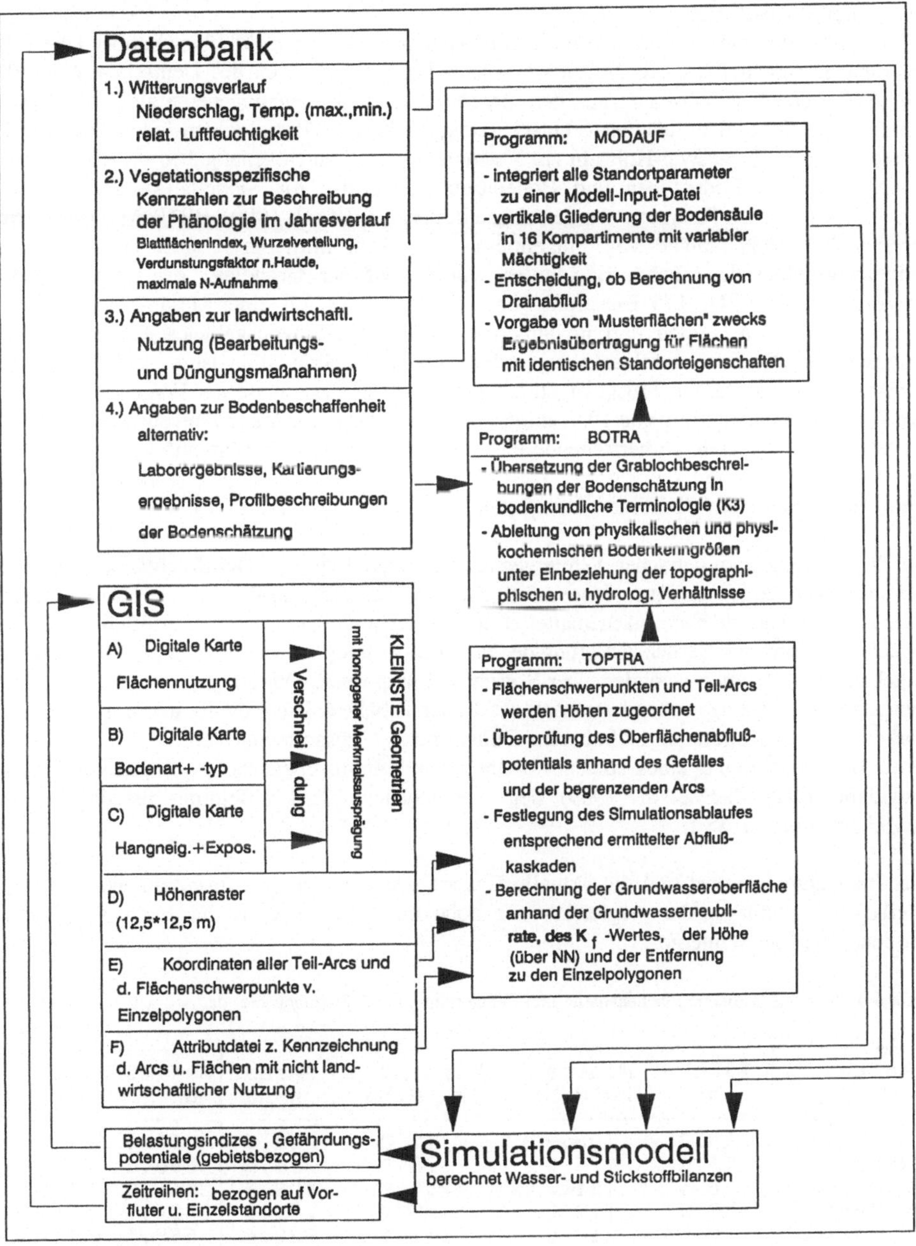

Abb. 6.10 Verknüpfung von Modellsystem, Datenbank und geographischem Informationssystem

Die von LEHNARDT et al. (1983) zusammengefaßten Untersuchungsergebnisse weisen für Oberflächenwässer mit Einzugsgebieten, deren Nutzung überwiegend durch Ackerbau geprägt ist, mittlere Nitratkonzentrationen von 10 - 22 mg NO_3/l aus. Es wird festgestellt, daß bei Grünlandnutzung die Nitratkonzentrationen in Bachwässern auch bei intensiver Stickstoffdüngung niedriger sind als bei Ackernutzung. Der Planungsrichtwert für Schleswig- Holsteinische Oberflächenwässer von 10 mg Gesamtstickstoff pro Liter (DER MINISTER für ERNÄHRUNG, LANDWIRTSCHAFT und FORSTEN 1986) wird im vorliegenden Fall schon allein durch den Nitratanteil überschritten.

Es wurden für einen Zeitraum von sechs Bilanzjahren (Oktober 1983 bis Oktober 1989) **Modellrechnungen** durchgeführt. Als Informationsbasis lagen Klimadaten des Deutschen Wetterdienstes, schlagbezogene Nutzungsdaten aus den Ergebnissen einer Fragebogenerhebung, die Grablochbeschreibungen der Bodenschätzung (Feldschätzungsbücher, Schätzkarten) sowie die durch das Landesvermessungsamt Schleswig-Holstein zur Verfügung gestellten Höhenangaben im Raster von 12.5 m * 12.5 m vor. Bodentypen und Bodenarten sowie die zur Modellanwendung notwendigen bodenphysikalischen Parameter wurden abgeleitet (vgl. REICHE 1990). BRUHM (1990) errechnete für das Jahr 1989 anhand von Flügelmessungen einen mittleren Abfluß von 9.5 l/sec. Dem Teileinzugsgebiet des oberen Bachlaufes wurden auf der Grundlage des oben beschriebenen Programmes TOPTRA 175 Einzelpolygone (Schläge o.ä.) mit einer Gesamtfläche von 79.3 ha zugeordnet. Davon werden fünf im äußersten Süden des Einzugsgebietes gelegene Flächen nur aufgrund des Oberflächenabflusses zugeordnet. Für sechs Simulationsjahre (1983/84 bis 1988/89) wurden den Einzelflächen Fruchtfolgen entsprechend der Ergebnisse der Fragebogenerhebung und der Realnutzungskartierung von 1988 eingesetzt. Die festgestellte Verteilung einzelner Ackerkulturen deutet auf die folgende vorherrschende und für den Raum typische Fruchtfolge hin:

Blattfrucht - Getreide - Getreide - Blattfrucht - Getreide

Bei den Getreidearten herrschen Wintergerste und Roggen vor, der Blattfruchtanbau verteilt sich zu 1/3 auf Rüben, zu 2/3 auf Raps. Insgesamt gehen die Ackerfrüchte für einzelne Simulationsjahre mit jeweils annähernd gleichen Flächenanteilen in die Rechnungen ein, (2/5 Blattfrüchte, 3/5 Getreide), so daß sich durch die Berücksichtigung der Fruchtfolge lediglich die Lage der auf einzelnen Flächen angebauten Kulturarten verändert. Der **Stickstoffeintrag durch Düngung** wurde ebenfalls den Befragungsergebnissen entsprechend veranschlagt. In der Tabelle 6.3 sind die für die im Betrachtungsraum vorkommenden Kulturarten kalkulierten Düngermengen zusammengestellt.

Unter Berücksichtigung eines Stickstoffeintrags durch atmosphärische Deposition von 18,6 kg je ha und Jahr (FRÄNZLE et al. 1989) liegt der jährliche Stickstoffeintrag für die Gesamtfläche (0,793 km²) bei ca. 18 t.

Der **Interzeptionsverlust** und die **aktuelle Evapotranspiration** liegen insgesamt bei etwa 57 % des Freilandniederschlags. Der vergleichsweise hohe Interzeptionsverlust ist durch den flächenmäßig großen Anteil an Winterge

Tab. 6.3 Nutzungsbezogene Flächenanteile und Düngereinträge im Einzugsgebiet der Schmalenseefelder Au

Kulturart	Fläche ha	Mineral. kg N/ha	Wirt.düng. kg N/ha	Gesamt N/ha	Gesamt N
Grünland	18.8	206.5	47.0	253.5	4766.0
Raps	11.2	176.5	78.0	254.5	2850.4
F.Rüben	6.4	151.8	257.1	408.9	2616.9
W.Gerste	13.8	112.2	169.4	281.6	3686.1
W.Weizen	2.04	210.9	111.7	322.6	658.1
Roggen	11.28	129.0	29.5	158.5	1787.9
Hafer	0.5	62.6	80.5	143.1	71.6

treide (34,8 %) und Winterraps (14,15 %) sowie einen Grünlandanteil von 23,7 % zu erklären.

Tab. 6.4 Modellierte Wasserbilanz der Schmalenseefelder Au (südlich der B430 Zeitraum: 1.1.1988 - 31.12.1988)

Wasserhaushaltsgröße	in 1000 l	in % des NDS
Niederschlag	741574,5	100,0
Interzeptionsverlust	97602,7	13,2
Akt. Evapotranspiration	324519,9	43,8
Speicheränderung (0–100cm)	36335,8	4,9
Sickerrate (100 cm u.Flur)	272279,8	36,7
Oberflächenabfluß	10349,3	1,4

Die **Sickerwassermenge** beträgt zusammen mit der berechneten Speicheränderung (Zu- oder Abnahme des Bodenwassergehaltes von 0 bis 100 cm unter Flur) ca. 42 %. Der **Oberflächenabfluß** stellt mit 1,4 % des Freilandniederschlages nur eine wenig bedeutende Bilanzgröße für den Bezugszeitraum dar, kann aber bei Starkniederschlagsereignissen die Abflußmenge vervielfachen. Der für das Teileinzugsgebiet bilanzierte **Grundwasserabfluß** weist im Jahresverlauf sehr geringe Schwankungen auf. Bei dem abgeschätzten Kf-Wert von 60 cm/d und Entfernungen von bis zu 1000 m zwischen Quelle und den dem Einzugsgebiet zugeordneten Flächen werden Schwankungen der Grundwasser-neubildungsrate durch ein vergleichsweise hohes Grundwassergefälle abgepuffert. Darüber hinaus führt die bis zu 20 m mächtige ungesättigte Zone zu einer Dämpfung der Abflußamplituden.

Die berechneten **Nitrat-Sickerverluste** (100 cm unter Flur) und Nitratkonzentrationen im Sickerwasser werden durch Tabelle 6.5 nach Nutzungen differenziert exemplarisch für das Jahr 1988 wiedergegeben. Die höchsten Verluste pro Flächeneinheit werden bei Raps- und Futterrübenanbau ausgewiesen. Relativ niedrig sind die Auswaschungsverluste unter Getreide - mit Ausnahme von Weizen -, was auf die hohen Flächenanteile mit Winterroggen als wenig düngerintensive Getreideart zurückzuführen ist. Der Nitrat- Grenzwert der Trinkwasserverordnung von 50 mg NO_3/l wird im Sickerwasser unter Raps, Futterrüben und Weizen überschritten, wobei die hohe Konzentration unter der Weizenfläche mit niedrigen Sickerwassermengen aufgrund eines hohen Oberflächenabflußanteils zu erklären ist.

Für den betrachteten Teilabschnitt der Schmalenseefelder Au wird für das Jahr 1988 eine **Gesamt-Nitratfracht** von 3704 kg Nitrat-N berechnet, was einer durchschnittlichen Stickstoffkonzen-tration von 13.10 mg N/l (= 57.6 mg NO_3/l) entspricht. Damit liegt die mittlere Abweichung zu den gemessenen Konzentrationen bei weniger als 1 mg N/l. Der niedrigste berechnete Wert beträgt 6 mg N/l, der höchste 14,9 mg N/l.

Aufgrund der dargestellten Ergebnisse wurde versucht, einen **Vorschlag zur Nutzungsänderung von Teilflächen** des Einzugsgebietes zu erarbeiten. Neben der Gewässerqualität wurden betriebs-wirtschaftliche Erwägungen und Gesichtspunkte der Biotop-Vernetzung mit einbezogen. Insbesondere aufgrund der betriebswirtschaftlichen Zwänge erscheint eine Planung, die eine unmittel-bare Nutzungsumwidmung der im südlichen Bereich des Teileinzugsgebietes gelegenen Flächen umfaßt, als kaum durchsetzbar. Aus diesem Grund wird in einem ersten Szenario lediglich ein Teil der in direkter Nähe zur Schmalenseefelder Au gelegenen Nutzflächen in den Planungsvorschlag einbezogen. Insgesamt wird für eine Fläche von 13.1 ha (16.5 % des Teileinzugsgebietes) eine Nut-zungswandlung vorgeschlagen. Davon fallen 7.4 ha auf Ackerland, 5.7 ha auf Intensiv-Grünland. Laut Planungsvorschlag wird eine Fläche von 8 ha in Extensiv-Grünland umgewandelt, der Rest (5.1 ha) wird mit Laub-Mischwald aufgeforstet.

Tab. 6.5 Nitratversickerung (100 cm Bodentiefe) im Teileinzugsgebiet der Schmalenseefelder Au (differenziert nach Kulturarten)

Kulturart	Fläche ha	Sicker- wasser- menge 1000 l	Gesamt N-Ein- trag * kg N/ha	Nitrat- verlust kg N/ha	Konzentration im Sicker- wasser mg N/l
Grünland	18.77	62741	272	32	9
Raps	11.23	39095	273	66	19
Rüben	6.41	27306	428	110	26
W.Weizen	2.04	6529	341	78	24
W.Gerste	13.81	55980	300	41	10
W.Roggen	11.28	40994	177	37	10
Hafer	0.5	1975	162	38	10
Sonstige	15.29	37679	19	19	8
gesamt	79.33	272279			13

* unter Berücksichtigung des atmosph. N-Eintrages (18.6 kg N/ha)

Auf der Basis dieser Nutzungsänderungen wurden für weitere 5 Jahre Modellrechnungen durchgeführt. Es wurde wiederum das Klimaszenario 1983-1989 verwendet. Als Anfangszustand wurden jeweils die berechneten Endzustandsgrößen der vorausgegangenen Simulation eingesetzt. Die Nitrat-Konzentrationen der umgewidmeten Flächen sind gegenüber den Werten bei bestehender Nutzung deutlich reduziert. Für die auf dem Klimaszenario von 1988 basierenden Simulationsrechnungen ergibt sich eine Reduzierung der Nitratkonzentration von 2.3 mg N/l bezogen auf die gesamte Sickerwassermenge des Teileinzugsgebietes. Der genannte Richtwert für schleswig-holsteinische Oberflächengewässer von 10 mg N/l wird aber noch um 0,8 mg N/l allein durch Nitrat überschritten. Hier wirken sich u.a. die durch die Umwidmung zu Wald bedingten geringeren Sickerwassermengen aus. Während die Nitratkonzentration im Sickerwasser der extensivierten Flächen von 21 mg N/l auf 7 mg N/l zurückgegangen ist, ist für das Grundwasser unter den Waldflächen nach fünf Simulationsjahren nur ein Rückgang von 16.3 mg N/l auf 12.8 mg N/l berechnet worden. Das geringe Tempo, mit dem sich die Nutzungsänderung auf die berechneten Nitratkonzentrationen im Grundwasser auswirkt, ist auf die eingesetzten Aquifermächtigkeiten, Grundwasserflurabstände und auf die K_f-Werte des Grundwasserleiters zurückzuführen.

In einem erweiterten Planungsszenario wurden zusätzlich die Düngermengen insbesondere beim Anbau von Raps und Futterrüben gesenkt. Für eine Fläche von 21.1 ha, wovon 16.6 ha zum Teileinzugsgebiet gehören, werden die N-Einträge, wie in der Tabelle 6.6 entsprechend der Fruchtfolge differenziert dargestellt, um durchschnittlich 138.6 kg N/ha auf 178.3 kg N/ha reduziert. Damit kann die für das Grundwasser unter diesen Flächen berechnete durchschnittliche Nitratkonzentration von 21.5 mg N/l in einem Zeitraum von 30 Jahren auf einen Wert von 11.1 mg N/l herabgesetzt werden. Die Nitratkonzentration im Grundwasser des gesamten Teileinzugsgebietes, bzw. im Quellwasser der Schmalenseefelder Au, sinkt in diesem Zeitraum auf einen Wert von 6.1 mg N/l und liegen damit deutlich unter den Planungsrichtwert von 10 mg N/l.

Bei diesem Planungsszenario sind die durch Wirtschaftsdünger ausgebrachten Stickstoffanteile in adäquater Weise angerechnet worden, d.h. bei kontinuierlicher Düngung mit Wirtschaftsdünger, insbesondere mit Gülle, wird die eingetragene Stickstoffmenge voll berechnet, da über längere Zeiträume betrachtet eine etwa gleiche Menge Stickstoff in mineralsierter Form freigesetzt wird wie in organisch gebundener Form eingetragen wird (vgl. REICHE 1991). Da die Betriebe im Untersuchungsgebiet jedoch ausnahmslos bereits zum Zeitpunkt der Befragung im Jahr 1988 z.T. deutlich unterhalb der von der Gülleverordnung festgelegten Grenze von 2 DE/ha*J blieben , ist mit einer freiwilligen Reduzierung der Gülleausbringung ohne Ausgleichszahlungen hier nicht zu

Abb. 6.11 Berechnete Nitratkonzentration im Sickerwasser im Bereich der Schmalenseefelder Au unter vorgefundenen Nutzungsverhältnissen (1.1.-31.12.1989)

Tab. 6.6 Reduzierte Düngereinträge als Grundlage der Simulationsrechnungen für ein erweitertes Planungsszenario (in kg N/ha)

Frucht	gegenwärtige Aufwandmengen			vorgeschlagene Aufwandmengen		
	W.D.	M.D.	G.D.	W.D.	M.D.	G.D
Raps	78.0	176.5	254.5	48.0	85.2	133.2
Rüben	257.1	151.8	408.9	130.0	80.0	210.0
Weizen	111.7	210.9	322.6	130.0	65.0	195.0
Gerste	169.4	112.2	281.6	110.0	65.0	175.0

W.D.= Wirtschaftsdünger   M.D.= Mineraldünger   G.D.=Gesamtdüngermenge

rechnen. Auch eine alternative Reduzierung der sehr viel gezielter einsetzbaren mineralischen Stickstoffdüngung wird auf den ackerbaulich genutzten Flächen zumeist aus betriebstechnischen Gründen unter den derzeitigen Gegebenheiten (Niedrigpreise für Mineraldünger) kaum auf freiwilliger unentgeltlicher Basis durchgeführt werden. Voraussetzungen für das hier vorgestellte erweiterte Szenario sind also

■   die gezielte Beratung der Betriebsleiter hinsichtlich der auszubringen den Stickstoffmenge auf der Basis von Bodennährstoff- und Wirtschaftsdüngeranalysen zur Optimierung der Stickstoffleistung,

■   die volle Anrechnung des Stickstoffgehaltes im Wirtschaftsdünger auf die ausgebrachte Gesamtstickstoffmenge,

■   die Reduzierung des Gülleaufkommens (Viehbestandes) in den Betrieben,

■   die Zahlung von Ertragsausfällen an die betreffenden Betriebe.

Das Beispiel der Deutschen Grundkarte (1:5000), Blatt Perdöl

Um zu beurteilen, wieviel Stickstoff im Winter in Richtung Grundwasser versickert, werden in der Regel N_{min}-**Messungen** (Nitrat- und Ammonium-Stickstoff in der Wurzelzone) durchgeführt. Wie ausführlich erläutert wurde, können die Sickerverluste in Abhängigkeit von den Bodenverhältnissen, der Vegetationsdecke und dem Klimaverlauf in weiten Grenzen variieren, bei ungünstigen Bedingungen betragen sie bis zu 100% des nach der Ernte vorliegenden herbstlichen Rest--N_{min}-Gehaltes.

Aufgrund dieser Zusammenhänge erließ das Ministerium für Umwelt in BadenWürttemberg eine Verordnung (Schutzgebiets- und Ausgleichs-Verordnung), in der es heißt, daß der herbstliche Nitratgehalt einen Betrag von 45 kg N/ha nicht überschreiten soll. Bei dieser **Höchstwertfestlegung** wird von einer Beprobung zwischen dem 1. November und dem 15. Dezember in einer Tiefe von 0-90 cm bei leichten und 0-60 cm bei schweren Böden ausgegangen (VAN DER PLOEG & HUWE 1988). Bei den diesen Bestimmungen zugrunde liegenden von SONTHEIMER & ROHMANN (1986) durchgeführten Berechnungen wurde von folgenden Prämissen ausgegangen:

-       die höchste tolerierbare Konzentration an Nitrat im Sickerwasser beträgt 90 mg NO_3/l.

-       die mittlere Denitrifikationskapazität des Untergrundes beträgt 25 kg N/ha (entspricht bei 220 mm Grundwasserneubildungsrate ca. 50 mg NO_3/l).

-      bei einer mittleren Grundwasserneubildungsrate von 220 mm/Jahr erfolgt im Winterhalbjahr eine vollständige Nitratverlagerung in den Unterboden.

Es wird teilweise sehr kontrovers darüber diskutiert, inwieweit eine Übernahme der vorliegenden Verordnung auf andere Bundesländer angebracht ist. Insbesondere ist die **Nichtbeachtung von unterschiedlichen Standortbedingungen** umstritten, weil hierdurch erhebliche Fehleinschätzungen auftreten können. Durch die Anwendung von Simulationsmodellen kann die Abschätzung der Nitratversickerung in Abhängigkeit von Standortbedingungen und Klima so differenziert vorgenommen werden, daß eine Berücksichtigung dieser Faktoren bei der Formulierung von Auflagen, die Art und Intensität der Landbewirtschaftung beinhalten, ermöglicht wird.

Im folgenden wird eine **Berechnung des auf den herbstlichen N_{min}-Gehalt bezogenen relativen Nitrataustrages** vorgestellt. Dabei bildet die Deutsche Grundkarte Blatt Perdöl (1:5000) die räumliche Bezugsebene.

Da es bei diesem Modell-Anwendungsbeispiel nur um die Beschreibung der winterlichen Nitrat-Auswaschungsgefährdung in Abhängigkeit von Standorteigenschaften geht, wurden nur die den konvektiven und diffusiven Stofftransport beschreibenden Modellteile eingesetzt. Auf eine Berücksichtigung der den Stickstoffumsatz in Böden wesentlich mit steuernden mikrobiologischen Prozesse wie Mineralisierung, Nitrifikation und Denitrifikation wurde verzichtet, weil sie u.a. auch von nutzungsbedingten Faktoren, wie z. B. Fruchtfolge und Wirtschaftsdüngereintrag abhängen. Darüber hinaus blieb die Nährstoffaufnahme durch Pflanzenwurzeln unberücksichtigt. Es wurde also für alle einbezogenen Flächen eine Winterbrache angenommen. Damit verringert sich der Bedarf an Eingabedaten erheblich. Im Prinzip sind nur die Witterungsparameter und die Standortparameter notwendig, so daß sich der benötigte Datensatz auf die Informationsschichten der Bodenschätzung (Grablochbeschreibungen und Schätzkarten), auf Höhenangaben zur Kennzeichnung der Reliefverhältniss und auf die Angaben zum Sättigungsdefizit und zum Niederschlag beschränkt.

Für das Blatt Perdöl (2 X 2 km) liegen insgesamt 51 Bohrlochansprachen der Bodenschätzung vor. Diese beziehen sich nur auf landwirtschaftlich genutzte Flächen. Abbildung 6.13 gibt die Flächenverteilung der unterschiedlichen Bodenarten wieder. Die unter Zuhilfenahme des Geographischen Informationssystems ARC INFO erzeugte Substratkarte zeigt die kleinräumigen Unterschiede bezüglich der Bodenausstattung. Es handelt sich bei den Mineralböden vornehmlich um Braunerden und Parabraunerden. Bei den Simulationsrechnungen werden ca. 230 ha der Gesamtfläche berücksichtigt. Davon sind 155 ha mit lehmig-sandigen bzw. lehmigen Böden ausgestattet; ca. 75 ha sind durch sandige Böden gekennzeichnet. Die in die Berechnungen nicht mit einbezogenen 170 ha setzen sich aus 62.2 ha Seefläche, 55.6 ha Waldfläche, 31.1 ha Niedermoorflächen (Grünlandnutzung) und 16.6 ha Siedlungs- und Verkehrsflächen zusammen.

Die Modellrechnungen wurden für alle landwirtschaftlich genutzten Mineralböden des Gebietes durchgeführt. Entsprechend des Abschätzungsverfahrens von VAN DER PLOEG & HUWE (1988) wurde für sandige Böden eine Gleichverteilung der herbstlichen N_{min}-Mengen auf den gesamten durchwurzelten Raum (0-100 cm Bodentiefe) angenommen. Bei den schweren Böden wurden für die obersten 30 cm 25 kg N/ha, für die Schicht 30-60 cm 15 kg N/ha und für die Schicht 60-90 cm 5 kg N/ha eingesetzt. Es wurden keine zusätzlichen Nitrateinträge durch Düngung oder Deposition berücksichtigt.

Die Berechnung der **Wasserbilanzen** ergab bei einer Niederschlagssumme von 271 mm eine Verdunstungsrate von ca. 62 mm. Es wurden entsprechend des Wasserhaltevermögens der unterschiedlichen Böden Sickerwassermengen von 133 bis 175 l pro qm bezogen auf 100 cm Bodentiefe errechnet.

Die berechneten **Stickstoffausträge** liegen zwischen 37% und 85% der im Herbst vorliegenden Nitratmengen. Für Standorte mit lehmreichen Unterböden wurden die geringsten N-Verluste berechnet. Insgesamt werden für 43,5% der Bezugsfläche (230 ha) Nitratausträge ermittelt, die unter 50% des Anfangsgehaltes liegen. Bei 34,6% der Bezugsfläche liegen diese über 70 Prozent.

Bei der Bewertung der berechneten Nitratausträge wurde zum einen der von SONTHEIMER & ROHMANN (1986) vorgeschlagene Konzentrationswert von 90 mg NO_3/l herangezogen. Hier wird

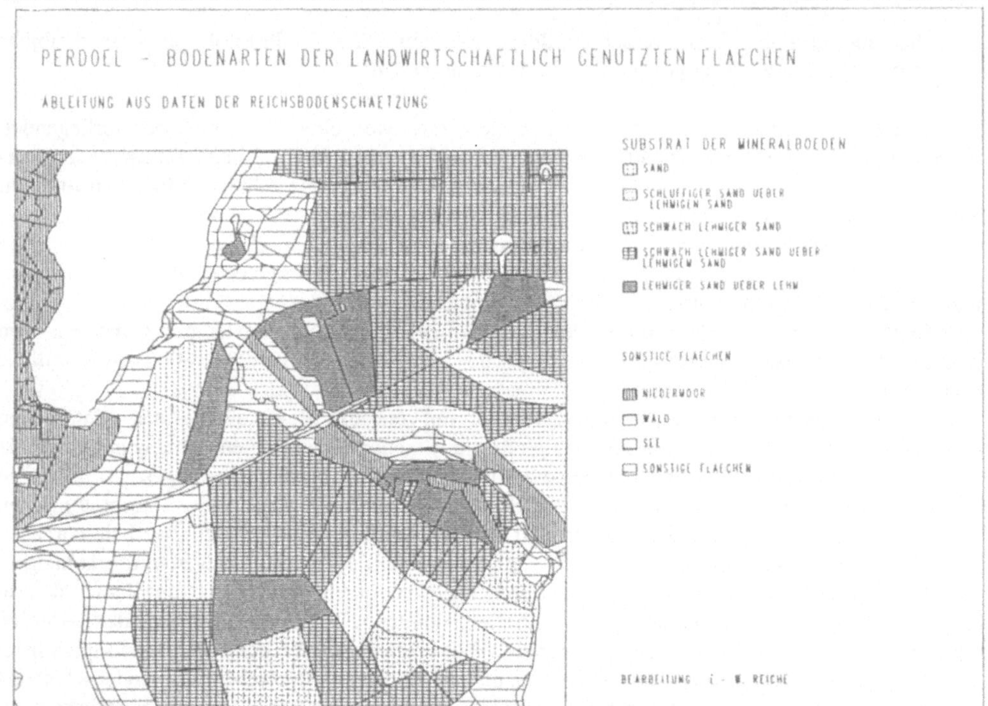

Abb. 6.12 Bodenarten der landwirtschaftlich genutzten Flächen (abgeleitet aus Daten der Bodenschätzung, Blatt Perdöl 1:5000)

mit einer mittleren jährlichen Denitrifikationsrate von 25 kg N/ha gerechnet, so daß es nicht zu einem Überschreiten des Trinkwassergrenzwertes von 50 mg NO_3/l kommt. Darüber hinaus wurde der Trinkwasser-Grenzwert selbst als maximal duldbare Nitratkonzentration für das Sickerwasser eingesetzt. Dabei wird davon ausgegangen, daß der Nitrat-Abbau durch Denitrifikation in der ungesättigten Zone nur sehr langsam abläuft, so daß bei durchlässigen Böden mit hohen Sickergeschwindigkeiten die Nitratkonzentrationen des Sickerwassers nur um einen geringen Betrag reduziert werden. Setzt man zur Bewertung der Nitrat-Auswaschungsgefahr den Werte von 50 mg NO_3/l (geltender Trinkwasser-Grenzwert) ein, so lassen sich jeweils Obergrenzen für die herbstlichen N_{min}-Werte festlegen. Diese liegen in Abhängigkeit von den Standorteigenschaften zwischen 24 kg N/ha und 46 kg N/ha. Auf der Basis einer tolerierbaren Nitratkonzentrtion von 90 mg NO_3/l liegen die Höchstgehalte für den herbstlichen Reststickstoff für sandige Böden bei 45 kg N/ha . Für tonreichere Böden lassen sich Obergrenzen von bis zu 90 kg N/ha festlegen.

Vergleicht man mit diesen Zahlen die im Herbst 1988 auf 22 unterschiedlichen Flächen gemessenen Nitratmengen, so zeigt sich, daß lediglich Grünlandstandorte im tolerierbaren Bereich liegen. Für das Sickerwasser von **Getreide- und Maisstandorten** (durchschnittlicher N_{min}-Anfangsgehalt: 95 kg N/ha) wurden Nitratkonzentrationen von 106 bis 199 mg NO_3/l errechnet. Die für die Raps-Anbauflächen errechneten Konzentrationen liegen mit 178 mg NO_3/l bis 336 mg NO_3/l sogar wesentlich höher.

Zusammenfassend ist festzustellen, daß die im Freiland gemessenen Gehalte an mineralisiertem Stickstoff im Durchschnitt weit höher liegen, als es angesichts des Trinkwassergrenzwertes für Nitrat zu tolerieren wäre. Auch unter Zugrundelegung einer für das Sickerwasser maximal zulässigen Nitratkonzentration von 90 mg NO_3/l liegen die Rest-N_{min}-Gehalte von Ackerflächen im Durchschnitt zu hoch. Anzustreben ist ein **dem Standort angepaßter Ackerbau,** wobei gezielte und maßvolle Düngungsmaßnahmen sowie eine auch ökologischen Ansprüchen gerecht werdende Fruchtfolgewahl im Vordergrund stehen müssen. Meßergebnisse zeigen, daß es durchaus landwirtschaftlich genutzte

Flächen gibt, bei denen der herbstliche Rest-N_{min}-Gehalt im tolerierbaren Bereich liegt.

Die **Erstellung von Karten zur Kennzeichnung der tolerierbaren herbstlichen N_{min}-Gehalte** kann Landwirten wertvolle Hinweise hinsichtlich eines sinnvollen Düngermitteleinsatzes liefern. Sie bieten darüber hinaus Informationen bei der Ausweisung von Trinkwasserschutzgebieten und könnten im Sinne eines verstärkten Gewässerschutzes bei der Umwidmung zu Extensivierungsflächen bzw. bei der Flächenstillegung berücksichtigt werden. Für den Fall einer Übertragung der in Baden--Württemberg geltenden Schutzgebiets- und Ausgleichsverordnung wäre eine Berücksichtigung der Standortverhältnisse durch den Einsatz von Modellrechnungen zu empfehlen. Für diese möglichen Einsatzbereiche des vorgestellten Verfahrens ist es notwendig, Simulationsrechnungen über einen repräsentativen Zeitraum (z.B. 20 Jahre) durchzuführen.

Abb. 6.13 Tolerierbare N_{min}-Gehalte unter Zugrundelegung des Nitrat-Grenzwertes für Trinkwasser (50 mg NO_3/l)

Zitierte Literatur

ANLAUF, R., KERSEBAUM, K.C., LIU YA PING, NUSKE-SCHÜLER, A., RICHTER, J., SPRINGOB, G., SYRING, K.M., UTERMANN, J., (1988): Modelle für Prozesse im Boden - Programme und Übungen.- Stuttgart

BENECKE, P. (1984): Der Wasserumsatz eines Buchen- und eines Fichtenwaldökosystems im Hochsolling: Schriftenreihe aus der Forstl. Fak. d. Universität Göttingen u.d. Nieders. Versuchsanstalt., 77

BOSSEL, H. (1989): Simulation dynamischer Systeme.- Braunschweig, Wiesbaden

BOSSEL, H. (1985): Umweltdynamik - 30 Programme für kybernetische Umwelterfahrungen auf jedem Basic-Rechner.- München

BRAUN, G., (1975): Entwicklung eines physikalischen Wasserhaushaltsmodells für Lysimeter. In: Mitteilungen Lichtenweiß Institut f. Wasserbau d. T.U. Braunschweig, 49, 1-38.

BRUHM, I. (1990): Untersuchungen zur Qualität schleswig-holsteinischer Oberflächengewässer, Auswertung und Verknüpfung der Ergebnisse verschiedener Beurteilungsverfahren zur Bewertung der Gewässergüte.- Kiel, Geogr. Inst.

DUYNISVELD, W.H.M., (1984): Entwicklung und Anwendung von Simulationsmodellen für den Wasserhaushalt und den Transport von gelösten Stoffen in wasserungesättigten Böden.- Berlin, Dissertation

ERNSTBERGER, H. (1987): Einfluß der Landnutzung auf Verdunstung und Wasserbilanz.- Gießen, Dissertation

FLEISCHMANN, R., HACKER, E. & OELKERS, K.H. (1979): Vorschlag zu einem Übersetzungsschlüssel für die automatische bodenkundliche Auswertung der Bodenschätzung.- Geologisches Jahrbuch, Reihe F, Bodenkunde, Heft 6.

FRÄNZLE, O., AUßENTHAL, R., BRUHM, I.,JENSEN-HUß, K., KLEIN, A., REICHE, E.-W., REIMERS, T., ZÖLITZ, R. (1989): Erarbeitung und Erprobung einer Konzeption für die integrierte regionalisierende Uweltbeobachtung am Beispiel des Bundeslandes Schleswig-Holstein.- Kiel (Vierter Zwischenbericht zum FE-Vorhaben 10902033 im Umweltforschungsplan des Bundesministers für Umwelt, Naturschutz und Reaktorsicherheit)

FRÄNZLE, O., BRUHM, I., GRÜNBERG, K.U., JENSEN-HUSS, K., KUHNT, D., MICH, N.,MÜLLER, F., REICHE, E.-W., (1987): Darstellung der Vorhersagemöglichkeiten der Bodenbelastung durch Umweltchemikalien.- Kiel (Abschlußbericht zum FE-Vorhaben 10605026 im Umweltforschungsplan des Bundesministers für Umwelt Naturschutz und Reaktorsicherheit)

HAGIN, J., AMBERGER, A., (1974): Contribution of fertilizers and manure to the N- and P-load of waters. A computer simulation.- Bonn

HAUDE, W., (1954): Zur praktischen Bestimmung der aktuellen und potentiellen Evaporation und Evapotranspiration.- Mitt. d. DWD, 8

JOERGENSEN, S.E. (1986): Fundamentals of Ecological Modelling.- Amsterdam, Oxford, New York, Tokyo

HOFFMANN, F., (1988): Ergebnisse von Simulationsrechnungen mit einem Bodenstickstoffmodell zur Düngung und zum Zwischenfruchtanbau in Trinkwasserschutzgebieten. In: Z. f. Pflanzenernähr. u. Bodenk., 151: 281-287

HOYNINGEN-HUENE, J. F. V. (1983): Die Interzeption des Niederschlags in landwirtschaftlichen Pflanzenbeständen. In: Schriftenreihe des Deutschen Verbandes für Wasserwirtschaft und Kulturbau e.V., 57: 1-53

JONES, C. A., KINIRY, J.R. (eds.) (1986): CERES-Maize. A Simulation Model of Maize Growth and Development.- Texas

KLUG, H., LANG, R. (1983): Einführung in die Geosystemlehre.- Darmstadt

LANDWIRTSCHAFTSKAMMER SCHLESWIG-HOLSTEIN (Hrsg.) (1990): Richtwerte für die Düngung.- Kiel.

LEHNHARDT, F., BRECHTEL, H.M., BONESS, M. (1983): Chemische Beschaffenheit und Nährstofftransport von Bachwässern aus kleinen Einzugsgebieten unterschiedlicher Landnutzung im Nordhessischen Buntsandsteingebiet. In: Schriftenreihe des Deutschen Verbandes für Wasserwirtschaft und Kulturbau e.V., 57: 177-298

MEADOWS, D., (1974): Dynamics of Growth in a Finite World.- Cambridge

MÜLLER, F., (1987): Geoökologische Untersuchungen zum Verhalten ausgewählter Umweltchemikalien im Boden.- Kiel, Dissertation (geogr. Inst.)

MÜLLER, F., REICHE, E.-W., (1990): Modellhafte Beschreibung der Wasser- und Stoffdynamik in Böden. In: Schr.Naturwiss.Ver.Schlesw.-Holst., 60: 83-107

ODUM, H.T., (1983): Systems Ecology. New York

RAUCH, H. (1985): Modelle der Wirklichkeit - Simulation dynamischer Systeme mit dem Mikrocomputer.- Hannover

REICHE, E.-W., (1985): Untersuchungen zur Schwermetalldynamik in Agrarökosystemen unter besonderer Berücksichtigung der Eintragsarten.- Kiel (Diplomarbeit, Geogr. Inst.)

REICHE, E.-W., (1991): Entwicklung, Validierung und Anwendung eines Modellsystems zur Beschreibung und flächenhaften Bilanzierung der Wasser- und Stickstoffdynamik in Böden. In:Kieler Geographische Schriften, 79: 1-150

RICHTER, O. (1985): Simulation des verhaltens dynamischer Systeme - mathematische Methoden und Modelle.- Weinheim

ROLSTON, D.E.,RAO, P.S.C:, DAVIDSON, J.M. & JESSUP, R.E., (1984): Simulation of denitrification losses of nitrate fertilizer to uncropped, cropped and manure amended field plots. In: Soil Science, 13: 270-279

SONTHEIMER, R., (1985): Nitrat im Grundwasser.- Karlsruhe

VAN DER PLOEG, R.R., HUWE, B., (1988): Die Bedeutung von herbstlichen N_{min}-Werten für die winterlichen Nitratausträge. In: Mitteilgn. Dtsch. Bodenkundl. Gesellsch., 57: 9-94

7 Schlußfolgerungen für vorsorgende Umweltforschung und -politik

Winfried Schröder

Die Lektüre der vorangegangenen Kapiteln dieses Buches mag den Eindruck vermitteln, Herausgeber und Autoren glaubten, mit Hilfe der Statistik ließen sich Umweltprobleme lösen. Dieser in der breiteren Öffentlichkeit und Teilen der Politik verbreiteten Meinung wird im Kapitel 1 entgegengetreten. Hierbei wird die Argumentation in erster Linie wissenschaftstheoretisch geführt. Im folgenden soll der Blick breiter angelegt und auf die Bedeutung der ökosystemaren Umweltbewertung für eine vorsorgeorientierte Umweltforschung und -politik gelenkt werden. Damit erlangen die Ausführungen programmatischen Charakter. Sie werden zunächst in sechs Thesen zusammengefaßt und dann im einzelnen entwickelt. Abschließend wird der ökologische Umbau des Wirtschafts- und Gesellschaftssystems gefordert und als wertorientierte Entscheidung aus Verantwortung für unsere biotische und abiotische Umwelt begründet.

Zusammenfassung

(1)   Umweltschäden sind Störungen von Ökosystemen. Sowohl ihre Erforschung als auch die Konzeption von Maßnahmen zum Schutz der Umwelt stehen vor folgendem Problem: Ein Konglomerat nur schwer hinsichtlich ihrer ursächlichen Relevanz zu isolierender Stressoren wirkt auf Ökosysteme, deren Strukturen und Funktionsweisen sehr komplex sind.

(2)   In dieser durch Komplexität und Ungewißheit gekennzeichneten Problemsituation müssen Entscheidungen über die Handhabung ökologischer Risiken getroffen werden. Solche Entscheidungen erfordern die Beurteilung von naturwissenschaftlich fundierten Informationen über Umweltbelastungen und damit verknüpften Risiken einerseits sowie deren Bewertung anhand definierter Umweltqualitätsziele andererseits.

(3)   Sowohl bei der Definition erstrebenswerter Umweltqualität als auch bei den Entscheidungen über die hierfür erforderlichen Maßnahmen müssen ökosystemares Expertenwissen sowie ethisch, gesellschaftlich und umweltpolitisch bestimmte Wertvorstellungen miteinander verknüpft werden.

(4)   Umweltbewertung ist also die Schnittstelle zwischen (a) dem Umweltwissen, das die ökosystemare Grundlagenforschung erarbeitet und (b) seinem handlungsorientierten Kontext, d.h. den sich aus ökosystemarem Wissen ergebenden juristischen Implikationen sowie den im weiteren Sinne sozialen Aspekten der Umweltprobleme.

(5)   Es kommt also zukünftig darauf an, gestützt auf vorhandene Daten und Erkenntnisse ökologischer Umweltforschung Grundlagen für eine entscheidungsorientierte ökosystemare Umweltbewertung zu erarbeiten. Dies sollte in interdisziplinären Forschungsvorhaben geschehen, an denen neben den an der Ökosystemforschung beteiligten Naturwissenschaften zu berücksichtigen sind: Juristen, Pädagogen/Psycholgen, Soziologen und Wirtschaftswissenschaftler sowie Praktiker aus Umweltpolitik und Umwelt-/Naturschutz.

(6)   Hauptziel sollte die interdiziplinäre Problemwahrnehmungs-, -kommunikations- und
        -lösungskompetenz sein. Es ist zu prüfen, ob sich die zu erarbeitenden Ansätze für eine
        ökosystemare Umweltbewertung in einem PC-gestützten Expertensystem zusammenfassen
        und gemeinsam mit einem dieses kommentierenden Leitfaden der Öffentlichkeit präsentieren
        lassen.

Stand der Forschung

Rationales Handeln ist die Konsequenz aus einer Bewertung, die eine fachgerechte Analyse und
Beurteilung eines Sachverhaltes umfaßt. Demnach bedarf die Lösung der Umweltprobleme unserer
Zeit des Umweltwissens (a) und der Umweltbewertung (b) für adäquates Umwelthandeln (c)
(BECHMANN & FAHRENHORST 1992: 135, 146; RIEDL 1992: 84; SCHRÖDER 1992b;
SIMONIS 1988a, b, 1992; SZALLIES & UISVEDE 1990; ZIESCHANK et al. 1992; ZIESCHANK
& SCHOTT 1986: 75). Mithin fungiert die Bewertung des Zustandes von Ökosystemen oder Teilen
derselben als Klammer zwischen ihrer Analyse und Bestandsaufnahme (Ökosystemforschung,
ökologische Umweltbeobachtung, Umweltprobenbank), d.h. Erkenntnisgewinnung einerseits sowie
Handlung (Umweltpolitik, Umweltrecht, Umwelt- und Naturschutz, Umweltbildung) andererseits.
        Gestützt auf diese allgemeingültigen Erkenntnisse haben ELLENBERG et al. (1978) in einer
Denkschrift für die Bundesregierung die Konzeption eines Umweltinformations- und Bewertungs-
systems vorgestellt. Während das Informationssystem mittlerweile in Form der ökologischen
Umweltbeobachtung, der Umweltprobenbank sowie der Ökosystemforschung aufgebaut wird
(FRÄNZLE 1990, 1991), steht seine Ergänzung um ein Bewertungssystem noch aus.
        Die Bewertung der Informationen über Belastungen von Ökosystemen ist unverzichtbar für
Maßnahmen zu ihrem Schutz (ADRIAANSE et al. 1989; HÜBLER & OTTO-ZIMMERMANN
1988; SCHOLZ 1986). Dies gilt sowohl für den präventiven, am Vorsorgeprinzip orientierten
Umweltschutz als auch für Maßnahmen, die der Gefahrenabwehr gelten (explizit: Art. II Abs. 2
UVP; Art. 3, Art. 5 Abs. 2 Alt. 3 EG-UVP; § 3 Abs. 1 S. 2 AbwAG; Allgemeine Verwaltungsvor-
schrift zur Durchführung der Bewertung nach § 12 Abs. 2 ChemG v. 18.12. 1981; § 16 Abs. 4 S.
1, § 18 Abs. 1 S. 2, § 21 Abs. 1 Alt 1 GefStoffV; § 33 Abs. 2 Nr. 9; § 2 Abs. 2 Nr. 3 DMG;
implizit: § 1 Abs. 2, § 2 Abs. 1 Nr. 5 u. 6, § 8 BNatSchG; BMU 1988: Zf. 13, 70, 88, 109, 207,
251; §§ 17, 18, 19 Nr. 3 BodSchG Ba-Wü).
        Eine kritische Analyse der genannten Regelungen zeigt, daß die Verfahren zur Umweltbewertung
-       überwiegend auf Gefahrenabwehr ausgerichtet sind,
-       Vernetzungen von Prozessen und Umweltmedien (Luft, Wasser, Boden, Flora, Fauna, ...)
        zu selten berücksichtigen und daher
-       nur ungenügend dem vorsorgenden Schutz von Ökosystemen dienen.

Auf Bewertungen basierende handlungsorientierte Steuerungsmechanismen können ihre Funktion
jedoch nur dann erfüllen, wenn ihre Strukturen dem zu regelnden Gegenstand angemessen sind. Dies
trifft für Naturschutz, Umweltplanung, Recht, Ressourcenökonomik, Politik sowie Bildung und
Erziehung zu (SIMONIS 1992). Somit gilt für sie gleichermaßen, was RITTER (1992: 641) feststellt:
"Das Recht hat sich daher einzustellen auf bestimmte ökosystemare Regelungsbedingungen ... Dazu
gehört zunächst, daß die Fakten und Faktenzusammenhänge des zu regelnden Sachverhalts richtig
erfaßt werden."
        In (juristischen) Entscheidungsprozessen geht es häufig letztlich darum, die Komplexität eines
Problems auf eine Ja-Nein-Entscheidung zu reduzieren (FISCHER 1987: 285; LUHMANN 1991:
177; SCHRÖDER 1992a: 184; SCHRÖDER et al. 1993). Im Falle von Umweltproblemen geschieht
dies vielfach durch die Verdichtung von Umweltqualitätszielen und Risikobewertungen zu
Normwerten unterschiedlicher juristischer Bindungsstärke (Orientierungs-, Richt- und Grenzwerte).
Das heißt: Unsere Rechtsordnung setzt für ihre Entscheidungen in Anaolgie zum bisherigen
naturwissenschaftlichen Weltbild überschaubare, eindeutig nachvollziebare und prognostizierbare

Zusammenhänge in Form linearer, deterministischer Kausalketten voraus. Ihr Regelungsgegenstand, hier: die Ökosystemstrukturen und -funktionen, sind jedoch komplex und vernetzt, oft nichtlinear und probabilistisch (RIEDL 1992: 95, 125 - 129, 141; SCHLICK 1948).

Aus dieser Inkongruenz resultiert vielfach ein Verstoß gegen den Bestimmtheitsgrundsatz rechtlicher Regelungen (BVerfGE 17, 306 [314]; Art. 80 Abs. 1 S. 2 GG, vgl. BVerfGE 62, 203 [209 f.]). Das kann zu Rechts- und Vollzugsunsicherheiten führen. Somit beeinflussen nicht selten die von Expertengremien herangezogenen Methoden zur Bewertung ökologischer Risiken - als Ergebnis zusammengefaßt durch einen Normwert - die Rechtsfolge und den rechtlichen Schutzumfang (BVerfGE 55, 250).

Ziele ökosystemarer Umweltbewertung

Aus dem Gesagten ergibt sich als ein Schwerpunkt zukünftiger Umweltforschung: Es sind - gestützt auf ökosystemare Erkenntnisse - handlungs- und somit praxisorientierte Grundlagen für die in Naturschutz, Umweltrecht, Umweltplanung, Umweltbildung und Ressourcenökonomik unverzichtbare ökosystemare Umweltbewertung zu erarbeiten. Ziel ist es also, das für die Ökosystemforschung aus ihrem Gegenstand erwachsende, konstitutive Prinzip der Vernetzung zu übertragen auf:

a) die Ausgestaltung der Beziehungen der Ökosystemforschung zu Fächern nicht-naturwissenschaftlicher Fakultäten hin zu einer interdisziplinären, kooperativen Problemwahrnehmungs- und -kommunikationskompetenz sowie auf

(b) die Problemlösungsstrategien der mit Umweltschäden befaßten Politiker (SIMONIS 1992), Juristen (CANARIS 1969; KLOEPFER 1992; v. LERSNER 1990; RITTER 1992), Wirtschaftswissenschaftler (FRITSCH 1990; MOHR 1990; SIEBERT 1987a, b), Pädagogen/Psychologen (BOTKIN et al. 1981; LANGEHEINE & ROST 1986; WOLZE 1989) und Soziologen (GEIGER 1987; LUHMANN 1972, 1988, 1991; MAYNTZ 1991).

Umweltprobleme sind vielschichtig. Dies legt es für die Problemlösung nahe, möglichst viele Problemfacetten zu erforschen. Da bereits ein einziges Phänomen aus verschiedenen (wissenschaftlichen) Perspektiven als - scheinbar - Unterschiedliches beschreibbar ist (Prinzip der Komplementarität), erfordert die Lösung komplexer Probleme ein breitgefächertes Herantasten (BÖHME & SCHRAMM 1985; BOHR 1936, 1964/1966; GLAESER 1990; KRÜGER 1987; LEIDIG 1984).

Hierzu ist jedoch eine gemeinsame Basis erforderlich: Sie muß den Gang der Problemlösungsschritte in Grundzügen ebenso vorstrukturieren wie anschließend eine synthetisierende Interpretation der Einzelbefunde ermöglichen. Diese Verklammerung der Teilbereiche sollte bei der ökosystemaren Umweltbewertung erfolgen durch (v. HENTIG 1987; RIEDL 1992: 135; SIMONIS 1992: 77):

a) einen definierten Ausschnitt aus einem gemeinsamen komplexen Forschungsgegenstand,
b) eine Basistheorie als Grundlage für die Entwicklung von Hypothesenhierarchien sowie
c) ein sich aus (b) ergebendes methodisches Prinzip.

Theoretische Grundlage für die interdiziplinäre ökosystemare Umweltbewertung kann die in modernen Natur- und Geisteswissenschaften gleichermaßen anerkannte Allgemeine Systemtheorie sowie die Thermodynamik offener Systeme bilden (BLUME et al. 1992; CAPRA 1985; FRÄNZLE 1990, 1991; LENK & ROPOHL [Hrsg.] 1978). Hieraus ergibt sich das vernetzte Denken als durchgehendes methodisches Prinzip (BOSSEL 1990; BOTKIN et al. 1981: 48, 50; DÖRNER 1977; DÜRR 1986; FISCHER 1987; FRITSCH 1990; HARLOFF 1988; OSER & REICH 1986; SCHRÖDER 1992b; SCHÜTT 1985; SIMONIS 1992; VESTER 1988). Interdisziplinär meint hier nicht nur die Zusammenarbeit naturwissenschaftlicher Disziplinen (HECKHAUSEN 1987; JOOS 1987). Das Geflecht der Kooperationsstrukturen soll vielmehr im Sinne des durch die Trias

"Umwelt erforschen - Umwelt bewerten - umweltgerecht handeln" beschriebenen Verwertungs-
zusammenhanges der naturwissenschaftlichen Umweltforschung prioritär ausgedehnt werden auf:
Rechtswissenschaften, Wirtschaftswissenschaften sowie Umweltpädagogik und -psychologie.

Schwerpunkte ökosystemarer Umweltbewertung

Der somit präzisierte Rahmen ökosystemarer Umweltbewertung soll dadurch gefüllt werden, daß
einzelne Themen definierter Problemfelder gemeinsam bearbeitet werden (IMMELMANN 1987;
KAUFMANN 1987: 69). Somit wird Interdisziplinarität nicht nur durch Koordination mehrerer
Wissenschaftsdisziplinen, sondern durch ihre problembezogene Kooperation und Kommunikation
realisiert (v. HENTIG 1987: 37, 41).

Dem fächerübergreifenden Diskurs wird eine Schlüsselrolle zugesprochen. Denn: Wissenschaft läßt
sich als Sonderform der Kommunikation auffassen (SCHRÖDER 1992a; TEUBNER 1990: 127 ff.).
Die Umweltprobleme erfordern es, daß ihre ökosystemare Beschreibung und Analyse von denen
verstanden und umgesetzt wird, die Umweltpolitik, Umweltrecht und Umweltbildung gestalten
(HABERMAS 1983; SIMONIS 1992: 77). Hier existieren große Defizite, die nur durch
gemeinsames "Lernen am Objekt", d.h. gemeinsames Arbeiten an Problemlösungen gemildert werden
können. Dabei sollten die im folgenden genannten Themenschwerpunkte (A) bis (D) im Vordergrund
stehen (vgl. Abb. 7.1).

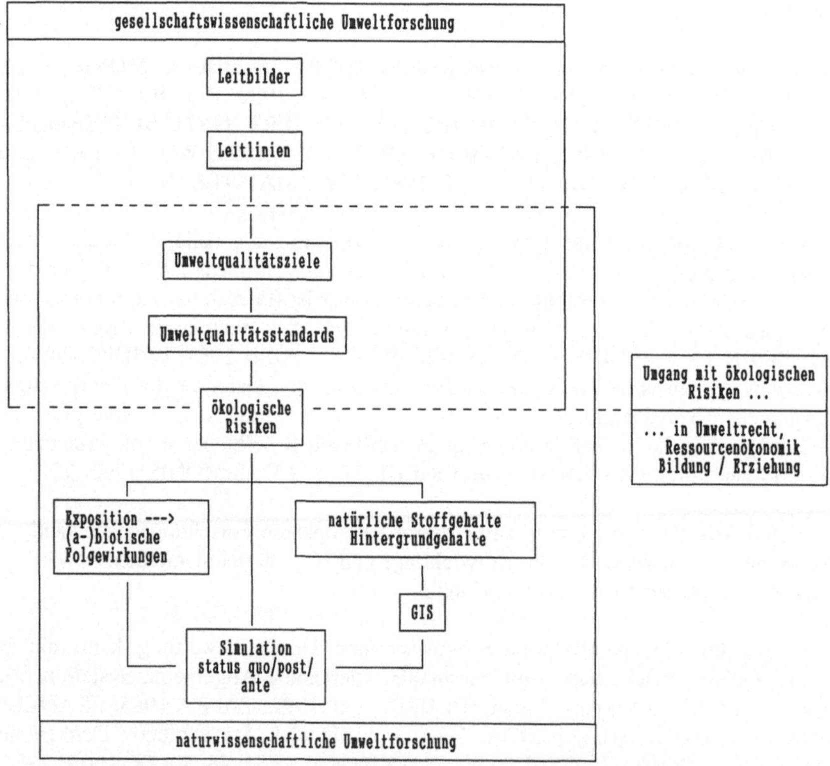

Abb. 7.1   Umweltqualitätsziele und -standards als Schittpunkt von gesellschafts- und naturwissenschaftlicher
Umweltforschung (Entwurf: W. SCHRÖDER)

A) Ökosystemare Bewertungsgrundlagen (Sachmodelle)

Die Umweltbewertung kann die genannte Scharnierfunktion nur dann sinnvoll ausfüllen, wenn die Umweltbeobachtung zuverlässige Informationen liefert. Die Zuverlässigkeit der Umweltinformationen ist vielfach nicht abschätzbar. Somit gilt es, praktikable Verfahren zur Sicherung und Kontrolle der Datenqualität als eine Grundvoraussetzung der Umweltbewertung zu benennen und in gesetzlichen Regelwerken festzuschreiben (KEUNE et al. 1993; SCHRÖDER et al. 1991; ZIESCHANK et al. 1992: 4 f.).

Die Beachtung dieser Grundsätze muß natürlich auch für die Umweltforschung gelten, denn der erste Teilschritt einer Bewertung besteht in der Analyse des zu bewertenden Sachverhaltes (Sachmodell). Der zweite Schritt ist die Beurteilung der im Sachmodell analytisch abgebildeten Realität. Urteilskriterien fungieren hierbei als Betrachtungsfilter, welche die für die Beurteilung als relevant erachteten Ausschnitte des Sachmodells definieren.

Somit stellen sich folgende Aufgaben:

a)   Übersicht bisheriger Umweltbewertungsansätze,

b)   kritische Auseinandersetzung mit Umweltbewertungsansätzen aus ökosystemarer Sicht,

c)   Prüfung, ob Bewertungsansätze aus dem Ökosystemkonzept abgeleitet werden können; hierbei sind folgende Fragen relevant (MÜLLER & MÜLLER 1992):

     (i)   Liefert die Ökosystemforschung Maße und Theorien, die sich zur Umweltbewertung heranziehen lassen?

     (ii)   Auf welchen räumlichen und zeitlichen Maßstabsebenen (Skalen) können die Ergebnisse der Ökosystemforschung für Bewertungsverfahren genutzt werden?

     (iii)   Mit welchen Unsicherheitspotentialen sind Analysen- und Bewertungsmethoden verbunden, und wie lassen sie sich reduzieren?

     (iv)   Welche statistischen Verfahren und Simulationstechniken sind für die ökosystemare Risikoanalyse und -bewertung nutzbar?

     (v)   Wie kann das ökosystemare Wissen von Juristen, Naturschützern, Umweltplanern und Lehrern so gefördert werden, daß ihre ökologische Wahrnehmungs-, Kommunikations- und Problemlösungskompetenz steigt und nicht angesichts der Komplexität der Materie zu Entscheidungsblockaden führt?

B) Vorsorge: Sind Umweltrisiken prognostizierbar?

Für den Umgang mit Umweltrisiken gilt im deutschen Umweltrecht das Vorsorgeprinzip als zentrale Leitlinie (REHBINDER 1988). Vorsorge bedeutet, auf der Basis gegenwärtigen ökologischen Wissens Auswirkungen menschlicher Eingriffe in den Naturhaushalt zu prognostizieren. Grundlage vorsorgender Maßnahmen zum nachhaltigen dauerhaften Schutz ökologischer Funktionen ist also die prognostizierte Wahrscheinlichkeit ihrer negativen Beeinflussung.

Diese Prognosen bedürfen einer Bewertung insofern, als die prognostizierten Ereignisse in Klassen unterschiedlichen Risikos ("gefährlich" ... "ungefährlich") einzustufen sind. Hierbei stellen sich zwei Probleme: Zum einen ist die juristische Differenzierung der Möglichkeit negativer Folgewirkungen in Risiko und Gefahr (Kap. 1) jedoch nur dann sinvoll, wenn sie sich mathematisch-statistisch quantifizieren läßt. Um ökosystemare Negativeffekte mathematisch prognostizieren zu können, müssen die Freiheitsgrade der Eintrittswahrscheinlichkeit, Ereignisraum und Schadenshöhe erfaßbar sein. Bei ökologischen Problemen handelt es sich jedoch um Situationen elementarer Ungewißheit: Wegen der Vielzahl potentieller Schädigungsursachen und der Komplexität von Wirkungsabläufen in Ökosystemen läßt sich heute vielfach nicht angeben, zu welchem Zeitpunkt und an welchem Ort aufgrund welcher Ursache ökologische Funktionen und Strukturen beeinträchtigt werden (RIEDL 1992: 16, 23, 125 - 129, 142; SCHRÖDER 1992a).

Daraus folgt, daß für einen geordneten und nachvollziehbaren Umgang mit ökologischen Risiken, der sich oft als Entscheidungen zwischen Handlungsalternativen gestaltet, Konventionen erforderlich sind über:

- die Bewertung unseres Wissens über das zu bewertende Risiko,
- die Vergleichbarkeit rational nicht vergleichbarer Risiken,
- die Akzeptanz von Risiken und
- Meßverfahren (v. LERSNER 1990).

Hiermit verknüpft ist das zweite Problem bei der Prognose ökologischer Risiken, nämlich ihre Bewertung. Denn ein Sachverhalt kann sich je nach Wahl der Wertmaßstäbe als mehr oder weniger gefährlich darstellen.

C) Begründungsfähigkeit von Urteilskriterien und Wertsystemen

Die Analyse ökologischer Sachverhalte führt also im besten Falle zu einer Prognose über die Auswirkungen menschlichen Handelns auf den Naturhaushalt. Im Anschluß die prognostizierten Folgen auf Wertsysteme zu projezieren. Diese fungieren als Meßlatten analog einer Zensurenskala, die die möglichen Urteile für eine zuvor nach bestimmten Kriterien (Orthographie, Stil, Ideenreichtum o.ä.) analysierte Arbeit ordnet. Doch: Welche Urteilskriterien sind zu wählen, wenn es um den Schutz von Ökosystemen geht? Soll man sich alleine an ihren Funktionen und Strukturen orientieren, oder müssen zunächst die Ziele des Umweltschutzes als Umweltqualitätsziele festgelegt werden (MÜLLER & MÜLLER 1992)?

Das Problem hierbei ist: Die Wahl der Wertsysteme und die Art der Verknüpfung von Sachverhalten (Sachmodell) mit Werturteilen (z.B. "gefährlich" - "ungefährlich") ist begründungs-bedürftig (ARROW 1963). Zentrale Bedeutung erlangen hierbei die Prognostizierbarkeit ökologischer Risiken und die Definition von Umweltqualitätszielen und -standards. Der Beitrag gesellschafts-wissenschaftlicher Umweltforschung zur Definition von Umweltqualitätszielen (siehe oberer Teil der Abb. 7.1) läßt sich anhand der nachstehend beschriebenen Arbeitsschritte konkretisieren:

i)   Vergleichende Untersuchung der den Umweltbewertungsverfahren zugrunde liegenden Definitionen von (a) "Risiko" und (b) "Umweltqualität".

ii)   Bei der Untersuchung des Risikobegriffes ist zu fragen, inwieweit sich umweltpolitische Leitbilder und Leitlinien in den Verfahren widerspiegeln. Die umweltpolitischen Leitbilder sind zudem inhaltsanalytisch auf die ihnen zugrundeliegenden Weltbilder zu untersuchen. Weltbilder spiegeln u.a. Auffassungen über die Stellung des Menschen in der Natur. Somit beeinflussen sie - zumindest implizit - umweltpolitische Leitlinien und Vorstellungen über den angestrebten Zustand der Umwelt des Menschen (Umweltqualitätsziele). Sowohl die Wissensproduktiktion und -verwendung als auch Programmatik und Stellenwert der Umweltpolitik sind also kulturspezifisch geprägt (HUBER 1989; WOLF 1992). Diese Erkenntnis der Human- und Kulturökologie ist zwar weder neu noch originell. Sie verweist dennoch auf einen der zentralen - wenn auch latenten - Konfliktpunkte inter-nationaler Umwelt- und Entwicklungspolitik. Die offiziellen Verlautbarungen des Umwelt-gipfels in Rio 1992 sind voller Bekundungen gegenseitiger Rücksichtnahme auf kulturelle Eigenständigkeiten. Sie ersetzen jedoch nicht eine klare Programmatik über Ziele und Realisierung einer globalen "Erdpolitik". Diese sollte auf einem ökosystemar und kultursoziologisch fundierten Umweltqualitätszielkonzept basieren.

iii)   Forschungsleitende Fragestellung zum Bereich Umweltqualität ist der Abgleich mit bisher üblichen Definitionen von Schutzzielen bzw. Schutzgütern in bestehenden Umweltbewer-tungsverfahren. Da der Begriff Umweltqualität abhängig ist von gesellschaftswissenschaftlich analysierbaren Wertvorstellungen, ist nach der Konstitution der Wertebene zu fragen.

iv)   Bei der Konstitution der Wertebene ist die umweltethisch begründete Ausrichtung der Verfahren zu betrachten. Ziel ist die mögliche Begründung eines ökosystemar angelegten Verfahrens zur Umweltbewertung.

v)   Aufbauend auf die Punkte (i) bis (iv) liegt der Hauptbeitrag gesellschaftswissenschaftlich begründeter Umweltforschung in der Erhöhung der (auch semantischen) Stringenz und der Transparenz von Bewertungsverfahren. Dies spielt nicht nur für die öffentliche Diskussion eine Rolle, sondern auch für eine regionalisierend verfahrende Umweltpolitik (BOTKIN et al. 1981: 57 f.; RITTER 1990: 70, 73).

D) Expertensystem "Ökosystemare Umweltbewertung"

Die Vielschichtigkeit und die daraus folgende Unüberschaubarkeit ökosystemarer Prozesse läßt es als angezeigt erscheinen, das bislang vorhandene ökosystemare Grundlagenwissen für zentrale, von Gesellschaft und Politik, Juristen, Wirtschaftswissenschaftlern, Soziologen, Pädagogen/Psychologen sowie von Naturschützern benannte Problembereiche in einem PC-gestützen Expertensystem zusammenzuführen werden (KUHLEN 1984; O'REILLY 1980; STRECFORT 1973). Das Expertensystem soll helfen, Entscheidungen über ökologische Risiken ökosystemar besser zu begründen, d.h. in ihrer Vernetzung umfassender als bisher zu treffen. Auf Erfahrungen aus der Grundlagenforschung zu juristischen Expertensystemen ist unbedingt zurückzugreifen (BANKOWSKI & WHITE i.p.; MacCORMICK & SUMMERS 1991; STEINMÜLLER 1979; SUESSKIND 1987).

Damit werden vernetztes Denken und Fakten der Ökosystemforschung verwertbar für die mit der Lösung von Umweltproblemen betrauten Entscheidungsträger und Akteure der angesprochenen gesellschaftlichen und wissenschaftlichen Bereiche. Zur Erreichung dieses Zieles sollten u.a. folgende Themen bearbeitet werden:

a)   "Harmonisierungskonzepte für die internationale Ökosystembeobachtung und -bewertung"

b)   "Ökosystemare Risikoanalyse, -prognose und -bewertung"

c)   "Rechtliche Verankerung von Umweltqualitätszielen und -standards"

d)   "Rahmenkonzeption einer ökologischen Marktwirtschaft"

e)   "Ökonomische und ökologische Umweltbewertung im Spannungsfeld von Vorsorge-, Verursacher- und Kooperationsprinzip"

f)   "Zusammenhänge zwischen Umweltinformation und Umweltverhalten"

Umweltschutz: Wertentscheidung aus Verantwortung

Das zuletzt genannte Thema schließt den Kreis der Erörterungen in diesem Buch. Ausgangspunkt war die Feststellung, daß in den hochentwickelten Industriegesellschaften Wissenschaft und Technik das Verhältnis des Menschen zu seiner natürlichen Mitwelt dominant prägen. Insbesondere bei der Organisation und Steuerung dieser Beziehung durch Recht und Politik erlangen Umweltinformationen große Bedeutung. Der Auswertung von Umweltdaten gilt deshalb dieses Buch dann schwerpunktmäßig.

Doch in den einleitenden Bemerkungen findet sich auch der Hinweis, daß in vielen Kulturen tradierte Werte als Leitlinien für den Umgang der Menschen mit der Natur dienen. Wir kommen nicht darum herum, wertorientierte Grundentscheidungen für die Weiterentwicklung unseres Gesellschafts- und Wirtschaftssystems zu treffen. Die Herausgeber dieses Buches sind der Meinung, daß eine Entscheidung für eine Ökologisierung unserer Gesellschaft getroffen werden muß. Einige Gründe für diese Ansicht seien thesenhaft genannt:

Die Zerstörung natürlicher Systeme (Biotope, genetische Information, ...) ist einerseits auf einen erhöhten Durchsatz von Energie durch lokal zu dichte und zu anspruchsvolle Populationen zurückzuführen. Die gesellschaftliche Selektion bevorteilte bisher jene Wirtschaftsstrukturen, denen das "Anschwellen von Umsatz, Standard und Stärke vor Umsicht ging" (RIEDL 1973: 415). "Ursache in zweiter Instanz ist die ökologische Struktur des Menschen" (ebd.: 418), denn "Verschmutzung, Vergiftung und Zerstörung entstanden, seitdem der Mensch klüger, oder genauer gesagt, rascher als die Evolution wurde. Mit den energieführenden Massenrückständen aus unserer kumulierenden Produktion kann sie (die Natur, d. Verf.) nicht Schritt halten. Wir sind zu zahlreich, und, was noch schädlicher ist, zu tüchtig geworden, bevor wir einsichtig wurden" (ebd.: 415).

Wird es gelingen, die bereits seit Jahren vorliegenden Einsichten in die Folgen unserer Wirtschaftsweise in hinreichend umweltschonendes Handeln zu überführen? Bei dem Bemühen, diesem Ziel näherzukommen, sollten wir uns an folgenden Worten orientieren: "Es ist verzeihlich, Fehler zu machen, wenn man die Einsicht nicht hat. Wenn man aber die Einsicht gewonnen hat, um das Fehlverhalten als solches zu erkennen, dann wäre es unverzeihlich, wenn wir nicht den Fehler und die bisher eingetretenen Folgen korrigieren und so gut als möglich ungeschehen machen würden" (ULRICH 1987: 31).

Dieses ethische Postulat impliziert Selbstkritik. In diesem Sinne lassen sich die aktuellen Umweltprobleme als eine "geschichtlich zutage kommende Krise der Wissenschaft, des Welt- und Menschenbildes" auffassen (ROCK 1983: 79). Das in den vorindustriellen Gesellschaften herrschende religiöse Bewußtsein der Herrschaft Gottes über das physikalische Universum mag zusammen mit dem BACONschen Credo, wonach wissenschaftliche Erkenntnis nichts anderes bedeutet als technologische Naturbeherrschung, den Menschen dazu verführt haben, seine Herrschaft über das gesamte Leben als "Stellvertreter Gottes" abzuleiten (TRIBE 1983: 44 f.). Dieser Prozeß der Entfremdung des Menschen von der Natur macht "die Rückkehr zu einer ethischen Betrachtungsweise dieses Lebens äußerst schwierig" (FRASER-DARLING 1983: 12).

Die Berücksichtigung ethischer Maßstäbe bei der Umweltbewertung impliziert folgende zwei Problemkreise:

1. Die Gewährung von "Eigenrechten der Natur" (STONE 1992) erweist sich nicht nur als juristisches Problem. Denn die Umstellung des Verwaltungshandelns betrifft zwar in erster Linie das Rechtssystem. Doch die Vorentscheidungen hierfür fallen in der Politik und in der Wissenschaft. Im Anschluß an obige Ausführungen (C ii) bedeutet dies, daß (umwelt-)ethische Maßstäbe in umweltrelevanten Teilsystemen der Gesellschaft (Bildung, Politik, Technik, Wirtschaft, Wissenschaft, ...) etabliert bzw. deutlicher als bisher zur Geltung gebracht werden müßten (ENGEL 1990; LUHMANN 1990). Das Problem hierbei ist jedoch, daß die genannten gesellschaftlichen Systeme nicht a priori hierarchisch, sondern nebeneinander angeordnet, also heterarchisch sind. Aufgabe der Umweltpolitik ist es deshalb, die Diskussion über Umweltethik Form zu initiieren.

2. Umweltbewertungsverfahren sollten gemäß FRÄNZLE (1992) die Gütekriterien der klassischen Meßtheorie erfüllen. Sie sollten also möglichst objektiv (d.h. hier: transparent, nachvollziehbar), reliabel und valide sein. Schwierigkeiten ergeben sich jedoch dann, wenn Umweltbewertungsverfahren offengehalten werden sollen für die Dynamik der Sachmodelle (Erkenntnisfortschritt) und der Wertsysteme (Wandel der Wertvorstellungen). Diese Problematik wird auch einsichtig, wenn man sich die Kritik an der Überbetonung des Rationalitätskriteriums vergegenwärtigt. Rationalität als dominantes Kriterium individueller und gesellschaftlicher Entscheidungen wird zunehmend in Zweifel gezogen: Nicht die Vernunft, sondern "der Grad an affektiver Signifikanz entscheidet ... über die Handlungsrelevanz eines Wertes" (LANTERMANN & DÖRING-SEIPEL 1990: 633).

Daß sich das "Bezugsfeld 'Mensch und Umwelt' in gesellschaftlicher, politischer und persönlicher Hinsicht zu konfliktreichen Mißverhältnissen entwickelt hat" (SCHMACK 1984: 8), sollte von den Geisteswissenschaften sowie den Bildungs- und Erziehungswissenschaften als Herausforderung und Verpflichtung zur Beteiligung an der Problemlösung begriffen werden. Dieser Beitrag muß auf eine

"Kombination von Umwelt-Wissen und Umwelt-Gewissen" (ROCK 1985: 6,) abzielen, denn: Eine als umweltbewußt zu kennzeichnende Haltung findet sich nicht schon bei dem, der sich durch ökologische Kompetenz auszeichnet, sondern vielmehr bei demjenigen, der "über die im vielschichtigen Begriff 'Umwelt' enthaltenen Zusammenhänge Bescheid weiß und aus diesem seinem ökologischen Wissen im persönlichen Verhalten Konsequenzen zieht" (ROCK 1983: 89; KIRSCH 1991). Folglich bedarf unser Erziehungsbegriff einer Ausweitung auf einen Rahmen, der die organische und anorganische Mitwelt des Menschen einschließt.

FLITNER (1966: 16) nennt seine Pädagogik "hermeneutisch-pragmatisch", weil sie als Theorie die Praxis auslegt und auf Handeln zielt. In diesem Sinne sollten die allgemeinbildenden Schulen und die Universitäten dem Menschen nicht nur die Folgen seiner Eingriffe in den Naturhaushalt aufzeigen, sondern darüber hinaus wäre im Rahmen eines "erziehenden Unterrichts" (SCHMACK 1984: 11) auf ein sachlich und ethisch begründetes Verhalten hinzuwirken.

Es besteht demnach kein Zweifel: "Mit wachsender Härte zwingen uns die Probleme umzulernen" (v. WEIZSÄCKER 1989). Das gilt für viele Lebensbereiche und muß sich auch in unseren Schulen auswirken. Schulische Bildung sollte nicht nur als Wissensvermittlung, sondern auch als ein an Wertmaßstäben orientiertes, erziehendes Lehren verstanden werden. Das bedeutet, Bildung und Erziehung als Einheit zu verstehen. Dazu gehört, diesen Bereich menschlicher Sozialisation als ein auf ethischen Grundsätzen fußendes - der unmittelbaren Beobachtung zugängliches Vor-Leben zu realisieren. "Daraus muß die moralische Verpflichtung und die fachliche Fähigkeit zur Übernahme von Verantwortung erwachsen" (SCHNEIDER 1991: 264).

Hieraus folgt, daß wir uns nicht mit dem Argument "Was nützt es denn, wenn alleine ich mich umweltgerecht verhalte?!" aus der Verantwortung stehlen können, denn - so v. WEIZSÄCKER (1989): "Wir schulden den späteren Generationen keinen geringeren Schutz als den Lebenden. Umweltschutz wird zum Nachweltschutz."

Zitierte Literatur

ADRIAANSE, A., JELTES, R. & REILING, R. (1989): Information requirements of integrated environmental policy experiences in the Netherlands. In: Environmental Management, 13 (3): 309 - 315

ARROW, K.J. (1963): Social choice and individual values.- 2nd ed., New York (...)

BANKOWSKI, Z. & WHITE, I. (eds.) (to appear): Informatics and the foundations of legal reasoning.- Edinburgh (University Press)

BECHMANN, A. & FAHRENHORST, B. (1992): Konzept und theoretisches Fundament des Projekttyps "Ökologischer Wissenstranfer". In: HEIN, W. (Hrsg.): 127 - 149

BIRNBACHER, D. (Hrsg.) (1983): Ökologie und Ethik.- Stuttgart

BLUME, H.-P., FRÄNZLE, O., KAPPEN, L., KAUSCH, H. & WIDMOSER, P. (1992): Das MAB-Pilotprojekt "Ökosystemforschung im Bereich der Bornhöveder Seenkette in Schleswig-Holstein". In: MAB-Mitteilungen, 36: 25 - 56

BMU (Bundesministerium für Umwelt, Naturschutz und Reaktorsicherheit) (1988): Maßnahmenzum Bodenschutz. Bericht der Bundesregierung an den deutschen Bundestag.- Bonn (BT-Drucksache 11/1625)

BÖHME, G. & SCHRAMM, E. (Hrsg.) (1985): Soziale Naturwissenschaft. Wege zu einer Erweiterung der Ökologie.- Frankfurt/M.

BOHR, N. (1936): Kausalität und Komplementarität. In: Erkenntnis, 6: 354-369

BOHR, N. (1964/1966): Atomphysik und menschliche Erkenntnis.- 2 Bde., Braunschweig

BOSSEL, H. (1990): Umweltwissen. Daten, Fakten, Zusammenhänge.- Berlin (...)

BOTKIN, J.W., ELMANDJRA, M. & MALITZA, M. (1981): Das menschliche Dilemma. Zukunft und Lernen.- 4. Aufl., Wien (...) (mit einem Vorwort von A. PECCEI, Präsident des Club of Rome)

CANARIS, C.-W. (1969): Systemdenken und Systembegriff in der Jurisprudenz.- Berlin

CAPRA, F. (1985): Wendezeit. Bausteine für ein neues Weltbild.- Bern (...)

DÖRNER, C.D. (1977): Vernetztes Denken - Strategien zur Problembewältigung. In: Bild der Wissenschaft, 3: 97 - 102

DÜRR, H.-P. (1986): Über die Notwendigkeit, in offenen Systemen zu denken - Der Teil und das Ganze. In: ALTNER, G. (Hrsg.) Die Welt als offenes System. Eine Kontroverse um das Werk von Ilya Prigogine.- Frankfurt: 9 - 31

ELLENBERG, H., FRÄNZLE, O. & MÜLLER, P. (1978): Ökosystemforschung im Hinblick auf Umweltpolitik und Entwicklungsplanung.- Berlin (Umweltforschungsplan des Bundesministers des Innern. Forschungsbericht 78-101 04 005 im Auftrag des Umweltbundesamtes

ENGEL, J.R. (1990): Introduction: The ethics of sustainable development. In: ENGEL, J.R. & ENGEL, J.R. & ENGEL, J.B. (eds.): Ethics of environment and development. Global challenge, international response.- London: 1 - 12

ERDMANN, K.-H. & NAUBER, J. (Hrsg.) (1992): Beiträge zur Ökosystemforschung und Umwelterziehung.- Bonn (MAB-Mitteilungen, 36)

FISCHER, E.P. (1987): Sowohl als auch. Denkerfahrungen der Naturwissenschaften.- Hamburg, Zürich

FLITNER, W. (1966): Allgemeine Pädagogik.- 11. Aufl., Stuttgart

FRÄNZLE, O. (1990): Ökologische Informationssysteme als Grundlage der Raumplanung. In: ELSASSER, H. & KNOEPFEL, P. (Hrsg.): Umweltbeobachtung.- Zürich (Wirtschaftsgeographie und Raumplanung, 8): 35 - 63

FRÄNZLE, O. (1991): Zukunftsorientierte Umweltforschung im Rahmen des Deutschen MAB-Programms. In: Verhandlungen der Gesellschaft für Ökologie (Osnabrück 1989), XIX/III: 545 - 562

FRÄNZLE, O. (1992): Umweltbewertung und Ethik. Das Beispiel der Ökotoxikologie. In: ERDMANN, K.-H. (Hrsg.): Perspektiven menschlichen Handelns. Umwelt und Ethik.- Berlin (...) : 1 - 18

FRASER-DARLING, F. (1983): Die Verantwortung des Menschen für seine Umwelt. In: BIRNBACHER, D. (Hrsg.): 9 - 19

FRITSCH, B. (1990): Mensch - Umwelt - Wissen.- Zürich, Stuttgart

GEIGER, Th. (1987): Vorstudien zu einer Soziologie des Rechts.- 4. Aufl., Berlin

GLAESER, B. (1990): Ganzheitlicher Umweltschutz - mehr als nur ein Schlagwort? In: FAULSTICH, M. & LORBER, K.E. (Hrsg.): Ganzheitlicher Umweltschutz.- Stuttgart: 107 - 115

GRIMM, D. (Hrsg.) (1990): Wachsende Staatsaufgaben - sinkende Steuerngsfähigkeit des Rechts.- Baden-Baden

HABERMAS, J. (1983): Moralbewußtsein und kommunikatives Handeln.- Frankfurt

HARLOFF, H.J. (1988): "Kleines Netz" als Feld sozialen und ökologischen Lernens. In: SIMONIS, U.E. (Hrsg.): 153 - 163

HECKHAUSEN, H. (1987): "Interdisziplinäre Forschung" zwischen Intra-, Multi- und Chimären-Disziplinarität. In: KOCKA, J. (Hrsg.): 129 - 145

HEIN, W. (Hrsg.) (1992): Umweltorientierte Entwicklungspolitik.- 2., erw. Aufl., Hamburg (Schriften des deutschen Übersee-Instituts Hamburg, 14)

HENTIG, H. v. (1987): Polyphem oder Argos? Disziplinarität in der nichtdiziplinären Wirklichkeit. In: KOCKA, J. (Hrsg.): 34 - 59

HÜBLER, K.-H. & OTTO-ZIMMERMANN, K. (Hrsg.) (1989): Bewertung der Umweltverträglichkeit. Bewertungsmaßstäbe und Bewertungsverfahren für die Umweltverträglichkeitsprüfung.- Taunusstein

HUBER, J. (1989): Technikbilder. Weltanschazliche Weichenstellungen der Technologie- und Umweltpolitik.- Opladen

IMMELMANN, K. (1987): Interdisziplinarität zwischen Natur- und Geisteswissenschaften - Praxis und Utopie. In: KOCKA, J. (Hrsg.) (1987): 82 - 91

JOOS, H. (1987): Interdiziplinarität und die Entstehung neuer Disziplinen. In: KOCKA, J. (Hrsg.): 146 - 151

KAUFMANN, F.-X. (1987): Interdisziplinäre Wissenschaftspraxis. Erfahrungen und Kriterien. In: KOCKA, J. (Hrsg.): 63-81

KEUNE, H., SCHRÖDER, W. & VETTER, L. (1993): Globale Integrierte Umweltbeobachtung und -bewertung. Vorschläge für eine internationale Harmonisierung. In: MAB-Mitteilungen, 37: 51 - 59

KIRSCH, G. (1991): Umweltbewußtsein und Umweltverhalten. Eine theoretische Skizze eines empirischen Problems. In: Zeitschrift für Umweltpolitik und Umweltrecht, 3/91: 249 - 261

KLOEPFER, M. (1992): Die Notwendigkeit einer nachhaltigkeitsfähigen Demokratie. In: GAIA, 5: 253 - 260

KOCKA, J. (Hrsg.) (1987): Interdisziplinarität. Praxis, Herausforderung, Ideologie.- Frankfurt a.M.

KRÜGER, L. (1987): Einheit der Welt - Vielheit der Wissenschaft. In: KOCKA, J. (Hrsg.): 106 - 125

KUHLEN, R. (Hrsg.) (1984): Koordination von Informationen.- Berlin (...) (Informatik Fachberichte, 81)

LANGEHEINE, R. & ROST, J. (1986): Die Bedeutung der Erziehung für das Umweltbewußtsein.- Kiel (IPN-Schriftenreihe, 101)

LANTERMANN, E.-D. & DÖRING-SEIPEL, E. (1990): Umwelt und Werte. In: KRUSE, L., GRAUMANN. C.F. & LANTERMANN, E.-D. (Hrsg.): 623 - 639

LEIDIG, G. (1984): Ökologisch-ökonomische Rechtswissenschaft. Grundlagenorientierte Aspekte einer Kooperation von Ökologie, Ökonomie und Rechtswissenschaft.- Frankfurt/M.

LENK, H. & ROPOHL, G. (Hrsg.) (1978): Systemtheorie als Wissenschaftsprogramm.- Königstein/Ts.

LERSNER, H. Frh. v. (1990): Verfahrensvorschläge für umweltrechtliche Grenzwerte. In: Natur und Recht, 12 (5): 193 - 197

LUHMANN, N. (1972): Rechtssoziologie.- 2 Bde., Reinbek

LUHMANN, N. (1988): Ökologische Kommunikation. Kann die moderne Gesellschaft sich auf ökologische Gefährdungen einstellen?- Opladen

LUHMANN, N. (1990): Paradigm lost: Über die ethische Reflexion der Moral.- Frankfurt a.M.

LUHMANN, N. (1991): Soziologie des Risikos.- Berlin (...)

MacCORMIK, D.N. & R.S. SUMMERS (eds.) (1991): Interpreting statutes: A comparative Study.- Aldershot

MAYNTZ, R. (1991): Naturwissenschaftliche Modelle, soziologische Theorie und das Mikro-- Makro-Problem. In: ZAPF, W. (Hrsg.): Die Modernisierung moderner Gesellschaften.- Frankfurt a.M., New York (Verhandlungen des 25. deutschen Soziologentages in Frankfurt/M. 1990): 648 - 668

MOHR, E. (1990): Marktwirtschaftliche Instrumente für Umweltstandards.- Berlin (Vortragsmanuskript für die Arbeitsgruppe "Umweltstandards" der Akademie der Wissenschaften zu Berlin)

MÜLLER, C. & MÜLLER, F. (1992): Umweltqualitätsziele zur Integration ökologischer Forschung und Anwendung. In: Kieler Geographische Schriften, 85: 131 - 166

O'REILLY, C.A. (1980): Individuals and information overloads in organizations. Is more necessariy better? In: Academy of Management Journal, 23: 684 - 696

OSER, F. & REICH, K.H. (1986): Zur Entwicklung von Denken in Komplementarität.- Freiburg (Schweiz) (Berichte zur Erziehungswissenschaft aus dem Pädagogischen Institut der Universität Freiburg, 53)

REHBINDER, E. (1988): Vorsorgeprinzip im Umweltrecht und präventive Umweltpolitik. In: SIMONIS, U.E. (Hrsg.) (1988a): 129 - 143

RIEDL, R. (1973): Energie, Information und Negentropie in der Biosphäre. In: Naturwissenschaftliche Rundschau, 26: 413 - 420

RIEDL, R. (1992): Wahrheit und Wahrscheinlichkeit. Biologische Grundlagen des Für-Wahr-Nehmens.- Berlin, Hamburg

RITTER, E.-H. (1990): Das Recht als Steuerungsmedium im kooperativen Staat. In: GRIMM, D. (Hrsg.): 69 - 112

RITTER, E.-H. (1992): Von den Schwierigkeiten des Rechts mit der Ökologie. In: Die Öffentliche Verwaltung, 45 (15): 641 - 649

ROCK, M. (1983): Theologie der Natur und ihre anthropologisch-ethischen Konsequenzen. In: BIRNBACHER, D. (Hrsg.): 72 - 102

ROCK, M. (1985): Menscvh und Umwelt. Anthropologische Überlegungen zu einem gestörten Verhältnis. In: BAUER, F. (Hrsg.) Die Sache mit dem Wald.- München: 2 - 14

SCIILICK, M. (1948): Gesctz, Kausalität und Wahrscheinlichkeit.- Wien

SCHMACK, E. (1984): Umwelt und Erziehung. In: Forum E, 2: 8 - 13

SCHNEIDER, J. (1991): Die Verantwortung der Geowissenschaften für den Lebensraum Erde. In: Die Geowissenschaften, 9 (9): 261 - 265

SCHOLZ, B. (1986): Bodenschutz zwischcn Datenschwemme und Informationsdefizit. Politisch-administrative Lösungsansätze.- Diss. Speyer

SCHRÖDER, W. (1992a): Stirbt der Wald? Aussagen und Erkenntnismöglichkeiten der Umweltforschung. In: Kieler Geographische Schriften, 85: 167 - 189

SCHRÖDER, W. (1992b): Immissionsbelastungen und Umweltschäden: Gedanken zum Verhältnis von Ökologie und Umwelterziehung. In: Natur und Landschaft, 67 (4): 149 - 152

SCHRÖDER, W., FRÄNZLE, O. & DASCHKEIT, A. (1993): Festsetzung bodenfunktionsschützender Normwerte - Praktische Notwendigkeit im Spannungsfeld von Erkenntnismöglichkeiten der Ökosystemforschung und Anforderungen des Umweltschutzes. In: MAB-Mitteilungen, 37: 79 - 90

SCHRÖDER, W., GARBE-SCHÖNBERG, C.D. & FRÄNZLE, O. (1991): Die Validität von Umweltdaten. In: Umweltwissenschaften und Schadstoff-Forschung, 3 (4): 237 - 241

SCHÜTT, P. (1985): Vernetzte Problemstellung - vernetzte Forschung? In: Forstarchiv, 56: 179 - 181

SIEBERT, H. (1987a): Economics of the environment, theory and policy.- 2nd ed., Berlin (...)

SIEBERT, H. (1987b): Umwelt als knappes Gut. In: WILDENMANN, R. (Hrsg.): Umwelt - Wirtschaft - Gesellschaft. Wege zu einem Grundverständnis.- Stuttgart: 77 - 87

SIMONIS, U.E. (Hrsg.) (1988a): Lernen von der Umwelt - Lernen für die Umwelt. Theoretische Herausforderungen und praktische Probleme einer qualitativen Umweltpolitik.- Berlin

SIMONIS, U.E. (1988b): Präventive Umweltpolitik.- Frankfurt/M., New York

SIMONIS, U.E. (1992): Ökologie, Politik und Wissenschaft. Drei allgemeine Fragen In: HEIN, W. (Hrsg.): 75 - 88

STEINMÜLLER, W. (1979): Juristische Informationswissenschaft. In: Rechtstheorie. Zeitschrift für Logik, Methodenlehre, Kybernetik und Soziologie des Rechts. Beiheft 1: Argumentation und Hermeneutik in der Jurisprudenz: 327 - 345

STONE, Chr.-D. (1992): Umwelt vor Gericht. Eigenrechte der Natur.- 2., überarb. Aufl. Darmstadt

STORM, P.-Ch. (1987): Umweltrecht. Wichtige Gesetze und Verordnungen zum Schutz der Umwelt.- München

STRECFORT, S.C. (1973): Effects of information relevance on decision-making in complex environments: Memory and cognition. In: Academy of Management Journal, 16: 224 - 228

SUESSKIND, R.E. (1987): Expert system in law.- Oxford

SZALLIES, R. & UISVEDE, G. (Hrsg.) (1990): Wertewandel und Konsum.- Landsberg/Lech

TEUBNER, G. (1990): Die Episteme des Rechts. Zu erkenntnistheoretischen Grundlagen des reflexiven Rechts. In: GRIMM, D. (Hrsg.): 115 - 154

TRIBE, L.H. (1983): Was spricht gegen Plastikbäume? In: BIRNBACHER, D. (Hrsg.): 20 - 71

ULRICH, B. (1987): Anthropogene Veränderungen von Waldökosystemen. Geschichte - Gegenwart - Zukunft. In: GLATZEL, G. (Hrsg.) Möglichkeit und Grenzen der Sanierung immissionsgeschädigter Waldökosysteme.- Wien: 1 - 33

VESTER, F. (1988): Leitmotiv vernetztes Denken. Für einen besseren Umgang mit der Umwelt.- München

WEIZSÄCKER, R. v. (1989): Ansprache zum 40jährigen Bestehen der Bundesrepublik Deutschland beim Staatsakt in Bonn, 24. Mai (zit. nach SCHULZE, E.D.)

WOLF, R. (1992): Sozialer Wandel und Umweltschutz. Ein Typologisierungsversuch. In: Soziale Welt, 43 (3): 351 - 376

WOLZE, W. (1989): Zur Entwicklung naturwissenschaftlicher Erkenntnissysteme im Lernprozeß.- Wiesbaden

ZIESCHANK, R., LAMM, J. & NOUHUYS, J. v. (1992): Verbesserungsmöglichkeiten der Informationsbasis für effektive Steuerungsverfahren zur Schadstoff- und Abfallverringerung. Ein internationaler Vergleich anhand der Bodenproblematik.- Berlin (FFU-Report, 92-1. Forschungsstelle für Umweltpolitik, Freie Universität Berlin)

ZIESCHANK, R. & SCHOTT, P. (1986): Umweltinformationssysteme im Umweltschutz. Konzeptionelle Überlegungen zu einem Erfassungs- und Bewertungsansatz der Umweltberichterstattung.- Berlin (IIUG, dp 86-12. Internationales Institut für Umwelt und Gesellschaft Berlin)

Energie- und CO_2-Bilanzierung nachwachsender Rohstoffe

Theoretische Grundlagen und Fallstudie Raps

von Guido A. Reinhardt

2., durchgesehene und erweiterte Auflage 1993.
VIII, 192 Seiten. Gebunden.
ISBN 3-528-16501-4

Der Autor entwirft in einem ersten theoretischen Teil ein methodisches Konzept zur vergleichenden Bilanzierung von Umweltbelastungen, die mit dem Anbau und der Produktion nachwachsender Rohstoffe auf der einen Seite verbunden sind. Dieses in der zweiten Auflage erweiterte Konzept bietet nun die Möglichkeit, Gesamtökobilanzen auf ein gemeinsames Fundament zu stellen. Der Autor wendet diese Methode in seiner erfolgreichen Studie „Energie- und CO_2-Bilanz von Rapsöl und Rapsölester im Vergleich zu Dieselkraftstoff", die den zweiten Teil des Buches bildet, beispielhaft und konsequent an.

Verlag Vieweg · Postfach 58 29 · 65048 Wiesbaden